U0436640

"十二五"国家重点出版物出版规划项目
铁路科技图书出版基金资助出版

铁路工务技术手册

房　　建

中国铁路总公司运输局工务部

中国铁道出版社

2019年·北京

图书在版编目(CIP)数据

房建/中国铁路总公司运输局工务部组织编写. —北京:中国铁道出版社,2019.2
(铁路工务技术手册)
ISBN 978-7-113-24253-4

Ⅰ.①房… Ⅱ.①中… Ⅲ.①铁路-交通运输建筑-维修-技术手册 Ⅳ.①TU248.1-62

中国版本图书馆 CIP 数据核字(2018)第 017231 号

书　　名:	铁路工务技术手册 房　建
作　　者:	中国铁路总公司运输局工务部

责任编辑:刘　霞	编辑部电话:010-51873141	电子信箱:crplx2013@163.com
封面设计:崔　欣		
责任校对:胡明锋		
责任印制:陆　宁　高春晓		

出版发行:中国铁道出版社(100054,北京市西城区右安门西街 8 号)
网　　址:http://www.tdpress.com
印　　刷:中煤(北京)印务有限公司
版　　次:2019 年 2 月第 1 版　2019 年 2 月第 1 次印刷
开　　本:787 mm×1 092 mm　1/16　印张:34.25　字数:806 千
书　　号:ISBN 978-7-113-24253-4
定　　价:220.00 元

版权所有　侵权必究

凡购买铁道版图书,如有印制质量问题,请与本社读者服务部联系调换。电话:(010)51873174(发行部)
打击盗版举报电话:市电(010)51873659,路电(021)73659,传真(010)63549480

前　言

中国铁道出版社出版发行的《铁路工务技术手册》（以下简称《手册》）是20世纪70年代中期开始由原铁道部工务局陆续组织编写出版的，90年代初期曾进行过一次修编。原《手册》共十个分册，涵盖了工务主要专业领域，多年来一直是工务系统广泛使用的应用类工具书，在生产实践、业务指导、技术培训等方面发挥了重要作用。近年来，随着高速、重载铁路的快速发展和路网规模的不断扩大，工务设备结构、技术标准、维修体制和维护技术等方面均发生了巨大变化，原《手册》已不能满足工务工作需要。为此，中国铁路总公司运输局工务部组织了对《手册》进行全面修编。

新版《手册》共分十二个分册，在基本保留《轨道》《道岔》《路基》《桥涵》《隧道》《线路业务》《养路机械》《防洪》《造林和绿化》《采石》等十个分册基础上，将《线路业务》更名为《线路养护》，《造林和绿化》更名为《绿化》，新增《线路检测与测量》、《房建》两个分册。

本次修编本着"科学严谨、实事求是"的态度，以及"注重延续性和发展性，确保科学性和规范性，突出全面性和实用性，具备可扩充性"的原则，组织了各铁路局以及有关科研机构、高等院校，设计、制造和施工等单位的专家编写而成。在原版基本框架基础上，充分吸收了高速、重载和提速有关研究成果及成功实践经验，体现了当前工务设备结构、技术标准、维护技术的现状、特点与发展方向，内容与现行国家、行业标准，中国铁路总公司规章及企业标准保持一致，内容全面，实用性强，体现了工具书的特点，可指导铁路工务养护维修、管理工作，亦可作为相关技术、技能人员学习培训之用。

《铁路工务技术手册》修编委员会名单：

主　任：康高亮

副主任：曾宪海　牛道安　吴景海　张大伟　钟加栋

委　员：沈　榕　万　坚　吴细水　付　锋　许建明　姚　冬
　　　　王　敏　杨忠吉　杨梦蛟　徐其瑞　洪学英　时　博

《房建》分册编写过程中,充分考虑了随着铁路,尤其是高速铁路建设发展而出现的新型结构、新材料、新技术的应用,对房建设备管理维护提出的新课题,如何更好地适应铁路运营需要等因素。《房建》分册比较详尽地介绍了房建专业的基础知识,技术数据和基本规定,重点突出了房屋建筑构、部件及附属设备的修缮与维护,体现了针对性、实用性。《房建》分册共十七章和六个附录,阐述了房建设备的组成和分类、运行和维保,房屋建筑墙体、楼地面、屋顶、门窗、楼扶梯的构造和常见病害防治,房屋建筑结构的监测评估、防灾减灾,给水、排水、供暖、通风空调及站台、雨棚等构筑物、设备设施的修缮和维护等有关内容。

《房建》分册在编写过程中得到了各参编单位的大力支持,在此一并表示感谢。

主　编:王　敏　杨庆山
副主编:周长东　谢芳敏　程国林　赵英超
主要编写人员:
　　第一章:孙　伟　周长东(北京交通大学)
　　第二章:周长东　杨庆山(北京交通大学)
　　第三章~第八章:孙　伟　杨庆山(北京交通大学)
　　第九章:杨　娜　姜兰潮　贾英杰　邢佶慧　卢明奇　朱尔玉
　　　　　(北京交通大学)
　　第十章:周长东　杨庆山(北京交通大学)
　　第十一章:朱尔玉(北京交通大学)
　　第十二章:周长东　朱尔玉　徐龙河(北京交通大学)
　　第十三章:周长东(北京交通大学)
　　第十四章:李德生　杨庆山(北京交通大学)
　　第十五章:姚　宏　杨庆山(北京交通大学)
　　第十六章~第十七章:李德英(北京建筑大学)
　　　　　　　　　　　石　磊　杨庆山　王　野(北京交通大学)
　　附　　录:姜兰潮(北京交通大学)
主　审:史宪晟
主要审定人员:
　　史宪晟　刘忠海　涂文靖(中国铁路总公司运输局工务部)
　　张志方(中国铁路总公司科技管理部)
　　刘　珣(国家铁路局规划与标准研究院)

韩志伟(中国铁路总公司工程设计鉴定中心)
张广平(中国铁路总公司工程管理中心)
祁　岩　李　志(哈尔滨铁路局)
马　鑫(沈阳铁路局)
李　成　米建设　贾彦明(北京铁路局)
高慧民　王建平　杨俊康(太原铁路局)
赵　敏　吉培华(郑州铁路局)
秦海生　李　伟(武汉铁路局)
何晨曦(西安铁路局)
诸　坚(上海铁路局)
涂明华(南昌铁路局)
李建中　郭敏之　崔允绪[广州铁路(集团)公司]
宋　继(中铁第一勘察设计院集团有限公司)
赵建华　余　洋(中国铁路设计集团有限公司)
李敬学(中铁第四勘察设计院集团有限公司)
王　英(中铁建工集团有限公司)
刘　霞　邱金帅(中国铁道出版社)

中国铁路总公司运输局工务部

2017 年 7 月

目 录

第一章 铁路运输房建设备 … 1

第一节 房建设备基本构成及分类 … 1
一、房建设备的基本构成 … 1
二、房建设备的分类 … 1

第二节 建筑限界 … 2
一、铁路限界 … 2
二、基本建筑限界 … 2
三、曲线段上建筑限界的加宽 … 6

第三节 铁路站房 … 7
一、站房分类 … 8
二、站房组成 … 11

第四节 站台、雨棚及跨线设施 … 14
一、站　台 … 14
二、雨　棚 … 15
三、跨线设施 … 16

第五节 建筑设备 … 17
一、消防设施 … 18
二、给水排水设施 … 18
三、供暖设施 … 19
四、通风和空调设施 … 20
五、供电配电设施 … 21
六、旅客信息系统 … 22

第六节 厂(库)房、设备用房及其他构筑物 … 23
一、厂(库)房 … 23
二、设备用房 … 24
三、特殊构筑物 … 26

第二章 铁路房建设备的运行与维保 … 28

第一节 房建设备检查 … 28
一、检查方式 … 28
二、检查周期及要求 … 29

第二节　房建设备的技术状态评定 ··· 32
　　　　一、房屋技术状态评定标准 ··· 32
　　　　二、构筑物技术状态评定标准 ·· 33
　　第三节　房建设备维修和大修的基本要求 ······································· 34
　　第四节　房建设备维修 ·· 39
　　　　一、检　　修 ··· 39
　　　　二、综合维修 ··· 39
　　　　三、维修内容及要求 ··· 40
　　　　四、维修工程验收 ··· 50
　　　　五、维修机具 ··· 50
　　第五节　房建设备大修 ·· 50
　　　　一、大修范围 ··· 50
　　　　二、大修周期 ··· 51
　　　　三、质量控制 ··· 51
　　　　四、大修工程验收 ··· 51
　　　　五、供暖设备的大修及维修 ·· 53

第三章　建筑墙体

　　第一节　墙体的一般规定和分类 ·· 55
　　　　一、一般规定 ··· 55
　　　　二、墙体的分类 ·· 56
　　第二节　墙体的一般构造做法 ··· 57
　　　　一、砌块墙体构造 ··· 57
　　　　二、板材墙体构造 ··· 62
　　　　三、墙面饰面构造 ··· 76
　　第三节　特殊要求的节点构造 ··· 80
　　　　一、墙体保温节点的构造 ··· 81
　　　　二、墙体防潮节点构造 ·· 81
　　　　三、墙体变形缝构造 ··· 83
　　第四节　墙体的常见病害与防治 ·· 88
　　　　一、涂饰工程病害 ··· 88
　　　　二、饰面板(砖)工程病害 ··· 91
　　　　三、幕墙工程病害 ··· 93
　　　　四、蚁　　害 ··· 94

第四章　建筑楼地面

　　第一节　楼地面的一般构造做法 ·· 97
　　　　一、水泥类整体楼地面 ·· 97

二、树脂类整体楼地面 ································· 101
　　三、板块楼地面 ······································· 102
　　四、木质楼地面 ······································· 108
　　五、织物类楼地面 ····································· 110
第二节　楼地面的特殊构造做法 ····························· 111
　　一、楼地面保温构造 ··································· 112
　　二、楼地面防潮防水构造 ······························· 113
　　三、楼地面耐磨构造做法 ······························· 114
　　四、楼地面的变形缝构造 ······························· 115
第三节　楼地面的常见病害与防治 ··························· 115
　　一、水泥砂浆楼地面的质量问题与防治 ··················· 116
　　二、块料楼地面的质量问题与防治 ······················· 118
　　三、塑料楼地面的质量问题与防治 ······················· 120
　　四、木质楼地面的质量问题与防治 ······················· 121
　　五、地毯的质量问题与防治 ····························· 122

第五章　建筑屋顶

第一节　屋顶的形式与功能层次 ····························· 123
　　一、屋顶形式 ··· 123
　　二、屋顶的构造层次 ··································· 124
第二节　屋顶功能层次的构造做法 ··························· 127
　　一、屋面保温层的构造做法 ····························· 127
　　二、屋面隔热层的构造做法 ····························· 127
　　三、屋顶防水层的构造做法 ····························· 129
　　四、屋面排水构造与做法 ······························· 134
　　五、吊顶构造做法 ····································· 136
　　六、坡屋顶的特殊构造做法 ····························· 140
第三节　屋顶常见病害与防治 ······························· 145
　　一、屋面渗漏 ··· 145
　　二、屋顶构件损坏 ····································· 148
　　三、屋顶构件脱落 ····································· 149
　　四、室内吊顶的常见病害及防治 ························· 151

第六章　建筑门窗

第一节　门窗的一般规定与分类 ····························· 154
　　一、一般规定 ··· 154
　　二、门窗类型 ··· 155
第二节　门窗的构造做法 ··································· 159

一、门窗的基本构成 ………………………………………………… 159
　　二、门窗的基本构造 ………………………………………………… 160
　　三、门窗的一些特殊构造处理 ……………………………………… 166
第三节　门窗的常见病害与防治 ………………………………………… 171
　　一、门窗缝隙过大 …………………………………………………… 171
　　二、玻璃及其他配件破损 …………………………………………… 172
　　三、油漆脱落门窗腐蚀 ……………………………………………… 173
　　四、门窗变形损坏 …………………………………………………… 174
　　五、其他病害 ………………………………………………………… 175

第七章　楼梯、电梯、自动扶梯 …………………………………………… 177
　第一节　楼　　梯 ………………………………………………………… 177
　　一、一般规定 ………………………………………………………… 177
　　二、楼梯的分类 ……………………………………………………… 179
　　三、楼梯的构造做法 ………………………………………………… 180
　　四、楼梯常见病害与防治 …………………………………………… 182
　第二节　电　　梯 ………………………………………………………… 184
　　一、电梯的分类 ……………………………………………………… 184
　　二、基本规定 ………………………………………………………… 185
　　三、电梯工程的构造做法 …………………………………………… 186
　　四、电梯工程的常见病害与防治 …………………………………… 190
　第三节　自动扶梯 ………………………………………………………… 191
　　一、自动扶梯的基本构成 …………………………………………… 191
　　二、基本要求 ………………………………………………………… 193
　　三、自动扶梯工程的构造要求 ……………………………………… 194
　　四、自动扶梯工程的病害与防治 …………………………………… 195

第八章　站台、雨棚及其他设施 …………………………………………… 197
　第一节　站　　台 ………………………………………………………… 197
　　一、站台尺寸 ………………………………………………………… 197
　　二、站台铺面 ………………………………………………………… 199
　　三、站台的常见病害及防治 ………………………………………… 201
　第二节　站台雨棚 ………………………………………………………… 203
　　一、雨棚尺寸 ………………………………………………………… 203
　　二、雨棚吊顶 ………………………………………………………… 205
　　三、雨棚的常见病害及防治 ………………………………………… 207
　第三节　栏杆(板)、扶手 ………………………………………………… 210
　　一、栏杆(板)、扶手的分类 ………………………………………… 210

二、栏杆(板)、扶手的构造做法 ································· 210
　　三、栏杆(板)、扶手常见病害及防治 ····················· 214

第四节　站名牌、围墙、管沟 ·· 215
　　一、站　名　牌 ··· 215
　　二、围墙栅栏 ·· 217
　　三、综合管沟 ·· 218

第五节　无障碍设施 ·· 220
　　一、无障碍设施的内容 ·· 220
　　二、无障碍设施的做法 ·· 221
　　三、常见病害与防治 ·· 226

第九章　铁路房屋建筑结构体系 ·· 228

第一节　一般规定 ·· 228
　　一、铁路房屋建筑的结构类型 ······························ 228
　　二、铁路房屋建筑的结构尺寸及相关参数 ············ 229
　　三、铁路房屋结构承受的荷载与作用 ··················· 231
　　四、铁路房屋建筑的结构设计 ······························ 234

第二节　主体结构 ·· 238
　　一、主体结构的体系和选型 ·································· 238
　　二、大跨度屋盖结构 ·· 245
　　三、构造要求 ·· 248

第三节　站台、雨棚、跨线设施及其他特殊构筑物 ·············· 250
　　一、站台结构 ·· 251
　　二、雨棚结构 ·· 258
　　三、天桥结构 ·· 263
　　四、地　　道 ·· 264
　　五、其他特殊构筑物 ·· 265

第十章　铁路房屋建筑材料及基本构件 ···································· 268

第一节　建筑材料 ·· 268
　　一、天然石材 ·· 268
　　二、烧结制品与熔融制品 ····································· 270
　　三、胶凝材料 ·· 271
　　四、混　凝　土 ··· 272
　　五、建筑砂浆 ·· 272
　　六、金属材料 ·· 273
　　七、木　　材 ·· 273
　　八、非烧结砖 ·· 274

— 5 —

九、砌　　块 … 274

　　十、墙　　板 … 274

　　十一、结构材料的选用 … 274

　　十二、建筑围护与墙体材料 … 275

　第二节　基本结构构件 … 275

　　一、梁 … 275

　　二、楼(屋)面板 … 278

　　三、柱 … 279

　　四、墙 … 281

　　五、屋面围护结构 … 285

　第三节　地基与基础 … 286

　　一、地　　基 … 286

　　二、地基土处理 … 291

　　三、基　　础 … 292

　第四节　施工质量评定及验收标准 … 296

　　一、施工质量的评定原则 … 296

　　二、施工验收标准 … 297

第十一章　房屋建筑结构的检查 … 303

　第一节　变形观测 … 303

　　一、沉降观测 … 303

　　二、位移观测 … 305

　　三、特殊位移观测 … 307

　第二节　混凝土结构检测 … 308

　　一、混凝土力学性能检测 … 308

　　二、混凝土长期性和耐久性检测 … 310

　　三、有害物质含量检测 … 312

　　四、混凝土构件缺陷检测 … 313

　　五、混凝土中钢筋检测 … 314

　第三节　钢结构检测 … 316

　　一、材料性能检测 … 316

　　二、连接检测 … 317

　　三、缺陷、损伤与变形检测 … 318

　　四、钢结构动力特性检测 … 323

　第四节　钢管混凝土结构检测 … 323

　　一、钢管焊接质量和构件连接检测 … 323

　　二、钢管中混凝土强度检测 … 324

　　三、钢管中混凝土缺陷检测 … 324

第五节　砌体结构检测 ·· 325
　一、砌筑块材检测 ·· 325
　二、砌筑砂浆检测 ·· 326
　三、砌体强度检测 ·· 327

第十二章　房屋建筑结构的状态评估及防灾减灾 ·· 330

第一节　结构健康监测系统介绍 ·· 330
　一、结构健康监测系统的组成及其功能 ·· 330
　二、结构健康监测系统传感器的选择与布置 ·· 331
　三、数据采集、处理及传输 ·· 333
　四、损伤识别与安全评估 ··· 335
　五、数据库系统及其运行管理 ··· 336

第二节　房屋建筑结构的状态评估 ··· 338
　一、评估程序 ·· 338
　二、评估方法 ·· 339
　三、房屋建筑结构构件安全性评级 ·· 339
　四、房屋楼层结构安全性评级 ··· 347
　五、房屋分部结构安全性评级 ··· 348
　六、房屋建筑结构的安全性综合鉴定评级 ··· 352

第三节　房屋建筑结构的防灾与减灾 ·· 352
　一、常见灾害类型 ·· 353
　二、风灾及防治 ··· 354
　三、冰雪灾害及防治 ··· 355
　四、洪水灾害及防治 ··· 356
　五、地震灾害及防治 ··· 358
　六、雷电灾害及防治 ··· 360
　七、地质灾害及防治 ··· 361
　八、火灾及防治 ··· 363
　九、爆炸灾害及防治 ··· 365
　十、灾害应急处理系统与管理 ··· 366
　十一、灾后房建设备的安全性评价 ·· 368

第十三章　房屋建筑结构的修缮与维护 ·· 371

第一节　混凝土结构的常见病害及维修加固技术 ······································· 371
　一、混凝土结构的常见病害 ·· 371
　二、混凝土结构的维修加固技术 ··· 373
　三、混凝土结构的维修加固实例 ··· 380

第二节　钢与钢管混凝土结构的常见病害及维修加固技术 ··························· 384

一、钢和钢管混凝土结构的常见病害 ……………………………………………… 385
　　二、钢与钢管混凝土结构的维修加固技术 ………………………………………… 385
　　三、钢与钢管混凝土结构的维修加固实例 ………………………………………… 388
第三节　砌体结构常见病害及维修加固技术 ………………………………………… 391
　　一、砌体结构的常见病害 ……………………………………………………………… 391
　　二、砌体结构的维修加固技术 ………………………………………………………… 392
　　三、砌体结构的维修加固实例 ………………………………………………………… 395
第四节　特有结构的常见病害及防治措施 …………………………………………… 397
　　一、站台结构的常见病害与防治 ……………………………………………………… 397
　　二、雨棚结构的常见病害与防治 ……………………………………………………… 397
　　三、天桥结构的常见病害与防治 ……………………………………………………… 401
　　四、地道结构的常见病害与防治 ……………………………………………………… 403
第五节　地基基础的常见病害及加固纠偏技术 ……………………………………… 409
　　一、地基基础的常见病害 ……………………………………………………………… 409
　　二、地基纠偏及加固技术 ……………………………………………………………… 410
　　三、基础加固技术 ……………………………………………………………………… 411
　　四、地基基础加固处理实例 …………………………………………………………… 413

第十四章　铁路给水设施 …………………………………………………………… 416

第一节　铁路给水设施的组成 ………………………………………………………… 416
　　一、水源及铁路给水站点 ……………………………………………………………… 416
　　二、输、配水管道及构筑物 …………………………………………………………… 417
　　三、给水泵站 …………………………………………………………………………… 418
　　四、客车给水设施 ……………………………………………………………………… 420
　　五、铁路给水处理设施 ………………………………………………………………… 421
　　六、消防给水设施 ……………………………………………………………………… 421
第二节　铁路给水设施的常用设备 …………………………………………………… 424
　　一、水　　泵 …………………………………………………………………………… 424
　　二、变频恒压设备 ……………………………………………………………………… 424
　　三、气压给水设备 ……………………………………………………………………… 424
　　四、无负压供水设备 …………………………………………………………………… 425
　　五、直饮水设备 ………………………………………………………………………… 425
　　六、消毒设备 …………………………………………………………………………… 426
第三节　铁路给水设施的维护与管理 ………………………………………………… 427
　　一、常用设施的维护与管理 …………………………………………………………… 427
　　二、客车上水设施的维护与管理 ……………………………………………………… 430
　　三、消防给水设施的维护与管理 ……………………………………………………… 431

第十五章 铁路排水设施 ... 435

第一节 铁路生产生活排水设施 ... 435
一、室内排水设施 ... 435
二、室外排水设施 ... 436
三、旅客列车地面卸污设施 ... 440

第二节 铁路生产生活污水处理设施 ... 443
一、铁路生产污水处理系统 ... 443
二、铁路站区生活污水处理系统 ... 451

第三节 铁路雨水排水设施 ... 453
一、屋面雨水系统 ... 454
二、铁路客运站雨水排放系统 ... 455
三、雨水泵站 ... 456
四、雨水调蓄池 ... 457
五、雨水再利用设施 ... 457

第四节 铁路排水设施的维护与管理 ... 458
一、排水设施的检测与控制 ... 458
二、排水设施的维护与管理 ... 459
三、雨水设施的维护与管理 ... 460

第十六章 铁路房建供暖设施 ... 464

第一节 热源系统 ... 464
一、区域锅炉房 ... 464
二、热力站 ... 467

第二节 室外供暖管网系统 ... 470
一、输配管网 ... 470
二、热力入口 ... 473

第三节 室内供暖系统 ... 474
一、全面供暖系统 ... 474
二、局部供暖系统 ... 479

第四节 供暖设施的检测验收与维护保养 ... 480
一、热源系统检测验收与维护保养 ... 480
二、室外供暖管网检测验收与维护保养 ... 483
三、室内供暖系统检测验收与维护保养 ... 484

第十七章 铁路房建通风与空调设施 ... 485

第一节 通风系统 ... 485
一、通风系统分类 ... 485

二、通风系统组成……………………………………………………………… 486
第二节　空调系统………………………………………………………………… 487
　　一、空调系统分类……………………………………………………………… 487
　　二、空调系统组成……………………………………………………………… 489
第三节　通风与空调设施的降噪隔振与维护管理……………………………… 495
　　一、通风与空调设施的降噪与隔振…………………………………………… 496
　　二、通风与空调设施的验收与巡检…………………………………………… 497
　　三、通风与空调设施的维护与保养…………………………………………… 499
　　四、通风与空调设施的运行与管理…………………………………………… 500

附　　录　房屋建筑结构常用技术表格……………………………………………… 503

　附录一　砂浆相关用表…………………………………………………………… 503
　附录二　混凝土相关用表………………………………………………………… 505
　附录三　钢筋相关用表…………………………………………………………… 506
　附录四　常用砌体材料强度用表………………………………………………… 509
　附录五　建筑钢材用表…………………………………………………………… 513
　附录六　常用材料重量表………………………………………………………… 527

第一章　铁路运输房建设备

铁路是国民经济的大动脉和重要的基础性产业,其主要功能是安全、迅速、经济、便利地运送旅客和货物,完成运输任务。房屋、构筑物及相关设备构成的铁路运输房建设备是铁路运输设备的重要组成部分,应确保其保持良好工作状态,具备一定的抵抗自然灾害和事故的能力,满足运输生产、调度指挥及客货营销的需要。本章分为六节,主要介绍铁路房建设备基本构成,建筑限界,铁路站房、站台、雨棚及跨线设施,建筑设备厂房、库房与设备用房及其他构筑物,以及建筑设备等。

第一节　房建设备基本构成及分类

铁路运输房建设备(以下简称房建设备)是指为铁路运输服务的房屋、构筑物及附属设备,是铁路运输生产的重要基础设施。

一、房建设备的基本构成

(一)房屋

铁路房屋包括客运、货运、运转、工务、机务、电务等生产类和办公类房屋,以及职工宿舍、食堂、浴室等生活类房屋。

(二)构筑物

铁路构筑物包括站台、雨棚、天桥、地道、检票口、站名牌、道路、广场等运输生产类构筑物,围墙、栅栏、栏板、架空走道等安全防护类构筑物,闸门井、消火栓井、检查井、雨水井、跌水井等检修维修类构筑物,渗水井、污水提升井、化粪池、隔油池、独立烟囱、独立避雷针塔、生活水塔、水池、排污系统等设备运营类构筑物,以及花棚、自行车棚、建筑小品等生活管理类构筑物等。

(三)附属设备

铁路运输房建附属设备是指为了满足房屋建筑及构筑物正常使用和铁路安全运输而配备的给水、排水、供暖、空调通风,电气照明、电梯、消防等设备。

二、房建设备的分类

为了便于管理,铁路房建设备按铁路运输速度和重要性分为三类。

(一)一类房建设备

1. 设计速度(含既有线提速)200 km/h及以上铁路站房及附属设备,以及站台雨棚和旅客天桥、旅客地道、旅客站台等构筑物。

2. 客货共线铁路大型及以上客站站房及附属设备,以及站台雨棚、旅客天桥、旅客地道、旅客站台等构筑物。

3. 调度所、四电(通信、信号、电力和电气化设备)房屋、信息房屋及附属设备。

(二)二类房建设备

1. 设计速度(含既有线提速)200 km/h以下客货共线铁路(大型及以上客站除外)站房及附属设备,以及站台雨棚、旅客天桥、旅客地道、旅客及货物站台、站名牌等构筑物。

2. 站前平台、车站围墙等。

3. 动车检修(检查)库、融冰除雪库等有动车作业的房屋及附属设备。

(三)三类房建设备

除一、二类房建设备以外的其他房建设备属于三类房建设备。

第二节 建筑限界

建筑限界,是机车车辆和装载货物在运行时不与线路上的房建设备(包括建筑物、构筑物及附属设备)发生刮蹭和碰撞所需要的安全通过空间,是铁路限界的要求之一。

一、铁路限界

为保证行车安全,接近铁路线路的各种建(构)筑物和设备,必须与铁路线路保持一定的距离,同时对在线路上运行的机车车辆的横向尺寸也必须有一定的限制。因此,铁路规定了各种专门的限界,如机车车辆限界、基本建筑限界、隧道建筑限界、桥梁建筑限界等,其中最基本的是机车车辆限界和基本建筑限界。

(一)机车车辆限界

机车车辆限界是一个和线路中心线垂直的极限横断面轮廓,规定了机车车辆不同部位的宽度、高度的最大尺寸和其零部件至轨面的最小距离,机车车辆无论是空车或重车,无论是具有最大标准公差的新车,或是具有最大标准公差和磨耗限度的旧车,停放在水平直线上,应无侧向倾斜与偏移,除使用中需要探出的部分(如受电弓、后视镜、塞拉门等)需符合相关规定外,任何部分都应容纳在该轮廓内。

(二)建筑限界

建筑限界是一个和线路中心线垂直的极限横断面轮廓,除与机车车辆有直接相互作用的设备(如车辆减速器、接触网线等)外,其他一切建(构)筑物、设备,均不得侵入该轮廓,与机车车辆相互作用的设备,在使用中不得超过规定的侵入范围。

机车车辆限界与建筑限界之间必须留出一定的空间即安全空间,以保证机车车辆不会因运行中产生的正常横向晃动和竖向偏移振动而与沿线建筑物和设备相撞,另外,安全空间也为组织超限货物运输提供了条件。

二、基本建筑限界

基本建筑限界是指列车在铁路的直线段上运行时所需要的建筑限界。《铁路技术管理规程》中分别规定了列车运行速度160 km/h及以下的客货共线铁路、列车运行速度大于160 km/h的客货共线铁路、双层集装箱运输铁路和客运专线铁路的基本建筑限界。

(一)$v \leqslant 160$ km/h客货共线铁路

列车运行速度160 km/h及以下时,客货共线铁路基本建筑限界分为图1—2—1和图1—2—2两种情况,其中,图1—2—2主要用于车库门等。

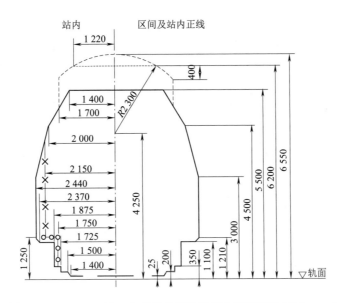

图 1—2—1　$v \leqslant 160 \text{ km/h}$ 客货共线铁路基本建筑限界(单位:mm)

—×—×—×— 信号机、高架候车室结构柱和接触网、跨线桥、天桥、电力照明、雨棚柱的建筑限界(正线不适用)。
—○—○—○— 站台建筑限界(正线不适用)。
——————— 各种建筑物的基本限界。
- - - - - - - 适用于电力牵引区段的跨线桥、天桥及雨棚等建筑物。
·········· 电力牵引区段的跨线桥在困难条件下的最小高度。

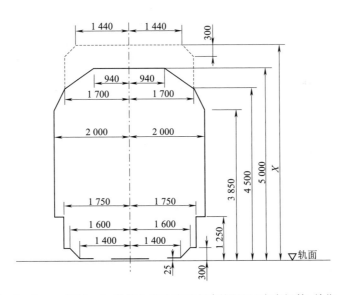

图 1—2—2　$v \leqslant 160 \text{ km/h}$ 客货共线铁路基本建筑限界(车库门等,单位:mm)

——————— 适用于新建及改建使用内燃机车、车辆的车库门、转车盘、洗罐线。机车走行线上各种建筑物,也适用于旅客列车到发线及超限货车不进入的线路上的雨棚。
- - - - - - - 适用于使用电力机车的上述各种建筑物。
X 的值根据接触网的结构高度确定。

(二)$v > 160 \text{ km/h}$ 客货共线铁路

列车运行速度大于 160 km/h 时,客货共线铁路基本建筑限界如图 1—2—3 所示。

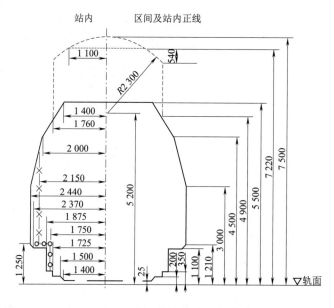

图 1—2—3 $v>160\,\text{km/h}$ 客运共线铁路基本建筑限界(单位:mm)

—×—×—× 信号机、高架候车室结构柱和接触网、跨线桥、天桥、电力照明、雨棚等杆柱的建筑限界(正线不适用)。

—○—○—○ 站台建筑限界(正线不适用)。

———— 各种建筑物的基本限界。

———— 适用于电力牵引区段的跨线桥、天桥及雨棚等建筑物。

············· 电力牵引区段的跨线桥在困难条件下的最小高度。

(三)双层集装箱运输铁路

双层集装箱运输装载上部限界如图 1—2—4 所示。

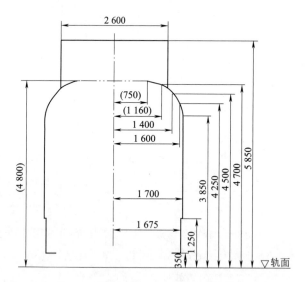

图 1—2—4 双层集装箱运输装载上部限界(单位:mm)

———— 电力机车上部限界。

双层集装箱运输基本建筑限界如图 1—2—5 所示。

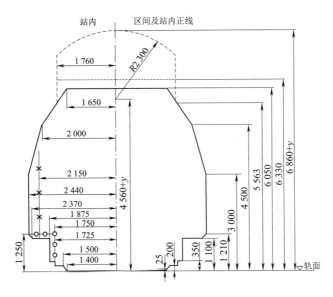

图 1—2—5　双层集装箱运输基本建筑限界(单位:mm)

—×—×—×— 信号机、高架候车室结构柱和接触网、跨线桥、天桥、电力照明、雨棚等杆柱的建筑限界(正线不适用)。
—○—○—○— 站台建筑限界(正线不适用)。
———————— 适用于内燃牵引区段的双层集装箱运输基本建筑限界。
------------- 适用于电力牵引区段的双层集装箱运输基本建筑限界。
·················· 接触线导线的最低高度为 6 330 mm。
y 为接触网结构高度。

(四)客运专线铁路

客运专线铁路基本建筑限界如图 1—2—6 所示。

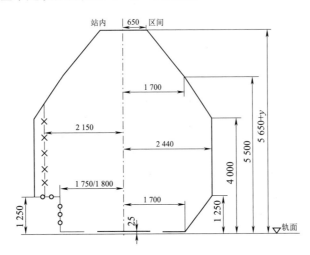

图 1—2—6　客运专线铁路基本建筑限界(单位:mm)

—×—×—×— 信号机、高架候车室结构柱和接触网、跨线桥、天桥、电力照明、雨棚等杆柱的建筑限界(正线不适用)。
—○—○—○— ①站台建筑限界(侧线站台为 1 750 mm;正线站台,无列车通过或列车通过速度不大于 80 km/h 时为 1 750 mm,列车通过速度大于 80 km/h 时为 1 800 mm)。
②站内反方向运行矮型出站信号机的限界为 1 800 mm。
———————— 各种建筑物的基本限界,也适用于桥梁和隧道。
y 为接触网结构高度。

三、曲线段上建筑限界的加宽

车辆在直线上时其中心线与线路中心线处于同一垂直平面时(以下简称理想状态),车辆与建筑限界的距离,就是机车车辆限界与建筑限界之间的距离。当车辆运行到曲线上时,车辆纵中心线在车辆转向架中心销(M、N)之间向线路中心线内侧偏移,在 M、N 以外向线路中心线外侧偏移,如图1—2—7 所示。如果曲线建筑限界与直线建筑限界相同,则车辆在曲线上与建筑限界的距离必然变小。为了使车辆在曲线上时与建筑限界之间的距离与其在直线上时的相等,曲线建筑限界应予加宽。即在直线建筑限界基础上,将曲线内侧建筑限界加大一个车辆中部的内侧偏差量($d_{内1}$),曲线外侧建筑限界加大一个车端的外偏差量($d_{外}$)。第二个原因是由于外轨超高以后,车辆向曲线内侧倾斜,使车辆上的控制点在水平方向上向内侧移动了一定的距离($d_{内2}$)。曲线建筑限界的加宽值与车辆长度、转向架间距、曲线半径、外轨超高相关。

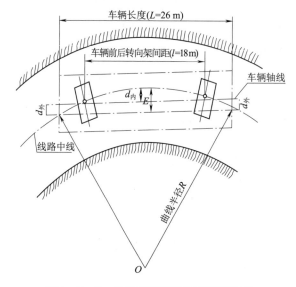

图1—2—7 曲线建筑限界加宽原理示意

《铁路技术管理规程》中给出了客货共线铁路、双层集装箱铁路曲线上的建筑限界加宽值的计算方法。曲线段上建筑限界的加宽范围应包括全部圆曲线、缓和曲线和部分直线,加宽方法可采用图1—2—8 和图1—2—9 所示阶梯形方式,或采用曲线圆顺方式。

1. 客货共线铁路及双层集装箱铁路

客货共线铁路及双层集装箱铁路建筑限界曲线段内外侧加宽示意如图1—2—8 所示。

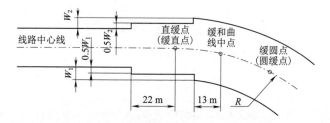

图1—2—8 建筑限界曲线段内外侧加宽

图中曲线内侧加宽宽度 W_1、外侧加宽宽度 W_2 和内外侧加宽宽度总和 W 可按下式计算。

(1) 曲线内侧加宽(mm)：

$$W_1 = \frac{40\,500}{R} + \frac{H}{1\,500}h \qquad (1-2-1)$$

(2) 曲线外侧加宽(mm)：

$$W_2 = \frac{44\,000}{R} \qquad (1-2-2)$$

(3) 曲线内外侧加宽共计(mm)：

$$W = W_1 + W_2 = \frac{84\,500}{R} + \frac{H}{1\,500}h \qquad (1-2-3)$$

式中　R——曲线半径(m)；
　　　H——计算点高度(mm)；
　　　h——外轨超高(mm)。

$\frac{H}{1\,500}h$ 的值也可以用内侧轨顶为轴，将有关限界旋转 θ 角 $\left(\theta = \arctan\dfrac{h}{1\,500}\right)$ 求得。

2. 客运专线铁路

(1) 客运专线铁路曲线上的建筑限界，仅考虑因超高产生车体向曲线内侧倾斜的加宽，如图 1—2—9 所示。

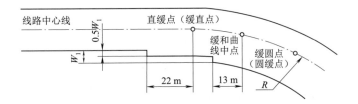

图 1—2—9　建筑限界曲线段内侧加宽

曲线内侧加宽量 W_1(mm)：

$$W_1 = \frac{H}{1\,500}h \qquad (1-2-4)$$

(2) 曲线地段的站线两侧信号机、高架候车室结构柱和接触网、跨线桥、天桥、电力照明、雨棚等杆柱的建筑限界，站内反方向运行矮型出站信号机的建筑限界和站台建筑限界，需考虑曲线内、外侧的限界加宽，其内外侧的加宽量与客货共线铁路及双层集装箱铁路相同，如图 1—2—8 所示。

第三节　铁 路 站 房

铁路站房与车站广场、站场构成铁路旅客车站，是主要的客运房屋和重要的铁路运输房建设备。铁路站房为旅客办理客运业务的场所，设有旅客候车和安全乘降、集散等设施。铁路站房及其车站集中了与运输有关的各种技术设备,对整个运输生产系统的顺利、安全运行,起着重要的保证作用。因此,对铁路站房的正确设计、科学维护尤为重要。

一、站房分类

铁路站房可按线路配置、按站房与站场的位置关系分类,也可以按铁路类型和站房规模进行分类。

(一)按线路配置分类

按线路的配置形式不同,旅客车站分为通过式、尽端式和混合式三种。

1. 通过式布置

通过式旅客车站设有两个咽喉区,站房在正线一侧或两侧,旅客车站与整备所和机务段纵列布置,全部旅客列车到发线贯通布置,如图1—3—1所示。新建旅客车站或有多方向线路引入且客运量较大的旅客车站一般会采用通过式布置。

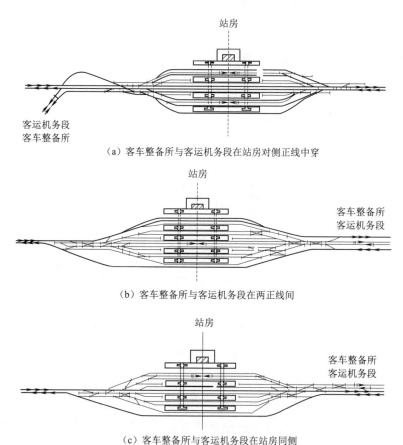

图1—3—1 通过式旅客车站布置

2. 尽端式布置

尽端式旅客车站的站房设在到发线一端或一侧,中间站台用分配站台相连接,机务段和整备所与站房纵列布置,如图1—3—2所示。以始发、终到旅客列车为主,且处在铁路线路终端的旅客车站可采用该布置方式。

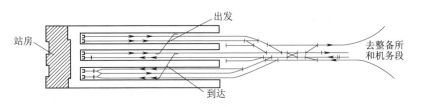

图 1—3—2 尽端式旅客车站布置

3. 混合式布置

混合式旅客车站布置的特点是一部分线路为通过式,另一部分线路为尽端式,如图 1—3—3 所示。通过式线路供接发长途旅客列车用,尽端式线路提供接发市郊列车用。这种布置的优点是当车站衔接的某一方向市郊列车较多时,设置部分有效长度较短的尽端式线路,可节省投资和用地。缺点是到发线互换性差,使用不灵活;在市郊旅客列车进、出站咽喉区时,市郊与长途列车易产生到、发交叉。因此,混合式布置一般仅在改、扩建既有站房且有充分依据时采用。

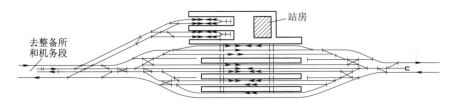

图 1—3—3 混合式旅客车站布置

(二) 按站房与站场的位置关系分类

按照铁路旅客站房与铁路站场之间的位置布置关系,铁路站房可分为线侧式、线端式、线上式、线下式、复合式等五大类。

1. 线侧式

线侧式站房位于站场的一侧,并可根据站场与广场高差关系细分为线侧平式、线侧上式和线侧下式,如图 1—3—4 ~ 图 1—3—6 所示。

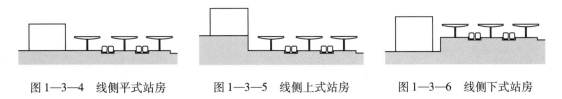

图 1—3—4 线侧平式站房　　图 1—3—5 线侧上式站房　　图 1—3—6 线侧下式站房

线侧平式是指站房位于线侧,站房首层地面标高与站台面基本持平(图 1—3—4);线侧上式是指站房位于线侧,站房首层地面标高高于站台面(图 1—3—5);线侧下式站房位于线侧,站房首层地面标高低于站台面(图 1—3—6)。

2. 线端式

线端式站房位于站场的顶端(图 1—3—7)。根据站场与站前广场在竖向的相对位置,还可将其细分为线端平式、线端上式和线端下式。线端平式是指站房位于线端,站房首层地面标高与站台面基本持平;线端上式是指站房位于线端,站房首层地面标高高于站台面;线端下式是指站房位于线端,站房首层地面标高低于站台面。

线端式站房在我国较少采用,南京西站、北京北站等是为数不多的线端式站房的实例。

3. 线上式

线上式站房是指站房位于站台及线路上方,一般称为线正上式(图1—3—8)。

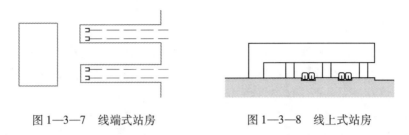

图1—3—7　线端式站房　　　　　图1—3—8　线上式站房

4. 线下式

线下式站房位于站台及线路下方,一般称为线正下式(图1—3—9),如昆山南站。我国目前线下式客站较少。如果把城市轨道交通客站纳入考察范围,则上海磁浮铁路龙阳路站可以算作线下式站房。随着客运专线和城际铁路的建设,部分站场填土路基被高架桥取代,线下式站房将成为一种常见的站房形式。

5. 复合式

随着交通网络的复杂化,出现了几种站房形式互相组合,形成新型复合式站房(图1—3—10)。

图1—3—9　线下式站房　　　　　图1—3—10　复合式站房

如上所述,客运专线铁路有时将高填方车场改为框架桥等形式的高架站场,形成站房、站场、站台雨棚甚至广场的有机融合,为各种站房及其组合提供了极大的灵活性。新广州站就是线上式和线下式站房的复合体。

(三)按铁路类型分类

按照铁路类型不同,铁路站房分为中低速铁路站房、城际铁路站房、客运专线(高速)铁路站房、铁路综合站房四类。

1. 中低速铁路站房

中速(也称快速)铁路设计速度为120～200 km/h,低速(也称普速)铁路设计速度为120 km/h以下,这两种铁路上设置的站房称为中低速铁路站房。这类铁路列车到发间隔长,密度小,旅客在站需要较长时间的候车,站房需能办理行包托取作业。一般情况下,这种铁路站房候车大厅需要的人均面积要大些。

2. 城际铁路站房

城际铁路设计速度为200 km/h以上,这种铁路上设置的站房称为城际铁路站房。由于列车最小行车间隔 3 min 左右，旅客在站不需要长时间的候车，站房不办理行包托取作业。故不需要太大的候车大厅。

3. 客运专线（高速）铁路站房

我国客运专线（高速）铁路新线设计速度为 250 km/h 及以上，这种铁路上设置的站房称为客运专线（高速）铁路站房。这类铁路列车运行速度高，中长运距、长编组、高密度、"点到点"运输居多。受同方向、同停靠站点的列车发车间隔影响，旅客仍需一定时间候车。站房不办理商务行包托取作业，但有条件时可设置方便旅客携带大件随身行李的服务设施。

4. 铁路综合站房

上述几种类型铁路并存设施，形成功能相对复杂、各种特点共存的综合型站房。目前多数枢纽中的大型站房都是这种集多种铁路运输特点于一体的综合站房形式。

（四）按站房规模分类

按照建筑规模不同，铁路站房可分为特大型、大型、中型、小型四类。以往的客货共线铁路站房的建筑规模主要根据设计年度的旅客最高聚集人数（或日旅客发送量）确定。从目前高速铁路的发展情况看来这不够全面，站房规模确定还要考虑效率因素。所以铁路站房的规模，应根据最高聚集人数和高峰小时发送量共同确定，分类标准见表 1—3—1。

表 1—3—1 客货共线铁路车站和客运专线铁路车站建筑规模

建筑规模	客货共线铁路车站	客运专线铁路车站
	最高聚集人数 H（人）	高峰小时发送量 PH（人）
特大型	$H \geq 10\,000$	$PH \geq 10\,000$
大型	$3\,000 \leq H < 10\,000$	$5\,000 \leq PH < 10\,000$
中型	$600 < H < 3\,000$	$1\,000 \leq PH < 5\,000$
小型	$H \leq 600$	$PH < 1\,000$

二、站房组成

铁路站房一般可划分为供旅客使用的公共区和工作人员使用的非公共区两大部分。公共区包括集散厅、候车厅、售票用房、厕所、盥洗间、行李包裹用房以及其他服务用房等，非公共区则包括客运管理、生活和设备用房等。

（一）公共区

1. 售票用房

售票用房是铁路站房的主要客运用房之一，虽然铁路旅客运输的售票方式日益多元化，车站仍是出售车票的重要场所。售票用房主要包括售票厅、售票室、票据室、办公室、进款室、微机室和订、送票室等房间，以及自动售票机及其安放空间。不同等级、规模的铁路站房，售票用房的设置要求不同。大、中型站房的售票厅需提供出售车票、办理中转签证和退票等服务，应保证一定的面积和空间。特大型、大型站的售票处一般设置在站房进站口附近，并应在进站通道上设置售票点或自动售票机；中型、小型站的售票处宜设置在候车区附近；当车站为多层站房时，售票处宜分层设置。售票窗口通常采用分散售票或分散与集中相结合的布置方式，即在广场、集散厅、候车区、进站通道设人工或自动售票点，在出站口设中转售票口。

2. 集散厅

集散厅是用于站房内疏导旅客的区域空间,应设有安检、问询等服务设施。中型及以上的站房设有进站集散厅、出站集散厅;其中,进站集散厅是旅客进入车站的入口大厅,设有问询、邮政、电信等旅客服务设施,起到分配进站客流的交通枢纽作用;出站集散厅是铁路到达旅客出站或换乘其他交通工具的分配空间,设有旅客厕所、补票室、检票口等设施,与进站集散厅具有同等重要的地位。

3. 候车厅

候车厅(室)是旅客在站内的主要停留地点,是铁路站房最重要的功能空间,在站房中占据较大的面积,其主要功能是满足旅客不同候车行为的需要。

由于车站类型的不同,候车厅(室)空间布置的方式也有所区别。客货共线铁路旅客车站的候车厅(室)除普通候车室外可适当划分出软席、贵宾、军人(团体)、母婴、无障碍等专用候车室。各类专用候车厅(室)的面积比例一般按《铁路旅客车站建筑设计规范》(GB 50226)执行。各类候车厅(室)候乘人数一般满足表1—3—2的规定,客运专线旅客站为了有效提高候车空间的使用效率,简化旅客通过流程,常采用绿化、座椅、服务台等软质界面对不同类型的候车空间进行灵活划分,形成开敞的候车空间。

表1—3—2 各类候车厅(室)候乘人数占最高聚集人数比例(%)

建筑规模	候车厅(室)				
	普通	软席	贵宾	军人(团体)	无障碍
特大型站	87.5	2.5	2.5	3.5	4.0
大型站	88.0	2.5	2.0	3.5	4.0
中型站	92.5	2.5	2.0	—	3.0
小型站	100.0	—	—	—	—

注:(1)有始发列车的车站,其软席和其他候车室的比例可根据具体情况确定。
(2)无障碍候车厅(室)包含母婴候车区内宜设置母婴服务设施。
(3)小型车站应在候车室内设置无障碍轮椅候车位。

4. 厕所、盥洗间

铁路站房是人员密集场所,站房的厕所、盥洗间是旅客使用频率最高的公共设施。厕所、盥洗间的位置应明确,标志易于识别。候车室内的厕所、盥洗间与室内最远地点的距离不宜大于50 m,在满足功能要求的同时,还应注重细节处理:比如,卫生间与盥洗间避免通视;厕位间应设隔板和挂钩;卫生间与盥洗间地面宜略低于周边地面,并做出适宜的排水坡度,避免污水倒流入候车室等。特大型、大型站的厕所应分散布置。厕所、盥洗间应按《铁路旅客车站无障碍设计规范》和《城市道路和建筑物无障碍设计规范》等提供无障碍设施。

5. 行李、包裹用房

行李、包裹用房是旅客办理行李包裹托运与提取业务的场所,是车站开展旅客货运作业的用房。客货共线铁路客站可设置行李托运处。行李、包裹用房的主要组成包括包裹库、包裹托取厅、办公厅、票据室、总检室、牵引车库、微机室和拖车存放处、装卸工休息室等房间。不同等级的铁路车站,其行李、包裹用房的设置要求不同。特大型、大型站的行李托运和提取应分开设置,行李托运处的位置应靠近售票处,行李提取处应设置在站房出站口附近。中型和小型站的行李托运、提取可合并设置。

6. 其他服务用房

旅客运输部门应在站房内设置商业、服务业等服务设施,以满足旅客在旅行中的需要。其他服务设施和用房主要有问询处、小件寄存处、邮政、电信、商业服务设施、医务室、自助存包柜、自动取款机等,并应设置饮水设施和导向标志。

应在站房的进站集散厅、售票厅以及其他旅客主要活动区设置问询处,以解答和解决旅客遇到的各种问题。问询处位置应明显易找,并设置指示牌,便于旅客寻找。特大型、大型和中型站的问询处应设专人值守;特大型、大型和中型站应设置小件寄存处,并宜设自助存包柜。小型站的小件寄存处可与问询处合并设置。在中转旅客或旅游旅客较多的站房,小件寄存处的位置可偏向出站口一侧。小件寄存处应设有便于检查易燃、易爆、危险品的空间。

铁路站房宜设置便民服务点,为旅客办理旅店介绍、联运客票、失物招领、邮电和电话业务等服务。服务项目可集中设置,也可分散设置;站房的小型商业设施,主要包括售货部、餐饮厅、影视娱乐和中转旅客短暂休息室等。这些设施的位置要便于旅客使用,且符合商业、餐饮等行业规范的要求。随着我国铁路运输业的发展,站房商业带来的经济效益越来越显著,站房商业空间的建设具有广阔的发展前景。

(二) 非公共区

1. 客运管理用房

为了客站的正常运营和管理,必须提供相应的运营和管理房间和空间。根据车站规模及使用需要,客运管理用房一般包括行政办公室、客运值班室、交接班室、服务员室、补票室、公安值班室、广播室、上水工室、开水间、清扫工具间等。

客运管理用房宜集中设置于站房次要部位,并与公共区有良好的联系条件,同时与运营有关的用房应靠近站台。其中,服务员室是供服务员在接、发列车空隙时间内临时休息的地方,应设在候车区(室)或旅客站台附近;检票员室是供检票员工作间歇休息的房间,应设在检票口附近;特大型、大型和中型站在站房出口处宜设补票室,售票窗口参照售票室相关标准设置,并应有防盗设施;站房内在旅客相对集中处,应设置公安值班室;广播室应有符合运输组织工作要求的设施;设置房建巡检值守人员的休息室;有客车给水设施的车站应设上水工室,其位置宜设在旅客站台上。

2. 生活用房

车站生活用房主要由间休室、更衣室和职工厕所等用房组成,根据车站建筑规模及需要予以设置。生活用房应远离公共区设置。间休室、更衣室供客运服务人员,售票与行李、包裹工作人员使用,间休室的使用面积应按最大班人数的 2/3 确定,更衣室的使用面积应按最大班人数确定;特大型、大型和中型站应在售票、行李、包裹及职工工作场地附近设置厕所和盥洗间。

此外,为了改善车站职工的工作条件,特大型、大型和中型站宜设置职工活动室、浴室、就餐间和会议室等生活和办公用房;为了方便列车乘务人员,应在一定区段范围内在车站附近设置行车公寓。

行车公寓是专为乘务人员服务的生产设施,应设有良好的通信、网络(铁路办公网)、叫班管理设备和乘务管理设备,以及生活、服务、学习、文娱、健身等设施和接送乘务人员的交通工具。公寓需实行标准化管理,保证乘务人员随到随宿。乘务员公寓用房主要由居室、公共活动室(包括学习室、文娱活动室、阅览室、电视间)、食堂、办公管理用房和设备用房等组成。其中,公共活动室应远离居室;乘务员居住区与活动区之间宜设连廊或走廊;列车乘务员公寓区域内应设置公共卫生间、盥洗室。机车、动车、列车乘务员公寓宜在同一地点设综合公寓,并应设置在出乘和退乘距离较近、环境安静的处所。综合公寓应根据运输生产需要,按机车、动车、列车乘务员所需床位进行分区布置和管理。

第四节 站台、雨棚及跨线设施

站台、雨棚及天桥、地道等跨线设施是铁路站场的重要客运构筑物和旅客乘降列车的重要设备与设施,是铁路房建设备的重要组成部分。

一、站 台

铁路站台是方便旅客上下列车的基础设施,承受客流、行李和包裹搬运、迎宾、消防车辆等的通行,保证旅客通过和行李、包裹搬运车辆通行的安全。

(一)一般规定

1. 站台一般分为基本站台和中间站台两种。基本站台是指一侧与站房相连,另一侧临靠铁路线路的站台;中间站台是指两侧都是铁轨的站台。货物站台的高度为 900 ~ 1 100 mm;旅客站台有低站台和高站台,低站台适用于停车时工作人员对列车走行部分进行检查,其高度分为 300 mm 和 500 mm;高站台方便旅客上下车,与火车车厢地板高度基本一致,其高度一般为 1 250 mm,仅有旅客列车停靠的站台宜设为高站台。

2. 客运站旅客站台及货运站台的设置及站台的长度、宽度、高度应分别符合现行国家标准《铁路车站及枢纽设计规范》(GB 50091)中 9.2.2 和 10.2.4 的相关规定。

3. 按照中国铁路总公司《铁路技术管理规程(高速铁路部分)》的相关规定,200 km/h 及以上的铁路和 200 km/h 以下仅运行动车组列车的高速铁路旅客站台应为高站台,应设置安全标线和停车位置标,两端应设置防护栅栏。

(二)站台限界

铁路站台限界是站台设计的重要依据,站台任何部位侵入限界都将危及行车和旅客的安全。中国铁路总公司《铁路技术管理规程》对站台限界的规定如下。

1. 按照中国铁路总公司《铁路技术管理规程(高速铁路部分)》的相关规定,高速铁路旅客站台应为高站台,无列车通过或列车通过速度不大于 80 km/h 时,站台边缘距线路中心线的距离为 1 750 mm,安全标线距站台边缘 1 000 mm。列车通过速度大于 80 km/h 时,站台边缘距线路中心线的距离为 1 800 mm,安全标线距站台边缘 1 500 mm,必要时在距站台边缘 1 200 mm 处设置安全防护设施,有 200 km/h 及以上列车通过的须设置屏障门、安全门等防护设施;列车通过最高速度不得超过 250 km/h。

2. 按照中国铁路总公司《铁路技术管理规程(普通铁路部分)》的相关规定,旅客列车停靠的高站台边缘距线路中心线的距离为 1 750 mm,安全标线距站台边缘 1 000 mm;非高站台安全标线与站台边缘距离为列车通过速度不大于 120 km/h 时,1 000 mm;列车通过速度 120 km/h 以上至 160 km/h 时,1 500 mm;列车通过速度 160 km/h 以上至 200 km/h 时, 2 000 mm;也可在距站台边缘 1 200 mm(困难条件下 1 000 mm)处设置防护设施。

3. 按照中国铁路总公司《铁路技术管理规程》的相关规定,旅客站台上柱类建(构)筑物距站台边缘不小于 1 500 mm,建(构)筑物距站台边缘不小于 2 000 mm;货物高站台边缘(只适用于线路的一侧)在高出轨面的 1 100~4 800 mm 范围,距线路中心线距离可按 1 850 mm 设计。

(三)设施要求

根据《铁路旅客车站建筑设计规范》(GB 50226)的相关规定,站台设施应符合以下要求:

1. 站台应采用刚性防滑地面,并满足行李、包裹车荷载的要求,通行消防车的站台还应满足消防车荷载的要求。

2. 旅客列车停靠的站台应在全长范围内、距站台边缘 1 m 处的站台面上设置宽度为 0.06 m 的黄色安全警戒线,并可与提示盲道结合设计。当有速度超过 120 km/h 的列车临近站台通过时,安全警戒线和防护设施应符合铁路主管部门有关规定。

3. 当中间站台上需要设置房屋时,宜集中设置。

4. 旅客站台的地道、天桥出入口和旅客进、出站主要通道处均应设车次、走向等导向牌。

5. 站台地面应有排水措施。

6. 有雨棚的站台每侧应设置不少于 2 个悬挂式站名牌,并可垂直于线路方向布置;无雨棚的站台应设置不少于 2 块立柱式站名牌,并应平行于线路方向布置。

二、雨　　棚

为避免旅客和行李、包裹、邮件受雨雪侵袭和烈日照晒,应在站台上设置雨棚。

(一)一般规定

1. 客运专线铁路旅客车站以及客货共线铁路的特大型、大型旅客车站应设置与站台同等长度的站台雨棚;中型及以下车站宜设置与站台同等长度的站台雨棚或在站台局部设置雨棚,其长度可为 200~300 m。

2. 采用无站台柱雨棚时,铁路正线两侧不得设置雨棚立柱;两客车到发线之间雨棚柱最突出部分距线路中心的间距需符合铁路主管部门关于建筑限界的有关规定。

3. 雨棚屋盖上可采用吸音材料,减少声音的反射,避免产生混响效果。

4. 中间站台雨棚宽度需满足建筑限界要求,但不应小于站台宽度。

5. 通行消防车的站台,雨棚悬挂物下缘至站台面的距离不应小于 4 m。

(二)设施要求

1. 基本站台上的旅客进站、出站口应设置雨棚并与基本站台雨棚相连。

2. 地道出入口处无站台雨棚时应单独设置雨棚,并宜为封闭式雨棚,其覆盖范围应大于地道出入口,且不应小于 4 m。

3. 特大型、大型旅客车站可设置无站台柱雨棚。

4. 无站台柱雨棚除应满足采光、排气和排水等要求外,还应考虑吸音和隔音效果。

三、跨线设施

车站的天桥、地道等跨线设施是旅客到达和离开站台的通道。

(一)一般规定

1. 旅客用天桥或地道,特大型站不应少于3处,大型站不应少于2处,中型和小型站不应少于1处,当设有高架候车室时,出站地道或天桥不应少于1处。

2. 特大型站可设两处行李或包裹地道、1处地上或地下联络通道;大型站可设1处行李或包裹地道。

3. 旅客地道设双向出入口时,宜设阶梯和自动扶梯;在天桥、地道的楼梯一侧应设置旅客行李坡道。

4. 天桥和地道的出入口应与进、出站检票口相配合,以减少旅客在站内的交叉干扰。

(二)跨线设施尺寸确定

1. 旅客用地道、天桥的数量、位置、宽度和高度应根据客流量和行包邮件的数量和尺寸通过计算确定,并应符合《铁路车站及枢纽设计规范》(GB 50091)中的相关规定,最小净宽度和最小净高度应符合表1—4—1的规定。

表1—4—1　地道、天桥的最小净宽度和最小净高度(m)

项　目	旅客用地道、天桥		行李、包裹地道
	特大型、大型站	中型、小型站	
最小净宽度	8.0	6.0	5.2
最小净高度	2.5(3.0)		3.0

注:表中括号内的数值为封闭式天桥的尺寸。

2. 当旅客站台上设有天桥或地道出入口,其边缘至站台边缘的距离应符合下列规定。

(1)特大型和大型站不应小于3.0 m。

(2)中型和小型站不应小于2.5 m。

(3)改建车站受条件限制时,天桥或地道出入口其中一侧的距离不得小于2.0 m。

(4)当路段设计行车速度为120 km/h及以上时,靠近有通过列车正线一侧的站台应按上述款项的数值再加宽0.5 m。

3. 旅客用地道、天桥宜设双向出入口,特大型站其宽度不应小于4.0 m,大型站的不应小于3.5 m,中型、小型站的不应小于2.5 m,当为单向出入口时,其宽度不应小于3.0 m。

4. 客货共线铁路旅客车站行李、包裹地道通向各站台时,应设单向出入口,其宽度不宜小于4.5 m,当受条件限制且出入口处有交通指示时,其宽度也不应小于3.5 m。

(三)设施要求

1. 位于多雨地区的天桥应设置雨棚;严寒及寒冷地区应采用封闭式天桥,非寒冷地区天桥两侧宜设置净高度不小于1.4 m的安全、通透的金属栏杆或玻璃隔断。

2. 地道的出入口应设置雨棚;地道出入口的地面应高出站台面0.1 m,并采用缓坡与站台面相接;出站地道的出口宜直接面对站房的出站口;地道应设置防水及排水设施。

3. 旅客用地道、天桥的阶梯踏步高度不宜大于0.14 m,踏步宽度不宜小于0.32 m,每个梯段的踏步不应大于18级,直跑阶梯平台宽度不宜小于1.5 m,踏步应采取防滑措施。

4. 旅客用地道、天桥的坡道坡度不宜大于1:8,并应有防滑措施;行李、包裹坡道的坡度不宜大于1:12,起坡点距主通道的水平距离不宜小于10 m。

5. 天桥防水:钢筋混凝土结构的天桥,其桥面铺装层下面是否设防水层应视当地气温、降雨量、结构体系和桥面铺装的形式等具体确定。其中,简支梁体系采用防水混凝土铺装时,一般可不设防水层;对于桥面或主梁连续的天桥,则应在负弯矩区设置防水层;采用钢筋混凝土桥面的钢桥,天桥桥面须设置柔性防水层。

6. 地道防水和排水。

地道的渗漏水不仅直接影响行人的安全,而且还会降低照明系统的工作效率,诱发设施的锈蚀,影响结构的耐久性。

(1)地道防水

地道一般采用结构自防水、结构外防水和变形缝防水三防合一的防治措施。

①结构自防水一般采用防水混凝土,抗渗等级不得小于S8。在施工中模板安装工程和混凝土浇捣工程要严格控制脱模或爆模,墙体或施工缝处要振捣密实。

②结构外防水一般采用防水砂浆、防水涂料、防水卷材、塑料防水板或金属板等进行结构防水处理。

③地道变形缝防水通过在变形缝处设置橡胶止水带、钢带止水带或密封胶等进行处理。变形缝处一般应设置一道中埋式橡胶止水带,重要工程及地下水特别丰富的地区应加设一道外贴式橡胶止水带。顶板和底板中埋式止水带应成盆状安装,止水带宜采用专用钢筋套或扁钢进行固定。

(2)地道排水

地道的排水主要为排除地道内的雨水和冲洗废水。雨水排水系统主要由收水设施、输水管道、雨水提升泵站等组成;冲洗废水排除系统主要由地道引路内的盲沟管道、地下水提升泵站等组成。

地道的排水沟一般设在坡道或梯道结束处的位置上,结构底板要在此处加厚,积水以自流方式排入地道外的城市排水管网中。如果地道旁没有可以连通的地下管线,也可在地道旁设泵房进行排水。

地道内排水应设置独立的排水系统,凡能采用自流方式排入地道外的市政排水管的(如出入口的阻水、梯道第一梯段的截水),都应自流排水。地道内部的排水通过设置排水边沟收集雨水及室内冲洗污水,排入地道泵房的集水坑内,由潜水泵通过水位控制自动抽排至道路市政排水管内。排水系统设计中应注意排水边沟坡度应利于水的收集;排水边沟转角处在装修后宜设置箅子以便于冲洗。

第五节　建　筑　设　备

为了满足铁路房屋建筑及设备的正常使用功能,需要配置相应的消防设施、供水和用水设施、供暖、通风和空调设施、供电配电设施、车站房屋的自动控制系统以及旅客信息系统等。

一、消防设施

为保障铁路运输生产和人民生命财产安全,防止和减少火灾危害,铁路站场的消防设施包括消防给水设施以及灭火设施等。

(一)设施组成

1. 消防给水设施

消防给水设施主要包括消防水池、水塔以及市政供水等方式提供的消防水源以及室内外消防给水管道组成的给水系统,如消火栓以及消防水炮,自动喷淋系统等设备。其中,消防水炮主要由给水系统、执行系统和控制系统等组成,自动喷水灭火系统主要由水源、加压注水设备、喷头、管网、报警装置等组成。

2. 灭火设施

铁路站场的灭火设施主要包括消防水龙带、消防水枪以及手抬式机动消防泵等喷水式灭火设备,干粉灭火设备、泡沫灭火设备以及烟雾灭火设备等。

(二)消防及灭火设施要求

1. 消防水池、水塔、消防给水管网的布置以及旅客车站站台消火栓的设置应符合国家现行标准《铁路工程设计防火规范》(TB 10063)的有关规定。

2. 旅客车站站房的室内消防管网应设消防水泵接合器,其数量应根据室内消防用水量计算确定。

3. 特大型、大型、国境(口岸)站的贵宾候车室和综合机房、票据库、配电室,国境(口岸)站的联检和易发生火灾危险的房屋,应设置火灾自动报警系统。设有火灾自动报警系统的车站应设置消防控制室。

4. 建筑面积大于 500 m^2 的地下包裹库,应设置自动喷水灭火系统;建筑面积大于 300 m^2 且独立设置的行李或包裹库,应设室内消火栓。

二、给水排水设施

铁路站场给排水设施中包括生产生活给水系统、生产生活排水系统及雨水排水系统,是铁路房建设备的组成部分和铁路房建设备正常运行的必要条件。

(一)设施组成

1. 生产生活给水系统

生产生活给水系统由一系列互相联系的构筑物和输配水管网组成。工程设施包括引入管、给水管道、给水附件、配水设施、增压设备、贮水设备、消毒设备、计量仪表等。

2. 生产生活排水系统

生产生活排水系统主要由卫生器具、生产设备受水器、排水管道、清通设备、污水提升设备、污水局部处理构筑物等组成。

3. 雨水排水系统

建筑物雨水排水系统主要由屋面雨水系统、雨水管渠系统以及雨水泵站等组成。其中,屋面雨水系统将雨水组织、排放至室外排出管;雨水管渠系统通过雨水口收集并排出雨水形成的地面径流;而设在雨水管道系统中或建筑物低洼地带的雨水泵站主要用于防范雨水积水。

(二)车站给水、排水设施要求

1. 旅客列车上水车站应在相关的到发线旁设置客车给水栓。
2. 旅客车站应设室内给水、排水系统。严寒地区的特大型、大型站内的盥洗间宜设热水供应设备。
3. 旅客生活用水定额及小时变化系数应符合表1—5—1的规定。

表1—5—1 旅客生活用水定额及小时变化系数

建筑性质	生活用水定额[最高日,L(d·人)]	小时变化系数
客货共线	15~20	3.0~2.0
客运专线	3~4	3.0~2.5

4. 客货共线铁路旅客车站内宜按1~2 L/(d·人)设置饮水供应设备,客运专线铁路旅客车站内宜按0.2~0.4 L/(d·人)设置饮水供应设备。计算人数可按最大人员密度和使用面积确定。饮水供应时间内的小时变化系数宜取为1。
5. 站房内公共场所的生活污水排水管径应比计算管径加大一级。

三、供暖设施

根据《民用建筑采暖通风与空气调节设计规范》(GB 50736)的规定,累年日平均温度稳定低于或等于5℃的日数大于或等于90 d的地区,应设置供暖设施,并宜采用集中供暖。严寒或寒冷地区设置供暖的公共建筑,在非使用时间内,室内温度应保持在0℃以上;当利用房间蓄热量不能满足要求时,应按室内温度5℃设置值班供暖。当工艺有特殊要求时,应按工艺要求确定值班供暖温度。铁路车站以及办公用房的集中供暖系统应采用连续供暖方式。供暖主要包括热水供暖系统、蒸汽供暖系统、热风供暖系统以及集中供热系统等。

(一)设施组成

1. 热水供暖系统

从卫生条件和节能等考虑,民用建筑应采用热水作为热媒。根据热媒温度的不同,可分为低温水供暖系统和高温水供暖系统。热水供暖系统也用于生产厂房及辅助建筑物中。

2. 蒸汽供暖系统

蒸汽供暖系统是以蒸汽作为热媒的建筑物供暖系统,按照供汽压力的大小,将蒸汽供暖系统包括高压蒸汽供暖系统和低压蒸汽供暖系统,及真空蒸汽供暖系统。蒸汽供暖系统一般应用在工业建筑中。

3. 热风供暖系统

热风供暖适用于耗热量大的建筑物,间歇使用的房间和有防火、防爆要求的车间。热风供暖具有热惰性小、升温快、设备简单、投资省等优点。热风供暖有集中送风、管道送风、悬挂式和落地式暖风机等形式。

4. 集中供热系统

集中供热系统从城市集中热源,以蒸汽或热水为介质,经供热管网向某一地区的用户供应生活和生产用热,也称区域供热系统。集中供热系统包括热源、热网和用户三个部分,热源主要是热电站和区域锅炉房,集中供热管网分为热水热网和蒸汽热网,集中供热系统可以应用于和铁路相关的各类站场建筑中。

(二)车站供暖设施要求

1. 站房各主要房间的采暖计算温度应符合表1—5—2的规定,其中采用低温地板辐射采暖时,室内采暖计算温度应比表中规定温度低2℃;当出站集散厅设于室内时,其采暖温度与进站集散厅相同,当设于室外时不设采暖。

表1—5—2　站房各主要房间采暖计算温度

房间名称	室内采暖计算温度(℃)
进站集散厅	12~14
售票厅、行李、包裹托取处、小件寄存处	14~16
候车区(室)、售票室、车站办公室、旅客信息系统设备机房	18
票据室	10
行李、包裹库(有消防管道)	5
行李、包裹库(无消防管道)、旅客地道	不采暖

2. 严寒地区的特大型、大型站站房的主要出入口应设热风幕;中型站当候车室热负荷较大时,其站房的主要出入口宜设热风幕;寒冷地区的特大型、大型站站房的主要出入口宜设热风幕。

四、通风和空调设施

铁路房屋通风系统是通过采用通风措施控制空气传播污染物的技术,保证工作和生活环境空气品质、防止室内环境污染,为人们提供适合生活和生产的空气环境;空气调节系统是通过空气处理设备对空气进行冷却、加热、加湿、减湿、过滤等处理,使空间环境具有舒适的温度和湿度,提高室内空间的环境质量。

(一)设施组成

1. 通风系统

通风是将建筑室内的不符合卫生标准的污浊空气排至室外,将新鲜空气或经过净化符合卫生要求的空气送入室内。就通风的范围而言,通风方式可分为全面通风和局部通风。按照动力的不同,通风方式可分为自然通风和机械通风。不同的通风方式采用不同的通风设备,如自然通风,门窗是主要的进风、排风装置,机械通风的设施装置主要有过滤器、除尘器、通风管道系统、通风机等。

2. 空调系统

空气调节系统一般由空气处理设备和空气输送管道以及空气分配装置组成。空调系统按空气处理设备的位置分为集中系统、半集中系统和分散系统;按照负担室内负荷所用的介质种类不同,分为全空气系统、全水系统、空气—水系统和制冷剂系统;按照集中系统处理的空气来源不同,分为封闭式系统、直流式系统和混合式系统。

(二)车站通风空调设施要求

1. 夏热冬冷地区及夏热冬暖地区的特大型、大型、中型站和国境(口岸)站的候车室及售票厅宜设舒适性空气调节系统。

2. 舒适性空气调节的室内计算温度,冬季宜为18℃~20℃,相对湿度不小于40%;夏季宜为26℃~28℃,相对湿度宜为40%~65%。

3. 站房内各主要房间空气调节系统的新风量和计算冷负荷应符合表1—5—3的规定。

表1—5—3　主要房间空气调节系统的新风量和计算冷负荷

房　间　名　称	最小新风量[m³/(h·人)]		最大人员密度(人/m²)	
	客货共线	客运专线	客货共线	客运专线
普通候车区	8	10	0.91	0.67
军人(团体)候车区	8		0.91	
软席候车区	20		0.50	
无障碍候车区	20		0.50	
贵宾候车室	20	20	0.25	0.25
售票厅	10	10	0.91	0.91
售票室	25	25	每个窗口1人	
乘务员公寓、候乘人员待班室	30	30	—	

4. 空调系统应采用节能型设备和置换通风、热泵、蓄冷(热)等技术,并应满足使用功能要求;对有共享空间的多层候车区,应考虑温度梯度对多层候车区的影响。

5. 候车室、售票厅等房间应以自然通风为主,辅以机械通风;厕所、吸烟室应设机械通风。

五、供电配电设施

铁路运输具有独立的输配电网络和供电配电设备。铁路房屋用电主要包括动力用电、照明用电和楼宇自动化用电等。铁路房建设备的供配电系统及用电设备必须安全可靠且具备一定冗余能力。

(一)设施组成

1. 动力用电系统

动力用电系统由变电所,高压配电所、配电线路,车间变电所或建筑物变电所以及用电设备组成。用电设备可以分为高压用电设备和低压用电设备。

由于建筑物的大小和电力负荷的大小不同,每个供配电系统的具体组成也不完全相同,而且相同部分的构成也会有较大的差异。

2. 照明用电系统

照明的电气系统分为供电系统和配电系统两部分。供电系统包括供电电源和主接线,配电系统一般由配电装置及配电线路组成。

房建设备照明用电设施主要包括铁路站场公共场所的室内照明、站台照明、旅客地道照明等正常照明和事故应急照明,以及信号、消防、通信广播、计算机售票、电梯、水暖空调等设备设施的使用照明和维护照明。

3. 楼宇自动化系统

楼宇自动化系统也叫建筑设备自动化系统(Building Automation System,BAS),其主要作用是对整个建筑的所有公用机电设备,包括建筑的中央空调系统、给排水系统、供配电系统、照明系统、电梯系统,进行集中监测和遥控,以便提高建筑的管理水平,降低设备故障率,减少维护及营运成本。

楼宇自动化系统通常包括暖通空调、给排水、供配电、照明、电梯、消防、安全防范等子系统。楼宇自动化系统的主要目的在于将建筑内各种机电设备的信息进行分析、归类、处理、判断,采用最优化的控制手段,对各系统设备进行集中监控和管理,使各子系统设备始终处于有条不紊、协同一致和高效、有序的状态下运行,在创造出一个高效、舒适、安全的工作环境中,降低各系统造价,尽量节省能耗和日常管理的各项费用,保证系统充分运行。

(二)车站供电配电设施要求

1. 车站的用电负荷等级应符合现行《铁路电力设计规范》(TB 10008)的有关规定。

2. 车站主要场所的照明应符合现行《建筑照明设计标准》的有关规定,同时应满足站房使用功能对照明的要求。

3. 除正常照明外,站房应设有疏散照明和安全照明系统,旅客车站疏散和安全照明应有自动投入使用的功能。

4. 设有火灾自动报警系统及消防控制室的车站,当正常照明出现故障时,其设有疏散照明和安全照明的场所,应有自动开启和由消防控制室集中强行开启的功能。

5. 特大型、大型站的站房应为第二类防雷建筑物;中型和小型站的站房应为第三类防雷建筑物。建筑物的防雷措施应符合现行《建筑物防雷设计规范》的有关规定。

6. 站房应按自然分区采取可靠的总等电位联结;金属物体或金属构件集中的场所应增设局部或辅助等电位联结。

六、旅客信息系统

铁路旅客信息系统是为了方便旅客出行,为旅客提供从出行到发、中转换乘涉及的各种交通方式的相关信息,以及旅行过程中涉及的行李托运和提取、天气变化、环境变化等与旅行相关的其他信息。

(一)设施组成

1. 铁路车站旅客信息系统主要包括综合显示、客运广播、信息查询、视频监视、入侵报警、旅客携带物品安全检查设施及时钟等子系统。

2. 铁路车站旅客信息系统为旅客提供综合信息的主要手段包括站内咨询中心、网站、广播、电子屏、手机、电子触摸屏、电脑设备等。

(二)旅客信息系统的要求

1. 旅客车站的信息设备应根据车站的建筑规模、总体布局和客运作业综合管理现代化的需要配置,并应符合国家现行标准《铁路车站客运信息设计规范》(TB 10074)的有关规定。

2. 客运及行李、包裹无线通信系统的设置应符合国家现行标准《铁路运输通信设计规范》(TB 10006)的有关规定。

3. 旅客车站安全防范系统的设计应符合现行国家标准《安全防范工程技术规范》(GB 50348)的有关规定。

4. 特大型、大型旅客车站应设置通告显示网。列车到发通告系统主机可作为网络服务器;客运广播系统主机、旅客引导显示系统主机、旅客查询系统主机及综合显示屏系统主机可作为网络工作站与网络服务器进行行车信息交换。

5. 旅客车站客运广播系统应作分区设计。

6. 车站旅客信息系统应设接地装置,其配线应采用综合布线,并宜采取暗敷方式;电源应采用交流直供方式;机房宜按综合机房设计。

第六节　厂(库)房、设备用房及其他构筑物

在铁路运输房建设备中,除直接为运输生产活动进行服务的房屋建筑及设施设备外,还需要其他生产用房、设备用房以及特殊构筑物,如为运输设施设备的生产和检修、运输货物存储、生产资料存储、设施设备存放等提供空间的厂(库)房类建筑,泵房,锅炉房,热力站,通信、信号、电力和电气等四电用房,以及水箱、水塔等特殊构筑物,用来组成较完备的铁路运输生产系统。

一、厂(库)房

厂(库)房,指直接用于铁路生产或为生产配套的各种房屋,包括主要车间、辅助用房及附属设施用房。

(一)厂(库)房类型

在铁路运输房建设备中,厂(库)房类建筑主要分为以下几类:

1. 对机车进行中间检查和修理的各类检修厂房,如架修库、定修库和中检库等;
2. 客运段、车站售货等生产活动所需的食品库和卧具备品库,或综合性仓库;
3. 为防止装卸过程中气候对货物的损坏和影响而设置的各类货物仓库、沿线的零担仓库及危险货物仓库;
4. 房建设施维修所设置的建筑材料库;
5. 汽车库、轨道车库;
6. 寒冷地区或有特殊需要时,所设置的客车装备库。

(二)厂(库)房形式

根据使用功能和对空间规模的要求不同,厂(库)房按照建筑空间不同,有以下几种形式。

1. 单层厂(库)房

单层厂(库)房是指由地面、屋面及外围护墙组成、无中间层楼面的厂(库)房类建筑空间。适用于建筑功能简单或用于生产或存储荷重较大的物品或设备,为了满足大型物品和设备的运输要求,一般需要设置吊车。

2. 多层厂(库)房

多层厂(库)房为两层及以上的厂(库)建筑。厂(库)楼层间依靠垂直运输机械联系,也可以用坡道相连。多层厂(库)建筑可以有效利用地面面积,减少设备运输间的水平运输。

3. 立体仓库

立体库房又称为自动化立体仓库,是铁路物流仓储中技术水平较高的库房形式。自动化立体仓库的主体由货架,巷道式堆垛起重机、入(出)库工作台和自动运进(出)及操作控制系统组成。货架是钢结构或钢筋混凝土结构的建筑物或结构体,货架内是标准尺寸的货位空间,巷道堆垛起重机穿行于货架之间的巷道中,完成存、取货的工作。

4. 散装和罐式仓库

散装仓库和罐式仓库是指专门保管散粒状、粉状、液体等物资的容器式仓库。如谷物、粮食、水泥等颗粒状物品;天然气、原油等液、气状态物品等。

另外,结合库房所处的地形条件和建筑物构造特点,还有地下库、半地下库;对于危险品货物的存储,还可采用洞库形式。

二、设备用房

设备用房是指根据需要设置的供通信、供电、供水、供气和暖通等设备的技术作业用房,主要包括泵房,锅炉房,热力站,通信、信号、电力和电气化设备使用的四电用房等。各类设备用房应远离公共区集中设置,特大型、大型和中型站应设置防爆及安全检测设备的位置。

(一) 泵房

泵房是安装水泵、电动机、水泵控制柜及其他辅助设备的建筑物,是水泵站工程的主体,其主要作用是为水泵机组、辅助设备及运行管理人员提供良好的工作条件。

泵房设置应根据泵站的总体布置要求和站址地质条件,机电设备型号和参数,进、出水流道(或管道),电源进线方向,对外交通以及有利于泵房施工、机组安装与检修和工程管理等,经技术经济比较确定。泵房的设置应符合下列规定。

1. 满足机电设备布置、安装、运行和检修的要求。

2. 满足结构布置的要求。

3. 满足内通风、采暖和采光要求,并符合防潮、防火、防噪声、节能、劳动安全与工业卫生等技术规定。

4. 满足内外交通运输的要求。

5. 注意建筑造型,做到布置合理,适用美观,且与周围环境相协调。

(二) 锅炉房

锅炉房是指锅炉以及保证锅炉正常运行的辅助设备和设施的综合体,是直接用燃料将水(或其他介质)加热到一定参数的场所,用来满足供热水、供暖气的需要。锅炉房的主要设备有锅炉、鼓风机、引风机、循环泵和各种辅助设备(上煤机,除渣机)等,其中锅炉是特种高压设备,锅炉运营时温度高、噪声大。因此,锅炉房的设置有以下几方面的要求。

1. 锅炉房宜为独立的建筑物;当锅炉房和其他建筑物相连或设置在其内部时,严禁设置在人员密集场所和重要部门的上一层、下一层、贴邻位置以及主要通道、疏散口的两旁,并应设置在首层或地下室一层靠建筑物外墙部位;住宅建筑物内,不宜设置锅炉房。

2. 锅炉房内的设备布置应便于操作、通行和检修,应有足够的照明、良好的通风以及必要的降温和防冻措施。

3. 锅炉房承重梁柱等构件与锅炉应有一定距离或采取其他措施,以防受高温损坏。

4. 锅炉房每层至少有两个出口,分别设在两侧。锅炉前端的总宽度不超过 12 m,且面积不超过 200 m^2 的单层锅炉,可以只开一个出口。

5. 锅炉房通向室外的门应向外开,在锅炉运行期间不准锁住或拴住;锅炉房内工作室或生活室的门应向锅炉房内开;锅炉房的出入口和通道应畅通无阻;锅炉房应防止积水,地面应平整无台阶。

（三）热力站

热力站是城市集中供热系统中热力网与用户的连接站与中转站,是为了把锅炉房生产的高温蒸汽或热水(高于100 ℃)转换成能够直接给用户供热的热水(低于100 ℃)。其作用是根据热力网工况和用户的不同条件,采用不同的连接方式,将热力网输送的供热介质加以调节、转换,向用户系统分配,以满足用户需要,并集中计量、检测供热介质的数量和参数。

1. 热力站和锅炉房都属于供热系统的重要组成部分,其主要工作原理为:锅炉房→(高温蒸汽或热水)→热力站→(低温热水)→用户→(低温热水)→热力站→(低温热水)→锅炉房。

2. 按照热力网供热介质的不同,常用的热力站分为热水热力站和蒸汽热力站两大类。

3. 热力站应降低噪声,不应对环境产生干扰。当热力站设备的噪声较高时,应加大与周围建筑物的距离,或采取降低噪声的措施,使受影响建筑物处的噪声符合《城市区域环绕噪声标准》(GB 3096)的规定。当热力站所在场所有隔振要求时,水泵基础和连接水泵的管道应采取隔振措施。

4. 热力站的站房应有良好的照明和通风;站房设备间的门应向外开;当热水热力站站房长度大于12 m时应设两个出口,热力网设计水温小于100 ℃时可只设一个出口;蒸汽热力站不论站房尺寸如何,都应设置两个出口;安装孔或门的大小应保证站内需检修更换的最大设备出入;多层站房应考虑用于设备垂直搬运的安装孔。

5. 热力站内地面宜有坡度或采取措施保证管道和设备排出的水引向排水系统,当站内排水不能直接排入室外管道时,应设集水坑和排水泵;站内应有必要的起重设施;站内地坪到屋面梁底(屋架下弦)的净高,除应考虑通风、采光等因素外,尚应考虑起重设备的需要。

（四）四电用房

通信、信号、电力和电气化设备使用的房屋,包括通信、直放站、基站、信号楼、信号中继站、行车继电器室、电力变(配)电所、牵引变电所、AT所、分区所(亭)等。

旅客车站站区范围内的四电用房宜与站房合并设置,并按功能分区相对集中布置。特殊困难情况下,应根据工程的实际情况合理确定。

1. 铁路通信信号机房

铁路通信信号机房是安装和维护铁路通信信号设备的重要建筑物,铁路通信信号主要包括以下类型。

(1)通信站:总枢纽(局间枢纽)、局枢纽、分枢纽、端站、地区电话所等。

(2)通信线路房屋:无人增音站、无人充气站、电缆转换房、水线看守房等。

(3)电气集中信号房屋:大站电气集中信号楼、小站电气集中行车室、遥控信号楼。

(4)调度集中信号房屋:调度集中信号楼。

(5)电锁器联锁信号房屋:小站独立运转室、站房内运转室。

(6)驼峰信号房屋:简易驼峰信号楼、非机械化驼峰信号楼、机械化驼峰上部信号楼、机械化驼峰下部信号楼等。

选择通信信号房屋场地时,应满足通信信号网络规划和技术要求,并结合水文、地质、地震、交通、城市规划、投资效益、生活设施等因素,综合比较选定。

通信信号房屋应根据设备需要和使用功能合理确定其面积,平面和立面的布置,对于重要设备机房,如自动机械室、长途机械室、程控交换室、控制室等,要解决好"四度"(室内温度、湿度、洁净度和室内空气流动速度);做好"六防"(防火、防水、防振、防雷、防噪声、防静电)。

2. 电力电气用房

配变电所是铁路电力电气设施的主要设备用房,配变电所等电力电气用房的形式应根据建筑物(群)分布、周围环境条件和用电负荷的密度综合确定,并满足一定要求。

(1)电力电气用房的耐火等级要求较高,其中可燃油油浸电力变压器室的耐火等级应为一级;非燃或难燃介质的电力变压器室、电压为10(6) kV 的配电装置室和电容器室的耐火等级不应低于二级;低压配电装置室和电容器室的耐火等级不应低于三级。

(2)当配变电所与上、下或贴邻的居住、办公房间仅有一层楼板或墙体相隔时,配变电所内应采取屏蔽、降噪等措施。

(3)当配变电所设置在建筑物内时,应特别提出设备的荷载要求并应设置运输通道。

(4)配变电所的门应为防火门,通风窗应采用非燃烧材料,各房间经常开启的门、窗,不宜直通含有酸、碱、蒸汽、粉尘和噪声严重的场所。

(5)变压器室、配电装置室、电容器室等应设置防止雨、雪和小动物进入屋内的设施。

(6)长度大于7 m 的配电装置室应设两个出口,并宜布置在配电室的两端;当配变电所采用双层布置时,位于楼上的配电装置室应至少设一个通向室外的平台或通道的出口。

(7)为了保证电力、电气设施的安全运行,电力电气用房应具有良好的采暖通风条件以及完善的防雷设施。

三、特殊构筑物

(一)水箱

水箱是民用和一般工业建筑供水系统中,生活给水、消防给水、管道直饮水、中水等系统的调节储水设备。水箱的特点是使建筑的供水系统运行经济、可靠、操作简单、管理方便。

1. 水箱类型

依据用途的不同,水箱分为给水箱和消防水箱等。

(1)给水箱

给水箱作为给水系统的高峰调节储水设备,其特点是使体系运行经济、可靠、操作简单、管理方便。

(2)消防水箱

所有的火灾都有一个初期火灾的过程,火场实践证明,扑灭初期火灾,对于避免更大的火灾至关重要,消防水箱用于贮存扑灭初期火灾用水。消防水箱贮水,一方面,使消防给水管道充满水,节省消防水泵开启后充满管道的时间,为扑灭火灾赢得了时间;另一方面,屋顶设置的增压、稳压系统和水箱能保证消防水枪的充实水柱,对于扑灭初期火灾的成败有决定性作用。

2. 水箱材质

水箱可使用经防腐处理的碳钢板、不锈钢板、搪瓷钢板、玻璃钢(FRP)、热浸镀锌钢板、碳钢板内衬不锈钢板、防腐瓷釉钢板、钢筋混凝土等各种材质。

3. 水箱组成

除去储水箱之外,水箱应设置进水管、出水管、溢流管、泄水管、通气管、水位信号装置、上锁人孔、内外人梯等配管和必要附件。

4. 水箱的特殊要求

热水箱应考虑保热保温;冷水箱应考虑防结露措施,当在冬季不采暖的水箱间内设置水箱时,应采用防冻的保温措施。

(二)水塔

水塔是用于储水和配水的高耸结构,用来保持和调节给水管网中的水量和水压。主要由水柜、基础和连接两者的支筒或支架组成。水塔一般用于居民区的蓄水,有些还是水厂生产工艺的一个重要组成部分。

1. 水塔类型

按照建筑材料类型,水塔分为钢筋混凝土水塔、钢水塔、砖石支筒与钢筋混凝土水柜组合的水塔。水柜也可用钢丝网水泥、玻璃钢和木材建造;按照水柜形式分为圆柱壳式、倒锥壳式、球形、箱形、碗形和水珠形等多种,其中,圆柱壳式和倒锥壳式在我国应用最多。

支筒一般用钢筋混凝土或砖石做成圆筒形。支架多数用钢筋混凝土刚架或钢构架。水塔基础有钢筋混凝土圆板基础、环板基础、单个锥壳与组合锥壳基础和桩基础。当水塔容量较小、高度不大时,也可用砖石材料砌筑的刚性基础。

2. 水塔组成

(1)圆柱壳式水柜

由顶盖、柜壁和柜底组成。顶盖采用平板、正圆锥壳或球形壳,周边设置上环梁。柜壁为圆柱形壳。柜底的外伸段是倒锥形壳,中间段采用球形壳,外伸段尺寸按两种壳的水平分力接近平衡来确定。

(2)倒锥壳式水柜

采用倒置的截头圆锥壳柜壁,但不设柜底,由下环梁与支筒壁封住。顶盖做法与圆柱壳式水柜相似。倒锥壳柜壁由于水深近似地与圆周直径成反比,因此,柜壁环向拉力比较均匀,受力状态较好。

3. 水塔的附属设备

水塔地板以上的各种附属设备装置繁多复杂,如铁梯、溢水管、上落水管、避雷针导线等设备。水塔附属设备的固定卡、窗口、门洞、泄水孔等的预留,在施工过程中安装各部位的内外模板时均应详细检查核实。

4. 水塔的后期维护

钢水塔应注意经常维护,防止钢材锈蚀。定期测量避雷针接地电阻。在空旷地区,较高的水塔顶端应安装航空识别的标志。寒冷地区的保温水塔,需特别注意管道的保温,冬季停止送水时,应把管道内积水排出。输、配水管位置应尽量距中心近些,避免水柜出现强迫振动现象。直管上要有伸缩节。

第二章 铁路房建设备的运行与维保

为了保证铁路房建设备的安全运行,房建设备的使用应遵循"科学、合理、规范"的原则,严格按照预定功能和设计要求正常使用,并定期对房建设备进行检查、维修和大修。定期对房建设备进行检查,可以及时掌握和客观评定房建设备的现有技术状态,及时发现和排除安全隐患,并根据检查评定结果确定是否需要对房建设备进行维修或大修。对房建设备进行维修和大修,可以恢复或改善房建设备的功能,保持房建设备状态良好,安全可靠,延长其使用寿命。房建设备大修维修应坚持"安全第一、预防为主、周期修和状态修相结合"的原则。

第一节 房建设备检查

房建设备检查是指为了解和掌握房建设备使用功能、技术状态、局部病害进行的现场查勘、检验等活动。

一、检查方式

检查分为日常检查、定期检查、春(秋)季检查、应急检查、健康监测等方式。

1. 日常检查

由检修人员每天按规定路线对房建设备进行检查。检查范围为高铁客站、客货共线大型及以上客站的候车厅、旅客通道、站台、雨棚,以及水、电、暖通空调等其他房建设备。检查重点是设备外观变形和破损,以及其他可能影响旅客和行车安全的设备问题。

2. 定期检查

由检修人员对检查项目按周期进行检查。检查范围主要包括承重梁和承重构件等承重结构,屋面及防水、吊顶、幕墙、墙体面层、楼地面、门窗等非承重结构,暖通、给排水、电力等附属设备。

3. 春(秋)季检查

每年春(秋)季由房建单位组织技术人员、维修人员及使用单位,对房建设备技术状态和使用情况进行的全面检查。检查结果应逐栋、逐件做好记录,填写房建设备病害报告表及技术状态等级表。春(秋)季检查,应注意房屋建筑隐蔽部位,必要时可进行无损结构的破检并及时修复。

4. 应急检查

应急检查为极端灾害环境下的检查,如遭遇大风、暴雨、强降雪、冰雹、地震以及外力破坏等灾害时,应立即对可能危及人员及行车安全的房建设备进行检查和现场评估。对暂时可以使用的病害设备,采取有效措施,维持设备使用安全,必要时现场盯守;对不能使用的病害设备立即停用,并由房建单位书面通知使用单位做好相关工作。

5. 健康监测

对于已设置的结构健康监测系统,应做好监测系统的维护。应保证监测系统数据信息传输可靠并能够反映被监测结构的行为和状态,定期对数据库和日志文件进行备份。在遇有大风、强降雪、地震等极端灾害环境或结构发生异常状态时,对结构的损伤位置和损伤程度进行诊断,对结构综合性能进行评估,为结构的维护和管理决策提供依据。在危险发生之前,应根据结构监测、损伤诊断和安全评定结果,向相关部门发出预警。

二、检查周期及要求

1. 房建设备(房屋、构筑物钢结构承重构件、非承重构件、暖通及给排水设备、电力设备)检查周期遵循《铁路运输房建设备大修维修规则(试行)》的规定,详见表2—1—1~表2—1—4。其中,房屋和构筑物的承重构件以及非承重构件的检查周期见表2—1—1和表2—1—2,对于钢结构主要构件位于隐蔽部位的,按照表2—1—1检查周期,抽样10%进行检查;暖通及给排水设备检查周期见表2—1—3;电力设备检查周期见表2—1—4,电力设备使用说明书对检查频次有明确规定的,执行说明书规定。

2. 房建设备应急检查项目见表2—1—5。

3. 房建设备定期检查与春(秋)季检查时间重合时,可合并实施。

表2—1—1 房屋、构筑物钢结构承重构件检查周期

检查部位	子项	一类		二类		三类	
		竣工后前20年	竣工20年后	竣工后前20年	竣工20年后	竣工后前20年	竣工20年后
钢结构主要构件	外观变形	一年	半年	一年	一年	一年	一年
钢结构主要构件(室内)	涂装	一年	半年	一年	一年	一年	一年
钢结构主要构件(室外)	涂装	半年	半年	半年	半年	半年	半年
连接杆件	焊缝	半年	半年	半年	半年	半年	半年
连接杆件	螺栓	半年	一季度	一年	半年	一年	一年

表2—1—2 房屋、构筑物非承重构件检查周期

检查部位	项目	一类设备	二类设备	三类设备
卷材或刚性防水屋面	泛水,防水层的搭接,变形缝,上人屋面面层,上人孔盖板,出屋面节点	半年	一年	一年
金属屋面	檐口,屋脊,变形缝,泛水板,固定件,加固构件,密封胶,密封胶带,上人孔盖板,出屋面节点	半年	一年	一年
采光顶屋面(玻璃或其他采光板屋面)	玻璃或其他采光板,固定件,胶缝,胶条,变形缝,泛水板,加固构件,开启扇五金件	一季度	半年	一年
	排烟窗的开启装置	一季度	半年	一年
	清扫、清洁	一年	一年	一年

续上表

检查部位		项目	一类设备	二类设备	三类设备
吊顶顶棚系统	室外	装饰面层及板材,板材与龙骨的连接件,龙骨与主体结构的连接件,变形缝,维修加固构件,密封胶,开启装置	一个月	半年	一年
	室内	装饰面层及板材,板材与龙骨的连接件,龙骨与主体结构的连接件,变形缝,维修加固构件,密封胶,开启装置	一季度	半年	一年
透明幕墙(含玻璃、阳光板等透明幕墙)		玻璃或其他采光板,固定件,胶缝,胶条,变形缝,连接构件,幕墙排水系统,开启扇五金件	半年	一年	一年
		排烟窗的开启装置	一季度	半年	一年
室内玻璃隔断		玻璃或其他采光板,固定件,胶缝,胶条,变形缝,连接构件,开启扇五金件	半年	一年	一年
板材类非透明幕墙(含金属、石材、人造板材等非透明幕墙)		面板,固定件,胶缝,胶条,变形缝,连接构件,幕墙排水系统,开启装置	一季度	半年	一年
挂贴板材外墙面		面板,面板与基层的连接,变形缝	一季度	半年	一年
挂贴板材内墙面		面板,面板与基层的连接,变形缝	半年	一年	一年
干挂板材内墙面		面板,固定件,胶缝,胶条,变形缝,连接构件,开启装置	半年	一年	一年
涂料外墙面		面层,面层与基层的黏结,变形缝	半年	一年	一年
涂料内墙面		面层,面层与基层的黏结,变形缝	一年	一年	一年
外门窗		玻璃或其他采光板,固定件,胶缝,胶条,连接构件,排水装置,开启扇五金件	半年	一年	一年
		排烟窗的开启装置	一季度	半年	一年
内门窗		玻璃或其他采光板,固定件,胶缝,胶条,连接构件,开启扇五金件	半年	一年	一年
室外楼地面		面层,面层与基层的黏结,变形缝	半年	一年	一年
室内楼地面		面层,面层与基层的黏结,变形缝	一年	一年	一年
楼层玻璃地面		玻璃,固定件,胶缝,胶条,压条,防护构件	一周	一个月	一季度
建筑用电伴热设备		试运行,漏电检测,过载检测	一年(入冬前)	一年(入冬前)	一年(入冬前)
防火涂料(室外)		与基层的黏结	半年	一年	一年
防火涂料(室内)		与基层的黏结	半年	一年	一年
栏杆,栏板		玻璃,固定件	一个月	一季度	半年
吸音板		板材,固定件	一个月	一季度	半年
站名牌		破损,油漆脱落	半年	一年	
雨水系统		雨水口,雨水管焊缝,雨水管卡件、连接件	雨季一个月	雨季一个月,其他季一季度	雨季1次
井盖(道路、广场等有人通行区域)		面板、固定件、支撑件、表面杂物	一个月	一季度	半年
井盖(无人通行的区域)		面板、固定件、支撑件、表面杂物	一季度	半年	一年

表 2—1—3 暖通及给排水设备检查周期

项 目	子 项	一类	二类	三类
在轨行区上部的各种管道	管道保温及附件	一个月	一季度	
为信息、信号、通信等四电、房屋服务的空调、采暖等设施	空调及附属设施、散热器、管道及附件	一个月	半年	
生活水泵	水泵、电机、管道及附件	半月	半月	半月
冷水机组、附属设备	冷水机组、水泵、电机、冷却塔、定压装置、管道、阀门及附件	依据产品使用说明书	依据产品使用说明书	依据产品使用说明书
风机盘管	风机盘管、阀门管道及附件	一个月	一季度	一季度
风机、新风机组、组合空调箱	风机、新风机组、组合空调箱及相应的管道、附件	依据产品使用说明书	依据产品使用说明书	依据产品使用说明书
采暖、空调、通风、给排水管路和附件	管路和附件是否漏水、锈蚀等	一个月	一季度	一季度

表 2—1—4 电力设备检查周期

项 目	子 项	一类	二类	三类
配电箱	电流互感器、断路器或熔断器、隔离开关或负荷开关、控制元件、接线端子等部分	一个月	一季度	一季度
开关、插座	开关、插座、接线端子等部分	一季度	半年	半年
导线、配管	导线、配管、连接线等部分	半年	一年	一年
避雷装置 接地装置	避雷装置:避雷网、保护间隙、击穿保险、避雷器及其引下线、断接卡、支持物、紧固件、连接线、连接头、连接点等部分 接地装置:接地体、接地线零线、支持物、紧固件、分接头、连接头、连接点等部分	一年(雷雨季节来临之前)		

表 2—1—5 房建设备应急检查项目

灾害项目	检查部位	检查项目	检查时间		
			一类	二类	三类
6级风及以上	所有室外构件	全面检查	之前检查、过程盯控、之后复查	之前检查、之后复查	之后检查
冰雹	屋面、墙面、封檐等室外构件	全面检查	之后检查	之后检查	之后检查
火灾	火灾范围所有构件	全面检查	之后检查	之后检查	之后检查
强降雪	屋面大跨度梁(跨度大于60 m)、斜拉索	全面检查	过程盯控、达到设计荷载,及时采取措施	达到设计荷载,及时采取措施	达到设计荷载,及时采取措施
暴雨	金属屋面	密封胶、密封胶条、加固部位、出屋面节点	雨前检查		
		漏雨情况	过程盯控	之后检查	之后检查
	排水系统	排水能力	过程中	过程中	
地震	承重结构和维护结构	沉降、变形、倒塌、失稳	震后检查	震后检查	震后检查

第二节 房建设备的技术状态评定

根据对房建设备的检查结果和检查过程中发现的问题,依照以下标准,对房建设备的技术状态进行客观实际的评定,为对房建设备进一步采取合理的维护保障措施提供依据。

一、房屋技术状态评定标准

1. 根据《铁路运输房建设备大修维修规则(试行)》的规定,房屋及其附属设备的病害项目评定标准见表2—2—1。

表2—2—1 房屋及其附属设备病害项目评定标准

病害项目	评 定 标 准
倒塌危险	按照《危险房屋鉴定标准》(JGJ 125)进行鉴定
严重漏雨	有下列情况之一者为严重漏雨: (1)屋面惯性漏雨,需要翻修屋面占整个屋面面积:平顶屋面5%以上;坡屋面10%以上的 (2)虽经多次修理,仍未解决的惯性漏雨,需重新翻修的
严重腐蚀破裂变形	有下列情况之一者为严重腐蚀破裂变形: (1)承重构件 腐蚀变形严重,虽未达到《危险房屋鉴定标准》"危险构件"程度,但需整治或重点检查、观测病害发展情况 (2)非承重构件 ①预制墙板 严重裂缝、变形,节点锈蚀,拼缝嵌料脱落,严重漏水,间隔墙立筋松动、断裂,面层严重破损 ②砖墙 严重裂缝、弓凸、倾斜、风化、腐蚀,灰缝酥松 ③石墙 严重开裂、下沉、弓凸、断裂,砂浆酥松,石块脱落 ④幕墙 板材或玻璃破损超过5处;龙骨或连接件重度锈蚀;固定件松动超过5处;密封胶、密封胶条的开裂、剥落超过5处;幕墙排水系统不畅,出现严重漏雨,漏雨呈滴状或线状;开启装置松动超过3处;变形缝固定件松动超过3处 ⑤金属板屋面 锈蚀或漆面剥落超过10%;固定件或咬口松脱、开裂的金属板面积超过1%;固定件或咬口松动的金属板面积超过10%;龙骨或金属连接件锈蚀严重
冻害、蚁害	(1)冻害:基础、墙壁由于冻害发生裂缝并仍在发展或裂缝虽不发展,但发生裂缝较大,影响正常使用的 (2)蚁害:房屋发现有白蚁蛀蚀的
潮湿返霜	(1)室内地面、墙壁常年潮湿,影响使用的 (2)室内墙壁、顶盖严重结霜凝水,影响使用的 (3)地下室渗水、积水,影响使用的
电照设备破损	(1)电线破损、老化造成绝缘不良,有漏电现象,铝、铜导线混用,导线截面偏小,影响正常使用的 (2)灯头、开关、插座大量残缺破损,相线不进开关,影响安全使用的 (3)配电箱(柜)防震胶条不严密、油漆残缺、内外不清洁;开关等部件残缺不全,操作失灵,控制元件性能降低,开关与导线连接不牢靠;导线绞接,绝缘老化,各回路编号不正确

续上表

病害项目	评 定 标 准
水暖设备破损	(1) 上下水管路破损漏水,致使大片浸湿墙壁、地面的 (2) 上下水管路大量严重锈蚀或堵塞不通的 (3) 暖气设备锈蚀漏水或管壁严重结垢造成不热的 (4) 空调通风设备、管道锈蚀严重,零件损坏,残缺不齐,跑、冒、滴、漏现象严重,影响使用的
消防设备破损	(1) 设备、管道锈蚀严重,零件损坏,残缺不齐,跑、冒、滴、漏现象严重,已无法正常使用的 (2) 消防自动控制系统控制元件失灵或性能降低、老化严重,线路绝缘老化,已无法正常使用的
其他破损	(1) 一般腐蚀破裂变形、一般漏雨、渗水,檐沟、水落管半数以上破损或全部锈蚀的 (2) 顶棚、墙壁抹灰(包括镶贴装修)多处破损剥落或粘贴不牢,影响安全使用或观瞻 (3) 地面多处破损,严重起砂、空鼓、高低不平,影响使用的 (4) 建筑用电伴热设备故障,不能正常运行,漏电,过载 (5) 房屋四周地面排水不畅,散水、明沟大量破损的 (6) 防火距离不符合当地标准的 (7) 门窗严重破损或普遍漏底失油的 (8) 避雷设施失效,接地电阻超过标准的 (9) 站名牌名字固定件锈蚀严重、松动开焊、失稳变形,站字脱漆锈蚀

2. 按病害项目评定标准评定,房屋技术状态共分三级。一级是无表 2—2—1 所列的病害;二级是无表 2—2—1 所列的倒塌危险、严重漏雨、严重腐蚀破裂变形,其余病害不超过 3 项;三级是存在表 2—2—1 所列的倒塌危险,严重漏雨,严重腐蚀破裂变形之一者,或其余病害超过 3 项。

二、构筑物技术状态评定标准

构筑物及其附属设备的技术状态共分为三级,评定标准见表 2—2—2。本表未列入的其他设备,由铁路局参照本表制定相关评定标准,并报中国铁路总公司备案。

表 2—2—2　构筑物及其附属设备技术状态评定标准

构筑物名称	评 定 标 准		
	一 级	二 级	三 级
站台	无病害且不侵限	侵限但不影响二级超限货物运输列车通过;帽石及站台墙有破损,站台面局部坑洼不平,但不影响安全使用	侵限影响二级或一级超限货物运输列车通过;有影响安全使用的各项病害
雨棚	无病害且不侵限	侵限但不影响二级超限货物列车通过;有破损、漏雨,但不影响安全使用	侵限影响二级或一级超限货物运输列车通过;有影响安全使用的各项病害
围墙	无病害	有腐蚀破损、变形及冻害等,但不影响安全使用	有倒塌危险,严重破损或影响安全使用
道路、广场	无病害	有破损、局部坑洼不平或积水,但不影响安全使用	严重破损,大面积坑洼不平或积水,影响安全使用
站名牌	无病害	牌面油漆局部剥落,有破损、倾斜,但不影响安全使用	字迹不清或有严重破损、倾斜,影响安全使用

续上表

构筑物名称	评定标准		
	一级	二级	三级
排水管(沟)	无病害	有破损,局部排水不畅,但不影响安全使用	严重破损,排水不畅,影响安全使用
独立烟囱	无病害	有破损(腐蚀)变形(倾斜),但不影响安全使用	有倒塌危险,严重破损,影响安全使用
水表井、闸门井、检查井、跌水井、雨水井	无病害	有破损(腐蚀)、漏水、冻害,但不影响安全使用	有严重破损,严重漏水,影响安全使用
蓄水池、生活用水塔	无病害	有破损(腐蚀)、漏水,但不影响安全使用	有严重破损,严重漏水,影响安全使用

第三节　房建设备维修和大修的基本要求

房建设备维修是指房建设备在服役周期内,为了修复由于自然因素、人为因素造成的损坏,以保持其经常处于合格状态,而采取的一般性修缮活动。

房建设备大修是指需要牵动或拆换主体构件或设备的修缮工程。大修的基本任务是根治病害,恢复功能,延长房建设备使用寿命。大修的特点是工程地点集中,工程量大。

房建设备维修和大修的基本要求如下:

1. 房建设备大修维修计划及方案,应根据《铁路运输房建设备大修维修规则(试行)》、技术资料(包括设计使用年限、产品使用寿命及维护要求)和技术状态制定。

2. 房建设备大修维修设计、施工、监理等工作,国家有资质要求时,须按国家有关规定执行。

3. 房建设备大修维修工程采用的材料、设备应符合现行国家及行业相关技术标准。

4. 对影响人身和行车安全的设备,应加强风险控制,及时采取消除或预防危险措施。

5. 房建设备使用年限达到设计使用年限时,应由具备相应资质的单位对其进行鉴定和安全评估,并出具能否继续使用及是否需要加固处理的结论。

6. 房建设备大修维修属营业线施工时,应严格执行《铁路营业线施工安全管理办法》。在有限空间作业时,应遵守"先通风、再检测、后作业"的原则,执行有限空间作业安全有关规定,采取有效防护措施,确保人身和设备安全。

7. 日常情况下,房建设备技术状态三级率不应大于5%。

8. 加强房建统计工作。房建设备大修维修完成情况报表、房建设备综合情况报表、房建部门综合情况报表、构筑物、附属设备建筑面积换算表见表2—3—1~表2—3—4。

表2—3—1 房建设备大修维修完成情况报表

填报单位：_____铁路局(公司)　　　　　　　　　　　　　　　　　　　　　年　季度

项　目		计算单位	年度计划	本季完成		累计完成	病害项目		计算单位	本季完成			年度计划	累计完成		
				计划	完成					栋(件)	m²(Hm²)			栋(件)	m²(Hm²)	
一、房屋大修		m²/万元					整治病害	房屋	倒塌危险							
其中	一类	m²/万元							严重漏雨							
	二类	m²/万元							严重腐蚀破裂变形							
	三类	m²/万元							冻害、蚁害							
二、构筑物大修		Hm²/万元							潮湿返霜							
其中	一类	Hm²/万元							电照设备破损							
	二类	Hm²/万元							水暖设备破损							
	三类	Hm²/万元							消防设备破损							
三、附属设备大修		Hm²/万元							其他破损							
其中	一类	Hm²/万元							三级房屋升级							
	二类	Hm²/万元						构筑物	倒塌危险							
	三类	Hm²/万元							侵限(站台)							
四、房建设备综合维修		Hm²							侵限(雨棚)							
其中	一类	Hm²							三级构筑物升级							
	二类	Hm²														
	三类	Hm²					综合维修项目									
施工质量	大修项目 一次验收合格率	%		合格件/验收件=		合格件/验收件=	施工质量	一次验收合格率	%	合格件/验收件=				合格件/验收件=		

处长：　　　　　　　　　　　科长：　　　　　　　　　　　填表人：　　　　　　　　　　　填报日期：　　年　月　日

表 2—3—2 房建设备综合情况报表

填报单位：_____铁路局（公司）　　　　　　　　　　　　　　　　　　　　年

项目	总计 (Hm²)	房屋				构筑物				附属设备			
		合计 (栋/m²)	其中			合计 (栋/Hm²)	其中			合计 (Hm²)	其中		
			一类 (栋/m²)	二类 (栋/m²)	三类 (栋/m²)		一类 (栋/Hm²)	二类 (栋/Hm²)	三类 (栋/Hm²)		一类 (Hm²)	二类 (Hm²)	三类 (Hm²)
设备数量													
需大修的													
需更新改造的													
…													

技术状态

设备分类	房屋			构筑物		
	一级	二级	三级	一级	二级	三级
	数量 (栋/m²)	占房屋总面积(%)	数量 (栋/m²)	占房屋总面积(%)	数量 (栋/m²)	占房屋总面积(%)	数量 (栋/Hm²)	占构筑物总面积(%)	数量 (栋/Hm²)	占构筑物总面积(%)	数量 (栋/Hm²)	占构筑物总面积(%)
一类						
二类						
三类						
合计						

存在病害

项目	房屋						构筑物		
	倒塌危险	严重漏雨	严重腐蚀破裂变形	冻害蚁害	潮湿返霜	电照设备破损	水暖设备破损	消防设备破损	其他破损	倒塌危险	侵限站台	侵限雨棚
单位	栋/m²	栋/m²	栋/m²	栋/m²	栋/m²	栋/m²	栋/m²	栋/m²	栋/m²	栋/Hm²	栋/Hm²	栋/Hm²
数量												
占总面积(%)												

固定资产总金额：　　　　　（万元）　　房屋构筑物：　　　　　（万元）　　其他：　　　　　（万元）　　附注：

处长：　　　　　　　　　　　科长：　　　　　　　　　　　填表人：　　　　　　　　　　　填报日期：　　　年　　月　　日

表2—3—3 房建系统综合情况报表

填报单位：_____铁路局(公司)　　　　　　年

机构和人员概况							
项目	单位	数量	项目	单位	数量	备注	
职工总人数	人		房管所	个			
其中:40岁及以下	人		房建单位	个			
55岁及以上	人		高铁房建车间	个			
干　部	人		普铁房建车间	个			
工　人	人		兼管高铁和普铁车间	个			
房产处人员	人		高铁房建工区	个			
房管所人员	人		普铁房建工区	个			
房建单位人员	人		兼管高铁和普铁工区	个			
专业技术干部和从事房建大维修生产工人情况							
项目	单位	专业技术干部	项目	单位	高级工及以下	技师及以上	
专业技术干部总人数	人		木　工	人			
技术员	人		瓦　工	人			
助理工程师	人		油漆工	人			
工程师	人		混凝土工	人			
高级工程师	人		钢筋工	人			
40岁及以下	人		电　工	人			
55岁及以上	人		管道工	人			
项目	单位	生产工人	白铁工	人			
生产工人总人数	人		装修工	人			
其中:女职工	人		普　工	人			
在　岗	人		其　他	人			
非在岗	人		40岁及以下	人			
其中:工伤非在岗	人		55岁及以上	人			
长病非在岗	人						

处长：　　　　　　科长：　　　　　　填表人：　　　　　　填报日期：　年　月　日

表2—3—4 构筑物、附属设备建筑面积换算表

构筑物、附属设备名称	换算面积(m²)	包含内容
道路、广场	5 m² 换算 1 m²	
站　台	5 m² 换算 1 m²	
围墙、栅栏(含玻璃栏板)	2 m 换算 1 m²	
道路上的桥梁	1 m(按跨长)换算 20 m²	
道路上的涵管	1 处换算 10 m²	
架空走道	1 m(按跨长)换算 20 m²	

续上表

构筑物、附属设备名称	换算面积(平方米)	包含内容
生活水塔(100 t 以下)	1 座换算 100 m²	
生活水塔(100 t 及以上)	1 座换算 200 m²	
室外暖气地沟(土建部分)、排水沟	5 m 换算 1 m²	
室外上下水道、室外暖气管道	2 m 换算 1 m²	
沉 淀 池	1 座换算 200 m²	
隔油池、化粪池、渗水井、储水池	1 座换算 50 m²	
闸门井、检查井、跌水井、雨水井	1 座换算 20 m²	
独立饮水井、独立烟囱	1 座换算 20 m²	
站 名 牌	1 个换算 10 m²	
采暖锅炉 0.7 MW 以下(1.0 t/h 以下)	1 台换算 800 m²	
采暖锅炉 0.7~1.4 MW 以下(1.0~2.0 t/h 以下)	1 台换算 1 600 m²	
采暖锅炉 1.4~2.8 MW 以下(2.0~4.0 t/h 以下)	1 台换算 4 000 m²	锅炉设备包括:锅炉本体,鼓(引)风机,除尘器,水处理设备,循环设备,分集水器,除污设备,除灰设备,锅炉房配管,电控设备和各种监测仪表等
采暖锅炉 2.8 MW(4.0 t/h)	1 台换算 8 000 m²	
采暖锅炉 4.2 MW(6.0 t/h)	1 台换算 11 000 m²	
采暖锅炉 7.0 MW(10.0 t/h)	1 台换算 16 000 m²	
采暖锅炉 7.0 MW(10.0 t/h)以上的锅炉	按每 0.7 MW(1.0 t/h)换算 1 000 m² 增加	
热交换设备(换热面积 <50 m²)	1 组热交换器换算 200 m²	
热交换设备(换热面积 ≥50 m²)	1 组热交换器换算 500 m²	
制冷机组[制冷量 <500 kW 以下(不含)]	1 台换算 5 000 m²	制冷机组包括溴冷机、螺杆机、热泵机组本体及机房内制冷相关的水泵、阀门、管路、电控系统、定压装置、水处理设备等
制冷机组[制冷量 500(含)~1 000 kW]	1 台换算 15 000 m²	
制冷机组[制冷量 1 000(含)~2 000 kW]	1 台换算 25 000 m²	
制冷机组[制冷量 2 000(含)~3 000 kW]	1 台换算 35 000 m²	
制冷机组(3 000 kW 及以上)	1 台换算 44 000 m²	
组合式空调机组[风量 <10 000 m³(不含)]	1 台换算 500 m²	包括组合式空调机组本体、连接机组的风管道及阀门、水管道及控制阀门、电控系统
组合式空调机组[风量 10 000(含)~20 000 m³]	1 台换算 1 000 m²	
组合式空调机组(风量 20 000 m³ 及以上)	1 台换算 1 500 m²	
新风机组[风量 <10 000 m³(不含)]	1 台换算 500 m²	包括新风机组本体、连接机组的风管道及阀门、水管道及控制阀门、电控系统
新风机组[风量 10 000(含)~20 000 m³]	1 台换算 1 000 m²	
新风机组(风量 20 000 m³ 及以上)	1 台换算 1 500 m²	
通风机组[7.5 kW(含)以下]	1 台换算 200 m²	含正压送风机组、排烟风机,包括机组本体、电控装置
通风机组(7.5 kW 以上)	1 台换算 500 m²	
冷却塔[循环水量 300 t/h(不含)以下]	1 台换算 1 000 m²	包括冷却塔本体、与冷却塔连接的水管道及控制阀门、电控系统
冷却塔(循环水量 300 t/h 及以上)	1 台换算 1 500 m²	
给水加压泵(45 kW 以下)	每套系统换算 500 m²	
给水加压泵[45 kW(含)以上]	每套系统换算 1 000 m²	包括水泵、管道、阀门、电控装置、消毒装置、水箱等

注:对未规定的构筑物和附属设备换算率,铁路局可另行研究制定,报中国铁路总公司备案。

第四节　房建设备维修

根据房建设备病害程度和维修难度的不同,房建设备的维修分为检修和综合维修。

一、检　修

1. 检修是结合房建设备检查和用户报修,对房建设备及时进行的简单修理。检修的目的是使房建设备保持正常的使用功能。检修的特点是项目简单、零星分散、点多面广、时间要求紧迫。

2. 检修时,对设备检查中发现和用户报修的零小破损应及时修理。对客站的房建设备,铁路局应建立用户报修联系制度。

3. 对未能及时修理且影响安全的病害,修复前应采取临时安全防护措施。

二、综合维修

1. 综合维修是对房建设备一般病害进行的修复活动。综合维修的基本任务是以整治病害、消除隐患为目的,对破损部分基本原样修好。综合维修的特点是修理规模介于检修、大修之间,工程地点相对集中,项目比较复杂、工程量较大、周期性强、计划性强,需要综合管理。

2. 综合维修周期

(1)房建设备综合维修周期应根据竣工图纸中标明的设计使用年限、产品使用寿命,设备供应商提供的产品说明书、维护手册以及现行相关规范标准的要求确定。

(2)依据《铁路运输房建设备大修维修规则(试行)》,房屋、构筑物在一般使用环境下的综合维修周期见表2—4—1。

(3)对于一类房建设备,可根据实际适当缩短综合维修周期。

(4)对处于特殊环境的房建设备,应结合使用情况确定综合维修周期。

表2—4—1　房屋、构筑物综合维修周期参考表

维修项目	子　项	周　期		备　注
		综合维修(年) 已使用年限≥25年	综合维修(年) 已使用年限<25年	
屋面及防水	钢筋混凝土平屋面	5	10	
	钢筋混凝土坡(瓦)屋面	5	10	
	金属屋面	2	5	
	采光顶屋面	2	5	
室外装饰装修	涂料外墙面	5	5	
	贴墙砖外墙面	5	8	
	各类幕墙(玻璃、金属、石材)	根据产品寿命确定	根据产品寿命确定	
	外门窗	5	10	
	外露及悬挂物	3	5	

续上表

维修项目	子项	周期 综合维修(年) 已使用年限≥25年	周期 综合维修(年) 已使用年限<25年	备注
室内装饰装修	楼地面	5	7	
	吊顶系统	5	7	
	室内门窗	7	10	
	栏杆、扶手	5	7	
承重构件	砌体结构	5	10	结合房屋安全使用检查或检测结论确定
	木结构	5	8	
	现浇混凝土构件	5	10	
	钢结构	5	10	
	索结构	5	8	
承重结构支座	钢结构支座(网架、桁架)	5	8	结合支座设计使用年限或安全使用检测结论确定
	消能阻尼器	5	8	
	隔震支座	5	8	
钢结构涂装	室内构件涂装	7	10	
	室外构件涂装	5	10	
站区设施设备	道路设施	2	3	
	无障碍设施	3	6	
	各类管井	5	5	
	设备标识铭牌	3	5	
	其他构筑物	5	6	

三、维修内容及要求

依照《铁路运输房建设备大修维修规则(试行)》,房屋、构筑物维修内容及要求详见表2—4—2,附属设备维修内容及要求详见表2—4—3,表中未列维修内容和要求参照相关规范、标准执行。

表2—4—2 房屋、构筑物维修内容及要求

项目	子项	维修内容及要求
地基与基础		(1)基础不均匀沉降已影响上部结构,使墙体倾斜、开裂、变形的,应针对病害予以加固、补强或拆砌 (2)回填土必须按规定分层夯实 (3)基础所用的材料、配合比必须符合设计要求 (4)砖、石砌体砂浆必须饱满,砖砌体水平缝砂浆饱满度不得低于80% (5)新旧基础接槎必须严密牢固,符合设计要求 (6)浇筑混凝土前,旧混凝土应提前浇水润湿,涂刷水泥浆或界面剂
砌体结构		(7)砌块和砌筑砂浆的强度等级、品种、原材料、配合比应符合设计要求 (8)使用旧砖时应刮整干净,强度符合设计要求 (9)水平缝的砂浆饱满度不得低于80%(承重空心砖砌体除外)。竖缝应严实

续上表

项目	子项	维 修 内 容 及 要 求
砌体结构		(10)组砌方法应正确,不应有通缝;独立砖柱不得用包心砌法。墙角处和内外墙交接处的斜槎和直槎应通顺密实,直槎必须按规定加拉结筋 (11)新旧墙必须咬口,每米(高度)不得少于3处。接槎部位砂浆必须饱满 (12)新旧墙灰缝和组砌形式应一致 (13)墙、柱面应平整清洁,刮缝深度应适宜,勾缝应密实,深浅应一致。横竖缝交接处应平整 (14)砌体掏开洞口的位置、形状、大小应符合设计要求,严禁违反设计文件擅自改动建筑主体、承重结构或主要使用功能
混凝土结构		(15)结构拆除施工前,应制定完善的施工方案并采取相应的安全技术措施,确保原房屋构筑物的安全,必要时施工方案应经过专家论证 (16)需保留原构件钢筋时,应选用适宜的拆除方法,不得任意切断、弯折和损伤原有钢筋。需保留的钢筋搭接长度应符合设计和有关标准的规定 (17)拆除的部分应拆除彻底、干净,不得有遗漏。拆除部位的位置和尺寸应符合设计要求,最大偏差不应超过±25 mm (18)钢筋的材质、规格、型号、安装间距及保护层厚度均应符合设计要求和规范规定 (19)钢筋应平直、无损伤,表面不得有裂纹、油污、颗粒状或片状老锈。除锈后仍留有麻点的钢筋不得按原规格标准使用 (20)钢筋焊接、绑扎接头应符合有关标准、规范的要求,焊接接头表面无烧伤、无裂纹,焊接和绑扎的钢筋骨架和钢筋网片应牢固,不松动、不变形,同一截面受力钢筋接头数量和搭接长度应符合规范规定。垫块应符合要求 (21)混凝土所用水泥、外加剂、粗细骨料、掺料等原材料,应符合设计要求 (22)混凝土强度等级必须符合设计要求 (23)新旧混凝土结合时,基层混凝土存在的空鼓、酥松、裂缝等缺陷应剔凿清理至密实部位。浇筑混凝土前,基层混凝土表面应用水冲洗干净,并涂刷水泥浆等界面剂。新增构件和部件与原结构应连接可靠,新增截面与原截面应粘结牢固,形成整体 (24)混凝土结构加固施工时,应避免对未加固部分以及相关的结构、构件和地基基础造成不利的影响 (25)混凝土应振捣密实,合理养护,表面平整,不应露筋和有较多的蜂窝麻面。不得有超过允许的裂缝
钢结构		(26)维修加固施工前,应对原结构构件进行核查,对于施工时可能出现倾斜、失稳或倒塌等不安全因素的结构,应采取相应的临时安全措施 (27)钢结构加固所用的钢材、连接材料(焊条、焊剂、焊丝、螺栓、铆钉)等,其品种、规格和性能均应符合现行国家产品标准和设计要求 (28)重要钢结构采用的钢材和焊接材料,应按有关规定进行见证取样复验,复验结果应符合现行国家产品标准和设计要求 (29)钢构件焊接加固时,应按照设计、施工技术方案和焊接工艺评定报告确定的顺序和方法施焊,并应采取间隔、对称、同步等防止焊接变形的措施 (30)采用螺栓(或铆钉)连接加固构件,紧固螺栓应拧紧,外露丝扣长度不少于2扣,铆接接触面紧密,联结牢固 (31)钢构件应焊接、安装牢固,位置准确,尺寸符合设计要求 (32)焊缝应成型平滑,表面无裂纹、脱焊、夹渣、针状气孔、烧穿、焊瘤、弧坑和熔合性飞溅等缺陷 (33)钢构件除锈应光平、干净 (34)钢构件表面涂层涂装遍数、厚度应符合设计要求。表面涂层应均匀,不应有误涂、漏涂、脱皮、皱皮、流坠、针眼、气泡和返锈等现象
木结构		(35)木结构防腐、防虫、防火等防护处理应符合设计要求 (36)木结构防护所采用防护剂(防腐、防虫、阻燃剂)的品种、型号和性能应符合设计要求 (37)木质基层表面应平整、光滑、无油脂、无尘、无树脂,并且表面无浮灰 (38)埋入砌体等结构中的檩条、格栅等木构件根部,与砌体结构接触的木柱、门窗樘等构件和接触地坪的柱根等部位防腐处理要均匀,不得遗漏 (39)木构架的修复或更换所用木材(人造木材)的品种、规格、尺寸、材质等级等技术要求应符合设计要求 (40)木屋架、梁、檩、椽各部分的联结必须紧密牢固,槽齿应密合,螺栓应拧紧,间距应正确,钢拉杆应顺直,螺栓伸出螺帽的长度不应小于杆径的1倍

续上表

项目	子项	维修内容及要求
木结构		(41)屋面木基层板接头应在檩、椽上,并分段错开,每段接头处板的总宽度不大于1 m,无漏钉等缺陷 (42)挂檐板、封山板表面应刨光,粘合严密,下边缘至少低于檐口平顶25 mm (43)椽与檩应钉结牢固,在屋脊处两椽子钉接可靠。椽子接头应设在檩上,并错开布置
屋面	屋面找平层	(44)屋面找平层的材料质量及配合比、厚度和技术指标应符合设计要求 (45)屋面(含天沟、檐沟)找平层的排水坡度应符合设计要求 (46)基层与突出屋面结构的交接处和基层的转角处,均应做成圆弧形,且整齐平顺 (47)水泥砂浆、细石混凝土找平层应平整、压光,不得有酥松、起砂、起皮现象;沥青砂浆找平层不得有拌和不匀、蜂窝现象 (48)找平层分格缝的位置和间距应符合设计要求。纵横分格缝的最大间距:水泥砂浆或细石混凝土找平层不宜大于6 m;沥青砂浆找平层不宜大于4 m (49)找平层表面平整度的允许偏差为5 mm
屋面	屋面保温层	(50)保温材料的品种、规格、性能(堆积密度或表观密度、导热系数以及板材的强度、吸水率等)等应符合现行国家产品标准和设计要求 (51)保温层的含水率应符合设计要求。其中,封闭式保温层采用有机胶结材料时,保温层的含水率不得超过5%;采用无机胶结材料时,保温层的含水率不得超过20%
屋面	平瓦屋面	(52)平瓦及其脊瓦的品种、规格、等级、性能等应符合设计要求 (53)新瓦与原平瓦规格应一致,接槎应顺槎 (54)脊瓦在两坡面瓦上的搭盖宽度,每边不应小于40 mm (55)瓦伸入天沟、檐沟的长度应为50~70 mm (56)天沟、檐沟的防水层伸入瓦内宽度不应小于150 mm (57)瓦头挑出封檐板的长度应为50~70 mm (58)突出屋面的墙或烟囱的侧面瓦伸入泛水宽度不应小于50 mm (59)平瓦应铺置牢固。瓦面应平整,行列整齐,搭接紧密,檐口处平直 (60)平瓦屋面不得渗漏
屋面	金属板屋面	(61)金属板材与辅助材料的规格和质量等级应符合设计要求 (62)金属板材的连接和密封处理应符合设计要求,不得有渗漏现象 (63)压型板屋面固定所用的镀锌螺栓(螺钉)应带防水垫圈,固定点应设在波峰上。螺栓(螺钉)外露部分涂抹的密封材料应密实、均匀 (64)压型板的横向搭接不应小于一个波,纵向搭接不应小于200 mm;压型板挑出墙面的长度不应小于200 mm;压型板伸入檐沟内的长度不应小于150 mm;压型板与泛水的搭接宽度不应小于200 mm (65)金属板材屋面应安装平整,固定方法正确,密封完整;排水坡度应符合设计要求 (66)金属板材屋面的檐口线、泛水段应顺直,无起伏现象 (67)金属板材边缘应整齐,表面应光滑,色泽应均匀,外形应规则,不得有翘曲、脱膜和锈蚀等缺陷 (68)金属板材应根据要求板型的深化设计的排板图铺设,并应按设计图纸规定的连接方式固定 (69)压型金属板的咬口锁边连接应严密、连续、平整,不得翘曲和裂口 (70)压型金属板的固定支座型号、长度、厚度及安装位置、间距应符合设计要求,安装应牢固
防水	卷材防水屋面	(71)卷材防水层所用卷材及其配套材料品种、规格、性能等应符合现行国家产品标准和设计要求。所选用的基层处理剂、接缝胶粘剂、密封材料等配套材料应与铺贴的卷材性能相容 (72)卷材铺贴方向、搭接宽度、固定密封措施和防水层厚度应符合设计要求 (73)卷材防水层不得有渗漏或积水现象 (74)天沟、檐沟、檐口、水落口、泛水、变形缝和伸出屋面管道的防水构造应符合设计要求,且固定牢固、密封严密、排水畅通,无翘边、空鼓、褶皱 (75)修补的新旧卷材应接槎顺茬吻合,表面平整,固定牢固,密封严密 (76)铺设防水卷材的基层应平整、坚实、干净、干燥 (77)卷材防水层的搭接缝应粘(焊)结牢固,密封严密,不得有皱折、翘边和鼓泡等缺陷;防水层的收头应与基层粘结并固定牢固,缝口封严,不得翘边 (78)卷材的铺贴方向应正确,卷材搭接宽度的允许偏差为-10 mm
防水	涂膜防水屋面	(79)防水涂料和胎体增强材料应符合设计要求 (80)涂膜防水层不得有渗漏或积水现象 (81)新做防水层与原有防水层搭接宽度不应少于100 mm,防水涂料与附加层、基层结合牢固,密封严密

续上表

项目	子项	维 修 内 容 及 要 求
防水	涂膜防水屋面	(82)天沟、檐沟、檐口、水落口、泛水、变形缝和伸出屋面管道的防水构造应符合设计要求 (83)涂膜防水层基层应干燥、干净、平整无杂质,符合设计要求 (84)涂膜防水层的平均厚度应符合设计要求,最小厚度不应小于设计厚度的80% (85)涂膜防水层与基层应粘结牢固,表面平整,涂刷均匀,无流淌、皱折、鼓泡、露胎体和翘边等缺陷
防水	玻璃采光顶	(86)玻璃采光顶的预埋件应位置准确,安装应牢固 (87)采光顶玻璃及玻璃组件的制作,应符合现行行业标准《建筑玻璃采光顶》(JG/T 231)的有关规定 (88)采光顶玻璃表面应平整、洁净、颜色应均匀一致 (89)玻璃采光顶与周边墙体之间的连接应符合设计要求 (90)采光顶玻璃及其配套材料的质量应符合设计要求 (91)采光玻璃顶不得有渗漏现象 (92)硅酮耐候密封胶的打注应密实、连续、饱满,粘贴应牢固,不得有气泡、开裂、脱落等缺陷 (93)玻璃采光顶铺装应平整、顺直;排水坡度应符合设计要求 (94)玻璃采光顶的冷凝水收集和排除构造,应符合设计要求 (95)采光顶玻璃的密封胶缝应横平竖直,深浅应一致,宽窄应均匀,应光滑顺直
防水	楼地面防水	(96)楼地面防水工程所用材料的品种、规格、性能及配合比应符合设计要求 (97)楼地面防水层严禁渗漏,坡向应正确、排水通畅,不得积水 (98)楼地面防水层厚度应符合设计要求 (99)防水层与其下一层粘结牢固,不得有空鼓;防水涂层应平整、均匀,无脱皮、起壳、裂缝、鼓泡等缺陷
装饰装修	抹灰	(100)抹灰前基层表面的尘土、污垢、油渍等应清除干净,并应洒水润湿 (101)抹灰所用材料的品种和性能应符合设计要求;砂浆的配合比应符合设计要求 (102)抹灰工程应分层进行;当抹灰总厚度大于或等于35 mm时,应采取加强措施;不同材料基体交接处表面的抹灰,应采取防止开裂的加强措施,当采用加强网时,加强网与各基体的搭接宽度不应小于100 mm (103)抹灰层与基层之间及各抹灰层之间应粘结牢固,新旧接槎平整密实,抹灰层应无脱层、空鼓,面层应无爆灰和裂缝 (104)外墙抹灰不得渗漏 (105)抹灰表面应光滑、洁净,修补接缝严密平整,与原饰面色泽、式样基本一致 (106)护角、孔洞、槽、盒周围的抹灰层修补表面应整齐、光滑;管道后面的补抹灰表面应平整 (107)外墙抹灰修补时,对窗台、窗楣、雨篷、阳台、压顶和突出腰线等有排水要求的部位应做流水坡度和滴水线(槽)。滴水线(槽)应整齐顺直,滴水线应内高外低,滴水槽的宽度和深度均不应小于10 mm
装饰装修	饰面砖粘贴墙面	(108)饰面砖的品种、规格、图案、颜色和性能应符合设计要求 (109)饰面砖粘贴工程的找平、防水、粘结和勾缝材料及施工方法应符合设计要求 (110)修补或新贴的饰面砖粘贴应牢固 (111)满粘法施工的饰面砖工程应无空鼓、裂缝 (112)修补或新贴的砖饰面表面应平整、洁净、色泽一致,无裂痕和缺损 (113)饰面砖接缝应平直、光滑,填嵌应连续、密实;宽度和深度应符合设计要求并与原饰面砖顺平
装饰装修	石材饰面板安装墙面	(114)石材饰面板及其粘贴、嵌缝材料的品种、规格、等级、颜色、性能等应符合设计要求 (115)石材饰面板安装槽、孔的尺寸、位置、数量应符合设计要求。石材饰面板连接部位正反两面均不应出现崩缺、暗裂、窝坑等缺陷 (116)预埋件(或后置埋件)、连接件的数量、规格、位置、连接方法和防腐处理应符合设计要求。后置埋件的现场拉拔强度应符合设计要求。饰面板安装应牢固 (117)修补、拆换的石材应与原石材式样一致、颜色协调 (118)石材饰面板应表面平整、洁净、色泽均匀,边缘突出墙面的厚度一致,板面无划痕、磨痕、裂缝和缺损 (119)饰面板嵌缝应密实、平直,宽度和深度应符合设计要求,嵌填材料应连续、光滑,色泽一致

续上表

项目	子项	维 修 内 容 及 要 求
装饰装修	金属饰面板墙面	(120)金属饰面板的品种、规格、颜色和性能应符合设计要求 (121)修补或新做的饰面板安装应牢固,不得有松动变形 (122)金属饰面板的接缝应顺直、平整、美观 (123)金属饰面板的开口边缘应整齐,护口应严密,排列应顺直、整齐、美观 (124)金属饰面板的表面应洁净、美观,色泽符合设计要求,无翘曲、凹坑和划痕
	木门窗制作与安装	(125)木门窗所用的木材品种、材质等级、规格、尺寸,框扇的线型及人造木板的甲醛含量应符合设计要求 (126)新做门窗时的木材含水率不得超过规范规定 (127)门窗修补、拼接、加固、制作时,尺寸、榫卯做法和起线形式应与原构件一致,榫卯应严实,并应加楔、涂胶加固 (128)木门窗的防火、防腐、防虫处理应符合设计要求 (129)木门窗框、扇安装应牢固 (130)预埋木砖的防腐处理、木门窗框固定点的数量、位置及固定方法应符合设计要求。木门窗框与墙体间缝隙的填嵌材料应符合设计要求,填嵌应饱满 (131)木门窗配件齐全、安装牢固、位置正确,功能应满足使用要求,新旧配件协调一致,为加固而新增的铁件应置于隐蔽部位 (132)木门窗框、扇表面应洁净,无刨痕、锤印 (133)木门窗扇应开关灵活,关闭严密,无倒翘 (134)修理、加固的榫槽严密,尺寸准确,结合平服,不得以钉代螺丝或榫头
	金属门窗安装	(135)金属门窗的品种、类型、规格、尺寸、性能及型材壁厚应符合设计要求 (136)金属门窗的安装位置、开启方向、连接方式、防腐及填嵌、密封处理应符合设计要求 (137)金属门窗框和副框的安装应牢固。预埋件、锚固件的数量、位置、埋设方式、与框的连接方式应符合设计要求 (138)金属门窗扇应安装牢固,开关灵活,关闭严密,无阻滞回弹和倒翘。推拉门窗扇应有防脱落措施 (139)金属门窗配件的型号、规格、数量应符合设计要求,安装应牢固,位置应正确,功能应满足使用要求 (140)修换的窗纱应绷紧、平整,压纱条安装牢固、平直 (141)金属门窗表面应洁净、平整、光滑、色泽一致,无锈蚀。大面应无划痕、碰伤,漆膜或护层应连续 (142)金属门窗框与墙体之间的缝隙应填嵌饱满,并采用密封胶密封。密封胶表面应光滑、顺直,无裂纹 (143)金属门窗扇的橡胶密封条或毛毡密封条应安装完好,不得脱槽 (144)有排水孔的金属门窗,排水孔应畅通,位置和数量应符合设计要求
	塑料门窗安装	(145)塑料门窗的品种、类型、规格、尺寸、开启方向、安装位置、连接方式及填嵌密封处理、内衬增强型钢的壁厚及设置应符合设计要求和现行国家产品标准的质量要求 (146)门窗框、副框和扇的安装应牢固。固定片或膨胀螺栓的数量与位置应正确,连接方式应符合设计要求。固定点应距窗角、中横框、中竖框150~200 mm,固定点间距不大于500 mm (147)塑料门窗应开关灵活、关闭严密,无倒翘。推拉门窗扇应有防脱落措施 (148)塑料门窗框与墙体间缝隙应采用闭孔弹性材料填嵌饱满,表面应采用密封胶密封。密封胶应粘结牢固,表面应光滑、顺直、无裂纹 (149)塑料门窗扇的密封条应完好,安装牢固,不得脱槽 (150)玻璃密封条与玻璃及玻璃槽口的接缝应平整,不得卷边、脱槽 (151)排水孔应畅通,位置和数量应符合设计要求
	玻璃门	(152)玻璃门所使用的材料品种、类型、规格、尺寸、开启方向、安装位置、防腐处理和各项性能应符合设计要求 (153)带有机械装置、自动装置或智能化装置的玻璃门,其机械装置、自动装置或智能化装置的功能应符合设计要求和有关标准的规定 (154)玻璃门的安装应牢固。预埋件的数量、位置、埋设方式、与框的连接方式应符合设计要求 (155)玻璃门配件应齐全,安装牢固,位置正确,功能应满足使用要求和玻璃门的各项性能要求 (156)玻璃门的表面应洁净,无划痕、碰伤,门扇运行过程中无噪声

续上表

项目	子项	维 修 内 容 及 要 求
装饰装修	吊顶基层	(157)吊顶所用吊杆、龙骨、连接件和防护剂(防腐、防虫、阻燃剂)等的品种、规格、尺寸、性能应符合设计要求 (158)吊顶工程的木龙骨、木吊杆的防腐、防虫、防火等防护处理应符合设计要求 (159)吊顶工程的预埋件、钢筋吊杆和型钢吊杆的防腐、防火等防护处理应符合设计要求 (160)吊杆、龙骨、连接件应安装牢固,安装间距及连接方式应符合设计要求和产品的组装要求。吊杆距主龙骨端部距离不得大于 300 mm (161)自重大于等于 3 kg 的吊灯、电风扇和排风扇等有动荷载的设备及其他重型设备应由独立吊杆固定,严禁安装在吊顶工程的龙骨上
	金属板吊顶	(162)金属板的品种、规格、图案、颜色、性能和吊顶内功能性填充材料,应符合设计要求和国家现行产品标准的规定。修复的金属板应无明显修痕 (163)金属板安装应牢固。室外吊顶应设置防风装置 (164)饰面板开口处套割尺寸应准确,边缘应整齐,不得露缝;修复的板条、块排列应顺直、方正 (165)金属板板面应表面平整,接缝严密,板缝顺直、宽窄一致,无错台、错位现象。阴、阳角方正,边角压向正确,割角拼缝严密、吻合、平整,装饰线流畅美观 (166)金属板表面应洁净、美观,色泽符合设计要求,无翘曲、凹坑和划痕。修复部位应与原饰面式样一致
	纸面石膏板吊顶	(167)纸面石膏板的品种、规格、性能等应符合设计要求 (168)吊顶的标高、起拱高度、造型尺寸应符合设计要求。修复部位应与原装饰面协调 (169)纸面石膏板安装应牢固,不得有开裂或松动变形 (170)纸面石膏板的接缝应进行板缝防裂处理。双层板的面层与基层板的接缝应错开,不得在同一根龙骨上接缝 (171)纸面石膏板应表面洁净,无污染,无缺损、麻点、锤印。自攻钉排列均匀,无外露钉帽,钉帽应做防锈处理,无开裂现象 (172)平吊顶表面应平整,曲面吊顶表面应顺畅、无死弯,阴阳角方正;压条应顺直、宽窄应一致、无翘曲,接缝、接口严密,无错台、错位现象;装饰线流畅美观 (173)预留洞口应裁口整齐,护(收)口严密、美观,盖板与洞口吻合、表面平整。同一房间吊顶面板上的预留洞口应排列整齐、美观
	矿棉板、硅钙板吊顶	(174)矿棉板、硅钙板的品种、规格、颜色、图案、性能等应符合设计要求 (175)矿棉板、硅钙板安装应稳固严密,与龙骨的搭接宽度应大于龙骨受力面宽度的 2/3 (176)矿棉板、硅钙板的表面应平整、洁净、无污染;边缘切割应整齐一致,无划伤、缺棱掉角;色泽应一致,并与原罩面板协调 (177)矿棉板、硅钙板的拼花图案、位置、方向应正确、端正,拼缝处的图案花纹应吻合、严密、平顺;非整块板图案的选用应适宜、美观;收口收边应严密、平顺、方正
	格栅吊顶	(178)格栅的品种、规格、成形尺寸、颜色、花型图案、性能等应符合设计要求。局部更换的格栅应与原格栅协调 (179)格栅的防腐、防火等防护处理应符合设计要求 (180)格栅吊顶的标高、起拱高度、造型尺寸应符合设计要求。修复的应与原格栅吊顶协调 (181)主副格栅组装、与龙骨连接方式应符合设计要求。格栅安装应牢固,不得有变形、松动等缺陷;接头位置应相互错开,不得在同一位置接头 (182)格栅表面应平整,颜色应均匀一致。镀膜或漆膜应完整、细腻、光洁,无划痕、无污染 (183)格栅组装应牢固、角度方向一致;接头应严密、无错台错位,纵横向应顺直、美观
	玻璃幕墙	(184)玻璃幕墙工程所使用的金属构件(铝合金型材、钢型材等)、玻璃面板和硅酮结构胶、硅酮密封胶等密封材料及五金附件的品种、规格、尺寸、性能应符合设计要求及国家现行产品标准 (185)构件式玻璃幕墙的造型和立面分格应符合设计要求 (186)幕墙应使用安全玻璃,玻璃的品种、规格、颜色、光学性能及安装方向应符合设计要求 (187)幕墙的单片玻璃、中空玻璃的每片玻璃厚度不宜小于 6 mm。夹层玻璃的单片玻璃厚度不宜小于 5 mm,夹层玻璃与中空玻璃的两片玻璃厚度差不应大于 3 mm (188)幕墙的夹层玻璃应采用聚乙烯醇缩丁醛(PVB)胶片干法加工合成的夹层玻璃 (189)幕墙用钢化玻璃应经过热浸处理,防止玻璃自爆。钢化玻璃表面不得有损伤 (190)幕墙玻璃边缘应进行磨边和倒角处理

续上表

项目	子项	维 修 内 容 及 要 求
装饰装修	玻璃幕墙	（191）玻璃幕墙的附件应齐全并符合设计要求,幕墙和主体结构的连接应牢固可靠。附件的数量、规格、位置、连接方法和防腐处理应符合设计要求 （192）各种连接件、紧固件的螺栓应有防松动措施,焊接连接应符合设计要求和焊接规范的规定 （193）玻璃幕墙应无渗漏 （194）玻璃幕墙结构胶和密封胶应打注饱满、密实、连续、均匀、无气泡,宽度和厚度应符合设计要求 （195）玻璃幕墙开启窗应符合设计要求,安装牢固可靠,启闭灵活,关闭应严密。开启窗的配件应齐全,安装应牢固,安装位置和开启方向、角度应正确 （196）玻璃幕墙的防雷装置应与主体结构的防雷装置可靠连接 （197）玻璃幕墙表面应平整,不应有明显的映像畸变,外露表面不应有明显擦伤、腐蚀、污染、斑痕 （198）玻璃幕墙的外露框、压条、装饰构件、嵌条、遮阳板等应平整、美观 （199）幕墙面板接缝应横平竖直,大小均匀,目视无明显弯曲扭斜 （200）构件式玻璃幕墙的胶缝光滑顺直,胶缝外应无胶渍
	石材幕墙	（201）石材幕墙所用金属构件（铝合金型材、钢型材等）、五金件和五金附件、粘结固定材料、密封材料和石材面板的品种、规格、尺寸、性能和等级应符合设计要求及国家现行产品标准 （202）石材幕墙金属挂件与石材间粘结固定材料宜选用环氧型胶粘剂,不应使用不饱和聚酯类胶粘剂 （203）石材幕墙的造型、立面分格、颜色、光泽、花纹和图案应符合设计要求 （204）石材孔、槽的数量、深度、位置、尺寸应符合设计要求 （205）石材幕墙主体结构上的预埋件和后置件的位置、数量及后置件的拉拔力应符合设计要求 （206）石材幕墙的金属框架立柱与主体结构预埋件的连接、立柱与横梁的连接、连接件与金属框架的连接、连接件与石材面板的连接应符合设计要求,安装应牢固 （207）金属框架和连接件的防腐处理应符合设计要求 （208）石材幕墙的防雷装置应与主体结构防雷装置可靠连接 （209）石材幕墙的防火、保温、防潮材料的设置应符合设计要求,填充应密实、均匀、厚度一致 （210）石材表面和板缝的处理应符合设计要求 （211）石材幕墙的板缝注胶应饱满、密实、连续、均匀、无气泡,板缝宽度和厚度应符合设计要求和技术标准的规定 （212）维修后石材幕墙应无渗漏 （213）石材幕墙的压条应平直、洁净、接口严密、安装牢固 （214）石材幕墙的密封胶缝应横平竖直、深浅一致、宽窄均匀、光滑顺直 （215）石材幕墙上的滴水线、流水坡向应正确、顺直
	护栏和扶手	（216）护栏和扶手制作与安装所使用材料的材质、规格、数量和木材、塑料的燃烧性能等级应符合设计要求 （217）护栏和扶手的造型、尺寸及安装位置应符合设计要求 （218）护栏和扶手安装预埋件的数量、规格、位置以及护栏与预埋件的连接节点应符合设计要求 （219）护栏高度、栏杆间距、安装位置应符合设计要求。护栏安装应牢固 （220）护栏玻璃应使用厚度不小于12 mm的钢化玻璃或钢化夹层玻璃,当护栏一侧距楼地面高度为5 m及以上时,应使用钢化夹层玻璃 （221）护栏和扶手接缝应严密,表面应光滑,色泽应一致,不得有裂缝、翘曲及损坏
	地面基层	（222）基土的标高、厚度和软弱土层处理应符合设计要求 （223）填土土质应符合设计要求。严禁用淤泥、腐殖土、冻土、耕植土、膨胀土和含有有机物质大于8%的土作为基土填土 （224）基土应均匀密实。填土应分层压（夯）实,压实系数不应小于0.90,且应符合设计要求 （225）地面灰土垫层所用的灰与土（黏土或粉质黏土、粉土）的品种、质量应符合设计要求 （226）灰土、三合土体积比应符合设计要求 （227）灰土、三合土垫层应分层夯实。垫层的标高、坡度、厚度应符合设计要求。其中垫层最小厚度不宜小于100 mm （228）砂垫层和砂石垫层砂石材料质量应符合设计要求。砂石应选用天然级配材料,砂应采用中砂,石子最大粒径不得大于垫层厚度的2/3,砂和砂石不得含有草根等有机杂质

续上表

项目	子项	维 修 内 容 及 要 求
装饰装修	地面基层	(229)砂垫层和砂石垫层的标高、坡度、厚度应符合设计要求。其中砂垫层厚度不应小于60 mm,砂石垫层厚度不应小于100 mm (230)砂垫层和砂石垫层的表面应平整,粗细颗粒均匀,不应有松动、砂窝、石堆等质量缺陷
	水泥砂浆面层地面	(231)水泥采用硅酸盐水泥、普通硅酸盐水泥,其强度等级不应小于32.5,不同品种、不同强度等级的水泥严禁混用;砂应为中粗砂,当采用石屑时,其粒径应为1~5 mm,且含泥量不应大于3% (232)水泥砂浆面层的体积比(强度等级)应符合设计要求,且体积比应为1:2,强度等级不应小于M15 (233)面层与下一层应结合牢固,无空鼓、裂纹 (234)面层表面应平整、洁净,无裂纹、脱皮、麻面、起砂等缺陷 (235)面层表面的坡度应符合设计要求,不得有倒泛水和积水现象 (236)面层变形缝的设置应符合设计要求。分格条(缝)应顺直、清晰,宽窄、深浅一致,十字缝处平整、均匀
	砖面层地面	(237)面层材料的品种、规格、颜色、质量应符合设计要求 (238)结合层和嵌缝材料的品种、规格、性能应符合设计要求 (239)砖面层的板块排列应符合设计要求。门口处宜用整砖(块),非整砖(块)位置应安排在不明显处,不宜小于整砖(块)尺寸的1/2,板块不得小于1/4边长 (240)面层与下一层的结合(粘结)应牢固,无空鼓 (241)砖面层表面平整洁净,色泽一致,图案清晰,板块无裂纹、翘曲、缺棱、掉角等缺陷 (242)地砖留缝宽度、深度、勾缝材料、颜色应符合设计要求及规范有关规定 (243)地砖接缝应平直、光滑、宽窄一致,纵横交接处无明显错台、错位,嵌缝应连续、密实 (244)面层表面的坡度应符合设计要求,不倒泛水、不积水,与地漏(管道)结合处严密牢固,无渗漏
	石材面层地面	(245)大理石、花岗石面层所用板块的品种、规格、级别、形状、光泽度、颜色、图案、质量和防护处理应符合设计要求 (246)石材面层地面工程的结合层和嵌缝材料应符合设计要求 (247)石材面层与下一层的结合(粘结)应牢固,无空鼓 (248)石材面层表面应洁净、平整,且应图案清晰、色泽一致、接缝均匀、周边顺直、镶嵌正确,板块无磨痕、划痕、裂纹、掉角、缺棱等缺陷 (249)石材面层表面的坡度应符合设计要求,不倒泛水、不积水,与地漏(管道)结合处严密牢固,无渗漏
雨棚		(250)不得侵入铁路建筑限界 (251)棚面、结构及其他项目,比照前述相应项目的标准
站台		(252)不得侵入铁路建筑限界 (253)站台尺寸、使用材料及质量(强度)、伸缩缝、排水孔位置,应符合设计要求和规范规定。站台墙砌筑或用预制块拼装,应牢固平整。站台帽现浇或安装,必须牢固平整,不得有松动现象 (254)整体或块体站台面铺设应结实、平整、面层材料强度及整体面层的伸缩缝应符合设计要求,排水应顺畅 (255)补修站台,新旧接搓应密贴、牢固、平顺 (256)安全线应明显
站名牌		(257)站名牌安装必须牢固、端正,油漆应均匀一致,字迹应清晰,字体符合规范
道路、广场		(258)基层和面层材料种类、强度、厚度及面层坡度、伸缩缝等,应符合设计要求 (259)整体混凝土面层不得起砂,不应有裂缝、起壳和积水现象。沥青碎石面层不得有油包、掉皮、蜂窝和泛油现象。碎石、炉渣等简易面层应结实,不得有翻浆冒泥现象,不应有明显低洼不平和严重积水现象。块体面层应铺设平整,接缝均匀,不得有撬动现象 (260)道路、广场上的沟、井盖板应完整、齐全,强度应符合设计要求。明沟盖板应留泄水孔 (261)补修的道路、广场,新旧结合应牢固、平顺

续上表

项目	子项	维 修 内 容 及 要 求
栅栏、围墙		(262) 栅栏应牢固整齐,不得有倾斜和缺少栅条现象。油漆应均匀、颜色一致 (263) 钢筋混凝土栅栏、围墙,构件尺寸及混凝土强度等级应符合设计要求,安装应牢固,排列整齐。油漆或刷色应均匀一致,不得有遗漏。连接铁件应涂防锈剂 (264) 砖、毛石围墙,比照房屋的砖、石墙标准
护坡、挡墙		(265) 护坡、挡墙的地基、基础、高度、厚度、倾斜角和伸缩缝等应符合设计要求,排水孔应设置适当 (266) 砌筑应坚实,表面应平整,不应有开裂或松动。回填土应分层夯实 (267) 补修的护坡挡墙,新旧结合应牢固,不应有显著差异
室外排水管道		(268) 管、沟的位置、截面、标高、坡度、材质等应符合设计要求 (269) 排水必须畅通 (270) 检查井、渗水井位置应正确,截面构造应符合设计要求。盖板应齐全、坚固便于开启。井内应掏挖干净,不得有建筑垃圾、杂物 (271) 检查井补修:井圈应完整,盖板应齐全,排水应畅通,井内应掏挖干净
蓄水池		(272) 蓄水池应符合设计要求。池盖应齐全牢固,放水管取水设备应完整,不得漏水,水池顶面排水应顺畅
水塔、水槽		(273) 水塔、水槽的容量、标高等应符合设计要求,储水部分不得有开裂、渗漏现象。寒冷地区防寒应良好 (274) 附属设备应齐全合用,安装牢固 (275) 不得有超过允许的不均匀下沉或倾斜 (276) 其他项目(钢筋混凝土、砖砌体、管路及配件等)比照前述相应项目的标准
独立烟囱		(277) 独立烟囱的高度、直径、材质应符合设计要求,筒身中心线的偏差不得超过高度的 0.15%,最大不得超过 110 mm,筒身的任何截面偏差不得大于直径的 1%,最大不得超过 50 mm。钢筋混凝土烟囱的筒壁厚度、烟囱口尺寸偏差不得超过 20 mm (278) 砖烟囱应砌筑牢固,表面平整,砖质量必须符合设计要求 (279) 钢筋混凝土烟囱筒身各节接ंतःप应平顺,不得有蜂窝麻面。烟囱内衬表面应平整,耐火和抗腐蚀性能应符合要求 (280) 烟囱的爬梯、围栏等附属设备,应安装牢固、合用,防锈良好

注:表中未列维修内容和要求参照相关规范、标准。

表 2—4—3　附属设备维修内容及要求

项目	子项	维 修 内 容 及 要 求
空调系统设备	组合式空调机组	(1) 长期停止运行时应关闭新风阀门,放松风机皮带,润滑部分加注润滑油 (2) 电气线路和电气设备,应保证各电气部件可靠,接线牢固,接地正确 (3) 轴承应无阻滞或异常声响,无润滑油泄露现象,必要时加注润滑油或更换轴承 (4) 皮带松紧应符合要求,如有打滑,应作调整。及时更换磨损皮带 (5) 风阀应转动灵活,必要时可阀体上的所有转动部位加滴润滑油。电动风阀的执行器应工作正常,接线及绝缘良好 (6) 防火阀应符合消防安全要求,开闭灵活、复位正常,温感器性能可靠,远控操作装置的电气接线、控制钢丝缆绳等无损坏、变形 (7) 风机运行时不应有异常振动和声响,运行噪声不宜超过产品性能说明书的规定值,防振装置工作正常,必要时对风机进行动平衡调试 (8) 风口软接装置应紧固、完好,如有损坏应更换 (9) 换热盘管应无污物、无堵塞,必要时进行清洗或吹扫 (10) 接水盘应清理干净,如水盘有损伤或生锈,需对锈迹、损伤处进行清理,并重新刷漆 (11) 检修门应密封良好,开关灵活,必要时可用润滑油对门铰链进行润滑 (12) 各级过滤器应完好、干净,压力损失达到规定值(一般是初阻力的 2 倍),应清洗或替换 (13) 机壳应表面清洁,无破裂及腐蚀现象,如有应清理并油漆 (14) 水管路及阀门应无漏水、锈蚀,保温层无破损

续上表

项目	子项	维 修 内 容 及 要 求
空调系统设备	变制冷剂流量空调设备	(15)室外机组换热器应表面无灰尘和杂物,安装牢固 (16)冷凝水排水管应无堵塞,排水顺畅 (17)过滤器应完好、干净 (18)机壳应表面清洁,无破裂及腐蚀现象,如有应清理并油漆
	地板辐射采暖及供冷设备	(19)过滤器过滤网应清洗干净 (20)水管路及阀门应无漏水、锈蚀,保温层无破损 (21)换热盘管应无污物、无堵塞,必要时进行清洗或吹扫
通风排烟设备		(22)风机表面应清洁,进、出风口不应有杂物 (23)风机及管道内应无灰尘等杂物 (24)风机运行时不应有异常振动和声响,运行噪声不宜超过产品性能说明书的规定值 (25)风机运行中,电机温度不应超过产品性能说明书的规定值 (26)手动启动装置的操作箱应无变形、损伤,手柄、操作杆等应无损伤、脱落,操作部位标志应清晰、完整,设备有使用方法的说明 (27)接线端子应固定牢固 (28)机壳表面清洁,无破裂及腐蚀现象,如有应清理并油漆 (29)吸烟口应无变形、损伤,周围无影响吸烟的障碍 (30)吸烟口旋转机构应旋转灵活,制动机构、限位器应符合要求 (31)用于自动启动装置的感烟(感温)探测器应无变形、损伤,安装牢固
空气幕设备		(32)机壳应表面清洁,无破裂及腐蚀现象,如有应清理并油漆 (33)风机运行时不应有异常振动和声响,运行噪声不宜超过产品性能说明书的规定值 (34)接线端子应固定牢固 (35)线路应绝缘良好
室内给排水设备	给水设备	(36)水管路及阀门应无漏水、锈蚀,保温层无破损 (37)过滤器过滤网应清洗干净 (38)阀门应开关灵活 (39)给水压力、流量应符合正常使用要求 (40)卫生器具相关配件应齐全,能正常使用
	排水设备	(41)排水管路应无漏水、锈蚀,排水顺畅 (42)过滤器过滤网应无杂物 (43)阀门应开关灵活,止回应启闭正常,密封良好 (44)污水泵应运转正常,无异响,无漏水 (45)控制箱应电气配件齐全,接线端子固定牢固,线路绝缘良好 (46)液位控制浮球应启闭灵敏 (47)控制箱和水泵的接地牢固可靠 (48)水泵进水口格网无异物堵塞
室外给排水设备	水泵机组	(49)电动机线圈绝缘电阻应不低于 0.5 MΩ (50)水泵、电动机轴承应无阻滞或异常声响 (51)电动机与水泵弹性联轴器应无损坏 (52)机组螺栓应紧固 (53)机壳应表面清洁,无破裂及腐蚀现象,如有应清理并油漆
	控制柜	(54)控制柜应清洁,无积尘、无污物 (55)接线头应紧固,无烧蚀现象 (56)柜内线头的号码管无脱落,标识应清晰 (57)电气元件应表面清洁,无烧蚀现象 (58)信号灯应显示正常,仪表应指示正确
	阀门	(59)应密封良好、不漏水 (60)应开关灵活,关闭严密 (61)阀体表面应无锈蚀,清洁、无污物

续上表

项目	子项	维修内容及要求
室外给排水设备	液位控制器	(62)密封圈、密封胶垫应无损坏 (63)压力室内无污物,控制水管无堵塞 (64)控制杆两端螺母应紧固
电力设备		(65)低压配电箱(柜)接线端子应紧固,配电箱(柜)内及引进、引出线处无灰尘 (66)照明器接线端子应紧固,灯具罩及反射器应无灰尘及污垢 (67)蓄电池接线端子应紧固,表面应无灰尘及污垢 (68)防雷接地系统各连接节点应紧固,连接线、引下线、接地线锈蚀截面不得超过30%,建筑物的接地电阻应满足要求

注:表中未列维修内容和要求参照相关规范、标准。

四、维修工程验收

铁路房建设备大修、综合维修工程质量验收标准参见《铁路运输房建设备大修维修规则(试行)》附录十三。

房建设备维修工程验收时检验项目的要求如下。

1. 检验项目质量分为"合格"与"不合格"两个等级。检验项目质量合格应符合下列规定。
（1）主控项目质量应全部合格；
（2）一般项目质量应检查合格(有允许偏差值的项目,最大偏差值不得超过允许偏差值的1.2倍,在允许偏差范围内的抽查点应占80%及以上)。

2. 检验项目质量全部合格的,整件工程质量评为合格。

3. 对不合格的检验项目,应进行处理,经复验合格后,办理交接。

五、维修机具

房建单位应根据设备使用维护手册、维修方案、相关规范要求,配备相应的维修机具、备品备件、检修安全保护设施等。常用维修工机具参见《铁路运输房建设备大修维修规则(试行)》附录十四。

房建单位应对维修机具、备品备件、检修安全保护设施定期进行检查检测。

第五节 房建设备大修

房建设备大修是指需要牵动或拆换主体构件或设备的修缮工程。大修的基本任务是根治病害,恢复功能,延长房建设备使用寿命。大修的特点是工程地点集中,工程量大。

一、大修范围

1. 房建设备重要部位严重损坏或部分构件损坏,危及主体结构安全时需要进行翻修或更换的项目应列入大修。因工作量大且维修解决不了的病害也应列入大修。

2. 房屋大修应以整体大修为主,但某项结构或附属设备破损严重,修理工作量大,而其他状态尚好的,可做单项大修。

二、大修周期

1. 钢筋混凝土防水屋面大修周期:屋面防水等级Ⅰ级的为 20 年;屋面防水等级Ⅱ级的为 10 年。
2. 金属屋面、采光顶屋面以材料的使用寿命作为大修周期。
3. 主体结构构件以建筑结构的设计使用年限作为大修周期。
4. 承重结构支座,包括钢结构支座(网架、桁架)、消能阻尼器、隔震支座等,应以产品的使用寿命作为大修周期。
5. 未列出的房建设备大修周期按设计使用年限和产品使用寿命确定。
6. 对于一类房建设备,可根据实际适当缩短大修周期。
7. 对处于特殊环境的房建设备,应结合使用情况确定大修周期。

三、质量控制

1. 大修工程采用的主要材料、半成品、成品、建筑构配件、器具和设备应进行现场验收。凡涉及安全功能的有关产品,应按《铁路房建设备大修、综合维修工程质量验收标准》及各专业工程质量验收规范规定进行复验,并应经监理工程师或建设单位技术负责人检查签认。
2. 各工序应按施工技术标准进行质量控制,每道工序完成后,应进行检查。
3. 相关各专业工种之间,应进行交接检验,并形成记录。未经监理工程师或建设单位技术负责人检查签认,不得进行下道工序施工。
4. 隐蔽工程应经监理工程师或建设单位技术负责人、施工单位技术负责人共同检查签认合格后,方可覆盖。

四、大修工程验收

(一)大修工程的验收程序

大修工程质量依据《铁路运输房建设备大修维修规则(试行)》中的附录十三和相关规范、规程及标准,按下列程序进行验收。

1. 检验批及分项工程应由监理工程师(建设单位技术负责人)组织施工单位项目专业质量(技术)负责人等进行验收。
2. 分部工程应有总监理工程师(建设单位项目负责人)组织施工单位项目负责人和技术、质量负责人进行验收。地基与基础、主体结构分部工程验收时设计单位专业负责人应参加验收。
3. 单位工程完工后,施工单位应自行组织有关人员进行检查评定,并向建设单位提交工程验收报告。
4. 建设单位收到工程验收报告后,应由建设单位(项目)负责人组织施工、设计、监理等单位(项目)负责人进行验收。

(二)大修工程的验收规定

1. 检验批合格质量应符合下列规定。
(1)主控项目质量应全部合格。

(2)一般项目质量应检查合格(有允许偏差值的项目,最大偏差值不得超过允许偏差值的1.2倍,在允许偏差范围内的抽查点应占80%及以上)。

(3)应具有完整的施工操作依据和质量检查记录。

2. 分项工程质量验收合格应符合下列规定。

(1)分项工程所含的检验批均应符合合格质量的规定。

(2)分项工程所含检验批的质量验收记录应完整。

3. 分部工程质量验收合格应符合下列规定。

(1)分部工程所含分项工程的质量均应验收合格。

(2)质量控制资料应完整。

(3)安全与功能抽样检验应符合有关规定。

(4)观感质量验收应符合要求。

4. 单位工程质量验收合格应符合下列规定。

(1)单位工程所含分部工程的质量均应验收合格。

(2)质量控制资料应完整。

(3)单位工程所含分部工程有关安全和功能的检测资料应完整。

(4)主要功能项目的抽查结果应符合《铁路房建设备大修、综合维修工程质量验收标准》的规定。

(5)观感质量验收应符合要求。

5. 对于只进行水、暖、电、屋面、门窗、楼面、地面等单项大修的房屋,仅按所做项目评定质量。

6. 已报竣工的大修工程,施工单位应及时整理好竣工交接文件,竣工交接文件主要包括以下内容。

(1)设计文件或查勘单。

(2)竣工图。

(3)图纸会审,设计变更、洽商记录。

(4)工程定位测量、放线记录。

(5)原材料出厂合格证书及进场检(试)验报告。

(6)施工试验报告及见证检测报告。

(7)隐蔽工程质量检查评定记录。

(8)施工记录。

(9)预制构件、预拌混凝土合格证。

(10)地基基础、主体结构检验及抽样检测资料。

(11)分项、分部工程质量验收记录。

(12)工程质量事故及事故调查处理资料。

(13)新材料、新工艺施工记录。

(14)设备测试记录、开竣工报告、施工小结、施工日志、防(灭)白蚁记录、施工许可证等。

(15)其他资料。

7. 对《铁路房建设备大修、综合维修工程质量验收标准》未明确规定的项目,应参照执行下列规范、规程。

(1)《建筑工程施工质量验收统一标准》(GB 50300)。
(2)《建筑地基基础工程施工质量验收规范》(GB 50202)。
(3)《混凝土结构工程施工质量验收规范》(GB 50204)。
(4)《钢结构工程施工质量验收规范》(GB 50205)。
(5)《建筑装饰装修工程质量验收规范》(GB 50210)。
(6)《屋面工程质量验收规范》(GB 50207)。
(7)《屋面工程技术规范》(GB 50345)。
(8)《建筑地面工程施工质量验收规范》(GB 50209)。
(9)《建筑给水排水及采暖工程施工质量验收规范》(GB 50242)。
(10)《通风与空调工程施工质量验收规范》(GB 50243)。
(11)《建筑电气工程施工质量验收规范》(GB 50303)。
(12)《电气装置安装工程电气设备交接试验标准》(GB 50150)。
(13)《地基动力特性测试规范》(GB/T 50269)。
(14)《建筑外门窗气密、水密、抗风压性能分级及检测方法》(GB/T 7106)。
(15)《建筑基桩检测技术规范》(JGJ 106)。
(16)《型钢混凝土组合结构技术规程》(JGJ 138)。
(17)《网架结构设计与施工规程》(JGJ 7)。
(18)《建筑变形测量规范》(JGJ 8)。
(19)《玻璃幕墙工程技术规范》(JGJ 102)。
(20)《金属与石材幕墙工程技术规范》(JGJ 133)。
(21)《采光顶与金属屋面工程技术规程》(JGJ 255)。
(22)《外墙外保温工程技术规程》(JGJ 144)。
(23)《基桩低应变动力检测规程》(JGJ/T 93)。
(24)《建筑外墙防水工程技术规程》(JGJ/T 235)。
(25)《超声法检测混凝土缺陷技术规程》(CECS 21)。
(26)《超声回弹综合法检测混凝土强度技术规程》(CECS 02)。
(27)《钢管混凝土结构设计与施工规程》(CECS 28)。
(28)《门式刚架轻型房屋钢结构技术规程》(CECS 102)。
(29)《结构健康监测系统设计标准》(CECS 333)。
(30)其他相关规范、规程及标准。

五、供暖设备的大修及维修

供暖设备包括锅炉、锅炉配套设备、地源热泵机组、换热机组设备及供暖系统等。锅炉按规定进行外部检验、内部检验和水压试验。检验周期及方法按现行的《锅炉安全技术监察规程》及其他相关规定执行。内部检验应在供暖3个月以前完成,并出具《工业锅炉内部检验报告》。根据检验结果,对供暖设备分别进行大修和维修。

（一）供暖设备维修

采暖期结束后要及时做好设备维修,锅炉及附属配套设备要每年维修一遍,主要包括以下维修内容。

1. 清除炉膛、炉前、炉后及渣坑内灰渣,补修锅炉破损的保温层、炉墙、炉拱,对锅炉内部污物、泥渣进行清除。燃油、燃气锅炉还应全面清理烟管,清理清洗燃烧器喷嘴、过滤器,前后管板除锈油饰。锅炉内部的水垢应根据水垢的情况按照《锅炉化学清洗规则》进行处理。

2. 传动装置或走行部件(炉排、给煤、除渣等)和主要阀门要解体检修。

3. 除尘器、软水器、除氧器等辅机设备打开检修孔(或检查孔)检查,系统除污器清扫,换热器要定期清洗。

4. 动力配电系统、控制系统检查调试,更换老化失灵的电气元件、仪表及配线,更换磨损的电机轴承、换油,并进行接地电阻测试。

5. 锅炉的安全阀、压力表、温度计等安全附件和仪表必须按规定校验,更换损坏失灵的传感设备,保持安全附件和仪表完好。

6. 室内外管网、散热器实行周期和状态相结合的维修方式,直埋管网应采取周期修方式,保持完好无渗漏,管路保温齐全。对地板辐射采暖管路每年冲洗一次。

7. 地源热泵要进行全面检修和维护,解体清洗冷凝器和蒸发器,更换变质的润滑油。

8. 检查地源热泵井管的密闭状态,必要时采取打压试验方式进行,及时补充井管系统内的防冻液。

（二）供暖设备大修

锅炉大修应根据《工业锅炉内部检验报告》检验结论和设备技术状态合理安排,室内暖气设备大修应与土建同步进行,特殊情况可列单项大修。

承接锅炉受压元件、燃气(油)锅炉燃烧机、地源热泵机组大修,施工单位必须具备相应资质。

（三）供暖设备更新与安装

锅炉更新主要依据《工业锅炉内部检验报告》检验结论,大修费用超过锅炉购置价格的50%,应以更新为主。一般每年要完成锅炉总数约7%的更新。

铁路站区在综合整治或较大锅炉更新时,应尽可能实施站区供热联网,逐步实现一个站区一个热源。在符合当地政府规划的前提下,宜接引地方热源,实施集中供热。

锅炉安装要严格遵守国家现行的《锅炉安全技术监察规程》等规定,同时要配齐消烟除尘、水处理等装置。

第三章 建筑墙体

墙体应具有承重、围护或分隔空间的作用,以保证建筑物的坚固与安全,保障所围合空间的保温、隔热、防火、隔声等建筑性能,是建筑物的重要组成部分。本章共分四节,主要介绍建筑墙体的一般规定和分类,墙体一般构造及其特殊要求的节点构造做法,以及常见的病害与防治。

第一节 墙体的一般规定和分类

一、一般规定

墙体在设计和施工中应满足围护、承载与传载、防水防潮、耐污、防火及技术经济性等要求。

(一)围护要求

墙体应具备围护(坚固耐久、防止侵害和破坏等)、隔离(分隔空间、阻隔视线、隔声、隔热等)、防灾(防止火灾和烟气的蔓延等)等功能,以创造适宜人居的室内环境。墙体的设计要满足房间布置和空间划分等方面的使用要求。

(二)承载与传载要求

在多层砖混房屋中,部分墙体既是围护构件也是主要的承重构件,既需承受楼板、屋顶或梁传来的荷载及墙体自重等竖向荷载,也需承担风、地震等水平荷载。设计墙体时要根据荷载及所用材料的性能,通过计算,决定墙体的最小厚度,同时还要根据墙体的保温、隔热、隔声等其他要求,复核最小厚度是否满足墙体的围护功能要求,不能满足时,应增加墙体厚度或采取其他保温、隔热、隔声等措施。

(三)防水防潮要求

建筑物的外墙,卫生间、厨房、浴室等有水房间的内墙,以及地下室的墙体会受到雨、雪、水汽等侵蚀,都应采取防水防潮的措施。特别是外墙的勒脚、顶部和开口部位直接受雨水作用而极易造成墙体破坏,雨水还可能从门窗洞口等部位流入室内,外保温墙体、干挂板材墙体的渗水会在不同材料的间隙中流动而降低墙体保温性能。因此,墙体需做好防水防潮处理,选择良好的防水材料和构造做法,保证室内良好的卫生环境。

(四)耐污要求

墙体暴露于大气中,并与人体活动相接触,易受污染,应采用耐候、耐污、耐冲击的材料和构造,以便于清洁和维护。

(五)防火要求

不同耐火等级的建筑物和不同性质的墙体对所使用材料的燃烧性能和耐火极限有不同

的要求。墙体材料的选择和应用,要符合国家建筑设计防火规范的规定,满足防火要求。

(六)技术经济性要求

墙体宜采用当地大量存在的轻质、高强、易于塑形的材料进行加工,工序可逆的便捷方法进行施工,最终达到建筑性能、经济性和材料成本的最优组合。

二、墙体的分类

可以从墙体的受力、位置、材料等几个方面对墙体进行分类描述。

(一)墙体按受力特点分类

墙体可以按受力情况分为承重墙和非承重墙两种。承重墙直接承受楼板、梁及屋盖传下来的荷载,一般有基础。非承重墙不承受上述外来荷载,仅起分隔与围护作用。

在砖混结构中,非承重墙又可以分为自承重墙和隔墙。自承重墙可承受自身重量,并把自重传给基础;而隔墙则把自重传给楼层板或附加的小梁,不需要基础。

在框架结构中,非承重墙还可以分为填充墙和幕墙。填充墙是位于框架梁柱之间的墙体,不需要单独的基础。幕墙指悬挂于框架梁柱外侧起围护作用的整体墙体,形态似垂幕,其自重和风荷载通过其与主体梁柱的连接传递到主体结构上。幕墙通过不同材料和结构体系的复合,很好地满足了主体结构和围护装修体系的不同要求。

(二)墙体按所在位置分类

墙体按所处位置可以分为位于房屋周边的外墙和位于房屋内部的内墙。外墙既可为围护墙体也可以是承重墙体;内墙既可为分隔内部空间的隔墙也可以是承重墙体。在室内起界定作用而又不完全隔断视线和空间的墙状物称为隔断。

(三)墙体按材料分类

按砌筑墙体的建筑材料可分为石墙、砌块墙、混凝土墙、玻璃墙、金属墙、木墙等。

(四)墙体按构造做法分类

按照墙体的材料和构造方式可以分为实体墙、空体墙和组合墙三种。

1. 实体墙是由单一材料组成的实心墙,如实心砌块墙、钢筋混凝土墙等。

2. 空体墙是由单一材料组成的而具有内部空腔的墙体,这种空腔既可以是由单一实心材料砌筑构成的空腔,如空斗砖墙,也可以是由有空洞的材料建造的,如空心砌块墙、空心板材墙等。

3. 组合墙是由两种以上的材料组合而成的复合墙体,如钢筋混凝土墙和聚苯乙烯泡沫塑料保温材料、玻璃幕墙和加气混凝土砌块构成的复合墙体。复合墙体通过不同性能材料的组合达到最佳建筑效果和经济、便捷的平衡,是一种广泛应用的基本构造方法。

(五)按施工方法分类

按施工方法可分为块材墙、板筑墙及板材墙三种。

1. 块材墙是用砂浆等胶结材料将砖石等块材组砌而成。

2. 板筑墙是在现场支立模板和浇筑而成的墙体,例如现浇混凝土墙等。

3. 板材墙是预先制成墙板,现场安装而成的墙,例如预制混凝土大板墙、各种轻质条板内隔墙等。

第二节　墙体的一般构造做法

墙体构造做法是指墙体及其各组成部分在构造材料、构造尺寸、构造层次等方面的建筑技术,通过建筑技术的实施,保证构成的墙体,满足防潮、防水、隔热、保温、隔声、防火、防震、防腐等方面的要求。

墙体构造做法是建筑工程施工的依据,也是体现工程技术的有效手段,对丰富建筑创作,优化建筑质量起着非常重要的作用。不同类型、不同材料的墙体,构造做法也不相同。随着社会经济和技术的发展,墙体构造做法越来越丰富多样,本节介绍在房屋建筑及构筑物中比较常用的砌块墙体、板材墙体的构造及墙体饰面构造等。

一、砌块墙体构造

砌块墙体是将小型块状构件单元通过砂浆等黏结材料结合为整体的结构。砌块墙体的构造单体称为砌块或砌体材料,以砖、石、混凝土砌块为代表,包括土坯砖、红砖、灰砖、多孔砖、空心砖、石块、混凝土砌块等。砌块墙体分为无筋砌体和配筋砌体,所谓配筋砌体是在水平灰缝中配有钢筋或在砌体中配有竖向钢筋混凝土小柱的砌体。配筋砌体可以实现砌块、砂浆和钢筋(混凝土)的共同工作,刚度较普通砌体更好。

(一)组砌方式

组砌是指块材在砌块墙体中的排列。组砌方式直接影响到砌体结构的强度、稳定性和整体性。组砌方式应遵循"横平竖直、错缝搭接"的原则,组砌质量满足"灰缝饱满、薄厚均匀"的要求。其中,错缝搭接是指上、下皮块材在墙体长度方向和厚度方向均应形成一定尺寸的搭接,避免形成上、下皮块材之间的连续通缝,以保证墙体的整体性。本节以砌块墙为例,介绍墙体的砌筑方法。

1. 砌块的排列设计

砌块墙的组砌应事先做排列设计,即把不同规格的砌块在墙体中的安放位置用平面图和立面图加以表示。排列时,优先采用大规格的砌块并尽量减少砌块种类。当采用空心砌块时,上下皮砌块应孔对孔、肋对肋以扩大受压面积,同时便于在关键部位穿插钢筋灌注混凝土,形成芯柱。洞口、管井、预埋件等应在砌筑时预留或预埋,严禁在砌筑好的墙体上打凿。

2. 砌块缝型和通缝处理

一般砌块用砂浆砌筑,灰缝厚度为 15～20 mm。砌块的抹面和砌筑砂浆均需与砌块材料配套。当上下皮砌块出现通缝,或错缝距离不足 150 mm 时,应在水平通缝处加钢筋网片,使之拉结成整体。

3. 配筋砌体的砌筑

目前采用的主要配筋砌体有水平配筋砌体、竖向配筋砌体和组合配筋砌体几种形式。

(1)水平配筋砌体是在砌体的水平灰缝中配置单向的水平钢筋或者是双向的钢筋网,以加强轴心受压或偏心受压的墙或柱的承载能力;所配置的水平钢筋或者水平钢筋网应与混凝土墙体或柱内预留的钢筋连接,形成较为牢固的拉结带。

(2)竖向配筋砌体是在砌体的竖向灰缝中配置钢筋;在混凝土空心砌块中利用上下贯穿

的洞口插筋后形成小的混凝土柱体(芯柱)。此外,还在砖砌体中采用混凝土构造柱形成配筋砌体,具体做法详见本章第三节的相关内容。

(3)组合配筋砌体是由砌体和钢筋混凝土组成。组合配筋砌体可以是在砖砌块表面的附加钢筋混凝土面层或钢筋砂浆面层,也可以是在混凝土空心砌块中利用水平向和竖向的凹槽和洞口形成的小的混凝土梁柱体,用于提高砌体墙、柱的偏心受压能力。

(二)细部构造

为了保证墙体的耐久性和墙体与其他构件的连接,需对相应位置的细部构造予以重视。墙体的细部构造部位包括门窗过梁、窗台、勒脚、散水、明沟、变形缝、圈梁、构造柱等。

1. 门窗过梁

为支承门、窗洞口上的墙体重量并把它传递到两侧墙上,需在门、窗洞口上设置过梁。根据洞口的大小,可采用的过梁形式有钢筋砖过梁和钢筋混凝土过梁等,如图3—2—1、图3—2—2所示。

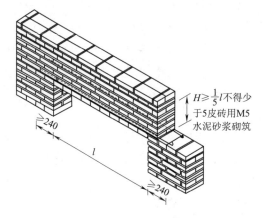

图3—2—1　钢筋砖过梁(过梁跨度不应超过2.0 m)

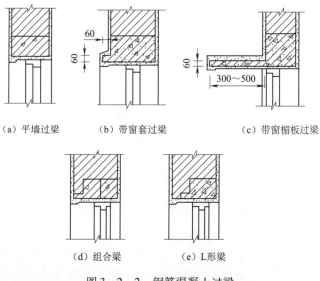

图3—2—2　钢筋混凝土过梁

2. 窗台

为了避免雨水沿窗台面向室内渗入,窗台须向外形成 1/10 左右的坡度,并挑出墙面不小于 60 mm。一般做法是用砖或钢筋混凝土板挑出,再用水泥砂浆抹成斜面,同时窗台下面抹滴水槽,避免雨水污染墙面,如图 3—2—3 所示。当窗框安装在墙的中间时,窗洞口内侧常采用硬木或天然石材制作成内窗台。

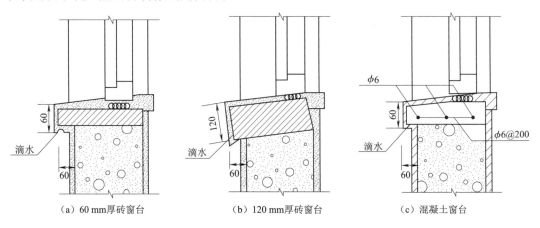

图 3—2—3 窗台构造(单位:mm)

3. 勒脚

为防止地面水、屋檐滴水反溅墙身和地下水通过毛细作用对外墙面侵蚀,在外墙下部设置勒脚,高度一般不小于室内外地坪高差。在勒脚内设墙身防潮层,以防止由于地潮对墙体的侵蚀而发生霉变,影响室内卫生和安全。勒脚一般可做 25 mm 厚 1∶2.5 水泥砂浆抹面,可做石砌勒脚,也可根据需要,通过粘贴石材或面砖做出面层装饰效果,并提高其耐久性,如图 3—2—4 所示。

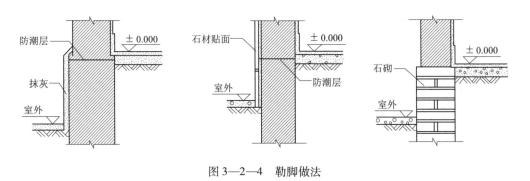

图 3—2—4 勒脚做法

4. 散水和明沟

为避免建筑物屋顶和垂直墙面的雨水冲刷外墙周边的地基,影响建筑的稳定性,建筑物四周需采用可分散或承接雨水冲刷的散水和明沟(或暗沟),将雨水迅速排走。雨量较大的地区一般采用明沟排水。

散水是在建筑四周将素土夯实的基础上铺 0.6 m 及以上宽,60~70 mm 厚三合土、混凝土,或天然石材、陶瓷地砖等不透水材料,并做成向外倾斜 3%~5% 的坡面,如图 3—2—5 所示。当屋面采用无组织排水时,散水坡的宽度可至屋顶檐口外 200~300 mm。

明沟是靠近勒脚下部设置的排水沟,如图3—2—6所示。明沟一般用砖砌、石砌、混凝土现浇,外抹水泥砂浆,沟底向窨井方向做坡度为0.5%~1%的纵坡。明沟的位置应方便屋顶的雨水管排水和垂直墙面的汇水;若为挑檐无组织排水方式时,沟中心应正对屋檐滴水位置;若为有组织排水方式时,明沟应尽量贴近外墙面,形成建筑物垂直接地的连接部。

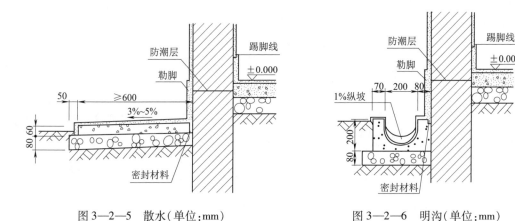

图3—2—5 散水(单位:mm)　　　　图3—2—6 明沟(单位:mm)

5. 踢脚线

踢脚线,也称踢脚板,是室内墙面的下部与室内楼地面交接处的构造。踢脚线的作用是遮挡地面与墙面的接缝、保护墙身以及防止清洁地面时弄脏墙面。此外,踢脚线还具有一定的装饰作用。踢脚线的高度一般为70~80mm。常用的踢脚材料有水泥砂浆、木材、陶瓷砖、石材等,如图3—2—7所示。

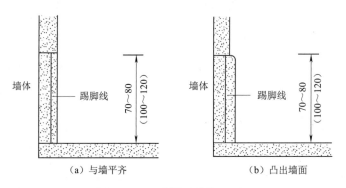

(a) 与墙平齐　　　　(b) 凸出墙面

图3—2—7 踢脚(单位:mm)

6. 门垛和壁柱

墙体开设门洞时,特别是在墙体转折或丁字墙处开洞,一般应设门垛,以保证墙身的稳定和便于门框的安装。门垛宽度同墙厚、长度与块材尺寸规格相对应。门垛不宜过长,以免影响室内使用,如图3—2—8(a)所示。

当墙体受到集中荷载而厚度又不足以承受其荷载,或墙体的长度和高度超过一定限度并影响墙体的稳定性时,常在墙体局部适当位置增设凸出墙面的壁柱,使壁柱与墙体共同承担荷载并稳定墙身,如图3—2—8(b)、(c)所示。

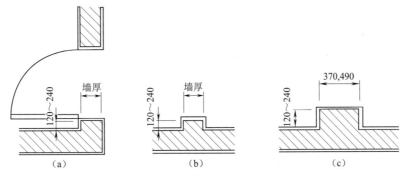

图 3—2—8 门垛和壁柱(单位:mm)

7. 圈梁和构造柱

圈梁是设在房屋同一高度处的四周外墙及部分内墙上,像铁箍一样把墙箍住。圈梁有钢筋混凝土圈梁和钢筋砖圈梁两种。钢筋混凝土圈梁的宽度同墙厚,高度与块材尺寸相对应;钢筋砖圈梁用砂浆砌筑,高度不小于5皮砖。

构造柱应设置在外墙四角、较大洞口两侧、内外墙交接处、楼梯间、错层部位横墙与纵墙交接处,每层与圈梁拉通连接成整体,以形成空间骨架。构造柱的截面尺寸应与墙体厚度一致,如图 3—2—9 所示。

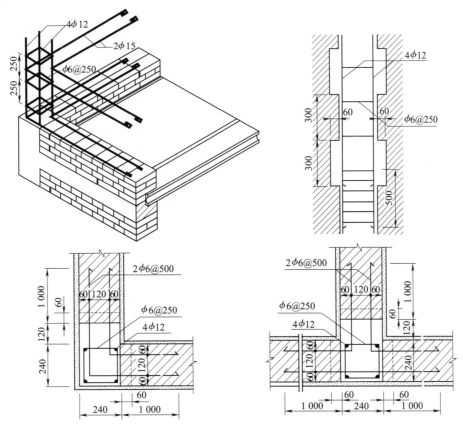

图 3—2—9 构造柱(单位:mm)

圈梁和构造柱是砌体墙主要的抗震措施,并可增加建筑整体刚度和稳定性,减轻地基不均匀沉降对建筑的破坏。作为墙体的一部分,与墙体同步施工。

二、板材墙体构造

板材墙体(整体式板墙)一般是指单板高度相当于建筑层高、面积较大,可不依赖骨架直接装配固定在梁、柱和楼板上的整体式墙体。板材墙体除自承重外还承受各种侧向荷载,并将其传递至主体结构上。这类墙体材料的工厂化生产程度高,现场成品板材组装快、湿作业少,施工更便捷。

板材墙体按其安装的位置分为内墙板和外墙板;按其构造形式分为单一材料墙板和复合墙板;墙板按其材料又分为混凝土墙板、复合材料墙板、玻璃幕墙、金属幕墙和石材幕墙等,其构造做法和施工工艺与各自材料特性有关。

(一)混凝土墙板

制作混凝土墙板的常用材料有钢筋混凝土、矿渣混凝土、陶粒混凝土、加气混凝土等。内、外墙板在功能要求、材料选择和构造上有所不同。

1. 外墙板

外墙板是建筑的围护结构,需具有抵抗风雨、保温隔热和外装修等功能。单一材料的混凝土外墙板构造层次简单,多由加气混凝土、轻骨料混凝土等轻质保温材料制作而成,如图3—2—10所示。

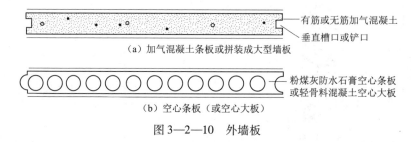

图3—2—10 外墙板

板材连接是板材墙体非常关键的构造节点,只有相互牢固连接,才能把墙板与梁、柱及楼板连成一体,使房屋的强度和刚度得以保证。外墙板可以布置在支承结构(如框架等)的外侧,或在支承结构之间,如图3—2—11所示。墙板安装在结构外侧时,对保温有利,从外观看立面重点表现外墙面。外墙板安装在框架之间时,建筑立面重点突出梁、板、柱支承结构。

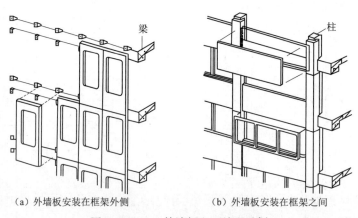

图3—2—11 外墙板立面处理示例

由于板材连接存在接缝,支承结构可能会暴露在室外环境中,为了防止雨水侵入,避免外露构件成为"冷桥",需要在连接处做防水、保温处理。板缝防水大致有构造防水、材料防水和压力平衡空腔三种做法。

(1)构造防水法。墙板四周边缘做成既能防水又便于连接的形式。外墙接缝有水平缝和垂直缝两种,构造防水法主要适用于水平缝,一般用"高低缝"的形式,即墙板的边缘做成凸出部分,其向上的一边再加泄水坡和挡水台,下边做成遮缝凸缘披水,使雨水不能渗入缝内,即使渗入,也能沿槽口引流至墙外,如图3—2—12(a)所示。此法效果较好,施工简便,应用较广,但凸出部分易被碰损,在运输和施工中须注意保护。垂直缝的构造防水法是将墙板的边缘作成凸榫或槽沟,用以防水,如图3—2—12(b)所示,但因制作和安装工艺复杂,采用较少。

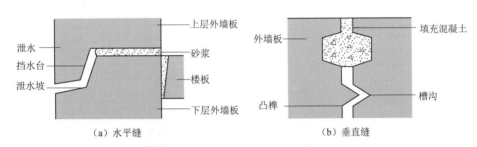

图3—2—12　外墙板板缝构造防水法

(2)材料防水法。采用有弹性和附着性的嵌缝材料或衬垫材料封闭接缝,以适应墙板的变形。根据材料的性质可分为两类:

①塑性材料嵌缝。嵌缝材料为防水油膏和胶膏,具有塑性大,高温不流淌,低温不脆裂,不易老化,并能和混凝土、砂浆等黏结在一起的性能,其稠度可按施工要求而定。嵌缝前可用泡沫橡胶、纤维松卷或沥青麻丝等填充材料填塞,限定嵌入深度,以防止嵌缝材料过多地进入缝内,如图3—2—13(a)所示。

②弹性型材嵌缝。嵌缝材料为有弹性和固定形状的嵌缝带和密封垫等型材,能适应接缝的变形。如聚氯乙烯海绵条、氯丁橡胶型材和金属型材盖缝条等。嵌缝型材的截面可为管状或片状,并根据需要加工成带翼片状软管或带蘑菇帽软管,以适应缝隙凹凸不平的表面,如图3—2—13(b)和图3—2—13(c)所示。采用金属型材盖缝板时,应使盖缝板的翼缘盖住接缝,内部用弹簧卡牢,以求达到密封的效果,如图3—2—13(d)所示。

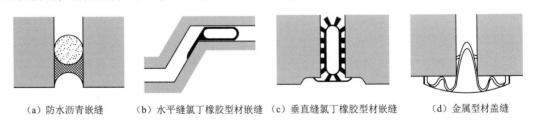

(a)防水沥青嵌缝　(b)水平缝氯丁橡胶型材嵌缝　(c)垂直缝氯丁橡胶型材嵌缝　(d)金属型材盖缝

图3—2—13　外墙板板缝材料防水法

(3)压力平衡空腔防水法。利用压力平衡的原理,在接缝中作空腔,空腔和外部大气相通,保持内外压力平衡,避免产生抽吸现象,使雨水不致渗入缝内。用于垂直缝的具体方法是"双层防水"法:在缝中分层设挡雨板和挡风板(或挡风层),中间形成空腔。挡雨板可用金属片或塑料片,靠它本身弹性所产生的横向推力嵌于垂直缝的凹槽内。挡风板可用油毡条或橡胶条贴缝,里面作保温层,用混凝土灌缝,如图3—2—14(a)所示。空腔还起沟槽作用,将渗入的雨水导至与水平缝交叉的十字缝处所设置的排水导管内或排水挡板处,排出墙外。此法适用较宽的缝或误差较大的缝,对于寒冷地区的建筑物效果尤佳,但造价较高。空腔防水法应用于水平缝时,同构造防水法中水平缝防水的区别在于"高低缝"外侧加嵌水泥砂浆或油膏,以便与内侧的灰缝砂浆间形成空腔,如图3—2—14(b)所示。用这种方法应隔一定距离布置一排水口,使腔内外空气流通,保持压力平衡,并可使渗入空腔内的雨水迅速排出。

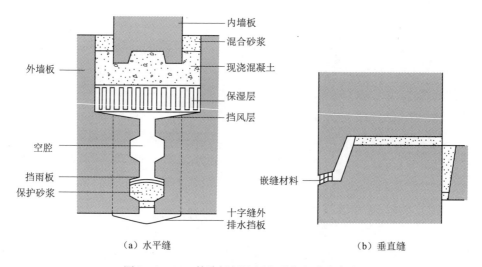

图3—2—14 外墙板板缝压力平衡空腔防水法

保温主要是通过在接缝处加一定厚度的泡沫聚苯乙烯板、岩棉板、泡沫聚氨酯、泡沫聚氯乙烯条等高效轻质保温材料来实现。

2. 内墙板

内墙板不需要考虑保温与隔热,多采用单一材料钢筋混凝土墙板、粉煤灰矿渣墙板和振动砖墙板,如图3—2—15所示。此外,目前较为常用的还有薄而轻的钢筋混凝土薄板、加气混凝土条板、玻璃纤维增强水泥条板、轻骨料混凝土条板等。

板材连接也是内墙的重要构造。内墙板采用的大多为条板,由于条板自身的整体性能较好,条板与结构体(墙、柱、梁、楼板)、条板与条板之间连接的牢固与密实是提高隔墙性能的关键。以加气混凝土条板为例,需在内墙根部做100 mm高C15混凝土条带以防潮和防止人为破坏。在这类内墙表面做自重较大的石材或金属饰面板时,应另设金属骨架。

(二)复合材料墙板

复合材料墙板是指由两种以上材料遵循一定的构造关系组建而成的墙板。复合材料墙板比单一材料墙板轻,可以根据不同使用要求,选择性能优越的材料,发挥材料特点,获得更好的墙体功能,比如保温、隔热、防火、隔声等,但复合材料墙板的制作工艺比较复杂。

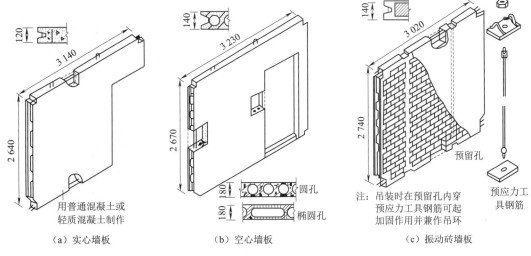

图 3—2—15 内墙板（单位：mm）

复合材料墙板根据板材是否有骨架可以分为两种，即板材式墙板和骨架式墙板。

1. 板材式墙板

板材式墙板通常由内、外壁和夹层组成。内、外壁材料一般具有耐久性、防水性，以及防火性、易于装饰等特点；夹层材料则根据墙体的功能要求，采用具有保温、隔热、隔声等性能、以及轻质、价廉的材料。由于材料的多样性和组合方式的不同，板材式墙板种类较多，可以为墙体构造提供更多、更合理的选择。

比如，对于有防水、保温隔热使用要求的墙体，可以选用钢筋混凝土复合材料墙板等，如图 3—2—16 所示。该墙板的构造特点，墙板外壁为耐久性和防水性较好的钢丝网水泥等材料，内壁为防火性能好，又便于装修的石膏板、塑料板等材料。夹层有多种密度小、保温隔热性能好的材料可以选用，如矿棉、玻璃棉、膨胀珍珠岩、膨胀蛭石、加气混凝土、泡沫混凝土、泡沫塑料等，这样，墙体板材就有多种种类，保温性能、厚度、荷载、价格会有所不同。

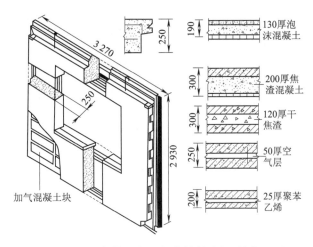

图 3—2—16 钢筋混凝土复合材料墙板（单位：mm）

对于有隔声、分隔空间要求的墙体，可以选择钢丝网泡沫塑料水泥砂浆复合板（商品名为泰柏板）、蜂窝夹芯板、金属面夹芯板等。其中，金属面夹芯板采用镀锌钢板、铝合金板等金属薄板与岩棉、玻璃棉、聚氨酯、聚苯乙烯等隔声、绝热芯材粘接、复合而成,具有质轻、高强、绝热、隔声、装饰性好、施工便捷等特点。以泰柏板为例,板材式内墙的构造做法如图3—2—17所示。

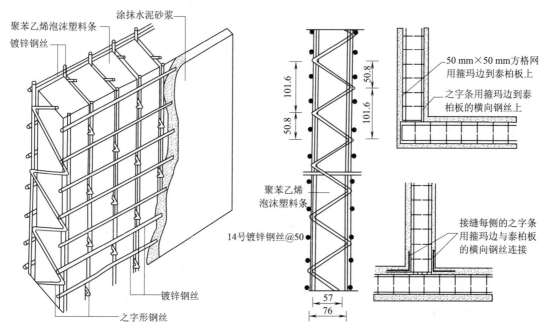

图3—2—17 钢丝网泡沫塑料水泥砂浆复合板墙(单位:mm)

2. 骨架式墙板

骨架式内墙板由骨架和面层构成,常用骨架材料为木材和轻钢。近年来,还出现了用石棉水泥、浇注石膏、水泥刨花、以及铝合金等材料制成的骨架。图3—2—18为一种薄壁轻钢骨架的墙板。

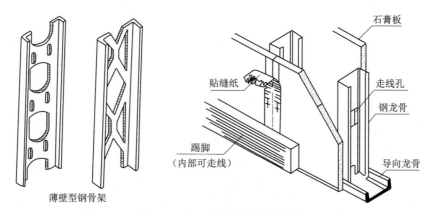

图3—2—18 薄壁轻钢骨架墙板

骨架式内墙板的面层一般为人造板材,常用的有木质板材、石膏板、硅酸钙板、水泥平板等几类。

面层与骨架的连接有贴面式和镶板式两种方式,如图3—2—19(a)、图3—2—19(b)所示,面板接缝的构造如图3—2—19(c)所示。面层通过钉、粘、卡等方式固定在骨架上。

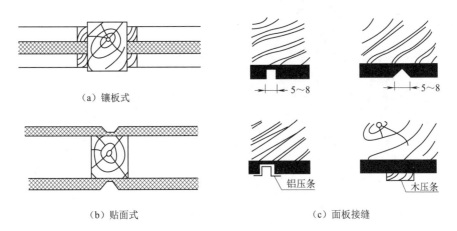

图 3—2—19 人造面板与骨架连接形式(单位:mm)

(三)玻璃幕墙

幕墙是由面板与支承结构组成的,相对于主体结构有一定位移能力的,除向主体结构传递自身所受荷载外不承担主体结构任何重量的建筑外围护体系。其中,面板材料可采用玻璃、金属、石材等;支承结构由连接件与主体结构相连接,可以采用支撑框架、玻璃肋、钢拉索和钢拉杆等。玻璃幕墙是玻璃面板和钢材相结合的幕墙形式。根据其支承方式不同,玻璃幕墙分为框支承玻璃幕墙、全玻璃幕墙和点支承玻璃幕墙三种。框支承玻璃幕墙造价低,使用最为广泛;全玻璃幕墙通透、轻盈,常用于大型公共建筑;点支承玻璃幕墙不仅通透,而且展现了精美的结构,发展十分迅速。

1. 框支承玻璃幕墙

框支承玻璃幕墙是指玻璃面板支承在周边框架上,按其安装施工方法可分为构件式(现场组装)和单元式(预制装配)两种;其构造做法有明框、隐框和半隐框几种。

(1)构件式玻璃幕墙

构件式玻璃幕墙是指在施工现场将幕墙构件——金属边框、玻璃、填充层和内衬墙等,以一定顺序进行安装组合的幕墙。幕墙构造主要是边框的连接和玻璃的安装两个环节。

①边框的连接

幕墙通过垂直方向的竖梃或水平方向的横档两种方式,把自重和风荷载传递到主体结构上,一般多采用前一种方式。边框的连接包括竖梃与楼板、竖梃与横档、竖梃与竖梃之间的连接,如图 3—2—20 所示。

竖梃通过连接件固定在楼板上,连接件可以置于楼板的上表面、侧面和下表面,一般情况是置于楼板上表面,便于操作。竖梃与楼板之间应留有 100 mm 左右的间隙,以方便施工安装时的调差。

竖梃与横档通过角形铝铸件或专用铝型材连接。铝角与竖梃、铝角与横档均用螺栓固定。竖梃与竖梃通过套筒来连接,竖梃与竖梃之间应留有 15~20 mm 的空隙,以解决金属的热胀冷缩问题。最后还需用密封胶嵌缝以满足防水要求。

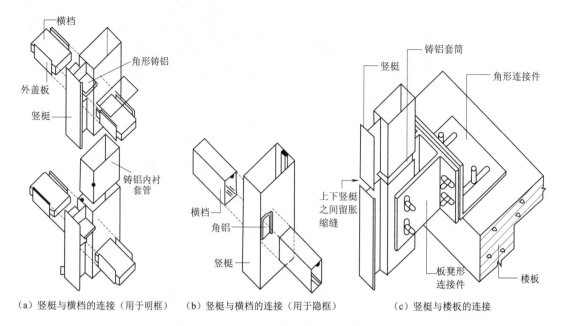

(a)竖梃与横档的连接（用于明框）　　(b)竖梃与横档的连接（用于隐框）　　(c)竖梃与楼板的连接

图3—2—20　构件式玻璃幕墙金属边框连接构造

②玻璃的安装

玻璃安装分为明框幕墙的玻璃安装和隐框幕墙的玻璃安装两种主要的方式。明框幕墙的玻璃安装是将玻璃板块镶嵌在竖梃、横档等金属框上，并用金属压条卡住。玻璃与金属框接缝处有三个构造层，即密封层、密封衬垫层、空腔。玻璃是由垫块支撑在金属框内，玻璃与金属框之间形成空腔。空腔可防止挤入缝内的雨水因毛细现象进入室内，如图3—2—21所示。

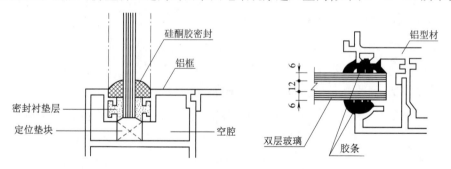

图3—2—21　明框幕墙的玻璃安装

隐框幕墙的金属框隐蔽在玻璃的背面，室外看不到金属框，玻璃板块安装在隐框玻璃幕墙中。隐框玻璃幕墙又可分为全隐框和半隐框两种，半隐框幕墙可以是横明竖隐，也可以是竖明横隐。玻璃板块由玻璃、附框和定位胶条、黏结材料组成，如图3—2—22所示。附框通常采用铝合金型材制作，其尺寸应比玻璃板面尺寸小一些。安装时，用双面贴胶带将玻璃与附框定位，再现注结构胶，待结构胶固化并达到强度后，进行现场的安装工作。在玻璃的安装过程中，板块与板块之间形成的横缝与竖缝都要进行防水处理，在缝中填塞泡沫垫杆，垫杆尺寸应比缝宽稍大，嵌固稳当，然后用现注式耐候密封胶灌注。

在玻璃板块的制作安装中，结构胶和耐候密封胶的选择十分重要，对于隐框幕墙的安全性能、防风雨性能及耐久性都有着直接的影响。耐候密封胶主要采用硅酮密封胶，固化后对阳光、雨水、臭氧及高低温等气候条件都能适应;结构胶常采用硅酮结构胶,结构胶不仅起着黏合密封的作用,同时起着结构受力的作用。结构胶初步固化时间约 7 d,注胶 7 d 后,玻璃板块才能进行安装,结构胶最终达到完全固化需要 14～21 d。

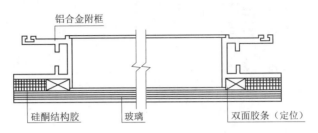

图 3—2—22　隐框幕墙的玻璃安装

（2）单元式玻璃幕墙构造

单元式玻璃幕墙指将玻璃面板和金属框架（横梁、立柱）在工厂组装为幕墙单元,以幕墙单元形式在现场安装在主体结构上的框支承幕墙。单元式玻璃幕墙板与主体结构的梁或板的连接,通常有扁担支撑式和挂钩式两种。

①扁担支撑式

工程常用的扁担支撑式连接,通常先在幕墙单元背面装上一根经过防锈和耐腐蚀处理的钢管（俗称铁扁担,图 3—2—23 中立面图虚线所示）,幕墙板通过铁扁担支搁在角形钢牛腿上。为防止振动,幕墙板与牛腿接触处均应垫上防振橡胶垫。铁扁担用螺栓固定在牛腿上,牛腿通过预埋槽钢与框架梁相连,如图 3—2—23 所示。

②挂钩式

幕墙单元的竖框通过钢挂钩固定在预埋铁角上,如图 3—2—24 所示。

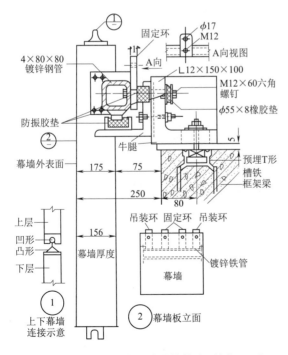

图 3—2—23　扁担支承式连接构造（单位:mm）

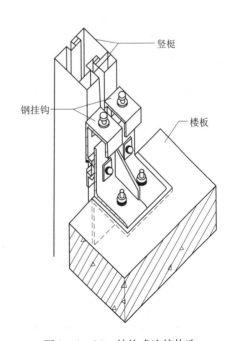

图 3—2—24　挂钩式连接构造

由于幕墙板之间都留有一定空隙,因此该处的接缝防水构造十分重要,通常有三种处理方法,即内锁契合法、衬垫法和密封胶嵌缝法,如图3—2—25所示。这种防水方法运用等压原理,在幕墙单元的边框上设置等压腔和特别压力引入孔,等压腔内部压力通过特别压力引入孔与外部压力平衡,将压力差移至接触不到雨水的室内一侧,于是有水处没有压力差,而有压力差的部位又没有水,达到防止外部水利用压力差渗入幕墙的目的。

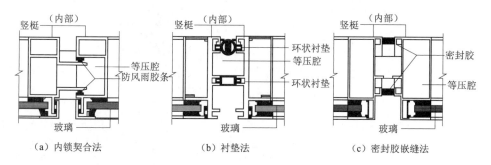

图3—2—25 幕墙板之间的接缝构造

2. 全玻璃幕墙构造

全玻璃幕墙是指由玻璃面板和玻璃肋构成的玻璃幕墙。其中,玻璃幕墙称为玻璃面板,简称面玻璃。玻璃肋是为了增强面玻璃刚度,每隔一定距离垂直于玻璃幕墙表面用条形玻璃板作为加强肋板,又称为肋玻璃,其构造做法包括面玻璃与肋玻璃之间的固定、面玻璃和肋玻璃的竖向固定两个环节。

(1)面玻璃与肋玻璃之间的固定方法

面玻璃和肋玻璃有多种交接方式,如图3—2—26所示。同时,面玻璃与肋玻璃相交部位宜留出一定的间隙,间隙用硅酮系列密封胶注满,间隙尺寸可根据玻璃的厚度而略有不同,如图3—2—27所示,图中和表中的a、b、c即指肋玻璃和面玻璃的间隙尺寸。

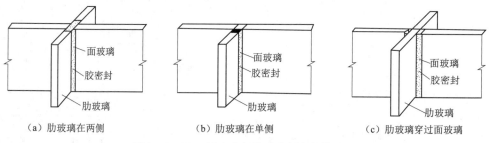

图3—2—26 面玻璃与肋玻璃相交部位处理

密封节点尺寸 肋玻璃厚	a	b	c
12	4	4	6
15	5	5	6
19	6	7	6

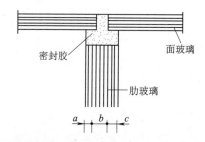

图3—2—27 面玻璃与肋玻璃交接细部构造处理(单位:mm)

(2)面玻璃和肋玻璃与主体结构的连接

面玻璃和肋玻璃与主体结构之间的连接固定有两种方法,即下部支承式和上部悬挂式。

①下部支承式

下部支承式固定方法是用特殊型材,将面玻璃及肋玻璃的上、下两端固定,幕墙的重量支承在其下部的型材上。由于玻璃会因自重而发生挠曲变形,所以不能用作高于4 m的全玻璃幕墙。室内的玻璃隔断也可以采用这种方式。

②上部悬挂式

当玻璃幕墙超过4 m时,全玻璃幕墙应悬挂固定在主体结构上,即采用悬吊的吊夹将肋玻璃及面玻璃悬挂固定,由吊夹及上部支承结构受力。图3—2—28为吊夹固定的构造节点,图3—2—29是吊夹悬吊示意。上部悬挂式固定方法要求吊挂全玻璃幕墙的主体构件应有足够刚度,其优点是可以消除玻璃因自重而引起的挠度,从而保证玻璃幕墙的安全性。

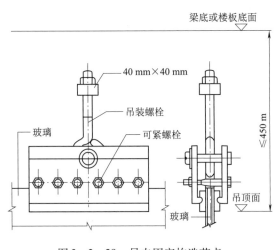

图3—2—28 吊夹固定构造节点

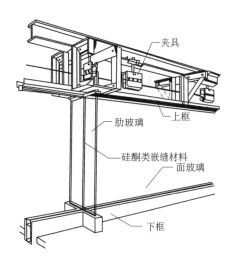

图3—2—29 吊夹悬吊示意

3.点支承玻璃幕墙构造

点支撑玻璃幕墙是由玻璃面板、点支承装置和支承结构构成的玻璃幕墙,其支撑结构形式有玻璃肋支撑,单根型钢或钢管支撑,桁架支撑及张拉杆索体系支撑结构,如图3—2—30所示。

点支撑玻璃幕墙可形成非常通透的空间效果,并且构件精巧,结构美观。特别适用于公共建筑高大空间的内外装修,也可作为装饰构件用于室内外装修,设置城市公共空间的装置陈设。

(1)点支承结构的构造

点支承玻璃幕墙的支承结构可分为杆件体系和索杆体系两种。杆件体系是由刚性构件组成的结构体系;索杆体系是由拉索、拉杆和刚性构件等组成的预拉力结构体系。常见的点支撑杆件体系有钢立柱和钢桁架,索杆体系有钢拉索、钢拉杆和自平衡索桁架,如图3—2—30所示。

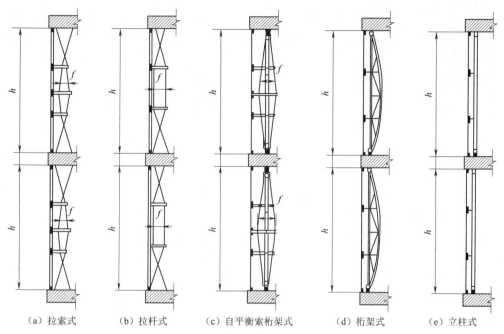

(a)拉索式　　(b)拉杆式　　(c)自平衡索桁架式　　(d)桁架式　　(e)立柱式

图3—2—30　五种点支承结构示意

（2）点支承装置的构造

连接玻璃面板与支承结构的支承装置有爪件、连接件以及转接件等。爪件根据固定点数可分为四点式、三点式、两点式和单点式。爪件原材料常采用不锈钢或镀铬和镀锌等可靠表面处理后的钢材。爪件通过转接件与支承结构连接，转接件一端与支承结构焊接，另一端通过内螺纹与爪件套接。连接件以螺栓方式固定玻璃面板，并通过螺栓与爪件连接。

（3）玻璃面板的构造

点支承玻璃幕墙的玻璃面板应采用钢化玻璃，玻璃的种类主要有单层钢化玻璃、钢化夹层玻璃和钢化中空玻璃等。玻璃单片厚度应不小于 8 mm，组成夹层玻璃和中空玻璃的单片厚度也应符合此要求。玻璃面板形状通常为矩形，采用四点支承，根据情况也可采用六点支承，对于三角形玻璃面板可采用三点支承。玻璃面板拼接时，须留有至少 10 mm 的间隙，并嵌填耐候密封胶。

（四）金属幕墙

金属幕墙是将金属面板通过承重骨架悬挂在主体结构上的幕墙类型。金属幕墙具有厚度薄、强度高、板面平滑、富有金属光泽、质感丰富等特点，同时金属幕墙还具有施工工艺简单、加工质量好、生产周期短、可工厂化生产、装配精度高和防火性能优良等特点，因此被广泛地应用于各种建筑中。

用于金属幕墙的金属板材有铝合金、不锈钢、搪瓷涂层钢、铜、钛合金等薄板。其中，以铝合金板材使用最为广泛。金属幕墙的构造组成和隐框玻璃幕墙类似，在其外立面上看不见骨架框格。金属幕墙的构造包括骨架体系的构造和金属板块的构造两个环节。

1. 骨架体系的构造

金属幕墙的骨架体系与玻璃幕墙相同，由竖梃和横档组成，通常受力是以竖梃为主。以铝板幕墙为例，骨架体系一般采用铝合金型材骨架，也可采用钢骨架，如型钢和轻钢型材等。

其中,铝合金型材的精度高,施工安装方便,但其刚度小,价格也较高;钢骨架承载力、刚度大,型材断面小,竖梃和横档之间采用焊接连接,但其装饰性差,对施工精度要求较高。图3—2—31所示为铝板幕墙铝合金型材骨架体系的构造节点。其他类型如耐候钢板幕墙、不锈钢板幕墙、钛锌板幕墙、钛合金板幕墙等的构造与铝板幕墙相似,在构件和断面形式因材料不同而有所变异,图3—2—32所示为钛锌板幕墙钢方管骨架体系的构造节点。

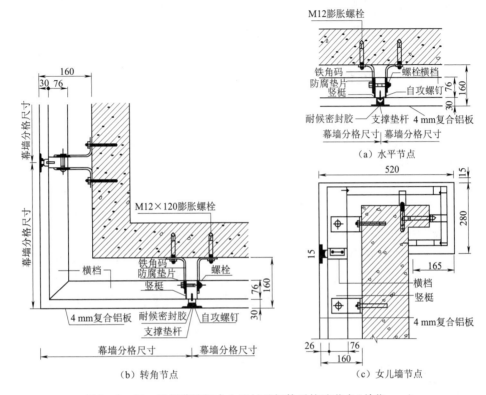

图3—2—31 铝板幕墙铝合金型材骨架体系构造节点(单位:mm)

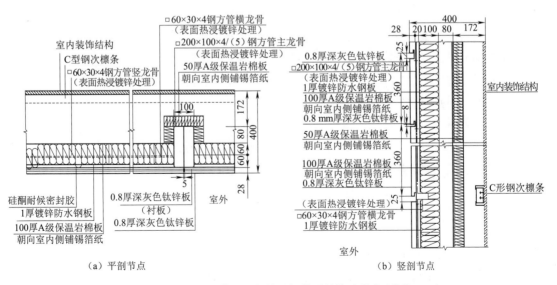

图3—2—32 钛锌板幕墙钢方管骨架体系的构造节点(单位:mm)

2. 金属板块的构造

金属幕墙的板块由加劲肋和金属面板组成。以广泛使用的铝合金幕墙为例,铝板的宽度尺寸常在1 000~1 600 mm,长度尺寸可根据需要定制,其尺寸的选择和铝板材料尺寸、受力计算以及建筑立面划分密切相关。

板块的制作需要在铝板背面设置边肋和中肋等加劲肋。在制作板块时,铝板应四周折边以便与加劲肋连接。加劲肋常采用铝合金型材,以槽形或角形型材为主。

面板与加劲肋之间通常的连接方法有铆接、栓焊接、螺栓连接以及化学黏结等。为了方便板块与骨架体系的连接需在板块的周边设置铝角,一端常通过铆接方式固定在板块上,另一端采用自攻螺栓固定在骨架上。铝板板块拼接时,考虑到变形的需要,板块间须留出10~15 mm的间隙,并用耐候密封胶嵌填。

3. 其他幕墙形式的构造

随着现代艺术和材料工艺的发展,将金属板材作为原板,经过穿孔、轧制等工艺,能够加工获得其他不同的幕墙板材,其中穿孔金属板、波形面板、金属丝网及板网等形式,为国内目前广为推崇的幕墙形式。

(1)穿孔金属板

选用铝板、不锈钢板、铜板等有一定厚度及刚度的金属板材为原板,利用冲孔设备将板材规律地加工出各种孔洞,得到镂空金属板,这种板材具有特殊的质感肌理,并且具有透光不透视、通风等特点。穿孔金属板幕墙的构造类似于金属薄板,当穿孔空洞尺寸与密度较大时,需采用加强肋以增强板材整体刚度。相对较薄的穿孔金属板可以轧制成不同断面形式的面板以提高面板刚度。

(2)波形面板

将铝板、钢板、锌板等较薄板材(厚度0.6~1.2 mm),通过冷轧、热轧工艺加工成波浪形、梯形、齿形等不同断面形式的压型钢板,有利于提高板材刚度。波形断面板幕墙常采用露明铆钉、自攻螺钉等直接固定在龙骨或基板上。

(3)金属丝网及板网

金属丝网是以金属丝线、绞线等通过编织工艺形成的编织类丝网,或者是以金属线材通过特殊焊接工艺形成的焊接类丝网。板网是以金属板为原板经过机械切割、拉伸、压平等工序而成的拉伸型板网。加工后可再进行喷涂等着色处理。其构造形式多样,常用的方法有采用挂钩拉接的张拉法以及边缘夹具固定法。

(五)石材幕墙

石材幕墙是由石材面板和金属骨架组合的幕墙类型。金属配件包括起支撑作用的金属骨架和起连接作用的连接挂件。石材幕墙的构造包括骨架体系的构造和石材板块的构造两个环节。

1. 骨架体系的构造

石材幕墙的施工安装通常采用干作业工艺,利用金属配件将板材牢固悬挂在主体结构上形成饰面。主要有短槽式干挂法、结构装配式干挂法、背栓式干挂法等三种方式。

(1)短槽式干挂法

短槽式干挂构造是先在石板上、下边各开两个短槽,然后将T形或L形连接件一端插入上、下相邻两块石板的槽内,另一端与幕墙骨架连接。连接件除 T 形、L 形外还有燕尾形,均可以采用铝合金或不锈钢件。

(2)结构装配式干挂法

结构装配式的石板类似于隐框玻璃板的构造,两边(或四边)用结构胶粘贴副框(铝框或钢框),副框带有挂钩板,形成银框小单元板材,再挂到横梁、立柱上,如图 3—2—33 所示。

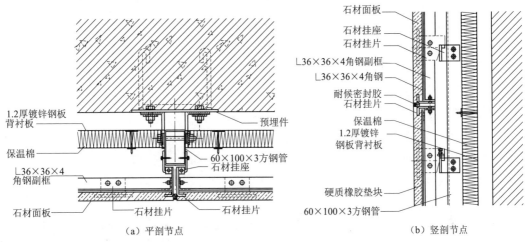

图 3—2—33 结构装配式干挂石材幕墙构造节点

(3)背栓式干挂法

背栓式干挂法是采用专用钻孔设备在石板的背面钻孔,然后安装不锈钢锥形螺杆、扩压环及间隔套管,再由铝合金连接件与幕墙骨架相连,如图 3—2—34 所示。

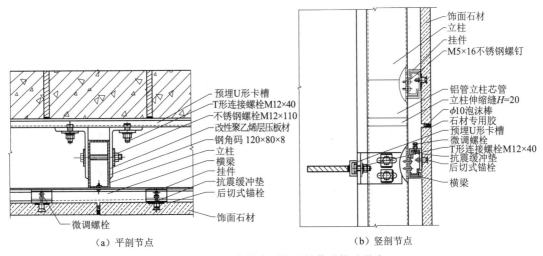

图 3—2—34 背栓式干挂石材幕墙构造节点

2. 石材板块的构造

用于干挂石材幕墙的饰面石板在规格尺寸方面,厚度不应小于 25 mm,常用板厚为 30 mm,当采用烧毛面石板等粗面板时,其厚度应比抛光板厚 3 mm。由于石材较重,幕墙立面分格不宜过大,单块板材面积不宜大于 1.5 m²,短边长度不宜大于 1.0 m。石材加工制作时,应无崩坏、暗裂等缺陷。外观上,板材的色调花纹应基本调和,不得有明显色差,不允许有裂纹存在。

三、墙面饰面构造

为了避免墙体因遭受风霜雨雪及太阳辐射等作用而破坏,改善墙体表面的清洁条件,增强墙体保温、隔热、隔声等性能,取得美化和装饰作用,内、外墙表面一般应作饰面处理。墙面饰面主要包括抹灰类、贴面类、涂料类和铺钉类等。

(一)抹灰类墙面饰面

抹灰类饰面又称为水泥灰浆类饰面,是以水泥、石灰膏等胶粘材料加入砂或石粉,再与水拌合成砂浆涂抹在墙体表面。抹灰层胶凝后会形成致密硬质的表层,起到密封、平整、保护、美化的作用。抹灰材料来源广泛、施工简便、造价低廉,应用非常广泛。

1. 抹灰类饰面的分类

常见的抹灰类型有一般饰面抹灰与装饰抹灰两种。

(1)一般饰面抹灰

一般饰面抹灰是指采用石灰砂浆、混合砂浆、水泥聚合物砂浆、麻刀灰、纸筋灰等对建筑物的面层抹灰和石膏浆罩面。按墙体类型及建筑标准的不同,一般饰面抹灰可分为高级抹灰、中级抹灰和普通抹灰三种。高级抹灰适用于大型公共建筑物、纪念性建筑物及有特殊功能要求的高级建筑。中级抹灰适用于一般住宅、公共建筑和工业建筑,以及高级建筑物中的附属建筑。普通抹灰适用于简易住宅、大型临时设施和非居住性房屋,以及建筑物中的地下室、储藏室等。

(2)装饰抹灰

装饰抹灰按照面层材料的不同可分为多种形式。常用的有聚合物水泥砂浆类的喷涂、滚涂、弹涂等。此外还有石灰类(如拉灰条、仿石等)、石渣(乳水刷石、干粘石等)、水刷石、斩假石、干粘石等。

2. 抹灰的组成和做法

(1)一般抹灰的组成和做法

抹灰层应该表面平整、粘接牢固、色泽均匀且不开裂。为满足上述要求,抹灰施工时须分层操作,一般分底层(灰)、中层(灰)、面层(灰)三层,抹灰的分层做法,如图3—2—35所示。

底层抹灰又称底灰,其作用是与基层粘接,并初步找平,抹灰材料和厚度随基层而定。当墙体基层为砖、石时,可采用水泥砂浆或混合砂浆打底;当基层为骨架板条时,应以石灰砂浆掺入适当麻刀(纸筋)或其他纤维作为底灰,施工时将底灰挤入板条缝隙,以加强拉结,避免开裂、脱落;混凝土墙则采用水泥砂浆或水泥石灰砂浆;加气混凝土墙体则采用掺胶的水泥砂浆或水泥石灰砂浆。

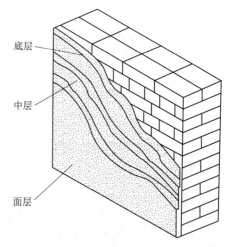

图3—2—35 抹灰饰面的做法

中层抹灰除找平作用外,还可以弥补砂浆的干缩裂缝。中灰材料与底灰基本相同。根据施工质量的要求可以一次抹灰或分层操作。

面层抹灰又称面灰、罩面、罩灰等,主要起装饰作用,要求表面平整、均匀、无裂痕。所用的材料为各种砂浆或水泥石渣浆。面层不包括在其上的刷浆、喷浆或涂料。

(2)装饰抹灰的做法

装饰抹灰多借助于特定工器具或机械设备完成施工,以聚合物水泥砂浆的喷涂、滚涂及弹涂做法为例,喷涂是用挤压式砂浆泵喷涂于墙体表面,滚涂是将砂浆抹在墙体表面,用滚子滚出花纹,弹涂是在墙体表面刷色浆后,再用弹涂器分几遍弹刷涂层;而拉条、扫毛抹灰的做法,在基层处理完成后,用饰面砂浆抹面,待面层砂浆稍收水,用拉条模具沿导轨直尺从上往下拉线条成形;机喷石粒、石屑的做法是用压缩空气将石粒喷洒在墙面尚未硬化的素水泥浆粘接层上,形成饰面。

(二)涂料类墙面饰面

墙面采用涂料装修时多以抹灰层为基层,也可直接以墙体为基层上,将涂料涂刷在基层上。根据设计要求,也可采用刷涂、滚涂、弹涂、喷涂等施工方法以形成不同的质感效果。这是各种饰面做法中最为简便的一种方式。虽然对于外墙装饰而言,与抹灰类、贴面砖等相比,有效使用年限较短,但由于这种饰面做法省料、工期短、工效高、便于维修、造价低等优点,而得到广泛应用。

1. 涂料类墙面材料分类和特点

各类涂料的材料品种繁多,可分为无机涂料和有机涂料两大类。传统的无机涂料主要是以生石灰、碳酸钙、滑石粉等为原料的石灰水(浆)、大白浆、可赛银等;目前常用的是以硅酸钾和以硅溶胶为主要胶结剂的无机高分子涂料。

有机涂料依其主要成膜物质和稀释剂的不同,分为溶剂型涂料、水溶型涂料和乳胶涂料。溶剂型涂料是指以合成树脂为主要成膜物质、有机溶剂为稀释剂,经研磨而成的涂料。形成的涂膜细腻、光洁而坚韧,有较好的硬度、光泽和耐水性、耐候性,气密性好。但有机溶剂在施工时会挥发有害气体,污染环境。另外,若基层潮湿涂膜易脱落。水溶型涂料是指以水溶性合成树脂为主要成膜物质,以水为稀释剂,经研磨而成的涂料。它的耐水性差、耐候性不强、耐洗刷性也差,故只适用做内墙涂料。水溶型涂料价格便宜,无毒无怪味,并具有一定透气性,在较潮湿基层上亦可操作,但施工时温度不宜太低。乳胶涂料又称乳胶漆,是由合成树脂借助乳化剂的作用,以极细微粒子溶于水中构成乳液为主要成膜物的涂料,价格便宜,具有无毒、无味、不易燃烧、不污染环境等特点,同时还具有一定的透气性,可在潮湿基层上施工,是目前广为采用的内外墙装修涂料。

2. 涂料饰面的做法

涂料类饰面的涂层构造一般可以分为三层,即底层、中间层、面层。

底层俗称底漆,主要作用是增加涂层与基层之间的黏附力,还可以进一步清理基层表面的灰尘,以及封闭基层,防止基层物质渗出破坏饰面等。

中间层是整个涂层构造中的成型层,通过一定厚度的、匀实饱满的涂层,达到保护基层和形成所需的装饰效果的目的。

面层的主要作用是选用不同特点的材料来表现饰面的色彩和光感。为了保证色彩均匀,并满足耐久性、耐磨性等方面的要求,面层最低限度应涂刷两遍。

(三)贴面类墙面饰面

贴面类墙面饰面是采用天然石材、人造石材、陶瓷制品等块材,进行铺贴装饰的墙面饰面。这类饰面花色品种繁多、经久耐用、易保持清洁,但造价偏高、工效低,属于中高档装修。

1. 贴面类墙面材料分类和特点

贴面类材料有天然石材,如花岗岩、大理石、青石板等;人造石材,如水泥石渣预制板等;烧成的陶瓷制品,如面砖、瓷砖、陶瓷锦砖、玻璃马赛克等。

天然石材墙面具有庄重、典雅、富丽堂皇的效果,是墙面高级装修做法之一。花岗石适用于铁路客运站室内外墙面和柱面的装饰,也适用于地面、台阶、楼梯、水池和服务台等造型面的装饰;碎拼大理石是将边角废料经过适当分类加工处理并拼接出设计图案,也是较高级的装修材料。碎拼大理石造价较低但装饰效果同样清新雅致,自然优美。人造石材墙面可以与天然石材媲美,但造价要低于天然石材墙面。

陶瓷制品以陶土、瓷土以及玻璃为原料烧制而成。面砖、瓷砖以陶土为原料;锦砖俗称马赛克,是以优质瓷土烧制而成的小块瓷砖,具有质地坚实、花色繁多、不渗水、易清洁等特点;玻璃马赛克是以玻璃烧制成的片状小块,经工厂预贴于牛皮纸上,色彩更为鲜艳,并有透明光亮的特征。

2. 贴面饰面的做法

贴面类饰面的基本构造,因工艺形式的不同而分成直接镶贴、贴挂结合以及干挂等方式。对于厚度较大(一般在 20 mm 以上)天然石材和人造石材等面层材料,不能采用直接镶贴的方法,需要采用贴挂结合或干挂的方法来完成。

(1) 直接镶贴法

直接镶贴饰面的构造比较简单,大体上由底层砂浆、粘接层砂浆和块状贴面材料面层组成。底层砂浆具有使饰面层与基层之间黏附和找平的双重作用;粘接层砂浆的作用是与底层形成良好的连接,并将贴面材料黏附在墙体上。

面砖、瓷砖、陶瓷锦砖、玻璃马赛克、碎拼大理石等饰面一般采用直接镶贴的做法。以面砖贴面的做法为例,先在基层上抹底灰,再用粘接砂浆粘贴面砖,并用水泥细砂浆填缝,如图 3—2—36 所示。

(2) 贴挂结合法

贴挂法是采用板材与基层绑或挂,然后灌浆固定的办法。以大理石板材为例,具体做法是在墙面预埋件固定沿墙面的钢筋网,饰面板材钻孔用铜丝绑扎在钢筋网上,墙面与石材之间有一定的缝隙,缝隙中分层浇筑水泥砂浆,待初凝后再灌上一层,如图 3—2—37 所示。

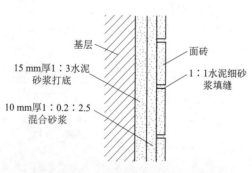

图 3—2—36 面砖饰面的镶贴做法

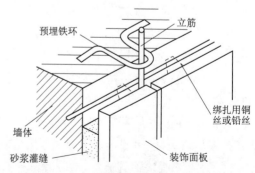

图 3—2—37 大理石板材的贴挂结合做法

(3) 干挂法

干挂法是用一组金属连接件,将板材与基层可靠地连接,可分为有龙骨体系(图3—2—38)和无龙骨体系(图3—2—39),其间形成的空气间层不作灌浆处理。干挂法装饰效果好,石材表面不会出现泛碱,且施工不受季节限制,速度快,减轻了建筑物自重,有利于抗震,适用于外墙装修。

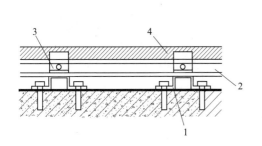

图3—2—38 干挂法有龙骨体系
1—主龙骨;2—次龙骨;3—舌板;4—石材

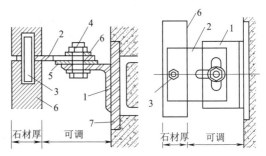

图3—2—39 干挂法无龙骨体系
1—托板;2—舌板;3—销钉;4—螺栓;
5—垫片;6—石材;7—预埋件

(四)铺钉类墙面饰面

铺钉类饰面是指用木、竹及其制品、胶合板、纤维板、石膏板、玻璃和金属薄板等材料制成的各类饰面板,通过镶、钉、拼、贴等构造手法构成的墙体饰面。这类材料可加工性好,湿作业量少,装饰效果丰富。

1. 铺钉类墙面材料分类和特点

木与木制品的墙面饰面其特点是,使人感到温暖、亲切、舒适,其外观质朴、高雅,常用于室内墙面人们经常容易接触的部位。

竹墙面是以圆竹或半圆竹装饰而成的墙面,竹墙面有独特风格和浓郁的地方色彩,多用于装饰会议室、门厅、餐厅等的室内墙面。纤维板是以尿醛树脂为胶粘剂,用热压法在纤维板的表面粘贴塑料板而成。使用时,不用油漆,且耐磨、耐烫。

纸面石膏板材是以熟石膏为主要原料,掺入适量外加剂与纤维作板芯,用牛皮纸为护面层的一种板材。具有可刨、可锯、可钉、可粘等优点。

玻璃饰面常用于室内墙面和柱面,可以使视觉延伸、扩大空间感,同时玻璃墙面具有美观、清洁等特点。

金属薄板饰面是利用铝、铜、铝合金及不锈钢等金属材料经加工制作而成的薄板,用于室内外墙面装饰。其板材具有质轻、抗腐蚀、耐候性强、耐久性好、易于加工及施工简便等优点,而且色彩丰富,品种多样。常用的薄板有铝合金板、镜面不锈钢板、彩色不锈钢板、彩色不锈钢镜面板、钛金板及超耐候性氟碳树脂铝合金墙板等。

2. 铺钉饰面的做法

铺钉饰面由骨架和板材两部分组成。以木板墙为例,首先在墙体内预埋木砖,再立骨架,最后将木板用气钉钉固,或用螺丝钉钉固,也可以胶粘加钉,结合镶贴等方法固定在木骨架上,如图3—2—40所示。

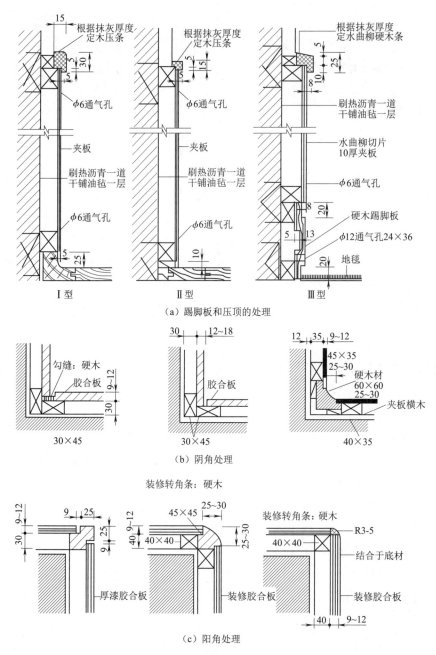

图3—2—40 木板饰面的铺钉做法(单位:mm)

第三节 特殊要求的节点构造

为了实现保温、隔热、防水、防潮、隔声、防火等方面的建筑功能要求,构件之间的"结合部"是关键环节之一。所谓结合部,是指不同的部位之间(墙体与墙体之间、墙体与位于其中的门窗之间)、不同方向的表面之间(如墙体与屋面、墙体与楼面、墙体与地面之间)、不同材料的相连接处等,这些部位也被称为"节点"。墙体节点的构造,常常是保温、防水、防潮、抗震等要求的薄弱环节,在设计和施工中需要更加重视。

一、墙体保温节点的构造

在外围护墙体中还有许多传热异常的部位以及保温性能低下的嵌入构件,比如框架结构中钢筋混凝土梁、柱,以及墙承载结构中的钢筋混凝土梁、梁垫、过梁、圈梁等构件。在这些部位较易形成热工性能薄弱的"冷桥",如图3—3—1所示。

为了防止这些"冷桥"部位散失过多的室内热量,或在其内表面出现结露,应对此采取图3—3—2所示的局部保温措施。

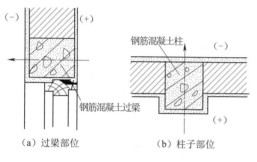

图3—3—1 冷桥示意

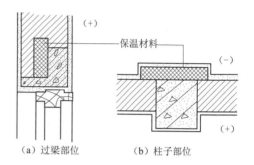

图3—3—2 冷桥局部保温的构造处理

二、墙体防潮节点构造

为了防止土壤中的潮气沿墙身上升,避免勒脚部位的室外地面水影响墙身,需要对墙体进行构造处理。墙体防潮可以分为墙身水平防潮和墙身垂直防潮。

(一)墙身水平防潮的构造做法

墙身水平防潮是对建筑物所有的内、外结构墙体(所有设置基础的墙体)在墙身一定的高度设置的水平方向的防潮层,以隔绝地下潮气对墙身的不利影响。

建筑物底层地坪为防水防潮材料形成地坪防潮层,土壤中的潮气被阻隔在防潮层外,不能浸入室内。墙身水平防潮层的位置必须保证其与地坪防潮层相连。当地坪的结构垫层采用混凝土等不透水材料时,墙身水平防潮层的位置应设在室内地坪混凝土垫层上、下表面之间的墙身灰缝中;当地坪的结构垫层为碎石等透水材料时,墙身水平防潮层的位置应平齐或高于室内地坪面60 mm左右(即具有一定防潮防渗作用的地面及踢脚的高度位置内),如图3—3—3所示。

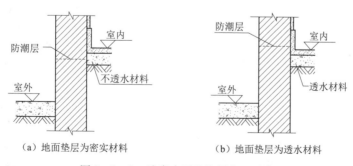

图3—3—3 墙身水平防潮层位置示意

墙身水平防潮层一般可采用油毡、防水砂浆、配筋细石混凝土等,如图3—3—4所示。

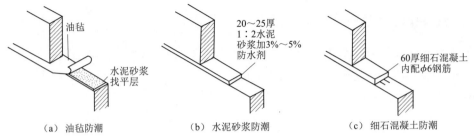

图 3—3—4 墙身水平防潮层的做法

1. 油毡防潮层

油毡防潮层具有一定的韧性、延伸性和良好的防潮性能。但由于油毡层对抗震不利,不适宜用于有抗震设防要求的建筑墙体中。同时,由于油毡易老化、耐久年限短,目前已较少采用。

2. 水泥砂浆防潮层

水泥砂浆防潮层是在需设置防潮层的位置铺设一定厚度的防水砂浆。防水砂浆是在水泥砂浆中掺入水泥用量3%~5%的防水剂配制而成,其铺设厚度为20~25 mm。采用防水砂浆防潮层较适用于抗震设防地区的建筑墙体、独立砖柱以及受振动较大的砌体中,不适用于地基会产生不均匀变形的建筑中。

3. 防水砂浆砌砖防潮层

防水砂浆砌砖防潮层是在需要设置墙身防潮层的位置用防水砂浆砌筑3~5皮砖。以防水砂浆砌筑3皮砖为例,共有4道水平灰缝及其中间垂直灰缝,其防潮效果较好。

4. 配筋细石混凝土防潮层

配筋细石混凝土防潮层是采用浇筑60 mm厚的细石混凝土,并在其中设置$\phi 6$的钢筋网片(纵向钢筋2~3根)以提高防潮层的抗裂性能。由于它抗裂性能好,且能与砌体结合为一体,故适用于整体刚度和整体性要求均较高的建筑墙体中。

(二)墙身垂直防潮的构造做法

当墙体两侧有高差或室内地坪低于室外地坪时,在高地坪房间(或室外地坪)填土前,在两道墙身水平防潮层之间的垂直墙面上,先用20 mm厚水泥砂浆做找平层,再涂冷底子油一道、热沥青两道(或采用防水砂浆抹灰的防潮处理),而在低地坪房间一边的垂直墙面上,宜采用水泥砂浆打底的墙面做法,如图3—3—5所示。

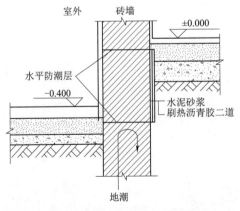

图 3—3—5 墙身垂直防潮层

三、墙体变形缝构造

为了防止因气温变化、地基不均匀沉降以及地震等因素使建筑物发生裂缝或导致破坏,设计时预先在变形敏感部位将建筑物断开,分成若干个相对独立的单元,且预留的缝隙能保证建筑物有足够的变形空间,设置的这种构造缝称为变形缝。建筑物在外界因素作用下常会产生变形,导致开裂甚至破坏。变形缝是针对这种情况而预留的构造缝。

(一)变形缝的类型

变形缝根据设缝目的不同分为伸缩缝(温度缝)、沉降缝、防震缝三种。

1. 伸缩缝

为了防止构件因温度变化而产生热胀冷缩,使房屋出现裂缝,甚至破坏,沿建筑物长度方向每隔一定距离设置垂直缝隙以释放温度应力,该缝隙称为伸缩缝(温度缝),该距离称为伸缩缝间距或温度区段。由于基础埋在地下,受气温影响较小,故不考虑其伸缩变形,所以伸缩缝一般从基础顶面开始,沿建筑物长度方向每隔一定距离预留伸缩缝,在伸缩缝处需将基础以上的构件全部分开,将建筑物分成若干段。

2. 沉降缝

当房屋相邻部分的高度、荷载和结构形式差别很大而地基又较弱时,房屋有可能产生不均匀沉降,致使某些薄弱部位开裂。沉降缝是为了避免由于地基不均匀沉降引起房屋破坏而设置的竖向缝隙。沉降缝将房屋从基础底部到屋顶的构件全部断开(这也是伸缩缝与沉降缝的主要不同),使两侧各为独立的单元,可以在竖直方向自由沉降。

沉降缝的设置原则是建筑物复杂的平面和体形转折部位;建筑的高度和荷载差异较大处;过长建筑物的适当部位;地基土的压缩性有显著差异处;地基处理的方法明显不同处;建筑物的基础类型不同以及分期建造房屋的交界处。

3. 防震缝

为防止地震造成房屋破坏,当抗震设防地区的建筑物体型比较复杂或建筑物各部分的结构刚度、高度以及竖向荷载相差较悬殊时,在变形敏感部位设置变形缝,将建筑物分割成若干规整的结构单元,每个单元的体型规则、平面规整、结构体系单一,以防止在地震作用下建筑物各部分相互碰撞、拉伸,造成破坏,这种变形缝就称为防震缝。防震缝应从基础顶面开始,贯穿建筑物的全高。

(二)变形缝的设置原则

一个建筑物中的变形缝应尽可能协调布置,三种变形缝可一并考虑,实现一缝多用。一般情况下,沉降缝和伸缩缝合并处理;在地震设防地区,当建筑物需设置伸缩缝或沉降缝时,应统一按防震缝来对待,防震缝与伸缩缝、沉降缝结合布置,并应同时满足三种变形缝的设计要求。由于三种变形缝两侧的结构单元之间的相对位移和变形的方式不同,三种变形缝对其缝隙宽度的要求也不一样,其设置原则和宽度见表3—3—1。

表 3—3—1 变形缝设置原则与宽度

变形缝类别	设置原则	断开部位	缝宽(mm)		
伸缩缝	按建筑物长度、结构类型与屋盖刚度	除基础外沿全高断开	20～30 mm		
沉降缝	地基情况和建筑物高度	从基础到屋顶沿全高断开	地基性质	建筑物高度 H 或层数	缝宽(mm)
			一般地基	$H<5m$	30
				$H=5～10m$	50
				$H>10～15m$	70
			软弱地基	2～3 层	50～80
				4～5 层	80～120
				≥6 层	>120
			湿陷性黄土地基		≥50
防震缝	设防烈度、结构类型和建筑物高度	沿建筑物全高设缝,基础可不断开,也可断开	结构类型	建筑物高度 H	缝宽(mm)
			多层砌体		50～90
			框架多层	$H≤15m$	70
				$H>15m$ 6 度设防,每增高 5 m	在宽度 100 mm 基础上增加 20 mm
				7 度设防,每增高 4 m	在宽度 100 mm 基础上增加 20 mm
				8 度设防,每增高 3 m	在宽度 100 mm 基础上增加 20 mm
				9 度设防,每增高 2 m	在宽度 100 mm 基础上增加 20 mm
			抗震墙	可按多层框架结构相应高度建筑缝宽的 1/2(不宜小于 100 mm)	

常见房屋结构的伸缩缝间距见表 3—3—2、表 3—3—3。

表 3—3—2 常见混凝土结构伸缩缝间距(m)

结构类别		室内或土中	露天
排架结构	装配式	100	70
框架结构	装配式	75	50
	现浇式	55	35
剪力墙结构	装配式	65	40
	现浇式	45	30
挡土墙、地下室墙壁等类结构	装配式	40	30
	现浇式	30	20

表 3—3—3　单层房屋和露天钢结构伸缩缝间距(m)

结构情况	温度区段长度(m)		
	纵向温度区段（垂直屋架或构架跨度方向）	横向温度区段(沿屋架或构架跨度方向)	
		柱顶为刚接	柱顶为铰接
采暖房屋和非采暖地区的房屋	220	120	150
热车间和采暖地区的非采暖房屋	180	100	125
露天结构	120	—	—

注：(1) 厂房柱为其他材料时，应按相应规范的规定设置伸缩缝。围护结构可根据具体情况参照有关规范单独设置伸缩缝。

(2) 天桥式吊车房屋的柱间支撑和有桥式吊车房屋在吊车梁或吊车桁架以下的柱间支撑，宜对称布置于温度区段中部。当不对称布置时，上述柱间支撑的中点（两道柱间支撑时为两支撑距离的中点）至温度区段端部的距离，不宜大于表中纵向温度区段长度的60%。

（三）变形缝的构造

变形缝的设置，实际上都是将一个建筑物从结构上划分成两个或两个以上的独立单元。为了防止风、雨、冷热空气、灰尘等外界自然条件对建筑物室内环境的侵袭，避免因设置变形缝而出现房屋的正常使用和耐久性等性能的降低，也为了变形缝处的外形美观，应采用合理的缝口形式，并做盖缝和其他必要的缝口处理。由于三种变形缝两侧结构单元之间的相对位移和变形特征不同，三种变形缝的缝口形式和盖缝构造做法有一定差别。

1. 伸缩缝构造

(1) 伸缩缝缝口形式

墙体伸缩缝一般可做平缝、错口缝和企口缝等形式，如图 3—3—6 所示，缝口形式主要根据墙体材料、厚度以及施工条件而定。

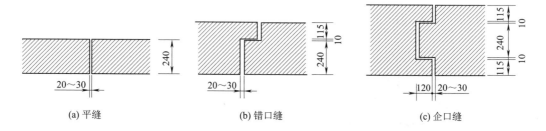

(a) 平缝　　　(b) 错口缝　　　(c) 企口缝

图 3—3—6　砖墙伸缩缝缝口侧面形式(单位：mm)

(2) 伸缩缝缝口构造

外墙外侧缝口应填塞或覆盖具有防水、保温和防腐性能的弹性材料，如沥青麻丝、泡沫塑料条、橡胶条、油膏等。当缝口较宽时，还应采用镀锌铁皮、铝片等金属调节片覆盖。在做抹灰处理时，为防止抹灰脱落，应在金属片上加钉钢丝网后再抹灰。填缝或盖缝材料及其盖缝构造应保证伸缩缝两侧的结构在水平方向上的自由伸缩，如图 3—3—7 所示。

外墙内侧及内墙缝口通常用具有一定装饰效果的木质盖缝板(条)遮盖，木板(条)固定在缝口的一侧，也可采用铝塑板或铝合金装饰板做盖封处理，如图 3—3—8 所示。

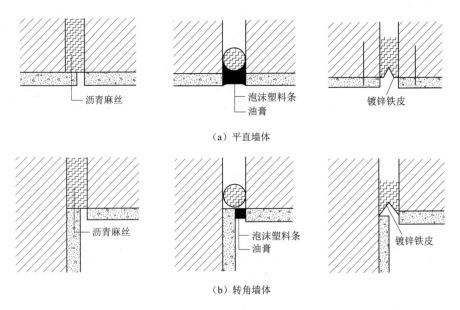

图 3—3—7　外墙外侧伸缩缝缝口构造

注：平直墙体和转角墙体的三种构造做法，从左至右分别是沥青麻丝盖缝、油膏嵌缝和金属片盖缝。

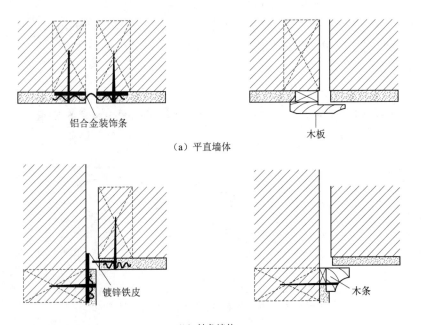

图 3—3—8　外墙内侧及内墙伸缩缝缝口构造

2. 沉降缝构造

（1）沉降缝缝口形式

沉降缝缝口截面形式只有平缝的形式，而不采用错口缝和企口缝的形式。

（2）沉降缝缝口构造

沉降缝一般兼起伸缩缝的作用，墙体沉降缝与伸缩缝构造基本相同，但是沉降缝两侧的结构需要在竖向上不受约束,因此,沉降缝需要采用相适应的构造做法。金属调节片或盖缝板在构造上应能保证两侧结构在竖向的相对变化不受约束。

墙体沉降缝外缝口构造如图3—3—9所示。可以看出,与图3—3—7所示伸缩缝的做法相比,沉降缝盖缝用的金属片可以适应缝两侧结构的自由变位方式,而伸缩缝的缝口构造则不能满足竖向变位要求;墙体沉降缝内缝口的构造,当采用木质或塑料盖缝板时,与墙体伸缩缝内缝口的构造基本相同,当采用镀锌铁皮等金属板材盖缝时,则应与墙体沉降缝外缝口构造相同。

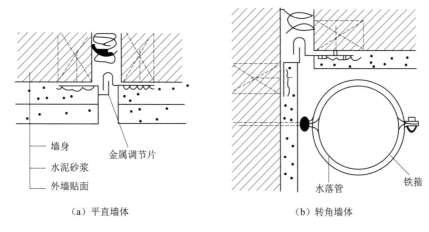

（a）平直墙体　　　　　　（b）转角墙体

图3—3—9　墙体沉降缝外侧缝口构造

3. 防震缝构造

（1）防震缝缝口形式

墙体防震缝一般比较宽(表3—3—1),构造上更应注意盖缝的牢固、防风、防水等措施,且不应做成错口缝或企口缝的缝口形式。

（2）防震缝缝口构造

外缝口一般用镀锌铁皮覆盖,其做法与沉降缝盖缝镀锌铁皮在形式上是不同的,如图3—3—10所示;内缝口常用木质盖缝板遮盖,如图3—3—11所示。寒冷地区的墙体防震缝缝口内尚须用具有弹性的软质聚氯乙烯泡沫塑料,聚苯乙烯泡沫塑料等保温材料填嵌。

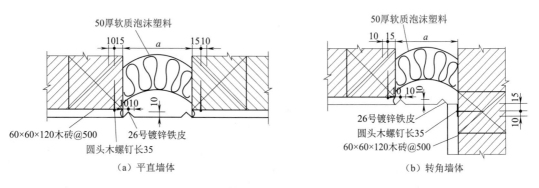

（a）平直墙体　　　　　　（b）转角墙体

图3—3—10　墙体防震缝外侧缝口构造(单位:mm)

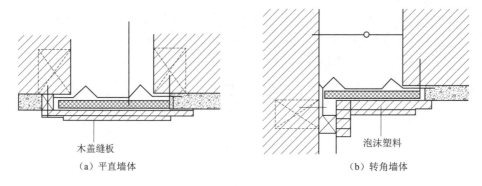

图 3—3—11 墙体防震缝内侧缝口构造

第四节 墙体的常见病害与防治

随着使用年限的增加,房屋建筑由于环境侵蚀、使用不当以及自身质量不足等诸多原因,建筑外观上常会出现不同程度的病害,这些病害导致的建筑质量隐患,对建筑物的正常使用产生影响,严重的会对人们的生命财产造成威胁。墙体的外观装修是保持墙体结构良好地发挥承载、围护功能的手段,还可以美化建筑物的室内外环境,提高建筑的艺术效果。同时,墙体外观也是易出现病害的部位。墙体常见的建筑病害可分为涂饰工程病害、饰面板(砖)工程病害、幕墙工程病害以及其他病害等;墙体的结构病害详见结构篇。

一、涂饰工程病害

如前所述,墙体涂饰工程是采用各种建筑灰浆、涂料,在处理坚固平整的墙体基层上,进行涂刷或机械喷涂的墙面装修。这种做法具有省工省料,施工简便,便于维修更新等优点,缺点是其有效使用年限相比其他装修作法较短,也容易出现面层返潮、发霉、开裂、空鼓、漆膜气泡、变色褪色等问题。

(一)墙面潮湿、返霜、发霉

1. 病害

空气潮湿、通风性差、温差变化大等因素是墙体面层产生潮湿、返霜、发霉等病害的主要原因。病害发生的部位,通常在冷桥、临近卫生间及水管渗漏等潮湿区域且该区域的防水施工不完善、寒冷地区门窗口的周边等,如图 3—4—1 所示。

2. 防治

(1)把控质量,预防为先。对容易产生病害的部位,制定合理的施工管理措施、严格执行施工工艺流程、控制施工材料质量,避免病害的发生。

(2)清除污损部位,加强保温,修复面层。对污损的墙面进行清除处理,再采取高标号砂浆补抹灰或压力灌浆,然后依照正常施工工艺流程恢复饰面层。同时,为解决潮湿返霜等问题,可以在返霜部位外墙表面粘贴保温材料,也可以在室内抹保温稀土砂浆或粘贴内保温材料等,表面再刮防霉涂料,避免"冷桥"现象。对于门窗口周边,可采取先凿除塞口砂浆,用聚氨酯发泡塞堵空隙,再进行装饰抹灰的方法进行治理。

图 3—4—1 墙面潮湿、发霉实例

(3)拆除后重新砌筑。对于病害严重的墙体,可以采取局部拆除后重新砌筑的方式进行整治。

(二)涂膜发霉

1. 病害

墙体面层的涂膜发生霉变,其主要原因是由墙体受潮所致。

2. 防治

铲除病害部位的面漆及腻子至抹灰层,处理基层,再用除霉剂按规定工艺依次涂刷墙面,待除霉剂干燥后,采用专用封闭底漆进行墙面密实加固,然后刮防结露霉变的专用腻子两遍,最后用防结露防霉变专用面漆均匀涂刷。

(三)面层开裂

1. 病害

涂饰装修的墙体在使用一段时间之后,面层会出现干缩裂缝甚至脱落等现象,如图3—4—2所示。经常遇到的裂缝形式有网状裂缝、风裂、鱼鳞裂等。这种病害的产生多是由于材料本身存在缺陷、施工条件不充分、工艺处理不恰当等原因造成。如罩面灰膏太稀,灰浆受大气介质化学作用引起水分释出致使面层干缩开裂;施工中外墙遭受雨淋侵蚀导致面层开裂和剥落,冬季施工时防冻措施未做好而造成面层冻裂。

图 3—4—2 外墙面面层开裂、脱落实例

2. 防治

（1）加强基层强度，隔离基层变形，防治面层开裂。如在混凝土中增配钢筋提高强度；在砌体表面加麻刀、麻布、纤维布等纤维材料作为加强材料；在表层与基层中间设置空气或片状隔离层防止变形应力的传递，设置多层构造，逐层渐变，防止应力集中等。

（2）增强面层弹性，防止开裂。如采用植物油脂或淀粉（桐油、糯米、面粉等）、动物脂肪、人工合成高分子胶体等材料作为溶剂，保证颗粒强度材料具有一定的弹性，降低开裂的概率。

（3）遮掩和修补开裂面层。如设置面层诱导缝来控制开裂位置；利用色差、表面凹凸等遮掩裂缝；对于轻度开裂可在局部加涂灰浆、涂料掩盖裂纹；较严重的开裂，可以铲除病膜，用腻子填嵌、刮平，重涂面层来修补裂缝。

（四）面层空鼓

1. 病害

面层空鼓是指抹灰层与基层局部分离，面层隆起。这种病害的产生多是由于基层（或基体）未清理干净、灰浆强度低（黏结力差）、施工作业早期失水等原因造成。

2. 防治

（1）黏合空鼓部分，修补面层。面层空鼓部分面积不大，并留有较为完整的表皮层时，可以进行化学注浆处理，在空鼓背后注入化学浆液，使空鼓部分与基层黏合。该方法的优点是可以避免外墙因抹灰修补而出现的色差。

（2）剔除空鼓部位，重做面层。空鼓面积较大破损严重，需要将空鼓部分剔除，重新处理基层，调制灰浆或涂料，按原工序涂刷面层。剔除空鼓时需要注意，不要因凿打而扩大空鼓面，空鼓部位宜用手提电锯切缝后剔除。

（五）漆膜起泡

1. 病害

木质墙面一般用漆料做面层，其表面容易出现漆膜起泡、剥落现象。这种病害的产生多是由于墙体渗漏、潮湿，面层受到浸泡造成。除木质墙面外，做漆料面层的其他墙面，如素混凝土墙面、金属墙面等，也会出现这样的病害。

2. 防治

（1）打磨补漆。漆膜起泡较轻微时，可待漆膜干透后，用水砂纸打磨平整，再补面漆。对旧有漆层打磨处理时，要防止潮气渗入基层。

（2）铲除补漆。漆膜起泡较严重时，须将有问题的漆膜全部清除，待基层干透，查清产生病害的原因并将其根除。待病害源治理完成后，处理基层，再涂刷油漆。基层处理时需特别注意旧漆层的边缘，以及接缝、钉孔等部位，要先填塞严密，然后再涂刷漆料。对于混凝土、抹灰等基层，处理时需待基层充分干燥后，再涂刷耐碱封闭底漆。

（六）面层变色、褪色

1. 病害

墙体装饰面层表面涂料出现变色、褪色的现象，主要原因是由于墙体受日照、风沙等环境因素影响所造成。

2. 防治

为了避免墙面出现色差，对变色、褪色面层的处理，一般是重做面层，即在基层质量保证的前提下，全面积满刮腻子，按原工序重新涂刷面层。

二、饰面板(砖)工程病害

为了使墙体有较好的耐久性和装饰效果,面层材料常选用天然石材、人造石材等板材、块材进行饰面工程处理,如花岗岩、大理石、室外面砖、室内瓷砖等。饰面板(砖)工程主要是利用水泥砂浆或其他胶结材料将面层材料粘贴在墙体基层上。这种做法施工方便,装饰质量和效果好,但容易出现板块水斑污染、板缝析白流挂、面层渗漏、面层空鼓脱落等问题。

(一)板块水斑污染

1. 病害

花岗石墙体饰面的面板块材常年与水接触,表面会出现水斑,造成面板板块变色,是饰面板(砖)较为常见的病害。

2. 防治

(1)去除花岗岩板块水斑污染。墙面出现水斑后,应先对墙体、板缝、板面等进行全面的防水处理,阻止水分继续入侵,避免水斑继续扩大;然后用水斑清除剂,减轻和去除水斑。清理水斑污染时,会造成板块表面产生色差,可以注入树脂,使未出现"水斑"的部位颜色加深,保持面板整体色调均匀。

(2)去除室外面砖水斑污染。去除室外面砖的水斑,可以用清洗剂对面砖污染进行清洗。在清洗之前需要做腐蚀性检验,检验清洗效果(能否除污,清洗剂在墙面上停留的合适时间)和有无副作用(有无损伤饰面板、接缝砂浆或墙面上的门窗、铁件等),以便采用比较合适的清洗剂和清洗方法及防护措施。

(3)去除室内瓷砖水斑污染。瓷砖的清污可以用"瓷面翻新涂料"等清洗剂,进行清洗处理。清洗的关键环节是要根据房间的使用功能、污染性质选择适宜的清洗剂和防污液。

(二)板缝析白流挂

1. 病害

析白流挂是指墙面沿着横竖板缝出现长短不一的"白胡子"现象,随着时间的推移,"白胡子"不断增长,严重影响墙面外观。析白流挂的主要原因是板缝受外部环境水分的入侵,长时间滞存所致。

2. 防治

(1)采用防水、排水构造。墙面的水分侵蚀,特别是外墙面的雨水侵入,主要发生在墙体的凹凸部位,如窗台、檐口、装饰线、雨篷、阳台和落水口等。对于这些部位应规范防水和排水构造,设置滴水构造;在水平阳角处,顶面排水坡度不应小于3%~5%;板块压接要正确,顶面砖压立面砖,立面砖压底平面面砖等。

(2)清除板块空鼓。板块采用聚合物水泥砂浆满粘法,并不得出现空鼓。

(3)密实板缝勾缝。板块接缝的勾缝应采用具有抗渗性的黏结材料,建议优先采用水泥基专用勾缝材料。勾缝时采用"二次勾缝"的方法,保证板缝嵌填密实、连续光滑、无空鼓和裂缝。

(三)面层渗漏

1. 病害

面层渗漏主要发生在外墙墙面上,雨水从饰面板(砖)的缝隙侵入墙体,并通过墙体渗入室内,造成外墙的室内侧出现水迹,室内装修发霉变黑。同时,板缝还可能出现析白流挂的现象。容易发生渗漏的部位集中在饰面砖裂缝、不饱满灰缝、窗框周边等位置。

2. 防治

(1)注浆封堵渗漏部位。对发生局部渗漏的外墙面,可采用高压灌注浆液的方法对渗漏处进行封堵。以灌注水溶性聚氨酯浆液为例,先在墙体内、外两侧渗水点、裂缝处、窗框四角及框边每隔 500 mm 钻孔,埋设注浆针头,再向墙体注入浆液,并调整注浆压力至灌注孔冒浆。如果注浆效果达不到标准,可以进行再灌注。

(2)粉刷防水砂浆修补基层。对于完成封堵作业的墙体基层,需要进行找平处理,应选用防水砂浆重新粉刷,并结合室内装修,修复原先面层。

(3)喷涂憎水剂修补渗漏部位。对发生大面积渗漏的外墙面,可采用全面积喷涂有机硅憎水剂的方法治理病害。

(四)面层空鼓脱落

1. 病害

饰面板块镶贴之后,板块出现空鼓。空鼓可能会随着时间的推移,范围逐渐发展扩大,进而松动脱落,其后果会造成人员伤害和财物损坏。除黏结层老化失效等致饰面板(砖)空鼓脱落外,列车通过时产生的震动,也会导致墙砖空鼓脱落。特别是窗洞、通道等上口部位的反贴砖,动荷载对其影响更明显,也更易脱落。

图3—4—3 为某车站售票厅的病害墙面,其原因是结构胶老化影响挂件与玻化砖的黏结作用,局部区域玻化砖与龙骨黏结漏粘、错位,导致玻化砖松动变形和脱落。

图3—4—3 车站墙面玻化砖空鼓脱落实例

2. 防治

(1)压力注浆,黏合固定脱落饰面板(块)材。对于已经脱落的面层,可钻孔灌注浆液将空鼓脱落的板材黏合固定在墙体上;多选用改性环氧树脂进行压力注浆。

(2)去除空鼓部位,修补面层。由于找平层剥离引起的面层破坏,可切除空鼓部位并剔除空鼓的抹灰层,在修补部位涂刷界面处理剂,分层修补,修补完毕后,对饰面喷涂有机硅化合物或氟化物防护剂作保护处理。

(3)定期检查,及早发现,及时处理。对墙面面层的检验,可借助载人吊篮或使用仪器进行检查。目前较为先进的检查仪器有红外线检测仪、附着式振动检测仪、机器人自爬检测仪等,检测仪通过图像、数据显示或传感信号处理,可对病害部位进行全面的检查,检测的可达性好、可靠性高。

(4)对于破损严重的饰面板(块),可采用其他材料替换,如铝塑板、液态理石漆等。图3—4—4所示工程,就是用液态理石漆替换玻化砖墙面的实例。

(a)整治施工　　　　　　　　　　　(b)整治效果

图3—4—4　液态理石漆替换玻化砖墙面实例

(五)幕墙石材裂纹、破损

1. 病害

石材幕墙在使用过程中,常常会出现幕墙石材裂纹、破损等损耗现象,图3—4—5所示为某车站站房花岗岩墙面因大件行李碰撞,造成破损。

2. 防治

(1)加强巡视,预防为先。加强日常的巡视、检查,对松动的外挂石材位置做好标记,填写详细记录,及时进行处理,消除安全隐患。

(2)更换破裂石材。拆除裂缝、破损的部分,按照工艺流程,选择差异较小的块材,进行替换安装。

三、幕墙工程病害

图3—4—5　幕墙石材破损实例

玻璃幕墙、金属幕墙在使用过程中出现的比较突出的问题集中在幕墙玻璃自爆、密封胶条开裂、脱落、幕墙铝板变形或脱落、幕墙石材裂纹、破损等方面。

(一)幕墙玻璃自爆

1. 病害

玻璃自爆是指幕墙玻璃在非外力作用下的自爆、破碎的现象,如图3—4—6所示。病害原因主要是玻璃内外层热胀冷缩不一致,以及材料本身特性等因素。

2. 防治

更换爆裂破损幕墙玻璃,加强材料和施工质量管理工作。粘贴玻璃防爆膜,建议线路上方不设置玻璃幕墙。

(二)密封胶条开裂、脱落

1. 病害

密封胶条开裂、脱落是玻璃幕墙使用中的易发病害,如图3—4—7所示。

图3—4—6 幕墙玻璃自爆实例

图3—4—7 幕墙胶条脱落实例

2. 防治

施工中预留充足变形缝,重新密封胶条、防止脱落。

(三)幕墙铝板变形或脱落

1. 病害

铝板幕墙受多种因素影响,如高温、振动、台风及恶劣气候等,易产生翘曲、变形甚至脱落等现象。图3—4—8所示为某高铁车站站房外立面幕墙铝板局部脱落。

2. 防治

(1)加强巡视,预防为先。加强对铝板幕墙日常巡查和监控,做好大风、大雪、强对流天气等恶劣气候条件下的应急值守。一旦发现铝板幕墙存在严重松动或脱落,立即采取围护、隔离等临时处置措施,并视具体情况采取进一步应对措施,把病害解决在萌芽状态。

(2)整体拆除,重新安装。当病害严重,及条

图3—4—8 幕墙铝板脱落实例

件具备的情况下,可采取将铝板整体拆除后,重新安装的方法进行维修。该方法维修费用较大,施工周期较长,但病害整治彻底。铝板安装可采用螺丝连接和龙骨卡接等方式固定。龙骨卡接安装多用于室内,需将铝板条卡在特制配套的龙骨上;螺丝连接耐久性能好,连接牢固,多用于室外。

四、蚁 害

1. 病害

气候温润的南方地区,适宜白蚁生存,建筑构件常常被白蚁蚁蚀,影响正常使用。

图3—4—9所示为某车站墙体蚁害现象。

（a）候车室外墙

（b）候车室内墙

图3—4—9　某车站候车室墙面蚁害实例

2. 防治

（1）对防治范围进行全面勘察，加强巡检，进行白蚁防治。

（2）室内外场所对墙体与地面接壤底部用电钻打孔，孔内施药浆，待药物蔓延、扩散、浸润后就形成地下防蚁害保护层。

（3）对所属房屋地基3 m处实施打孔灌药，形成隔离带，防治蚁害。

（4）对所有木质门框、木质包边、木质装饰件、木质办公设施、天花吊顶等，在其底部与1 m高处两个部位钻孔注射药物、让药物渗透，形成保护层，防治蚁害。

（5）对部分空挂瓷砖、隔空包柱的墙体与柱子在其底部与1 m高处两个部位钻孔注射药物、让药物渗透，形成保护层，防治蚁害。

第四章 建筑楼地面

楼地面是指楼板层和地坪层的面层。楼板层主要由面层(含垫层、找平层)、附加层、结构层、顶棚几个部分组成。附加层可以位于结构层上面,也可以做在结构层下面,是指保温隔热层、隔声层、防水层、防潮层、防静电层和管线敷设层等。地坪层由面层、结构层、素土夯实层构成,也可根据需要增加找平层、结合层、防潮层、保温层、管道敷设层等附加构造层。

楼地面是建筑室内的重要组成部分,是人们进行室内活动的主要场地。建筑室内空间六面体中,楼地面与人体活动接触最为密切,需要具备隔声、防水、防潮、热工等物理性能,以满足建筑空间的使用功能要求。同时,楼地面的装饰效果,会通过触觉和视觉,使人们产生不同的室内空间感受。因此,楼地面在设计和施工中应满足以下几方面的要求。

(1)传递荷载要求

楼地面直接承受使用荷载(如人群、家具、设备等)并将荷载传递给楼板、地坪等结构层,经常受到摩擦、清扫和冲洗。因此,需要有足够的强度和刚度,保证在各种荷载作用和传递过程中,楼地面不发生明显的变形和开裂,满足使用者的功能要求和心理要求。

(2)围护要求

楼地面的围护作用有隔声、热工、防水防潮以及防火等四个方面的具体要求。

第一,为了防止振动、噪声等通过楼板传到上下相邻的房间,应通过选用合适的材料和合理的构造来防止上下空间的干扰,使楼板层具有一定的隔声能力;不同使用性质的房间对隔声要求不同,但均应满足建筑房间的允许噪声级和撞击声隔声量的要求,在空气传声和固体传声两个方面保证隔声效果。

第二,根据所处地区和建筑使用要求,楼地面应采用相应的保温、隔热措施,以减少热损失,满足一定的热工性能要求。

第三,对于用水较多的房间,楼地面应选用密实的不透水材料,设置防水层以满足防水的要求;楼板的最下层——地坪层(有地下室时则为地下室的底板)与地面直接接触,需要采取防潮措施防止土壤中的水分渗入形成返潮或渗水。

第四,为了防火安全,保证楼板的承重性能,楼地面层应满足防火规范对楼地面材料的耐火极限和燃烧性能的要求。

(3)装饰要求

楼地面是建筑室内环境中与人们肢体接触最重要的部分,是空间体验的基础和路径,应根据房间的使用功能,通过装饰满足人们视觉、触觉等艺术审美方面的要求。

(4)设备支撑要求

公共建筑常常利用楼地面或其表面垫层进行管线的铺设,也利用楼地面设置采暖空调系统。因此,楼地面需要满足敷设管道等设备支撑的要求。

(5)经济性要求

楼地面在建筑造价中占有较大比重,面层装饰材料对建筑造价影响较大,应综合考虑建筑的使用功能、建筑材料、经济条件和施工技术等因素,满足建筑经济性的要求,避免浪费。

本章共分三节,主要介绍楼地面的一般构造做法、特殊构造做法以及常见病害与防治等。

第一节　楼地面的一般构造做法

楼地面位于楼地层的结构层上,需要通过一定的构造做法将面层材料与楼板、地坪等结构层结合起来,使楼地面坚固耐磨、表面平整、光洁、易清洁,起到保护楼板、承受荷载、装饰美化的作用。一般情况下,楼地面基本构造层次可以为面层、结合层、找平层、结构层或垫层。面层是楼地面最上面的铺筑层或装饰层;结合层是面层和下层的连接层;找平层在结构层上起找平或找坡的作用,并起到承载的作用,有时还有防水、隔声等附加功能和调节面层高度、设备管线敷设的垫层功能。楼地面面层材料不同,其一般的构造做法也不相同。根据《建筑地面设计规范》(GB 50037),常用楼地面分类见表4—1—1。根据面层材料的分类,铁路车站用房中比较常用的楼地面做法,主要有水泥类整体楼地面、树脂类整体楼地面、板块楼地面、木质楼地面以及织物楼地面等。

表4—1—1　常用楼地面分类

面层类别	材　料　选　择
水泥类整体面层	水泥砂浆、水泥钢(铁)屑、现制水磨石、混凝土、细石混凝土、耐磨混凝土、钢纤维混凝土或混凝土密封固化剂
树脂类整体面层	丙烯酸涂料、聚氨酯涂层、聚氨酯自流平涂料、聚酯砂浆、环氧树脂自流平涂料、环氧树脂自流平砂浆或干式环氧树脂砂浆
板块面层	陶瓷锦砖、耐酸瓷板(砖)、陶瓷地砖、水泥花砖、大理石、花岗石、水磨石板块、条石、块石、玻璃板、聚氯乙烯板、石英塑料板、塑胶板、橡胶板、铸铁板、网纹钢板、网络地板
木、竹面层	实木地板、实木集成地板、浸渍纸层压木质地板(强化复合木地板)、竹地板
不发火花面层	不发火花水泥砂浆、不发火花细石混凝土、不发火花沥青砂浆、不发火花沥青混凝土
防静电面层	导静电水磨石、导静电水泥砂浆、导静电活动地板、导静电聚氯乙烯地板
防油渗面层	防油渗混凝土或防油渗涂料的水泥类整体面层
防腐蚀面层	耐酸板块(砖、石材)或耐酸整体面层
矿渣、碎石面层	矿渣、碎石
织物面层	地毯

一、水泥类整体楼地面

水泥类整体楼地面种类较多,主要包括水泥砂浆楼地面、水磨石楼地面、水泥石屑楼地面等常用现浇地面。

(一)水泥砂浆楼地面

水泥砂浆楼地面的构造做法是在混凝土结构层上抹水泥砂浆,一般有单层和双层两种做法。单层做法是在结构层上只抹一层 15～20 mm 厚的 1∶2 或 1∶2.5 水泥砂浆,如图 4—1—1 所示;双层做法是,抹灰分两层,一层为 10～20 mm 厚 1∶3 水泥砂浆找平层,另一层为 5～10 mm 厚 1∶2 水泥砂浆面层。双层做法增加了施工工序,不易开裂。

水泥砂浆楼地面构造简单、坚固、能防潮防水,同时造价较低。但由于水泥砂浆楼地面蓄热系数大,因而冬天感觉冷,空气湿度大时易产生凝结水。水泥砂浆楼地面表面易起灰,不易清洁。水泥砂浆楼地面通常用于对地面要求不高的房间。

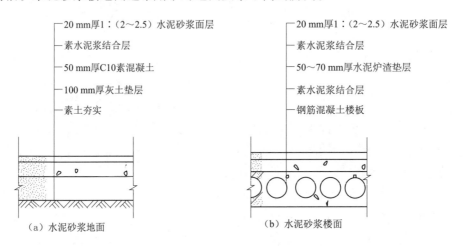

图 4—1—1　水泥砂浆楼地面组成示意

水泥砂浆楼地面的施工工艺、质量标准及成品保护要求如下:

1. 施工工艺

水泥砂浆楼地面的施工步骤为:基层处理→找标高、弹线→洒水湿润→抹灰饼和标筋→搅拌砂浆→刷水泥浆结合层→铺水泥砂浆面层→搓平表面→表面压光→养护→抹踢脚板。各部分施工工艺的流程简述如下。

(1)基层处理:先将基层上的灰尘扫掉,再刷净、剔掉灰浆皮和灰渣层,然后刷掉基层上的油污。

(2)找标高、弹线:量测出面层标高,并将面层标高水平线弹在墙上。

(3)洒水湿润:将地面基层均匀洒水一遍。

(4)抹灰饼和标筋(或称冲筋):根据房间内四周墙上弹的面层标高水平线,确定面层抹灰厚度,然后拉水平线开始抹灰饼(5 cm×5 cm),横竖间距为 1.5～2.00 m,灰饼上平面即为地面面层标高;如果房间较大,为保证整体面层平整度,还须抹标筋(或称冲筋),将水泥砂浆铺在灰饼之间,宽度与灰饼宽相同,与灰饼上表面相平一致;铺抹灰饼和标筋的砂浆材料配合比均与抹地面的砂浆相同。

(5)搅拌砂浆:按照设计配合比投料并使用搅拌机将砂浆搅拌均匀。

(6)刷水泥浆结合层:在铺设水泥砂浆面层之前;应涂刷水泥浆一层,涂刷之前要将抹灰饼的余灰清扫干净,再洒水湿润。

(7)铺水泥砂浆面层:涂刷水泥浆之后,随之铺设面层水泥砂浆,在灰饼(或标筋)之间将砂浆铺均匀,然后按灰饼(或标筋)高度刮平。

(8)搓平表面:搓平面层水泥砂浆表面,并随时检查其平整度。

(9)表面压光:对水泥砂浆面层进行压平、压实和压光处理。

(10)养护:地面压光完工后24 h,铺锯末或其他材料覆盖洒水养护,保持湿润,养护时间不少于7 d,当抗压强度达5 MPa才能上人。

(11)冬期施工时,室内温度不得低于+5 ℃。

(12)抹踢脚板:根据设计图规定,墙基体有抹灰时,踢脚板的底层砂浆和面层砂浆分两次抹成;墙基体不抹灰时,踢脚板只抹面层砂浆。

2. 质量标准

(1)保证项目

水泥、砂的材质必须符合设计要求和施工及验收规范的规定;砂浆配合比要准确;楼地面面层与基层的结合必须牢固无空鼓。

(2)基本项目

表面洁净,无裂纹、脱皮、麻面和起砂等现象;地漏和有坡度要求的地面,坡度应符合设计要求,不倒泛水,无积水,不渗漏,与地漏结合处严密平顺;踢脚板应高度一致,出墙厚度均匀,与墙面结合牢固,局部空鼓长度不大于200 mm,且在一个检查范围内不多于两处。

3. 成品保护

(1)地面操作过程中要注意对其他专业设备的保护,如埋在地面内的管线不得随意移位,地漏内不得堵塞砂浆等。

(2)面层做完之后养护期内严禁进入。

(3)在已完工的地面上进行油漆、电气、暖卫专业工序时,注意不要碰坏面层,油漆、浆活不要污染面层。

(4)冬期施工的水泥砂浆地面操作环境如低于+5 ℃时,应采取必要的防寒保暖措施,严格防止发生冻害,尤其是早期受冻,会使面层强度降低,造成起砂、裂缝等质量事故。

(5)如果先做水泥砂浆地面,后进行墙面抹灰时,要特别注意对面层进行覆盖,并严禁在面层上拌和砂浆和储存砂浆。

(二)水磨石楼地面

水磨石楼地面的构造做法分两层,先在结构层上用15~20 mm厚1:3水泥砂浆找平,然后面铺10~15 mm厚1:(1.5~2)水泥石子浆,待面层达到一定承载力后加水用磨石机,多次磨光,打蜡即成。为适应楼地面变形可能引起的面层开裂以及施工和维修方便,做好找平层后,可用嵌条把地面分成若干小块。

水磨石楼地面具有良好的耐磨性、耐久性、防水防火性,并具有质地美观、表面光洁、不起尘、易清洁等优点。

水磨石楼地面的施工工艺、质量标准及成品保护要求如下。

1. 施工工艺

水磨石楼地面的施工步骤为:基层处理→找标高、弹水平线→铺抹找平层砂浆→养护→弹分格线→镶分格条→拌制水磨石拌和料→涂刷水泥浆结合层→铺水磨石拌和料→磨面→表面清洗→打蜡上光→铺设水磨石踢脚板。各部分施工工艺的流程简述如下。

(1)基层处理、找标高和弹面层水平线、抹找平层砂浆的方法及步骤与水泥砂浆楼地面做法基本相同。

(2)养护:抹好找平层砂浆后养护24 h,待抗压强度达到1.2 MPa,方可进行下道工序施工。

(3)弹分格线:根据设计要求的分格尺寸,在房间中部弹十字线,计算好周边的镶边宽度后,以十字线为准可弹分格线;如果设计有图案要求时,应按设计要求弹出清晰的线条。

(4)镶分格条:用稠水泥浆将分格条固定在分格线上,分格条应平直(上平必须一致)、牢固、接头严密,不得有缝隙,作为铺设面层的标志。

(5)拌制水磨石拌和料(或称石渣浆):按照设计配合比投料拌和,要求计量准确,拌和均匀;彩色水磨石拌和料,除彩色石粒外,还应加入耐碱、耐光的矿物颜料。

(6)涂刷水泥浆层:先用清水将找平层洒水润湿,涂刷与面层同品种、同等级的水泥浆结合层,随刷随铺水磨石拌和料,防止结合层风干,导致空鼓。

(7)铺设水磨石拌和料:按照设计厚度铺设水磨石拌和料,并将水磨石面层进行滚压、抹平;几种颜色的水磨石拌和料,不可同时铺抹,深颜色的先抹,浅颜色的后抹。

(8)磨面:一般根据气温情况确定养护天数,温度在20 ℃~30 ℃时2~3 d后即可开始进行磨面,磨至表面石子显露均匀,无缺石粒现象,平整、光滑、无孔隙为度。

(9)表面清洗:在打蜡前,磨石面层要进行一次适量限度的酸洗,一般均用草酸进行擦洗;此道操作必须在各工种完工后才能进行,经酸洗后的面层不得再受污染。

(10)打蜡上光:对清洗干净的水磨石面层进行打蜡上光处理,使水磨石面层光滑洁亮。

(11)冬期施工现制水磨石面层时,环境温度应保持+5 ℃以上。

(12)水磨石踢脚板:水磨石地面施工完成后,进行水磨石踢脚板的现场施工,需要抹底灰、抹磨石踢脚板拌和料、磨面、打蜡上光等几道工序。

2. 质量标准

(1)保证项目

原材料品种、强度(配合比)及颜色,应符合设计要求和施工规范的规定;面层与基层的结合必须牢固,无空鼓、裂纹等缺陷。

(2)基本项目

①面层:普通水磨石,表面光滑、无裂纹、砂眼和磨纹,石粒密实,显露均匀,图案符合设计要求,颜色一致,不混色,分格条牢固、清晰、顺直;高级水磨石,表面平整光洁,无裂纹、砂眼和磨纹,石粒密实,显露均匀一致,相邻颜色不混色,分格条牢固、顺直、清晰,阴阳角收边方正。

②踢脚板:普通水磨石,高度一致,出墙厚度均匀,与墙面结合牢固,局部虽有空鼓,但其长度不大于200 mm,且在一检查范围内不多于2处;高级水磨石:表面平整光洁,与墙面结合牢固,出墙厚度一致,上口平直。

③楼梯和台阶相邻两步的宽度和高差不超过10 mm,棱角整齐,防滑条顺直。

④地面镶边:普通水磨石,镶边的用料及尺寸应符合设计和施工规范的规定,边角整齐光滑,不同面层颜色相邻处不混色;高级水磨石,尺寸正确,拼接严密,相邻处不混色,分色线顺直,边角整齐光滑,清晰美观。

⑤打蜡质量:蜡洒布均匀不露底,色泽一致,厚薄均匀,光滑明亮,图纹清晰,表面洁净。

3. 成品保护

(1)铺抹水泥砂浆找平层时,注意不得碰坏水、电管路及其他设备。

(2)运输材料时注意保护好门框。

(3)进行机磨水磨石面层时,研磨的水泥废浆应及时清除,不得流入下水口及地漏内,以防堵塞。

(4)磨石机应设罩板,防止研磨时溅污墙面及设施等,重要部位及设备应加覆盖。

(三)水泥石屑楼地面

水泥石屑楼地面是以石屑替代砂的一种水泥楼地面,亦称豆石楼地面或瓜米石楼地面。水泥石屑楼地面构造也有单层和双层做法之别,单层做法是在垫层或结构层上直接做 25 mm 厚 1:2 水泥石屑,提浆抹光;双层做法是增加一层 15~20 mm 厚 1:3 水泥砂浆找平层,面层铺 15 mm 厚 1:2 水泥石屑,提浆抹光。

水泥石屑楼地面性能近似水磨石,表面光洁,不起尘,易清洁,但造价仅为水磨石地面的 50%。

水泥石屑楼地面的施工工艺、质量标准及防护要求参照水磨石楼地面执行。

二、树脂类整体楼地面

树脂类涂料种类较多,常用树脂涂料的特点见表4—1—2。

表4—1—2 常用的树脂地面涂料的特点

性能	环氧树脂	酚醛树脂	聚氨酯树脂	聚酯树脂
制品性能	一般性能比较全面,耐碱又耐酸,机械强度高,黏结强度高,收缩率小,吸水率低,耐热性较差	耐酸性强,耐热性较高(<150 ℃),吸水性小,性质较脆,黏结强度较低	耐腐蚀性能好、耐热性好、弹性优异、强耐磨性好、耐油性好	品种较多,差异较大,机械性能好,一般型号耐碱性能差,改性后可提高耐碱性能
工艺性能	有良好的工艺性。固化时无挥发物,易于改性,黏度较大	工艺性较环氧树脂差,固化时有挥发物放出	工艺性好,胶液黏度低、固化时无挥发物,黏附力强、养护期长	工艺性好,胶液黏度低,对玻璃纤维渗透性好,固化时无挥发物
毒性	胶类固化剂有毒性及刺激性,现有许多低毒性固化剂可选用	树脂中的游离酚有毒性,有腐蚀性和刺激作用	常用的固化剂无毒	常用的固化剂苯乙烯有毒
一般应用	用于腐蚀性不太强的介质,一般的酸碱	用于酸性较强的腐蚀介质中,改性后可提高耐碱性能	用于酸性较强的或酸碱交替作用的介质中,或用于温度较高的腐蚀介质中,综合性能优异,价格较高	一般型号用于腐蚀性较弱的介质中,改性后可提高耐碱性

树脂整体楼地面的面层虽然材料各有特点,但构造做法基本相同。下面以环氧树脂涂料楼地面为例,介绍涂料类整体楼地面的施工工艺、质量保证措施以及成品保护要求等。

1. 施工工艺

树脂整体楼地面的施工步骤:基层清理→刷水泥素浆→水泥砂浆找平→配料→涂覆涂料→养护。各部分施工工艺的流程简述如下。

(1)基层处理、刷水泥素浆、抹找平层砂浆的方法及步骤与水泥砂浆楼地面做法基本相同。

（2）配料：配置适量涂料浆，应保证颜料、粉料等固体成分充分分散和搅拌均匀。

（3）涂覆涂料：将调制、搅拌好的涂料浆液均匀倾倒、涂刷于清洁、平整、干燥、坚实的基层表面。

（4）养护：涂布后的涂料表面应保持清洁，夏天一般 4~8 h 可固化，冬天则需要 1~2 d；为使其得到充分固化，交付前仍应养护一个星期，并打蜡一次，以提高装饰效果与耐污染性。

2. 质量保证措施

（1）使用的各种材料质量符合国家或行业的相关要求。

（2）施工前应先进行试配，试配合格后再大面积使用。

（3）环氧树脂涂料楼地面工程验收应包括各层涂层交接、隐蔽工程交接和交工验收。

（4）混凝土基层应坚固、密实，强度不应低于 C25。

（5）混凝土基层应干燥，在深度为 20 mm 的厚度层内，含水率不应大于 6%。

（6）混合后的材料应在规定的时间内用完，已经初凝的材料不得使用。

（7）固化完全的涂层应进行机械打磨，并应清除表面浮灰。

（8）不得将灰尘、油污混带入涂料中，所有工具设备要事先清洁。

（9）同一工程所用涂料要选用同批产品，尽量一次备足。

3. 成品保护

（1）施工现场应封闭，不得进行交叉作业。

（2）施工完成的面层，在固化过程中应采取防治污染的措施。

（3）面层易损坏或易被污染的局部区域，应采取贴防护胶带等措施。

（4）养护环境温度宜为 23℃±2℃，养护天数不应少于 7 d。

（5）固化和养护期间应采取防水、防污染等措施。

（6）养护期间人员不宜踩踏养护中的环氧树脂涂料楼地面。

三、板块楼地面

板块楼地面是把面层材料加工成块（板）状，然后借助胶结材料贴或铺砌在结构层上。板块楼地面种类很多，本节重点介绍陶瓷锦砖、陶瓷砖、花岗岩、大理石地面以及聚氯乙烯板等几种比较常用的板块楼地面做法。此外，用有机和无机织物制作的地毯也属于板块楼地面的范畴。

（一）陶瓷锦砖楼地面

陶瓷锦砖又称马赛克，是以优质瓷土烧制而成的 4.5~5 mm 厚小尺寸瓷砖，按一定图案反贴在牛皮纸上而成。陶瓷锦砖具有抗腐蚀、耐磨、耐火、吸水率小、抗压强度高、易清洗和永不褪色等优点，而且质地坚硬、色泽多样、块材尺寸小、不易踩碎，主要用于防滑及卫生要求高的卫生间、浴室等房间的楼地面。

陶瓷锦砖的粘贴做法通常是，在基层上铺一层水泥砂浆，将拼合好的马赛克纸板反铺在上面，用滚筒压平，使水泥砂浆挤入缝隙；待水泥砂浆初凝后，用水及草酸洗去牛皮纸，最后剔正，并用白水泥或水泥砂浆嵌缝。陶瓷锦砖楼地面构造做法如图 4—1—2 所示。

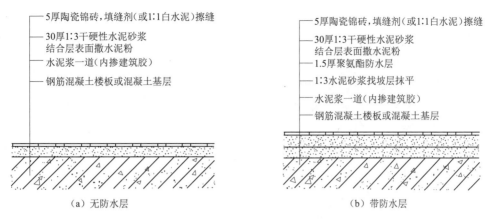

图 4—1—2　陶瓷锦砖楼地面构造

陶瓷锦砖楼地面的施工步骤为清理基层→刷水泥素浆→水泥砂浆找平层→弹线→铺贴陶瓷锦砖→修整→灌缝→养护。各部分施工工艺的流程简述如下。

(1)基层处理、刷水泥素浆、抹找平层砂浆的方法及步骤与水泥砂浆楼地面做法基本相同。

(2)弹线:找平层抹好 24 h 后或抗压强度达到 1.2 MPa 后,在找平层上量测房间内长度尺寸,在房间中心弹十字控制线,根据设计要求的图案结合地面砖的尺寸,计算出所铺贴的张数,不足整张的应甩到边角处,不能贴到明显部位。

(3)铺地面砖:在砂浆找平层上,浇水湿润后,抹一道水泥浆结合层摊在面砖的背面,然后将面砖与地面铺贴,并敲击面砖使其与地面压实,其高度与地面标高线吻合。

(4)修整:整间铺好后,修理四周的边角,并将锦砖地面与其他地面门口接槎处修好,保证接槎平直。

(5)灌缝:整幅地面砖铺贴完毕后,养护 2 d 再进行抹缝。

(6)养护:砖地面擦缝 24 h 后,应铺上锯末常温养护(或用塑料薄膜覆盖),其养护时间不得少于 7 d,且不准上人。

(7)冬期施工:室内操作温度不得低于 +5 ℃,砂子不得有冻块,面砖面层不得有结冰现象;养护阶段表面必须进行保温覆盖。

(二)陶瓷砖及缸砖楼地面

陶瓷地砖又称墙地砖,其类型有釉面地砖、无光釉面砖和无釉防滑地砖及抛光同质地砖。陶瓷地砖一般厚 6~10 mm,其规格有 400 mm×400 mm~200 mm×200 mm 多种。陶瓷地砖色彩丰富,色调均匀,砖面平整,抗腐耐磨,且块大缝少,装饰效果好,还可处理成防滑地砖。

缸砖也称防潮砖,是用陶土焙烧而成的一种无釉砖块。形状有正方形(尺寸为 100 mm×100 mm 和 150 mm×150 mm,厚 10~19 mm)、六边形、八角形等。缸砖背后有凹槽,使砖块和基层黏结牢固。缸砖表面平整、质地坚硬、耐磨、耐压、耐酸碱、吸水率小;可擦洗,不脱色和不变形;色调均匀,可拼出各种图案。

陶瓷地砖和缸砖铺贴时的施工工艺参照陶瓷锦砖楼地面,砖的摆放要求规整,横平竖直。

(三)花岗岩、大理石楼地面

花岗岩和大理石是从天然岩体中开采出来,经加工而成的块材或板材,再经过精磨、细磨、抛光及打蜡等工序可形成质感不同的高级装饰材料,根据加工方法不同分为剁斧板材、机刨板材、粗磨板材和磨光板材四种类型。天然石材开采加工困难、运输不便、价格昂贵,且容重大、传热快、易产生冲击噪声,但具有良好的抗压性能,并且硬度高、耐磨耐久,外观大方稳重,具有良好的装饰效果。

花岗岩板和大理石板楼地面面层,是将花岗岩板和大理石板铺设在结合层上。一般先在刚性平整的垫层或楼板基层上铺 30 mm 厚 1:3 干硬性水泥砂浆结合层,赶平压实;然后铺贴大理石板或花岗岩板,并用水泥浆灌缝,铺砌后表面应加保护;待结合层的水泥砂浆强度达到要求,且做完踢脚板后,打蜡即可。大理石和花岗岩楼地面构造做法如图 4—1—3 所示。

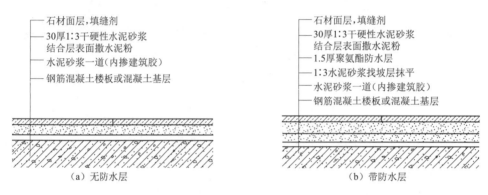

图 4—1—3　大理石、花岗岩楼地面构造

花岗岩和大理石块材楼地面的施工工艺与陶瓷地砖基本相同,只是涉及楼地面整体图案,要求试拼、试排,另外,大理石、花岗石楼地面在养护后,还需打蜡处理。其详细施工工艺、质量标准及成品保护要求如下。

1. 施工工艺

花岗岩和大理石块材楼地面的施工步骤:施工准备→基层处理→试拼→弹线→试排→铺砂浆结合层→铺板→灌缝、擦缝→镶贴踢脚线→养护→磨光、打蜡。各部分施工工艺的流程简述如下。

(1)施工准备:以施工大样图和加工单为依据,熟悉了解各部位尺寸和做法,弄清洞口、边角等部位之间的关系。

(2)基层处理的方法与步骤与水泥砂浆楼地面做法基本相同。

(3)试拼:在正式铺设前,对每一房间的大理石(或花岗石)板块,应就图案、颜色、纹理试拼,将非整块板对称排放在房门靠墙部位,试拼后按两个方向编号排列,然后按编号码放整齐。

(4)弹线:为了检查和控制大理石(或花岗石)板块的位置,在房间内拉十字控制线,弹在混凝土垫层上,并在墙上弹出水平标高线,弹水平线时要注意室内与楼道面层标高要一致。

(5)试排:结合施工大样图及房间实际尺寸,把房间内的大理石(或花岗石)板块排好,以便检查板块之间的缝隙,核对板块与墙面、柱、洞口等部位的相对位置。

(6)铺水泥砂浆结合层:试排后将板块移开,将基层清扫干净并用洒水湿润,刷一层水泥素浆;根据板面水平线确定结合层砂浆厚度,拉十字控制线,铺干硬性水泥砂浆结合层;铺好后将结合层刮平、拍实和找平。

(7)铺砌大理石(或花岗石)板块。

①板块浸润:板块应先用水浸湿,待擦干或表面晾干后方可铺设。

②标筋:根据房间拉的十字控制线,纵横各铺一行,作为大面积铺砌标筋用;依据试拼时的编号、图案及试排时的缝隙,在十字控制线交点开始铺砌板块。

③试铺:对好纵横控制线,将大理石(或花岗石)板块铺落在已铺好的干硬性砂浆结合层上,振实砂浆至铺设高度后,将板块掀起移至一旁,检查砂浆表面与板块之间是否相吻合,如发现有空虚之处,应用砂浆填补。

④铺板:先在水泥砂浆结合层上满浇一层素水泥浆,然后正式镶铺大理石(或花岗石)板块。

(8)灌缝、擦缝:在板块铺砌后 1~2 d 进行灌浆擦缝;根据大理石(或花岗石)颜色,选择相同颜色矿物颜料和水泥(或白水泥)拌和均匀,调成1:1稀水泥浆,用浆壶徐徐灌入板块之间的缝隙中(可分几次进行),并把流出的水泥浆刮向缝隙内,至基本灌满为止;灌浆 1~2 h 后,用棉纱团蘸原稀水泥浆擦缝与板面擦平,同时将板面上水泥浆擦净,使大理石(或花岗石)面层的表面洁净、平整、坚实。

(9)养护:擦净地面,用锯末和席子对面层覆盖保护,2~3 d 内禁止上人,养护时间不应小于 7 d。

(10)磨光打蜡:当水泥砂浆结合层抗压强度达到 1.2 MPa 后,按照现浇水磨石地面的施工方法对其表面进行磨光打蜡处理,打蜡后面层达到光滑洁亮。

2. 镶贴踢脚线(板)工艺流程

镶贴踢脚板应在地面铺贴完成后进行,踢脚板的板缝宜与地面大理石(或花岗石)板对缝镶贴。镶贴踢脚板的常用施工方法包括粘贴法和灌浆法。

(1)粘贴法

粘贴法的施工步骤:找标高水平线→水泥砂浆打底→贴大理石踢脚板→擦缝→打蜡。

粘贴法的具体施工流程:测出踢脚板上口水平线并弹在墙上,确定出踢脚板的出墙厚度;用水泥砂浆打底找平,并在面层划纹;找平层砂浆干硬后,拉踢脚板上口的水平线,把浸水阴干的大理石(或花岗岩)踢脚板的背面,刮抹一层素水泥浆后,往底灰上粘贴并敲实,根据水平线找直;24 h 以后用同色水泥浆擦缝,并将余浆擦净;随后进行打蜡上光。

(2)灌浆法

灌浆法的施工步骤:找标高水平线→拉水平通线→安装踢脚板→灌水泥砂浆→擦缝→打蜡。

灌浆法的具体施工流程:测出踢脚板上口水平线并弹在墙上,确定出踢脚板的出墙厚度;拉踢脚板上口水平线,在墙两端各安装一块踢脚板,其上楞高度在同一水平线内,出墙厚度要一致;然后逐块依顺序安装,随时检查踢脚板的水平度和垂直度,相邻两块之间及踢脚板与地面、墙面之间用石膏稳牢;灌稀水泥砂浆,并随时把溢出的砂浆擦干净,待灌入的水泥砂浆终凝后,把石膏铲掉;用与大理石踢脚板同颜色的稀水泥浆擦缝;踢脚板的面层打蜡同地面一起进行,方法同现制水磨石地面施工工艺标准。

3. 碎拼大理石(花岗岩)面层工艺流程

碎拼大理石(花岗岩)面层的施工步骤:挑选碎块大理石→弹线试拼→基层清理→刷水泥素浆→铺砂浆结合层→铺大理石碎块→灌缝→磨光打蜡。各部分施工工艺的流程简述如下。

(1)根据设计要求的颜色、规格挑选碎块大理石,要薄厚一致,不得有裂缝。

(2)根据设计要求的图案,结合房间尺寸,在基层上弹线并找出面层标高,然后进行试拼,确定缝隙的大小。

(3)清理基层、弹水平标高线、铺砂浆结合层的方法及步骤与水泥砂浆楼地面做法基本相同。

(4)根据图案和试拼的缝隙铺砌大理石碎块,其方法同大理石板块地面。

(5)铺砌1~2 d后进行灌缝,根据设计要求,碎块之内间隙灌水泥砂浆时,厚度与大理石块上面擦平,并将其表面找平压光,养护时间不少于7 d。

(6)养护后需进行磨光和打蜡,其操作工艺同现制水磨石地面施工工艺标准。

4. 质量标准

(1)保证项目

面层所用板块品种、规格、级别、形状、光洁度、颜色和图案必须符合设计要求;面层与基层必须结合牢固,无空鼓。

(2)基本项目

①面层:磨光大理石和花岗石板块面层,板块挤靠严密,无缝隙,接缝通直无错缝,表面平整洁净,图案清晰无磨划痕,周边顺直方正;碎拼大理石面层,颜色协调,间隙适宜美观,磨光一致,无裂缝和磨纹,表面平整光洁。

②板块镶贴质量:任何一处独立空间的石板颜色一致,花纹通顺基本一致;石板缝痕与石板颜色一致,擦缝饱满与石板齐平,洁净、美观。

③踢脚板铺设质量:排列有序,挤靠严密不显缝隙,表面洁净,颜色一致,结合牢固,出墙高度、厚度一致,上口平直。

④地面镶边铺设质量:花岗石、大理石板面层,用料尺寸准确,边角整齐,拼接严密,接缝顺直;碎拼大理石面层,尺寸正确,拼接严密,相邻处不混色,分色线顺直,边角齐整光滑、清晰美观。

⑤地漏坡度符合设计要求,不倒泛水,无积水,与地漏结合处严密牢固,无渗漏(有坡度的面层应做泼水检验,并以能排除液体为合格)。

⑥打蜡质量:大理石、花岗石和碎排大理石地面烫硬蜡、擦软蜡,蜡洒布均匀不露底,色泽一致、厚薄均匀、图纹清晰、表面洁净。

5. 成品保护

(1)运输大理石(花岗石)板块和水泥砂浆时,应采取措施防止碰撞已做完的墙面、门口等。

(2)铺砌大理石(花岗石)板块及碎拼大理石板块过程中,操作人员应做到随铺随用干布揩净大理石面上的水泥浆痕迹。

(3)在大理石(花岗石)地面或碎拼大理石地面上行走时,找平层水泥砂浆的抗压强度不得低于1.2 MPa。

(4)大理石(花岗石)地面或碎拼大理石地面完工后,房间应封闭或在其表面加以覆盖保护。

(四)聚氯乙烯板楼地面

塑料楼地面装饰效果好,色彩选择性强,施工简单,清洗更换方便;轻质耐磨,脚感舒适,适应面较为广泛。常用的塑料楼地面包括以聚氯乙烯塑料为主要材料的卷材地板和块状地板两种。

聚氯乙烯卷材地板是以聚氯乙烯树脂为主要原料,加入适当助剂,在片状连续基材上,经涂敷工艺生产而成,厚度为 1.5~2.0 mm。其宽度有 1.8 m、2.0 m 等多种型号,每卷长度可达 20~30 m。聚氯乙烯块状地板是以聚氯乙烯及其共聚树脂为主要原料,加入填料、增塑剂、稳定剂、着色剂等辅料,经压延、挤出或挤压工艺生产而成,一般规格为 300 mm × 300 mm × 1.5 mm。产品有不同色彩,可拼成各种图案;并且价格较低,因此得到广泛应用。

聚氯乙烯卷材地板施工时,先将胶黏剂均匀刮涂在处理好的基层;然后铺贴卷材地板,并用抹布擦去缝中多余的黏结剂,即可完成地板的铺贴。为减少拼缝,卷材宜顺房间的纵长方向铺设;需要两幅或多幅拼接时,应采用侧边平接,不要搭接;使用面积不大时亦可采用无胶黏剂的干铺方式,但需在卷材四边涂抹胶黏剂,以防止铺设后产生移位和翘边现象。

聚氯乙烯块材地板的施工工艺、质量标准和成品保护要求如下。

1. 施工工艺

聚氯乙烯块材地板的施工步骤:基层清理→弹线→试铺→刷胶→铺贴地面→铺贴踢脚板→清理养护。

(1)基层处理

①基层为水泥砂浆抹面时,表面应平整、坚硬、干燥,无油及其他杂质;当表面有麻面、起砂、裂缝现象时,应采用乳液腻子处理。

②基层为预制楼板时,将板缝勾严、勾平、压光;将板面上多余的钢筋头、预埋件剔掉,凹坑填平;板面清理干净后,将表面刷净、晾干,再刷水泥乳液腻子并刮平,随后将接槎痕迹磨平。

③基层处理完后,必须将基层表面清理干净,在铺贴塑料板块前,其他工序人员不得进入。

(2)弹线:在房间长、宽方向弹十字线,应按设计要求进行分格定位,根据塑料板规格尺寸弹出板块分格线;如房内长、宽尺寸不符合板块尺寸倍数时,应沿地面四周弹出加条镶边线。

(3)试铺:在铺贴塑料板块前,按定位图反弹线应先试铺,并进行编号,然后将板块掀起按编号码放好,将基层清理干净。

(4)刷胶:基层清理干净后,先刷一道薄而均匀的结合层底胶,待其干燥后,按弹线位置铺贴地面。

(5)铺贴地面

①粘贴塑料板:将塑料板的背面灰尘清擦干净,在塑料板背面和基层上同时均匀涂布胶粘剂,按已弹好的墨线铺贴塑料板并将其压实;对缝铺贴的塑料板,缝隙必须做到横平竖直,十字缝处缝隙通顺无歪斜,对缝严实,缝隙均匀。

②半硬质聚氯乙烯板地面的铺贴:预先对板块进行脱脂除蜡处理,干后再进行涂胶贴铺,方法同上。

③软质聚氯乙烯板地面的铺贴:铺贴前先对板块进行预热处理,待板面全部松软伸平后再进行涂胶贴铺,方法同上。

④塑料卷材铺贴:预先按已计划好的卷材铺贴方向及房间尺寸裁料,按铺贴的顺序编号,依以上方法刷胶铺贴,要求对线连接平顺,不卷不翘。

(6)铺贴踢脚线:地面铺贴完后,弹出踢脚上口线,在房间墙面下部的两端铺贴踢脚板,踢脚侧面应平整、接槎应严密。

(7)清洗养护:铺贴好塑料地面及踢脚板后,将其表面擦净、晾干,然后打蜡上光。

(8)冬期施工:室内操作时,环境温度不得低于+10℃。

2. 质量标准

(1)保证项目

塑胶类板块和塑料卷材的品种、规格、颜色、等级必须符合设计要求和国家现行有关标准的规定,黏结料应与之配套;粘贴面层的基底表面必须平整、光滑、干燥、密实、洁净,不得有裂纹、胶痕和起砂;面层黏结必须牢固,不翘边,不脱胶,粘接无溢胶。

(2)基本项目

表面洁净,图案清晰,色泽一致,接缝顺直、严密、美观;拼缝处的图案,花纹吻合,无胶痕,与墙边交接严密,阴阳角收边方正;踢脚线表面洁净,黏结牢固,接缝平整,出墙厚度一致,上口平直;地面镶边用料尺寸准确,边角整齐,拼接严密,接缝顺直。

3. 成品保护

(1)塑料地面铺贴完后,房间应设专人看管,非工作人员严禁进入,必须进入室内工作时,应穿软底拖鞋。

(2)塑料地面铺贴完后,及时用塑料薄膜覆盖保护好,以防污染;严禁在面层上放置油漆容器。

(3)电工、油工等工种操作时所用木梯、凳腿下端头,要包泡沫塑料或软布保护,防止划伤地面。

四、木质楼地面

木地板地面是一种传统的地面装饰,具有自重轻、保温性能好、有弹性以及易于加工等优点。按面层使用材料不同,可分为实木地板、强化复合地板、软木地板和竹材地板等。

(一)实铺式木楼地面

实铺式木楼地面是直接在实体基层上铺设地板,其基层一般是由搁栅、横撑及木垫块等部分组成;木板面层可采用双层面层或者单层面层铺设,如图4—1—4所示。

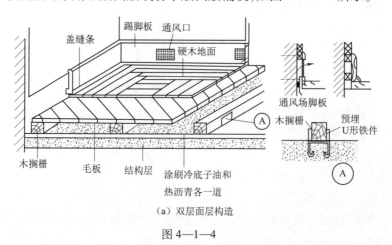

(a)双层面层构造

图4—1—4

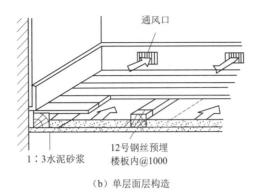

(b)单层面层构造

图4—1—4 实铺式木楼地面构造

双层面层的铺设方法,首先是在地面垫层或楼板层上,通过预埋镀锌钢丝或U形铁件将做过防腐处理的木搁栅绑扎牢靠;对于没有预埋件的楼地面通常采用水泥钉和木螺钉固定木搁栅;木搁栅之间加设剪力撑或横撑,并与墙间留一定缝隙。然后在搁栅上铺钉毛木板,背面刷防腐剂,毛木板呈45°斜铺,其上做防潮处理。最后在毛木板上钉实木地板,其表面刷清漆并打蜡。木板面层与墙体之间应留10~20mm缝隙,并用木踢脚板封盖。为了减少人在地板上行走时所产生的空鼓声,改善保温隔热效果,通常还在搁栅与搁栅之间的空腔内填充泡沫塑料等轻质材料。单层面层做法是将实木地板直接与木搁栅固定,其他做法与双层面层相同。

(二)粘贴式木楼地面

粘贴式木楼地面的基层一般是水泥砂浆层或混凝土结构层,为便于粘贴,基层应具有足够的强度和适宜的平整度,表面无浮尘、浮渣。

粘贴式木楼地面的通常做法,是在结构层上用15 mm厚1∶3水泥砂浆找平,上面刷冷底子油一道;然后铺设5 mm厚沥青胶结材料,或者其他胶结剂;最后粘贴木地板,随涂随粘。粘贴式木楼地面构造组成,如图4—1—5所示。

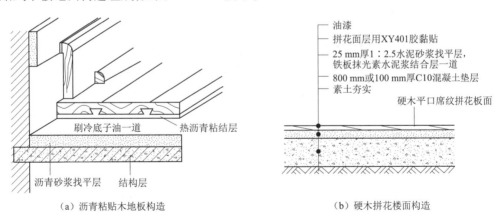

(a)沥青粘贴木地板构造　　　　　(b)硬木拼花楼面构造

图4—1—5 粘贴式木地面构造

(三)架空式木质楼地面

当在木地板下面布设管道或其他设施,所需的空间比较高大时,实铺式木地板不能满足要求,可以采用架空式木地板。架空式木楼地面由木龙骨(搁栅、剪刀撑)、地垄墙、压沿木及单层或双层木地板组成,如图4—1—6所示。

— 109 —

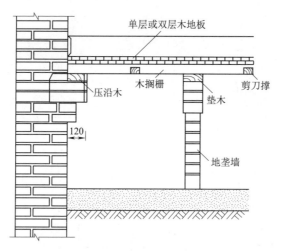

图 4—1—6 架空式木地面构造(单位:mm)

架空式木楼地面的木地板不直接铺贴在实体基层上,是通过木龙骨固定在地垄墙的垫木或结构层上;木龙骨的两端分别支撑在墙体挑出的砖沿及地垄墙上;为保证稳定并使木龙骨连成整体,应加设剪刀撑;砖沿及地垄墙顶均应铺放垫木,并加油毡层防潮。当房间尺寸不大时,搁栅两端可直接搁置在砖墙上;当房间尺寸较大时,常在房间木地板下增设地垄墙或柱墩支撑搁栅,柱墩和地垄墙的间距根据设计要求设置。此外架空式木地面应在地板背面做防潮处理,同时做好架空层的通风处理。

架空式木地板施工时,在地面先砌地垄墙,然后依次安装木搁栅、毛地板、面层地板。

五、织物类楼地面

织物类楼地面面层一般采用地毯。地毯的铺设方法有活动式与固定式两种,其中固定式铺法还可分单层地毯铺地和弹性垫层地毯铺地两种方式;地毯的铺设范围,有满铺与局部铺设两种,满铺和局部铺设均可选择活动式或固定式。

(一)活动式地毯

活动式地毯,是指将地毯直接摊铺于基层上而不固定。这种方式适用于需临时铺设地毯的场合,或地毯四周有重物的情况,以及装饰性工艺地毯、方块地毯等的铺设。

(二)固定式地毯

固定式地毯,是指将地毯舒展拉平后与基层固结,使其不能移动的铺设方法。固定方法有粘贴法和卡条法两种。

1. 粘贴法

采用胶粘剂将地毯黏结固定在基层上,其优点是地毯不易变形空鼓和翘起,缺点是更换不方便。粘贴法固定方式的工艺流程:基层处理→实量放线→裁割地毯→刮胶晾置→铺设银压→清理、保护。

2. 卡条法

在房间周边地面上安设带有朝上小钩的倒刺板,用倒刺板拉住地毯,如图 4—1—7 所示。采用卡条法固定地毯时,常在地毯下面加设波纹弹性垫层,用来增加地毯的弹性、柔软性和防潮性,使脚感更柔软舒适。

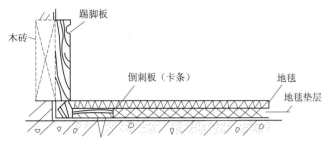

图 4—1—7 地毯地面构造

卡条法固定方式的显著优点是地毯更换方便,因此得到了更加广泛的实际工程应用,其工艺流程主要包括基层处理→弹线定位→地毯裁割→钉倒刺板→铺垫层→铺设地毯→表面清理。

3. 固定式地毯的铺设施工工艺

(1)基层处理:铺设地毯的基层,一般是水泥地面,也可以是木地板或其他材质的地面;要求表面平整、光滑、洁净;如为水泥地面,应具有一定的强度,含水率不大于8%,表面平整偏差不大于4 mm。

(2)弹线、定位:严格按照设计图纸对各个不同部位和房间的具体要求进行弹线、套方、分格和定位。

(3)地毯剪裁:地毯裁剪时一定要精确测量房间尺寸,并按房间和所用地毯型号逐一登记编号;然后根据房间尺寸、形状剪裁地毯料,裁好后卷成卷并编号,放入对应房间内,大面积房厅应在施工地点剪裁拼缝。

(4)钉倒刺板:沿房间或走道四周踢脚板边缘,用高强水泥钉将倒刺板钉在基层上,钉应朝向墙的方向。

(5)铺设衬垫:将衬垫粘在地面基层上,要离开倒刺板 10 mm 左右。

(6)铺设地毯:将裁好的地毯平铺在垫层上,在接缝处缝合地毯;然后将地毯的一条长边固定在倒刺板上,拉紧地毯并将其固定在另一条倒刺板上;一个方向拉伸完毕,再进行另一个方向的拉伸,直至四个边都固定在倒刺板上。

(7)表面清理:地毯铺设固定完毕后,应将毯面上脱落的绒毛等彻底清理干净。

4. 施工质量保证措施

(1)注意成品保护,用胶粘贴的地毯,24 h 内不许随意踩踏。

(2)地毯铺装对基层地面的要求较高,地面必须平整、洁净,含水率不得大于8%,并已安装好踢脚板,踢脚板下沿至地面间隙应比地毯厚度大 2~3 mm。

(3)准确测量房间尺寸和计算下料尺寸,以免造成浪费。

(4)地毯铺设后务必拉紧、张平、固定,防止以后发生变形。

第二节 楼地面的特殊构造做法

对于特殊性质或处于特殊环境中的房间,如广播室、严寒地区挑出外墙的房间等,楼地面需要根据房间的使用功能和要求,采取隔声、保温等构造措施,增设相应的构造层次,以保证室内环境的适宜、稳定等。

一、楼地面保温构造

我国以最冷月(1月)和最热月(7月)平均温度作为分区主要指标,以累年日平均温度不大于5℃和不小于25℃的天数作为辅助指标,将全国划分为严寒、寒冷、夏热冬冷、夏热冬暖和温和5个建筑气候区,各气候区的建筑基本要求各有不同。严寒地区必须充分满足冬季保温要求,一般可不考虑夏季隔热;寒冷地区应满足冬季保温要求,部分地区兼顾夏季隔热;夏热冬暖地区一般可不考虑冬季保温,而须满足夏季防热要求;温和地区其部分地区应注意冬季保温,一般可不考虑夏季防热。

在需做保温处理的地区,需对悬挑楼板、门洞上部楼板以及封闭凹阳台的底板等建筑部位应进行保温处理。在采暖地区,地下室不设采暖设备的,应在首层底板设保温层。常用的地面保温做法有板上保温和板下保温两种,如图4—2—1所示。在做楼地面保温处理时,需要注意以下几点。

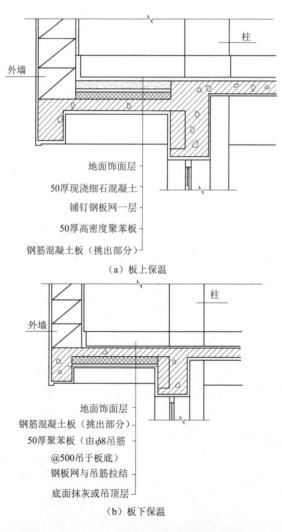

图4—2—1 悬挑楼板层的保温处理

1. 铺贴保温材料层的地面基层(含楼板底表面),表面必须平整、干燥;底层地面保温材料层的上、下面和楼层地面保温材料的上面,应设置防潮层。

2. 保温材料层的铺设平整、紧密,板块缝隙错开。

3. 保温材料层应采用 EC 型胶粘剂或 EC 型砂浆作散点状黏结于基层表面;在地板上表面黏结时,其黏结面积应不小于板面积的 15%;在地板下表面黏结时,其黏结面积应不小于板面积的 50%。

4. 保温材料层在施工中应严格防止浸水受潮,如有受潮,应采取吹(烘)干措施后,再施工上面结构层及面层。

5. 在保温材料层上面施工混凝土等面层时,应采取措施,防止损坏保温材料层及防潮层。

二、楼地面防潮防水构造

对于有防潮防水要求的楼板层,其构造做法有两种:其一,对于只有普通防潮要求的楼板层,一般采用细石混凝土,从四周向地漏处找坡 0.5%(最薄处不少于 30 mm)进行防潮处理;其二,卫生间、餐厅厨房及水泵房等经常有水或者其他非腐蚀性液体作用的地面,应做防水处理,其防水构造如图 4—2—2 所示,由下及上为楼板或地坪层、找坡找平层、防水层、结合层、面层。

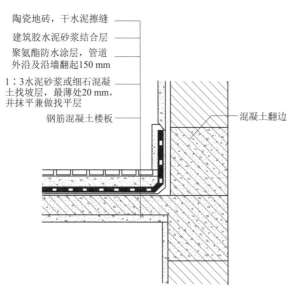

图 4—2—2 楼面防水构造(单位:mm)

楼地面防水防潮处理时,需要注意以下几点。

1. 防水层在墙、柱、穿过楼地层的立管等与地面形成转角的地方,应作严密的防水处理,防水层应沿墙、柱、管等立面翻起,翻起高度宜为 120 ~ 150 mm;淋浴间等有水溅射的房间,其防水层的翻起高度不低于 1 800 mm,并宜高于水龙头 200 mm。

2. 为了避免地面或局部积水,在受液态介质作用的部位,应利用找坡找平层向地漏或地沟等排水口形成不小于 1% 的坡度。

3. 为防止水向房间外漫流,有排水措施楼地面标高一般应低于相邻房间或走道 20 mm,

防水层在门口处应铺出门外至少250 mm宽,或做如图4—2—3所示挡水门槛;有防水要求的房间,楼层结构应采用强度等级不小于C20的现浇混凝土或整块的预制混凝土板。

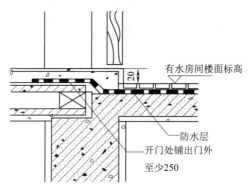

图4—2—3 门口处楼面防水构造(单位:mm)

4. 有给水设备或有浸水可能性的楼地面应采取防水和排水措施,同时在与其他非用水空间的楼地层之间应设阻水措施;在变形缝、施工缝、管道出入口等防水的薄弱环节应采取加强措施;在寒冷地区的地下冻土线以上的地下部分应采取截水沟、深层排水等手段,防止地下水由于毛细作用渗透后冻胀挤破防水层。

三、楼地面耐磨构造做法

厂房、库房、站台、中庭道路等建筑的地面会经常承受拖拉尖锐金属物件或履带机械行驶等坚硬物体的撞击或磨损,其地面应具有一定的耐磨、耐压和耐冲击性能。

耐磨地面的材料有混凝土、碎石、花岗岩等块石、铸铁板等金属面层,可根据产生磨损的原因合理选用。通行电瓶车、载重汽车及从车辆上倾卸物体或地面上翻转小型物件的地段,宜采用现浇混凝土垫层兼面层、细石混凝土面层、钢纤维混凝土面层或非金属骨料耐磨面层、混凝土密封固化剂面层或聚氨酯耐磨地面涂料;堆放金属块材、铸造砂箱等粗重物料及有坚硬重物经常冲击的地面,宜采用矿渣、碎石等地面;行驶履带式或带防滑链的运输工具等磨损强烈的地面,宜采用砂结合的块石、花岗石面层、强度等级不低于C30的预制混凝土块面层、水泥砂浆结合铸铁板面层、钢格栅加固的混凝土面层或钢纤维混凝土垫层兼面层。

根据材料和施工工艺的不同,耐磨地面分为普通型耐磨地面和高强耐磨地面两个类型。普通型耐磨地面常用的有水泥石英砂浆面层、水泥钢(铁)屑砂浆面层、钢纤维混凝土面层和聚合物砂浆面层以及树脂型涂料面层;高强耐磨地面可采用花岗岩块石以及铸铁板等材料,但最常用的是高强混凝土,通过精选硬质石英砂或金刚砂为骨料、选用高强水泥等特种凝胶材料,并添加少量改性助剂等原料,合理级配,研磨预混合而成,在提高水泥石强度的同时改善水泥与骨料的黏结力,与现浇混凝土相拌和,敷设于混凝土表面。

耐磨地面做法与其材料密切相关,下面以混凝土耐磨地面为例介绍其施工工艺。

1. 基层处理:基层为地层时,在素土夯实或三合土等地面基层上铺60 mm厚C10混凝土垫层;基层为楼层时,在现浇钢筋混凝土楼板或预制楼板等基层上,铺60 mm厚C10混凝土垫层。

2. 结合层处理:基层处理后,刷水泥浆一道(内掺建筑胶)。

3. 防水层处理:当楼地面有防水要求时,在结合层上先用1:3水泥砂浆或细石混凝土找坡抹平,最薄处为30 mm厚,再涂聚氨酯防水层1.5 mm厚(两道)。

4. 耐磨面层施工：检查原水泥砂浆地坪的平整度和附着力，达到技术要求后，在找平层整平未干时，将耐磨材料均匀地撒布在找平层上，然后进行地面摊铺刮平；待耐磨材料初凝时进行机器分步打磨，耐磨材料完全干燥以后用抹光机进行打磨、收光。

5. 养护及表面处理：施工完毕后进行洒水养护；养护期完成以后，使用专用机器对耐磨地面研磨及抛光，并采用专用地坪蜡进行打蜡处理。

四、楼地面的变形缝构造

与第三章墙体变形缝相同，楼地面变形缝也分为伸缩缝、沉降缝和防震缝。变形缝设置的位置和大小，应与墙面、屋面变形缝一致。考虑到楼地面应具有足够的承载力并保证顺畅通行，变形缝的处理应保证使用面的滑顺和美观整洁。

总之，建筑楼地面变形缝的构造做法，应综合考虑建筑物的使用情况、变形缝的位置、缝的宽度以及楼地面做法等进行设计和施工。楼地面变形缝的做法是要求楼地面从基层到饰面层全部脱开，保证变形缝两侧的结构能自由伸缩和沉降变形，其设置原则及宽度要求见表3—3—1，间距见表3—3—2和表3—3—3，一般做法如图4—2—4所示。

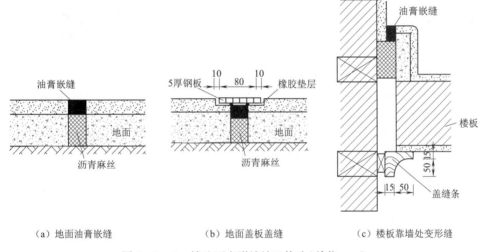

（a）地面油膏嵌缝　　　　（b）地面盖板盖缝　　　　（c）楼板靠墙处变形缝

图4—2—4　楼地面变形缝缝口构造（单位：mm）

对一些特殊部位需做特殊处理，如底层地面的伸缩缝下部，应增嵌20～30 mm厚的沥青胶泥以作防潮处理；楼层变形缝的下部（即顶棚面）应作遮挡处理；有水冲洗的楼地面，变形缝两边（侧）应作好防漏水处理；当变形缝下面房间经常有蒸汽产生的，缝的底部应作好防蒸汽渗透处理；寒冷地区采暖楼层设有变形缝的，若下面一层为通道、车库或其他非采暖房间的，变形缝内应做好相应的保温隔热措施。

在使用过程中，要对变形缝进行日常检查和定期维护，变形缝内不得残存建筑垃圾等杂物，并防止产生结露、霉变等现象。

第三节　楼地面的常见病害与防治

由于施工技术不完善、所处环境和使用条件发生变化，以及其他一些人为因素的影响，楼地面可能会出现面层空鼓、裂缝、起砂等一些常见问题和病害，会不同程度地影响楼地面的整体效果和室内的观感,严重者会对其使用功能造成不同程度的影响,甚至危及结构安全。为了保持楼地面的质量和使用效果,延长使用寿命,对常见病害应及时发现和提早控制,要特别重视和加强病害的防治。本节主要介绍楼地面在施工及使用过程中常见的问题和病害,及其常用的防治方法和处理措施。

一、水泥砂浆楼地面的质量问题与防治

水泥砂浆楼地面面层是以水泥作为胶凝材料、砂作为骨料,按一定的配合比配制抹压而成。水泥砂浆地面的优点是造价较低、施工简便、使用耐久,但容易出现起砂、空鼓、裂缝等质量问题。

(一)地面起砂

1. 病害

水泥砂浆楼地面存在起砂病害时,主要表现为表面粗糙、颜色发白、光洁度差、质地松散。在病害地面上走动时,最初有松散的水泥灰掉落,用手触摸有干水泥面的感觉;随着走动次数的增多,砂浆中的砂粒出现松动,或伴有成片水泥硬壳剥落,如图4—3—1所示。

(a)病害治理前　　　　　　　　　　(b)病害治理后

图4—3—1　地面起砂实例

2. 防治

(1)合理安排施工工序。水泥砂浆楼地面的施工应尽量安排在墙面、顶棚的粉刷等装饰工程完工后进行,避免地面过早上人,掌握好压光时机,水泥砂浆楼地面的压光一般不应少于三遍。

(2)严格控制水灰比。在水泥砂浆楼地面施工时,应严格控制水灰比,并进行充分的养护。

(3)防止早期受冻。水泥砂浆和混凝土早期受冻,对其强度的降低影响最为严重;应采用早期强度较高的硅酸盐水泥、普通硅酸盐水泥,其强度等级不应低于32.5 MPa;不得使用过期、受潮的水泥。

(4)采用无砂水泥砂浆地面。用于面层的水泥砂浆,用粒径为2~5 mm的米石代替水泥砂浆中的砂子,是防止地面起砂的成功方法。

(5)做好养护和成品保护。地面抹完后一般养护8~15 d可以使用,养护期内要用锯末和草袋等吸水材料覆盖,保证地面湿润,终凝前严禁运输、踩踏。

(6)楼地面起砂后的处理。楼地面起砂面积不大时,可先清理面层,并清除松动的砂粒,再用水清洗干净,用高标号普通水泥浆罩面;楼地面起砂较大时,可在清理松动的砂粒,用水清洗干净后,用107胶水泥浆进行修补;楼地面起砂面积较大又不能进行修补时,应将整个地面全部清除,重新铺设面层。

(二)地面空鼓

1. 病害

地面空鼓是水泥砂浆楼地面最常见的质量问题,多发于面层与垫层、垫层与基层之间,主要表现为用力踩踏或小锤敲击时有比较明显的空鼓声。发生空鼓的水泥砂浆地面,在使用一段时间后,很容易出现开裂,严重者会产生大片剥落。

2. 防治

(1)严格进行底层处理。按规定进行基层(或垫层)清理,在面层施工前,对基层进行充分湿润,并控制基层(或垫层)的表面积水不能过多。

(2)保证结合层施工质量。

(3)保证垫层的材料和施工质量。

(4)对于出现空鼓的地面,需将空鼓部位剔除,根据施工工艺,重新铺设面层。

(三)面层裂缝

1. 病害

面层裂缝是水泥砂浆楼地面的常见病害,如图4—3—2所示。造成面层裂缝甚至下沉的原因很多,除结构承载能力不足以及变形过大以外,面层本身的原因主要有水泥砂浆地面强度不够、面层缺乏养护或养护不及时、水泥砂浆水灰比过大或搅拌不均匀、面积较大的楼地面未按规定留设伸缩缝,减水剂、防水剂使用过量等。

图4—3—2 车站锅炉房水泵间地面裂缝实例

2. 防治

(1)确保材料质量。严格把控原材料的质量,选择符合质量要求的材料配制砂浆。

(2)严格按施工规范进行操作。水泥砂浆面层在铺设前,应认真检查基层表面的平整度,尽量使面层的铺设厚度一致,使面层的收缩基本相同;水泥砂浆(或混凝土)面层中如果需要掺加外加剂,最好通过试验确定其最佳掺量,在施工中严格按规定控制掺用量并注意加强养护;保证垫层厚度和配合比的准确性,振捣要密实,表面要平整,接搓要严密;回填土应分层填筑密实。

(3)为适应地面的热胀冷缩变形,对于面积较大的楼地面,应从垫层开始设置变形缝。

(4)在结构设计上应尽量避免基础沉降量过大,特别要避免出现不均匀沉降;采用的预制构件应有足够的刚度,不准出现过大的挠度。

(5)在使用过程中,要尽可能避免局部楼地面集中荷载过大。

二、块料楼地面的质量问题与防治

陶瓷锦砖、陶瓷砖、缸砖、花岗岩、大理石等块料楼地面,在使用过程中从常见病害表现为楼地面砖的空鼓、翘起和脱落、开裂、接缝缺陷、不平整和积水等。

(一)地面砖空鼓、翘起与脱落

1. 病害

病害主要表现为块料地面与基层黏结不牢,用小锤敲击时有空鼓声,人走在上面时有松动感;随着使用时间的增长,空鼓面积逐渐扩大并出现破裂,局部地面砖翘起,进一步发展为脱落,影响使用。产生病害的原因主要是地面砖或水泥质量不达标、基层表面清理不干净或浇水湿润不充分、结合层砂浆涂刷不均或涂刷时间过长、面层铺前处理不当、铺贴工艺不合理以及铺后保护不够等。

2. 防治

(1)确保材料质量。保证砂浆、楼地面块料等原材料符合质量要求。

(2)严格按施工规范进行操作。铺设块料的基层表面需清扫干净并浇水使其充分湿润,但不得存有积水;块料面层在铺设前应浸水湿润,并应当将块料背面的浮灰等杂物清扫干净,等块料吸水达到饱和,面干时铺设最佳,并做好成品的养护和保护工作;采用配合比适宜的干硬性水泥砂浆铺贴面层块料,且要对砂浆进行压实。

(3)改进施工工艺,地砖铺设时不宜拼缝过紧,合理设置变形缝。

(4)投入使用前加强保养,结合层强度达到 5 MPa 方可上人行走。

(5)已经出现病害的,全部拆除空鼓部位的面砖和铺贴砂浆,重新铺贴。

(二)面砖开裂

1. 病害

温差变化较大,或基层材料收缩及基层结构产生变形而未留变形缝均会引发面砖开裂。图4—3—3(a)为某信号机械室内因未设设备基础,在设备荷载作用下基层下沉,导致地面砖破损严重。病害发生后,维修部门采取压力注浆法,加固了回填土层,浇筑钢筋混凝土地面后重新铺设了地板胶,进行了整治,如图4—3—3(b)、(c)所示。

2. 防治

防止地面砖产生裂缝的措施与治理地面砖空鼓和脱落病害基本相同,主要从基层处理,严格按施工规范进行操作。

（a）病害治理前

（b）病害治理中

（c）病害治理后

图4—3—3　某信号机械室地面裂缝治理实例

（三）接缝质量问题

1. 病害

块料面层在铺设后，拼接处出现接缝不平，缝隙不匀等质量缺陷，会严重影响地面的装饰效果。出现病害的主要原因有产品质量缺陷、施工操作不规范、养护期内过早上人行走或使用等。

2. 防治

（1）确保材料质量。加强对进场板块的质量检查，筛除几何尺寸不准、有翘曲、歪斜、厚薄偏差过大、有裂缝、掉角等缺陷的板块。

（2）严格按施工规范进行操作。在板块铺贴前，铺好基准块后，应按照从中间向两侧和退后方向顺序进行铺贴，随时用水平尺和直尺找平，对板块的缝隙必须拉通线控制，不得有偏差。

（3）加强成品的保护。板块铺设完毕后，尤其在水泥砂浆未完全硬化前，要加强对地面成品的保护。

（四）面层不平整、积水、倒泛水

1. 病害

块料面层平整度差超过2 mm，会有积水和倒泛水现象，影响地面的使用功能和观感。产生这种病害的主要原因，是在铺贴块料前作业条件检查不充分，基层处理不当，存在局部沉陷；铺贴时没有测好和拉好水平控制线等施工质量问题。图4—3—4为某车站出站口处地面面层出现的不平整现象,高差为 10 mm 左右。

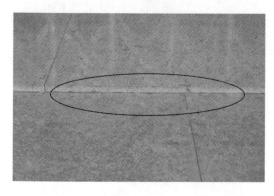
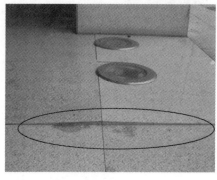

图 4—3—4　车站出站口地面面层不平整实例

2. 防治

(1)确保材料质量。严格把控材料的质量,保证面层材料、防水材料、砂浆等符合质量要求。

(2)严格按施工规范进行操作。铺贴地面砖前应确保找平层的强度、平整度、排水坡度满足设计要求;灌注好分格缝中的柔性防水材料;按照设计位置预先安装地漏,使找平层上的水都能顺畅地流入地漏;按控制线先铺贴好纵、横定位地面砖,再按控制线铺贴其他地面砖;每铺完一个段落后,将硬木平垫板放在铺好的地面砖上,用橡皮锤或木锤轻击木垫板,边拍实边用水平靠尺找平。

三、塑料楼地面的质量问题与防治

塑料楼地面的施工质量涉及基层、板材、胶黏剂、铺贴等多种因素。常见的质量问题主要有面层空鼓,颜色与软硬不一,以及表面不平整等。

(一)面层空鼓

1. 病害

空鼓病害主要表现在塑料板的面层起鼓,出现气泡和边角翘起。这种现象严重影响楼地面使用功能和装饰效果。病害原因主要有基层处理不当、胶粘剂质量问题、工艺操作不当等。

2. 防治

(1)确保材料质量。保证面层材料的质量,选用质量优良、性能相容的胶黏剂,严禁使用质量低劣和超过使用期而变质的胶黏剂。

(2)严格按施工规范进行操作。认真处理基层,基层表面应坚硬、平整、光滑、清洁,不得有起砂、起壳现象;严格控制基层含水率,避免因水分蒸发而引起空鼓;涂刷胶黏剂时,应待胶黏剂的稀释剂挥发后再粘贴塑料板;黏结层厚度不要过厚,一般应控制在 1.0 mm 左右为宜;粘贴时应从一角或一边开始,边粘贴,边抹压,将黏结层中的空气全部挤出。

(二)颜色与软硬不一

1. 病害

塑料地面的颜色与软硬不一,是指塑料板表面颜色不同,在其上面行走时感觉不同区域地面的质地软硬不一。出现这种病害的主要原因有,对塑料板材的产品质量把关不严、搭配不协调;表面除蜡时间、水温控制不当等。

2. 防治

(1)确保材料质量。同一房间、同一部位的铺贴,应当选用同一品种、同一批号、同一色彩的塑料板,严格防止不同品种、不同批号和不同色彩的塑料板混用。

(2)严格按施工规范进行操作。在进行除蜡处理时,应当由专人负责;塑料板材在浸泡后取出晾干时的环境温度,应与粘贴施工时的温度基本相同。

(三)表面平整度差

1. 病害

塑料地板铺贴后表面平整度较差,目测其表面呈波浪形,不仅影响地面的观感,而且影响地板的使用。铺贴不平整的主要原因是,铺贴前基层未按照要求进行认真处理,使得基层表面的平整度差;涂刮的胶黏剂厚薄不均。

2. 防治

(1)严格处理基层。按规定进行基层(或垫层)清理,严格控制粘贴基层的平整度。

(2)保证工艺要求。在刮抹胶黏剂时,使用齿形恰当的刮板,使胶层的厚度薄而匀,误差不应大于 1 mm;严格控制施工温度和湿度。

四、木质楼地面的质量问题与防治

木质楼地面虽然具有弹性好,热导率低,脚感舒适等优点,但也常常出现行走时发出响声,地板局部有翘曲,以及接缝不严等问题。

(一)行走时发出响声

1. 病害

在病害地板上行走时,地板会发出响声。病害产生的主要原因是没有严格按照相关规定进行铺设,如基层平整度低、木龙骨连接不牢固等。

2. 防治

(1)严格处理基层。对铺贴木地板的地面进行平整处理,保证基层满足平整度要求。

(2)严格按施工规范进行操作。木地板应采用木螺钉进行固定,钉子的长度、位置和数量应符合施工的有关规定。

(二)地板局部有翘曲

1. 病害

地板出现局部翘曲变形,平整度差,其主要原因是木地板含水率过高。

2. 防治

(1)确保材料质量。严格控制木地板的含水率。

(2)保证地板下隐蔽工程的质量。所有地板面层下的线路、暗管、暖气等工程施工完毕后,必须经过试压测试合格后才能进行木地板的铺设。

(3)严格按施工规范进行操作。格栅和踢脚板处一定要留通风槽孔,地板与四周墙体处应留有 10~15 mm 的伸缩缝,阳台、露台厅口与木地板的连接部位,必须有防水隔断措施,避免渗水进入木地板内部;木地板下层毛地板的板缝应均匀一致,相互错开。

(4)对于出现局部翘曲的地板,需将翘曲起鼓部位拆开,在毛地板上加钻通气孔,待木龙骨、毛地板干燥后,再重新封上面层木地板。

(三)地板接缝不严

1. 病害

造成地板条(块)间接缝不严的原因可能来源于材料本身、施工质量或管理过程。

2. 防治

(1)确保材料质量。对地板条进行严格挑选,保证板材符合质量要求。

(2)严格按工艺进行施工操作。铺设面层木地板前,对房间进行弹线处理;铺设面层木地板时,应用楔块、扒钉挤紧面层板条,铺装最后一块板条时,可将此板条刨成略带有斜度的大小头,以小头嵌入板条中,并确实将其楔紧;铺设面层完毕后,应及时用适宜物料进行苫盖。

五、地毯的质量问题与防治

地毯在使用中可能会出现卷边、翻边、起皱及鼓包、发霉等问题。

(一)地毯卷边和翻边

1. 病害

地板胶质量不符合要求、刷胶不均匀,以及倒刺板固定不牢靠等都会造成地毯卷边和翻边的质量问题。

2. 防治

(1)确保材料质量。选用优质的地板胶,保证其他材料符合质量要求。

(2)严格按施工规范进行操作。施工时,特别注意倒刺板要按照有关规定固定牢靠;地毯固定完毕后,应加强对成品的保护。

(二)表面不平、起皱、鼓包

1. 病害

基层平整度差、含水率过大或施工时潮气过多都会造成地毯表面不平、起皱、鼓包等现象。此外,地毯铺设过程中,两侧用力不均,地毯未按有关规定进行绷紧,熨烫地毯时未绷紧等都会造成上述病害现象。

2. 防治

(1)严格按照施工要求进行基层处理。

(2)严格按施工规范进行操作。在铺设地毯时,必须将地毯张拉平整,经检查符合要求后才能将地毯进行固定;加强对地毯的保护,尤其特别应避免地毯受潮。

(三)地毯发霉

1. 病害

在地毯铺设前,基层含水率过大,且未按规定对地面做防潮处理等都会造成地毯发霉。

2. 防治

(1)严格处理基层。严格按照施工要求进行基层处理,铺设地毯的首层地面必须按照设计要求做防水防潮层。

(2)严格按工艺进行施工操作。在铺设地毯前,必须使水泥砂浆或水泥混凝土地面达到要求的干燥度。

第五章 建筑屋顶

建筑屋顶是房屋最上部的围护结构,起覆盖遮蔽作用,直接抵御雨雪日晒、太阳辐射、气温变化等外界因素对建筑物的影响,为建筑提供适宜的内部空间环境。同时,屋顶还承受自重、风雪及其他活荷载的作用,并将荷载通过墙、柱传递到基础。此外,屋顶也是建筑体量的重要组成部分,其形式对建筑造型有很大影响。本章共分三节,主要介绍屋顶形式和功能层次;屋顶各功能层次的做法以及常见病害与防治。

第一节 屋顶的形式与功能层次

一、屋顶形式

常见屋顶形式有平屋顶、坡屋顶及其他形式。

1. 平屋顶

平屋顶是指坡度不大于5%的缓坡或平屋顶。屋面起坡的目的是满足排水坡度要求,一般为2%~3%,而非建筑造型需要。平屋顶有挑檐平屋顶和女儿墙平屋顶两种主要形式,及其组合形式。平屋顶可以用做露台、晒台,还可进行屋顶绿化等。平屋顶施工简便、结构形式简单,占用建筑高度小,较为经济,是广泛采用的一种屋顶形式,如图5—1—1 所示。

(a) 挑檐平屋顶　　(b) 女儿墙平屋顶

图5—1—1　平屋顶

2. 坡屋顶

坡屋顶是指坡度大于10%的屋顶。较大的屋面坡度既有利于雨水迅速排除,又具有丰富建筑造型的能力。坡屋顶是中外传统建筑中的常用形式,有单坡、双坡、硬山、悬山、四坡歇山、庑殿、圆形或多角形攒尖等形式,如图5—1—2 所示。

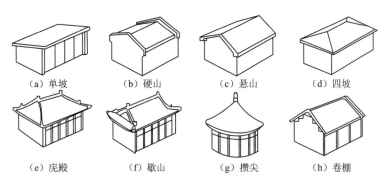

(a)单坡　　(b)硬山　　(c)悬山　　(d)四坡

(e)庑殿　　(f)歇山　　(g)攒尖　　(h)卷棚

图5—1—2　坡屋顶

3. 复杂曲面屋顶

除平屋顶和坡屋顶外,屋面还有拱形、双曲面、鞍形、双曲抛物面等曲面形态,以及由平面和曲面组合而成的复杂屋面形态,如图5—1—3所示。这类屋顶形式独特,可与建筑空间紧密结合创造出新颖的建筑形象,是现代大型体育、会展、交通建筑中常用的屋顶形式。

(a)双曲拱屋顶　　　　(b)球形网壳屋顶　　　　(c)V形折板屋顶

(d)双曲面扁壳屋顶　　(e)圆形屋顶　　　　　　(f)鞍形屋顶

图5—1—3　复杂曲面屋顶

二、屋顶的构造层次

从构造层次上看,不同形式屋顶的组成会有所不同,但可概括为结构层和功能层两部分。功能层包括找坡层、隔汽层、保温隔热(绝热)层、找平层、结合层、防水层(防水层在固定时需要有找平层和结合层)、保护层等构造层次,有时在结构层下设顶棚,如图5—1—4所示。

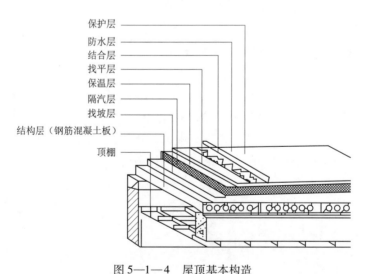

图5—1—4　屋顶基本构造

(一)找坡层

屋顶设置找坡层是为了将屋面雨水有组织地疏导到建筑物和城市的雨水排放系统中,可通过结构找坡或材料找坡实现。结构找坡是将结构层倾斜或曲面设置形成排水坡度,其优点是省工省料,构造简单,但有时可能影响室内美观。当单坡跨度大于9 m时可考虑结构找坡。材料找坡是在水平结构层上垫置水泥焦渣、石灰炉渣等轻质多孔硬质材料形成坡度。材料找坡的优点是顶棚水平整齐,室内效果良好,不足之处是找坡层会加大结构荷载,只适用于跨度不大的屋顶。当需设置保温层时,可用保温层兼作找坡层。

(二)隔汽层

使用环境的相对湿度较大时,为防止温度较高一侧的空气接触到低温物体而结露,需要在温度较高一侧设置隔汽层。如冬季采暖建筑的室内温度远高于室外,需在屋顶的保温层内侧设置隔汽层,防止热空气渗入保温层并在界面上结露而影响保温效果。隔汽层一般用1.5mm聚合物水泥基复合防水涂料、2.0mm SBS改性沥青防水涂料、12.0mm聚氯乙烯防水卷材等气密性好的单层卷材或防水涂料。

(三)保温隔热层

保温隔热层是为有效地降低室内外热能交换而设置构造层次,可通过设置绝热垫层、通风夹层或遮蔽覆盖等多种构造形式实现。设置绝热垫层是在屋顶上铺设多孔疏松材料或致密微孔材料等高热阻材料以达到保温隔热的目的。设置通风夹层是在屋顶上设置架空的空气间层,并保证通风,来降低屋顶的太阳辐射热向室内的传导(图5—1—5)。遮蔽覆盖隔热是指利用太阳能发电、发热装置,或自然植被、水面等屋顶构件来遮蔽太阳光的直接照射,达到隔热目的。绝热垫层对于降低热量由室内向外界散失的效果更显著,也称为保温层;通风夹层或遮蔽覆盖主要是降低热量由外界传入室内,也称为隔热层。

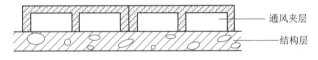

图5—1—5 通风夹层

(四)找平层

找平层的设置是为了使防水基层平整,以保证其上的防水层平整,排水顺畅,无积水。找平层的厚度及材料的选用与其基层有关,并可适当分格以防止开裂和变形,见表5—1—1。分格缝上面应覆盖一层单边点贴的200~300 mm宽附加卷材,或采用1:5水泥增稠粉砂浆、1:3石灰砂浆等低强度等级水泥砂浆以利于释放变形和应力。

表5—1—1 找平层厚度和技术要求

类别	基层种类	厚度(mm)	技术要求
水泥砂浆找平层	整体混凝土	15~20	1:2.5~1:3(水泥:砂)体积比,水泥强度等级不低于32.5级;分格缝宽2.0 mm;纵横间距不大于6 m
	整体或板状材料保温层	20~25	
	装配式混凝土板、松散材料保温层	20~30	
细石混凝土找平层	松散材料保温层	30~35	混凝土强度等级不低于C20;分格缝宽2.0 mm;纵横间距不大于6 m
沥青砂浆找平层	整体混凝土	15~20	质量比为1:8(沥青:砂);分格缝宽2.0 mm;纵横间距不大于4 m
	装配式混凝土板、整体或板状材料保温层	20~25	

（五）防水层

防排水是屋顶的基本功能要求，应通过一套完整的防水、汇水、排水（包括有组织排水的汇水、落水，无组织排水的泄水）系统将屋面的雨水排至地面，并进入市政排水系统。屋面防水层有柔性防水层和刚性防水层两类形式。柔性防水层是指采用有一定韧性的防水卷材和防水涂料等隔绝雨水的方式。刚性防水层是采用密实混凝土现浇而成的防水层，有普通细石混凝土防水层、补偿收缩防水混凝土防水层、块体刚性防水层和配筋钢纤维刚性防水层等形式。根据建筑物的类别、重要程度、使用功能要求，将屋面防水划为两个等级，见表5—1—2。

表5—1—2　屋面防水等级

防水等级	Ⅰ	Ⅱ
建筑物类别	重要建筑和高层建筑	一般建筑
设防要求	两道防水设防	一道防水设防

（六）保护层（面层）

当采用柔性防水层时，为防止防水材料老化及各种活动损坏防水层，在屋面最上层设保护层，保护层材料与防水层材料以及屋面的施工方法有关，见表5—1—3。

表5—1—3　保护层材料选择

屋面类型	屋面防水层材料	施工方法	保护层做法
不上人卷材防水屋面	沥青基卷材	沥青基卷材冷粘施工	铺撒粒径3~5mm的云母或蛭石
		沥青基卷材热粘施工	铺撒粒径3~5mm的绿豆砂或砾石
	高分子或高聚物改性沥青卷材	—	涂刷保护涂料
	高聚物改性沥青涂膜	—	细砂云母或蛭石
上人卷材防水屋面	—	—	铺贴块材（如地砖、混凝土板等）、现浇30~40厚细石混凝土

（七）顶棚

顶棚是楼板下部的装修层，起到美化室内空间、遮挡结构构件并为各种设备管线和装置提供安装空间，要求表面光洁、美观，能起到反射光照等作用，以满足照明、声学等特殊要求。顶棚有直接式顶棚和悬吊顶棚两种形式。

1. 直接式顶棚

直接式顶棚也称露明顶棚，是指在结构层底面直接喷刷、抹灰、贴面等，一般适用于结构层为现浇钢筋混凝土板的情况；应用于预制钢筋混凝土结构层时，需用水泥石灰膏砂浆等嵌缝材料将板缝嵌实抹平。喷刷顶棚是在板底嵌缝后喷（刷）石灰浆或涂料两道即可，适用于室内效果要求不高且结构层底面较为平整的情形；抹灰顶棚是在结构层底面抹纸筋石灰浆、混合砂浆、水泥砂浆、麻刀石灰浆或石膏灰浆等；贴面顶棚是在结构层底面直接粘贴装饰吸声板、石膏板、塑胶板或壁纸等装饰板材，适用于装修标准较高或有保温吸声要求的房间。

2. 吊顶

吊顶是在屋顶（或楼板层）结构下另挂一层顶棚；适用于有隔声、保温、隔热等特殊功能要求的房间，或悬吊管线较多需予以遮盖的房间，以及内部空间需要调整高度或需要特殊装饰效果的房间。

第二节 屋顶功能层次的构造做法

为满足房屋使用要求并提高屋面性能,屋顶设置多个构造层次,隔汽层、找坡层、找平层等构造简单,在上节中已介绍,而保温、隔热、防水、排水等构造层的做法相对比较复杂且变化较多,本节具体介绍。

一、屋面保温层的构造做法

根据结构形式及现场条件不同,保温层与其他构造层次相对位置可灵活变化,构造做法也会有所不同。目前,最常用的做法是保温层设在结构层之上、防水层之下,屋顶构造顺序由上至下依次为防水层、保温层、结构层,通常称之为正置式保温。其优点是构造简单、施工方便;但保温层处于封闭状态,若室内的水蒸气渗透进入保温层,将受到上部密闭防水层的阻挡而无法顺利排出,会使保温层含水率增加,降低屋顶保温的效果,并影响保温层使用寿命。为了尽量避免水蒸气渗入,需对其采取相应的隔汽措施予以辅助。

保温层也可设在防水层之上,呈敞露的状态,屋顶构造顺序由上至下依次为保温层、防水层、结构层,称之为倒置式保温。主要优点是保温层采用吸湿性小的憎水材料,将其设置在防水层上,使防水层不受阳光和气候变化的直接影响,也不易受外界因素的损伤,可提高屋顶防水层的耐久性,延长使用寿命、降低漏水的几率;主要问题是防水层设在保温层之下,给屋面排水构件的设置及屋面防水层的检修带来不便。

当屋顶结构层为槽型构件或为自防水预制构件时,可将保温层设置在屋顶结构层下面。但保温层没有下部支承结构,需采用牢固的连接措施。在工业建筑中还会使用同时具有承载、保温、防水三种功能的"夹心保温屋面板",即保温层夹设在屋顶结构板中间。其优点是可以减少高空作业,施工速度比较快,但是有时会存在"冷桥"现象。

下面以正置式保温层为例介绍构造做法。用作保温层的材料一般有散料、现场浇筑的混合料、板块料三大类。

(1)采用炉渣、矿渣等散料保温层时,松散保温材料应分层铺设,并逐层压实。铺设完成后,可用石灰或水泥浆将散料胶结固定,随即铺设找平层,如图5—2—1(a)、(b)所示。

(2)现场浇筑混合料的保温层做法是将炉渣、矿渣、陶粒、膨胀蛭石、膨胀珍珠岩等轻骨料与水泥浆搅拌成轻质混凝土,现场整体浇筑在需要保温的部位,如图5—2—1(c)所示。上述两种做法均可把保温层铺设浇筑成满足排水要求的坡度而兼顾找坡层。

(3)板块料保温层做法是将用水泥、沥青或水玻璃等胶结材料预制的膨胀珍珠岩板、膨胀蛭石板、加气混凝土砌块、聚苯板等块材或板材成品铺设在找坡层上,如图5—2—1(d)所示。

二、屋面隔热层的构造做法

屋面隔热降温的基本原理是减少直接作用于屋盖表面的太阳辐射热量。可采用措施有间层通风隔热、蓄水隔热、植被隔热、反射阳光隔热等。间层通风的构造做法介绍如下。

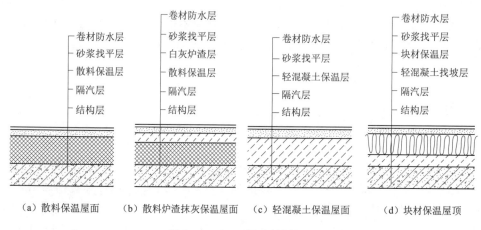

（a）散料保温屋面　（b）散料炉渣抹灰保温屋面　（c）轻混凝土保温屋面　（d）块材保温屋顶

图 5—2—1　正置式保温屋面

在屋盖设置架空通风间层，使屋面上层表面遮挡阳光辐射，同时利用风压和热压作用将间层中的热空气不断带走，达到隔热降温的目的。通风间层的设置通常有在屋面上做架空通风隔热间层和利用吊顶内的空间做通风间层两种方式。

1. 架空通风隔热间层

架空通风层通常用砖、瓦、混凝土等材料及制品制作，如图 5—2—2 所示。架空层的净空高度应随屋面宽度和坡度的大小而变化，屋面宽度和坡度越大，净空越高，一般为 180～300 mm，不宜超过 360 mm，否则会因架空层高度过大而隔热能力变小。屋面宽度大于 10 m 时，应在屋脊处设置通风桥以改善效果，如图 5—2—2 所示。

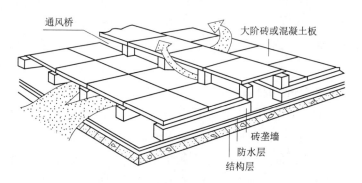

图 5—2—2　架空通风隔热层通风桥

为保证架空层内的空气流通顺畅，其周边应留设一定数量的通风孔，或让架空板周边开敞。

2. 顶棚通风间层

利用吊顶与屋顶间的空间做通风隔热层，可以起到与架空通风层相同的作用。顶棚通风层净高一般为 500 mm 左右，并设置一定数量的对外通风孔，使顶棚内空气能迅速对流。平屋盖的通风孔通常开设在外墙上，坡屋盖的通风孔常设在挑檐顶棚处、檐口外墙处、山墙上部,屋盖跨度较大时还可以在屋盖上开设天窗。通风孔处应设挡雨装置,避免雨水飘进。

三、屋顶防水层的构造做法

屋面防水主要有卷材防水(柔性防水)、涂膜防水、刚性防水、材料自防水等几种方式。常用防水卷材有合成沥青防水卷材、高聚物改性沥青防水卷材、高分子卷材等;常用防水涂膜有氯丁胶乳、沥青、聚氨酯等;刚性防水一般是通过调整配比或添加防水剂形成致密的砂浆或混凝土刚性防水层;自防水材料主要有玻璃、金属板、水泥瓦或陶瓦等。

(一)卷材防水

1. 卷材及其做法

卷材防水是通过防水卷材与胶黏剂结合形成连续致密的防水构造层。由于防水卷材具有一定延伸性和变形适应能力,又称其为柔性防水。防水卷材能够适应温度、振动、不均匀沉降等作用,整体性好,不易渗漏,适用于各种级别的屋面防水,是目前应用最广的建筑屋顶防水方式。

(1)卷材类型

传统上应用最为广泛的是纸胎石油沥青油毡,但由于其适应温度变化的范围窄等缺点,近年来已逐步被其他卷材取代。高聚物改性沥青类防水卷材是目前常用的防水卷材之一,以高分子聚合物改性沥青为涂盖层,纤维织物或纤维毡为胎体,粉状、粒状、片状或薄膜材料为覆面材料而制成的可卷曲片状高聚物弹性防水材料,如 SBS 改性沥青防水卷材和适用于炎热地区的 APF 改性沥青防水卷材等。高聚物改性沥青卷材性能稳定,造价低廉,施工方便,既可防水也可防渗、防潮、隔汽;除屋面外,还广泛应用于墙体、浴间、地下室、冷库、桥梁、水池、地下通道等工程。

另外一类广泛应用的是高分子防水卷材,泛指以各种合成橡胶、合成树脂或二者的混合物为主要原料,加入适量化学助剂和填充料加工制成的弹性或弹塑性卷材,如三元乙丙橡胶防水卷材等。高分子防水卷材具有重量轻、适用温度范围宽($-20\ ℃ \sim 80\ ℃$)、耐候性好、抗拉强度高($2 \sim 18.2$ MPa)、延伸率大(可大于 45%)等优点,但造价也较贵。

(2)卷材施工方法

防水卷材的铺贴方法主要有冷粘法、自粘法和热熔法三种。冷粘法是在屋面基层涂刷处理剂和胶粘剂,然后铺贴卷材。自粘法是指卷材自身已复合了胶粘剂,在涂刷基层处理剂的同时,撕去卷材的隔离纸,直接铺贴卷材,并在搭接部位用热风加热,以保证接缝的黏结性能。热熔法适用于厚度在 3 mm 以上的高聚物改性沥青卷材,施工时在卷材的幅宽内用火焰加热器喷火均匀加热,直到表面出现光亮的黑色即可辊压黏结牢固。

卷材防水层施工时,底层卷材与基层的黏结有满粘、条粘、点粘或空铺多种方式。满粘是指底层卷材与基层全面积粘贴的一种传统方式,适用于面积不大、结构变形较小且找平层较干燥的情况。条粘法是指除在卷材搭接、叠层处满粘外,卷材与基层间采用条状粘贴,每幅粘贴面不少于 2 条,这种方法有利于防水层适应基层的变形,但操作比较复杂。点粘法是指除搭接及防水层周边外,卷材与基层采用点黏结,一般每平米不少于有 5 个黏结点,该方式操作比较复杂,可用于多层铺贴的施工。空铺法是除在卷材搭接、叠层处满粘外,其余部分不粘贴;该方法能减少基层变形对防水层的影响,但发生渗漏时,不易寻找渗漏点。

卷材铺贴应按"先高后低,先远后近"的顺序进行,即高低跨屋面,先铺高跨后铺低跨;等高的大面积屋面,先铺离上料地点远的部位,后铺较近的部位,以防止因运输、踩踏而损坏;并应先做好节点、附加层和落水口、檐口、天沟、檐沟、屋面转角处、板端缝等排水较为集中部位的处理;然后再由屋面最低标高处向上施工,以保证顺水搭接。檐沟、天沟处,卷材应顺其长度方向铺贴,以减少搭接。

当屋面坡度小于3%时,卷材宜平行于屋脊铺贴;当屋面坡度在3%~15%时,卷材既可平行也可垂直于屋脊铺贴;当屋面坡度大于15%或屋面受震动时,沥青防水卷材必须垂直于屋脊铺贴。对于多层卷材的屋面,其各层卷材的方向应相同,不得交叉铺贴。

卷材铺贴严禁在雨、雪天施工,有五级以上的大风时不得施工,除热熔粘贴法可在-10℃以上天气施工外,其他均应在5℃以上时施工。

2. 泛水构造

泛水指屋顶上沿着女儿墙、山墙、烟囱、变形缝等所有与屋面防水层垂直相交的墙面所设的防水构造。同时不上人屋面检修孔、屋面出入口(屋顶平台入口)、屋面设备基座、管道出屋面、风口等屋面开口部位也须做泛水处理,并注意防水卷材收头的固定密封以及防水层的保护,如图5—2—3~图5—2—5所示,基本要点如下。

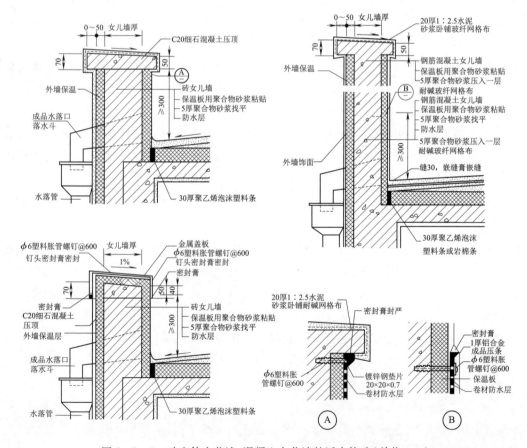

图5—2—3 砖砌体女儿墙、混凝土女儿墙的泛水构造(单位:mm)

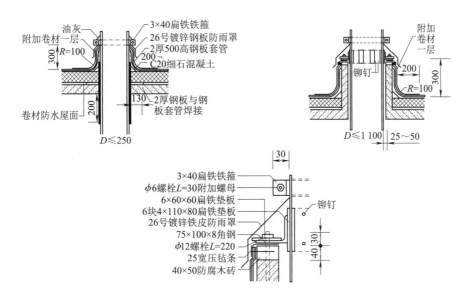

图 5—2—4 立墙及立管的泛水构造(单位:mm)

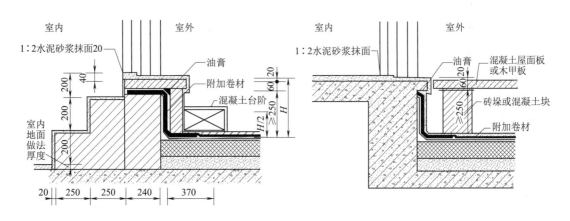

图 5—2—5 屋面出入口的泛水构造(单位:mm)

(1)将防水卷材铺至垂直面上,形成卷材泛水。为防止由于雨水淤积和飞溅而引起的漏水,泛水高度应随各地降雨状况而确定,一般泛水顶端高于平屋顶表面 250 mm 以上。特别需要注意的是,泛水高度是从屋顶的完成面面层开始计算的,并不等于防水卷材卷起的高度。

(2)屋面与管道、墙体等垂直面交接处及挑檐沟内转角部位,应将卷材下的砂浆找平层抹成圆弧形或 45°斜面,斜面宽度不小于 70 mm,上刷胶粘剂,使卷材铺贴密实,防止折断,并加铺一层附加卷材以保证防水安全。

(3)泛水上口的卷材应妥善收头固定。防水卷材应在顶端用水泥钉或防水金属压条、铁箍等压紧防止下滑,用防水密封材料填实缝隙后,上加混凝土板或金属板防水压顶或埋入墙体的凹槽中,并在其上做防水处理。

(4)泛水垂直面一般应使用水泥砂浆抹面、砌块、预制水泥板或金属板构件等予以保护。

（二）涂膜防水

涂膜防水是指将防水材料直接涂刷在屋面基层上，涂料干燥后固化成不透水薄膜。涂膜防水主要适用于Ⅱ级的防水屋面，也可用作Ⅰ级屋面多道防水中的一道防水。

1. 涂膜材料

涂膜材料主要包括涂料和胎体增强材料两大类。防水涂料种类很多，按照成膜物类型可以分为有机型、无机型、复合型；按其溶剂或稀释剂的类型可分为溶剂型、水溶型、乳液型等。胎体增强材料的作用是增强涂膜的贴附覆盖能力和抗变形能力，常用的有黄麻纤维布和玻璃纤维布等。

2. 涂膜防水屋面的做法

涂膜防水屋面的做法包括图5—2—6所示的几个层次。

找平层：在防水层基层上做15~20mm厚水泥砂浆找平层，并设间距不大于6m的分格缝，以防止找平层变形开裂而波及防水层。分格缝宽20mm，其内应嵌填密封材料。分格缝上面应覆盖一层200~300mm宽的附加卷材。

底涂层：将稀释的涂料等基层处理剂均匀涂布于找平层上作为底涂层。

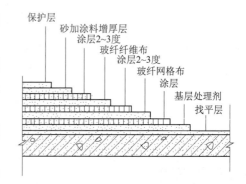

图5—2—6 涂膜防水屋面构造

中涂层：为增强涂层强度和变形能力，在干燥底涂层上铺设一层或多层胎体增强材料，再涂刷防水涂料。

面层：为保护防水涂膜，其上设置保护面层。保护层的材料为细砂、云母、砾石、浅色涂料、水泥砂浆或块材等。

（三）刚性防水

刚性防水是指采用添加防水剂的水泥砂浆或细石混凝土等刚性材料作为防水层的屋面。其主要优点是构造简单、施工方便、造价较低；缺点是混凝土性脆、易裂，对温度和屋面基层变形的适应性较差，所以刚性防水多用于Ⅱ级防水屋面，也可用作Ⅰ级防水屋面多道设防中的一道防水层。防水砂浆尤其不适用于温度变化剧烈的屋面防水。

刚性防水屋面一般适用于无保温层或保温层承载力高且防水的屋面，以便在其上进行混凝土浇筑湿作业等，不适用于有振动和较大不均匀沉降的建筑。

1. 刚性防水层材料和做法

刚性防水层采用不低于C20的细石混凝土整体现浇而成，其厚度不小于40mm，并应配置直径为4~6mm间距为100~200mm的双向钢筋网片。刚性防水层与基层间必须设置纸筋灰、低强度砂浆或薄砂层上干铺油毡等隔离层，以减少结构变形对防水层的不利影响，如图5—2—7所示。

2. 刚性防水层分隔缝构造

刚性防水层必须设置分隔缝（也叫分仓缝），除应在屋面板的支承端、屋面转折处、刚性防水层与女儿墙及其他屋面凸出物的交接处设置外，分格缝间距一般还不宜大于6m，宽度为20~40mm。缝中钢筋应断开，缝内填充防水密封材料，深缝的下半部可填沥青麻丝等衬垫材料,缝上加铺一层防水卷材,如图 5—2—8 所示。

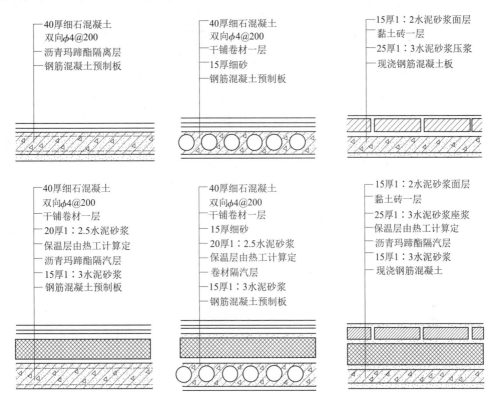

图 5—2—7 平屋面的刚性防水构造(单位:mm)

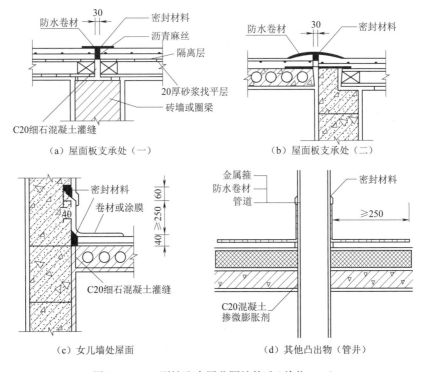

图 5—2—8 刚性防水层分隔缝构造(单位:mm)

(四) 其他防水形式

1. 自防水屋面

屋面直接使用石材、瓦材、金属等自身具有防水功能的材料,并沿排水方向重叠搭接。由于这些材料的防水性能有限,且材料之间的搭接有缝隙,多适用于可以快速排水的坡屋顶。

2. 聚氨酯保温防水层

采用异氰酸酯、多元醇及发泡剂等多种化学材料,使用专用设备在现场喷涂,反应后形成具有保温防水性能的硬质泡沫聚氨酯。聚氨酯保温防水层施工方便,可塑性强,材料完整致密,是一种理想的保温防水材料,可以应用在各种形态的建筑表面。但由于造价较为昂贵,现一般用于建筑物门窗安装填缝和防水、保温材料无法铺设的屋面异形部位。

四、屋面排水构造与做法

屋面排水方式和做法有无组织和有组织之分。两类排水方式各有特点,实际工程中,可根据建筑类型和屋面形式等条件合理选择。

(一) 屋面无组织排水

无组织排水是指屋面雨水直接从檐口滴落至地面的一种排水方式,又称自由落水。无组织排水造价低廉,但不便于建筑自身的使用和基础的保护,主要用于檐高小于 10 m 的中小型建筑、小型屋檐,或少雨地区建筑等,标准较高的低层建筑或临街建筑都不宜采用。无组织排水的挑檐做法,可以用屋面板直接挑出,或采用预制钢筋混凝土挑檐板,但需与屋面可靠连接。檐口处应做滴水处理、防水卷材应做收头处理,如图 5—2—9 所示。

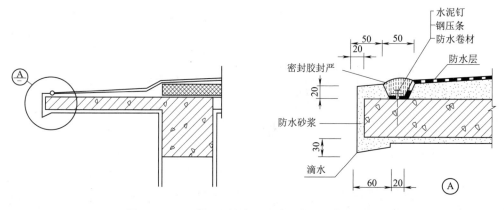

图 5—2—9 无组织排水屋面檐口构造(单位:mm)

(二) 屋面有组织排水

有组织排水是指将屋面积水有组织地汇集到檐沟,再经落水口、落斗、落水管等排水装置引导至地面或地下管沟,最后排至城市排水管网系统的一种排水方式;对于低矮建筑也有直接通过水舌将雨水排至地面的,如图 5—2—10 所示。有组织排水是常用排水形式,又分为外排水和内排水两种。

1. 外排水

外排水是指雨水向屋顶周边的雨水口汇集并经设于室外的落水管排至地面的排水方式。外排水构造简单,是应用最为广泛的排水方式,主要有以下几种方案。

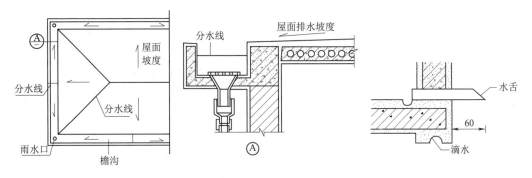

图 5—2—10 有组织排水屋面檐口构造(单位:mm)

(1)檐沟外排水

屋面雨水汇集到悬挑在墙外的檐沟内,再由落水管排下,如图 5—2—11 所示。这种排水方式最为通畅,但檐沟凸出立面墙体明显,设计时要与建筑造型统一协调。采用该方案时,水流路线的水平距离不应超过 24 m。

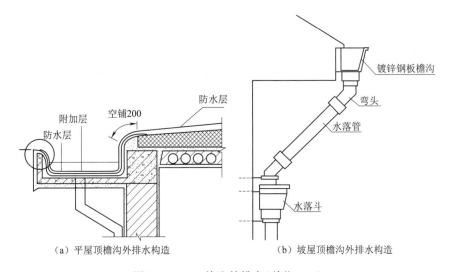

(a)平屋顶檐沟外排水构造　　　　(b)坡屋顶檐沟外排水构造

图 5—2—11　檐沟外排水(单位:mm)

(2)女儿墙外排水

屋檐部位设置女儿墙时,女儿墙汇集的屋面积水穿过女儿墙流入落水口、落水斗,由落水管排出,如图 5—2—12 所示。平顶女儿墙外排水施工较为简单,经济性好,是一种常用的形式,但不如檐沟外排水顺畅;坡屋顶女儿墙外排水的内檐沟易渗漏,应慎用。

(3)暗管外排水

暗装落水管的方式是将雨水管隐藏在假柱或空心墙中。一般应用于建筑入口等装饰要求较高的重要立面部位。

2. 内排水

内排水是指落水管设于室内的排水方式。内排水的屋顶雨水收集一般在屋顶中间靠近内墙或柱子的部位,对防水和泛水起坡的质量要求较高。落水管需安装在专门设置的室内管井内,雨水在地表附近横排时要设置地沟或占用地下室的顶棚,占用空间且检修不便。一一般在不适合采用外排水方式的高层建筑、形体特殊或进深较大的建筑中，可采用内排水方式，如图5—2—13所示。

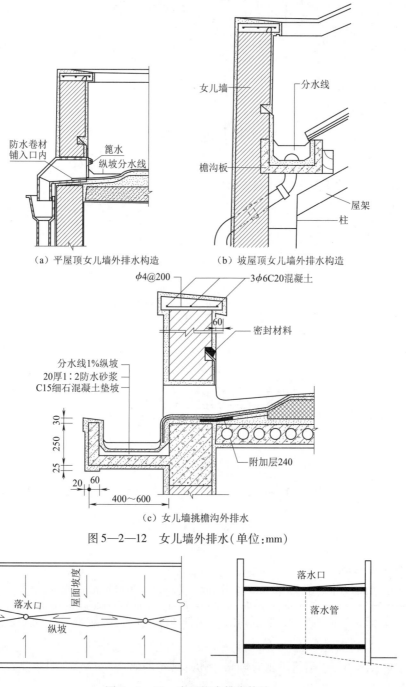

(a) 平屋顶女儿墙外排水构造　　(b) 坡屋顶女儿墙外排水构造

(c) 女儿墙挑檐沟外排水

图5—2—12　女儿墙外排水（单位：mm）

图5—2—13　有组织内排水构造

五、吊顶构造做法

吊顶悬吊支承于屋顶结构层（或楼板层），形成一个完整的表面。一般由纵、横交叉形式的龙骨（骨架）、装饰面板，及与结构层连接的吊筋组成。龙骨承受包括自身、装饰面板及设备等在内的荷载,并通过吊筋传给屋顶或楼板的承重结构。

吊顶龙骨主要有木质和金属两类;装饰面板种类繁多,如木板条抹灰、木板条钢筋板网抹灰、硬质纤维装饰板、穿孔硬质纤维装饰板、胶合板、穿孔胶合板、装饰玻璃板、纸面石膏板、装饰石膏板、矿棉吸音板、硅酸钙板、水泥加压板、PVC 板、PS 板、铝条板、铝合金条板、铝合金方板、长幅金属条板等,还有金属条形格片、金属挂片、金属花格栅、金属筒形格栅、金属格栅式吸声板等立体造型装饰板材。

(一)吊筋与结构层的连接

吊筋常用木条、钢筋以及钢丝等材料制作。木条吊筋一般用于木龙骨吊顶,其规格多为 50 mm×50 mm;钢筋吊筋既可用于木龙骨,也可用在金属龙骨吊顶中,吊筋选用 $\phi 6 \sim \phi 8$ 的钢筋;铜丝、钢丝或镀锌钢丝的吊筋常用于不上人的轻质吊顶。

吊筋与楼板或屋面结构层的连接方式有预埋件连接和膨胀螺栓(或射钉)连接两类,如图 5—2—14 所示。

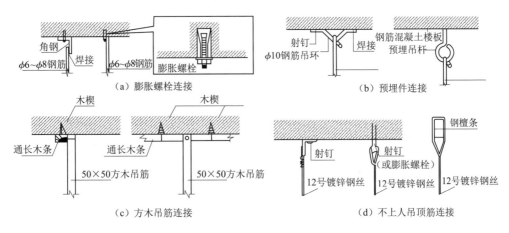

图 5—2—14　吊筋与楼板的连接方式(单位:mm)

(二)主、次龙骨的连接

吊顶龙骨分为主龙骨(主搁栅)和次龙骨(次搁栅)。主龙骨为吊顶的主要承重结构,可用木材、轻钢、铝合金等材料制作,其间距、断面根据龙骨材料及吊顶重量或上人与否而定;次龙骨用于固定面板,其间距视面板规格而定。上人吊顶的检修走道应铺放在主龙骨上。

1. 木龙骨构造

主龙骨断面尺寸一般为 50 mm×70 mm～70 mm×100 mm,吊筋间距为 900～1 200 mm。采用钢筋作吊筋时,吊筋前端应套螺丝,安装龙骨后用螺母固定;采用方木条作吊筋时,则用铁钉与主龙骨固定。沿墙的主龙骨应与墙固定,可通过墙中的预埋木砖进行钉结固定或在墙上打木楔钉结固定。次龙骨断面尺寸一般为 50 mm×50 mm,间距为 300～600 mm。次龙骨找平后,用 50 mm×50 mm 方木吊筋钉结固定在主龙骨上或用螺栓与主龙骨栓固,如图 5—2—15 所示。

当吊顶面积较小且重量较轻时,可省略主龙骨,用吊筋直接吊挂次龙骨及面层,做法如图 5—2—16 所示。

2. 金属龙骨吊顶构造

常用的金属主龙骨有"["和"⊥"两种系列,如图 5—2—17 所示。当主龙骨为"["形截面时,吊筋通过吊挂件悬吊主龙骨,如图 5—2—18 所示;当主龙骨为"⊥"形截面时,吊筋可直接钩在主龙骨上,如图 5—2—19 所示;主龙骨下悬吊次龙骨,根据装饰面板的规格,次龙骨之间可设横撑龙骨;次龙骨与横撑龙骨上铺、钉、卡各类装饰面板,次龙骨和横撑龙骨的间距和铺钉方式根据装饰面板及产品形式确定。

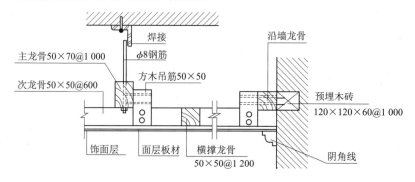

图 5—2—15　木龙骨吊顶构造(单位:mm)

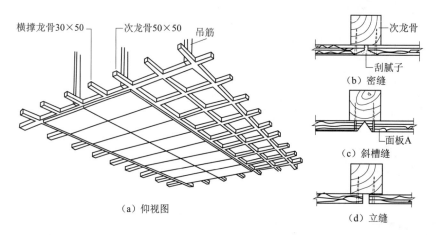

图 5—2—16　无主龙骨木龙骨吊顶(单位:mm)

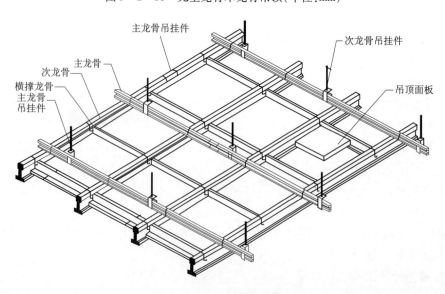

图 5—2—17　金属龙骨吊顶

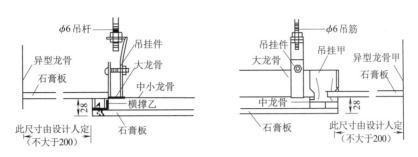

图 5—2—18 "["形金属龙骨吊顶(单位:mm)

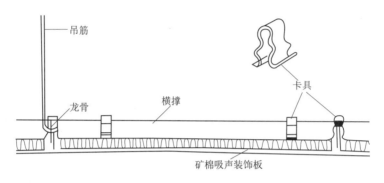

图 5—2—19 "⊥"形金属龙骨吊顶

图 5—2—20、图 5—2—21 分别为车站候车厅条板吊顶和金属挂片吊顶的实例。

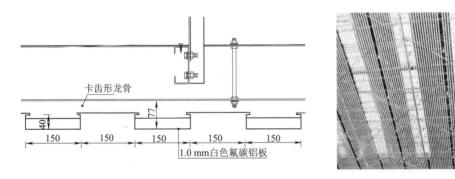

图 5—2—20 铝合金板条吊顶实例及构造(单位:mm)

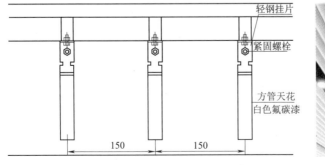

图 5—2—21 金属挂片吊顶构造及实例(单位:mm)

(三)龙骨与装饰面板的连接

吊顶装饰板材的可选类型很多。木龙骨吊顶一般选用植物型装饰板材,用木钉钉固在龙骨上,面板间的缝隙有密缝、斜槽缝、立缝等几种形式,如图5—2—16所示。

金属龙骨吊顶较多选用矿物板材或金属板材。装饰面板主要采用铺置、钉固、卡靠等方式与次龙骨(包括横撑龙骨)连接。采用较多的做法是通过沉头自攻螺钉、膨胀铆钉等将装饰面板固定在U形次龙骨上;装饰面板也可以直接放置在"⊥"形次龙骨的翼缘上,如图5—2—17、图5—2—18、图5—2—19所示。

六、坡屋顶的特殊构造做法

由于坡屋面多有转折变化,将坡屋面间的凸起交线称为脊,其中,水平的称为正脊,倾斜的称为斜脊;凹角交线称为天沟,如图5—2—22所示。除了遵循前面以平屋顶为背景的基本原则外,坡屋面构造还有些特殊做法。

坡屋顶多采用瓦材屋面。屋面瓦材有石板瓦、木瓦等自然材料瓦,琉璃瓦、陶瓦、黏土瓦等烧土瓦,水泥瓦、高分子复合瓦、金属瓦和金属板材等现代瓦材。使用较为广泛的有黏土平瓦、水泥瓦、金属瓦等。此外,在大型公共建筑中常用的玻璃采光屋面也多采用较大的坡度。下面分别以平瓦屋面、金属屋面和玻璃采光屋面为例对坡屋顶的构造做法予以介绍。

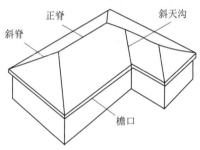

图5—2—22 坡屋顶屋面

(一)平瓦屋面

平瓦屋面是坡屋顶建筑的主要屋面形式,在偏远小站及传统民居中均有应用。平瓦屋面的构造做法会由于基层材料的不同而不同,其中木望板基层和钢筋混凝土基层这两种做法具有代表性。

1. 木望板平瓦屋面的做法

木望板瓦屋面的做法是先在檩条上铺钉15~20 mm厚木望板,然后在望板上干铺一层油毡做防水层,油毡须平行于屋脊铺设并顺水流方向钉木压毡条(又称顺水条)。在顺水条上铺钉搁置屋面瓦的木条(又称挂瓦条),挂瓦条平行于屋脊。屋面瓦顺屋面坡度钩挂在挂瓦条上,铺设时由檐口向屋脊铺设,屋脊处搭盖脊瓦,并用水泥石灰砂浆填实,避免雨雪侵入,如图5—2—23所示。屋面瓦相互搭接,雨水沿顺水条下行至檐沟,如图5—2—24所示。坡屋顶由于坡度较大,对屋面排水非常有利。

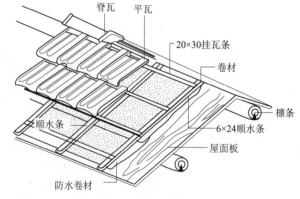

图5—2—23 木基层平瓦屋面的构造层次(单位:mm)

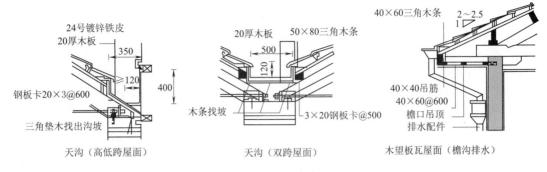

图 5—2—24 木基层平瓦屋面檐沟的做法（单位：mm）

当建筑对屋顶有保温要求时，保温层设在木望板和瓦材自防水层屋面之间，传统民居多采用麦秸泥等价格低廉、构造简单的地方材料，如图 5—2—25 所示。

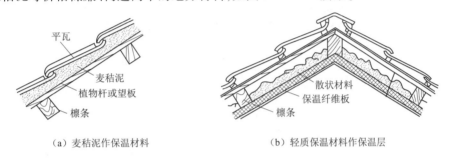

（a）麦秸泥作保温材料　　　　　　（b）轻质保温材料作保温层

图 5—2—25　平瓦屋面保温层的做法

2. 钢筋混凝土基层平瓦屋面的做法

钢筋混凝土基层平瓦屋面是在混凝土屋面板基层上做找平层，其上铺贴防水卷材和保温层，再做钢筋网水泥砂浆卧瓦层，最后铺瓦。也可在保温层上做内配钢筋网的细石混凝土找平层，再做顺水条，挂瓦条挂瓦，如图 5—2—26 所示。

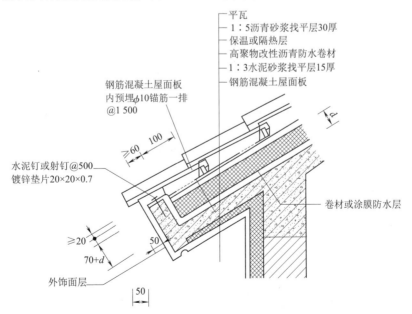

图 5—2—26　钢筋混凝土平瓦屋面的做法（单位：mm）

(二)金属屋面

金属屋面采用铝、铜等金属板材作为屋盖材料,将结构层和防水层合二为一,属于轻型屋面系统。屋面受力构件通常由檩条、衬板、面板支座、面板组成,如图5—2—27所示。

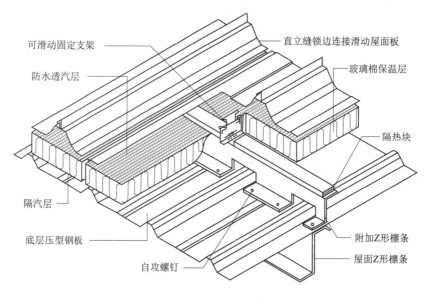

图5—2—27 金属屋面系统示意

1. 板材种类

屋面板材有平板和压型板两类,压型板又分为单层板和夹芯板两种。目前平板屋面常用的板材有表面涂刷彩色涂层的薄型钢板(也称为彩钢板)、镀锌或镀铝锌薄板、铝合金板、铝镁锰合金板等。压型板材是通过对平板辊轧、冷弯成形得到,断面形状有波形、V形、梯形等。波高大于75 mm的称为高波板,小于50 mm的称为低波板,介于两者之间的称为中波板;其中,咬边、扣压的中、高波板宜用作防水要求较高的屋面板;搭接的中、高波板用作楼盖板;搭接的低波板宜用作墙面板。

夹芯板为压型钢板面板及底板与保温芯材通过加压加热固化制成,具有保温好、自重轻、装饰性好等特点。保温芯材多采用自熄性聚苯乙烯泡沫塑料、硬质聚氨酯泡沫、岩棉等。夹芯板的厚度根据填充的保温材料厚度不同,一般在30~250 mm。

2. 板材连接与做法

金属板材通过螺钉、螺栓、拉铆钉或特种紧固件和连接件固定在檩条上,檩条一般为槽钢、工字钢等,檩条间距视屋面板型号而定。板材之间的连接主要有搭接式和咬接式两种方式。搭接式连接时板材间相互搭压,搭接方向应与主导风向相同,搭接长度根据屋面坡度、板材类型、长度不同来确定。如以压型钢板为例,其横向搭接至少一个波形。纵向搭接部位应顺水搭接,且通常设密封胶带,如图5—2—28所示。

咬接式连接是屋面板之间用专业的咬(锁)边机将板材边缘咬合在一起,同时在连接板和檩条之间设置连接滑片,以适应屋面板的温度变形,防止屋面板被拉裂。另外,为提高金属屋面抗风承载能力,还可增设抗风夹具来保证支座处接触紧实。咬接式连接构造如图5—2—29所示。

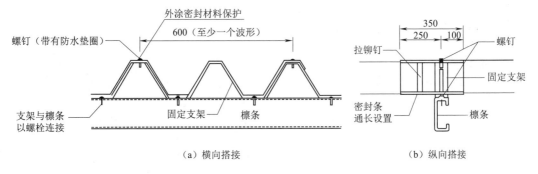

(a) 横向搭接　　　　　　　　(b) 纵向搭接

图 5—2—28　搭接式构造(单位:mm)

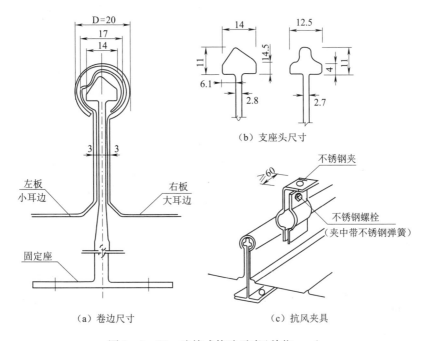

(a) 卷边尺寸　　　　　　　　(c) 抗风夹具

图 5—2—29　咬接式构造示意(单位:mm)

(三) 玻璃采光屋顶

在铁路车站、机场、商业中心等大型公共建筑中,常常采用玻璃面板作为屋顶材料,称为玻璃采光屋顶。透明的玻璃屋顶使室内拥有充裕的自然光,给人以室内外结合的舒适感和活跃的交流气氛,提高了室内的环境质量。同时,玻璃采光屋顶还具有结构、保温、防水等功能结合于一体的优点,如图 5—2—30 所示。

玻璃采光屋顶主要由骨架、玻璃、连接件、胶结密封材料组成。玻璃的选用首先要满足安全要求,避免玻璃破裂溅落,发生危险,其次要具有较好的透光性能和耐久性。在室内外环境条件差异较大的地区,还要求玻璃具有良好的热稳定性。常用的安全玻璃有夹层安全玻璃、有机玻璃、钢化玻璃等。要求保温隔热性能时,可选用双层中空玻璃、镜面反射隔热玻璃、镜面中空隔热玻璃等。

1. 骨架与主体结构的连接

骨架一般采用铝合金或型钢制作,当玻璃顶跨度较小时也可由主体承重结构兼做。骨架之间及其与主体结构间的连接,一般要采用专用连接件,与玻璃幕墙的构造做法相同,可参见第三章第二节。

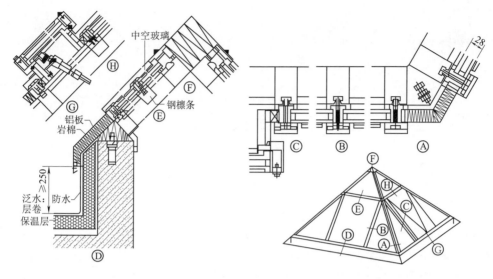

图 5—2—30 玻璃采光屋面构造(单位:mm)

2. 骨架与玻璃的连接

骨架与玻璃之间用胶结密封材料进行安装和固定,如采用氯丁橡胶衬垫,防止温度等引起的变形产生相互挤压而发生破裂;采用三元乙丙橡胶、氯丁橡胶和硅橡胶等进行密封处理,可参照第三章第二节中玻璃幕墙的构造做法。骨架的断面应适合玻璃的安装固定,便于进行密封防水处理,并应设置冷凝水的接槽和相应的泄水孔,以便排除冷凝水。图 5—2—31 所示为几种金属骨架断面形式及其与玻璃连接的做法。

玻璃顶的排水可根据屋顶面积大小采用不同的处理方式。当面积较小时,玻璃顶顶部的雨水可以顺坡排至旁边的屋面;当面积较大或者由于其他原因不便将雨水排至旁边屋面时,可将雨水汇往专门设置的天沟或落水口。天沟可采用单独构件,也可结合结构构件设置,如图 5—2—32 所示。

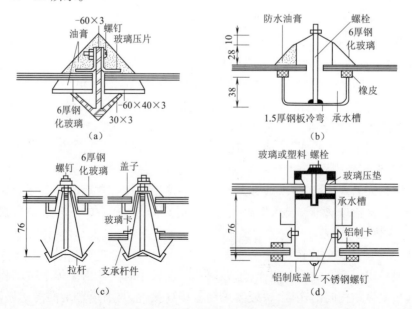

图 5—2—31 金属骨架断面形式与玻璃安装示例(单位:mm)

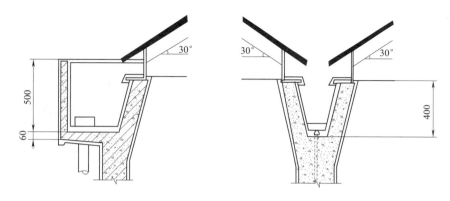

图 5—2—32　结合结构梁的玻璃顶天沟做法（单位：mm）

第三节　屋顶常见病害与防治

由于受自然因素、荷载作用及其他因素的影响，建筑屋顶常会出现渗漏等各种损伤和病害。屋顶病害是房建部门遇到的最为突出的工程病害之一，每年都需要耗用相当的费用来治理病害。因此，房建部门对屋顶病害应予以重视，并采取积极有效的对策进行防治。屋顶的常见病害主要有屋面渗漏、构件损坏、破损脱落、室内吊顶的开裂、下垂等。

一、屋面渗漏

屋面渗漏是屋顶最为常见的病害，不仅会给生产、生活带来不便，还会损害建筑物的主体结构。引起屋面渗漏原因包括板缝不密实，安装不平整；屋面找平层坡度过小、不平整、空鼓、起壳；基层收缩产生裂缝；屋面卷材接头、变形缝处理不当；檐口、出水口、落水管口部位处理不当；女儿墙根、烟囱、管道、设备出屋面部位处理不当，卷材搭接粘贴不牢；以及铺贴方向和搭接宽度不符合要求等等。

（一）卷材屋面大面积渗漏

1. 病害

防水层老化、开裂、起鼓，或瞬时强风造成防水层与找平层剥离，导致柔性防水层破坏，如图 5—3—1 所示。

（a）老化开裂

（b）被吹掀起

图 5—3—1　屋面卷材防水层渗漏实例

2. 防治

(1) 拆除重做防水层。保温层、找平层完好的应拆除柔性防水面层,涂刷冷底子油一道,重做 SBS 防水层。

(2) 拆除破损,重新铺设。对屋面防水进行大修,铲除既有防水层及找平层、保温层,新做并按排水方向找出流水坡。找平层应按规定设置伸缩缝,在伸缩缝屋面高点交汇处设置排气孔。按规范要求,重新铺设防水层。

(3) 增设落水口及落水管。

(二) 局部渗漏

1. 屋面突出物与防水层相交部位的渗漏

(1) 病害

女儿墙、烟囱、管道、檐沟、泛水、排水口等与屋面相交部位容易发生渗漏,其原因主要是节点部位处理不规范,垂直面防水层与屋面防水没有很好分层搭接;防水层转角处未做导角处理或角度太小;女儿墙压顶砂浆标号低,未做滴水线或没有做好;油毡未盖平,包管高度不够,在油毡上口未缠麻或铅丝,油毡没有做压毡保护层等,如图 5—3—2 所示。

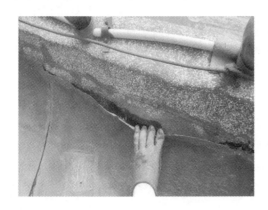

图 5—3—2 女儿墙根部漏水治理实例

(2) 防治

① 修复转角防水卷材,严格按规范要求搭接和粘贴卷材。突出屋面女儿墙、山墙等与屋面交接处、转角处做钝角,垂直面与屋面的卷材分层搭接,对已漏水的部位,可将转角渗漏处的卷材割开,并分层将旧卷材烤干剥离,消除旧玛蹄脂。

② 修缮卷材收头。突出屋面的烟囱、管道、管根等处做成钝角,并加做防雨罩,使油毡在防雨罩上收头。图 5—3—3 所示的管道根部和太阳能设备支架与防水层相交部位都做了加设卷材防水层的处理。

图 5—3—3 管道根部防水治理实例

2. 挑檐、檐口处漏水

(1)病害

由于檐口砂浆未压住卷材或防水涂料,封口处卷材张口,檐口砂浆开裂,滴水线或鹰嘴未做好而造成漏水。

(2)防治

檐口漏雨的防治可以将檐口处旧卷材掀起,用镀锌铁皮将其钉于檐口,再将新卷材贴于铁皮上。图5—3—4所示为某站段房建部门对漏水屋面进行维修,在斜向挑檐漏水处用新卷材进行铺设。

3. 檐沟、雨水口处漏水

(1)病害

檐沟、雨水口等处会因年久失修,卷材老化,落水斗安装不当,雨水口被冰雪、树叶堆堵等原因,造成局部渗漏。

(2)防治

①加强检查预防为先。按规定对房建设备进行定期检查,春融前及时清理屋面积雪。

图5—3—4 挑檐防水治理实例

②去除檐沟内病害卷材,重新铺粘。铲除病害部位的卷材,按要求处理好基层,重新粘贴檐沟内防水层。

③去除雨水口处病害卷材,重新铺粘。将落水斗口四周卷材铲除,如落水管浮搁在找平层上,则将找平层凿掉,让落水管紧贴基层面板,再用搭搓法重做卷材防水层,然后进行落水斗附近卷材的收口和包贴;如用铸铁弯头代替雨水口时,则需将弯头凿开取出,清理干净后重新安装弯头,再铺卷材一层并将其伸入弯头内大于50 mm,最后做防水层至弯头内并与弯头端部搭接顺畅,抹压密实。

(三)玻璃采光顶漏水

1. 病害

由于密封胶老化,屋面结构受力变形,或受温度影响变形等,导致玻璃与骨架以及骨架与主体结构的交接处密封胶开裂,造成屋面漏雨,如图5—3—5所示。

图5—3—5 屋顶采光玻璃漏水实例

2. 防治

(1)加强巡检,定期检修。

(2)铲除老化密封胶、面层清理干净,重新打胶。

二、屋顶构件损坏

建筑屋顶构件由于施工质量缺陷、设计不符合规范、雨水侵蚀、过度踩踏等原因,常会出现裂缝、表面侵蚀剥落、材料破损等病害。屋顶易在山墙和女儿墙、预制挑檐板、屋面隔热层等构件和薄弱部位发生损坏。

(一)山墙、女儿墙开裂

1. 病害

建筑屋顶的山墙、女儿墙等部位出现裂缝,如图5—3—6所示。造成这种病害的原因主要是屋面结构在高温季节太阳曝晒时,屋面结构层膨胀顶推女儿墙、山墙,出现横向裂缝,并使女儿墙、山墙向外位移。

2. 防治

(1)既有裂缝的处理

①补缝处理。用补漏膏把既有裂缝的缝隙填平,待补漏膏干后,再进行面层处理。

②涂刷处理。对补缝处理之后的既有裂缝区域表面采用防水涂料全面涂刷,防止开裂处漏水。

③铲除重做。女儿墙压顶开裂处,可铲除开裂压顶砂浆,重抹1:2～1:2.5水泥砂浆,并做好滴水线,或采用预制钢筋混凝土压顶板。

(2)屋面结构的保温处理

为了防止此类裂缝的再次发生,可以采取增设保温层对原屋面进行保温处理,或者在屋面布置绿色植物等自然植被进行遮蔽覆盖隔热。

(二)预制挑檐板裂缝移位

1. 病害

屋顶的预制钢筋混凝土挑檐板出现裂缝,甚至产生移位,如图5—3—7所示。原因在于,屋面结构直接暴露在阳光之下,温度变化导致屋面的伸缩变形过大,从而导致预制板之间的板缝开裂和缝隙增大。

图5—3—6 女儿墙开裂实例

图5—3—7 预制钢筋混凝土板裂缝位移实例

2. 防治

（1）拆除破损构件，重新修建。拆除倾斜外移的钢筋混凝土屋面角板，按照工艺要求重新修建，并对屋面防水进行大修整治，补抹找平层，重新铺贴卷材。

（2）在屋面各转角挑檐板对应自然间位置增设钢筋混凝土压顶梁，对屋面结构进行加固处理。

（3）在原有屋面上面增设钢骨架，在钢骨架上铺设复合压型彩钢板，形成架空隔热层。

（三）隔热层损坏

1. 病害

隔热板强度不够，屋面上人踩踏等常可致隔热板酥裂、损坏，如图5—3—8所示。

2. 防治

加强日常管理和维护，延长使用寿命，对破损的隔热板进行更换。

三、屋顶构件脱落

屋顶构件位置较高，构件脱落的危害程度大、危及面广，必须高度重视，加强巡检，尽可能避免病害事故的发生。屋顶宜脱落构件主要有屋面瓦片、挑檐板、金属屋面板及其构配件等。

（一）屋面瓦片下滑脱落

1. 病害

屋面的瓦片下滑脱落现象较为常见，比如木结构屋面雨水渗入后，屋面基层潮湿导致基层结构腐朽，瓦片脱落下滑。屋面使用期限过久，固定瓦片的卧瓦层腐蚀老化，也会导致瓦片脱落，如图5—3—9所示。

图5—3—8　屋顶隔热板损坏实例

图5—3—9　屋顶琉璃瓦脱落实例

2. 防治

（1）加强巡检，及时更换。对坡屋顶瓦屋面加强日常检查，发现松动的要及时更换加固，出现挂瓦条、木基层腐烂的要及时拆除，重新铺钉。

（2）选用其他更适宜做法改造瓦屋面。如果瓦屋面修复难度大，可根据实际情况，拆除现有瓦片，改用其他新型屋面材料及做法修复病害。

(二)挑檐板混凝土腐蚀脱落

1. 病害

挑檐板混凝土及抹灰层因为冻融破坏而导致其开裂、脱落,部分受力钢筋外露腐蚀,如图5—3—10所示。

2. 防治

(1)加强日常巡检。

(2)采取防护措施。清理屋面排水口及落水管内的杂物,确保排水畅通,避免雨水渗入混凝土孔隙,从而导致混凝土因为冻融破坏而剥落。

(3)处理腐蚀部位,修复构件。剔除既有屋面檐板腐蚀粉化的混凝土层,将出檐部分钢筋除锈向上弯折,利用檐口钢筋并植入部分受力主筋,在屋面增设现浇钢筋混凝土女儿墙及压顶。

(三)金属板固定件松脱开裂

1. 病害

金属板和铆钉连接松动、固定件咬口开裂、屋面翘曲等是金属屋面的常见病害,如图5—3—11所示。

图5—3—10 挑檐板混凝土腐蚀、脱落实例

图5—3—11 金属屋面固定件松脱实例

2. 防治

(1)掌握屋面构造做法。金属板屋面骨架、固定件等构件基本上被遮盖在金属面板之下,处于隐蔽部位。为了更有效地对屋面进行维护维修,房建单位宜在施工阶段提前介入设备的验收管理,着重对隐蔽部位的各类连接件的防腐防锈处理、支座的安装质量数量以及固定螺钉数量、屋面板的固定锁边、屋面检修通道及防坠落措施的完善等情况进行了解、检查。

(2)合理选择材料。例如沿海地区的站房雨棚宜少采用易锈蚀的钢结构,多使用传统的钢筋混凝土结构;固定彩钢板的连接件宜用韧拔力和维持力高的钻尾螺丝代替拉铆钉等。

(3)注重加固措施。对屋脊、伸缩缝、封檐板、檐口及封堵等薄弱环节,均作重点加固处理;固定彩钢板的钻尾螺丝要固定在钢架或木制屋面板上;对木屋架结构的金属屋面采用加固措施,如用镀锌扁铁加固墙边、屋脊、屋面等。

(4)加强防锈处理。采取和加强防止金属生锈措施,比如扁铁与屋面彩板间、扁铁与螺丝间加设胶垫;钻尾螺丝上下层及周围彩板外用防水胶封严;焊接位置打磨后满刷防锈漆等,如图5—3—12所示。

图 5—3—12　金属屋面治理实例

四、室内吊顶的常见病害及防治

吊顶起着装饰和美化室内空间的作用,并为照明和空调设备的安装提供空间,还对管线和结构构件起到遮挡作用。年久失修后,吊顶易出现的病害有冷凝水、接缝不平整、板缝开裂、罩面板变形下垂等现象。

(一)吊顶出现冷凝水

1. 病害

大部分吊顶内安装有上、下水管道和消防管道,夏季水管内外温差大,加上雨季湿度大,容易产生凝结水。这些冷凝水会使管道、铁件等严重锈蚀,并滴落到吊顶面板,造成面板污染甚至坠落,如图 5—3—13 所示。

2. 防治

(1)加强设备施工和质量管理。有管道的吊顶须满足通风要求,并对管道进行保温处理。

(2)加强吊顶构件的防护。确保选用镀锌质量合格的管材和轻钢龙骨材料,吊杆、吊环等连接件均应刷 2~3 遍防锈漆,纸面石膏板采取防护措施,其上部宜刷防潮涂料。

(二)吊顶板缝开裂

1. 病害

吊顶板未设坡口时容易产生板缝开裂,尤其在大厅的出入口处,门窗开动频繁,气流较大,受气流影响,吊顶板更易开裂,如图 5—3—14 所示。

 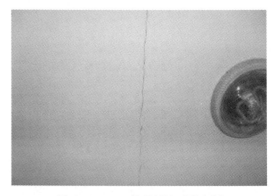

图 5—3—13　冷凝水引起的吊顶板病害实例　　　　图 5—3—14　吊顶板缝开裂实例

2. 防治

(1)加强施工工艺。以石膏板吊顶为例,在接缝处刮 1 mm 厚腻子,随即粘上穿孔纸带,用刮刀顺着穿孔带方向将纸带的嵌缝腻子挤出穿孔纸带,在穿孔纸带上再覆盖 2 层腻子,待腻子完全干燥后认真打磨,厚度不超过石膏板面 2 mm,嵌完的接缝必须平滑,中间略凸起向两边倾斜。

(2)加强接口构造措施。为消除板边与墙面、柱面接缝间的误差,可采用木角线等装饰角线做周边;选择坡口纸面板或用刨刀把纸面石膏板打成坡口。

(3)排除扰动吊顶的因素。对于人员流动量大、出入频繁的厅门口应设计门斗或增设冷热风幕,减缓厅口气流对吊顶板的影响。

(三)石膏板吊顶接缝不平整

1. 病害

石膏板安装后,在拼板接缝处有不平整、错台现象,如图 5—3—15 所示。

2. 防治

(1)加强施工工艺。安装主龙骨后,拉通线检查其是否正确、平整,然后边安装板边调平,满足板面平整度要求;按设计挂放石膏板,固定螺钉从板的一个角或中线开始依次进行,以免多点同时固定引起板面不平,按缝不严。

(2)确保材料质量,按规范施工。应使用专用机具和选用配套材料,加工板材尺寸应保证符合标准,减少原始误差和装配误差,以保证拼板处平整。

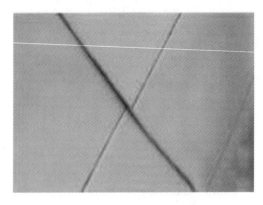

图 5—3—15 石膏板吊顶板缝错台实例

(四)吊顶面板变形下垂

1. 病害

由于吊顶使用时间长,材料老化等原因,会造成面板下挠变形,破损甚至脱落,如图 5—3—16 所示。

(a)吊顶面板下垂脱落

(b)新做吊顶

图 5—3—16 吊顶面板脱落实例

2. 防治

(1)规范施工,保证质量。安装吊杆时,应按规定在楼板底面弹吊杆的位置线,按照面板规格尺寸确定吊杆间距。在使用纸面石膏板时,自攻螺钉与板边间距不得小于 10 mm,也不宜大于 16 mm,板中间螺钉的间距宜取 150~170 mm;铺设大板材时,应使板的长边垂直于次龙骨方向,以利于螺钉排列;粘结法安装面板时,胶粘剂应涂刷均匀,不得漏涂、粘结应牢固。

(2)拆除重做。对破损严重的吊顶部位进行拆除,重新按施工工艺吊装新的吊顶。

第六章 建 筑 门 窗

门和窗是建筑物的围护构件和重要组成部分,还对建筑造型起着重要的作用。门的主要功能是交通联系、分隔建筑空间,有时也起通风和采光的作用。窗的主要功能是采光和通风,兼有日照和眺望等改善室内环境的功能。本章主要介绍建筑门窗的一般规定和分类、构造做法、常见病害与防治等。

第一节 门窗的一般规定与分类

一、一般规定

门和窗是建筑物围护结构的一部分,设置在墙体或屋顶的开口部位,具有可开闭等特点。在保证交通、分隔、采光、通风、日照等主要功能的前提下,还要求门窗满足保温、隔热、隔声、防护、美观等其他使用要求,使建筑室内环境更为舒适健康,建筑物更为经济合理。

(一)交通安全要求

门窗中,门的主要功能是交通联系,交通安全是保证门实现建筑功能的重要规定和要求。建筑物的门有外门和内门之分,外门联系室内外,供人出入,兼顾货物搬运,并保证在紧急状态下的疏散;内门位于建筑室内,将各房间、走廊及其他公共空间等联系起来,同时保证分割空间的私密性和安全性等。由此,门应满足交通、疏散、安全的要求。门的数量、尺寸、位置、开启方向等应根据人体和物体通行的尺度,及建筑物和房间使用性质、人员数量确定。

在铁路车站等交通建筑中,考虑到大量客流的疏散和空间的尺度关系,门的设计有其特定的要求,比如门的宽高尺寸要比人流较少的居住建筑大,居住建筑中单扇门的宽度为 $800 \sim 1000\,mm$,交通建筑中单扇门宽度为 $950 \sim 1000\,mm$,双扇门宽度为 $1400 \sim 1800\,mm$,四扇门宽度为 $2500 \sim 3200\,mm$,门高为 $2100 \sim 2300\,mm$,亮子的高度为 $500 \sim 700\,mm$。此外,为了便于疏散和无障碍使用,一般不设门槛,且顺疏散方向开启。

(二)采光通风要求

门窗中,采光和通风是窗户的基本功能。对于窗来说,通过合理确定其形式、面积和位置使得建筑物获得充分的日照、流动的空气等,满足人们的使用要求。

铁路车站等交通建筑使用效率高,人员密度大、流动性强,一般具有空间高大、通透性要求高的特点,天然采光、自然通风必不可少,对候车室、进站厅等重要功能空间尤为必要。采光和通风的主要表征量是窗洞口面积与地面面积之比,即窗地比。一般情况下,车站建筑的候车室、办公室的窗地比不应小于 $1/6$,厕所、浴室等辅助用房不应小于 $1/10$,楼梯间、走道等处不应小于 $1/14$。《建筑采光设计标准》中规定的交通建筑采光最低标准见表 6—1—1。

表 6—1—1　车站建筑的采光标准值

场 所 名 称	侧面采光(%)	顶部采光(%)
进站厅、候车厅	3	2
出站厅、连接通道、自动扶梯	2	1
站台、楼梯间、卫生间	1	0.5

门窗的尺寸、开启方式等还应考虑地域气候和经济性的影响。封闭窗尺寸主要决定于玻璃的强度和尺寸,开启扇则还需考虑开闭的可操作性、安全性以及窗框的合理尺寸。通常情况,平开单扇窗宽不大于 600 mm,双扇宽度为 900～1 200 mm,窗的高度一般为 1 500～2 100 mm。旋转窗、推拉窗宽度可以稍大,一般不超过 1 500 mm;高大窗户由于自重大,一般采用外推或内倒的开启方式。

(三)围护密封要求

门窗作为围护构件是墙体的开口部位和开启装置,是外围护结构的薄弱环节,在设计时应考虑保温、隔热、隔声、防护等方面的要求。门窗构造应坚固耐久,开启灵活,关闭紧严,安全防盗,便于维修和清洁。根据不同地区的特点,选择恰当的材料、构造形式可起到较好的围护作用。

门窗构件间隙较多,会造成雨水或风沙及烟尘的渗漏,应满足密闭性能要求。在寒冷及严寒地区,供热采暖期内由门窗缝隙渗透而损失的热量占全部采暖热量的 25% 左右,因此门窗密闭性是这些地区建筑保温节能设计中极为重要的内容。

(四)美观要求

门、窗是建筑造型重要组成部分,是建筑立面处理的重点内容之一,其形状、尺寸、比例、色彩、形态等对建筑内外整体造型均有很大影响,是建筑造型设计、装饰装修、风格形成的重要手法。门窗作为一种装饰语言,传达设计者的精神内涵,体现一定的建筑风格,凝聚着美学价值,给人们带来审美享受。美观大方是门和窗设计的基本美学要求。

二、门窗类型

随着现代建筑科技和材料技术的发展,建筑门窗的材料、构造和开启方式不断丰富,形式也日益增多。

(一)按材料分类

从制作材料看,门和窗有木门窗、型材门窗、全玻门窗、复合门窗等几种。

1. 木门窗

木门窗是用天然或人工木质材料制作的门窗,多采用变形较小的松木、杉木、榉木等材料,人工木质材料多为密度板、胶合板等。通常门窗框多用木质材料制作,门窗扇除采用木质材料外,还可结合玻璃、石材、皮革等其他材料制作。木质门窗加工简单,适用于手工制作,历史最悠久、应用也最为广泛。由于木材不防火,而且需要耗费大量的林木资源,随着木材加工和复合工艺的提升,采用复合、集成等方式生产是木门窗的发展趋势。

2. 型材门窗

型材门窗是指采用金属型材加工制作框料的门窗,如钢门窗、铝合金门窗、塑料门窗、不锈钢门窗等。金属型材强度大、精度高，还可通过空腹来减轻自重，具有框料细、挡光少等优点，在现代建筑中应用十分广泛。但存在易于氧化、热阻小等缺点，需进行表面防锈处理和冷热桥断桥处理。

3. 全玻门窗

玻璃经过钢化、贴膜等高强化和安全化处理后，可代替金属框料直接用于结构支承形成全通透性门窗，称为全玻门窗。全玻门窗便于大面积自然采光，使人在室内也能亲近自然。全玻门窗具有较强的现代感，经常应用于建筑立面处理。

4. 复合门窗

复合门窗是用多种材料复合而成的框料制成的门窗，以充分发挥各种材料的优势。如采用铝合金和木材制成的铝木门窗，既有铝合金门窗的精密和强度，又有木材的质感和绝热性能，特别适用于古代建筑的修复和高标准的装修；塑钢门窗是将钢材的高强度和聚氯乙烯的密封性、绝热性、耐蚀性、耐候性相结合，形成外形美观，保温隔热性能好的新型门窗，且价格便宜，应用广泛。

（二）按功能分类

现代建筑对门窗的功能要求越来越高，需要具有节能防盗、防火、隔声等不同特定功能的门窗。

除交通、分隔、采光通风等常规功能外，门窗还有节能门窗、防盗门窗、防火门窗、隔声门窗，以及密闭门窗、防辐射门窗、抗冲击波门窗、防爆门窗等特种门窗。其中，节能门窗有效提高了门窗的热工性能，一般通过增强构件间缝隙的密闭性、采用导热系数小的材料等方法降低热传导能力，以及通过采用镀膜玻璃、中空玻璃、低辐射玻璃和带薄膜型热反射玻璃等减少太阳辐射达到节能降耗效果；防盗门窗具有更显著的安全防护功能，一般采用金属材料和防盗五金制成；防火门窗具有明显的阻燃、防止火灾蔓延的功能，根据消防能力和要求分为甲、乙、丙三级，其耐火极限分别为 1.2h、0.9h、0.6h，根据不同的消防要求设置，透明部分采用防火玻璃制成；隔声门窗具有阻隔、屏蔽声波传播的功能，设置特殊的隔声构造，用于需要特别隔绝不同空间声波相互传递的洞口位置。

（三）按开启方式分类

建筑门和窗的开启方式有多种。门可以分为平开门、推拉门、折叠门、旋转门、卷帘门、升降门（上翻门）等；窗可以分为平开窗、立转窗、推拉窗、悬窗、固定窗、百叶窗等。

1. 门的形式

（1）平开门

平开门即水平开启的门，其门扇的一侧用铰链相连于门框上，门扇通过沿铰链水平转动实现开合，如图6—1—1（a）所示。根据门扇形式不同，平开门有单扇、双扇、子母扇之分。当铰链采用弹簧铰链或地弹簧时，门扇开启后能自动关闭，这种平开门又称弹簧门或自关门，它适用于人流出入较频繁或有自动关闭要求的场所，如图6—1—1（b）所示。弹簧的选用应注意其型号必须与门扇的尺寸和重量相适应。

平开门构造简单、制作方便、开关灵活，是最常用的一种，非自动平开门是唯一可以用作疏散出口的门。

（2）推拉门

推拉门通过安装在门上方或地面上的水平轨道来完成开闭。推拉门的滑轨有单轨、双轨和多轨几种形式;根据位置不同,滑轨有上挂式、下滑式、上挂下滑式三种。推拉门的优点是节省空间,但密封性能不好,开关时有噪声,滑轨易损。推拉门多用于室内对隔声和私密性要求不高的空间分隔,如图6—1—1(c)所示。

(3)折叠门

折叠门是将门扇折叠开启的一种形式,多用于洞口较大或供门扇开启的空间较小的部位,有侧挂式和推拉式两类。侧挂式折叠门与普通平开门相似,只是门扇之间用铰链相连。一般只能挂一扇,不适用于宽大的门洞;推拉式折叠门与推拉门构造相似,在门顶或门底装滑轮及导向装置,每扇门之间连以铰链,开启时门扇通过滑轮沿导向装置移动,如图6—1—1(d)、(e)所示。折叠门的优点是节省空间,但构造较为复杂,一般用于商业建筑的大门或公共空间中的隔断。

(4)旋转门

旋转门由固定的弧形门套和绕垂直轴转动的门扇组成,门扇一般有三扇或四扇。转门密闭性好,可以有效地减少由于门的开启引起的室内外空气交换,防风节能,适用于采暖要求高、出入频繁的建筑大门,如图6—1—1(f)所示。

(5)卷帘门

卷帘门由条状的金属帘板相互铰接组成,门洞两侧设金属导轨,开启时由门洞上部的滚轴卷动将帘板卷入门上端的滚筒。卷帘有手动、电动、自动等启动方式,具有防火、防盗的功能。卷帘门开启时不占室内空间,但需在门的上部留有足够的卷轴盒空间,常用于商业建筑的外门,如图6—1—1(g)所示。

(6)升降门

升降门由门扇、平衡装置、导向装置三部分组成,要对开启方式做说明(上翻门),构造较为复杂,但门扇大、不占室内空间且开启迅速,适用于车库、车间、仓储大门等,如图6—1—1(h)所示。

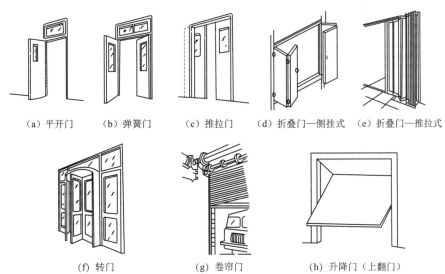

图6—1—1 门的开启方式

2. 窗的形式

(1)固定窗

固定窗无开启窗扇,仅可供采光和眺望之用,不能通风。其优点是构造简单,密闭性能好,如图6—1—2(a)所示。

(2)平开窗

平开窗是指窗扇绕与窗框相连的垂直铰链沿着水平方向开启的窗。平开窗分为外开和内开两种,如图6—1—2(b)、(c)所示。平开窗构造简单,开启灵活、封闭严实、维修方便,是使用最为广泛的一种形式。

(3)立转窗

如果将平开窗的竖向开启轴由一侧移动至窗扇的中央部位,窗户在开启时沿中轴水平向转动,一部分内开,一部分外开,就形成了立转窗,如图6—1—2(d)所示。立转窗具有良好的导风性。

(4)推拉窗

推拉窗是指窗扇沿导轨或滑槽滑动的窗,按照推拉方向可以分为水平推拉和垂直推拉两种。如图6—1—2(e)、(f)所示。推拉窗受力合理,可以做成较大的尺寸,但与平开窗相比有开启面积小,密闭性较差的缺点。

(5)悬窗

悬窗是指窗扇沿水平轴的铰链旋转,沿垂直方向开启的窗。按照铰链的位置可分为上悬窗、中悬窗和下悬窗,如图6—1—2(g)、(h)、(i)所示。上悬窗铰链安装在窗上部,上悬外开窗防雨性能好,但通风性能差;中悬窗在窗扇中部安装水平转轴,开启时窗扇上部向内、下部向外,有利于防雨、通风,常用于高侧窗;下悬窗的铰链在下部,一般向内开,占用室内空间且不宜防雨,使用较少。

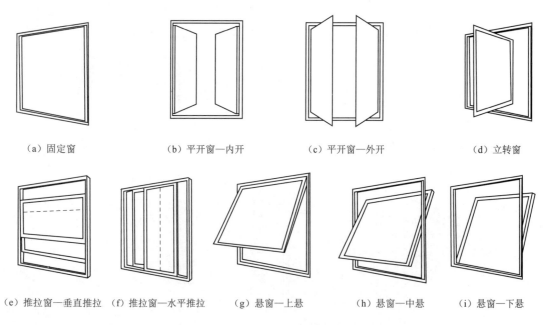

(a)固定窗　　(b)平开窗—内开　　(c)平开窗—外开　　(d)立转窗

(e)推拉窗—垂直推拉　(f)推拉窗—水平推拉　(g)悬窗—上悬　(h)悬窗—中悬　(i)悬窗—下悬

图6—1—2　开启方式和窗的形式

(6)百叶窗

百叶窗是用木片或金属薄片制成的密集格栅,可以在保证自然通风的基础上防雨、防盗、遮阳,但采光较差,一般用于需要控制室内外视线和太阳辐射的位置。

第二节 门窗的构造做法

在设计和安装门窗时,首先要根据建筑的使用要求和相关规范来确定其形式、尺寸、造型等,门窗的构造应坚固、耐久,便于维修和清洁,保证门窗开启灵活,关闭严紧,并有利于节能环保。门窗是需求量巨大的建筑构件,应尽量做到规格统一、模数协调,以降低生产成本,提高建筑工业化的水平。

一、门窗的基本构成

门窗的种类很多,形式多样,但其构成、各部分构件的相互关系、作用基本相同或相近,主要是由门窗框、门窗扇、五金构件及附件等几部分构成,图6—2—1和图6—2—2分别表示了门和窗的构成及各部分的名称。

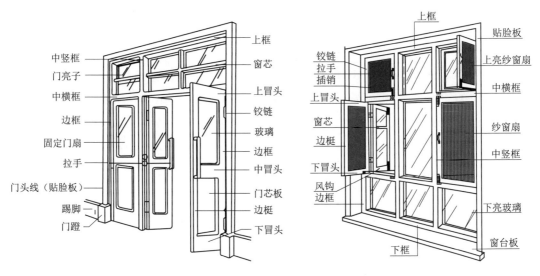

图6—2—1 门的基本构成　　　图6—2—2 窗的基本构成

(一)门窗框

门窗框是把门窗扇固定在围护墙体上的边框,起着定位和锁定门窗扇的作用,一般由上框、边框、中横框(门有亮子时)、下框(门有门槛时)组成。

(二)门窗扇

门窗扇代替开洞的墙体起着围护和分隔空间的作用,是可以随时开启关闭的围护构件。一般由上冒头、中冒头、下冒头、边梃、门芯板(或门玻璃)、窗芯玻璃等组成。

门窗扇的上冒头、中冒头、下冒头、边框等构成门窗扇的骨架,用来固定和分割门芯板及窗玻璃,与门窗框为同一材质。门窗扇的边框还有安装锁器,固定门窗扇的作用。

门芯板(或门玻璃)可以由任何固定在可转动或移动的边框上的板构成,如木板、金属板(防盗门、防火门)、石材(门厅的装饰门)、玻璃板等。

窗芯玻璃是窗扇的主要组成部分,窗芯玻璃品种繁多,有平板玻璃、浮法玻璃、钢化玻璃、夹丝玻璃、磨砂玻璃、吸热玻璃、压花玻璃、中空玻璃、夹层玻璃、防爆玻璃等。一般情况多使用普通玻璃,厚度根据窗扇大小可选择 3 mm、5 mm、6 mm;如为了加强保温、隔声,可采用双层中空玻璃;如需遮挡实现可选用磨砂玻璃或压花玻璃;为了安全和避免玻璃破碎后伤人,可采用夹丝玻璃、钢化玻璃等;为了增强隔热和防晒作用,可采用吸热玻璃、有色玻璃等。

(三)门窗五金

门窗五金安装在窗扇和窗框之间,由转角加固和握持构件、铰链的转轴构件和锁定构件组成,主要起到加固、握持、转动和固定的作用。门上五金包括合页、把手、门锁、闭门器、门碰、门钩等。窗上的五金有各种铰链、风钩、插销、拉手以及导轨、滑轮等。

此外,门窗上还会配有贴脸板、窗台板、筒子板、窗帘盒等主要起到装饰作用的配件。

二、门窗的基本构造

为充分发挥门窗功能,需合理确定门窗各个构件的选用、连接、固定等构造安装方法。门窗的基本构造主要包括门窗框与墙体间的固定、门扇的安装等。

(一)门窗框的安装固定

门窗框是墙体与门窗扇之间的联系构件,安装方式有立框法和塞框法两种。立框法是在砌墙前将框临时固定后再砌墙。这种做法使框、墙结合紧密,缺点是施工不方便;塞框法是在墙体施工时,预留出门窗洞口,待墙体完工后,再安装门窗框,预留的洞口应较门框略大,框与墙体之间有空隙,需要填塞。除木质门窗可采用立框方式外,其他材质的门窗一般采用塞框法安装。

门窗与墙体的固定主要有预埋木砖、预埋铁件、螺栓连接等方式,不同材料、不同位置的固定方式各有不同。一般多使用螺栓固定较小的门窗,而大型门窗则多采用预埋铁件焊接的方式固定。

木框与墙体之间一般采用预埋经过防腐处理的木砖,用铁钉将框钉固在预埋木砖上,如图6—2—3所示。木门窗框与墙体间的接缝处应采用纤维或毡类材料填塞,靠墙外侧则需用水泥砂浆或油膏嵌缝,防止风雨和冷热气流的侵入,保证门窗具有良好的密闭、保温、隔声性能。

型材门窗框(如金属框)与墙体之间的连接,通过预埋钢板,用自攻螺钉等紧固件连接,如图6—2—4所示。型材门窗安装选用的连接件、锚固件,除不锈钢外,均应经防腐处理,并在型材接触面加设塑料或橡胶垫片,消除门窗框与墙体接触时,混凝土、水泥砂浆中的碱性物质对其造成的腐蚀,避免型材材料之间接触产生的电化学反应造成的相互侵蚀。

复合材料门窗框(如塑钢框)与墙体之间的连接,根据墙体材质不同,固定方式也有所区别,当门窗与钢筋混凝土墙体连接固定时,采用附框,用螺钉与门窗框固定连接;与轻质墙体的固定一般通过与预埋铁件焊接实现;与钢结构墙体连接时,多直接用螺栓进行安装固定,如图6—2—5所示。

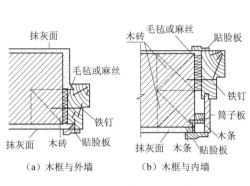
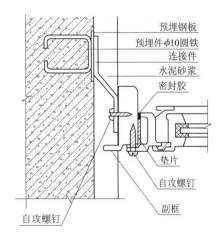

图6—2—3 木框与墙的连接　　　图6—2—4 金属框与墙的连接

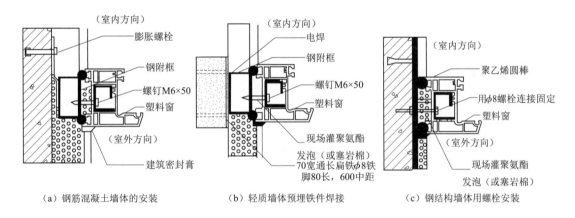

图6—2—5　塑钢框与墙的连接(单位:mm)

(二)门窗扇的构造

门窗扇是门窗构件中面积比例最大的部分,门窗扇的材料、形式不同,其构造做法也各有特点,有特殊要求的门窗如隔声门窗、防火门窗,需要做特殊的构造处理,本节介绍比较常用的门窗扇的做法。

1. 木门窗扇的构造

(1)木门扇的构造

常用的木门扇有镶板门和夹板门两种。镶板门是由边梃、冒头组成骨架,中间镶门芯板而成,如图6—2—1所示。门芯板一般选用实木板、细木工板、中密度板、胶合板等板材,也可选用塑料纱、玻璃、百叶等材料,即成纱门、玻璃门、百叶门。当采用玻璃做芯板时,应注意板材与玻璃连接处应设压条。

夹板门的构造层次是,中间为断面较小的方木骨架,表面为钉、粘的面板,面板和骨架形成一个整体共同抵抗变形。门扇面板可用胶合板、塑料板和硬质纤维板等,如图6—2—6所示。夹板门可利用小料、短料制作,外形简洁,建筑中应用广泛,但由于面层纤维板等板材不宜暴露在室外,因而夹板门通常用作建筑内门。

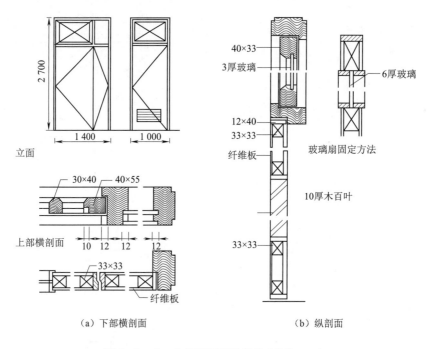

图 6—2—6 夹板平开门的构造(单位:mm)

（2）木窗扇的构造

木窗扇通常采用玻璃做芯板,还有百叶窗也较常用。木窗扇在冒头、边梃上做裁口,裁口深度视玻璃厚度而定,但不宜超过窗扇厚度的 1/3。裁口通常设在窗扇外侧,以利防水。窗玻璃放在裁口内,可用小钉固定,然后用油灰(俗称腻子)镶嵌成斜角形；要求较高的窗,可采用具有良好弹性的玻璃密封膏进行密封,以及各种橡胶或塑料密封条等,如图 6—2—7 所示。图 6—2—8 为木百叶窗的构造。

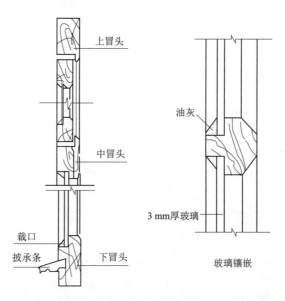

图 6—2—7 木窗扇的构造

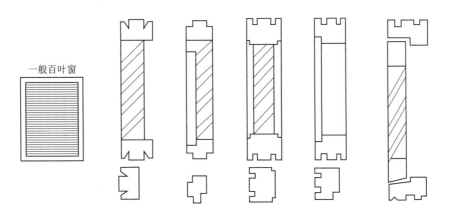

图6—2—8 百叶窗的构造

2. 型材门窗扇的构造

型材门窗比较常用的有铝合金门窗和钢窗。铝合金门窗型材用料薄,断面有不同形状的槽口和孔,分别具有空气对流、排水、密封等作用,不同部位、不同开启方式的铝合金门窗,其壁厚均有规定,根据窗框料的厚度及构造尺寸分为50系、55系、60系、70系、90系等。铝合金门窗玻璃尺寸一般较大,因此玻璃厚度多采用5 mm及以上。玻璃与门窗扇边梃之间使用玻璃胶、铝合金弹性压条或橡胶密封条固定,如图6—2—9、图6—2—10所示。

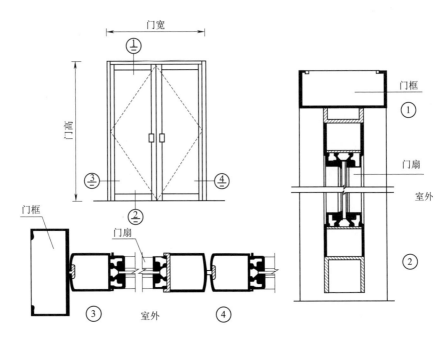

图6—2—9 铝合金门的构造(平开门)

钢门窗按照采用的型材不同,分为实腹型和空腹型两大类型。按规格分为25 mm、32 mm、40 mm等几种。钢门窗上安装玻璃的方法一般先垫油灰,然后用钢弹簧卡子或钢夹将玻璃嵌在钢门窗扇上,最后再用油灰封闭,如图6—2—11、图6—2—12所示。

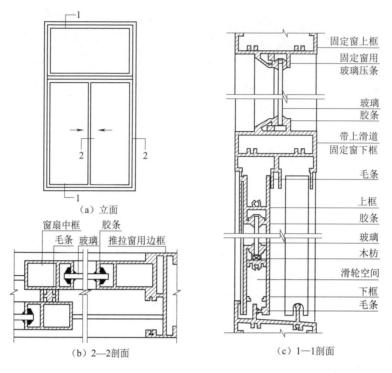

图 6—2—10 铝合窗的构造（推拉窗）

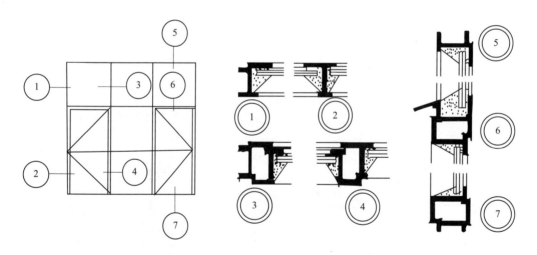

图 6—2—11 实腹型钢窗的构造

3. 复合门窗扇的构造

复合门窗中使用较为普遍的是塑钢窗，窗扇的芯材主要有玻璃以及塑料板材、塑料纱等，边梃为塑料与钢、铝等金属材料复合而成的型材。型材制作的工艺过程通常是以聚氯乙烯、改性聚氯乙烯或其他树脂为主要原料，轻质碳酸钙为填料，添加适量助剂和改性剂，经挤压机挤成各种截面的空腹型材，再在型材内腔加入钢或铝等，以增加刚度。

门窗扇芯板的安装无论是玻璃还是其他板材，一般都用橡胶或橡胶密封条及毛条进行固定，如图 6—2—13 所示。

— 164 —

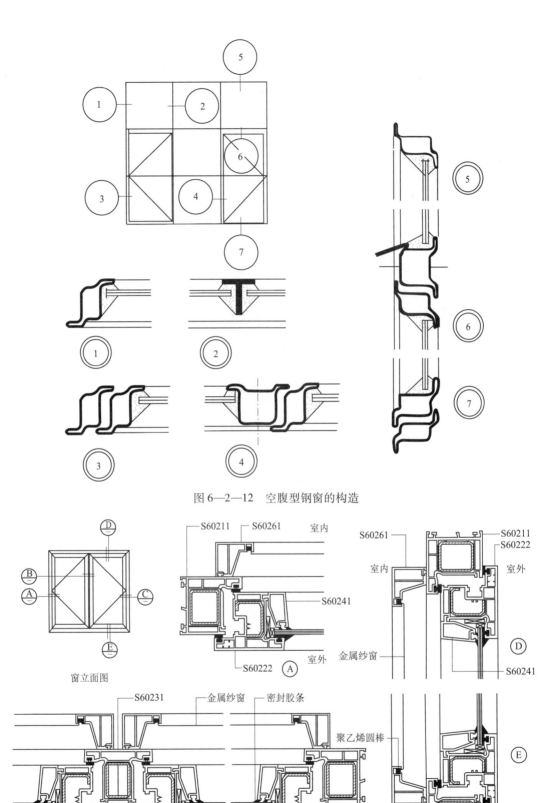

图 6—2—12 空腹型钢窗的构造

图 6—2—13 塑钢窗的构造

— 165 —

三、门窗的一些特殊构造处理

门窗框与扇之间开启闭合的精密性以及门窗的围护性能,主要通过门窗构件的密封、防水、绝热、隔声等性能确定。一些有特殊要求的门窗需要采取特别的构造设计和措施来满足。

(一)增强密闭性的构造

在门窗与墙体之间、门窗框与门窗扇之间的缝隙会直接导致热量流失、噪声侵入等,降低了门窗的围护性能。因此,增强门窗的密闭性不仅可以提高门窗的保温能力,同时对建筑的隔声、防尘、防水等也十分有利。这里介绍材料密封、构件遮挡等两种有效构造方法。

1. 材料密封的构造做法

门窗框与墙体、芯板之间的缝隙可采用具有保温和防水双重功效的硬性发泡聚氨酯进行封填,也可用橡胶压条和密封胶填实,如图6—2—14、图6—2—15所示。

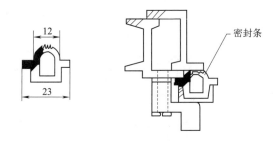

图6—2—14 钢窗窗缝密封处理(单位:mm)

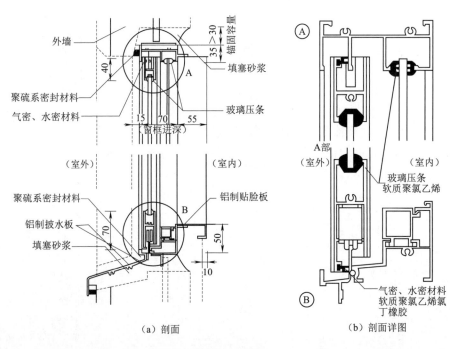

图6—2—15

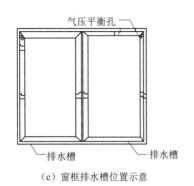
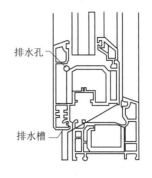

（c）窗框排水槽位置示意　　　　（d）窗扇框下排水孔示意

图6—2—15　铝合金窗密封处理（单位：mm）

2. 构件遮挡的构造做法

对于窗与墙体之间的缝隙,可采用挑檐、窗楣、窗台等构件进行遮挡,以有效地减少雨水侵入,增强密闭性能。此外,门窗内部,特别是铝合金等型材类门窗易形成冷凝水,应设置排水槽、排水孔等构造措施,收集排放冷凝水,强化门窗密闭功能,如图6—2—15(d)所示。

门的特点是门的开启比窗户更加频繁,所以加强门的密闭性的措施主要不是设置密封条和压缝条等,而是通过设置双道门、转门等形式,或者通过设置防风门斗、悬挂保温门帘等措施,达到阻隔风、雨雪、寒冷气流的目的,提高门的密闭功能。

（二）加强保温的构造

增强门窗密闭性的措施可阻断外界寒冷气流的渗入,也是很好的加强门窗保温性能的构造措施。除此之外,相对围护系统中的墙体部位而言,门窗玻璃及框扇构件仍是热损失较大的部位。为改善和提高门窗的保温功能,可以从改善玻璃及门芯板等部分的保温能力、减少门窗框部分的热损失等几个方面进行构造设计。现以窗为例进行介绍。

1. 增加窗扇的层数

增加窗扇的层数是改善和提高窗的保温能力的重要方法之一。单层窗的热阻较小,不适宜用于寒冷地区。在寒冷和严寒地区,采用双层、甚至是三层、四层的窗,可以有效地提高窗的保温能力,因为每两层窗扇之间的空气层,会显著增大窗的热阻。

2. 采用双层玻璃

双层玻璃窗是指在单层窗扇上安装双层玻璃的窗户类型。双层玻璃窗的两层玻璃的间距大小对窗的导热系数有较大的影响,一般以20~30mm为宜,此时的导热系数最小;若两层玻璃的间距小于10mm,则导热系数将变得很大;但若间距大于30mm,其热阻将不再增大。双层玻璃窗在构造上应保证双层玻璃窗空气层的绝对严密性。

3. 减少窗框部分的热损失

窗框的材料不同,其导热系数不同,热损失也有差别。一般塑钢窗框的导热系数（主要取决于塑料材料）相对较小,而钢窗和铝合金窗等金属材料的窗框的导热系数较大。为了减少窗框的热损失,金属构件宜采用空心截面,并切断"冷桥",如铝合金窗的窗框将框截面的内外两侧一分为二,然后利用导热系数较小的硬质尼龙(或硬质塑料)材料连接内外两侧铝合金窗框,切断内外两侧铝合金窗框之间的传热途径,起到保温作用,如图6—2—16所示。

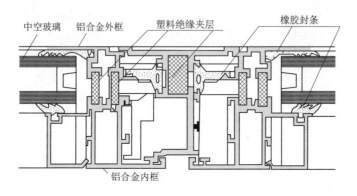

图6—2—16 硬质塑料夹层断面处理

(三)增强安全性的构造

门窗作为墙体的开口部,还有安全性能的要求,一般规定较大面积的玻璃需要采用安全玻璃,并增设防护设施,如固定扇、窗框和栏杆等应满足一定高度要求,如图6—2—17所示。当窗台高度大于450 mm时,窗护栏顶部或横档的安全高度不小于0.8 m(住宅为0.9 m);当窗台高度小于150 mm时,护栏、横档高度应增加200 mm;当窗台有不大于450 mm的踩踏面时,护栏高度应从踩踏面算起。

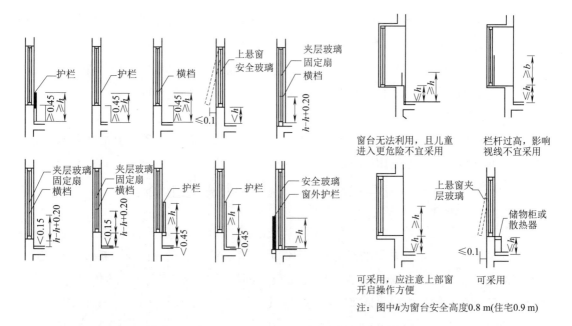

图6—2—17 外窗、凸窗的防护措施示例(单位:m)

(四)隔声门窗的构造

播音室、录音室等室内有隔声要求的房间需采用隔声门窗。隔声窗通常采用间距不小于 50 mm 的 2~3 层玻璃,各层玻璃不能相互平行,并尽量选用不同厚度,厚度较薄的玻璃宜安装在噪声传入一侧。

常见的隔声门有木结构、钢结构及其混合结构等几种。木结构门采用实木框、用胶合板或硬木板作面层,中间填以甘蔗板、玻璃棉等吸声材料;钢结构门采用双层钢板填吸声材料,如图 6—2—18 所示;钢木结构门是将钢板和木板结合使用作面板,并填充吸声材料,如图 6—2—19 所示。

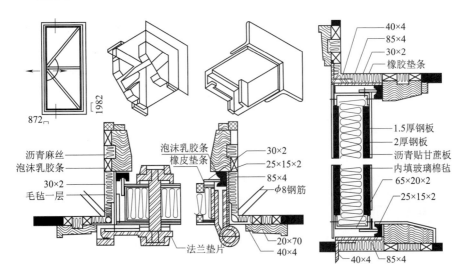

图 6—2—18 钢隔声门的构造(单位:mm)

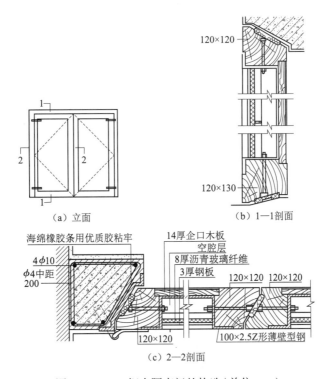

图 6—2—19 钢木隔声门的构造(单位:mm)

(五)防火门窗的构造

常用的防火门有木制、钢制和无机复合等几种。木制防火门有全木制和木制夹板之分。木材需经阻燃处理,填充材料用岩棉、硅酸铝纤维、矿棉板等不燃烧材料,如图6—2—20所示;钢制防火门采用钢门框,门扇为薄型钢骨架内填充不燃烧材料。当不填充材料时,门扇厚度应不小于60 mm,但防火极限只有0.6h,如图6—2—21所示;无机复合门是采用无机复合材料压制成形的防火门,厚度50 mm,耐火极限可以达到1.2h。

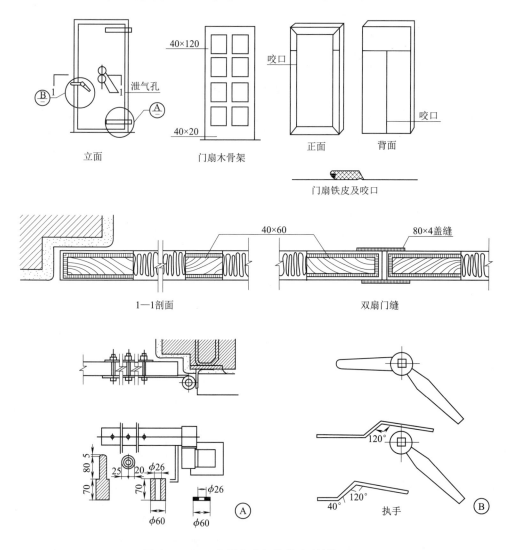

图6—2—20 木制防火门的构造(单位:mm)

防火窗可采用钢框架或木框架;钢框架与压条可选用镀锌钢板或不锈钢板,其选材标准符合《钢质防火门通用技术条件》(GB 12955)中的相关规定;木框架与压条的选材标准应符合《木质防火门通用技术条件》(GB 14101)中的相关规定;钢、木框架内部的填充材料应采用不燃性材料;玻璃应为防火玻璃,框架与防火玻璃之间的密封材料应采用难燃材料。

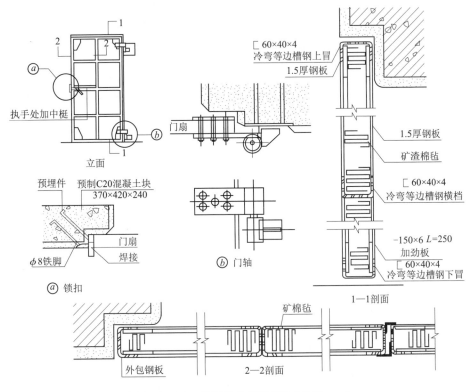

图 6—2—21 钢制防火门的构造(单位：mm)

第三节 门窗的常见病害与防治

门窗是人们与建筑物接触最多的构件,在频繁地使用中,门窗会出现变形、破损、污浊等问题,如果能够提早预防、及时解决,会降低门窗的维修成本,并将对使用者造成的负面影响降至最低。本节主要介绍门窗缝隙过大、玻璃及其他配件破损,油漆脱落门窗腐蚀、门窗变形损坏、以及塑钢窗周边返潮、铝合金及塑钢门窗外观污浊、木门窗蚁害等常见病害及其处理方法。

一、门窗缝隙过大

(一)钢门窗缝隙过大

1. 病害

相对木门窗而言,钢门窗的框架构件薄、截面小,与墙体接触面较小。同时,土建工程施工中会出现误差或建筑洞口局部变形等现象,使得钢门窗框与墙壁之间易结合不严密、不结实,造成框与墙壁间产生缝隙。

2. 防治

(1)规范施工保证质量。在建筑墙体和洞口部位的施工中,严格按规范要求保证施工质量,减小误差。

(2)抹灰盖缝处理。当门窗框与墙体间出现缝隙时,可采用抹灰的方式进行修缮。通常在墙面进行装饰装修时,用1∶1~1∶2的水泥砂浆将缝隙填满,使缝隙严密。

(3)塞缝处理。当缝隙过大时,可采用塞缝的办法进行修缮。具体做法是切割一根宽度与框的厚度相同的扁钢,塞入缝隙内,用点焊法将框与扁钢焊牢。

(二)纱窗与轨道间间隙变大

1. 病害

纱窗在使用过程中,会发生窗框变形、轨道磨损等现象,其后果是纱窗与轨道间间隙变大,当遇到短时较大风力作用时,纱窗扇坠落,严重者可能伤及人员和财物,如图6—3—1所示。

2. 防治

(1)加强巡查,及时更换。对门窗、纱窗加强日常检查,发现缝隙过大现象,及时更换纱窗,修缮轨道。

(2)增设防护网。当纱窗设在窗外侧时,如图6—3—2所示,纱窗又位于运营线路的上方,为避免纱窗扇坠落造成行车事故或威胁人身安全,可在窗外侧增设防护网;也可以将纱窗扇及轨道移至室内侧。

图6—3—1　纱窗变形实例

图6—3—2　纱窗坠落预防方法

二、玻璃及其他配件破损

1. 病害

门窗使用过程中玻璃及其他配件破损,其中,配件包括玻璃、合页、地弹簧等,从而造成门窗变形,甚至无法正常开启使用,如图6—3—3所示。

图6—3—3　某车站玻璃窗闭合器破损实例

2. 防治

(1)加强日常检查,及时发现病害。及时反馈玻璃破碎、合页松动脱落问题,重点观察门窗是否存在倾斜现象。

(2)加固松动配件。附件和螺钉等零配件发生松动时,要及时拧紧;当发现松动导致门窗框倾倒时,应首先采取临时加固措施,再紧固、更换零配件,去除病害。

(3)更换补配缺损配件。及时补配破裂的玻璃,及早更换脱落的自攻螺钉、破损的合页、地弹簧、老化的嵌缝材料及变形的轨道等配件。

(4)整体更换有质量问题的门窗。对门框材料规格尺寸过小,玻璃尺寸过大,可能产生安全隐患的玻璃门,安排整修计划,逐步进行整体更换。

三、油漆脱落门窗腐蚀

(一)木门窗油漆剥落,腐蚀损害

1. 病害

外墙上的门窗因日晒雨淋,表面油漆极易剥落,导致门窗受潮腐朽,形成病害,如图6—3—4所示。

2. 防治

(1)铲除失油部分底漆,重新涂刷。

(2)条件允许时更换成其他材质门窗。

(二)钢门窗油漆脱落,锈蚀损坏

1. 病害

受自然风化和环境条件的影响,钢门窗表面的油漆保护层也易老化、油漆脱落。如未及时重新刷油漆或油漆时除锈不彻底,钢材与空气中的水分等物质接触,会造成门窗锈蚀,如图6—3—5所示。

图6—3—4 木门窗油漆脱落实例

图6—3—5 某锅炉房钢门锈蚀实例

2. 防治

(1)漆皮脱落处局部油饰。门窗漆皮局部脱落,但未发生锈蚀现象,应尽快进行局部油饰,以防脱落部位糟朽锈蚀。

(2)视锈蚀情况进行修缮。门窗锈蚀不太严重时,可先进行彻底除锈,然后涂刷防锈剂,并重新刷油漆;门窗锈蚀严重时,应进行更换,条件允许时可更换为塑钢窗。

四、门窗变形损坏

(一)木门窗木质腐朽、破裂变形

1. 病害

木门窗由于使用时间长、疏于维护等原因,原有面层油漆剥落后又未及时涂刷,造成雨水或空气中水分对木材长期进行浸泡,木材腐蚀、破损,最终导致门窗开裂和变形,影响门窗正常开关,如图6—3—6所示。

2. 防治

(1)加强检查,预防木质腐朽、破损。加强平时的巡检,及时发现木门窗面层油漆的剥落现象,在初期及时进行油漆修补,防止木材受雨水侵蚀,造成破裂变形的严重后果。

(2)及时维修补救。对已发生破损、变形、腐朽的门窗构件,及时进行修缮处理,修补开裂木材、调整变形部位以及更换腐朽构件,避免病害继续加重,造成其他损失。

(二)钢门窗变形损坏

1. 病害

钢门窗的变形问题是较为常见的钢门窗病害之一,造成钢门窗变形的原因很多,主要有钢门窗零部件松动、脱落,窗框与窗扇结合不严密等钢门窗制作问题,配件丢失又未及时修补等。此外,还有使用过程中其他人为因素的影响,如图6—3—7所示。

图6—3—6 木门腐朽、破损实例

图6—3—7 某厂房钢窗变形、开关不灵活实例

2. 防治

(1)加强检查,及时更换零配件。加强日常的巡检工作,及时掌握门窗的使用情况,对配件应定期上油,螺丝部分也应定期拧下除锈上油。当零配件不合格或不配套时,应更换零配件。

(2)校正重新安装。对断裂损坏部位可按原截面型号,用电焊换接。对于钢门窗扇本身制作的缺陷或人为造成的损坏,程度较轻时,可以拆下窗扇,卸下玻璃后进行校正,涂刷油漆保护层后重新装扇;当损坏程度较严重时,应拆下有缺陷的门窗扇进行更换。

(3)市场上已无相关配件,维修比较困难的,可更换为塑钢窗或者断桥铝窗。

五、其他病害

(一)塑钢窗周边返潮

1. 病害

塑钢窗安装是在墙体洞口施工完成后,将窗框就位、固定,最后用填缝材料填充窗框与墙体之间的空隙。如果缝隙塞堵不严密,或者采用普通砂浆处理空隙,塞缝部位会出现小裂缝,而发生冷热对流,导致窗口周边结露、发霉,出现返潮现象,如图6—3—8所示。

图6—3—8 窗口周边返潮实例

2. 防治

(1)控制工艺流程,保证填缝尺寸。按照塑钢窗安装工艺流程,严格控制窗的质量,保证误差在允许范围内,控制窗框与墙体的缝隙等尺寸满足规定要求。

(2)合理选择填缝材料,保证填缝质量。塑钢窗的填缝材料,应采用矿棉毡、聚氨酯等防水保温材料进行填塞处理,不应采用水泥砂浆填塞缝隙;对于已采用砂浆嵌缝的施工部位,应先凿除塞口砂浆,用聚氨酯发泡塞堵空隙,再进行装饰抹灰。

(二)铝合金及塑钢门窗外观污蚀

1. 病害

铝合金、塑钢门窗在安装或使用过程中,其表面受到化学物质的侵蚀、污染,脏污痕迹无法消除,形成门窗外观的缺陷。

2. 防治

(1)施工前做好防护,避免保护层破坏。铝合金门窗框与墙体间缝隙的嵌缝材料为水泥砂浆时,可在铝合金门窗与砂浆的接触面处满贴厚度小于1 mm的三元乙丙胶带,以防填充砂浆施工时划伤防腐面层。

(2)安装时做好保护,避免表面污损。安装时,将铝合金门窗框进行包裹,避免施工过程中门窗框的污染。进行墙面、顶棚装饰粉刷施工时,应用棉布或胶带将铝合金门窗遮盖,以防水泥浆、白灰浆等污染门窗表面。

(3)使用中避免撞击。铝合金门窗在使用过程中,应严防撞击造成变形或表面氧化层擦伤划破,影响美观,缩短其使用寿命。

(4)视腐蚀程度,进行修缮或更换。一般腐蚀较轻时,应用砂布仔细进行打磨,然后再修补;如果门窗受到腐蚀性物质的侵蚀较为严重,产生孔蚀时,要拆除更换门窗。

(三)木门窗蚁害

1. 病害

木门窗蚁害是南方地区较为常见的病害,房屋内有白蚁,特别是屋旁树木发现有白蚁的房屋更易发生蚁害,图6—3—9所示为遭受白蚁侵蚀的木门,门框严重破损。

图6—3—9　木门窗蚁害破损实例

2. 防治

(1)加强检查,及时灭蚁。春季及夏季为白蚁蚁害高发季节,对房屋及房屋旁的树木进行有效的白蚁灭治。

(2)对蚁蚀破损的木门窗及时进行更换。

第七章　楼梯、电梯、自动扶梯

楼梯、电梯、自动扶梯是建筑物上下楼层之间的联系通道,是建筑内主要的竖向交通设施。楼梯和具备消防功能的电梯,在紧急情况发生时,承担着保证人民群众生命财产安全的重大作用,是建筑物中的重要构件。本章共分三节,主要介绍楼梯、电梯、自动扶梯土建工程部分的一般要求,构造做法,常见病害与防治等。

第一节　楼　　梯

一、一般规定

楼梯作为竖向交通和人员紧急疏散的主要设施,除应满足交通疏散的宽度、数量及其间距等功能要求外,还应满足结构坚固、防火、防滑等的疏散安全要求。

(一)使用功能要求

楼梯的基本功能是竖向交通的工具和构件,满足人、货的移动及空间联系。楼梯设计应根据楼层中人数最多层的人员数量,计算楼梯所需要的宽度,并按功能使用需要和疏散距离要求布置。楼梯功能和构成的出发点是人体工学特性。人行走时的尺度和特性决定了楼梯的尺寸要求。楼梯的宽度由人流交通量决定,其坡度由人的基本尺度和行走尺度决定,其长度由上下层的高差和坡度决定。为了保证行走安全、舒适,每个梯段的踏步不应超过18级,亦不应少于3级。交通建筑等公共建筑的主要楼梯位置应设在明显且易于找到的部位,并宜有直接采光和良好的通风。交通建筑除主要楼梯外,还应设有辅助楼梯以及疏散用的安全楼梯等。

楼梯的平面形式、踏步宽度与高度尺寸、栏杆细部做法等均应能满足交通和疏散方面的要求,避免交通拥挤和堵塞。

(二)安全疏散要求

1. 数量要求

根据《建筑设计防火规范》的要求,公共建筑内每个防火分区或一个防火分区的每个楼层,其安全出口的数量应经计算确定,且不应少于2个。因此,一幢楼房至少设两个疏散楼梯,只有在满足下列条件之一的才可仅设一个楼梯。

(1)除医疗建筑,老年人建筑,托儿所、幼儿园的儿童用房,儿童游乐厅等儿童活动场所和歌舞娱乐放映游艺场所等外,符合表7—1—1规定的公共建筑。

(2)除歌舞娱乐放映游艺场所外,防火分区建筑面积不大于50 m^2 且经常停留人数不超过15人的其他地下或半地下建筑(室)。

(3)防火分区建筑面积不大于200 m^2 的地下或半地下设备间。

表7—1—1　设置一个疏散楼梯的条件

耐火等级	最多层数	每层最大建筑面积（m²）	人数
一、二级	三层	200	第二、三层人数之和不超过50人
三级	三层	200	第二、三层人数之和不超过25人
四级	二层	200	第二层人数不超过15人

（4）除人员密集场所外，建筑面积不大于500 m²、使用人数不超过30人且埋深不大于10 m的地下或半地下建筑（室），并有直通室外的金属竖向梯作为第二安全出口。

除此之外，设置不少于2部疏散楼梯的一、二级耐火等级公共建筑，如顶层局部升高，当高出部分的层数不超过2层、人数之和不超过50人且每层建筑面积不大于200 m²时，高出部分可设置1部疏散楼梯，但至少应另外设置1个直通建筑主体上人平屋面的安全出口，且上人屋面应符合人员安全疏散要求。

2. 距离要求

疏散楼梯的布置距离应满足《建筑设计防火规范》中关于安全疏散距离的规定，表7—1—2为公共建筑直通疏散走道的房间疏散门至最近安全出口的距离规定。交通建筑以及含有其他功能的交通综合体建筑应根据房间的功能性质，遵循上述规范的规定。

表7—1—2　直通疏散走道的房间疏散门至最近安全出口的距离（m）

名　　称		位于两个安全出口之间的疏散门			位于袋形走道两侧或尽端的疏散门		
		一、二级	三级	四级	一、二级	三级	四级
托儿所、幼儿园、老年人建筑		25	20	15	20	15	10
歌舞娱乐放映游艺场所		25	20	15	9	—	—
高层旅馆、展览建筑		30	—	—	15	—	—
其他建筑	单、多层	40	35	25	22	20	15
	高层	40	—	—	20	—	—

注：（1）建筑内开向敞开式外廊的房间疏散门至最近安全出口的距离可按本表增加5 m。
（2）直通疏散走道的房间疏散门至最近敞开楼梯间的直线距离，当房间位于两个楼梯间之间时，应按本表的规定减少5 m；当房间位于袋形走道两侧或尽端时，应按本表的规定减少2 m。
（3）建筑物内全部设置自动喷水灭火系统时，安全疏散距离可按本表及其注（1）的规定增加25%。
（4）其他建筑不包括医疗建筑和教学建筑。

3. 宽度要求

楼梯段的宽度应根据通行人流的股数、搬运家具及建筑的防火要求确定。通常情况下，作为通行用的楼梯，供单人通行时，其梯段的宽度应不小于900 mm；两股以上人流通过时，梯段的宽度按每增加一股人流增加550 mm +（0～150）mm 计算，其中，0～150 mm 为人在行进中的摆幅。梯段改变方向时，扶手转向端处的平台最小宽度不应小于梯段宽度，并不得小于1.2 m，当有搬运大型物件需要时应适量加宽。

此外，为了满足人货通行的需要，楼梯应有足够的结构支撑强度和安全防护性能，防止通行时的下滑和侧滑，提供必要的辅助围护和支撑构件，如栏杆扶手、翻边等，并保证其支撑与连接的牢固。同时，需要较好的技术经济性能和耐久性，保证构件较长时间的正常使用。

二、楼梯的分类

楼梯由于所处位置、平面形状与大小、楼层高低与层数、人流多少与缓急等因素,有多种形式之分,如,楼梯按位置不同,可以分为室内楼梯和室外楼梯;按材料不同,可以分为木楼梯、钢筋混凝土楼梯、金属楼梯、混合式楼梯等;按结构形式不同,分有梁式楼梯、板式楼梯、悬臂式楼梯、悬挂式楼梯、墙承式楼梯等。这里从楼梯形式、使用性质两个主要功能要素介绍楼梯的种类和特点。

(一)按形式分类

楼梯在长度、形状、竖向空间关系等外观表现方面,具有明显分别,归纳起来,可以按两种方式进行分类。按照平面形状的不同,可分为单跑、双跑、三跑、多跑、交叉楼梯等;按照空间行进方向的不同,可分为直行、平行、折行、螺旋形、弧形等楼梯。两种方式组合起来形成多种楼梯形式。

(二)按使用性质分类

楼梯按性质不同,可以分为主要楼梯(交通楼梯)、次要楼梯(辅助楼梯)、疏散楼梯。其中,疏散楼梯在消防安全上有严格的规定要求,根据建筑物疏散条件不同,分为敞开式楼梯、封闭楼梯、防烟楼梯等,其疏散性能、适用条件各不相同,需要根据防火规范的规定进行配置,如图7—1—1所示。

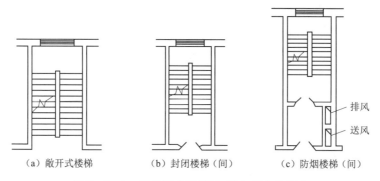

(a)敞开式楼梯　　(b)封闭楼梯(间)　　(c)防烟楼梯(间)

图7—1—1　楼梯组成及梯段、平台部分的净高

1. 敞开式楼梯间

敞开式楼梯间是指建筑室内非封闭的楼梯间,其内部交通空间容易受到周边环境的影响,烟气容易进入,防火防烟作用、安全疏散性能相对较弱。敞开式楼梯只能在6层以下的建筑中用作疏散楼梯,且不能应用于医疗建筑、旅馆、老年人建筑,设置歌舞娱乐放映游艺场所的建筑,商店、图书馆、展览建筑、会议中心及类似使用功能的建筑。

2. 封闭楼梯间

封闭楼梯是由防火墙封闭起来,用建筑构配件分隔,能防止火灾的烟和热气进入的楼梯间,其疏散安全性能比开敞楼梯间好,主要应用于:

(1)医疗建筑、旅馆、老年人建筑;设置歌舞娱乐放映游艺场所的建筑;商店、图书馆、展览建筑、会议中心及类似使用功能的建筑;6层及以上的其他建筑。

(2)高层建筑裙房和建筑高度不大于32 m的二类高层公共建筑。

(3)地下或半地下建筑(室),当室内地面与室外出入口地坪高差不大于10 m或3层以下的建筑。

此外，封闭楼梯间应靠外墙设置，并有直接采光和自然通风，当不能直接采光和自然通风时，应按防烟楼梯间的规定设置。

3. 防烟楼梯间

防烟楼梯间是在楼梯间入口处设置防排烟的前室、开敞式阳台或凹廊等设施（统称前室），能防止火灾的烟和热气进入的楼梯间。

以开敞式阳台或凹廊作为前室的楼梯间，也称为带开敞前室的疏散楼梯间，其排烟方式属于自然排烟。疏散人员需经过开敞的前室和两道防火门，进入到楼梯间内。此楼梯间为封闭的，并可以借助自然通风防止烟气袭入。这种楼梯间最为安全高效和经济，但只有在楼梯间靠外墙时才能实现。

设有专门用于排烟的封闭前室的楼梯间，也称为带封闭前室的疏散楼梯间，其排烟方式属于机械排烟。疏散人员需经过封闭前室和两道防火门，进入到楼梯间，此楼梯间也是封闭的，借助排烟设备排除袭入梯间内的烟气，排烟效果较自然通风差，且不经济、效果难以保证。

防烟楼梯间应用于一类高层公共建筑和建筑高度大于 32 m 的二类高层公共建筑；地下或半地下建筑（室），室内地面与室外出入口地坪高差大于 10 m 或 3 层及以上的建筑。

三、楼梯的构造做法

楼梯一般由梯段、平台、栏杆和扶手等三部分组成，如图 7—1—2 所示。楼梯平台上部及下部过道处的净高不应小于 2.0 m，梯段净高不宜小于 2.2 m。其中，梯段净高为自踏步前缘（包括最低和最高一级踏步前缘线以外 0.3 m 范围内）至上方突出物下缘间的垂直高度。

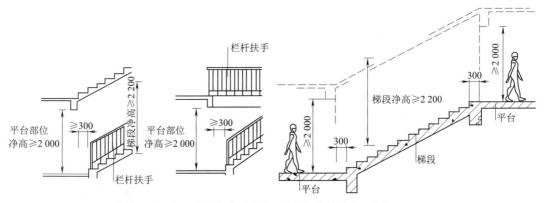

图 7—1—2　楼梯组成及梯段、平台部分的净高（单位：mm）

在设计铁路客运站的客用楼梯时，楼梯的梯段、平台、栏杆等尺寸应遵循的要求见表 7—1—3。

表 7—1—3　铁路客运站旅客用楼梯梯段、平台、栏杆的尺寸要求（mm）

项目	楼梯净宽	踏步高度	踏步宽度	楼梯栏杆的要求	楼梯平台净宽要求	备 注
参数规定	≥1 600	≤150	≥300	室内楼梯栏杆高度≥900 室外楼梯栏杆高度≥1 100 当采用垂直杆件做栏杆时，其杆件间净距≤110	平台净宽≥梯段净宽	楼梯水平段栏杆长度＞500，其扶手高度≥1 050

(一)梯段

梯段又称梯跑,是联系两个不同标高的倾斜构件。其剖面呈锯齿状,每个踏步包含一个水平面的承载板和垂直面的挡板,分别称为踏步踏板和踏步踢板。梯段踏步以选用无突出边缘的直角踏步为宜,且踏面边缘做圆角处理。当采用突出边缘的直角踏步时,突出部分不超过2 mm。

(1)踏步面层构造

踏步的踏面面层做法与楼层面层装修做法相同,应耐磨、防滑,易清洁。常见的做法有整体面层、块材面层、铺贴面层等。根据面层选用材料的不同,有水泥砂浆面层、地砖面层、石材面层等几种。

踏步的踢面一般采用与踏面相同的材质,既便于施工,又协调美观。也有为了突出梯段的通透性而采用镂空、格栅做法,或在踢面仅保留素面结构(钢、混凝土等)而在踏面作条状铺装,以强调踏面的漂浮感。

(2)防滑处理

为了防止行人滑倒,楼梯踏面应做防滑处理,特别是在人流较大的楼梯中尤为重要。常用的防滑手法有一体化处理和嵌条镶边处理两种方式,如图7—1—3所示。

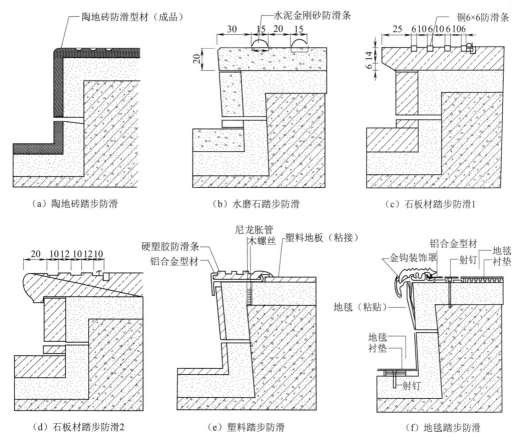

图7—1—3 楼梯常用踏步面层及防滑构造(单位:mm)

一体化处理主要是采用防滑的踏面装修材料,如水泥铁屑、清水混凝土踏面、带防滑条的踏面砖等,或是在踏面材料上采用刻槽、烧毛等面层加工手段,达到防滑效果;嵌条镶边处理主要是在踏面材料上加装防滑条,材料有金刚砂、金属条(铸铁、铝条、铜条)、带防滑条的踏面砖等。为了保证防滑效果并避免行走踩踏不舒适,防滑条突出踏步面以 2~3 mm 为宜。

(3)防污构造

为了防止清扫和日常使用时的踢踏污染,楼梯踏步两侧若有竖墙则应作踢脚板处理,做法及材料可与室内墙面的相同,同时注意与踏步材料的协调。室外楼梯梯段的侧墙应采用光洁耐污的材料贴面或贴踢脚板,也可以采用踢脚板部位凹入墙体和涂刷深色涂料等简便方式。

(二)平台

平台按其所处位置和标高不同,分为中间平台和楼层平台。中间平台是指两楼层之间的平台,主要用来供行人调节体力和改变行进方向;楼层平台是与楼层地面标高齐平的平台,除起着与中间平台相同的作用外,还用来分配从楼梯到达各楼层的人流。

楼梯平台应与梯段具有相同的通过能力,平行和折行多跑等楼梯中间平台宽度应不小于梯段宽度,并不得小于 1.2 m,其中,医院建筑及经常搬运货物的,宽度应不小于 1.8 m;直行多跑楼梯中间平台宽度不宜小于 1.2 m。楼层平台宽度应比中间平台更宽松一些,满足人流分配和停留即可。

四、楼梯常见病害与防治

楼梯在日常使用过程中经常出现的病害有阳角处裂缝、脱落,踏步防滑条破损以及与楼面搭接开裂等。这些病害既影响建筑空间和室内环境的美观,也会对行人安全造成威胁,需要及早预防、及时修缮。

(一)踏步阳角处裂缝、脱落

1. 病害

在使用过程中,楼梯踏步的边缘—阳角处常常被人们踢踏,或受到物品撞击,容易受到破坏,主要表现为裂缝、脱落等,如图 7—1—4 所示。

2. 防治

(1)规范施工,保证结合层施工质量。结合层施工时,应将基层清理干净,并提前 1 d 洒水,达到充分湿润的效果。在涂抹水泥砂浆结合层前,应先刷一道素水泥浆结合层,并严格做到随刷随抹。水泥砂浆稠度应控制在 35 mm 左右,一次抹灰厚度应控制在 10 mm 之内,更厚的抹灰层应分次进行操作,抹面完成后应加强养护。

(2)拆除破损部位,重新修复。当裂缝或脱落比较严重而影响行人交通,或外观质量要求较高时,应做返修处理。返修时,应将踏级抹面凿去,重新施工。

(二)踏步防滑条破损

1. 病害

防滑条是楼梯踏步采用的主要防滑设施,由于使用不当、使用时间过长以及施工时存在质量隐患等原因,常出现破损。如图 7—1—5 所示,楼梯踏步的防滑条,从凹槽中脱落、丢失。

图7—1—4 楼梯踏步阳角破损实例　　　　图7—1—5 楼梯踏步防滑条脱离实例

2. 防治

(1)严格控制施工质量。施工前,应将防滑条的操作要求向施工操作人员进行认真交底。施工完成后,应做好成品保护,不应过早上人踩踏。控制好防滑条的尺寸,过高的防滑条可用粗砂轮进行打磨,适当降低高度。

(2)更换修补破损部位。对于松动、翘起或脱落的防滑条,应及时发现,重新粘结或修补更换。

(三)楼梯与楼面搭接口变形缝开裂

1. 病害

楼梯与楼面搭接口处设有变形缝,由于地基、结构构件变形、建筑材料伸缩等原因,会造成变形缝缝隙加大、开裂等现象。图7—1—6是某车站高架候车室的下站台楼梯和自动扶梯,变形缝处开裂的原因,主要是由于周边建设使地下水位发生变化,地基土均匀下沉,而楼梯与高架候车室基础形式不同,造成其基础相互间的不均匀沉降,致使高架候车室楼扶梯搭接口错缝。

(a)楼、扶梯上口开裂约30 mm　　　　(b)楼梯下口开裂约10 mm

图7—1—6 楼梯与楼面搭接口开裂实例

2. 防治

(1)观察和监控沉降,查找原因。对变形缝相关区域的场地、建筑物进行沉降观测和监控,确定沉降程度和速度。

(2)采取加固措施。暂停楼梯和自动扶梯的使用,对楼梯牛腿等结构构件进行检验、加固,保证其满足使用要求。同时组织设备技术等相关人员对扶梯进行安全检查、加固,达到使用安全要求后,再开通运行。

第二节 电 梯

电梯是一种以电动机为动力装有箱状吊舱的垂直升降机,用于多层建筑或高层建筑中人员乘坐和货物运输,是建筑物内重要的垂直交通运输工具之一,由电梯井道、机房、厅门和轿厢几个部分构成,如图7—2—1所示。

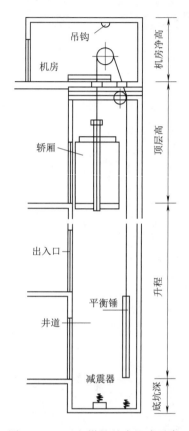

图7—2—1 电梯的基本组成示意

一、电梯的分类

电梯因使用性质、行驶速度、驱动方式的不同而有多种形式。在选用电梯时需要按照使用功能和电梯性质、特点合理配置。

(一)按使用性质分类

按照电梯的使用性质,电梯可以分为乘客电梯、客货电梯、医用电梯、载货电梯、杂物电梯、消防电梯、汽车电梯等几种形式,其性质、特点见表7—2—1。

此外,随着技术的进步,出现了很多具有独特形式或功能的电梯,如观光电梯、无机房电梯、无障碍电梯、汽车电梯等。

观光电梯将电梯和景观相结合,其井道壁和轿厢壁至少有同一侧透明,设置在视野开阔、景色优美的方位。观光电梯适用于高档旅馆、商业建筑、游乐场等公共建筑,可根据建筑的平面布置在中庭,嵌在外墙,或设于独立的玻璃井筒中。

无机房电梯是取消电梯顶部的机房,将电梯的驱动主机安装在井道内或轿厢上,控制柜放在维修人员能接近的位置,其优点是可减少建筑设备对建筑物空间和高度的影响。

无障碍电梯是能够满足残障人士使用的电梯,其控制键的高度和位置、轿厢门的宽度和开闭时间等均需满足残障人士的使用要求。

汽车电梯是供运输车辆使用的电梯。

表7—2—1 电梯分类和性质、特点

名 称	性质、特点	备 注
乘客电梯	运送乘客而设计的电梯	简称客梯
客货电梯	主要为运送乘客,同时也可运送货物的电梯	简称客货梯
医用电梯	运送病床(包括病人)和医疗设备的电梯	简称病床梯
载货电梯	运送通常有人伴随的货物的电梯	简称货梯
杂物电梯	运送图书、资料、文件、杂物、食品等的升降提升装置,轿厢不允许人进入,为防止人进入,其轿厢底板面积不得超过1.00 m²,深度小于1.00 m,高度小于1.20 m	简称杂物梯
消防电梯	供发生火灾使用的电梯,平时可与客梯或工作电梯兼用	简称消防梯

(二)按电梯行驶速度分类

电梯行驶速度有低速、中速和高速之分。低速电梯行驶速度小于2.5 m/s,中速电梯为2.5~5 m/s,高速电梯为5~10 m/s。

电梯速度与轿厢容量、建筑规模、层数、人口密度以及活动频繁程度等因素有关。通常情况,规模小、层数低的建筑一般采用速度低、容量小的电梯,反之采用高速度、大容量的电梯。住宅、公寓等楼内人口密度和活动频繁程度低的建筑一般采用速度低、容量小的电梯;大型多功能办公楼等公共建筑一般采用高速度、大容量的电梯。通常电梯从底层直升至顶层的理论运行时间以不超过30 s为宜。

(三)按电梯驱动的方式分类

按电梯驱动的方式分,有曳引电梯、液压电梯等几种形式。曳引电梯是依靠曳引绳和曳引轮槽摩擦力驱动或停止的电梯。曳引电梯还可以分为有齿轮和无齿轮两种,无齿曳引电梯常在高速电梯中采用。液压电梯是依靠液压驱动的电梯,梯速一般不超过1 m/s,适用于行程小(一般小于12 m)、机房不设在顶部的建筑物。货梯、客梯、病床梯及住宅内电梯等也可采用液压电梯。

二、基本规定

电梯的主要作用是降低和减少人及其在携带物品变换楼层时产生的不适和不便,提高建筑物内竖向交通的舒适性。设置电梯的建筑仍应按常规设置楼梯。

(一)交通功能要求

供乘客使用的电梯,其位置宜设在主要入口、明显易找的位置,且不应在转角处紧邻布置。乘客电梯数量可根据建筑类型、层数、每层面积、客流特点以及电梯的主要技术参数等因素,综合考虑并经过计算确定。设置多部电梯时,宜集中设置,以便乘客在同一个地方候梯。两台电梯宜并排布置,以利群控及故障时互救。单侧并列成排布置时不宜超过4台,双侧排列时不宜超过8台(4台×2)。电梯候梯厅的深度规定见表7—2—2。

表7—2—2 候梯厅最小深度

电梯类型	布置方式	候梯厅深度
住宅电梯	单 台	$\geq B$
	多台单侧排列	$\geq B^*$
乘客电梯	单 台	$\geq 1.5B$
	多台单侧排列	$\geq 1.5B^*$,当电梯群为4台时应≥ 2.4 m
	多台双侧排列	$\geq$相对电梯B之和≤ 4.5 m
病床电梯	单 台	$\geq 1.5B$
	多台单侧排列	$\geq 1.5B^*$
	多台双侧排列	$\geq$相对电梯B之和

注:B为轿厢深度,B^*为电梯群中最大轿厢深度。供轮椅使用的候梯厅深度不应小于1.5 m。本表规定的深度不包括穿越候梯厅的走道宽度。

电梯附近宜设有安全楼梯,以备就近上下楼,但电梯井道不宜被楼梯环绕,便于火灾时紧急疏散。

(二)消防要求

高层建筑除了设普通客梯外,必须按照规范规定设置消防电梯,以备火灾时运送消防员及消防设备之用,平时可兼作客货运输。一类公共建筑、高度超过32 m的二类公共建筑,以及埋深大于10 m且总建筑面积大于3 000 m^{2}的其他地下或半地下建筑(室)应设置消防电梯,且每个防火分区不应少于1台。

在公共建筑中消防电梯应设使用面积不小于6.0 m^{2}的前室;与防烟楼梯间合用时,前室使用面积不应小于10.0 m^2。前室宜靠外墙设置,在首层应设直通室外的出口或经过长度不超过30 m的通道通向室外。

三、电梯工程的构造做法

电梯是在固定范围内运行的设备,与建筑物的结合通过电梯工程来完成,主要涉及电梯的井道、层门入口、底坑、机房、导轨固定等的设置方式和连接方法。电梯主要技术参数和规格尺寸通常会因供应商不同而有所不同,电梯工程施工时,应满足供应商提供的技术参数要求。

(一)电梯井道

电梯井道内有电梯轿厢、电梯出入口以及导轨、导轨撑架、平衡锤和缓冲器等。轿厢是直接载人、货物的箱体,导轨和导轨撑架是支撑、固定轿厢上下运行的轨道,减震器设在轿厢和平衡锤下部供其缓冲之用。

为了保证电梯轿厢的平稳运行,电梯井道的垂直度和尺寸应符合规定和设计要求。此外,观光电梯的井道应平整美观,与建筑外观和谐。

1. 井道一般要求

(1)结构要求

井道应具有一定的结构刚度,经常采用的有现浇钢筋混凝土井壁和框架填充墙井壁两种形式。井道壁为钢筋混凝土时,墙壁应预留孔洞,以便安装支架。井道壁为框架填充墙时,框架(圈梁)上应设预埋件,并与梁中钢筋焊牢。当电梯为两台并列时,中间可不设隔墙但需按一定间隔设置钢筋混凝土梁或型钢过梁,以便安装支架。

(2)防火要求

电梯井与各楼层连通,一旦发生火灾,电梯井会形成烟囱效应,导致火焰和烟气蔓延,因此,电梯井道是防火的重要部位。井道的围护结构必须具备足够的防火性能,井道内严禁敷设可燃气体、液体管道,消防电梯井道及机房与相邻的电梯井道及机房之间应使用耐火极限不低于2.0 h的防火墙隔开。

(3)通风要求

轿厢在井道内运行带动空气流动,为了减少运行阻力及噪声,井道(特别是高速电梯的)需设置通风设施。一种方式是设置通风管并在井道顶板或井道壁上直接通往室外,另外还可在高层顶部和中部适当位置以及底坑处设置通风口。通风管、通风口的设置还具有在发生火警时将烟气迅速排出室外的作用。

(4)隔声要求

电梯在启动和停层时会产生较大的噪声,井道外侧应设置隔声措施,宜将井道壁与楼板脱离,也可以在井道外加砌混凝土块衬墙。在机房设备下设减震衬垫,当电梯运行速度超过1.5 m/s时,需要在机房与井道间设高度不小于1.5 m的隔声墙。

2. 井道的尺寸

井道尺寸指井道内部的宽和深,需根据轿厢的外廓尺寸、对重尺寸、轿厢与对重的间隙及各自与井道壁的间隙等确定。另外,与对重设置的位置也有关,如图7—2—2所示。为了提高建筑空间的利用率,在保证电梯安全运行的前提下,尽量减小各部件之间间隙。

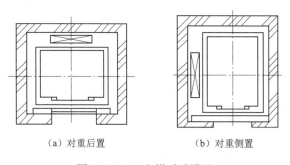

(a)对重后置　　(b)对重侧置

图7—2—2　电梯对重设置

(1)单台电梯尺寸

每个井道平面净空尺寸需根据选用的电梯型号要求决定,一般为(1.8~2.5) m×(2.1~2.6) m。

(2)多台电梯尺寸

多台并列共用井道时的总宽度等于单梯井道宽度之和再加上单梯井道之间的分界宽度

之和,每个分界宽度不小于200 mm。

(3) 缓冲空间尺寸

井道在电梯的最高停靠层以上必须有4.5 m以上的高度作为电梯冲顶的缓冲空间,井道最下停靠层以下必须有深度1.4 m以上的下降缓冲空间,上下缓冲空间的具体高度需根据电梯载重量和运营速度确定。

(4) 井道、轿厢、导轨等空隙尺寸

为保证设备安装,以及防止人跌入井道或在电梯正常运行时将人夹进轿厢门和井道空隙中,井道、轿厢、导轨等相邻构件之间的空隙需满足下列基本规定:轿厢地坎与层门地坎的间隙应不大于35 mm;轿厢地坎与井道前壁的间隙不得大于150 mm;轿厢与导轨安装侧井道壁之间的间隙应不小于200 mm;轿厢与非导轨安装侧井道壁的间隙或对重与井道壁的间隙均不应小于100 mm。

3. 井道的封闭

为保证电梯运行的安全性,电梯井道需进行封闭处理,井道上设置的用于检修等辅助门洞也必须满足相应的规定。井道封闭方式有全封闭和部分封闭两种。

(1) 全封闭井道

全封闭井道是由无孔的墙、底板和顶板将井道完全封闭起来。此类井道具有明显的烟囱效应。为防止火焰蔓延,电梯井道壁只允许设置电梯层门、检修门、安全逃生门以及排气通气孔洞,除此之外,不得设置其他开口。同时,井壁上的门不应向井道内开启。

电梯井壁应满足防火规范规定的耐火极限要求见表7—2—3。电梯层门的耐火极限不小于1.0 h;检修门防火等级应根据井壁相应的耐火极限确定,且不低于丙级。此外,消防电梯井应设置耐火极限不低于2.0 h的防火隔墙,隔墙上的门应采用甲级防火门。

表7—2—3　不同耐火等级建筑的电梯井壁燃烧性能和耐火极限(h)

耐火等级	燃烧性能	耐火极限	耐火等级	燃烧性能	耐火极限
一级	不燃	2.0	三级	不燃	1.5
二级	不燃	2.0	四级	难燃	0.5

(2) 部分封闭井道

部分观光电梯的井道,只在人员可靠近的部位设置围壁,如图7—2—3所示,围壁的高度应足以防止人员遭受电梯运动部件的危害,并且防止直接或用手持物体触及井道中电梯设备而干扰电梯的安全运行。

图7—2—3　观光电梯开敞井道

(3)检修门、井道安全门和检修活板门

井道上设置的门洞,在尺寸、位置上应满足如下基本规定。检修门的高度不得小于1.40 m,宽度不得小于0.60 m;安全逃生门的高度不得小于1.80 m,宽度不得小于0.35 m;检修活板门的高度不得大于0.50 m,宽度不得大于0.50 m。相邻两层门坎间的距离不应大于11.00 m,否则应增设安全逃生门。

另外,井道应适当通风,但不能用于非电梯用房的通风。

(二)电梯底坑

井道下部设置的底坑是轿厢下降到最底层时所需的缓冲空间,轿厢和平衡锤下部均应设减震器,如图7—2—4所示。

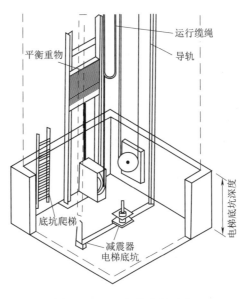

图7—2—4 电梯底坑示意

1. 底坑一般要求

(1)底坑不得作为积水坑使用,在导轨、缓冲器、栅栏等安装竣工后,底坑不得漏水或渗水。

(2)底坑有防潮要求,底坑的深度达到2.5 m时,还应设置检修爬梯和必要的检修照明电源等。

(3)消防电梯的井道底坑需设排水装置,考虑到底坑无人巡视,排水泵、高低水位抽水装置应自动启闭,以避免底坑的电气开关被水淹没而造成电梯故障。

2. 底坑的深度

底坑深度是根据电梯的速度和容量来确定的。电梯的额定载重量和额定速度愈大,则底坑越深,但均不得小于1.40 m,消防电梯井底还须设置容积不小于2.00 m^3 的集水坑。

3. 底坑的检修

(1)如果底坑深度大于2.50 m且建筑物布置允许,应设置底坑门。

(2)如果没有其他通道,为了便于检修人员安全地进入底坑,应在底坑内设置一个从层门进入底坑的永久性装置,但此装置不得凸入电梯运行的空间。

(3)除层门外,如果有通向底坑的门,该门应符合防火等规范要求。

(三)电梯机房

电梯机房是设置曳引设备和控制设备的场所。一般设有牵引轮及支架、控制柜、检修起重吊钩等。机房的布置应根据不同厂家的设备排布、维修管理等要求确定。

1. 一般要求

(1)机房的位置除特殊需要设在井道内部外,一般均设在井道顶板之上。

(2)电梯机房中电梯井道的顶板面需根据电梯型号的不同,高于顶层楼面4.0~4.8 m。机房楼板应平坦整洁,机房楼板和机房顶板应满足电梯所需的荷载要求。

(3)机房需有良好的通风、隔热、防寒、防尘、减噪措施。

2. 机房的尺寸

电梯机房的尺寸需根据选用的电梯型号要求来确定,并应具有保证人员安全和方便作业的足够空间,具体要求如下。

(1)井道顶板至机房顶棚等工作区域空间的净高不应小于2.0 m,活动区域净高度不应小于1.8 m。

(2)通向机房的通道和楼梯宽度不小于1.2 m,楼梯坡度不大于45°。通道上的门的宽度不应小于0.6 m,高度不应小于1.8 m,且门不得向机房内开启。

(3)供人员进出的检修活板门的通道净尺寸不应小于0.8 m×0.8 m,且开门后不可自动回弹关闭而须保持在开启位置。

四、电梯工程的常见病害与防治

电梯在安装和使用过程中,底坑和围护结构是比较容易产生病害的地方,主要表现为底坑积水、围护结构破损等现象。

(一)底坑积水

1. 病害

电梯底坑标高较低,容易产生积水,积水严重时,会影响电梯正常使用,如图7—2—5所示。

图7—2—5 车站电梯底坑积水实例

2. 防治

加强日常检查和设备安全管理,及早发现问题,及时排除积水,避免造成电梯运行故障。

（二）玻璃围护结构的安全防护问题

1. 病害

基于醒目、装饰等需要，在公共建筑中会采用玻璃井壁。四周临空的站台电梯也常采用这种形式。但玻璃围护结构在人体推、拉、依、靠时易发生破碎，特别是在人流量巨大的车站建筑中，若没有安全防护设施，必然形成安全隐患。如图7—2—6所示，某车站电梯没有设置地脚防护栏杆，玻璃墙角出现破损、爆裂等现象。

图7—2—6 玻璃围护墙未设置地脚防护栏杆实例

2. 防治

（1）在玻璃围护结构容易受到推、拉的位置，宜结合无障碍设施的要求设置上下扶手和地脚等防护设施，其中下层扶手高度在650～700 mm，上层850～1 050 mm；地脚防护设施高度不小于350 mm，以避免轮椅等残障设施碰撞下部围护构件。

（2）在人员容易碰撞的位置，设醒目标志或设置可靠护栏等。

第三节 自动扶梯

自动扶梯也被称为滚梯，外形与普通楼梯相仿，是循环运行的梯阶踏步，具有工作连续、运输量大的特点，是垂直交通工具中效率最高的设备，适用于交通流量大、要求标准高的公共建筑中。

自动扶梯可以按驱动方式、踏面结构、梯级排列方向等进行区分和分类。按照驱动方式可以分为链条式和齿条式；按照踏面结构可以分为踏板式和胶带式；按照梯级的排列方向可以分为直线式和螺旋式等。常将水平运行或坡度小于12°的自动扶梯称为自动人行道。

一、自动扶梯的基本构成

自动扶梯一般由结构框架、动力驱动装置、梯路装置，扶手装置等机械设备组成，如图7—3—1所示。由电机、变速器以及安全制动器组成动力驱动装置，通过两条环链带动梯级沿固定在主构架上的导轨循环运转，扶手带以相应的速度与梯级同步运行。

金属结构框架是自动扶梯的主要支撑体系，用于自动扶梯各零件的组合与定位，以及在现场的定位安置，多为金属桁架结构，如图7—3—2所示。

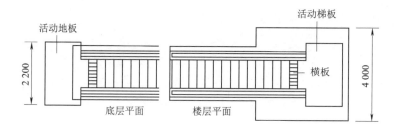

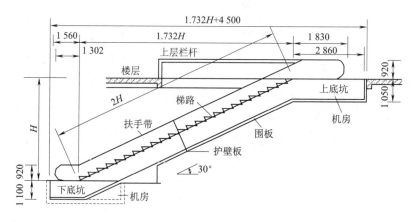

图7—3—1 自动扶梯构成示意(单位:mm)

图7—3—2 自动扶梯金属结构框架

动力驱动部分是完成梯路的提升和连续循环运转的设备,包括上机房、下机房及其附属设备。上机房位于扶梯上端的底坑内,主要设备是驱动站。驱动站由驱动电机、减速箱、制动器、扶手带驱动轮和梯级链驱动轮组成,驱动电机是驱动梯级回路和扶手带的主机;下机房位于扶梯下端的底坑内,主要设备是回转站。回转站是梯路在其回路下部的回转区,由环链的张紧装置、转向轮等组成;底坑上部覆盖活动盖板,并位于扶梯的出入口处,以方便维修人员进入底坑内工作,分为活动地板和活动梯板。

梯路装置是供乘客站立并能连续提升的梯级,由梯级、踏板和梯级环链组成,通过梯级环链驱动轮来驱动,包括梯级、牵引构件以及起到导向和支撑作用的梯路导轨系统。

扶手装置在梯级回路上部,由扶手带和围板构成。围板包括护壁板、内盖板、围裙板等,如图7—3—3所示。

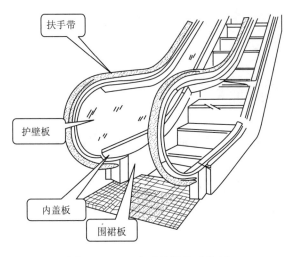

图7—3—3　自动扶梯扶手装置

二、基本要求

自动扶梯常用于人流集中、连续的车站、地铁、机场等交通建筑,应布置在经过合理安排的交通流线上,可采用单台或多台的平行、交叉排列的设置方式,宜上下成对布置。当采用自动扶梯时,应就近布置相匹配的楼梯。

(一)安装要求

自动扶梯为整体性设备,土建工程应配合其安装,注意其上下支承点在楼盖处的平面及空间关系,楼层梁板与梯段上人流通行安全的关系,及支承点的荷载要求。

自动扶梯的垂直运输高度一般为 0~20 m,常见的坡度有 27.3°、30°、35° 等几种,宜优先采用30°坡度,当扶梯布置紧凑时采用35°、27.3°的坡度一般适应扶梯与楼梯的相互配合。用于大型交通建筑和多层超市等公共建筑中的自动扶梯速度一般为 0.5 m/s,常用的梯级宽度为 600 mm、800 mm、1 000 mm,其中 1 000 mm 最为通用。

扶梯与地道、站台、天桥面的连接处,扶梯面应高于连接处地面,但高差应不大于20 mm,且高出部分应按缓坡处理。并列布置的自动扶梯之间应留约 0.4 m 的结构间距,以方便施工和检修,及使用者的安全。

(二)防火要求

自动扶梯将上下楼层空间连成一体,常会使防火分区面积超过规范限值,并需进行特殊处理。常用处理方法是在自动扶梯周边部位设防火卷帘及水幕喷头,封闭自动扶梯,如图 7—3—4 所示。并将除检修孔和通风口外的自动扶梯机房、梯底和机械传动部分用不燃材料包覆。

(三)安全要求

扶梯应该有明确的安全指示标识,比如扶梯上、下行并设时,在地面设置提示标识;行进路径上有突出物时,在凸出部位设置"小心碰头"标识;入口处的附近应设置图文并茂、尺寸不小于 80 mm × 80 mm 的使用须知标牌。

自动扶梯与楼板交叉,以及自动扶梯交叉设置时,为防止乘客头、手探出自动扶梯栏板被挤受伤,在交叉部位应设置高度不应小于0.30 m无锐利边角垂直防碰挡板。

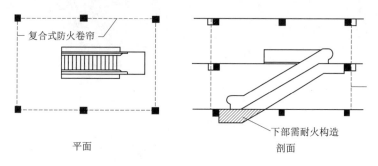

图 7—3—4 自动扶梯防火分隔

三、自动扶梯工程的构造要求

自动扶梯的机械装置安装在结构框架内,悬在楼板梁下,装置底面做装饰处理。扶手装置起到保护设备和保障乘客安全的作用,自动扶梯两端的上、下底坑相应设置安装运行设备的上、下机房,底坑上覆盖活动梯板和活动地板,保养时可被移去以方便维修人员进入底坑内工作。

(一)扶手装置

扶手装置位于自动扶梯两侧的扶手装置对乘客起安全防护作用,如图 7—3—3 所示。

1. 扶手带

(1)扶手带宽度应在 70～100 mm,扶手高度不应小于 900 mm,且不宜大于 1 100 mm。

(2)扶手带外缘与墙壁或其他障碍物之间的水平距离,在任何情况下均不得小于 80 mm。这个距离应保持至自动扶梯梯级上方和自动人行道的踏板或胶带上方至少 2.1 m 高度处。如果采取适当措施能免除危险时,该高度可以酌量减小。

(3)相互邻近平行或交错设置的自动扶梯,扶手带的外缘间距离至少为 120 mm。

(4)扶手带与下部护壁板边缘之间的距离不应超过 50 mm。

2. 围板

除乘客可踏上的梯级、踏板或胶带以及可接触的扶手带部分外,自动扶梯的所有机械运动部分均应完全封闭在围板或墙内。

(1)围板和墙面除用于通风、检修等保证设备运行的孔洞外,不得有其他开洞。

(2)检查门和活板门应该只设在必须进行设备检查和维修的位置。

(3)通风孔应设置在可避免外界接触到扶梯运动部件的位置。

(4)单层玻璃护壁板应采用钢化玻璃,且厚度不小于 6 mm;多层玻璃护壁板应采用夹层钢化玻璃,且至少有一层的厚度不小于 6 mm。

3. 相邻区域

(1)在自动扶梯的出入口,应有充分畅通的区域,以容纳乘客,如图 7—3—5 所示。畅通区的宽度应不小于扶梯宽度,长度不少于 2.50 m;畅通区当宽度大于扶梯宽度 2 倍时,长度可减少至 2.00 m。

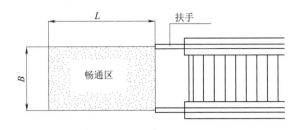

图 7—3—5 自动扶梯出入口区域示意

(2) 自动扶梯与平行墙面间、扶手与楼板开口边缘间以及相邻平行梯之间应保持不小于 0.4 m 的水平距离。

(3) 自动扶梯上空的垂直净高度不应小于 2.30 m。当扶手上方有障碍物时,不得侵入扶手投影范围且距踏面高度不应小于 2.10 m。

(二) 机房

机房内空间应能够保证维修人员方便、安全地进行设备检修维护作业。

1. 机房内操作空间面积不应小于 0.30 m^2,较小一边的长度不少于 0.50 m。

2. 载客梯级与返回梯级之间设有主驱动装置或制动器时,工作区段应有一个适当的接近水平的立足平台(可以是固定的或可移动的),其面积不应小于 0.12 m^2,最小边尺寸不小于 0.30 m。

3. 机房内的驱动站和转向站以及固定式控制屏前的空间。供活动和工作的净高度不应小于 2.00 m;控制屏或控制柜宽度(但不可小于 0.50 m)范围的前方区域内应有自由空间,并保证其深度为 0.80 m,与其连通的通道宽度至少为 0.50 m(在没有运动部件的地方,通道宽度允许减至 0.40 m);在需要对运动部件进行必要的维修和检查部位,应有一个底面积至少为 0.50 m × 0.60 m 的自由空间。

4. 在机房的入口,应有固定明显的"机器重地—危险"、"非指定人员禁止入内"等字样标志。

(三) 底坑

1. 室内自动扶梯的底坑内不应有水浸入。当地下水位较高时,底坑应有防水防潮措施。当自动扶梯与建筑基础底板相连时,底板必须考虑防水。

2. 室外自动扶梯无论全露天还是在雨篷下,其底坑应设置排水系统。应在底坑周围设置斜坡和排水沟,防止周边地面水浸入底坑。在自动扶梯底坑内应设置排水装置,及时排除积水,排水管直径应保证底部油盘至底坑通道处不被阻塞。

(四) 其他

1. 室内自动扶梯当可能有阳光照射时,需对外窗、幕墙或玻璃顶棚采取遮阳措施。

2. 室内自动扶梯应按要求设置中间支撑,室外条件下工作的扶梯必须设置中间支撑。相邻支撑之间的间距不应大于 10 m。

3. 位于站台等位置的室外自动扶梯,工作环境有日晒雨淋、风沙侵蚀,制造厂家对其结构需做特殊的防水、防尘与防腐蚀处理。

四、自动扶梯工程的病害与防治

自动扶梯施工是主体工程完工后,再进行的设备安装工程,容易产生病害的地方一般出现在自动扶梯与土建工程相衔接的部位,主要问题有底坑积水、自动扶梯与楼面存在不当高差等。

(一)底坑积水

1. 病害

自动扶梯的底坑低于自然层地面,当地面有存水集结时,易泄流入坑内,在坑底形成积水。车站建筑中,特别是设置于站台等室外的自动扶梯,底坑常有积水现象,如图7—3—6所示,某车站出站厅的自动扶梯底坑内,出现雨水积存。

图7—3—6　站台下出站厅扶梯底坑积水实例

2. 防治

加强日常检查和设备维护管理工作,及早发现设备附近地面的存水现象,及时排除。当底坑出现积水时,及时采取人工或机械等措施,排走积水。

(二)自动扶梯与楼面存在不当高差

1. 病害

由于安装施工误差、结构沉降等原因,自动扶梯与楼层面搭接时,搭接面或者高出相连接的楼地面过多,或者低于楼地面,形成不恰当的高差关系,如图7—3—7所示。

图7—3—7　自动扶梯搭接面低于楼层面实例

2. 防治

加强日常检查,对病害早发现,早治理。当自动扶梯与楼面出现了不当高差时,尽快选择合适的材料,对高差部分,作缓坡处理;或直接用拉丝不锈钢饰面板进行密缝或压缝处理;或用与扶梯梯身相同的材料进行封堵。

第八章 站台、雨棚及其他设施

车站站台、雨棚及栏杆扶手等其他设施是铁路车站的重要组成部分。本章分为五节,主要介绍站台、雨棚、栏杆(板)扶手、站名牌、围墙、管沟,以及无障碍设施的一般规定、构造做法及其病害防治等。

第一节 站 台

铁路站台是方便旅客上下列车的基础设施,承受客流、行李和包裹搬运、迎宾、消防车辆等通行荷载,须保证旅客、行包车辆的正常通行与安全。

一、站台尺寸

按站台位置和线路的配置关系,车站站台可分为基本站台、中间站台、分配站台。在通过式车站上,紧靠站房一侧的站台为基本站台;设于线路中间的为中间站台;在尽端式车站上,联系各中间站台的为分配站台。站台的长度、宽度、高度等尺寸是根据《铁路车站及枢纽设计规范》《铁路技术管理规程》及《标准轨距铁路限界标准》等有关规定确定的。

(一)站台长度的规定

站台长度应根据车站类型、规模及性质确定。

1. 客货共线车站站台长度

客货共线的车站站台长度通常不应小于 550 m;接发小编组列车、短途和市郊旅客列车等的车站,站台长度可按照列车的实际长度确定;尽端式车站,其分配站台的长度可较上述规定另加机车长度及供机车进出的安全距离;在人烟稀少客流量较小的车站和乘降所,站台长度可根据实际情况适当减少,也可与站房地坪等长;其他办理客运业务的车站,其旅客站台长度,可根据近期客流量确定,但不宜少于 300 m。

2. 客运专线站台长度

客运专线站台长度按停留 16 辆编组动车组计算,一般按 450 m 设置,困难条件下不应小于 430 m;只停留 8 辆编组动车组的站台长度按 230 m 设置,困难条件下不应小于 220 m。

(二)站台宽度的规定

站台的宽度根据车站性质、站台类型、客流密度、安全退避距离、站台出入口宽度、行包搬运工具等因素确定。

1. 客货共线车站站台宽度

客货共线车站的基本站台宽度是指从站房外缘至基本站台边缘的距离,特大型站宜为 20~25 m,大型站宜为 15~20 m,中型站宜为 8~12 m,小型站宜为 8 m,困难条件下不应小于 6 m。

客货共线车站的中间站台宽度,对设有天桥、地道并采用双面斜道的大型客运站不应小于 11.50 m;一般车站不应小于 10.50 m;其他办理客运业务的车站不应小于 8.50 m,当采用单面斜道时不应小于 9 m,仅需设雨棚时,不应小于 6 m。不设天桥、地道和雨棚时,单线铁路中间站不应小于 4 m,双线铁路中间站不应小于 5 m;当中间站台设于到发线外侧时,不宜小于 4 m,困难条件下,可适当减小。

2. 客运专线站台宽度

客运专线基本站台的宽度是站房(行车室)突出部分边缘至站台边缘距离,中间站台分为岛式和侧式,其宽度按表 8—1—1 中的规定采用;当通道出入口设于基本站台站房范围以外地段时,基本站台宽度不应小于侧式中间站台标准。

表 8—1—1　客运专线站台宽度(m)

名　　称	特大及大型站	中　型　站	小　型　站
基本站台	15.0 ~ 20.0	12.0 ~ 15.0	≥8.0 通道正对站房处≥10.0
岛式中间站台	11.5 ~ 12.0	10.5 ~ 12.0	10.0 ~ 11.0
侧式中间站台	8.5 ~ 9.0	7.5 ~ 8.0	7.0 ~ 8.0

(三)站台高度的规定

站台高度是指站台面与相邻线路轨顶间的竖向距离。旅客站台高度有 300 mm、500 mm 和 1 250 mm 三种,并将前两种称为低站台,后一种为高站台;货物站台高度除前面三种外,还有取 900 ~ 1 100 mm 的,如图 8—1—1 所示。

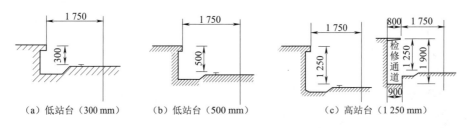

(a) 低站台(300 mm)　　(b) 低站台(500 mm)　　(c) 高站台(1 250 mm)

图 8—1—1　站台高度示意(单位:mm)

1. 300 mm 高度的低站台

站台台面在客车车厢阶梯最低踏步以下,站台与列车门之间高差较大,不方便旅客上下和行包装卸,线路养护时抬道作业比较困难;其优点是造价低,便于进行列检作业。在客货共线车站中,邻靠正线或通行超限货物列车的到发线一侧的站台可采用 300 mm 高的低站台。

2. 500 mm 高度的低站台

站台台面与客车车厢阶梯最低踏步基本相平,但站台与列车门依然有高差。在客货共线车站中,无超限货物列车通过的站台可采用 500 mm 高的低站台。

3. 高站台(高度为 1 250 mm)

站台台面与客车车厢底面基本等高,方便旅客上下及行包装卸,特别是为残障人士等行动不便人员提供了便利;其缺点是,不便于车站工作人员跨越线路及列检作业,站台造价高。客运专线一般采用高站台,非邻靠正线或不通过超限货物列车到发线的旅客站台宜采用高站台。

此外,既有铁路提速改造时,可将设在正线与到发线之间的中间站台靠正线一侧采用低站台,靠到发线一侧采用高站台。

二、站台铺面

车站站台是人流密集场所,人员、货物流动量大,站台台面应平整而不光滑,且需具有一定强度,为旅客提供更为舒适、安全、优美的乘车环境。良好的站台铺面不仅能加快旅客乘降列车、行包邮件办理的速度,提高车站通过能力,还能直观地展现车站的美好形象。

(一)站台铺面设施与构造

站台一般是由站台墙、站台面和填土组成,如图8—1—2所示。其中,站台墙有砖砌、石砌和混凝土结构等几种结构形式,站台墙面层可采用抹灰、涂料、铺钉饰面板等方式进行保护和装饰,其构造与第三章的墙体饰面作法基本一致;站台铺面为站台面上层的饰面层,其下依次为结合层、找坡层、垫层和填土。站台铺面多采用陶瓷砖、花岗岩等作饰面材料,其构造可参照第四章的板块楼地面构造进行处理。

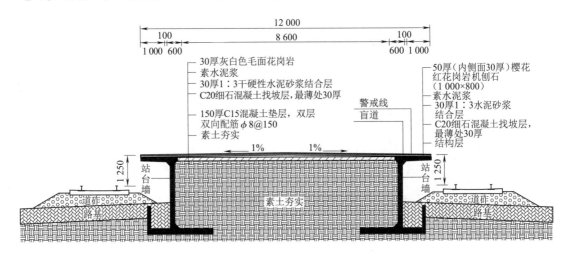

图8—1—2 站台剖面(单位:mm)

根据铁路运输业务作业要求,站台铺面要设置相应的设施,引导旅客安全乘降列车,保证列车正常行驶,保护人民生命财产的安全。站台应采用刚性防滑地面,以满足耐磨及较大荷载使用的要求,同时,站台面应做好排水,以保证旅客的行走、行包车辆通行安全。

1. 站台面安全线

旅客列车停靠的站台应在全长范围内设置安全警戒线。安全线宽度一般为100 mm,距站台边缘的距离按《铁路技术管理规程》设置。

2. 站台面盲道

为方便视残者安全行走和顺利乘降列车,站台面应设置指引和提示视残者行走的连续盲道,宽度为600 mm。站台安全线内侧应设置提示盲道,长度宜与安全线同长,颜色应为中黄色,如图8—1—3(a)所示。其他区域的盲道宜采用与周边地面铺装材料颜色、材质一致,但每一站的盲道材料式样应一致。当采用花岗岩盲道时,圆点和沟槽应大小统一,以达到规整精致的效果。

3. 站台面井盖

为便于列车清扫、站台清洗等作业,站台应设给水、排水及配电管线等设施,且应具有良好的安全性能,站台面上的各种井盖不应设置在帽石、安全线、盲道上。

4. 其他

站台帽、站台墙应牢固平整,不松动;高站台边墙应向站台内退 300 mm 成倒 L 形布局,如图 8—1—3(b)所示。图中站台帽石为机刨花岗岩石材,安全线为面砖,盲道为陶瓷地砖,盲道内侧为花岗岩石材,井盖为与铺面颜色一致的花岗岩石材。

(a)实例

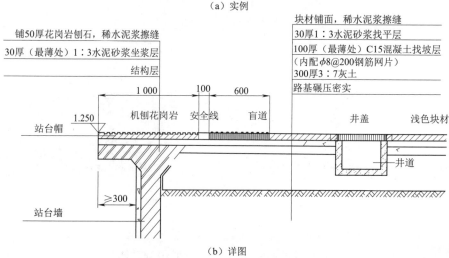

(b)详图

图 8—1—3 站台帽、站台墙做法(单位:mm)

(二)站台面铺设

站台铺面的材料应防滑、耐久、便于清洁,常用的有水泥砂浆、斩假石、天然或人工石材、防滑地砖等。此外,站台处于室外环境,站台面铺装应具有抗风、防冻性能。北方寒冷地区要特别预防垫层冻胀对面层铺装的影响。

1. 站台墙与站台垫层

站台在铺设施工时,站台墙与垫层应满足承载、耐压、防冻涨等要求,达到施工质量标准,保证站台的正常使用。图 8—1—3(b)所示的站台做法较为常见,站台墙为砖砌或混凝土结构,铺面下垫层自下而上的构造层次分别是路基碾压密实填土、三七灰土垫层(或结合碎石灌混合砂浆)、混凝土找坡层(内配钢筋网片)、1:3水泥砂浆找平结合层等。

2. 铺面的铺贴

站台面铺设应结实、平整,面层材料强度必须符合设计要求,铺设时要设置伸缩缝,以防止面层因温度变化引起冻胀破损。同时,面层铺贴还应综合考虑站台宽度、各类构筑物位置匀称铺设,以满足美观的要求。铺贴顺序宜由站台中心控制线开始向轨道方向铺贴;材料交接处收口应规整,铺面伸缩缝宜对应雨棚柱设置,花岗岩帽石铺面的机刨缝宜平行于轨道,帽石铺材面缝宜与站台面上的安全线、盲道及其他铺材面缝相对应。

3. 铺面块材

铺面材料以块状形式铺贴在站台上,其标准块材尺寸应根据站台的宽度、帽石、安全线等综合确定。当站台面两端为弧形时,应在保证帽石、安全线、盲道宽度的基础上,对中铺设块材,不宜出现小于 1/2 铺面标准石材的小块石材。

三、站台的常见病害及防治

列车通行和停靠产生的振动,站台上的人、车高频率的通行及其他环境因素常常造成站台面层破损、起翘不平、站台墙抹灰开裂或装饰板脱落。

(一)铺面块材起翘不平

1. 病害

人车通行、重车碾压及施工质量不达标等均会破坏站台面层材料,造成饰面材料破损、起鼓,站台面坑洼不平、下沉、起翘。此外,铺面施工时,饰面块材预留缝隙不足,在温差影响下产生物理性膨胀,以及站台结构变形影响等原因也会导致面层起拱,如图 8—1—4 所示。

(a)站台面砖饰面起翘

(b)站台花岗岩饰面起翘

图 8—1—4 站台铺面起翘实例

2. 防治

(1)保证站台基层施工质量。按照设计要求,严格控制站台基层填土厚度,并在施工时分层夯实。

(2)加强维护。禁止重车在面砖站台上通行,加强站台面上施工作业的管理;需要掀动站台面层材料的工程,施工后应确保面层的恢复质量。

(3)及时修补。加强对站台铺装面日常巡查,发现问题及时组织修补处理;铺面修补应保持面层材料材质一致、色差均匀、新旧接搓密贴、牢固、平顺。

(4)拆除破损块材,重新铺贴。发现有站台铺面出现起拱病害,应及时安排维修;整治前,采取柔性布料覆盖等临时处置措施,确保旅客乘降安全;整治时,拆除起拱、破损的块料,重新铺贴;所更换的材料色泽、物理性能应与旧块基本一致;应严格控制伸缩缝的宽度,如伸缩缝部位较大,则空隙处宜用柔性材料嵌缝。

(5)特殊情况应增设伸缩缝,减小伸缩缝的间距。

(二)站台墙抹灰开裂

1. 病害

墙面抹灰开裂是站台墙易发生的病害之一,开裂位置多出现在站台帽侧面,这种病害在高站台中更为突出,如图8—1—5所示。造成病害的主要原因,一是墙面抹灰工艺未满足质量要求;二是因站台基层填土较厚或自然沉降期不足,站台面和站台混凝土墙沉降不均匀,致使墙面开裂;三是设计未设置伸缩缝或伸缩缝间距过大;其四是抹灰厚度过厚,与基底粘贴不牢固。

2. 防治

(1)保证站台基层施工质量。按照设计要求,严格控制站台基层填土厚度,并在施工时分层夯实。

图8—1—5 站台墙抹灰脱落实例

(2)保证抹灰工程质量。施工过程应严格遵循墙面抹灰工程的工艺流程,保证每道工序的施工操作满足工程质量的要求。

(3)及时检查。加强巡检,发现脱落危险及时剔除。

(4)剔除病害,重新施工。剔除开裂抹灰,施工前打磨站台墙,抹灰前增加拉结网,重新抹灰。

(5)设计时设置伸缩缝,伸缩缝间距应适当减小。

(6)抹灰厚度不宜超过8 mm或不设抹灰层。

(三)站台装饰板脱落

1. 病害

在站台墙上安装金属板时,由于列车通过时产生较大的振动、风压等,金属板材会发生松动、脱落问题,对列车运行带来安全隐患。图8—1—6为某高铁站台下金属装饰板的变形、脱落情况。

2. 防治

(1)设计阶段控制站台墙上不应设置金属板材挂件。

(2)提高施工质量,严把验收关。重点检查金属板材整体刚度、金属骨架的焊接质量(焊缝长度、厚度、有无虚焊)、固定螺丝抗拉拔试验、防锈质量、板材固定螺丝是否松动等。

(3)更换材料,重新修缮。站台墙宜选择抗振性能和抗风压能力好的材料和结构,除特殊要求外,站台墙避免贴挂板材,可用钢筋混凝土或砌体等替代。

图 8—1—6　站台金属装饰板脱落实例

(4)加强巡查和定期检查,及时处置突发问题。巡查采用看、听(是否有异响)发现问题。定期进行金属板材内侧检查。

第二节　站台雨棚

站台雨棚是在站台上方遮挡风雨的车站设施,用来避免旅客和行李、包裹、邮件受雨雪侵袭和烈日照晒。站台雨棚的形式选择、布置方式、尺寸确定、材料运用等,需满足相关规范、规定的要求。

一、雨棚尺寸

影响站台雨棚设计和选型的因素很多,包括建筑、结构、施工、维护、经济等方面。站台雨棚根据是否在旅客站台上设支承柱,分为有站台柱雨棚与无站台柱雨棚两种类型。

有站台柱雨棚的结构柱立于站台之上,如图 8—2—1 所示,柱子形式主要以单柱 Y 形和双柱 Ⅱ 形为主,主体结构材料多为钢筋混凝土,上世纪铁路车站普遍采用这种类型的站台雨棚。雨棚屋面材料在二十世纪五六十年代多采用石棉瓦或瓦楞铁,七八十年代多采用预应力钢筋混凝土圆孔板,而九十年代后期普遍采用现浇钢筋混凝土梁板和彩色压型钢板。

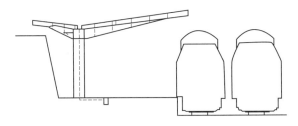

图 8—2—1　有站台柱雨棚示意

无站台柱雨棚是将支承柱设在铁路股道之间而非站台,以营造出高大、通透的建筑空间,提高站台通行能力,如图 8—2—2 所示。雨棚结构多采用钢结构,屋面材料多用轻质彩钢板等复合板材。

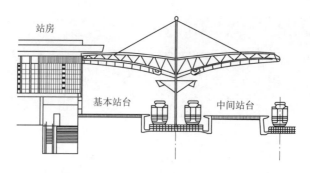

图 8—2—2　无站台柱雨棚示意

（一）雨棚平面尺寸的确定

站台雨棚的长度、宽度、檐口高度等尺寸,应依据《铁路技术管理规程》确定,不得侵入铁路建筑限界。

雨棚的长度应与站台等长,宽度应与站台宽度相适应,且不应小于中间站台的宽度;在满足建筑限界要求的条件下,最大限度地遮挡风、雪和日晒,避免站台上的旅客、货物受到侵袭等。

（二）雨棚檐口高度的确定

雨棚过高,遮挡风雨效果下降,雨雪会飘落站台;雨棚过低会影响站台日照,造成列车停靠时站台采光不足,增加照明费用。因此,雨棚高度和雨棚所需要遮挡的站台宽度有一定的关系,雨棚遮挡的投影面小,则檐口高度低,反之亦然。在确保符合《铁路技术管理规程》规定的限界标准前提下,推荐雨棚檐口高度见表8—2—1。

表 8—2—1　雨棚檐口高度表1（mm）

相应部位名称	挑出檐口位置				
檐口投影线与站台边的距离	缩进 300	缩进 200	0	伸出 200	伸出 300
轨面至限界之高度	4 330	4 583	4 917	5 250（5 925）	5 117（5 008）
设计檐口高度	4 560	4 820	5 150	5 480（6 150）	5 650（6 230）

注：(1)表中带括号的数字适用于电力机车牵引的线路。

(2)设计檐口高度已考虑限界要求、悬臂梁挠度、柱基下沉和起道因素,具体设计时尚应考虑遮阳、挡雨、采光和雨棚高宽比例。

另外,雨棚高度的确定还应考虑悬挂物的影响。指示牌、站名牌、钟表等悬挂物不应遮挡行车人员的视线;有消防车通行的,悬挂物下缘至站台面的高度不应小于 4.00 m。

由于新建站房的雨棚在使用初期会发生沉降或徐变,房建单位应按照《铁路技术管理规程》规定对限界进行检查,并根据《铁路运输房建设备大修维修规则（试行）》相关规定对雨棚限界建立定点检测、点间观测的监控制度。

（三）雨棚柱列位置的确定

1. 有站台柱雨棚

有站台柱雨棚的柱列对站台跨线设备出入口存在一定的影响,宜根据站台宽度、客流量及行包车辆情况合理设计。雨棚柱边到站台边之间的距离,以及纵向柱列与天桥地道等设施之间的关系,应满足旅客上、下车及行包车辆通行的要求。站台宽度在 10 m 以内时应采用占用面积少的单柱雨棚,便于旅客和搬运车辆两侧通行。站台宽度在 10 m 以上、跨线设备出入口较多时可采用双柱雨棚,双排柱多与天桥、地道等跨线设备外边相齐,方便旅客、车辆通行。

2. 无站台柱雨棚

无站台柱雨棚的支承柱位于站台、轨道之间。柱列布置间距有垂股跨度和顺股跨度之分。垂直股道方向的垂股跨度值,受到站台布置的影响,大多集中在 20~22 m 或 42~47 m。平行股道方向的顺股跨度通常采用 18 m、20 m、23 m、24 m 等几个数值,根据柱子结构尺寸、形式不同,选择不同的跨度值;钢管混凝土柱的顺股跨度值集中在 22~24 m;当顺股跨度值大于 30 m 时,多采用钢结构柱。

二、雨棚吊顶

站台雨棚以简洁实用为原则,一般不设置吊顶,具有特殊要求的可设装饰性吊顶,如图 8—2—3、图 8—2—4 所示。

图 8—2—3 无吊顶站台雨棚

(a)离缝式　　　　　　　　　　　　(b)封闭式

图 8—2—4 有吊顶站台雨棚

(一)吊顶的形式

根据面层形式不同,雨棚吊顶有离缝式吊顶和密闭式吊顶之分。离缝式吊顶是在吊顶板材之间采用离缝处理,板材之间的接缝要平直,板缝应设置在雨棚梁等隐蔽处。目前,大型车站的雨棚多采用离缝吊顶,如图 8—2—4(a)所示;密闭式吊顶的板材彼此相接,不留装饰缝隙,但板材相接时,应考虑因温度、沉降等因素形成的板材变形,避免板材伸缩造成吊顶损坏,如图 8—2—4(b)所示。

(二)吊顶的构造做法

1. 吊顶主体的构造

雨棚吊顶的作用、构造原理等与建筑物室内吊顶基本相同,由吊杆(或吊筋)、龙骨(或搁栅)及面层三部分组成,面层通过龙骨吊挂在吊杆上,吊杆再固定在顶棚结构或其预埋件上。

但由于站台雨棚所处的特殊环境不同于室内的封闭空间,室外的气候变化以及列车通行产生的风洞效应,是雨棚吊顶需要特别考虑的重要因素。应采用钢筋吊筋、型钢吊筋、轻钢龙骨、金属板材面层等强度高、耐腐蚀、防水性能好的构件材料;另外,工程建设中要注意分析列车通过速度及区域气候环境特点,在结构设计、构造做法和措施等方面应有加强,特别是吊顶板材要安装牢固,防止风压及风吸等作用,产生破坏现象,如图 8—2—5 所示。

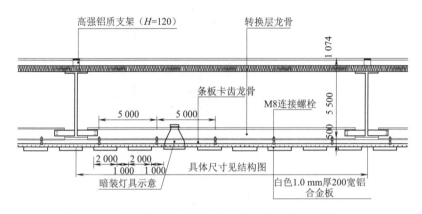

图 8—2—5 某车站站台雨棚铝合金吊顶构造做法(单位:mm)

2. 吊顶端部的构造

吊顶吊挂在雨棚下部,与雨棚屋面板之间有一定的空间距离,在雨棚端部,难免有风沙、雨雪飘入存留,污染吊顶。因此,吊顶边缘通常采用封檐板进行封闭处理。即在吊顶和屋面板之间设置竖向的封檐板,封檐板与雨棚顶部和吊顶用螺栓等方式牢固连接,檐口处应设滴水线或滴水槽,避免雨水污染面板。图 8—2—6 所示为某高铁车站吊顶封檐板的构造做法,封檐板采用弧形板形式,弧形板半径为 390 mm,是根据吊顶厚度确定的。板材选用白色铝合金薄板,上端用自攻螺钉与屋面彩钢板固定,下端延长伸入铝合金吊顶,并用螺栓固定。

(三)吊顶的设备悬挂

车站用于运输的广播设备、电子显示牌、标识系统、导向、摄像头等设备设施,按照规定要求需要挂在雨棚上。垂挂在雨棚顶部的各种标识及设施应与屋面吊顶相协调,整齐且有规则。

时钟、摄像头、探头、广播、电铃、显示导向、静态导向等设备的布置,应结合功能进行综合设计,尽可能集中布置,减少吊挂设施数量;雨棚上的广播设备、灯具色彩应与吊顶形式相结合,形成整体、美观的视觉效果;悬挂广告等设施时须事先征得房建部门同意,并不得超限。

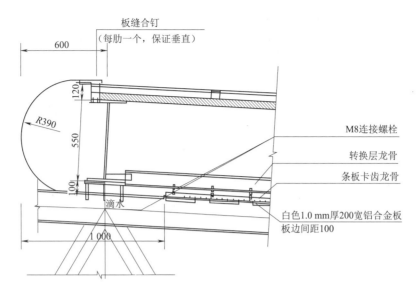

图 8—2—6　某高铁车站封檐板构造做法(单位:mm)

三、雨棚的常见病害及防治

站台雨棚暴露在室外环境中,常年受到雨雪风霜、气温骤变等自然因素的影响,在雨水侵蚀、强风作用等不利条件的侵害下,雨棚的正常状态遭受破坏,局部及构配件腐蚀破损、变形松脱等现象时有发生。与此同时,列车通过站台产生的空气脉动力,作用于雨棚,会对雨棚屋面产生风揭破坏、反复振动等不利的影响。此外,不良的施工、材料质量问题等也会造成雨棚及其吊顶出现松脱、开裂漏雨等病害。

(一)雨棚屋面板固定件或咬口松脱

1. 病害

雨棚屋面板固定件或咬口发生松脱。主要因为瞬时风速过大,超出了设计最大允许风压值;屋面板材铆钉固定点距离过大,拼缝不密贴、细致;拼缝缝隙部位长时间受风压影响,锚固部位逐渐松动、脱落;彩钢板防腐措施不到位,发生腐蚀松动,如图 8—2—7 所示。

(a)屋面金属板迎风脱落

(b)固定件锈蚀松脱

图 8—2—7　屋面金属板迎风脱落及固定件松脱实例

2. 防治

(1) 精心设计,合理选型。考虑气候特点,屋面板设计阶段适当提高安全冗余度;在气候湿润、降雨量较大的地区,雨棚结构宜少采取易锈蚀的钢结构,多采取耐雨水腐蚀的钢筋混凝土结构。

(2) 重点加固。雨棚的屋脊、伸缩缝、封檐板、屋面檐口及封堵等是其薄弱环节,应对其进行重点加固处理。

(二) 雨棚吊顶板开裂

1. 病害

吊顶板变形、开裂是雨棚吊顶经常出现的病害问题,当变形严重时,甚至会造成板材脱落,对旅客生命财产带来威胁,如图8—2—8所示。发生病害的原因主要是因为雨棚主体结构设置了变形缝,但屋面板和吊顶板在变形缝处未断开,当温度变化时,引起屋面板变形,甚至开裂。

图8—2—8 雨棚吊顶板开裂实例

2. 防治

(1) 加固更换松动部件。定期对站台雨棚吊顶板、屋面进行巡查,及时对吊顶板的固定螺丝进行检查,发现松动、脱落的螺丝及时紧固或更换。

(2) 拆除重做破损部件。将变形的吊顶板拆除,查看主体结构变形缝处断开情况,按变形缝宽度制作安装可伸缩的变形缝盖板,变形缝盖板必须与雨棚主体结构连接,禁止板与板连接。

(三) 雨棚吊顶板脱落

1. 病害

雨棚吊顶板由于固定不当,或者固定点距离过大、不牢固,或者拼缝不密贴等原因,在风力的长期作用下,管件与固定自攻螺丝之间不断地摩擦,锚固部位逐渐松动、脱落,致使饰面板掉落,如图8—2—9所示。

2. 防治

(1) 精心设计。在设计阶段采用合理的设计方案,加强对风雨棚在特定环境下的安全问题及固定措施的考虑。

(2) 合理选材。使用抗风强度较大的吊顶板装饰材料。

图8—2—9 雨棚吊顶饰板脱落实例

(3)拆除和加固。对吊顶装饰板全部拆除或对吊顶装饰板的固定方式进行加固,并提高施工工艺水平。

(四)雨棚屋面漏雨

1. 病害

由于雨棚屋面年久失修,屋面板材及固定构件破损腐蚀严重,雨季来临,屋面发生雨水渗漏现象,并同时存在遇强风脱落的隐患,如图8—2—10所示。其中,彩钢夹芯板接天沟处是易锈蚀渗漏部位,应重点关注,如图8—2—11所示。

(a)整修前　　　　　　　　　　(b)整修后

图8—2—10 站台雨棚屋面漏雨及整修实例

(a)整修前　　　　　　　　　　(b)整修后

图8—2—11 站台雨棚天沟漏雨及整修实例

2. 防治

(1)定时检查,及时补救。定期对雨棚吊顶进行检查,及时进行防腐和加固处理。

(2)拆除破损构件,修补更换。对站台雨棚彩钢板进行拆除更换;对天沟进行淤泥、锈片清掏,可以在天沟两侧彩钢板铺贴自黏聚合物改性沥青防水卷材。

第三节 栏杆(板)、扶手

栏杆(板)、扶手是建筑物重要部件设施之一,广泛设置于建筑的楼梯、步数较多的台阶、阳台、上人屋顶的檐口处、临空平台、通廊、外廊、旅客站台侧面及端部等诸多部位。栏杆(板)、扶手分隔空间,使区域边界明确清晰,并起围护、导向等作用,还具有一定的装饰意义。

一、栏杆(板)、扶手的分类

栏杆(板)、扶手的设置应根据人体工程学的人体活动范围和规律,遵循相关规定和标准,并应具有足够的强度和牢固性,以保证人的行走和活动的安全,同时应起到装饰效果。

(一)按所在位置分类

根据所在位置的不同,栏杆(板)、扶手可以分为楼梯栏杆(板)、通廊栏杆(板)、楼梯扶手、通廊扶手、楼梯靠墙扶手、通廊靠墙扶手、空调和挑板周围栏杆(板)、室外消防爬梯、楼梯铁栏杆等。

(二)按材料分类

很多材料可用于栏杆(板)、扶手,常用的有木材、石材、金属、玻璃、工程塑料、钢筋混凝土等。室内栏杆(板)、扶手多采用硬木制品,也有采用铝合金或不锈钢等金属材料以及玻璃、工程塑料和石料的;室外栏杆(板)、扶手受环境影响较多,常用金属、塑料、石料及钢筋混凝土等。

二、栏杆(板)、扶手的构造做法

栏杆(板)、扶手与墙体、地面等建筑部位之间的安装连接,以及内部组件间的连接构造,对保证栏杆扶手的安全和美观均发挥着重要作用。不同类型、材料的栏杆(板)、扶手的构造要求和做法也不尽相同。

(一)扶手与栏杆(板)的连接构造

由于材料不同,扶手与栏杆(板)的连接有多种组合形式,常见的有硬木扶手与金属栏杆连接、金属扶手与金属栏杆的连接、塑料扶手与金属栏杆的连接、天然石材或人造石材扶手与栏杆的连接等。

硬木扶手与金属栏杆连接时,先在金属栏杆顶端焊接一根通长的扁钢,并在扁钢上钻孔,再用木螺钉通过小孔将硬木扶手固定;金属扶手与金属栏杆可直接焊接连接;塑料扶手与金属栏杆连接时,将扶手插入并卡在焊于金属栏杆顶端的通长扁钢上;天然及人造石材扶手一般与栏板式栏杆通过水泥砂浆相连接。常见构造做法如图 8—3—1 所示。

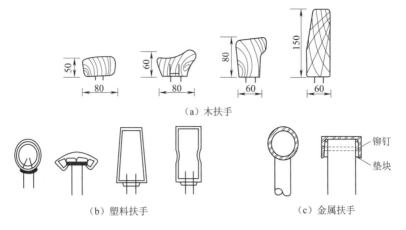

图 8—3—1　扶手与栏杆的连接做法(单位:mm)

扶手端部应作下弯或水平弯曲以避免伤到行人,图 8—3—2 所示为玻璃栏板不锈钢扶手的端部处理方式。水平扶手转弯处,栏杆扶手高度与楼梯扶手一致,水平顺接,并做过渡圆弧,避免端部出现锐角,图 8—3—3 所示为玻璃栏板不锈钢扶手的转弯处理方式。

图 8—3—2　扶手端部处理

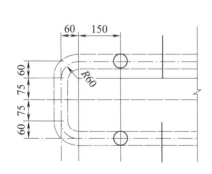 

图 8—3—3　扶手转弯处理(单位:mm)

(二)栏杆(板)、扶手与结构的连接构造

栏杆(板)、扶手是建筑空间的分隔和围护部件,属于非承重构件,需要与主体结构安全、可靠连接才能为使用者提供建筑设施的服务保障,包括栏杆(板)与楼地面的竖向连接和扶手与墙(柱)的水平连接。

将金属栏杆焊于铁件上;二是在下部支承结构上预留不浅于 100 mm 深的孔洞,将尾部做成燕尾形(以利于锚固)的栏板插入孔洞中,再用细石混凝土或高强度等级水泥砂浆填实固定,如图 8—3—4 所示。

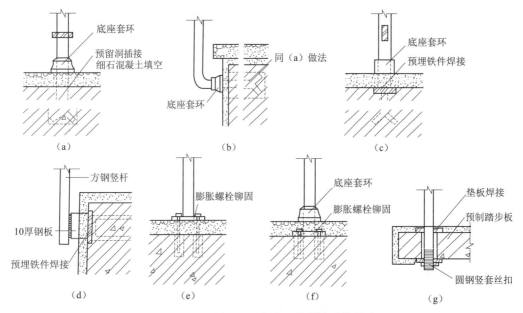

图 8—3—4　栏杆与下部支承结构的连接做法

目前,铁路车站建筑中多采用具有良好视线通透性的玻璃栏板不锈钢扶手。为了保证栏板安全可靠,栏板应采用钢化夹胶玻璃,设置高度应为 1.10～1.30 m。栏板上设扶手,扶手高度为 1.10 m,直径可在 60 mm 左右。玻璃栏板固定在下部支撑结构和立柱之间。栏板与支承结构可采用两种形式连接,一种是挡台固定式,即在栏板落地部位设置挡台,挡台尺寸一般为 150 mm×100 mm(宽×高),如图 8—3—5 所示;另一种是栏板直接落地式,即栏板通过钢框直接固定在地面上,如图 8—3—6 所示。

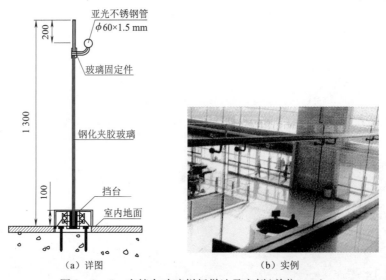

图 8—3—5　有挡台玻璃栏板做法及实例(单位:mm)

— 212 —

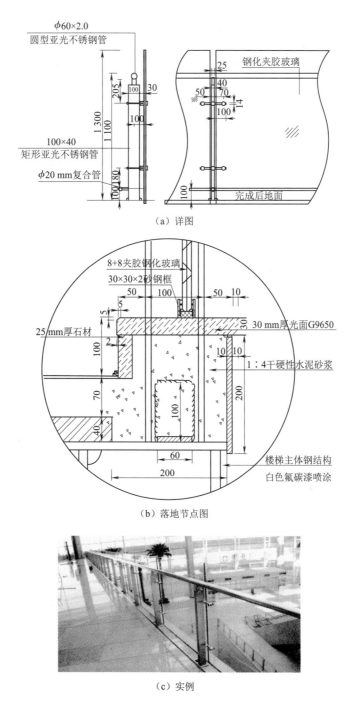

(a) 详图

(b) 落地节点图

(c) 实例

图 8—3—6 直接落地玻璃栏板做法详图及实例(单位:mm)

扶手与墙(柱)的水平连接通常有两种方式,一种是在墙或柱的相应位置预埋铁件,然后将栏杆扶手上的铁件与预埋铁件焊牢;另一种是在墙或柱上预留空洞,然后将栏杆扶手的铁件插入洞中,再用细石混凝土或高强度等级水泥砂浆填实固定,如图 8—3—7 所示。扶手与墙(柱)相连接的支座处宜做装饰处理,如做装饰性金属扣碗等,扣件应安装牢固,图 8—3—8 所示为不锈钢扶手入墙处的支座扣碗做法。

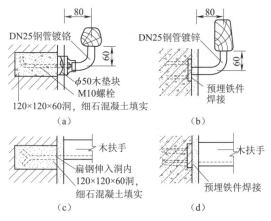
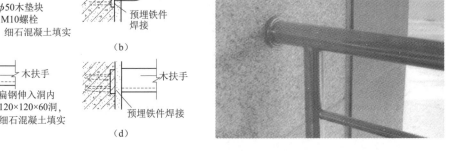

图8—3—7 栏杆扶手与侧墙(柱)的连接做法(单位:mm) 　　图8—3—8 支座扣碗

三、栏杆(板)、扶手常见病害及防治

栏杆(板)、扶手是人们经常触碰的建筑部件,发生损坏的几率较高,比较常见的病害有连接部位松动、栏杆锈蚀、栏板玻璃自爆和破裂等问题。

(一)栏杆扶手连接部位松动

1. 病害

栏杆扶手与地面、墙面的连接出现松动、脱离等现象,主要原因有预埋件的埋设不规范、栏杆扶手与预埋件的连接、固定不牢固,以及外力作用发生的损坏等。这种病害一旦发生,应及时彻底地解决,避免造成生命、财产的损失。

2. 防治

(1)保证预埋件的施工质量。严格按照栏杆设计的固定方式施工,预埋件的制作和安装要牢固、齐平,保证其数量、规格、位置符合质量要求,不留隐患。

(2)保证杆件连接的施工质量。杆件连接应位置精准,牢固安全;螺栓连接时,要保证胀管螺栓等连接件尺寸充分、连接紧固;焊接连接应严格控制工艺质量,严禁焊缝有裂纹、咬肉和凹凸不平的现象;水泥砂浆的填嵌应保证砂浆层饱满、密实;加胶固定时,应涂胶均匀,胶结严密。

(3)加强日常检查。严格按照大修维修工作周期对栏杆扶手进行安全检查,对使用频率高的构件,比如候车厅、公共卫生间的栏杆扶手等,应重点检查,及时发现问题,尽早修补、更换破损部件;当预埋件松脱、破损时,严禁用尼龙(塑料)胀锚螺栓和射钉方式固定,应采用膨胀螺栓与钢板组成的后置连接件,替换预埋件并与结构层牢固连接。

(二)栏杆锈蚀

1. 病害

金属栏杆由于受到空气和雨水的作用而产生锈蚀,严重者会造成栏杆折断、脱落。产生锈蚀的原因主要包括:栏杆在安装时防锈措施不完善,基层处理不干净;涂刷栏杆的油漆内部存在气泡、孔洞,或者油漆厚度不够,致使铁件与外界空气和水接触产生锈蚀;接缝焊口处理不当,栏杆管口及管内与外界接触时,发生锈蚀;螺丝拧入处防锈处理不到位或没有进行防锈处理,也会形成栏杆锈蚀薄弱部位。

2. 防治

(1)保证材料质量。对于不锈钢护栏,应选用质量较好的产品,保证其具有一定的抗腐蚀能力;保证螺丝、螺帽及其他铁质部件的质量。

(2)严格控制焊接工艺。杆件连接的焊接处理应满足规范要求,焊缝饱满,特别注意转角拼接位置、铁管互相穿插处、钢构架固定端等关键部位必须达到封闭焊接;焊口尽量平滑,在油漆前要对不平整的地方打磨平整,以方便防锈漆施工,避免焊接处出现易腐蚀的薄弱点。

(3)规范油漆施工。保证油漆质量,不得选用过期等问题产品;基层处理应做到除锈彻底,不留残锈,油漆遍数和厚度应达到规定要求。

(4)定期检查,及时维修。

(三)栏板玻璃自爆、破裂

1. 病害

玻璃发生自爆、破裂在玻璃栏板使用过程中时有发生。产生自爆的原因较为复杂,其中玻璃本身质量问题、外部环境刺激是主要原因;此外因玻璃裁切、加工及安装操作不当,对玻璃造成损伤,以及节点构造设计存在缺陷,也会造成自爆现象的发生。

2. 防治

(1)规范安装过程。安装过程严格遵循规范要求,做好倒角、磨边等边缘处理,严格控制玻璃面板和金属固定构件之间的缝隙,准确完成橡胶条嵌入,或者注胶固定等操作工艺,有效预防玻璃板块破裂。

(2)监管使用过程。使用中严格巡视监管,避免玻璃板块安装、粘贴以及悬挂其他装置设施,避免玻璃板接触、接近热源,造成玻璃局部应力增大而破损。

(3)栏杆玻璃固定点应在同一平面内,避免因安装产生玻璃内应力,且各固定点应设胶垫。

(4)股道上方、临空高度较高、天桥栏杆不宜采用玻璃结构,特殊情况采用玻璃结构的,应采用安全玻璃,并应增设检修和防坠落设施。

第四节 站名牌、围墙、管沟

一、站名牌

站名牌是设置在旅客站台上,标识车站名称的牌子。站名牌上标明所在车站,以及上行、下行相邻两个车站的站名。站名牌有支柱式和吊挂式两种类型,铁路管理部门对站名牌的规格、形式、材质、位置等做了统一规定。

(一)一般规定

旅客站台上均设置站名牌,并应醒目、坚固。无雨棚的站台应设置不少于2块支柱式站名牌,并应平行于线路方向布置;设有雨棚的站台每侧应设置不少于2个吊挂式站名牌,可垂直于线路方向布置。

(二)站名牌的构造做法

1. 支柱式站名牌

支柱式站名牌统一采用钢筋混凝土预制板,经现场拼装成整体。根据支撑结构形式不同,站名牌分双柱和三柱两种形式。双柱的牌面为 1.9 m×1.0 m,适用于小型旅客站的基本站台和大、中型旅客站的中间站台上装设;三柱的牌面为 1.6 m×0.8 m,适用于大、中型旅客站的基本站台上装设。两种支柱式站名牌的板底距站台面高 2.0 m,均应考虑灯具的装设。

2. 吊挂式站名牌

吊挂式站名牌一般吊挂在站台雨棚上,采用铝合金板材,以便于整体成形,减轻屏体的重量,表面进行氟碳喷涂。站名牌单面屏体厚度不超过 90 mm,双面屏体厚度不超过 190 mm。屏体的面板需保证向上开启顺畅,便于内部光源的维修和更换。站名牌的导视信息可以由激光雕刻而成,无毛边,表面作氟碳喷涂,内衬 3 mm 白色亚克力板透光。

站名牌箱体由镀锌钢板型材作四周边框,框内每 1 000 mm 增设竖向板条,以加强箱体刚度;箱体用钢管吊装,钢管与箱体上边框型材连接,连接点为焊接固定;面板为镂空铝板与亚克力面板组合构成,并通过设置在箱体内的 LED 光源,显示信息,如图 8—4—1 所示。

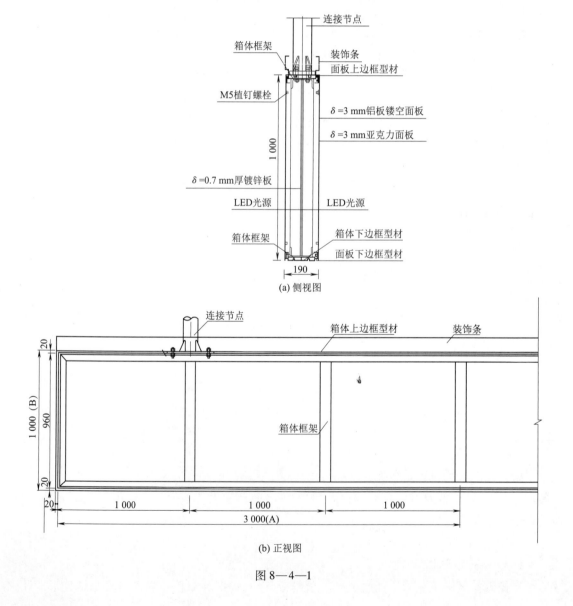

图 8—4—1

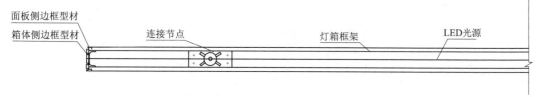

(c)俯视图

图8—4—1 吊挂式站名牌箱体构造详图(单位:mm)

二、围墙栅栏

为保证铁路运输安全,在车站周边、铁路站场沿线以及其他专属用地边缘一般设置围墙栅栏。围墙栅栏应符合建筑限界的规定,满足铁路部门关于铁路线路防护栅栏及防灾安全监控等要求。

（一）一般规定

围墙栅栏的设置安装应牢固整齐,不得有倾斜和缺少栅条的现象。围墙栅栏有砖砌、金属、钢筋混凝土等几种形式。围墙栅栏如涂刷油漆时,应保持漆质均匀、颜色一致,不得有遗漏;钢筋混凝土围墙栅栏的构件尺寸及混凝土标号应符合设计要求,安装应牢固,排列整齐。连接铁件应涂防锈剂。

（二）围墙的构造做法

车站及沿线的围墙栏杆通常采用两种形式,即混凝土柱组合金属栏杆围墙和砖砌围墙,如图8—4—2、图8—4—3所示,其构造做法与前面章节的柱、墙做法基本相同。其中,砖砌围墙需要在原有做法基础上,增加长度方向的抗变形措施,即在墙体每隔4.50 m设置490 mm×490 mm的壁柱,并设通长压顶。此外,围墙在长度方向设置排水口。排水口的通常做法是,在墙体下设置排水功能的流水洞,每跨设一个,洞壁抹20 mm厚1:2水泥砂浆。

图8—4—2 金属围墙

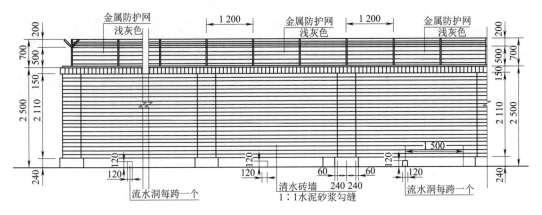

（a）围墙立面（单位：mm）

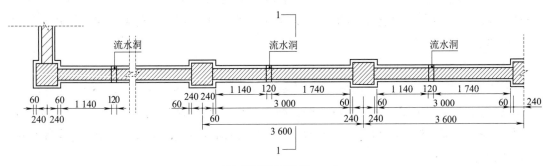

（b）围墙平面（单位：mm）

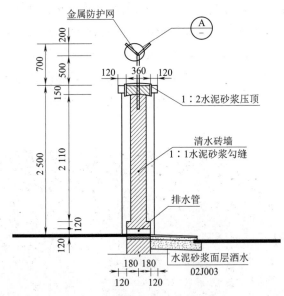

（c）围墙剖面（单位：mm）

图 8—4—3 砖砌围墙

三、综合管沟

综合管沟是将各种工程管线集中布设在特定的管沟内,相对于普通直埋管线,综合管沟更为方便管理和维修,但工程造价较高。铁路站场及相关区域,因为路面复杂、情况特殊,宜采用综合管沟来敷设管线。

(一)一般规定

综合管沟的敷设位置与管线性质有密切关系,干线管沟应设置在机动车道下面,其覆土深度应根据道路施工、行车载荷和综合管沟的结构强度以及当地的冰冻深度等因素综合确定;支线管沟应设置在人行道或非机动车道下,其埋设深度应根据综合管沟的结构强度以及当地的冰冻深度等因素综合确定。

(二)管沟的布置

综合管沟内敷设电信电缆、低压配电电缆、给水、热力、污雨水排水等管线,一般分多个箱室。电信电缆、高压输电缆等相互干扰的管线分设在不同箱室,相互无干扰的给排水管线可设在同箱室,大断面的排水管线应布置在底部,常见布置方式如图8—4—4所示。

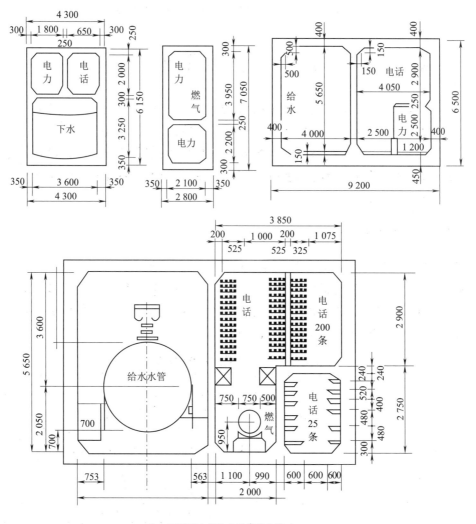

(a)干线综合管沟内的管线布置

图8—4—4

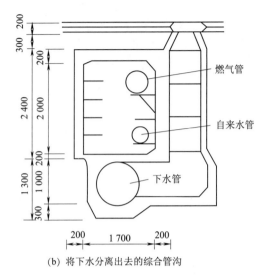

(b) 将下水分离出去的综合管沟

图 8—4—4　综合管沟内管线的布置形式（单位：mm）

第五节　无障碍设施

无障碍设施是适应病人、儿童、老年人和残疾人等行动不便者或有视力障碍者特殊需求的建（构）筑物及配套设施。建立起全方位的无障碍环境，不仅是满足残疾人、老年人的要求和受益全社会的举措，也是社会文明进步的展示。为给旅客提供良好的出行服务，交通建筑须配备齐备的无障碍设施，本节以铁路车站建筑为主，介绍无障碍设施的内容、做法以及常见病害与防治。

一、无障碍设施的内容

无障碍设施是指以残疾人、老年人等有需要人士的使用要求为出发点，确保其能够安全、方便地使用各种功能的空间和设施，如盲道、坡道、停车位、出入口、楼电梯等交通空间，低位扶手、服务台、窗口、卫生间等服务设施，以及盲文标识等无障碍识别、导向信息系统等。

铁路车站无障碍设施的详细内容见表 8—5—1。

表 8—5—1　铁路车站无障碍设施

项　目	内　容
坡道	宽度、长度、坡度、地面、扶手、平台、挡台
出入口	盲道、台阶、扶手、平台、门厅、音响引导及触摸位置图
走道	宽度、扶手、地面、墙面、颜色、照度、盲道
地面	平整、防滑、颜色、不积水
盲道	宽度、路线、位置、色彩
服务台	宽度、位置标志、位置、高度
门	宽度、位置标志、形式、把手、拉手
楼梯	宽度、扶手、位置标志、防滑、坡度、颜色、照度

续上表

项　目	内　容
电　梯	宽度、扶手、位置标志、入口、深度、照度、音响、镜子
扶　手	形式、高度、强度、颜色、盲文说明
电　话	宽度、高度、位置标志
轮椅席	宽度、扶手、位置、深度、视线、地面、标志
客　房	入口、通道、卫生间、居室
阳　台	出口、门坎、深度、视线
洗手间	入口、通道、厕位、洗手盆、地面、安全抓杆
浴　室	入口、通道、浴间、地面、安全抓杆、水温
售、检票口	位置、高度、形式
问询、寄存等服务窗口	位置、高度、形式
安全口	位置、路线、形式、颜色、标识
避难处	位置、路线、面积、标识
呼叫钮	位置、高度、标志
电开关	位置、高度、形式
停车位	位置、路线、标志、轮椅通道
标　志	位置、形式、颜色、高度、规格（国际通用无障碍标志）

二、无障碍设施的做法

铁路车站作为公共交通设施，首先要将残障、老年旅客的在站活动，视为一种特殊流线，在建筑布局与设计中给予足够重视；其次，还要规范地完成无障碍设施建造，保持无障碍环境的连续性。

（一）无障碍流线设计

残障、老人旅客流线宜进行特殊的通道设计，使其方便、舒适地乘降列车，当条件不允许时也应满足流线设计的最低标准。以大型及以上高架候车厅的铁路站房为例，残障、老年旅客流线的最低要求是进、出站共用流线，如图8—5—1所示。

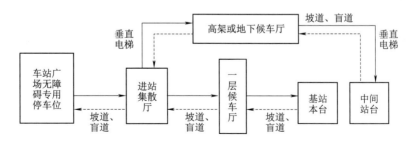

图8—5—1　无障碍旅客流线的最低要求

（二）广场、停车场无障碍设施

1. 站前广场

站前广场是大量进、出站和候车旅客聚集的场所，无论是新建和改建的车站都应有完善的无障碍设施。

广场上应设残疾人通道,在通道上应考虑盲道及残疾人使用机动、手动轮椅的需要。盲道的设置应符合现行行业标准《城市道路和建筑物无障碍设计规范》(JGJ 50)的规定,并应在无障碍设施的位置设国际通用无障碍标识牌,其宽度宜为 0.30~0.60 m。

广场地面有高差的位置应设坡度不大于 1:12 的坡道。广场出入口与人行横道交接处应设缘石坡道,为三面坡,正面坡道宽度不应小于 1.20 m;当坡道单面起坡时,坡度降缓应不大于 1:20,坡道下口宽度不应小于 1.50 m。广场上设有天桥、地下通道和下沉广场时,除设坡道外还可设置适合残疾人使用的升降电梯。

2. 停车场

车站停车场要按交通管理部门的规定,设置专为残障人士使用的专用停车位,并有专门的停车标志,如图 8—5—2 所示。停车场要尽量靠近站房有垂直电梯的入口,以便缩短进站距离。停车场到站房入口之间,应设安全通道坡道。

(三)无障碍出入口、通道和门

1. 出入口

建筑物的主要入口及紧急出入口都应在通行方便和安全的位置布设供残疾人使用的无障碍设施;室内外有高差时,无障碍入口应采取坡道连接,入口室外的地面坡度不应大于1:50,入口轮椅通行平台最小宽度在小型车站中不应小于 1.50 m,在大、中型车站中,不应小于 2.00 m。坡道两侧应设高 0.85 m 的扶手,无障碍入口和轮椅通行平台应设雨棚。

图 8—5—2　停车场无障碍车位标识

出入口的内外,应保留不小于 1.50 m × 1.50 m 平坦的轮椅回转面积。

出入口设两道门时,门扇开启后轮椅通行净距在小型车站不得小于 1.20 m,在大、中型车站不小于 1.50 m。当室内设有电梯时,应尽量靠近候梯厅。建筑入口兼做残障、老人旅客进、出口时,应设置宽度不小于 1.20 m 的坡道取代台阶。

2. 通道和门

通向残疾人设施的地方,应设残疾人通道,在通道上应考虑到残疾人盲道及使用轮椅的需要。以车站建筑为例,供残疾人通行的走道宽度不应小于 1.50 m,检票口出入的通道宽度不应小于 0.90 m;通过轮椅的各类门(含电梯门)净宽不得小于 800 mm。供残障人士使用的门宜采用自动门、平开门,不得采用旋转门、弹簧门,且应内外安装棍式拉手,平开门开关以肘式为佳;平开门宜内开,以便看到对面,避免碰撞;门前宜设置盲道并装设音响指示器;应安装视线观察玻璃、横执把手和关门拉手。

(四)盲道、坡道、楼梯和台阶、电梯

1. 盲道

盲道是方便视残者安全行走和顺利到达无障碍设施位置的通道。车站的售票处、候车厅、检票处、行包托运等应设残疾人通道。根据不同位置和作用盲道有行进盲道、提示盲道的区别。

行进盲道是指引视残者向前行走的盲道,表面为条形。行进盲道的宽度宜为 600 mm,与建筑物的距离一般应为 300~600 mm;车站地道内,行进盲道距地道墙面应为 600 mm。

提示盲道设在行进盲道的起点、终点和拐弯处,长度应大于行进盲道的宽度,表面为圆点形状,如图8—5—3所示。在车站建筑中,站台、出入口、坡道、楼电梯以及公共厕所等无障碍设施的位置要设置提示盲道。

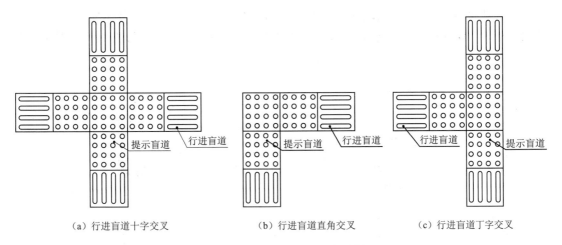

(a) 行进盲道十字交叉　　　　(b) 行进盲道直角交叉　　　　(c) 行进盲道丁字交叉

图8—5—3　行进盲道、提示盲道做法

2. 坡道

供残障人士、老年旅客使用的门厅、通廊、走道等空间的地面应平坦,当有高度差时,应设宽度不小于900 mm的坡道。每段坡道的宽度、允许最大高度和水平长度,应符合表8—5—2。

表8—5—2　坡道坡度、最大高度和水平长度

坡道坡度(高/长)	1/8	1/10	1/12
每段坡道允许高度(mm)	350	600	750
每段坡道允许水平长度(m)	2.80	6.00	9.00

每段坡道在超过表中规定的高度时,应在坡道中间设不小于1.20 m宽的休息平台;在坡道起点和终点应留有宽度不小于1.50 m的轮椅缓冲地带;坡道两侧设900 mm高的扶手;两段坡道间的扶手应连贯,在起点和终点外还应延伸300 mm;坡道凌空侧应设安全挡台。室内外的通道及地面应平整,地面宜选用不滑且不易松动的面层材料。

3. 楼梯和台阶

供盲人和老年旅客使用的楼梯除应满足一般要求外,踏步高度宜为100~150 mm,宽度不小于300 mm;踏步横断面不应采用突缘的形式;不宜采用弧形楼梯;楼梯宽度不宜小于1 200 mm;盲人和老年人使用的台阶超过三级时应设扶手,并与乘轮椅旅客的坡道并行。

4. 电梯

电梯是残障人士和老年旅客的主要垂直交通工具,设置在进站大厅和每个中间站台(高架候车厅)等处,位置应明显易找。供残障人士使用的电梯,入口应平坦无高差,候梯厅的面积不应小于1 500 mm×1 500 mm;轿厢平面尺寸要满足轮椅进入的要求,一般为1 350 mm×1 400 mm,不得小于1 100 mm×1 400 mm;自行操作电梯内应设置低位呼叫按钮、操作盘及扶手;还应设置盲文指示牌、报告位置的音响器等。

(五)服务设施

1. 柜台、服务台

应为残障人士设置易于接近的专用柜台,盲人柜台可由盲道引导利用普通柜台;服务台面高度应为700~800mm,台面前可设座椅或扶手。台面下部应有供轮椅使用者腿脚前伸的空间,如图8—5—4所示。

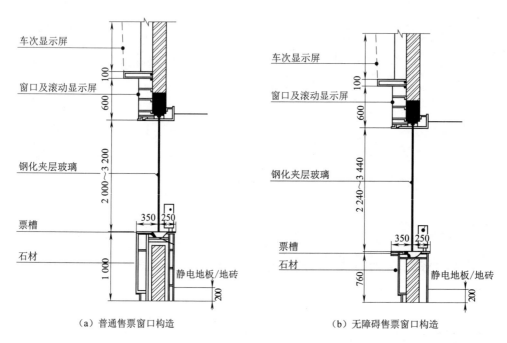

(a)普通售票窗口构造　　　　　　(b)无障碍售票窗口构造

图8—5—4　售票窗口构造对比(单位:mm)

2. 饮水器、休息椅

饮水处、休息椅等设施旁应有一定面积的平坦地面,保证乘轮椅者能够靠近;饮水机或开水箱等设施设置的高度宜为700~800mm,便于乘轮椅者使用;应设置部分高度稍高于普通座椅的休息椅,供老年旅客、部分致残旅客使用,以方便其起、坐。

3. 设施提示标志

车站建筑应在如下位置设置无障碍设施的提示标志,见表8—5—3。安装标志的位置要醒目,照度充足;标志的颜色要明显,以白底、蓝色图案为好;标志的大小以(200 mm×200 mm)~(500 mm×500 mm)为宜。

表8—5—3　无障碍设施提示标志设置位置

标 志 名 称	设 置 位 置
国际通用无障碍标志牌图(包括标志牌、标志线、盲文等)	室外道路、停车场、坡道、出入口、电梯、电话、洗手间、问讯台、检票口、售票口等
安全提示标志(告知视觉残疾者到此停步以免发生危险)	站台四周边沿
触摸式平面图或可设置发声按钮	建筑的出入口、楼电梯口、残疾人售票口、残疾人候车口等

(六)无障碍卫生间

站房内公共卫生间都需设残障人士厕位,入口、通道、厕位宽度不应小于1.50 m,坡度不应大于1/50,室内地面应防滑处理,不得积水。同时,应符合使用轮椅者进入、回旋与使用要求,新建无障碍厕位面积不应小于1 800 mm×1 400 mm,改建无障碍厕位面积不应小于2 000 mm×1 000 mm。

厕位门宜外开或推拉,采用棍式或肘式把手。厕位门向外开启后,入口净宽不应小于800 mm,门扇应设关门拉手。厕所间门口处地面,垂直坎高差不得大于20 mm。

使用高度为450 mm的坐便器;小便器下口高度不应大于500 mm;洗手盆高度适宜,下部留有空间,盆前应有不小于1.10 m×1.80 m的轮椅使用面积。

便器两侧和上部邻近的墙上,应装设能够承受身体重量的安全水平抓杆和垂直抓杆,如图8—5—5所示。

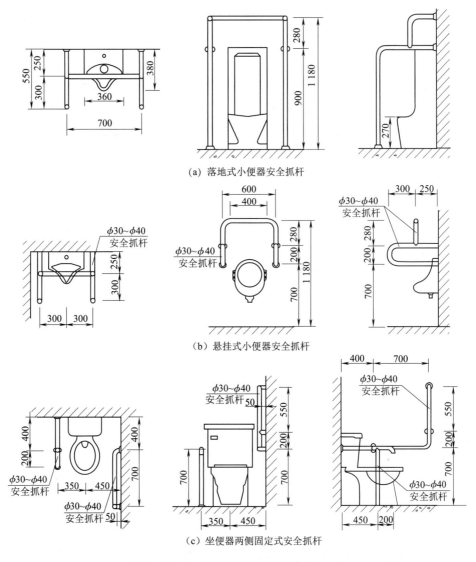

图8—5—5 卫生间安全抓杆(单位:mm)

三、常见病害与防治

(一)无障碍设施和标识磨损、褪色

1. 病害

因使用年限较久等原因,无障碍设施和标识会出现磨损现象,影响正常使用。这种病害主要表现在盲道触感条和触感圆点高度不符合规范要求,轮椅席位、无障碍停车位地面标线磨损辨识不清,无障碍标志和盲文标志明显褪色等。

2. 防治

(1)单块盲道板触感条和触感圆点破损超过25%的,以及一条盲道整体触感条和触感圆点破损超过20%的,应重新铺贴。

(2)无障碍标志和盲文标志等磨损、褪色时,应重画或更换。

(3)无障碍电梯和升降平台的无障碍选层按钮、盲文铭牌和盲文地图的触点,因磨损不能正常使用时,应更换。

(二)盲道地面裂缝、变形和破损

1. 病害

盲道出现裂缝、变形和破损等现象在日常使用中经常发生,主要原因是受气候影响,室外盲道的地面冻胀造成面层盲道砖坏裂。此外,盲道的施工质量和日常使用维护不足也是造成病害的原因之一。

2. 防治

(1)灌浆修补。盲道局部的轻微裂缝,可采用直接灌浆的做法进行修复。

(2)拆除修补。对板块面层局部出现裂缝的,可局部更换板块材料;板块面层大面积开裂、空鼓的应凿除重做;修补时所使用的面层材料的材质应与原材质相同,所使用的板块材料的规格、尺寸和颜色宜与原板块材料相同。

(三)扶手等设施开裂、变形和破损

1. 病害

扶手、抓杆、呼叫按钮以及放物台、洁具等经常触碰的无障碍设施,常易出现松动、变形及破损等病害,会给使用者带来极大不便,甚至带来安全隐患。

2. 防治

(1)对于扶手、安全抓杆的松动、脱落和缺失,及门把手、闭合器的松动等问题,应及时进行紧固、补齐修缮,可先采取可靠的临时围挡措施,然后按原设计修复。

(2)对于无障碍通道的护壁板、门的护门板等翘边、破损的问题,应及时修补或更换。

(3)对于无障碍厕所、厕位、浴室中的洁具及其配件破损问题,应及时进行更换处理。

(4)对于放物台、更衣台、洗手盆、浴帘、毛巾架、挂衣钩破损等问题,应及时修补或更换。

(5)对于求助呼叫按钮装置破损,无障碍标志、盲文标志的松动、脱落和缺失,盲文地图破损等问题,应及时紧固、修补或更换新设备。

(四)无障碍设施积水、腐蚀和污染

1. 病害

无障碍通行的地面因出现潮湿、积水,或者设施表面污染等,都会造成其抗滑性能下降,不能满足功能要求,对残障人士的安全使用带来影响。

2. 防治

(1)查出积水原因,排除积水。对面层进行处理,达到设计要求。

(2)对污染所造成的抗滑性能下降,及时清洁其表面,如不能达到设计要求的,进行更换处理。

第九章 铁路房屋建筑结构体系

建筑结构均由不同结构材料组成的梁、板、柱、墙等主要结构构件,经各种连接方式组合而成的承重体系。为了理解铁路房屋建筑结构的基本概念、工作原理,掌握一定的结构专业知识,更好完成评定、维修及养护任务,本章介绍铁路房屋建筑的结构体系,主要包括铁路房屋建筑结构的一般规定,房屋建筑主体结构形式、设计原则及构造要求,铁路房屋建筑中雨棚、天桥、站台、地道等几种特殊构筑物。

第一节 一般规定

本节主要介绍铁路房屋建筑结构的一般规定,包括铁路房屋建筑的结构组成、基本结构类型、结构特征及结构尺寸,铁路房屋建筑承受的主要荷载和作用,铁路房屋建筑的结构设计内容以及基本设计方法。

一、铁路房屋建筑的结构类型

铁路房屋建筑根据其层数和高度的不同,分为单层、多层、高层和超高层结构;按照所使用的材料不同,又可分为砌体结构、混凝土结构、钢结构、组合结构等类型。在不同地区和不同条件下,正确选用材料,充分利用其优点、克服弱点,是经济合理地建造铁路房屋建筑的一个重要方面。

1. 砌体结构

砌体结构是将砖、石、砌块等块材用砂浆砌筑而成的承重结构,主要做成承重墙和柱,与钢筋混凝土或预应力混凝土楼盖、屋盖等组成房屋建筑结构。

由于取材方便、造价低廉、施工便捷,砌体结构广泛应用于跨度小、层数低的小型站房中。但由于砌体是一种脆性材料,其抗剪、抗拉、抗弯等力学性能欠佳,因而砌体结构的抗震性能往往较差。

2. 混凝土结构

混凝土结构包括素混凝土结构、钢筋混凝土结构和预应力混凝土结构。素混凝土结构因无筋或仅配置构造钢筋,其抗拉性能较低,一般用于受压为主的构件,如铁路房屋建筑的刚性基础和基础垫层等。经过合理设计的钢筋混凝土结构,可使得钢筋和混凝土两种材料优势互补,从而表现出良好的整体受力性能,具有良好的抗震能力和防火性能,是目前铁路房屋建筑的主要结构形式;但随着跨度的增加,钢筋混凝土结构自重大、抗裂性能差的特点就会突显出来,此时,可对构件的受拉区混凝土施加预压应力而形成预应力混凝土结构。

混凝土结构造价较低,且材料来源丰富,并可浇筑成各种复杂断面形状,还可以组成多种结构体系;具有可节省钢材、承载能力高、能跨越较大距离的优点,经过合理设计,可获得良好的抗震性能,因此广泛应用于铁路房屋建筑中。

3. 钢结构

钢结构是钢构件通过各种连接形成的承载结构。由于钢材强度高、韧性大、易于加工,因而钢结构具有结构断面小、自重轻、抗震性能好、施工方便等优点,适用于单层和多层铁路房屋结构,尤其适用于大跨度结构。钢结构构件可在工厂加工,能缩短现场施工工期,且与轻质墙板、复合楼板等部件连接方便。但是钢材耐火性能差,需大量使用防火涂料,增加了工期和造价。此外由于钢材的耐腐蚀性差,钢结构须采取防腐措施。近年来一些钢结构雨棚由于现场除锈、防腐措施不到位以及漏雨等原因,出现不同程度的锈蚀现象,对钢结构的耐久性、外观甚至安全性产生不利影响,因此对钢结构需要着重注意锈蚀问题,加强检查与维护。

4. 钢—混凝土组合结构

钢—混凝土组合结构是由钢材和混凝土两种材料共同受力的组合结构构件组成的结构,或由组合构件与钢构件或与钢筋混凝土构件组成的结构。钢—混凝土组合结构可以使钢材和混凝土两种材料取长补短,充分发挥各自的力学性能,取得经济合理、技术性能优良的效果。组合构件通常有三种组合方式。

(1)钢筋混凝土放在构件的受压区、型钢放在构件的受拉区,这类组合方式主要应用于梁板结构,形成钢—混凝土组合梁、钢—混凝土组合楼板。

(2)用型钢加强钢筋混凝土构件,型钢放在构件内部,外部由钢筋混凝土做成,称为钢骨混凝土(或劲性混凝土)构件,这类组合方式主要应用于梁、柱、剪力墙等构件,也可用于剪力墙的边缘约束构件。

(3)在钢管内部填充混凝土,做成外包钢构件,称为钢管混凝土构件,主要应用于受压构件,如柱或拱。

二、铁路房屋建筑的结构尺寸及相关参数

结构尺寸主要有结构跨度、柱距、层高、伸缩缝间距等,是描述结构或构件的水平位置及标高的重要参数。为了减少构件的规格,提高施工效率,结构尺寸一般应符合模数的要求。基本模数规定为100 mm,以 M 表示,即 1M = 100 mm。导出模数分为扩大模数和分模数,扩大模数的基数是 3M,6M,12M,15M,30M,60M 共 6 个,分模数的基数为 1/10M,1/5M,1/2M 共 3 个。

(一)结构跨度

房屋、桥梁等建(构)筑物中,水平承重构件相邻支承点之间的距离称为结构跨度,即梁、屋架等水平承重构件两端的柱、桥墩或墙等承重结构之间的距离。图9—1—1 所示Ⓐ-Ⓑ和Ⓑ-Ⓒ轴线间距为跨度,即纵向定位轴线之间的尺寸。

图9—1—2 所示 $L_1 \sim L_4$ 为北京南站中央站房钢结构的跨度。

图9—1—3所示Ⓐ、Ⓑ、Ⓒ、Ⓓ等轴线之间的间距为北京站无站台柱雨棚结构跨度。图9—1—4所示Ⓐ、Ⓑ、Ⓒ等轴线之间的间距为沈阳北站无站台柱雨棚结构跨度。

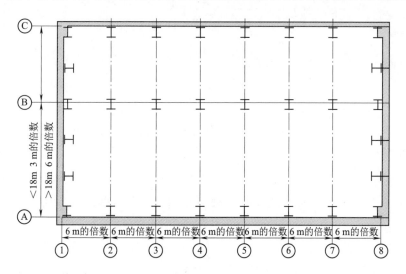

图9—1—1 双跨厂房的跨度和柱距示意

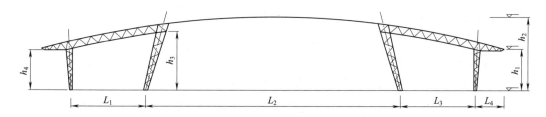

图9—1—2 北京南站中央站房钢结构跨度示意

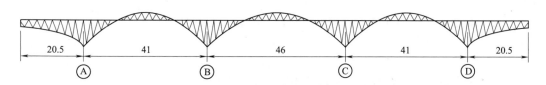

图9—1—3 北京站无站台柱雨棚钢结构跨度示意(单位:m)

(二)柱距

柱距一般指柱子横向定位轴线之间的尺寸,即房屋纵向柱子之间的间距,一般以3 m为模数,如6 m、7.5 m、9 m等。图9—1—1中①~⑧各轴线间的间距和图9—1—4所示①~⑨各轴线间的间距均为柱距。

(三)结构层高

结构层高是指房屋上下两层结构层层面的垂直距离。建筑物底层的层高,有基础底板的指基础底板上表面结构标高至上层楼面的结构标高之间的垂直距离;没有基础底板的指地面标高至上层楼面结构标高之间的垂直距离。最上一层的层高是指楼面结构标高至屋面板结构标高之间的垂直距离;遇有以屋面板找坡的屋面,层高指楼面结构标高至屋面板最低处板面结构标高之间的垂直距离。

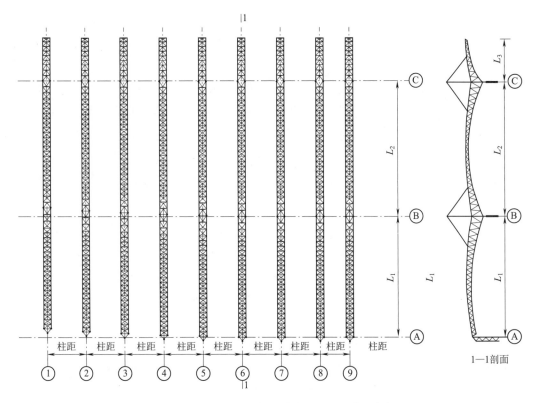

图 9—1—4　沈阳北站雨棚结构跨度和柱距示意(单位:mm)

三、铁路房屋结构承受的荷载与作用

作用在房屋结构上的荷载与作用主要包括永久荷载、可变荷载、偶然荷载及地震作用等。

(一)永久荷载

永久荷载也称为恒荷载,是指其值在结构使用期间不随时间变化,或其变化与平均值相比可以忽略不计,或其变化是单调的并能趋于限值的荷载。主要包括结构构件、围护构件、面层及装饰、固定设备、长期储物的自重,以及土侧压力、静水压力、预加应力、混凝土收缩和徐变影响力、基础变位影响力等。常用材料和构件单位体积的自重详见附录。

(二)可变荷载

可变荷载也称为活荷载,是指其值在结构使用期间随时间而变化,包括屋面活荷载、楼面活荷载、屋面积灰荷载、施工和检修荷载、风荷载、雪荷载、温度作用、列车荷载等。

1. 屋面活荷载

屋面活荷载,主要指施工或维修荷载,沿屋面水平投影面上均匀分布,其值按《建筑结构荷载规范》(GB 5009)采用。

2. 楼面活荷载

楼面活荷载指房屋中生活或工作的人群、家具、用品、设施等产生的重力荷载。

楼面活荷载按其时间变异的特点,可分持久性和临时性两种。持久性活荷载是指楼面上在某个时间段内保持不变的荷载,如住宅内的家具、物品,工业房屋内的机器、设备和堆料。临时性活荷载是指楼面上偶然出现的短期荷载,如聚会的人群、维修时工具和材料的堆积、室内扫除时家具的集聚等。

考虑到楼面活荷载在楼面位置上的任意性,为了应用方便,一般将楼面活荷载处理为楼面均布荷载。均布活荷载的量值与建筑物的功能有关,如公共建筑的均布活荷载值一般比住宅、办公楼的大。我国常用的建筑楼面活荷载标准值详见《建筑结构荷载规范》。

作用在楼面上的活荷载,同时以最大荷载值均布在所有楼面上的可能性很小,因此应按楼面活荷载标准值乘以折减系数,折减系数按《建筑结构荷载规范》确定。

3. 屋面积灰荷载

屋面积灰荷载是冶金、铸造、水泥等行业的建筑屋面应该考虑的一种特有活荷载。影响积灰荷载的主要因素有除尘装置的使用与维修、清灰制度及执行、风向和风速、烟囱高度、屋面坡度和屋面挡风板等。因此,积灰荷载的确定是以工厂设有一般的除尘装置,且能坚持正常的清灰制度为前提的。屋面积灰荷载按《建筑结构荷载规范》采用。

4. 施工和检修荷载及栏杆荷载

屋面板、檩条、钢筋混凝土挑檐、雨棚和预制小梁等构件,除了承受屋面均布活荷载外,还承受施工、检修时由人和工具自重形成的集中荷载,即施工和检修荷载。此外考虑到楼梯、看台、阳台和上人屋面等的栏杆在紧急情况下对人身安全保护的重要性,还应考虑栏杆荷载。

5. 风荷载

风荷载是建筑结构及其他工程结构上的一种主要的直接作用。垂直于建筑物表面上的风荷载标准值,当计算主要受力结构时,应按式(9—1—1)计算。

$$W_k = \beta_z \mu_s \mu_z W_0 \qquad (9—1—1)$$

式中　W_k——风荷载标准值;

　　　μ_s——风荷载体型系数;

　　　μ_z——风压高度变化系数;

　　　β_z——高度 Z 处的风振系数;

　　　W_0——基本风压。

当计算围护结构时,应按式(9—1—2)计算。

$$W_k = \beta_{gz} \mu_{sl} \mu_z W_0 \qquad (9—1—2)$$

式中　β_{gz}——高度 Z 处的阵风系数;

　　　μ_{sl}——风荷载局部体型系数。

以上参数取值详见《建筑结构荷载规范》。

6. 雪荷载

雪荷载是作用于屋面结构的主要荷载之一。在我国寒冷地区及其他大雪地区,因雪荷载导致屋面甚至整个结构破坏的事例常有发生。尤其是一些大跨度结构及轻型结构,对雪荷载更为敏感。屋面水平投影面上的雪荷载标准值应按式(9—1—3)计算。

$$S_k = \mu_\gamma S_0 \qquad (9\text{—}1\text{—}3)$$

式中 S_k——雪荷载标准值；

μ_γ——屋面积雪分布系数；

S_0——基本雪压。

屋面积雪分布系数μ_γ和基本雪压S_0的取值详见《建筑结构荷载规范》(GB 50009)的相关规定。

7. 温度作用

当结构物所处环境温度发生变化，且结构或构件的热变形受到边界条件约束或相邻部分的制约而不能自由胀缩时，就会在结构或构件内形成一定的应力，称为温度应力。温度作用效应包括温度变化引起的结构变形和附加内力。温度作用不仅取决于结构物环境的温度变化，还与材料的温度膨胀系数(表9—1—1)、结构或构件受到的约束条件有关。

表9—1—1 常用材料的线膨胀系数 α_T

材料	线膨胀系数 α_T ($\times 10^{-6}$/℃)	材料	线膨胀系数 α_T ($\times 10^{-6}$/℃)
轻骨料混凝土	7	钢,锻铁,铸铁	12
普通混凝土	10	不锈钢	16
砌体	6~10	铝,铝合金	24

温度作用应考虑气温变化、太阳辐射及使用热源等因素，作用在结构或构件上的温度作用应采用其温度的变化来表示。基本气温可采用50年重现期的月平均最高气温T_{max}和月平均最低气温T_{min}，对气温变化较敏感的金属结构等，还宜考虑极端气温的影响。基本气温T_{max}和T_{min}可根据当地气候条件适当增加或降低。对于有围护的室内结构，结构平均温度应考虑室内外温差的影响；对于暴露于室外的结构或施工期间的结构，宜依据结构的朝向和表面吸热性质考虑太阳辐射的影响。

8. 列车荷载

列车荷载是地道及部分站房的荷载作用。铁路列车竖向静活载采用铁路标准活载，即"中—活载"，如图9—1—5所示。

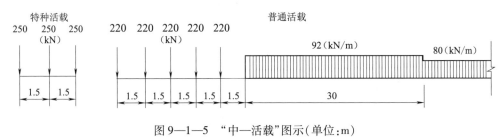

图9—1—5 "中—活载"图示(单位：m)

桥跨结构和墩台尚应按其所使用的架桥机加以检算。用空车检算时，其竖向静活载应按10 kN/m取值。列车荷载其他规定见《铁路桥涵设计规范》(TB 10002.1)内容。

高速铁路列车荷载采用 ZK 活载，ZK 标准活载如图9—1—6所示，ZK 特种活载如图9—1—7所示。

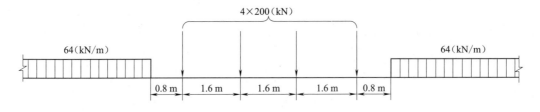

图9—1—6 ZK标准活载图示

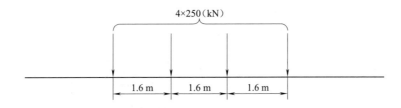

图9—1—7 ZK特种活载图示

(三)偶然荷载

偶然荷载指那些在结构使用期间不一定出现,但一旦出现其值很大且持续时间很短的荷载,主要包括撞击力、爆炸力、火灾引起的荷载等。当采用偶然荷载作为结构设计的主导荷载时,在允许结构出现局部构件破坏的情况下,应保证结构不致因偶然荷载引起连续倒塌。偶然荷载的荷载设计值按《建筑结构荷载规范》取用。

(四)地震作用

铁路房屋建筑在使用期间,对不同频率和强度的地震,应达到"小震不坏,中震可修、大震不倒"的抗震设防目标。当遭受低于本地区抗震设防烈度的多遇地震(或称小震)影响时,建筑物一般不受损坏或不需修理仍可继续使用;当遭受本地区规定设防烈度的地震(或称中震)影响时,建筑物可能产生一定的损坏,经一般修理或不需修理仍可继续使用。当遭受高于本地区规定设防烈度的预估的罕遇地震(或称大震)影响时,建筑可能产生重大破坏,但不致倒塌或发生危及生命的严重破坏。使用功能或其他方面有专门要求的建筑,当采用建筑抗震性能化设计时,可采用更具体或更高的抗震设防目标。房屋建筑抗震应按《建筑抗震规范》(GB 50011)考虑,其他铁路工程结构符合《铁路工程抗震设计规范》(GB 50111)的相关规定。

四、铁路房屋建筑的结构设计

(一)结构设计的基本要求

结构在规定的时间(设计使用年限),在规定的条件下(正常设计、施工、使用、维修)必须保证完成预定的功能。

1. 安全性

在正常施工和正常使用时,建筑结构能承受可能出现的各种作用;并且在设计规定的偶然事件(如地震、爆炸)发生时及发生后,仍能保持必需的整体稳定性,所谓整体稳定性即在偶然事件发生时及发生后,建筑结构仅产生局部的损坏而不致发生连续倒塌。

2. 适用性

建筑结构在正常使用时具有良好的工作性能,如不产生影响使用的过大的变形或振幅,不发生让使用者产生不安的过宽的裂缝等。

3. 耐久性

建筑结构在正常维护下具有足够的耐久性能,即结构在正常维护条件下,应能在规定的设计使用年限满足安全、实用性的要求。

上述对结构安全性、适用性、耐久性的要求总称为结构的可靠性。结构的可靠性的概率度量称为结构的可靠度。也就是说,可靠度是指在规定的时间内和规定的条件下,结构完成预定功能的概率。

结构的设计使用年限是指设计规定的结构或结构构件不需进行大修,即可按预定目的使用的时期,我国现行规范规定的设计使用年限应按表9—1—2采用。

表9—1—2 设计使用年限分类

类别	设计使用年限(年)	示例
1	5	临时性建筑
2	25	易替换结构构件的建筑
3	50	普通建筑和构筑物
4	100	纪念性建筑和特别重要的建筑

我国通常的建筑结构的设计使用年限是50年。对于按照我国现行设计规范选用的可变作用及与时间有关的材料性能等取值而选用的时间参数则称为设计基准期。不等同于建筑结构的设计使用年限,《建筑结构可靠度设计统一标准》(GB 50068—2001)规定的设计基准期为50年,相应的《建筑结构荷载规范》(GB 50009—2012)所考虑的荷载统计参数都是按设计基准期为50年确定的,如设计时需采用其他设计基准期,则必须另行确定在设计基准期内最大荷载的概率分布及相应的统计参数。

(二)结构设计方法

1. 容许应力法

容许应力法是以结构构件的计算应力 σ 不大于有关规范所给定的材料容许应力$[\sigma]$的原则来进行设计的方法。该方法以线性弹性理论为基础,以构件危险截面的某一点或某一局部的计算应力小于或等于材料的容许应力为准则。对受弯、受扭等应力分布不均匀构件采用该设计方法时,会得到比较保守结果。

容许应力法一般的表达式为:

$$\sigma \leq [\sigma] \tag{9—1—4}$$

式中 σ——在使用阶段(使用荷载作用下)构件截面上的最大应力;

$[\sigma]$——材料的容许应力。

2. 极限状态法

根据《建筑结构可靠度设计统一标准》(GB 50068)所确定的建筑结构可靠度设计基本原则,应用我国现行设计规范进行铁路站房结构设计时,采用的是以概率理论为基础的极限状态设计方法,是将作用效应和影响结构抗力的主要因素作为随机变量,根据统计分析确定可靠概率来度量结构可靠性的结构设计方法;其特点是有明确的、用概率尺度来表达的结构可靠度概念,通过预先规定的可靠度指标值,使结构各构件,以及不同材料组成的结构之间具有较为一致的可靠度水平。

区分结构是否可靠与失效,其分界标志就是极限状态。当整个结构或结构的一部分超过某一特定状态就不能满足设计规定的某一功能要求,这个特定状态称为该功能的极限状态,可分为两类。

(1) 承载能力极限状态

当结构或结构构件达到最大承载能力,或产生了不适于继续承载的变形时,即认为超过了承载能力极限状态。

①整个结构或结构的一部分作为刚体失去平衡(如,倾覆等)。

②结构构件或连接因超过材料强度而破坏(包括疲劳破坏),或因过度变形而不适于继续承载。

③结构转变为机动体系。

④结构或结构构件丧失稳定(如压屈等)。

⑤地基丧失承载能力而破坏(如失稳等)。

事实上,承载能力极限状态就是结构或结构构件发挥最大承载能力的状态。

(2) 正常使用极限状态

这种极限状态对应于结构或结构构件达到正常使用或耐久性能的某项规定限值的状态。当结构或结构构件出现下列状态之一时,即认为超过了正常使用极限状态:

①影响正常使用或外观的变形;

②影响正常使用或耐久性能的局部损坏(包括裂缝);

③影响正常使用的振动;

④影响正常使用的其他特定状态。

在建筑结构设计时,除了考虑结构功能的极限状态之外,还须根据结构在施工和使用中的环境条件和影响,区分下列三种设计状况。

①持久状况,即在结构使用过程中一定出现,其持续期很长的状况,例如房屋结构承受家具和正常人员荷载的状况。持续期一般与设计使用年限为同一数量级。

②短暂状况,即在结构施工和使用过程中出现概率较大,而与设计使用年限相比持续期很短的状况,如结构施工和维修时承受堆料荷载的状况。

③偶然状况,即在结构使用过程中出现概率很小,且持续期很短的状况,如结构遭受火灾、爆炸、撞击、罕遇地震等作用。

这三种设计状况分别对应不同的极限状态设计。对于持久状况、短暂状况和偶然状况,都必须进行承载能力极限状态设计;对于持久状况,尚应进行正常使用极限状态设计;而对于短暂状况,可根据需要进行正常使用极限状态设计。

建筑结构应按承载能力极限状态和正常使用极限状态分别进行荷载组合,并取各自的最不利的组合进行设计。对于承载能力极限状态,应按荷载的基本组合或偶然组合计算荷载组合的效应设计值,并应采用设计表达式(9—1—5)进行设计。

$$\gamma_0 S_d \leq R_d \tag{9—1—5}$$

式中 γ_0——结构重要性系数,应按各有关建筑结构设计规范的规定采用;

S_d——荷载组合的效应设计值;

R_d——结构构件抗力的设计值,应按各有关建筑结构设计规范的规定确定。

对于正常使用极限状态,应根据不同的设计要求,采用荷载的标准组合、频遇组合或准永久组合,并应按设计表达式(9—1—6)进行设计。

$$S_d \leq C \tag{9—1—6}$$

式中 C——结构或结构构件达到正常使用要求的规定限值,例如变形、裂缝、振幅、加速度、应力等的限值,应按各有关建筑结构设计规范的规定采用。

(三)结构设计流程

结构设计整个流程分为方案设计、初步设计和施工图设计三个阶段;如合同中有不做初步设计的约定,可在方案设计审批后直接进入施工图设计。

1. 方案设计

该阶段的主要任务是配合建筑专业选定合理的结构方案,明确建筑结构的安全等级、设计使用年限、建筑抗震设防类别、上部结构选型、新结构和新技术的应用、主要结构材料及特殊材料的选用、地下室的防水等级及结构做法等。方案设计文件,应满足编制初步设计文件的需要。

2. 初步设计阶段

该阶段的主要任务是根据既有的条件确定结构地基基础设计等级,地基处理方案及基础形式,完成结构的平面布置和竖向布置,初步拟定构件的截面尺寸,进行初步计算分析,并根据计算结果,调整构件的布置和截面尺寸,完成初步的结构布置方案。初步设计文件,应满足编制施工图设计文件的需要。

3. 施工图设计阶段

该阶段的主要任务是通过图纸,把设计者的意图和全部设计结果表达出来,作为施工制作的依据。施工图设计文件,应满足设备材料采购、非标准设备制作和施工的需要。

(四)结构设计依据

结构设计依据就是与工程设计有关的依据性文件,如选址及环境评价报告、地形图、项目的可行性研究报告、政府有关主管部门对立项报告的批文、设计任务书或协议书等;设计所采用的主要法规和标准等;设计基础资料,如气象、地形地貌、水文地质、地震、区域位置等。

(五)结构设计成果

结构施工图是结构设计的主要产品,是工程实施设计意图的依据,直接关系到房屋的质量品质和建筑工程的安全、适用、经济方针的体现。结构施工图主要包括图纸目录、结构设计总说明、基础平面布置图、基础详图、各层结构平面布置图、各类构件详图、节点大样图、楼梯详图等。

(六)设计在施工阶段的配合

为确保所设计的建筑结构顺利的建造,结构设计人员有义务在施工阶段配合施工方的工作,具体任务和注意事项如下。

1. 设计交底

交付施工图纸后,首先应进行设计交底,由设计人员向甲方和施工单位介绍设计文件、设计意图、特殊的工艺要求以及建筑、结构、工艺、设备等各专业在施工中的难点、疑点和容易发生的问题,同时对施工单位、监理单位、建设单位等的质疑进行解释。

对于结构设计人员,设计交底的主要内容有工程概况、图纸组成、地质情况(包括对地基基础的特殊要求、验槽要求、沉降观测要求)、结构形式、使用的材料、施工方法、构件种类、结构的关键部位及其施工要求,特殊材料的使用、施工方法及试验要求、图纸上交代不清楚的解释、已发现的错误的纠正(变更设计通知单)、各阶段的验收要求等。

2. 施工配合

在建筑物的施工过程中,出现设计考虑的情况与实际情况不符、施工难度过大施工无法实现等情况时,甲方或施工单位可提出设计变更申请,设计人员应进行设计修改以满足现场需求。施工过程中出现意外情况或者施工难题时,需要设计和施工人员密切配合,及时协商解决。

3. 施工验收

在施工过程中,结构设计人员根据需要参加相关专项验收,检查施工是否符合设计意图,对不正确的应予以指正并给出修改建议。

工程建成后,结构设计人员参加由建设单位组织的工程竣工验收,并将有关施工过程的变更通知、修改洽商、事故处理报告、会议纪要、照片、录像等资料予以整理归档。

第二节 主体结构

主体结构是基于地基基础之上,接受、承担和传递建(构)筑物上的所有荷载,维持上部结构整体性、稳定性和安全性的有机体系,和地基基础一起构成的建(构)筑物的结构系统,是建(构)筑物安全、稳定、可靠的载体和重要组成部分。

一、主体结构的体系和选型

结构体系与建筑空间、经济指标密切相关,选择适宜的结构体系,提高结构的经济性,意义重大。铁路房屋建筑的主体结构有墙承重结构、框架结构、剪力墙结构、框架剪力墙结构、排架结构、门式刚架等结构体系。

各类铁路房屋建筑,如站房、站台雨棚、办公楼、库房、生产用房等,可以根据用途、材料、空间等各方面的要求,在上述内容中选取合适的主体结构类型和结构体系。同时,根据结构特点,也可将钢筋混凝土构件和钢构件以及钢—混凝土混合构件组合应用。

(一)墙承重结构

墙承重结构是指主要承受竖向重力荷载的低矮房屋,其竖向支承体系主要采用各类砖砌体、石砌体或砌块砌体建造的承重墙体组成的结构。墙承重结构适用于使用空间要求不大,使用功能相对简单、变化较少的房屋建筑,可为单层或多层布置。如铁路房屋中的职工宿舍、各类小型物品库、汽车库、泵房、小型配电间等。

在地震区,墙承重结构除主要采用各类砌块和砂浆砌筑竖向支承构件外,还需根据规范要求设置一定量的钢筋混凝土构造柱和圈梁,以满足房屋结构的抗震要求。

根据结构布置方式和荷载传递路径的不同,墙承重结构体系可分为横墙承重体系、纵墙承重体系和纵横墙承重体系。

1. 横墙承重体系

墙承重结构中,当楼盖为预制板,横墙承担屋盖、各层楼盖传来的绝大部分荷载,纵墙仅起围护作用时,相应的承重体系称为横墙承重体系,如图9—2—1所示。

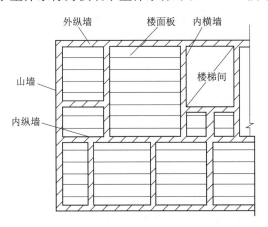

图9—2—1　横墙承重体系

横墙承重体系的房屋具有如下特点,一般适用于使用空间面积不大的铁路房屋建筑。

(1)横墙数量多,间距小(一般为3~4.5m),房屋横向刚度较大,整体性好,抵抗风荷载、地震作用及调整地基不均匀沉降的能力较强;

(2)外纵墙不承重,承载力有富余,门窗的布置及大小较灵活,建筑立面易处理;

(3)楼(屋)盖结构较简单、施工较方便,但墙体材料用量较多;

(4)因横墙较密,建筑平面布局不灵活,后期若改造时困难较大。

2. 纵墙承重体系

墙承重结构的纵墙承担楼(屋)盖传来的绝大部分荷载,如图9—2—2所示。

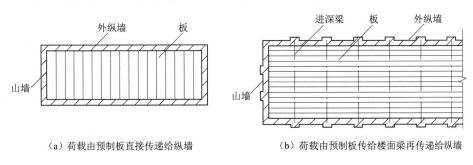

(a)荷载由预制板直接传递给纵墙　　　　(b)荷载由预制板传给楼面梁再传递纵墙

图9—2—2　纵墙承重体系

纵墙承重体系具有如下特点,多适用于使用上要求较大空间的铁路房屋建筑,如各类中型物品库房。

(1)横墙间距大、数量少,建筑平面布局较灵活,但房屋横向刚度较弱;

(2)纵墙承受的荷载较大,纵墙上门窗洞口的布置与大小受到一定限制;

(3)与横墙承重体系相比,墙体材料用量较少,楼(屋)盖用料较多。

3. 纵横墙承重体系

纵横墙承重体系也称为混合承重体系。建筑的楼屋面当为现浇的楼、屋盖时,或虽为预制楼板铺设,但荷载由横墙和纵墙共同承担时,其传力体系将与前两种传力方式不同。如图9—2—3所示。

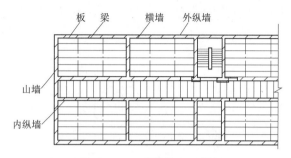

图9—2—3 纵横墙承重体系

纵横墙承重体系的特点是:

(1)房屋纵横墙均承重,沿纵、横向刚度均较大,墙体材料利用率高,墙体应力比较均匀;

(2)房屋建筑平面布局灵活,且具有较大的空间刚度和整体性。

砌体结构由于由小块砌块砌筑形成,其整体性须靠钢筋混凝土的现浇连接构件如构造柱和圈梁来予以加强。单纯以预制板为主的装配式楼、屋面应用也得到限制。综合考虑其抗震方面的安全性和经济性要求,砌体结构的使用层数以单层和七层以下的多层为主,基础形式多为墙下条形基础。

(二)框架结构

框架结构是指由梁和柱以刚接或者铰接相连接而成,构成承重体系的结构,即由梁和柱组成框架共同抵抗使用过程中出现的水平荷载和竖向荷载,主要由钢筋混凝土、钢结构和钢－混凝土组合梁、柱等组成。由于竖向支承体系为柱类构件,平面布置灵活,隔墙分隔可按要求设置,对空间和人流、物流组织有较高要求的铁路房屋如铁路站房、大中型铁路办公和生产用房等,均可采用框架结构。

1. 钢筋混凝土框架

梁柱构件均由钢筋混凝土制成,通过刚接节点连接,与钢筋混凝土楼板或组合楼板共同组成的结构称为钢筋混凝土框架结构(图9—2—4)。由于抗侧刚度相对有限,钢筋混凝土框架结构一般应用于层数不多的混凝土结构房屋,框架柱截面常为矩形或正方形,梁截面一般为矩形。当柱距较大或层高较高时,柱采用钢管混凝土或钢骨混凝土制作,梁构件采用型钢混凝土组合梁,必要时,采用预应力混凝土技术。

图9—2—4 钢筋混凝土框架结构

混凝土框架结构按施工方法的不同可分为全现浇式、半现浇式、装配式和装配整体式等。

(1)全现浇式框架

梁、柱、楼盖均为现浇钢筋混凝土的框架。一般是每层的柱与其上部的梁板同时支模、绑扎钢筋,然后一次浇捣混凝土,板中的钢筋应伸入梁内锚固,梁的钢筋应伸入柱内锚固。全现浇式框架结构的整体性好,抗震性能强;其缺点是现场施工工作量大,工期长,且需要大量的模板。

(2)半现浇式框架

半现浇式框架指梁、柱为现浇,楼板为预制,或柱为现浇,梁板为预制的结构。由于楼盖采用预制,可减少现场浇捣混凝土的工作量,节省大量模板,同时可以实现楼板的工厂化生产,提高施工效率,降低工程造价。

(3)装配式框架

装配式框架指梁、柱、楼板均为预制,然后通过焊接拼装连成整体的框架结构。所有构件均为预制,可实现标准化、工厂化、机械化生产。因此拼装式框架施工速度快、效率高。但由于焊接接头处必须预埋连接件,增加了整个结构的用钢量,装配式框架结构的整体性较差,抗震能力弱,不宜在地震区使用。

(4)装配整体式框架

装配整体式框架指在预制楼板上浇筑一层现浇的钢筋混凝土楼面叠合层,可以增加整个结构的整体性和抗侧刚度,可以拓宽在地震区的应用。

钢筋混凝土框架结构宜按下列原则进行布置。

①结构平面形状和立面体型宜简单、规则,使各部分刚度均匀对称,减少结构产生扭转的可能性。

②控制结构的高宽比,以减少水平荷载下的侧移。

③尽量统一柱网及层高,以减少构件种类规格,简化设计及施工。

④房屋的总长度宜控制在最大温度伸缩缝间距内;当房屋长度超过规定值时,可设伸缩缝将房屋分为若干个温度区段;也可不设伸缩缝而通过建筑、结构和施工办法或通过构造措施予以解决。

⑤框架结构的基础类型视地基承载力水平和上部荷载,可为柱下独立基础、条形基础、十字交叉条形基础和筏形基础等。基础埋深不宜太浅,整个建筑的基础类型、埋深宜相同。当相邻房屋层数、荷载相差悬殊或土层变化很大时,应设沉降缝将相邻部分由基础到上部结构分开。沉降缝可利用挑梁或搁置预制板(梁)的办法(图9—2—5)。也可采用施工后浇带、膨胀带或结构构造等方法不设沉降缝。

钢筋混凝土框架结构大量应用于跨度和开间要求较大的铁路站房,随着规模的增加,现浇钢筋混凝土结构、预应力钢筋混凝土结构、劲性钢筋混凝土结构、空腹钢结构以及实腹钢结构等均采用框架结构的刚结节点形式投入铁路站房的使用。框架结构还可与抗震的耗能支撑、基础的隔振降噪装置等联合应用。

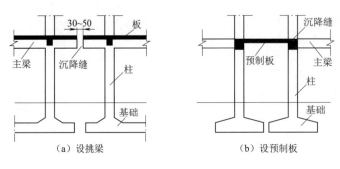

图 9—2—5 沉降缝做法(单位:mm)

2. 钢框架

与钢筋混凝土框架结构不同,钢结构的柱、梁构件均由型钢制成,柱与基础刚接,柱、梁连接节点采用刚接或铰接节点,楼屋盖体系多采用叠合式组合楼板系统。由于钢材料的强度较高,因而断面可以选择较小,但同时带来刚度较弱的缺点。因而,钢结构框架一般与柱间支撑等共同组成抗侧力体系。

多层钢框架结构的主要类型有多层柱—支撑体系、纯框架体系及框架—支撑体系等(图 9—2—6)。

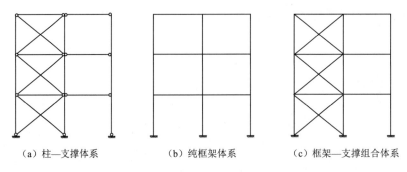

图 9—2—6 多层钢结构框架结构体系简图

(1)多层柱—支撑体系

此种体系的梁与柱节点均为铰接,而在纵向与横向沿柱高设置竖向柱间支撑,其空间刚度及抗侧力承载力均由支撑提供,适用于柱距不大而又允许双向设置支撑的房屋建筑,其特点是节点设计、制作及安装简单,承载功能明确,侧向刚度较大,用于抗侧力的钢耗量较少。

(2)纯框架体系

多层框架在纵、横两个方向均为多层刚接框架,其承载能力及空间刚度均由刚接框架提供,适用于柱距较大而又无法设置支撑的房屋建筑,其特点为节点构造较复杂、结构用钢量较多,但使用空间较大。

(3)框架—支撑体系

该体系为多层框架在一个方向(多为纵向)为柱—支撑体系,另一方向(多为横向)为纯框架体系的混合体系;其特点为一个方向无支撑便于生产或人流、物流等建筑功能的安排,又适当考虑了简化设计、施工及用钢量等要求,为实际工程中较多采用的体系。特别适用于平面纵向较长,横向较短的建筑物。

除上述三类基本体系外,尚有在同一建筑物的不同楼层分别采用支撑或刚架的混合体系以及当侧力很大时在同一柱列(或柱行)同时采用刚架加支撑的框架—支撑组合体系。

(三)剪力墙结构

剪力墙结构是指纵横向的主要承力结构全部为结构墙的结构,剪力墙一般由钢筋混凝土材料组成,钢筋混凝土剪力墙承受竖向荷载和抵抗侧向力,剪力墙同时也起着围护及分隔空间的作用。剪力墙结构在承载力和平面内刚度方面都较框架结构有突出优势,在高度更高的房屋建筑和设防烈度较高的地区常被采用。

剪力墙结构包括全部落地剪力墙结构、部分框支剪力墙结构和短肢剪力墙结构。

1. 部分框支剪力墙结构

部分框支剪力墙结构是指上部楼层部分剪力墙因建筑的要求不能直接连续贯通到底层,需要通过设置转化结构构件,如梁、桁架、斜撑、箱形结构等,将荷载传递到下部结构构件的一种较为复杂的结构形式。

2. 短肢剪力墙结构

短肢剪力墙结构是指具有较多短肢剪力墙的剪力墙结构。短肢剪力墙是指墙肢厚度小于 300 mm,且截面高厚比大于 4 但不大于 8 的剪力墙构件。

现浇钢筋混凝土剪力墙结构的整体性好,刚度大,在水平荷载作用下侧向变形小,承载力要求也容易满足,因此剪力墙结构适合于建造较高的高层建筑。经过合理设计,剪力墙结构可以成为抗震性能良好的延性结构。从历次国内外大地震的震害情况分析可知,剪力墙结构的震害一般比较轻。

剪力墙结构的缺点主要是平面布置不灵活,不能满足公共建筑的使用要求。此外,结构自重往往也较大。

剪力墙结构适用于铁路房屋中站前宾馆、公寓等平面墙体布置较多的建筑。图9—2—7是一些剪力墙结构平面布置示例。

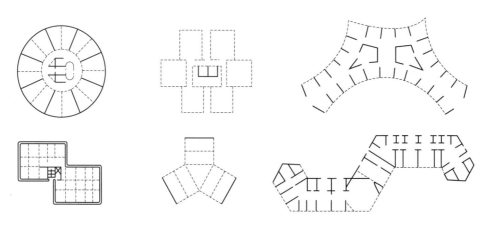

图9—2—7 剪力墙结构平面布置方案示意

(四)框架—剪力墙结构

在框架结构中合理设置部分剪力墙,使框架和剪力墙两者结合起来,弥补纯框架结构抗侧刚度有限而纯剪力墙结构不能灵活布置的缺点,形成框架—剪力墙结构体系。在结构上,可以提高材料的利用率,在建筑布置上,则往往利用剪力墙作电梯间、楼梯间和竖向管道的通道,使不同种类的构件得以合理利用。

框架—剪力墙结构中,框架可以是钢筋混凝土框架、钢框架和型钢—混凝土组合框架;剪力墙一般为钢筋混凝土剪力墙。为了减轻结构自重,近年来出现了薄钢板制成的钢板剪力墙,钢板剪力墙通常内嵌于四周框架中,从而形成框架—剪力墙结构。

框架—剪力墙结构中,由于剪力墙刚度大,承担了大部分水平力(可达80%~90%),成为抗侧力的主体。框架主要承担竖向荷载,提供了较大的使用空间,同时也承担少部分水平力。框架—剪力墙结构比框架结构的刚度和承载能力都有较大提高,在地震作用下层间变形减小,也减小了非结构构件(隔墙及外墙)的损坏,在非地震区还是地震区,这种结构形式均可用来建造对抗侧刚度分布有要求的铁路站房,也可用来建造较高的综合性铁路房屋。

(五)排架结构

排架结构主要用于跨度较大、荷载较大的单层厂房,如检修库、装备库等生产用房。排架结构多采用钢结构或者钢筋混凝土预制拼装体系,由屋架(屋面梁)、柱子和基础构成横向平面排架,屋面梁或屋架与柱上部节点铰接,柱与基础刚接,通过屋面板、吊车梁、支撑等纵向构件将平面排架联结起来,构成整体的空间结构。排架结构的整个屋盖系统也多采用预制装配式体系。当框架结构和排架结构联合布置时,称为框排架结构,适用于功能要求较综合的建筑。

排架结构的柱网布置如图9—1—1所示。参照国家标准《厂房建筑模数协调标准》(GB/T 50006)的要求,当建筑跨度小于18 m时应采用扩大模数30M的尺寸系列,即跨度可取9 m、12 m、15 m。当跨度大于等于18 m时,按60M模数递增,即跨度可取18 m、24 m、30 m和36 m。柱距采用60M模数,即6 m、12 m、18 m等。

1. 钢筋混凝土排架

钢筋混凝土排架多采用预制装配的施工方法,主要由横向骨架、纵向联系杆件以及支撑构件组成,如图9—2—8所示。横向骨架主要包括排架柱、屋面大梁(或屋架)、柱基础;纵向构件包括屋面板、连系梁、吊车梁、基础梁等;支撑包括屋面支撑和柱间支撑等,垂直和水平方向的支撑构件用以提高排架结构的整体稳定性。为和竖向支承构件具备相近的耐久性设计,钢筋混凝土排架的屋盖体系多采用以钢筋混凝土材料为主的重型无檩屋盖体系。

钢筋混凝土排架结构的围护系统中,墙体可为砌块围护,也可为压型钢板围护;屋面系统可采用大型屋面板的无檩体系,也可采用压型钢板等的有檩体系。

2. 钢结构排架

钢结构排架的结构受力体系与钢筋混凝土排架结构类似,仅排架柱由型钢轧制或焊接而成,屋架一般为钢屋架。屋面体系可依据铁路房屋生产需求做成有檩或无檩体系。

(六)门式刚架结构

门式刚架结构是梁和柱的连接节点为刚结连接、柱与基础为铰结或刚结的组合体,有单层单跨、双跨或多跨的双坡门式刚架,可根据通风、采光的需要设置天窗、通风屋脊和采光带等。屋面一般采用轻型的有檩屋盖体系,常用压型钢板保温组合屋面,墙面也采用压型钢板围护,可设置一定吨位的吊车,多用于现代铁路房屋中的运输物品库、中转物品库等。门式刚架可以是钢筋混凝土结构和钢结构,但钢结构门式刚架在工程中的应用更为广泛。刚架简图如图9—2—9所示。

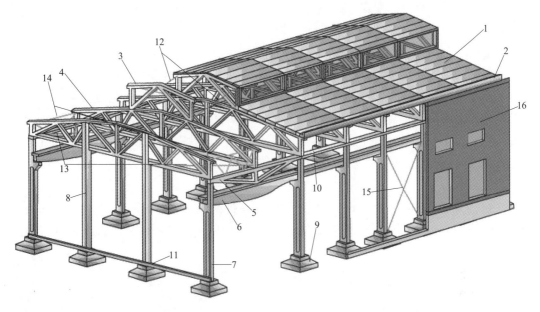

图9—2—8 装配式钢筋混凝土排架及主要构件
1—屋面板;2—天沟板;3—天窗架;4—屋架;5—托架;6—吊车梁;7—排架柱;8—抗风柱;9—基础;10—连系梁;
11—基础梁;12—天窗架垂直支撑;13—屋架下弦横向水平支撑;14—屋架端部垂直支撑;15—柱间支撑;16—墙体

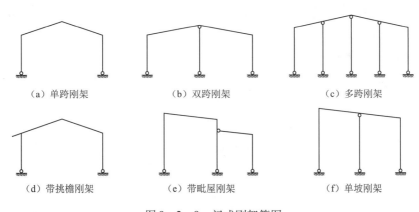

图9—2—9 门式刚架简图

门式刚架整个构件的横截面尺寸较小,可以有效地利用建筑空间,从而降低房屋的高度,减小建筑体积,在建筑造型上也较简洁美观。其次,刚架构件的刚度较好,其平面内外的刚度差别较小,为制造、运输、安装提供较有利的条件。

二、大跨度屋盖结构

铁路站房需要较大的空间,其柱距和跨度较大,普通的钢筋混凝土梁板式屋盖(现浇或预制)常常无法满足受力、采光、通风及美学上的要求。此时需对屋盖部分做专门的建筑和结构设计,其建筑围护、结构受力和日常维护修缮等具有不同特点。

根据受力特点不同,主要的屋盖结构体系有刚架结构、拱结构、桁架结构、空间网格结构、张弦梁(桁架)结构、弦支穹顶结构以及张拉结构等。具体工程中,可以根据功能要求和场地条件选用某一种结构形式,也可采用多种结构形式的组合,形成独具特色的结构形式和受力体系。

1. 刚架结构

刚架结构是由若干梁、柱杆件以刚性节点连接而成的结构体系(图9—2—9),由于刚性节点可以承受弯矩,因而刚架结构主要的断面内力为弯矩,次要的断面内力为剪力和轴力。刚架结构的主要特点是节点形式较为简单,外观简洁,造型轻巧,内部净空较大,刚度较大,故被广泛应用于中、小型铁路房屋建筑中。常采用的形式为钢筋混凝土现浇结构或H形钢梁配合钢管混凝土柱,可以做成双柱支承的大跨度悬臂屋面。

2. 拱结构

拱结构是指主要承受轴向压力,并由两端推力维持平衡的曲线或折线形结构(图9—2—10)。外力作用下,拱以受压为主,因此可以充分利用材料的抗压强度,跨越比较大的跨度,钢拱、混凝土拱和钢管混凝土拱等都可以用于大跨屋盖结构。

3. 桁架结构

桁架结构是一种格构化的梁式结构(图9—2—11),各杆件受力均以单向拉、压为主,通过对上下弦杆和腹杆的合理布置,可适应结构内部的弯矩和剪力分布。目前屋盖结构中的桁架结构尤以采用相贯节点的空间管桁架居多(图9—2—12)。桁架结构布置灵活,在大、中小型屋盖结构设计中均有应用。

图9—2—10 拱结构候车大厅

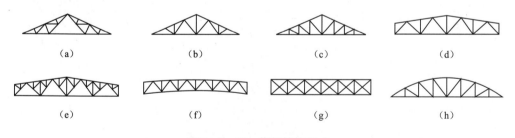

图9—2—11 桁架结构形式

(a)、(b)、(c)三角形桁架;(d)、(e)梯形桁架;(f)、(g)平行弦桁架;(h)拱形桁架

(a)芬克式腹杆;(b)、(d)、(f)人字式腹杆;(c)、(h)豪式腹杆;(e)再分式腹杆;(g)交叉式腹杆

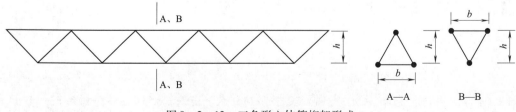

图9—2—12 三角形立体管桁架形式

4. 空间网格结构

空间网格结构是指将杆件按照一定规律布置,通过节点连接而成的一种空间杆系结构。如果是平面造型,则称作平板网架结构,如果是曲面造型,则称为网壳结构,并有单双层之分(图9—2—13)。空间网格结构体系具有空间受力特点,刚度和整体性优于一般平面结构,且抗震性能良好。空间网格结构构件布置灵活多样且规律性强、造型优美、受力合理、用料经济、施工快捷,在大、中型屋盖结构中应用广泛。

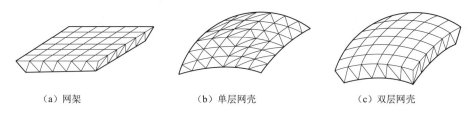

(a)网架　　　　　(b)单层网壳　　　　　(c)双层网壳

图9—2—13　网格结构—网架与网壳

5. 张弦梁(桁架)结构

张弦梁(桁架)结构是用撑杆连接抗弯受压构件和抗拉构件而形成的自平衡体系(图9—2—14)。张弦梁(桁架)结构由三类基本构件组成,即可以承受弯矩和压力的上弦刚性构件(如梁、拱或桁架)、下弦的高强度拉索以及连接二者的撑杆。张弦结构还可双向布置形成张弦空间结构(图9—2—15)。

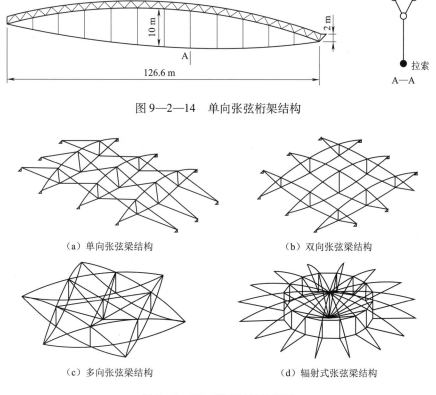

图9—2—14　单向张弦桁架结构

(a)单向张弦梁结构　　　　　(b)双向张弦梁结构

(c)多向张弦梁结构　　　　　(d)辐射式张弦梁结构

图9—2—15　张弦梁结构类型

6. 弦支穹顶结构

与张弦桁架类似,在单层网壳结构的下部引入撑杆和空间布置的张拉索,以有效改善其稳定性的结构形式称为弦支穹顶结构(图9—2—16)。弦支穹顶结构具有刚柔相济的特点,传力路线合理、效果美观、经济合理,可以轻盈跨越较大跨度。

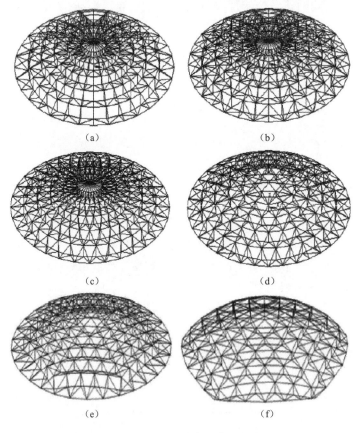

图9—2—16 弦支穹顶典型形式

7. 张拉结构

张拉结构是张拉索、膜等柔性建筑材料,通过对其施加预拉应力来获得刚度和承载能力的结构形式。由于结构构件主要承受拉力,而柔性材料一般具有轻质高强的特点,使张拉结构具备了跨越较大距离的能力,并可创造出灵活多变的建筑空间;膜材具有较高透光率,可以充分利用自然光,降低运行能耗。

三、构造要求

为确保建筑结构在规定的时间内,能完成所赋予的各项功能,保证构件承载力得到充分发挥,采取某些措施使各构件之间和内部传力直接、明确、合理,并具有足够的耐久性。这些问题均属构造问题,也称构造措施,是从科学试验和工程实践中总结出来的宝贵经验,对保证工程质量具有十分重要的意义。

(一)一般规定

1. 建筑的体型力求简单、规则、对称,质量和刚度变化均匀。

2. 抗震结构体系,应符合以下要求:

(1)具有明确的计算简图和合理的地震作用传递途径;

(2)具有多道抗震防线,避免因部分结构或构件破坏而导致整个体系丧失抗震能力或对重力荷载的承载能力;

(3)应具备必要的强度、良好的变形能力和耗能能力;

(4)具有合理的刚度和强度分布,避免因局部削弱或突变形成薄弱部位,产生过大的应力集中或塑性变形集中;对可能出现的薄弱部位,应采取措施提高抗震能力。

3. 抗震结构的各类构件应具有必要的强度和变形能力(或延性)。

4. 抗震结构的各类构件之间应具有可靠的连接。

5. 抗震结构的支撑系统应能保证地震时结构稳定。

6. 非结构构件(围护墙、隔墙、填充墙等)应考虑对抗震结构的不利或有利影响,避免不合理设置而导致主体结构构件的破坏。

(二)典型构造措施

1. 混凝土保护层

混凝土保护层是指混凝土结构构件中最外侧钢筋边缘至构件表面范围用于保护钢筋的混凝土,其作用如下。

(1)钢筋混凝土是由钢筋和混凝土两种不同材料组成的复合材料,两种材料具有良好的黏结性能是它们共同工作的基础,从钢筋黏结锚固角度对混凝土保护层提出要求,是为了保证钢筋与其周围混凝土能共同工作,并使钢筋充分发挥计算所需强度。

(2)钢筋裸露在大气或者其他介质中,容易受蚀生锈,使得钢筋的有效截面减少,影响结构受力,因此需要根据耐久性要求规定不同使用环境的混凝土保护层最小厚度,以保证构件在设计使用年限内钢筋不发生降低结构可靠度的锈蚀。

(3)对有防火要求的钢筋混凝土梁、板及预应力构件,对混凝土保护层提出要求:为了保证构件在火灾中按建筑物的耐火等级确定的耐火极限的这段时间里,构件不会失去支持能力,且应符合国家现行相关标准的要求。

混凝土保护层厚度大,构件的受力钢筋黏结锚固性能、耐久性和防火性能越好。但是,过大的保护层厚度会使构件受力后产生的裂缝宽度过大,就会影响其使用性能(如破坏构件表面的装修层、过大的裂缝宽度会使人恐慌不安等),过大的保护层厚度亦会造成经济上的浪费。因此,《混凝土结构设计规范》(GB 50010)中,规定设计使用年限为 50 年的混凝土结构,最外层钢筋的保护层厚度应符合下表的规定;设计使用年限为 100 年的混凝土结构,最外层钢筋的保护层厚度不应小于下表中数值的 1.4 倍。普通钢筋及预应力钢筋,其混凝土保护层厚度不应小于钢筋的公称直径,且应符合表 9—2—1 的规定。一般设计中采用最小值。

表 9—2—1 混凝土保护层最小厚度(mm)

环境类别	板、墙、壳	梁、柱、杆	环境类别	板、墙、壳	梁、柱、杆
一	15	20	三 a	30	40
二 a	20	25	三 b	40	50
二 b	25	35			

表9—2—1中,混凝土强度等级不大于C25时,表中保护层厚度数值应增加5 mm;钢筋混凝土基础宜设置混凝土垫层,基础中钢筋的混凝土保护层厚度应从垫层顶面算起,且不应小于40 mm。

(4)根据《混凝土结构设计规范》(GB 50010)规定,当有充分依据并采取下列措施时,可适当减小混凝土保护层的厚度:

①构件表面有可靠的保护层;

②采用工厂化生产的预制构件;

③在混凝土中掺加阻锈剂或采用阴极保护处理等防锈措施;

④当对地下室墙体采取可靠的建筑防水做法或防护措施时,与土层接触一侧钢筋的保护层厚度可适当减小,但不应小于25 mm。

2. 钢筋配筋率

配筋率是钢筋混凝土构件中纵向受力(拉或压)钢筋的面积与构件的有效面积之比。钢筋混凝土结构构件中纵向受力钢筋的配筋百分率不应小于表9—2—2中的规定数值。

(1)受压构件全部纵向钢筋最小配筋百分率,当采用C60以上强度等级的混凝土时,应按表中规定增大0.1。

(2)板类受弯构件(不包括悬臂板)的受拉钢筋,当采用强度等级400 MPa、500 MPa的钢筋时,其最小配筋率应采用0.15%和$45f_t/f_y$中的较大值。

(3)偏心受拉构件中的受压钢筋,应按受压构件一侧纵向钢筋考虑。

(4)受压构件的全部纵向钢筋和一侧纵向钢筋的配筋率以及轴心受拉构件和小偏心受拉构件一侧受拉钢筋的配筋率应按构件的全截面面积计算。

(5)受弯构件、大偏心受拉构件一侧受拉钢筋的配筋率应按全截面面积扣除受压翼缘面积$(b_f'-b)h_f'$后的截面面积计算。

(6)当钢筋沿构件截面周边布置时,一侧纵向钢筋指沿受力方向两个对边中的一边布置的纵向钢筋。

表9—2—2　钢筋混凝土结构构件中纵向受力钢筋的最小配筋百分率(%)

受力类型			最小配筋百分率
受压构件	全部纵向钢筋	强度等级500 MPa	0.50
		强度等级400 MPa	0.55
		强度等级300 MPa、335 MPa	0.60
	一侧纵向钢筋		0.20
受弯构件、偏心受拉、轴心受拉构件一侧的受拉钢筋			0.20和$45f_t/f_y$中较大值

第三节　站台、雨棚、跨线设施及其他特殊构筑物

铁路房屋建筑结构中,除去通常意义上的工业与民用建筑之外,还有铁路系统特有的结构类型,主要包括站台、雨棚、天桥、地道,这些铁路特有设施主要供乘客和货物进出车站和上下车使用;此外还有为车站及列车供水储水的水塔、水池等特殊构筑物。

一、站台结构

站台是指车站内高于轨面、用于乘客上下车及货物装卸的平台,典型站台结构剖面如图 8—1—2 所示,一般由站台墙、填土和站台面组成;其中站台墙可由砖、石砌筑而成,也可采用钢筋混凝土结构,兼具挡土功能;站台铺面由下及上分别为填土、垫层、找坡层、结合层和饰面层组成。站台结构在施工时,对站台墙、基土填筑和站台面都有明确的施工质量要求,以满足站台结构的正常使用功能。

(一)站台墙的结构组成

站台墙是指支承站台面和站台填土、防止填土或土体变形失稳的构造物。从图 8—1—2 可以看出,站台墙在站台结构中至关重要,主要承受旅客、货物以及运送货物和接送旅客的机动车辆作用在站台面上的荷载、站台面的自重荷载,以及站台墙内侧传来的土压力,起到挡土墙的作用。站台墙的设计类似于挡土墙的设计,挡土墙的常用类型主要包括重力式、悬臂式和扶壁式挡土墙。

在挡土墙(站台墙)横断面中,与被支承土体直接接触的部位称为墙背;与墙背相对的、临空的部位称为墙面;与地基直接接触的部位称为基底;与基底相对的、墙的顶面称为墙顶;基底的前端称为墙趾;基底的后端称为墙踵(图 9—3—1 和图 9—3—2)。

1. 重力式挡土墙(站台墙)

重力式挡土墙是以挡土墙自身重量来维持挡土墙在土压力作用下的稳定,可用石砌、砖砌或混凝土建成,一般都做成简单的梯形。优点是就地取材,施工方便,经济效果好。

由于重力式挡土墙靠自重维持平衡稳定,因此,体积、重量都大,在软弱地基上修建往往受到承载力的限制。当地基较好,挡土墙高度不大,本地又有可用砖石料时,应当首先选用重力式挡土墙作为站台墙。

(1)重力式挡土墙的类型

重力式挡土墙可根据其墙背的坡度分为仰斜、俯斜、直立三种类型(图 9—3—1)。

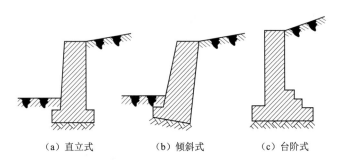

(a)直立式　　(b)倾斜式　　(c)台阶式

图 9—3—1　重力式挡土墙(站台墙)

①按土压力理论,仰斜墙背的主动土压力最小,而俯斜墙背的主动土压力最大,垂直墙背位于两者之间。

②如挡土墙修建时需要开挖,因仰斜墙背可与开挖的临时边坡相结合,而俯斜墙背后需要回填土,因此,对于支挡挖方工程的边坡,以仰斜墙背为好。反之,如果是填方工程,则宜用俯斜墙背或垂直墙背,以便填土易夯实。在个别情况下,为减小土压力,采用仰斜墙也是

可行的,但应注意墙背附近的回填土质量。

③当墙前原有地形比较平坦,用仰斜墙比较合理;若原有地形较陡,用仰斜墙会使墙身增高很多,此时宜采用垂直墙或俯斜墙。

(2)重力式挡土墙构造要求

①重力式挡土墙的尺寸随墙型和墙高而变。重力式挡土墙墙面胸坡和墙背的背坡一般选用1:0.2~1:0.3,仰斜墙背坡度愈缓,土压力愈小。但为避免施工困难及本身的稳定,墙背坡不小于1:0.25,墙面尽量与墙背平行。

②对于垂直墙,如地面坡度较陡时,墙面坡度可有1:0.05~1:0.2,对于中、高挡土墙,地形平坦时,墙面坡度可较缓,但不宜缓于1:0.4。

③采用混凝土块和砖石砌体的挡土墙,墙顶宽不宜小于0.4 m;整体灌注的混凝土挡土墙,墙顶宽不应小于0.2 m;钢筋混凝土挡土墙,墙顶不应小于0.2 m。通常顶宽约为$H/12$,而墙底宽约为$(0.5~0.7)H$,应根据计算最后决定墙底宽。

④当墙身高度超过一定限度时,基底压应力往往是控制截面尺寸的重要因素。为了使地基压应力不超过地基承载力,可在墙底加设墙趾台阶。

⑤墙体材料:挡土墙墙身及基础,采用混凝土不低于C15,采用砌石、石料的抗压强度一般不小于MU30,寒冷及地震区,石料的重度不小于$20 kN/m^3$,经25次冻融循环,应无明显破损。挡土墙高小于6 m砂浆采用M5;超过6 m高时宜采用M7.5,在寒冷及地震地区应选用M10。

(3)重力式挡土墙设计

挡土墙在墙后填土土压力作用下,必须具有足够的整体稳定性和结构的强度。设计时应验算挡土墙在荷载作用下,沿基底的滑动稳定性,绕墙趾转动的倾覆稳定性和地基的承载力。当基底下存在软弱土层时,应当验算该土层的滑动稳定性。在地基承载力较小时,应考虑采用工程措施,以保证挡土墙的稳定性。

2. 悬臂式与扶壁式挡土墙(站台墙)

悬臂式与扶壁式挡土墙,如图9—3—2所示,是钢筋混凝土挡土墙主要的形式,是一种轻型支挡结构物,依靠墙身的重量及底板以上的填土(含表面荷载)的重量来维持其平衡。其主要特点是厚度小,自重轻,经济性好,适用于缺乏砖石料、地基承载力低及地震地区。

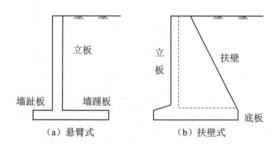

图9—3—2 悬臂式、扶壁式挡土墙(站台墙)

(1)悬臂式、扶壁式挡土墙构造

①立板

悬臂式、扶壁式挡土墙主要由立板和底板两部分组成。为便于施工,立板内侧(墙背)做成竖直面,外侧(即墙面)可做成1:0.02~1:0.05的斜坡,具体坡度值将根据立板的强度和刚度要求确定。当挡土墙墙高不大时,立板可做成等厚度。墙顶的最小厚度通常采用20~25 cm。当墙高较高时,宜在立板下部将截面加厚。

②墙底板

墙底板一般水平设置。通常做成变厚度,底面水平,顶面则自与立板连接处向两侧倾斜。墙底板是由墙踵板和墙趾板两部分组成。墙踵板顶面倾斜,底面水平,其长度由全墙抗滑稳定验算确定,并具有一定的刚度;靠立板处厚度一般取为墙高的1/12~1/10,且不应小于20~30 cm。墙趾板的长度应根据全墙的倾覆稳定、基底应力(地基承载力)和偏心距等条件来确定,其厚度与墙踵相同;通常底板的宽度取值由墙的整体稳定来决定,一般可取墙高度的0.6~0.8倍。当墙后为地下水位较高,且地基承载力很小的软弱地基时,取值可能会增大到1倍墙高或者更大。

③凸榫

为提高挡土墙抗滑稳定的能力,底板设置凸榫。为使凸榫前的土体产生最大的被动土压力,墙后的主动土压力不因设凸榫而增大,凸榫应设在正确位置上。

(2)悬臂式、扶壁式挡土墙设计

悬臂式、扶壁式挡土墙设计,分为墙身截面尺寸拟定及钢筋混凝土结构设计两部分。

①确定墙身的断面尺寸,是通过试算法进行的。其作法是先拟定截面的试算尺寸,计算作用其上的土压力,通过全部稳定验算来确定墙踵板和墙趾板的长度。

②钢筋混凝土结构设计,则是对已确定的墙身截面尺寸,进行内力计算和设计钢筋。在配筋设计时,可能会调整截面尺寸,特别是墙身的厚度。一般情况下这种墙身厚度的调整对整体稳定影响不大,可不再进行全墙的稳定验算。

(二)站台结构的一般要求

站台尺寸不得侵入铁路建筑限界;材料种类及强度、伸缩缝与排水孔位置应符合设计要求和规范规定。站台墙、站台帽可以砌筑、浇筑或预制拼装,均应牢固平顺,不得松动。新旧结合部位应结合牢固,接搓密贴、牢固。

(三)站台结构的质量验收标准

1. 站台墙

按照前面的介绍,站台墙一般由砖石砌筑而成或者是素混凝土和钢筋混凝土结构,因此站台墙的质量验收标准可以参照砌体工程、钢筋工程和混凝土工程的质量验收标准执行。

2. 填土

一般来说,填土具有不均匀性、湿陷性、自重压密性及低强度、高压缩性。填土往往是一种欠压密土,具有较高的压缩性,由于堆填时间、环境,特别是物质来源和组成成分的复杂和差异,造成填土具有不均匀性、湿陷性、自重压密性以及压缩性大,强度低等工程性质,填土经碾压或夯实后,达不到设计要求的密实度,将使填土场地、地基在荷载下变形量增大,承载力和稳定性降低,或导致不均匀下沉。

填土的均匀性、密实度和稳定性,对于保证站台面的平整、站台墙的稳定和变形控制具有重要作用,为了保证填土质量,要求如下。

(1)站台填土应均匀密实,其种类和质量应符合设计要求;土料不合要求时,应挖出换土回填或掺入石灰、碎石等压（夯）实加固。

（2）填土的密实度应根据工程性质来确定，一般用土的压实系数换算为干密度来控制，压实系数为土的控制干密度或土的最大干密度，压实系数应符合设计要求，设计无要求时，压实系数不应小于0.90。

（3）填土必须分层填筑分层碾压。每层最大压实厚度不宜超过20cm（当压实机械可以保证压实度并经现场试验、检测合格后可适当加大压实厚度），顶面最后一层压实厚度为20cm（遇特殊情况不满足设计要求时，最小压实厚度不得小于10cm）；填土的摊铺、压实设备和工艺应满足设计要求，当碾压机具能量过小时，可采取增加压实遍数，或使用大功率压实机械碾压等措施。

（4）含水量应控制在压实最佳含水量±2%之内。对由于含水量过大，达不到密实度要求的填土，可采取翻松、晾晒、风干或均匀掺入干土及其他吸水材料，重新压（夯）实；当含水量小时，应预先洒水润湿。

（5）站台面应具有1%～2%的向外横坡，防止积水造成站台填土的塌陷和不均匀沉降。

（6）填土的标高、厚度应符合设计要求，对软弱土层应按设计要求进行处理。

（7）填土的检验方法和检验内容详见表9—3—1。

表9—3—1　基土的检验方法

检验内容	检验方法
填料种类和质量	观察，检查土质记录
标高及厚度	观察，试验，检查地基处理记录或试验记录
摊铺压实设备及工艺	检查试验记录
填土压实度	观察，试验，检查试验记录

（8）基土表面的允许偏差和检验方法应符合表9—3—2的规定。

表9—3—2　基土表面的允许偏差和检验方法

项　目	允许偏差(mm)	检验方法
表面平整度	15	用2m靠尺和楔形塞尺检查
标　高	0 −50	用水准仪检查
坡　度	不大于30	用坡度尺检查
厚　度	在个别地方不大于设计厚度的1/10，且不大于20	用钢尺检查

3. 垫层

垫层是站台面与地基土的中间层，其主要作用是保护站台面和提高地基土的承载力。依据垫层材料的不同，主要分为换土垫层和混凝土垫层两类。

（1）换土垫层

以抗剪强度较高的砂或其他填筑材料代替较软弱的土作为垫层，可提高站台结构的地基承载力、减少沉降量、加速软弱土层的排水固结、防止冻胀、消除膨胀土的胀缩作用、消除湿陷性黄土的湿陷作用，避免地基破坏。

①一般地基浅层部分的沉降量在总沉降量中所占的比例是比较大的,以密实砂或其他填筑材料代替上部软弱土层,就可以减少这部分的沉降量;由于砂垫层或其他垫层对应力的扩散作用,使作用在下卧层土上的压力减小,也会相应减小下卧层土的沉降量。

②砂垫层和砂石垫层等垫层材料透水性大,软弱土层受压后,垫层可作为良好的排水面,可以使基础下面的孔隙水压力迅速消散,加速垫层下软弱土层的固结和提高其强度,避免地基土塑性破坏。

③因为粗颗粒的垫层材料孔隙大,不易产生毛细管现象,因此可以防止寒冷地区土中结冰所造成的冻胀。

④在膨胀土地基上采用换土垫层法时,一般可选用砂、碎石、块石、煤渣或灰土等作为垫层,但是垫层的厚度应根据变形计算确定,一般不小于30 cm,且垫层的宽度应大于基础的宽度,而基础两侧宜用与垫层相同的材料回填。

⑤采用素土、灰土或二灰土垫层处理湿陷性黄土,可用于消除1~3 m厚黄土层的湿陷性。

⑥建筑场地存在暗沟和暗河时,此类地基土质松软、均匀性差、有机质含量较高,地基承载力较低,无法直接作为基础持力层,此时可以采用换土垫层进行地基处理。

换土垫层也是由填土夯筑而成,因此需要满足上述填土的各项要求。

(2)混凝土垫层

混凝土垫层的作用是钢筋混凝土站台面与地基土的中间层,作用是使其表面平整便于在上面绑扎钢筋,也起到保护站台面的作用。混凝土垫层的要求如下:

①水泥混凝土垫层的强度等级应符合设计要求,且不低于C15;

②水泥混凝土垫层采用的粗骨料,其最大粒径不应大于垫层厚度的2/3,含泥量不应大于2%;砂为中粗砂,其含泥量不应大于3%;

③混凝土垫层铺设在基土上,当气温长期处于0 ℃以下,设计无要求时,垫层应设置伸缩缝;

④水泥混凝土垫层的厚度不应小于60 mm;

⑤垫层铺设前,其下一层表面应湿润;

⑥大面积水泥混凝土垫层应分区段浇筑。

混凝土垫层的混凝土施工质量验收应符合现行国家标准《混凝土结构工程施工质量验收规范》(GB 50204)和《建筑地面工程施工质量验收规范》(GB 50209)的有关规定。

垫层的检验方法和检验内容详见表9—3—3。

表9—3—3 垫层的检验方法

检 验 内 容	检 验 方 法
原材料	检查试验记录、产品合格证明材料
密实度	检查施工记录和试验报告
施工设备及工艺	检查施工记录

垫层的表面允许偏差应符合表9—3—4的规定。

表 9—3—4　垫层表面的允许偏差和检验方法

项　目	允许偏差(mm)	检 验 方 法
表面平整度	10	用 2 m 靠尺和楔形塞尺检查
坡 高	±10	用水准仪检查
坡 度	不大于 30	用坡度尺检查
厚 度	在个别地方不大于设计厚度的 1/10	用钢尺检查

4. 找平层

原结构面因存在高低不平或坡度而进行找平铺设的基层,如水泥砂浆、细石混凝土等,有利于在其上面铺设面层或防水、保温层,称为找平层,采用水泥砂浆或水泥混凝土铺设。

找平层采用的材料质量、拌和物配合比或强度等级应符合设计和施工工艺的要求;找平层与下一层结合牢固,不得有空鼓;找平层表面应密实,不得有起砂、蜂窝和裂缝等缺陷。找平层的检验方法和检验内容详见表 9—3—5。

表 9—3—5　找平层的检验方法

检 验 内 容	检 验 方 法
排水坡度	坡度尺检查
原材料	检查材质合格证明文件、配合比报告及检测报告
层间结合度	用小锤轻击检查
表面缺陷	观察表面检查

找平层的表面允许偏差应符合表 9—3—6 规定。

表 9—3—6　找平层表面的允许偏差和检验方法

项　目	允许偏差(mm)	检 验 方 法
表面平整度	3	用 2 m 靠尺和楔形塞尺检查
标 高	±4	用水准仪检查
坡 度	不大于 30	用坡度尺检查
厚 度	在个别地方不大于设计厚度的 1/10	用钢尺检查

5. 站台饰面

常用的站台饰面层主要有普通水泥砂浆面层、现浇水磨石面层、外贴块材面层等类型,饰面层表面宜适当粗糙,以满足防滑要求。饰面层所用的块材主要包括马赛克、预制水磨石、面砖及石材等,所用块材的品种、规格、质量应符合设计要求和现行国家产品质量的要求。铺贴站台面所用的砂浆强度等级必须符合设计要求。站台面块材的细部处理应平顺,接缝均匀,铺贴牢固、无空鼓。整体地面采用的原材料品种、规格、质量应符合设计和国家产品标准的规定。水泥砂浆面层的体积比(强度等级)应符合设计要求;强度等级不应小于M15。面层与下一层应结合牢固,无空鼓、裂纹。铺设整体面层变形缝的位置及距离应符合设计要求。站台盲道位置、规格应符合设计要求。面层边角平直,接茬平顺,接茬无明显偏离中心线。面层表面坡度应符合设计要求,不得有积水现象。

饰面层的各项检查内容详见表9—3—7。

表9—3—7 饰面层的检验方法

检验内容	检验数量	检验方法
块材原料	每一批购进的相同规格、品种、颜色、图案的块材检查一次	观察,检查质量证明文件
粘贴块材的砂浆强度	每20 m³做试件一组,不足20 m³取一组	检查试验报告
块材的细部处理	每30 m²为一检验批,抽查20%,且不少于3处	尺量,观察检查
整体地面	按有关规定抽样	观察,检查材质合格证明文件及检测报告
水泥砂浆面层	每30 m²为一检验批,抽查20%,且不少于3处	检查配合比通知单和检测报告
层间结合度	每30 m²为一检验批,抽查20%,且不少于3处	观察,用小锤轻击检查
整体面层变形缝设置	每30 m²为一检验批,抽查20%,且不少于3处	尺量,观察检查
盲道	每30 m²为一检验批,抽查20%,且不少于3处	尺量,观察检查
面层边角及接茬	每30 m²为一检验批,抽查20%,且不少于3处	观察,尺量
面层表面坡度	每30 m²为一检验批,抽查20%,且不少于3处	观察,采用淋水或用坡度尺检查

块材饰面层的铺贴允许偏差、检查数量和检验方法应符合表9—3—8的规定。

表9—3—8 站台铺贴允许偏差和检验方法

项 目	允许偏差(mm)	检查数量	检验方法
接缝直线度	3	每100 m查5处	拉5 m通线检查
接缝高低差	1	每100 m查5处	靠尺及塞尺
接缝宽度	1	每100 m查5处	塞尺

饰面层的允许偏差和检验方法应符合表9—3—9的规定。检查数量:每30 m²为一检验批,抽查20%,且不少于3处。

表9—3—9 面层的允许偏差和检验方法

项 目	允许偏差(mm)			检验方法
	水泥混凝土	水泥砂浆	耐磨混凝土	
表面平整度	5	4	4	用2 m靠尺和楔形塞尺检查
缝格平直	3	3	3	拉5 m线和用钢尺检查

站台帽石边缘至线路轨道中心线的距离和顶面高程必须符合设计要求,并不得侵入铁路建筑限界。施工允许偏差应符合表9—3—10的规定。

表 9—3—10　站台帽石施工允许偏差和检验方法

项　　目		允许偏差(mm)	检验方法
站台帽石边缘至铁路轨道中心线的距离		+15 0	拉 5 m 线和钢尺检查
站台帽石顶面高程	高站台	0 −20	尺量，水准仪检查
	普通站台和低站台	±10	尺量，水准仪检查

二、雨棚结构

覆盖站台的雨棚是铁路客运站的重要组成部分，不仅起到避风遮雨的作用，还要为旅客提供理想的进出站空间。雨棚结构体系主要由屋盖结构、支承结构和基础三部分组成。屋盖结构覆盖站台大空间且直接承担屋面荷载，是雨棚结构最重要的组成部分；支承结构为屋盖系统提供必要的约束，并通过其刚度来限制屋盖结构的整体性位移，对于拱、壳体、网壳等一些特殊形式的屋盖结构通常还需支承结构提供水平推力或拉力作为维持结构稳定形态的必要平衡机制。因而，雨棚结构设计重点主要体现在屋盖结构及其支承结构体系上。

（一）雨棚结构形式

随着我国铁路建设的加速推进，各种外形美观、形态各异的雨棚结构不断涌现，根据使用材料不同，雨棚结构体系可以由混凝土构件、钢构件或钢—混凝土组合构件组成。因此，以下各类结构形式均在雨棚结构设计中广泛应用。

1. 刚架结构雨棚

刚架结构雨棚被广泛应用于中、小型站台的雨棚结构中，多为钢筋混凝土现浇结构或 H 形钢梁配合钢管混凝土柱，可以悬臂或双柱支承，如图 9—3—3 所示。

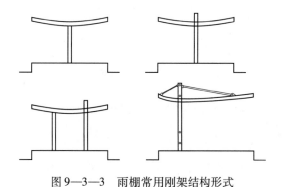

图 9—3—3　雨棚常用刚架结构形式

2. 拱结构雨棚

拱结构雨棚可以做成跨度比较大的无站台柱雨棚，钢拱、混凝土拱和钢管混凝土拱均是拱结构雨棚可采纳的结构形式，如图 9—3—4 所示。

3. 桁架结构雨棚

桁架结构雨棚一般采用钢材制成，在大、中小型站台的雨棚设计中均有应用，如图 9—3—5 所示。

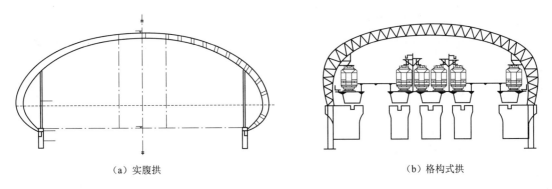

(a）实腹拱　　　　　　　　　　　　　(b）格构式拱

图9—3—4　拱结构雨棚

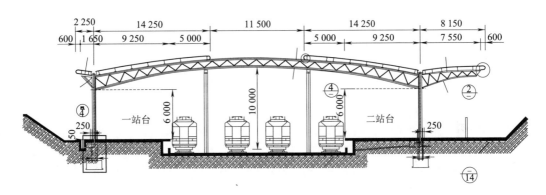

图9—3—5　桁架结构雨棚（单位：mm）

4. 空间网格结构雨棚

空间网格结构雨棚一般采用钢材制成，在大、中型站台的雨棚设计中应用较为广泛，如图9—3—6所示。

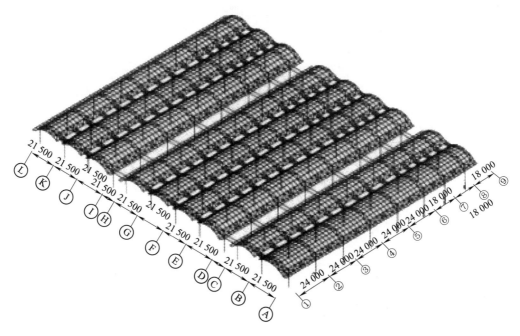

图9—3—6　空间网格结构雨棚（单位：mm）

5. 张弦梁(桁架)结构雨棚

张弦梁(桁架)结构多由钢材制成,主要应用于大型站台的雨棚设计中,如图9—3—7所示。

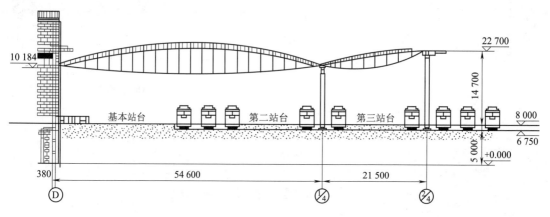

图9—3—7 张弦梁结构雨棚(单位:mm)

6. 其他新型结构形式雨棚

随着科技的进步,新的结构形式不断涌现,为适应建筑造型的要求,斜拉结构、树形支承结构结合刚架或网壳结构体系、索拱结构等新型结构形式也在大型客站雨棚结构设计中有所应用,如图9—3—8所示。

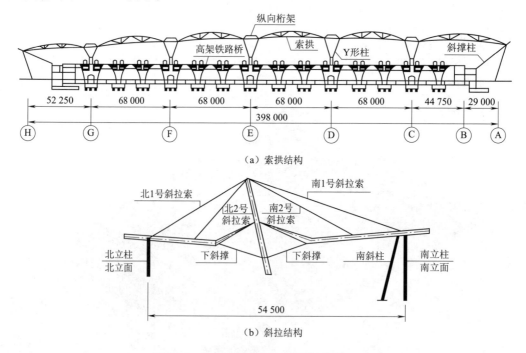

(a) 索拱结构

(b) 斜拉结构

图9—3—8 新型结构形式雨棚(单位:mm)

(二)雨棚结构选型

1. 雨棚结构的几何参数

雨棚结构选型的控制几何参数为柱距和雨棚高度。合理的柱网是建造安全适用、经济美观站台雨棚结构的前提。

（1）柱网

确定横轨方向柱距的基本依据车辆种类和轨道间距确定,多为10.5 m或者10.5 m的倍数;顺轨方向的柱距应符合建筑模数,多在9～18 m范围内变化。

（2）雨棚柱位置

基本站台范围内立柱应与站房支承结构有机结合,站房范围外的雨棚立柱宜退至站房立面外侧。

（3）雨棚高度

雨棚高度可依据建筑设计要求确定,但在满足使用功能要求的前提下,尽量控制雨棚的合理高度,尽量避免站台飘雨、飘雪。

（4）合理设置温度缝

站台雨棚的纵向长度通常可达数百米,属超长结构,温度变化将在结构中引起很大的内力和变形,通常需要沿横向(垂直轨道方向)设置温度缝,将雨棚结构分为多个温度区段。温度区段长度依据《钢结构设计规范》(GB 50017)或《混凝土结构设计规范》(GB 50010)确定,一般可采取顺轨道方向主体结构双向悬挑的方式处理温度缝。

2. 雨棚结构选型

应综合考虑建造地的地理环境及气象条件、客站等级和站场特点等因素,选取受力合理、经济有效的雨棚结构形式。

《铁道部关于加强中小型客站雨棚设计工作的通知》(铁鉴函〔2012〕1032号)规定,中小型客站原则上采用有站台柱雨棚,不设置吊顶板;钢管混凝土柱、钢梁、压型钢板与钢筋混凝土组合屋面板的结构形式,推荐应用于一般地区中、小型客运专线或城际铁路地面客站;钢筋混凝土圆柱、钢筋混凝土梁、钢筋混凝土板雨棚推荐用于沿海高压、高腐蚀度地区客运专线(城际铁路)客站,以及以货运为主铁路客站;钢柱、钢梁、单层压型钢板雨棚,推荐用于中小型桥式客站。

无站台柱雨棚可将各站台雨棚连为整体,覆盖整个站场,结构跨度大,多采用钢结构。这类结构形式轻盈、视觉通透,极大改善了客运服务条件和旅客候乘环境,充分展示了铁路客站的新形象,适用于大型客站。其具体结构形式可依据支承间距、荷载取值等选取经济、受力合理的结构体系。

（三）雨棚结构的特殊问题

雨棚结构覆盖在站台和行车轨道之上,是重要的铁路客运设施,雨棚结构的安全与否对于铁路的安全运营和旅客的人身安全都具有重要的意义。针对雨棚结构的工作环境和结构特点,应重点关注以下几方面的特殊问题,确保雨棚屋面结构体系具备良好的结构安全性。

1. 雨棚结构屋面系统的防风揭

目前大多数新型雨棚结构采用自重较轻的钢结构屋面系统,而作为开敞结构,在风力作用下,雨棚结构的屋盖系统可能会受到较大风吸力,以致风吸力起控制作用,应采取合理措施确保雨棚屋面系统满足防风揭要求。

（1）雨棚结构系统的安全等级采用一级,其基本风压的计算取值应采用100年一遇值。

（2）避免使用风敏感性结构形式,合理布置檩条,从雨棚结构屋面系统的受力概念上增加抗风揭层次,提高屋面系统的安全可靠度。

(3)加强节点构造措施,对屋面中的薄弱区域,要通过减小檩距、增加支座数量、调整板的宽度、在板肋增加可靠夹具等必要措施,从构造上消除隐患。

(4)适当提高材料的厚度标准。鉴于目前我国材料标准的公差多为负值,设计文件宜设定雨棚屋面系统中材料厚度的最低标准。对屋面系统的支座设计,宜给出拉拔力的最低限值。

(5)进行必要的实验验证金属屋面系统承载力,求证其设计的安全性,并为施工验收提供技术工艺标准。

(6)雨棚顶部应具备检修的条件,对于外檐临空高度较高、坡度较陡的雨棚,应设置安全可靠的检修马道和防坠落设施。

(7)雨棚屋面板的选材应充分考虑其耐久性和耐腐蚀性,根据各地区不同的气候、环境特点选择合适的材料,使其符合使用年限要求。

2. 雨棚吊顶板的特殊处理方式

雨棚的吊顶处于室外开敞环境中,需要承受自然风导致的风吸力和列车高速通过车站时产生的空气脉动力的反复作用。因为雨棚吊顶板的使用环境和使用荷载不同于普通的室内吊顶板,且雨棚吊顶板的脱落破坏会对铁路行车安全造成严重威胁,因此雨棚吊顶板要安装牢固,有防风压及防风吸的有效措施,且檐口应设滴水线或滴水槽。

雨棚的具体处理方式如图9—3—9、图9—3—10和图9—3—11所示。

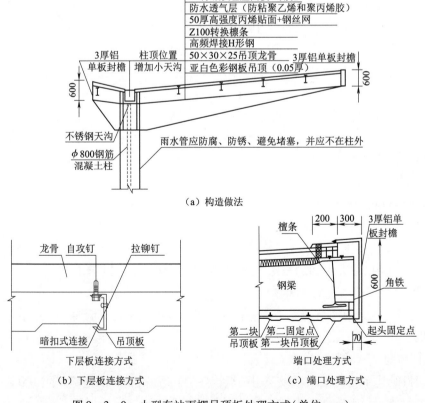

图9—3—9 小型车站雨棚吊顶板处理方式(单位:mm)

图9—3—10　雨棚与站房衔接实例　　　　图9—3—11　小型站房雨棚底处理方式实例

三、天桥结构

为了实现站台之间的相互连通,需修建地道或天桥。当车站设置高架候车室时,需设置天桥,以方便旅客从候车室进入站台乘车;而地道大多数用于旅客的出站通道。设置进站天桥和出站地道之后,上车、下车旅客分道行走不会产生拥挤问题。

车站进站天桥需要跨越多个站台并满足客流通过量的相关需求,进站天桥的桥面较宽、跨度较大,而钢材具有强度高、塑性韧性好、抗震性能高、易于加工运输组装的特点,被广泛应用于车站大跨度进站天桥中,而钢筋混凝土人行天桥也是车站进站天桥的常用结构形式。

（一）天桥的结构形式

常见的车站人行天桥,按照结构区分,可以分为三大类,分别为悬挂式结构、承托式结构和混合式结构。

1. 悬挂式人行天桥

悬挂式天桥,利用桥栏杆本身作为主要承重部件,供行人通过的桥板本身并不承重,悬挂在作为承重梁的桥栏杆上。它将结构性部件和构造性部件结合在一起,可以减少建筑材料的使用,相对降低工程造价。由于这种结构的天桥栏杆需异常粗大结实,行人在桥上的视线会被栏杆遮挡,而且粗壮的桥栏杆很难给人以美的感受,从而影响了这类天桥结构的应用。

2. 承托式人行天桥

承托式天桥,将承重的桥梁直接架设在桥墩上,供行人行走的桥面铺在桥梁之上,而桥栏杆仅仅起到保护行人的作用,并不承重,这一类人行天桥的造价相对较高。由于桥栏杆纤细优美,因而目前这一类型的天桥结构数量最多。

3. 混合式结构人行天桥

混合式结构人行天桥是上述两种结构的杂交体,桥栏杆和桥梁共同作为承重结构承担天桥的荷载。

4. 其他结构形式的人行天桥

出于城市景观的考虑,除了上述三种主流结构,还可将悬索桥、斜拉桥的结构用于人行天桥,但这些特殊结构的人行天桥大多造价昂贵。

（二）天桥的结构选型

人行天桥的结构选型包括上部结构和下部结构的形式。

1. 上部结构

人行天桥常用的建筑材料为：钢筋混凝土、预应力混凝土及钢结构。常用的截面形式有实心板、空心板，多肋∏型梁及箱形梁。

(1) 板式人行天桥

与一般桥梁类似，混凝土板式人行天桥也可分为现浇整体式及预制装配式。其中，现浇整体式适用于平面线形比较复杂的互通式人行天桥，宜采用钢筋混凝土材料并采用实心截面，从力学体系上应尽量采用连续板式结构；而预制装配式则适用于平面线形比较简单的一字式人行天桥，宜采用预应力混凝土空心板。从力学体系上可设置成连续或简支结构。

(2) 箱形梁式人行天桥

箱形梁式人行天桥一般采用钢结构或预应力混凝土结构。钢梁常用钢板焊接而成；预应力混凝土箱梁宜采用托架悬臂施工。不管选用何种材料，箱形梁式人行天桥的翼板应尽量外伸，主梁的外形尺寸应尽可能地小，使上部结构显得纤柔、轻巧，有跃跃欲飞之势。

2. 下部结构

天桥的墩柱截面多采用圆形、椭圆形或菱形，以开阔桥下视野；为减轻自重节省材料，多采用空心截面。在立面上，倒梯形、V 形及 Y 形等墩柱截面的造型美观，能形成轻盈欲飞之势。上部和下部结构要相互配合，比例匀称，以构成视觉上的平衡。

四、地　　道

地道是跨线设施的一种，一般是指让道路穿过铁路的下方，在铁路之下修建的一种工程结构。

（一）地道的结构形式

在功能上，地道整个结构均会受到外荷载的直接作用，在大多数情况下，顶板会受到铁路车辆荷载作用，其他三边则承受(包括活荷载引起的)土压力作用。地道从受力形式上可以分为框架结构、刚架结构和简支结构。

1. 框架结构

框架结构地道由顶板、底板、边板(对多跨连续地道，还包括腹板)组成，各板在交接处均为刚性连接。底板既作为整个结构的基础，又可同时承受外加荷载。当跨度较大、桥下净空要求较严格时，采用框架结构能较好地满足实际需要。

2. 刚架结构

刚架结构地道由顶板和边板组成，边板与基础固结，顶板与边板刚性连接，顶板因边板的力矩分配而得到卸载作用。刚架地道桥的结构体系是压弯结构，它的顶板厚度与框架桥相比，甚至可以更薄。

3. 简支结构

简支结构地道桥，一般由顶板和边板组成，地道桥的边板与顶板不固结；有时也设置底板,底板仅起支撑作用。简支结构地道桥的特点:边板、底板可以采用砌体结构,以便进一步降低造价;顶板形式多样,可以利用适当的标准图来完成设计。其缺点是因边板、顶板及底板分别抵抗外加荷载,结构整体性不如上述两类结构。

(二)地道的施工方法

地道的施工方法,主要有现浇法和预制后顶进法两种类型。对上述的框架结构地道桥,两种施工方法均可采用;而对刚架地道和简支结构地道的盖板涵,多半只能采用现浇方法施工。

(三)地道的材料选择

地道所使用的建筑材料,主要有钢筋混凝土、预应力混凝土和砖石砌体等。

五、其他特殊构筑物

(一)水塔结构

水塔结构是用于给铁路房屋建筑及运输设施储水和配水的高耸结构,主要由位于水塔顶端的水柜、水塔的下部基础和连接两者的支筒或支架组成,如图9—3—12所示。

1. 水塔结构的类型

水塔的常用结构形式主要包括支架式、圆柱壳式以及倒锥壳式结构等,此外还有球形、箱形、碗形和水珠形等多种;建造水塔的结构材料主要有钢筋混凝土、钢以及砖石砌体等,如图9—3—12所示。

(a)钢筋混凝土支架式　(b)钢支架式　(c)砖砌圆柱式　(d)钢筋混凝土圆柱式　(e)钢筋混凝土倒锥壳式

图9—3—12　水塔结构类型

2. 水塔的结构要求

根据《工程结构可靠度设计统一标准》(GB 50153)的规定,水塔结构的安全等级应按二级建筑物采用。根据《给水排水工程构筑物结构设计规范》(GB 50069)和《给水排水工程水塔结构设计规程》(CECS 139)的相关规定,水塔结构应满足承载力和正常使用要求,所使用的材料性能要求如下。

(1)水塔结构的混凝土、钢筋的设计指标应按《混凝土结构设计规范》(GB 50010)的规定采用;砖石砌体的设计指标应按《砌体结构设计规范》(GB 50003)的规定采用;钢材、钢铸件的设计指标应《钢结构设计标准》(GB 50017)的规定采用。

(2)水塔结构的混凝土强度等级不应低于C25。

(3)钢筋混凝土构筑物的抗渗,宜以混凝土本身的密实性满足抗渗要求,构筑物混凝土的抗渗等级详见《给水排水工程构筑物结构设计规范》(GB 50069)的相应规定。

(4)水塔结构的混凝土含碱量最大限值应符合《混凝土碱含量限值标准》(CECS 53)的规定,且不得采用氯盐作为防冻、早强的掺和料;在混凝土配制中采用外加剂时,应符合《混凝土外加剂应用技术规范》(GB 50119)的规定,并应根据试验鉴定,确定其适用性及相应的掺和量。

(5)最冷月平均气温低于-3℃的地区,水塔结构外露的混凝土应具有良好的抗冻性能,并应满足《给水排水工程构筑物结构设计规范》(GB 50069)的相应规定;混凝土用水泥宜采用普通硅酸盐水泥;当考虑冻融作用时,不得采用火山灰质硅酸盐水泥和粉煤灰硅酸盐水泥;受侵蚀介质影响的混凝土,应根据侵蚀性质选用。

(6)水塔结构的砖石砌体材料,应符合下列要求。

砖的强度等级不应低于MU10;石材强度等级不应低于MU30;砌筑砂浆应采用水泥砂浆,并不应低于M10。

水塔结构各部分的具体构造要求,需要满足《给水排水工程构筑物结构设计规范》(GB 50069)和《给水排水工程水塔结构设计规程》(CECS 139)的相关规定。

3. 水塔结构的施工工艺

钢筋混凝土支筒一般采用滑升模板或翻模法施工;倒锥壳水柜可先在地面灌筑,再利用千斤顶或卷扬机提升就位。钢筋混凝土支架可用预制构件吊装就位,然后灌筑节点;也可支模逐层现场灌筑梁、柱。

(二)水池

为了满足储水的结构承载力、刚度及防渗要求,给水排水工程中的水池一般采用钢筋混凝土和预应力钢筋混凝土结构。

1. 钢筋混凝土水池的作用类别

水池通常埋置在地面以下一定深度,现行国家标准《给水排水工程构筑物结构设计规范》(GB 50069)和《给水排水工程钢筋混凝土水池结构设计规程》(CECS 138)中规定,水池结构的内力计算时应考虑永久作用和可变作用两类。

(1)永久作用:包括结构自重、土的竖向压力和侧向压力、水池内的盛水压力、结构的预加应力、地基的不均匀沉降等。

(2)可变作用:包括池顶活荷载、雪荷载、地表或地下水压力(侧压力、浮托力)、结构构件的温(湿)度变化作用、地面堆积荷载等。

2. 钢筋混凝土水池的材料要求

现行国家标准《给水排水工程构筑物结构设计规范》(GB 50069)和《给水排水工程钢筋混凝土水池结构设计规程》(CECS 138)中,对钢筋混凝土水池所使用的材料性能要求如下。

(1)水池受力构件的混凝土强度等级不应低于C25;垫层混凝土不应低于C10。预应力水池的混凝土强度等级不应低于C30。当采用碳素钢丝、钢绞线、热处理钢筋作预应力钢筋时,混凝土强度等级不应低于C40。

(2)水池混凝土的密实性应满足抗渗要求,不作其他抗渗处理。混凝土的抗渗等级要求:当最大作用水头与混凝土厚度的比值小于 10 时,应采用 S4;当比值为 10~30 时应采用 S6;当比值大于 30 时,应采用 S8;混凝土的抗渗等级应根据试验确定。

(3)当水池外露时,对最冷月平均气温在 -3℃~-10℃的地区,混凝土抗冻等级应采用 F150;对最冷月平均气温低于 -10℃的地区,混凝土抗冻等级应采用 F200。

(4)配制抗渗、抗冻混凝土时水灰比应不大于 0.5。骨料应选择良好的级配,粗骨料粒径不应大于 40 mm,且不超过最小断面厚度的 1/4,含泥量按重量计应不超过 1%。砂子的含泥量及云母含量按重量计不应超过 3%。

(5)水池接触介质的酸碱度(pH 值)低于 6.0 时,应按国家现行有关标准或根据专门试验确定防腐措施。

(6)水池混凝土的碱含量应符合《混凝土碱含量限值标准》(CECS 53)的规定;水池混凝土中可根据需要适当采用外加剂,但不得采用氯盐作防冻、早强掺和料。采用外加剂时,应符合现行国家标准《混凝土外加剂应用技术规范》(GB 50119)的规定。对抗冻混凝土不得采用火山灰质硅酸盐水泥和粉煤灰硅酸盐水泥。

3. 构造要求

钢筋混凝土水池结构各部分的具体构造要求,需要满足《给水排水工程构筑物结构设计规范》(GB 50069)和《给水排水工程钢筋混凝土水池结构设计规程》(CECS 138)的相关规定。

(三)水箱

水箱一般采用厂家定制的定型产品,具体参数参照各水箱生产厂家提供的产品说明书。水箱通常采用经过防腐处理的碳钢板、不锈钢板、搪瓷钢板、玻璃钢(FRP)、热浸镀锌钢板、碳钢板内衬不锈钢板、防腐瓷釉钢板、钢筋混凝土等各种材质。

水箱的设计、施工及其构造要求需满足《给水排水工程构筑物结构设计规范》(GB 50069)中的相应规定。

第十章　铁路房屋建筑材料及基本构件

建筑材料是各类建筑结构的物质基础，材料的质量直接影响建筑工程的质量，材料对建筑工程的造价有很大影响，建筑工程技术的突破依赖于材料性能的改进。梁、板、柱、墙等基本结构构件是建筑结构系统的主要元素之一，对于保证结构的承载能力和使用性能均发挥着重要作用。

本章主要介绍铁路房屋的常用结构材料；铁路房屋建筑的主要结构构件，包括梁、板、柱、墙等；铁路房屋建筑常用的地基及基础的形式；铁路房屋建筑施工质量评定及验收标准。

第一节　建筑材料

构成建筑物的材料称为建筑材料，包括用于建筑物的地基、基础、地面、墙体、梁、板、柱、屋顶和建筑装饰的所有材料。建筑材料的种类繁多，通常根据材料的组成、功能和用途分为以下类型。

一、天然石材

天然石材是土木建筑工程应用历史最为悠久和广泛的建筑材料之一。建筑工程中常用的天然石材是指从天然岩石中采得的毛石，或经过加工形成的石块、石板及其他制品。

天然石材具有抗压强度高、耐久性好、生产成本低等优点，同时也存在抗拉强度低、自重大、脆性及抗震性能差的不足，使用时需综合考虑。天然石材经过加工后具有良好的装饰性，是各种土木建筑工程中的主要装饰材料；天然石材经过风化或人工加工后形成的卵石、碎石和砂等也是生产混凝土、修筑道路及建筑物基础的主要材料。

（一）常用石材的岩石类别

1. 花岗岩

颜色常为浅灰、淡红、灰黑、黑、白等颜色，其密度大（$2600 \sim 2800 \text{ kg/m}^3$）、内部结构致密（孔隙率为 $0.04\% \sim 2.80\%$）、抗压强度高（$100 \sim 250 \text{ MPa}$）、吸水率低（$0.1\% \sim 0.7\%$）、硬度高且耐磨性好，抗风化能力强，耐久性好，耐酸性及耐水性好，但脆性明显，抗冲击和耐火性差。花岗岩常应用于砌筑基础、墩、柱、常接触水的墙体与护坡等，也是永久性建筑或纪念性建筑物优先选择的材料，还是优良的建筑装饰材料。

2. 正长岩

表观密度为 $2600 \sim 2800 \text{ kg/m}^3$，抗压强度为 $120 \sim 250 \text{ MPa}$，其外观类似于花岗岩，但颜色较暗。其质地坚硬、耐久性好，韧性较强，常用于工程基础等部位。

3. 辉绿岩

多呈绿色，其密度为 $2900 \sim 3300 \text{ kg/m}^3$，抗压强度在 $200 \sim 350 \text{ MPa}$。辉绿岩抗冻性良

好,强度高,耐磨性和耐久性好,因此,既可作为承重结构材料,又可作为装饰、装修材料,另外也常用于配制耐磨及耐酸混凝土骨料。

4. 玄武岩

表观密度为 $2900 \sim 3300 \text{ kg/m}^3$,抗压强度一般为 $250 \sim 500 \text{ MPa}$。玄武岩耐风化能力强、硬度高、脆性大、耐久性好,但加工困难。其分布较广,主要用作基础、边坡、筑路及混凝土骨料。

5. 石灰岩

一般砌筑工程所用的石灰岩结构比较致密,密度较大($2300 \sim 2700 \text{ kg/m}^3$),有较高的抗压强度($20 \sim 120 \text{ MPa}$),吸水率差别较大($0.1\% \sim 4.5\%$)。石灰岩容易加工,常用于砌筑基础、墙面或路面。

6. 大理岩

密度为 $2600 \sim 2700 \text{ kg/m}^3$,抗压强度为 $70 \sim 140 \text{ MPa}$。质地致密但硬度不大,易于加工,色彩丰富,磨光后色泽美观、纹理自然,多用于室内墙面、柱面、地面、栏杆、踏步等,但不宜用于建筑物的外部装饰。

7. 石英岩

常呈白色或浅色,密度为 $2800 \sim 3000 \text{ kg/m}^3$,抗压强度为 $150 \sim 400 \text{ MPa}$。抗风化能力强,耐久性好,硬度高,可用于各种砌筑工程。

8. 黏土板岩

密度约为 2800 kg/m^3,抗压强度为 $49 \sim 78 \text{ Pa}$,多呈灰绿、暗红或黑色,表面光滑,透水性小,易于劈裂成薄板,可用做屋面及人行道路的覆面材料。

(二)砌筑工程石材

石砌工程具有较高的强度和良好的耐久性,曾是土木建筑的主要结构形式。砌筑用石材应选用质地坚硬、无风化剥落和裂纹的天然石材。砌筑石材一般加工成块状。根据加工后的外形规则程度,可分为毛石和料石。

1. 毛石

毛石是指形状不规则的块石,根据其外形又分为乱毛石和平毛石两种。乱毛石是指各个面的形状不规则的块石,仅要求其中间厚度不小于 15 cm,至少有一个方向的长度不小于 30 cm;平毛石指对乱毛石略经加工,有两个大致平行的面,形状较为整齐,但表面粗糙的块石。毛石主要用于砌筑基础、勒脚、墙身、挡土墙、堤坝等。

2. 料石

料石是指经过人工凿琢或机械加工而成的大致规则的六面体块石,其宽度和厚度均不得小于 20 cm,长度不宜大于厚度的 4 倍。按照表面加工和平整度可分为四种。

(1)毛料石:表面不经加工或稍加修整的料石。

(2)粗料石:表面加工成凹凸深度不大于 20 mm 的料石。

(3)半细料石:表面加工成凹凸深度不大于 10 mm 的料石。

(4)细料石:表面加工成凹凸深度不大于 2 mm 的料石。

料石常用致密的砂岩、石灰岩、花岗岩等凿琢而成。料石常用于砌筑墙身、地坪、踏步、柱和纪念碑等,形状复杂的料石制品也可用于柱头、柱基、窗台板、栏杆及其他装饰。

(三)常用装饰石材

装饰石材主要是指用于工程各表面部位的装饰性板材或块材,也包括各种园林小品、标志、造型、室内摆设等所采用的石材。应用于土木建筑工程的装饰石材主要是花岗岩和大理石,其中花岗岩具有极其优良的耐磨、耐腐蚀、抗冻性等,可应用于各种地面、墙面、踏步、勒脚及护坡等恶劣环境的部位;大理石的抗风化能力较差,不宜用于室外装饰。

二、烧结制品与熔融制品

烧结制品主要是指以黏土为主要原料经过成型及焙烧所得的产品,按照用途可分为墙体材料(烧结普通砖、黏土空心砖)、屋面材料(瓦)、地面材料(地砖)、装饰材料(饰面陶瓷)及其他功能材料(绝热砖、耐火砖、耐酸砖以及卫生陶瓷等)。

(一)烧结普通砖

烧结普通砖是以黏土、页岩、煤矸石或粉煤灰为主要原料,经焙烧而成的标准尺寸的实心砖,可分为黏土砖、页岩砖、煤矸石砖和粉煤灰砖。烧结黏土砖为长方体(图10—1—1),其标准尺寸为240 mm × 115 mm × 53 mm。

烧结普通砖按照抗压强度分为MU30、MU25、MU20、MU15和MU10等5个等级,主要用于砌筑建筑的内外墙、柱、拱、烟囱和窑炉。砖砌体的强度不仅取决于砖的强度,而且还受砂浆性质的影响;砌筑时除了要合理配置砂浆之外,还需将砖提前湿润。

(二)烧结多孔砖

烧结多孔砖是指以黏土、页岩、煤矸石、粉煤灰为主要原料,经焙烧而成的孔洞内径不大于22 mm、孔洞率≥25%的烧结砖。烧结多孔砖也分为黏土砖、页岩砖、煤矸石砖和粉煤灰砖。常用的烧结多孔砖的尺寸为190 mm × 190 mm × 90 mm(M型)和240 mm × 115 mm × 90 mm(P型)两种规格,M型砖复合建筑模数,P型砖便于和普通砖配套使用,如图10—1—2所示。

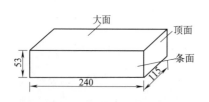

图10—1—1 普通烧结砖(单位:mm)

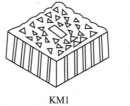
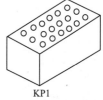

图10—1—2 烧结多孔砖

根据国家标准《烧结多孔砖》(GB 13544)的规定,烧结多孔砖按照10块砖样的抗压强度标准值可分为MU10、MU15、MU20、MU25、MU30五个强度等级,强度划分标准与烧结普通砖相同。烧结多孔砖的孔洞多与承压面垂直,其单孔尺寸小(以便施工和防止孔洞漏浆过多),孔洞分布合理,非孔洞部分的砖体较为密实,强度较高,主要用于砌筑六层以下的承重墙体。又因为这种砖具有一定的隔热保温性能,故也可用于部分地区建筑物的外墙砌筑。

(三)烧结空心砖

烧结空心砖是指以黏土、页岩、煤矸石、粉煤灰及其他废料为主要原料,经焙烧而成的空心块体材料,其孔洞率一般≥35%,用于砌筑非承重墙体结构。

常用的空心砖尺寸长为 290 mm、240 mm,宽为 240 mm、190 mm、180 mm、140 mm、115 mm,高为 115 mm、90 mm。外观多为带有水平孔的平行六面体,外壁设有深度 1 mm 以上的凹槽,以便增加与砌筑胶结材料的结合力,如图 10—1—3 所示(若主规格尺寸大于 365 mm、宽度大于 240 mm 或高度大于 115 mm,则称为空心砌块,此外为烧结空心砖)。

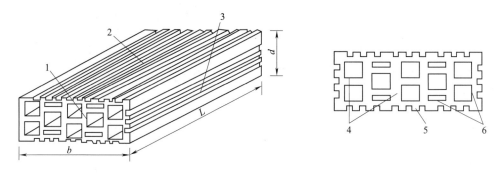

图 10—1—3 烧结空心砖
1—顶面;2—大面;3—条面;4—肋;5—凹线槽;6—外壁;L—长度;b—宽度;d—高度

(四)建筑陶瓷

用于建筑饰面或作为建筑构件的陶瓷制品称为建筑陶瓷,主要包括内外墙贴面砖、地砖、陶瓷锦砖(俗称马赛克)以及室内外卫生用陶瓷。

(五)建筑玻璃

建筑中常用的玻璃制品主要包括普通平板玻璃、安全玻璃(包括钢化玻璃、夹层玻璃和夹丝玻璃)、保温绝热玻璃(包括吸热玻璃、热反射玻璃、中空玻璃和压花玻璃)。

三、胶凝材料

在建筑上,把经过一系列物理、化学作用后,由液体或膏状体变为坚硬的固体,同时将砂、石、砖、砌块等散粒或块状材料胶结成整体并具有一定机械强度的材料,统称为胶凝材料,主要包括石灰、石膏、水玻璃、水泥等。

(一)石灰

石灰由以碳酸钙为主要成分的如石灰石,经过高温煅烧而成,呈白色块状或粉状。煅烧之后首先得到生石灰,其主要成分是 CaO;由生石灰加水消化之后得到熟石灰,其主要成分为 $Ca(OH)_2$;消化良好的熟石灰具有良好的可塑性,叫石灰膏。

石灰具有保水性好、可塑性好、硬化慢、强度低、吸湿性强、体积收缩大、耐水性差等特点,常用作室内粉刷、拌制建筑砂浆、配制三合土和灰土等,将石灰膏掺入水泥砂浆中,可配置成混合砂浆,能显著提高砂浆的保水性,适用于吸水性砌体材料的砌筑。

(二)建筑石膏

建筑石膏是白色粉末状材料,易溶于水,发生水化反应,形成黏稠的白色浆体。随着浆体中自由水分的不断减少,浆体逐渐失去可塑性,即浆体逐渐凝结硬化。

建筑石膏具有凝结硬化快、硬化后体积微膨胀、孔隙率大、强度较低、具有一定的调湿性、防火性好、耐水性差等特点,主要用于室内抹灰、粉刷和生产各种石膏板等。

(三)水玻璃

水玻璃俗称泡花碱是硅酸钠的水溶液,为无色、青绿色或棕色的黏稠液体。水玻璃具有黏结强度高、耐热性好、耐酸性强、耐碱性和耐水性较差等特点,常用于涂刷建筑材料表面,提高材料的抗渗和抗风化能力;配制耐热砂浆、耐热混凝土或耐酸砂浆、耐酸混凝土;配制快凝防水剂;掺入到水泥浆、砂浆或混凝土中,用作修补、堵漏、抢修表面处理;加固地基,提高地基的承载力和不透水性。

(四)水泥

水泥是一种无机粉末状材料,与水拌和能形成具有流动性、可塑性的浆体(称为水泥浆)。随着时间的延长,水泥浆体经过自身的物理和化学作用,由可塑性的浆体变为坚硬的固体,具有一定的强度,并能将块体或颗粒状材料胶结成为整体。水泥不仅能在空气中凝结硬化,产生强度,而且能在水中硬化,并能很好地保持和发展强度。

土木建筑工程中通常使用的水泥,主要包括硅酸盐水泥、普通硅酸盐水泥、矿渣硅酸盐水泥、火山灰质硅酸盐水泥、粉煤灰硅酸盐水泥和复合水泥六个品种。

四、混凝土

混凝土是由胶凝材料和粗骨料(碎石和卵石)、细骨料(天然砂和人工砂)按适当比例混合,加水拌制成拌和物,经成形硬化而成的复合人工石料。按照胶凝材料的不同,混凝土可分为水泥混凝土、聚合物混凝土、水玻璃混凝土、沥青混凝土等。其中最为常用的是以水泥为胶凝材料,以砂、石为骨料,加水拌制而成的混合物,经振动密实、凝结硬化而成的水泥混凝土。

混凝土具有原材料来源广泛、施工方便、性能可根据设计调整、有利于环保等优点,但存在着自重大、抗拉强度低、脆性大、易开裂等缺点。在工程中,混凝土常和钢筋、型钢等配合使用,形成高强度的钢筋混凝土、钢管混凝土、钢骨混凝土等构件和结构。

现行《混凝土结构设计规范》(GB 50010)中,按照立方体抗压强度的标准值,将混凝土分为 C15、C20、C25、C30、C35、C40、C45、C50、C55、C60、C65、C70、C75、C80 等 14 个等级,其轴心抗压强度、轴心抗拉强度、弹性模量等参数参见附表 2—1 ~ 附表 2—3。

五、建筑砂浆

建筑砂浆是由胶凝材料、细骨料和水,有时也加入适量的掺合料和外加剂,混合而成的建筑工程材料,又称为无粗骨料的混凝土,主要用做砌筑、抹灰、灌缝和粘贴饰面的材料。砂浆的种类很多,按照用途可分为砌筑砂浆和普通抹面砂浆等;按照胶凝材料可分为水泥砂浆、石灰砂浆、混合砂浆和聚合物砂浆等。

(一)砌筑砂浆

能够将砖、石块、砌块黏结成砌体的砂浆称为砌筑砂浆,起黏结、垫层及传递应力的作用。砌筑砂浆按照抗压强度可分为 M20、M15、M10、M7.5、M5.0、M2.5 等六个强度等级。

(二)抹面砂浆

抹面砂浆是涂抹在建筑物或构筑物的表面,既能保护墙体,又具有一定装饰性的建筑材料。根据砂浆的使用功能可将抹面砂浆分为普通抹面砂浆、装饰砂浆、防水砂浆和特种砂浆（如绝热砂浆、防辐射砂浆、吸声砂浆、耐酸砂浆、修补砂浆）等。

为了保证基层和砂浆层黏结良好，砂浆既要有较好的黏结力，且不能开裂，因此有时加入一些纤维材料（如麻刀、纸筋、有机纤维等），有时加入特殊的骨料（如陶粒、膨胀珍珠岩等）以强化其功能。

六、金属材料

建筑钢材、铝及其合金是土木工程中应用最为广泛的金属材料。

（一）建筑钢材

建筑钢材是指用于钢结构的各种型钢（圆钢、角钢、工字钢、槽钢、H 钢）、钢板；用于钢筋混凝土和预应力钢筋混凝土结构中的各种钢筋、钢丝、钢绞线等。按照化学成分，建筑钢材可以分为碳素结构钢和低合金（高强度）结构钢两大类。

建筑钢材的主要技术性能包括力学性能和工艺性能。力学性能是指钢材在外力作用下表现出来的性能，包括强度、塑性、硬度、韧性及疲劳强度等；工艺性能主要包括冷弯性能、焊接性能等。

混凝土结构用普通钢筋、预应力钢筋的强度、延伸率等参数详见《混凝土结构设计规范》（GB 50010）相关规定。各类型钢构件的材料性能及设计要求详见《钢结构设计规范》（GB 50017）的相关规定。

（二）铝和铝合金

铝的密度低，强度高，加工性能和耐腐蚀性能优异，但其硬度较低；加入适量的锰、镁、铜、硅、锌等元素制成的铝合金，既提高了铝的强度和硬度，又保持了铝的轻质、耐腐蚀、易加工的优良特性。与碳素钢相比，铝合金的弹性模量约为钢的 1/3，而强度为钢的 2 倍以上。

铝合金可以加工成各种铝合金门窗、龙骨、压型板、花纹板、管材、型材、棒材等。压型板和花纹板直接用于墙面、屋面、顶棚等的装饰，也可以与泡沫塑料或其他隔热保温材料复合制成轻质、隔热保温的复合材料。某些铝合金还可以替代部分钢材用于建筑结构，从而降低建筑结构的自重。

七、木　　材

木材具有轻质高强、良好的弹性和韧性、良好的加工性能、良好的绝热性与热稳定性等优点，但同时也存在防火能力差、易腐朽和虫蛀等缺点。木材的主要应用形式有原材（包括原木、原条）和锯材（包括板材、枋材）等。

原木为去除皮、根、树梢，并已经按一定尺寸加工成规定直径和长度的木材，土木工程中可用来作屋架、梁、柱、桁架、檩、椽、楼梯等；原条为去除皮、根、树梢，但未加工成规定尺寸的木材。锯材是已经加工成一定规格的木材，其中截面宽度为厚度两倍或以上的称为板材，截面宽度不足厚度 2 倍的称为枋材，可作望板、地板、天花板等。

此外，为了提高木材的利用率，还有人工加工而成的胶合板、胶合夹芯板、纤维板等，可替代木材使用。

八、非烧结砖

非烧结砖是指以砂、粉煤灰、矿渣等硅质材料和石灰、水泥等钙质材料为主要原料,经过坯料制备、压制成形和蒸养制成的砖,主要包括蒸压灰砂砖、蒸压粉煤灰砖等类型。

灰砂砖的工程尺寸与烧结普通砖相同,《蒸压灰砂砖》(GB 11945)中将灰砂砖分为MU25、MU20、MU15和MU10四个强度等级,MU25、MU20、MU15的砖可用于基础及其他建筑部位;MU10的砖仅可用于防潮层以上的建筑。灰砂砖不得用于长期受热(200 ℃以上)、受急冷急热和有酸性介质侵蚀的建筑部位,也不宜用于有流水冲刷的部位。

粉煤灰砖的规格与烧结普通砖相同,《粉煤灰砖强度指标》(JC 239)中将粉煤灰砖分为MU30、MU25、MU20、MU15和MU10五个强度等级,可用于工业与民用建筑的墙体和基础。粉煤灰砖不得用于长期受热(200 ℃以上)、受急冷急热和有酸性介质侵蚀的建筑部位。

九、砌　　块

砌块是一种新型墙体材料,按产品的主规格尺寸,可分为大型砌块(高度大于980 mm)、中型砌块(高度为380~980 mm)和小型砌块(高度大于115 mm,小于380 mm),主要的规格尺寸为390 mm×190 mm×190 mm。砌块的各部分名称如图10—1—4所示。砌块主要分为蒸压加气混凝土砌块和普通混凝土小型空心砌块。

《蒸压加气混凝土砌块》(GB/T 11968)中,将蒸压加气混凝土砌块分为A1.0、A2.0、A2.5、A3.5、A5.0、A7.5、A10七个强度等级;普通混凝土小型空心砌块分为MU3.5、MU5.0、MU10.0、MU15.0、MU20.0五个强度等级。

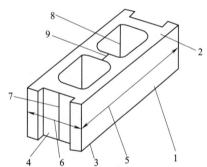

图10—1—4　砌块各部分名称
1—条面;2—坐浆面(肋厚较小的面);
3—铺浆面(肋厚较大的面);4—顶面;
5—长度;6—宽度;7—高度;8—壁;9—肋

十、墙　　板

墙用板材是一种新型墙体材料,采用黏结、组合等方法进行墙体施工,加快了建筑施工的速度,具有轻质、保温、隔热、隔声、防水的性能。墙板主要包括石膏板、蒸压加气混凝土板、玻璃纤维增强水泥轻质多孔板、泰柏板等类型。

十一、结构材料的选用

结构材料是指构成承重结构的材料,主要是指梁、板、柱、墙体、基础以及其他受力构件所用的土木工程材料。

工程中使用的结构材料,需具有以下性质:具有较高的强度、弹性模量、冲击韧性和抗疲劳性,具有一定的耐久性、耐火性和温度稳定性。

可作为结构材料的有：普通混凝土及其制品、轻骨料混凝土及其制品、预应力混凝土及其制品、建筑钢材、砖、砌块、石材、木材等，可以参照上述内容和相关的规范规程选用。

十二、建筑围护与墙体材料

用于围护结构的材料称为围护材料，主要是指用于墙体、屋面、隔断、楼板等结构的材料。建筑工程对于围护结构性能的要求：具有一定的强度；具有较高的隔热、保温和隔声性；外围护材料还需具有较好的耐久性和耐候性。

常用的围护材料有烧结砖、灰砂砖、混凝土砌块、混凝土墙板、复合墙板、屋面板、门窗、玻璃等，可以参照上述内容和相关的规范规程选用。

第二节 基本结构构件

房屋建筑结构一般由基础、墙或柱等竖向承重构件；楼盖屋盖等水平承重构件；柱间支撑和楼梯等斜向受力构件组成。其中，基础是建筑最下部的承重构件，承担建筑的全部荷载，并下传给地基；墙体是建筑物的承重或围护构件，柱是主要的竖向承重构件；屋盖是建筑顶部的承重和围护构件，一般由屋面板、次梁和主梁三部分组成，大跨屋盖由屋面板、檩条、屋面梁或屋架及支撑系统组成，或由拱、桁架或空间网格结构代替屋面梁或屋架作为主体承重构件；楼盖与屋盖类似，也是楼房建筑中的水平承重构件，一般由楼板、次梁和主梁三部分组成；楼梯是楼房建筑的交通设施，由楼梯板、平台板等组成，柱间支撑则是提高结构侧向刚度、传递纵向水平力的柱间连系杆件。

雨棚、天桥、地道、站台等是铁路构筑物，其结构与房屋建筑结构会有一些差异。雨棚结构主要由基础、柱和屋盖等组成，近年新建大型车站的无站台柱雨棚多采用大跨度金属屋盖系统和钢柱或钢管混凝土柱组成。天桥结构主要由基础、桥墩、桥跨结构和楼梯组成，封闭式天桥还包括围护结构。地道结构一般是单孔框架箱形结构，由地道洞身和人行梯段组成。站台结构一般是由台基、站台面、站台墙等组成。

一、梁

梁一般为直线形（也有曲线形）构件，由柱、承重墙等支座支承，是一种在荷载作用下主要发生弯曲变形的水平结构构件，主要用来承载重力作用，但也可以承载水平方向作用力（如地震或风），并将这些荷载通过墙、柱等支承构件传递给基础和地基。

梁的承载能力主要由截面形式、长度和材料决定。目前，建筑中的梁，主要是钢、钢筋混凝土和木材等材料制成。木梁在我国古代建筑中应用广泛，而在现代建筑结构中木梁的应用非常少见。

（一）钢梁

按制作方法的不同，钢梁分为型钢梁和焊接组合梁。型钢梁又分为热轧型钢梁和冷弯薄壁型钢梁两种。常用的热轧型钢有普通工字钢、槽钢、热轧 H 形钢等，如图 10—2—1(a)～(c)所示。冷弯薄壁型钢梁截面种类较多，但在我国目前常用的有 C 形槽钢和 Z 形钢，如图 10—2—1(d)和图 10—2—1(e)所示。冷弯薄壁型钢是通过冷轧加工成形的，板壁都很薄,截面尺寸较小。在梁跨较小、承受荷载不大的情况下采用比较经济,例如屋面檩条和墙梁。型钢梁具有加工方便、成本低廉的优点,在结构设计中应优先选用。由于型钢规格型号所限,在大多情况下,用钢量要多于焊接组合梁。

如图10—2—1(f)、(g)所示,由钢板焊成的组合梁在工程中应用较多,当抗弯承载力不足时可在翼缘加焊一层翼缘板。如果梁所受荷载较大、而梁高受限或者截面抗扭刚度要求较高时可采用箱形截面,如图10—2—1(h)所示。

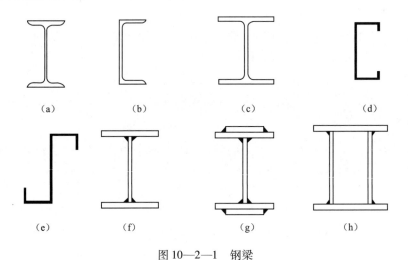

图10—2—1 钢梁

(二)钢筋混凝土梁

钢筋混凝土梁是指用钢筋和混凝土材料制成的梁,其形式多种多样,是房屋建筑结构中最基本的承重构件。

按其截面形式,钢筋混凝土梁可分为矩形梁、T形梁、工字梁等如图10—2—2(a)~(c)所示;按其施工方法,可分为现浇梁、预制梁和预制现浇叠合梁,如图10—2—2(d)所示;按其配筋类型,可分为钢筋混凝土梁和预应力混凝土梁;按其结构简图,可分为简支梁、连续梁、悬臂梁、主梁和次梁等。

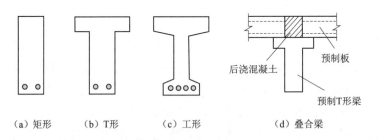

图10—2—2 钢筋混凝土梁

(三)钢—混凝土组合梁

钢—混凝土组合梁是在钢结构和混凝土结构基础上发展起来的一种新型结构形式。主要通过在钢梁和混凝土翼缘板之间设置剪力连接件(栓钉、槽钢、弯筋等),抵抗两者在交界面处的掀起及相对滑移,使之成为一个整体而共同工作,如图10—2—3所示。

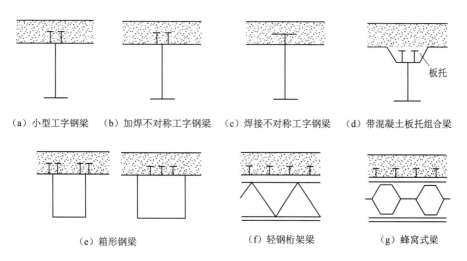

图 10—2—3 钢—混凝土组合梁

钢—混凝土组合梁同钢筋混凝土梁相比,可以减轻结构自重,减小地震作用,减小截面尺寸,增加有效使用空间,节省支模工序和模板,缩短施工周期,增加梁的延性等。同钢梁相比,可以减小用钢量,增大刚度,增加稳定性和整体性,增强结构抗火性和耐久性等。

近年来,钢—混凝土组合梁在我国建筑结构中已得到了越来越广泛的应用,并且正朝着大跨方向发展。在我国的应用实践表明,钢—混凝土组合梁兼有钢结构和混凝土结构的优点,具有显著的技术经济效益和社会效益,适合我国基本建设的国情,是未来结构体系的主要发展方向之一。

(四)钢骨混凝土梁

钢骨混凝土梁又称劲性混凝土梁,由混凝土、型钢、纵向钢筋和箍筋组成,简单点说就是在原有的钢筋混凝土梁里添加型钢组成,如图 10—2—4 所示。

由于在钢筋混凝土中增加了型钢,型钢以其固有的强度和延性,以及型钢、钢筋、混凝土三位一体地工作,使钢骨混凝土梁具备了比传统的钢筋混凝土梁承载力大、刚度大、抗震性能好的优点;与钢结构梁相比,具有防火性能好,结构局部和整体稳定性好,节省钢材的优点。有针对性地推广应用此类结构,对我国多、高层建筑的发展,优化和改善结构抗震性能都具有极其重要的意义。

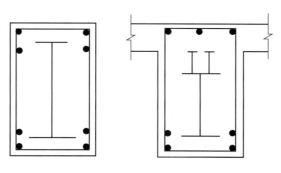

图 10—2—4 钢骨混凝土组合梁

二、楼(屋)面板

在建筑结构中,楼(屋)面板是一种分隔承重构件,将房屋垂直方向分隔为若干层,并把人和家具等竖向荷载及楼板自重通过墙体、梁或柱传给基础。按其所用的材料可分为木楼板、砖拱楼板、钢筋混凝土楼板和钢—混凝土组合楼板等几种形式。

(一)木楼板

木楼板由木梁和木地板组成。这种楼板的构造简单,自重较轻,但防火性能不好,不耐腐蚀,又因木材昂贵,故一般工程中应用较少。当前,只应用于装修等级较高的建筑中。

(二)砖拱楼板

砖拱楼板采用钢筋混凝土倒 T 形梁密排,其间填以普通黏土砖或特制的拱壳砖砌成拱形,故称为砖拱楼板。这种楼板虽比钢筋混凝土楼板节省钢筋和水泥,但是自重大,作地面时使用材料多,并且顶棚成弧拱形,一般应作吊顶棚,故造价偏高。此外,砖拱楼板的抗震性能较差,故在要求进行抗震设防的地区不宜采用。

(三)钢筋混凝土楼板

钢筋混凝土楼板采用混凝土与钢筋共同制作。这种楼板坚固,耐久,刚度大,强度高,防火性能好,当前应用比较普遍。按施工方法可以分为现浇钢筋混凝土楼板和装配式钢筋混凝土楼板两大类。

现浇钢筋混凝土楼板一般为实心板,现浇楼板还经常与现浇梁一起浇筑,形成现浇梁板。现浇梁板常见的类型有肋形楼板、井字梁楼板和无梁楼板等,如图 10—2—5 所示。

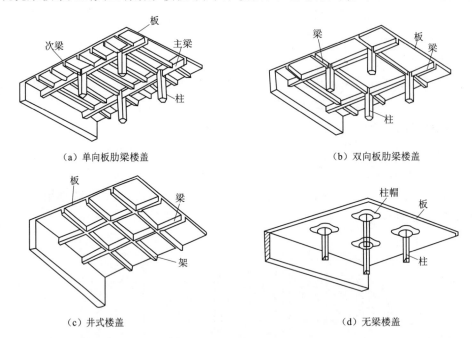

(a) 单向板肋梁楼盖   (b) 双向板肋梁楼盖

(c) 井式楼盖   (d) 无梁楼盖

图 10—2—5 钢筋混凝土现浇楼板

装配式钢筋混凝土楼板,除极少数为实心板以外,绝大部分采用圆孔板和槽形板(图 10—2—6)。装配式钢筋混凝土楼板一般在板端都伸有钢筋,现场拼装后用混凝土灌缝,以加强整体性。

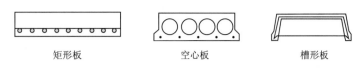

图 10—2—6 装配式钢筋混凝土楼板

（四）钢—混凝土组合楼板

钢—混凝土组合楼板是以压型钢板与混凝土浇筑在一起构成的整体式楼板，压型钢板在下部起到现浇混凝土的模板作用，同时由于在压型钢板上加肋或压出凹槽，能与混凝土共同工作，起到配筋作用（图10—2—7）。钢—混凝土组合楼板已在大空间建筑和高层建筑中采用，它提高了施工速度，既具有现浇式钢筋混凝土楼板刚度大、整体性好的优点，还可利用压型钢板肋间空间敷设电力或通信管线。

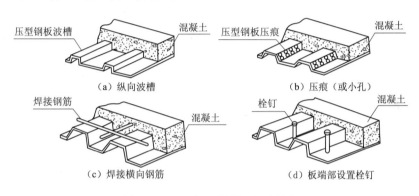

图 10—2—7 钢—混凝土组合楼板

三、柱

柱子是建筑物中用以支承梁、桁架的长条形构件。工程结构中主要承受压力，有时也同时承受弯矩的竖向杆件，用以支承梁、桁架、楼板等，同时也需要承受水平荷载（如地震、风等）。柱是结构中极为重要的部分，柱的破坏将导致整个结构的损坏与倒塌。

按所用材料分石柱、砖柱、砌块柱、木柱、钢柱、钢筋混凝土柱、劲性钢筋混凝土柱、钢管混凝土柱和各种组合柱；按截面形式分方柱、圆柱、管柱、矩形柱、工字形柱、H形柱、T形柱、L形柱、十字形柱、双肢柱、格构柱；按柱的破坏特征或长细比分为短柱、长柱及中长柱。

（一）钢柱

用钢材制造的柱。大中型工业厂房、大跨度公共建筑、高层房屋、轻型活动房屋、工作平台、栈桥和支架等的柱，大多采用钢柱。

钢柱按截面形式可分为实腹柱和格构柱（图10—2—8）。实腹柱具有整体的截面，最常用的是工字形截面；格构柱的截面分为两肢或多肢，各肢间用缀条或缀板联系，当荷载较大、柱身较宽时钢材用量较省。

钢柱的优点主要有钢柱的自重轻，施工不受季节影响，施工速度快；钢柱的弹性模量高，在正常使用情况下具有良好的延性，适于承受冲击和动力荷载，具有良好的抗震性能。

钢柱的缺点主要是其耐火差，对环境要求高（不适宜高湿、腐蚀），造价高。

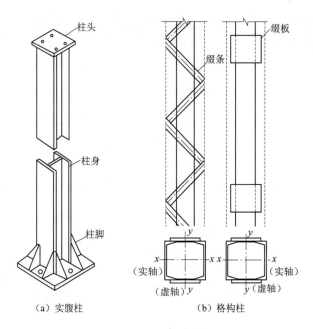

(a)实腹柱　　　　　(b)格构柱

图 10—2—8　钢柱

(二)钢筋混凝土柱

用钢筋混凝土材料制成的柱是房屋、桥梁、水工等各种工程结构中最基本的承重构件,常用作楼盖的支柱、桥墩、基础柱、塔架和桁架的压杆。钢筋混凝土柱的常见截面形式有方形、矩形、圆形和工字形(图10—2—9)。

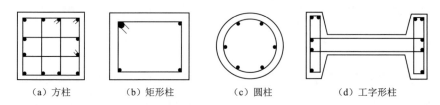

(a)方柱　　　(b)矩形柱　　　(c)圆柱　　　(d)工字形柱

图 10—2—9　钢筋混凝土柱

钢筋混凝土柱是由钢筋和混凝土两种不同的材料组成的。钢筋混凝土柱配有纵向钢筋和箍筋,配置的纵筋通常抗压强度较高,可协助混凝土承受压力,提高柱的承载能力,减少构件的截面尺寸。此外,还可防止因偶然偏心产生的破坏,改善破坏时构件的延性和减少混凝土的徐变变形。钢筋混凝土柱具有以下特点。

1. 优点:工程造价低;刚度较大,受风力或地震力影响的侧向位移小,居住于室内的人感觉不明显;耐火性佳,耐候性好;抗压承载力高,稳定好。

2. 缺点:自重大,地震作用下结构地震反应强;用于高层和超高层建筑时截面尺寸较大,浪费室内空间;现场湿作业多,施工周期长,对施工季节有选择。

(三)钢管混凝土柱

钢管混凝土柱是指在钢管中填充混凝土而形成且钢管及其核心混凝土能共同承受外荷载作用的结构构件,按截面形式不同,可分为圆钢管混凝土柱,方、矩形钢管混凝土柱(图10—2—10)和多边形钢管混凝土等。

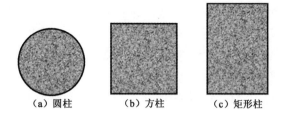

(a)圆柱　　　(b)方柱　　　(c)矩形柱

图10—2—10　钢管混凝土柱

钢管混凝土柱具有下列基本特点。

1. 承载力提高

试验和理论分析证明,钢管混凝土受压构件的强度承载力可以达到钢管和混凝土单独承载力之和的1.7~2.0倍。

2. 具有良好的塑性和抗震性能

在钢管混凝土构件轴压试验中,试件压缩到原长的2/3,构件表面已褶曲,但仍有一定的承载力,塑性非常好。钢管混凝土构件在压弯剪循环荷载作用下,水平力P与位移Δ之间的滞回曲线十分饱满,表明有很好的吸能能力,基本无刚度退化,抗震性能大大优于钢筋混凝土。

3. 经济效果显著

和钢柱相比,可节约钢材50%,降低造价45%;和钢筋混凝土柱相比,可节约混凝土约70%,减少自重约70%,节省模板100%,而用钢量略相等或略多。

4. 施工简单,可缩短工期

和钢柱相比,零件少,焊缝短,且柱脚构造简单,可直接插入混凝土基础预留的杯口中,免去了复杂的柱脚构造;和钢筋混凝土柱相比,免除了支模、绑扎钢筋和拆模等工作;由于自重的减轻,还简化了运输和吊装等工作。

(四)钢骨混凝土柱

钢骨混凝土柱(又称型钢混凝土柱或劲性混凝土柱)由混凝土、型钢、纵向钢筋和箍筋组成,混凝土内的钢骨宜采用实腹式宽翼缘的H形轧制型钢和各种截面形式的焊接型钢,如图10—2—11所示。在钢筋混凝土柱中加入型钢后,可以有效提高构件承载能力,减小构件轴压比。钢骨混凝土柱具有强度高、构件截面尺寸小、与混凝土握裹力强、节约混凝土、增加使用空间、降低工程造价、提高工程质量等优点。

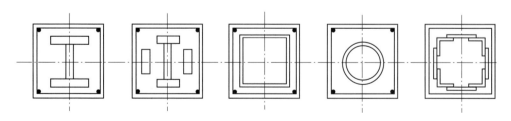

图10—2—11　钢骨混凝土柱

四、墙

墙(或称壁、墙壁)在建筑学上是指一种重直向的空间隔断结构,用来围合、分割或保护某一区域。根据墙在建筑物中是否承重,分为承重墙和非承重墙。承重墙指支撑着上部楼层重量的墙体,打掉会破坏整个建筑结构;非承重墙是指不支撑上部楼层重量的墙体,作为建筑物的外围护结构,提供防水、防风、保温、隔热功能,以及满足分隔建筑功能和空间的要求,非承重墙的有无对建筑结构没有明显影响。

几乎前面提到的木材、石材、砖、混凝土、金属材料、玻璃等所有重要的建筑材料都可以成为建造墙体的材料。

(一)承重墙

现代建筑结构中,承重墙主要包括砖墙、石墙、砌块墙、钢筋混凝土剪力墙、组合剪力墙等类型。

1. 砖墙

砖的特点是块小、抗压强度远大于抗拉强度、抗扭强度和抗剪强度。我国标准黏土砖的尺寸为240 mm×115 mm×53 mm,其长宽高之比为4:2:1(包括10 mm的灰缝宽度)。砖墙的厚度多以砖的倍数称呼,由于砖的长度为240 mm,因此厚度为一砖的墙又称"二四"墙,厚度为一砖半的墙又称"三七"墙,厚度为半砖的墙又称"一二"墙。

(1)砖墙的砌筑

砖墙构造需要把小尺寸的砖块以一种合理的方式通过砂浆组合成墙体。砖墙砌筑的主要标准是不能有上下"通缝"以保证砖墙的坚固,因此砖块的砌筑应遵循"内外搭接、上下错缝"的原则。一层砖术语称为一"皮",和墙体方向平行的砖称为"顺",和墙体方向垂直的砖称为"丁",要保证没有通缝就需要把砖交错砌筑,即有丁有顺,具体上主要有三种砌法:

一顺一丁,又称"满丁满条",指一皮砖按照顺、一皮砖按照丁的方式交替砌筑,这种砌法最为常见,对工人的技术要求也较低;二顺一丁,指两皮砖按照顺、一皮砖按照丁的方式砌筑,这种砌法比一顺一丁更容易,但是强度略低;梅花丁,指每一皮砖都有顺有丁,上下皮又顺丁交错,这种砌法难度最大,但是墙体强度最高。

(2)砖墙的加强

砖的强度较低,承载能力和抗震性能较差,为了对其进行加强,在纵横砖墙的交界处和砖墙的转角处,以及按照《砌体结构设计规范》(GB 50003)规定的相应位置设置钢筋混凝土构造柱,构造柱要预留深入墙体的拉结筋以及马牙槎,以增强其与墙体的整体性;按照《砌体结构设计规范》(GB 50003)中的规定,每隔一定高度要设置钢筋混凝土圈梁。砖墙内构造柱与圈梁的设置如图10—2—12所示。

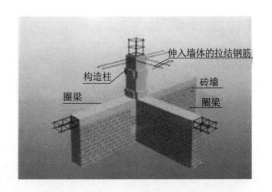

图10—2—12 砖墙的构造柱与圈梁

当墙体受到集中荷载而厚度又不足以承受其荷载,或墙体的长度和高度超过一定限度并影响墙体的稳定性时,常在墙体局部适当位置增设凸出墙面的壁柱,使壁柱与墙体共同承担荷载并稳定墙身,壁柱的尺寸可通过结构计算确定并应符合块材规格。可参见《砌体结构设计规范》(GB 50003)中的相应规定。

(3)配筋砖墙

为了增强砖墙的强度,按照《砌体结构设计规范》(GB 50003)的规定,可以在砖墙水平缝中设置网状钢筋,形成配筋砖墙(图10—2—13);还可以在砖墙的内侧或外侧设置钢筋混凝土面层或钢筋砂浆面层,形成组合砖墙(图10—2—14)。

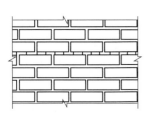 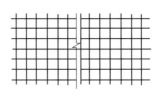 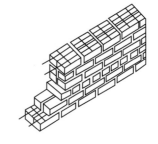

图10—2—13　网状配筋砖墙

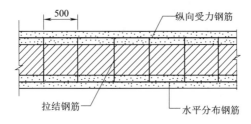

图10—2—14　组合砖墙(单位:mm)

2. 配筋砌块墙

采用前面所述的空心砌块,并在砌块的竖向孔洞和水平间隙配置钢筋,并灌注混凝土形成的墙叫配筋砌块墙。既可以承重,也可以承受水平地震等作用,如图10—2—15所示。

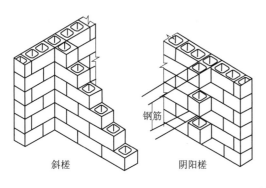 

图10—2—15　配筋砌块墙

3. 钢筋混凝土剪力墙

剪力墙也叫抗震墙,结构墙,是指房屋或构筑物中承受竖向荷载和水平力(如地震)的墙体,一般为钢筋混凝土制成(图10—2—16)。当墙体处于建筑物中合适的位置时,能形成一种有效抵抗水平作用的结构体系,同时,又能起到对空间的分割作用。

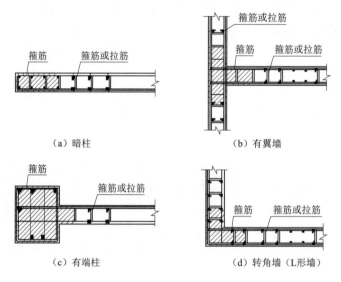

图10—2—16　钢筋混凝土剪力墙

剪力墙的高度一般与整个房屋的高度相等,自基础直至屋顶,高达几十米或100多米;其宽度则视建筑平面的布置而定,一般为几米到十几米。相对而言,其厚度则很薄,一般仅为200~300 mm,最小可达160 mm。因此,结构墙在其墙身平面内的抗侧移刚度很大,而其墙身平面外刚度却很小,一般可以忽略不计。所以,建筑物上大部分的水平作用或水平剪力通常被分配到剪力墙上,这也是剪力墙名称的由来。

4. 组合剪力墙

图10—2—16中,剪力墙端部的暗柱、翼柱和端柱等也可以做成前面所述的钢管混凝土柱和钢骨混凝土柱;钢筋混凝土剪力墙体也可以替换成钢板剪力墙,也可以在钢筋混凝土墙体内加入钢板形成钢板混凝土复合剪力墙。上述剪力墙都称作组合剪力墙,具有比钢筋混凝土更好的承载力、延性和抗震性能。

(二) 非承重墙

非承重墙是指不承受上部楼层荷载的后砌墙体,只起分隔空间的作用,属于建筑的非结构构件,对结构的安全性影响较小。建筑结构中,非承重墙包括自承重墙、填充墙、隔墙和幕墙。

1. 自承重墙

自承重墙也叫"承自重墙",下部墙体只承受上部墙体的自身重量,起分隔空间的作用,但并不承受上部楼层荷载的墙体。自承重墙多由砖、石、砌块等砌筑而成,墙下有基础,只拆除自承重墙不会影响结构安全。

2. 填充墙

填充墙是指在框架结构建筑中,填充在框架间的墙,其自身重量由楼板、梁柱和基础承受。填充墙多由烧结空心砖、多孔砖、混凝土空心砌块、混凝土墙板、复合墙板等组成。

3. 隔墙

隔墙是指分隔建筑物内部空间的墙。隔墙不承重,一般要求轻、薄,有良好的隔声性能。隔墙材料主要包括空心砖和空心砌块、玻璃砖、玻璃、木材、石膏板、大型墙板等,隔墙材料须考虑防火、防潮、强度高等诸多因素进行选择。

4. 幕墙

幕墙是建筑结构的外墙围护,不承重,像幕布一样挂上去,故又称为"帷幕墙",是现代大型和高层建筑常用的带有装饰效果的轻质墙体。幕墙有玻璃幕墙、金属幕墙、石材幕墙等多种,由面板和支承结构体系组成的,可相对主体结构有一定位移能力或自身有一定变形能力、不承担主体结构荷载的建筑外围护结构或装饰性结构。

五、屋面围护结构

屋面围护结构为建筑物最上层外围护结构,主要承受施工荷载、雨水、粉尘、雪压、维修荷载,抵抗当地最大风压,使建筑空间具备安全的使用环境。

(一)传统的屋面结构

传统的屋面结构是指以梁(包括木梁、钢梁、钢筋混凝土梁、钢—混凝土组合梁以及钢骨混凝土梁)和板(包括木楼板、砖拱楼板、钢筋混凝土楼板以及钢—混凝土组合楼板)组成的梁板式屋面结构体系,主要包括肋梁楼盖、井式楼盖和无梁楼盖。

(二)屋面结构的其他形式

除去传统意义上的梁板式屋面结构之外,拱屋顶、折板屋顶、薄壳屋顶、悬索屋顶、网架屋顶等,是现代大型公共建筑中常用的屋顶形式。其中,金属屋面系统具有轻质、高强、防水、抗腐蚀、施工方便等特点,在大型铁路站房中得到了广泛应用。

金属屋面系统是采用冷弯薄壁型钢及压型金属屋面板配以保温隔热、吸音隔声以及防水等材料,组装成的围护系统,其主要优点包括:自重轻,耐久性强及经济性能高;优异的结构性能;良好的防水性能;优良的防火性能;外观适应性强,能满足不同种类建筑的外观需求;安装便捷与快速,对于不同地区、环境及不同功能要求的建筑有较强的适应性。

金属板的连接方式主要有搭接式和咬接式(卷边、锁边)两种方式。

1. 搭接式

指压型钢板至少一个波形相互搭接,搭接部位通常设密封胶带,搭接方向应与主导风向相同,且顺水搭接,如图10—2—17所示;当搭接长度不够或安装工艺不规范时,该类屋面可能发生渗漏。

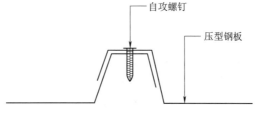

图10—2—17 屋面板搭接连接示意

2. 咬接式

指用专业的咬边机将压型钢板的边缘咬合在一起,同时应设置连接滑片保证压型钢板的温度变形,防止屋面板拉裂。其中,直立锁边系统是目前大型建筑中应用最为广泛的一类金属屋面系统,其核心构成是基于直立锁边咬合设计的特殊板形的金属板块,这种设计主要针对大跨度自支承式密合安装体系。由于支承隐藏在面板之下,在屋面上看不见任何穿孔。屋面板块的连接方法是采用其特有的铝合金固定支座,在板块间通过直立锁边咬合形成密合的连接,如图10—2—18所示。板块咬合过程无须人力,完全由机械自动完成,咬合边与支座形成的连接可适应因热胀冷缩产生的温度应力,有效解决其他板型难以克服的温度变形问题,保证屋面性能的可靠性。缺点是施工质量难保证,抵抗风揭能力不足。

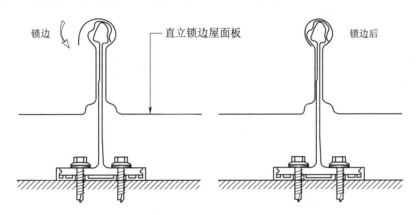

图10—2—18 直立锁边屋面板连接示意

第三节 地基与基础

地基与基础是房屋建筑结构的重要组成部分。由于地基土性状复杂多样,其作用机理、设计理论以及施工方法也在不断探索和完善之中;更由于地基失效或基础破坏后的挽救措施难度大,费用高,因而地基与基础在勘察设计、施工准备及施工管理阶段的前期投入较多,而后期维护只有在特殊情况时才予以进行。

一、地 基

地基是指位于建、构筑物下面,支承基础和上部结构的土体或岩体。为满足上部结构在竖向荷载和水平荷载作用下的稳定性,地基必须具备一定的承载力、密实度以及必要的均匀性。铁路房屋建筑的功能和用途多样,不同建、构筑物的体量和荷载也有明显差别,对地基的要求有很大不同。更由于铁路房屋建筑地域分布的广泛,不同时期、不同特点的站房对建筑场地的多样性要求,使得铁路房屋建筑的地基或地基处理呈现较丰富的内容。为了保证房屋建筑结构的地基基础施工和改造维护时的质量,工程管理人员应了解工程施工和维护过程中可能遇到的地基土性状。

《建筑地基基础设计规范》(GB 50007)中,将作为建筑地基的岩土分为岩石、碎石土、砂土、粉土、黏性土和人工填土等几类。

(一)岩石地基

山地中的岩石极为多样,差别很大,为便于工程应用和评价,需对岩石进行工程分类。根据岩石的坚硬程度(强度及风化程度)和完整程度,《岩土工程勘察规范》(GB 50021)对其基本质量等级进行分类,见表10—3—1、表10—3—2。对于岩石地基,应特别注意工程地质中软岩、极软岩、破碎和极破碎等岩石,以及工程岩体基本质量等级为Ⅴ级的岩体。

岩石地基的承载力较一般土体的高,《建筑地基基础设计规范》(GB 50007)对不同完整性岩石地基的承载力测试方法均给出了相应的规定。岩石地基在铁路房屋建筑中多位于山区的中小城市或区间站,也用于大型站房桩基等深基础的持力地基。

表10—3—1　岩石坚硬程度等级分类

坚硬程度等级		定性鉴定	代表性岩石	饱和单轴抗压强度(MPa)
硬质岩	坚硬岩	锤击声清脆,有回弹,震手,难击碎,基本无吸水反应	未风化~微风化花岗岩、闪长岩、辉绿岩、玄武岩、安山岩、片麻岩、石英岩、石英砂岩、硅质砾岩、硅质石灰岩等	$f_r > 60$
硬质岩	较硬岩	锤击声较清脆,有轻微回弹,稍震手,较难击碎,有轻微吸水反应	1. 微风化的坚硬岩石; 2. 未风化~微风化的大理岩、板岩、石灰岩、白云岩、钙质砂岩等	$60 \geq f_r > 30$
软质岩	较软岩	锤击声不清脆,无回弹,轻易击碎,浸水后用指甲可刻出印痕	1. 中等风化~强风化的坚硬岩或较硬岩; 2. 未风化~微风化的凝灰岩、千枚岩、泥灰岩、砂质泥岩等	$30 \geq f_r > 15$
软质岩	软岩	锤击声哑,无回弹,有凹痕,浸水后手可掰开	1. 强风化的坚硬岩或较硬岩; 2. 中风化~强风化的较软岩; 3. 未风化~微风化的页岩、泥岩、泥质砂岩等	$15 \geq f_r > 5$
极软岩		锤击声哑,无回弹,有较深凹痕,手可捏碎,浸水后可捏成团	1. 全风化的各种岩石; 2. 各种半成岩	$f_r < 5$

表10—3—2　岩石基本质量等级分类

坚硬程度＼完整程度	完整	较完整	较破碎	破碎	极破碎
坚硬岩	Ⅰ	Ⅱ	Ⅲ	Ⅳ	Ⅴ
较硬岩	Ⅱ	Ⅲ	Ⅳ	Ⅳ	Ⅴ
较软岩	Ⅲ	Ⅳ	Ⅳ	Ⅴ	Ⅴ
软岩	Ⅳ	Ⅳ	Ⅴ	Ⅴ	Ⅴ
极软岩	Ⅴ	Ⅴ	Ⅴ	Ⅴ	Ⅴ

(二)土体类地基

土体类地基的分布相对岩石地基更为广泛,而性状也更为复杂。根据土颗粒粒径分布不同可分为粗粒土和细粒土地基。

1. 粗粒土地基

粗粒土包括碎石土和砂土,碎石土是指粒径大于 2 mm 的颗粒含量超过全重 50% 的土,其分类标准见表 10—3—3。

表 10—3—3　碎石土的分类

土 的 名 称	颗 粒 形 状	颗 粒 级 配
漂 石	圆形及亚圆形为主	粒径大于 200 mm 的颗粒质量超过总质量 50%
块 石	棱角形为主	
卵 石	圆形及亚圆形为主	粒径大于 20 mm 的颗粒质量超过总质量 50%
碎 石	棱角形为主	
圆 砾	圆形及亚圆形为主	粒径大于 2 mm 的颗粒质量超过总质量 50%
角 砾	棱角形为主	

注:定名时,应根据颗粒级配由大到小以最先符合者确定。

碎石土的密实度可用重型动力触探实验(圆锥形探头,穿心锤重 63.5 kg)的锤击数来表示,详见表 10—3—4;碎石土密实度的野外鉴定方法见表 10—3—5。

表 10—3—4　碎石土的密实度

重型动力触探锤击数 $N_{63.5}$	密实度	重型动力触探锤击数 $N_{63.5}$	密实度
$N_{63.5} \leq 5$	松 散	$10 < N_{63.5} \leq 20$	中 密
$5 < N_{63.5} \leq 10$	稍 密	$N_{63.5} > 20$	密 实

注:(1)本表适用于平均粒径小于等于 50 mm 且最大粒径不超过 100 mm 的卵石、碎石、圆石、角砾。对于平均粒径大于 50 mm 或最大粒径大于 100 mm 的碎石土,可野外肉眼鉴别其密实度(表 10—3—5)。
(2)$N_{63.5}$ 为重型(圆锥)动力触探实验锤击数,表内 $N_{63.5}$ 为经综合修正后的平均值。

表 10—3—5　碎石土密实度野外鉴别方法

密实度	骨架颗粒含量和排列	可 挖 性	可 钻 性
松散	骨架颗粒质量小于总质量的 60%,排列混乱,大部分不接触	锹可以挖掘,井壁易坍塌,从井壁取出大颗粒后,立即塌落	钻进较易,钻杆稍有跳动,孔壁易坍塌
中密	骨架颗粒质量等于总质量的 60%~70%,呈交错排列,大部分接触	锹镐可挖掘,井壁有掉块现象,从井壁取出大颗粒处,能保持凹面形状	钻进较困难,钻杆、吊锤跳动不剧烈,孔壁有坍塌现象
密实	骨架颗粒质量大于总质量的 70%,呈交错排列,连续接触	锹镐挖掘困难,用撬棍方能松动,井壁较稳定	钻进困难,钻杆、吊锤跳动剧烈,孔壁较稳定

砂土为粒径大于 0.075 mm 颗粒超过全重 50%,但粒径大于 2 mm 的颗粒含量不超过全重 50% 的土,其分类标准见表 10—3—6。

表 10—3—6　砂土的分类

土的名称	颗 粒 级 配
砾 砂	粒径大于 2 mm 的颗粒质量占总质量 25%~50%
粗 砂	粒径大于 0.5 mm 的颗粒质量超过总质量 50%
中 砂	粒径大于 0.25 mm 的颗粒质量超过总质量 50%
细 砂	粒径大于 0.075 mm 的颗粒质量超过总质量 85%
粉 砂	粒径大于 0.075 mm 的颗粒质量超过总质量 50%,但不超过总质量的 85%

砂土的密实度常用标准贯入实验(管状贯入器,穿心锤重63.5 kg)的锤击数表示,详见表10—3—7。

表10—3—7 砂土的密实度

标准贯入试验锤击数 N	密实度	标准贯入试验锤击数 N	密实度
$N \leq 10$	松散	$15 < N \leq 30$	中密
$10 < N \leq 15$	稍密	$N > 30$	密实

注:当用静力触探探头阻力划分砂土的密实度时,可根据当地经验确定。

上述分类法以粒径大于某一尺寸的颗粒超过全重的百分比为标准,注重颗粒的大小,未涉及到不同颗粒的级配。但该分类法与地基承载力关系密切,颗粒越粗地基承载力越高,简单明了,易于操作。

2. 细粒土地基

细粒土主要包括黏土和粉质黏土,依据塑性指数进行分类。塑性指数 I_p 为细粒土保持塑性状态的最高含水量 w_L 与其保持塑性状态的最低含水量 w 之间的差值,即 $I_P = w_L - w_P$,习惯上用不带%的数值表示。塑性指数愈大,表明土的颗粒愈细,比表面积愈大,土的粘粒或亲水矿物(如蒙脱石)含量愈高,土处在可塑状态的含水量变化范围就愈大。也就是说塑性指数能综合地反映土的矿物成分和颗粒大小的影响,是黏土最基本、最重要的物理指标之一。

因此,在工程上常按塑性指数对黏性土进行分类,分类标准见表10—3—8。

表10—3—8 黏性土分类标准

土的名称		分类标准	
		塑性指数 I_p	粒径要求
粉 土		$I_p \leq 10$	粒径大于0.075 mm的颗粒质量不超过总质量50%
黏性土	黏 土	$I_p > 17$	粒径大于0.075 mm的颗粒质量不超过总质量50%
	粉质黏土	$10 < I_p \leq 17$	粒径大于0.075 mm的颗粒质量不超过总质量50%

黏性土的状态应根据液性指数 I_L 划分为坚硬、硬塑、可塑、软塑和流塑,并应符合表10—3—9的规定,其中液性指数 I_L 为黏性土的天然含水量 w 和其保持塑性状态的最低含水量 w_P 的差值与塑性指数之比,即 $I_L = (w - w_P)/(w_L - w_P)$。

表10—3—9 黏性土的状态分类

液性指数	状态	液性指数	状态
$I_L \leq 0$	坚硬	$0.75 < I_L \leq 1$	软塑
$0 < I_L \leq 0.25$	硬塑	$I_L > 1$	流塑
$0.25 < I_L \leq 0.75$	可塑		

(三)特殊土地基

特殊土主要指淤泥、红黏土、人工填土、膨胀土和湿陷性土及寒冷地区的冻土等,其工程特性指标可采用强度指标、压缩性指标以及静力触探探头阻力、动力触探锤击数、标准贯入试验锤击数、载荷试验承载力等特性指标表示,具体方法参见《建筑地基基础设计规范》

(GB 50007)中的相应规定。特殊土地基由于承载力较低或性状不稳定,一般需经地基处理或采用桩基础等减少对上部结构的不利影响。

1. 淤泥

淤泥为在静水或缓慢的流水环境中沉积,并经生物化学作用形成,天然含水量大于液限(保持塑性状态的最高含水量 w_L)、天然孔隙比(指材料中孔隙体积与材料中颗粒体积之比)大于或等于 1.5 的黏性土。当天然含水量大于液限而天然孔隙比小于 1.5,但大于或等于 1.0 的黏性土或粉土为淤泥质土。含有大量未分解的腐殖质,有机质含量大于 60% 的土为泥炭,有机质含量大于等于 10% 且小于等于 60% 的土为泥炭质土。

淤泥含水量大,淤泥地基变形大、强度低、变形稳定历时长,应注意淤泥排水固结导致的强度和变形的变化而引起建筑物的过大沉降和不均匀沉降等问题。

2. 红黏土

红黏土为碳酸盐岩系的岩石经红土化作用形成的高塑性黏土,其液限一般大于 50%,红黏土经再搬运沉积后仍保留其基本特征,液限大于 45% 的土为次生红黏土。

红黏土具有表面收缩现象、上硬下软、胀缩性与复浸水性、裂隙发育等典型而复杂的工程特性,具有吸水后变软、失水后变硬的典型特征。红黏土作为建筑物地基时,应注意因为土的含水率变化而引起的建筑物沉降,尤其是不均匀沉降问题。

3. 人工填土

人工填土根据其组成和成因,可分为素填土、压实填土、杂填土、冲填土。素填土为碎石土、砂土、粉土、黏性土等组成的填土。压实填土为经过夯实或压实的素填土;杂填土为含有建筑垃圾、工业废料、生活垃圾等杂物的填土;冲填土为由水力冲填泥沙形成的填土。

人工填土作为建筑物地基时,应注意因为土密实度、承载力、有机质含量等土的性质差异而引起的建筑物沉降,尤其是不均匀沉降问题。

4. 膨胀土

膨胀土为土中黏粒成分主要由亲水性矿物组成,同时具有显著的吸水膨胀和失水收缩特性,其自由膨胀率大于或等于 40% 的黏性土。

膨胀土作为建筑物地基时,应注意因为土的吸水膨胀而引起地基的上升和下降,从而导致建筑物的变形过大、开裂和破坏等问题。

5. 湿陷性土

湿陷性土为在一定压力下浸水后产生附加沉降,其湿陷系数(土样在一定压力下的湿陷量与其原始高度之百分比)大于或等于 0.015 的土。

湿陷性土作为建筑物地基时,应注意因为土的湿陷而引起的建筑物沉降,尤其是不均匀沉降问题。

6. 冻土

埋藏在冻土层里的地基被称为冻土地基,冻土层分季节性冻土和多年冻土两种。季节性冻土指的是冬季冻结春季融化的土层,多年冻土保持全年冻结而不融化,并且延续时间在 3 年或 3 年以上。

季节性冻土作为建筑物地基时,由于土层的冻结和融化往往使地基产生冻胀和融陷现象,容易对轻型建筑物造成破坏,如墙身开裂、围墙倾倒、门前台阶胀起和散水断裂等。因此,以季节性冻土作地基时,除应满足一般地基的要求外,还要着重考虑地基冻胀和融陷对建筑物的影响。多年冻土作为建筑物地基时,应着重考虑和解决因为建筑物的建造和使用而造成的冻土融陷问题。

在冻土层上建造建筑物时,要尽可能避开冰丘、冰锥发育地段,选择地下水位深、岩石坚硬及粗粒土发育的地段。此外应根据冻土地基的工程地质性质及上部建筑物的特点,确定基础的深度和类型。通常地基处于融化状态时,最好将基础设置在完整的基岩或较干燥的密实粗粒土层上;在多年冻土层中,一般以桩基为宜。

二、地基土处理

当基础埋置标高处于地基土承载力较低或为软弱土层、特殊土层时,需综合考虑基础的埋置深度、基础形式等,必要时对基础下的地基土进行处理。常用的地基处理方法根据其作用机理可分为换填垫层法、预压法、压实地基和夯实地基、复合地基、注浆加固、微型桩加固等。

(一)换填垫层法

换填垫层法是将基础下一定范围内的软弱土层挖去,回填以强度较大的砂、砂石或灰土等,并分层夯实至设计要求的密实程度,作为地基的持力层,适用于浅层软弱地基及不均匀地基的处理。主要作用是提高地基承载力,减少沉降量,当为软弱土层时加速其排水固结,并防止冻胀、消除湿陷或消除膨胀土的胀缩。换填材料根据当地填料性质和来源及地下水条件等可选择砂石、粉质黏土、灰土、粉煤灰、矿渣及其他工业废渣。

(二)预压法

预压法是在基础施工前,用临时堆载(砂石料、土料、其他建筑材料、货物等)或真空预压的方法对地基施加荷载,给予一定的预压期,在地基预先压缩完成大部分沉降或排水固结后使地基承载力得到提高。预压法主要用来解决地基的沉降及稳定问题,适用于处理淤泥、淤泥质土、冲填土等饱和黏性土地基。当软土层厚度小于4 m时,可采用天然地基堆载预压法处理,当软土层厚度超过4 m时,应采用塑料排水带、砂井等竖向排水预压法处理。对真空预压工程,必须在地基内设置排水竖井。

(三)压实地基法

压实地基法是指地基表层压实法,即采用人工夯、低能夯实机械、碾压或振动碾压机械,对比较疏松的表层土进行压实,也可对分层填筑土进行压实。当表层土含水量较高或填筑土层含水量较高时可分层铺垫石灰、水泥进行压实,使土体得到加固。表层压实法适用于浅层疏松的黏性土、松散砂性土、湿陷性黄土及杂填土等,对分层填筑土较为有效,要求土的含水量接近最优含水量;对表层疏松的黏性土地基也要求其接近最优含水量,但低能夯实或碾压时地基的有效加固深度很难超过1 m。

(四)夯实地基法

1. 强夯法

强夯法是指将很重的锤从高处自由下落,对地基施加高冲击能,反复多次夯击地面,地基土中的颗粒结构发生调整,土体变密实,从而较大限度提高地基强度和降低压缩性。强夯法主要用于处理碎石土、砂土、低饱和度的粉土与黏性土、湿陷性黄土、杂填土和素填土等地基。当强夯法处理淤泥或淤泥质土、软塑至流塑的黏性土地基时,土体在夯击作用下,经常会产生超静水压力,由于这类土体的渗透性极差,土中自由水根本无法迅速排出,则产生"橡皮土"现象,而强夯置换法可很好的解决这一问题。

2. 强夯置换法

利用重锤高落差产生的高冲击能将碎石、片石、矿渣等性能较好的材料强力挤入地基中,在地基中形成一定间距的粒料墩,在强夯置换过程中,地基土体产生超孔隙水压力通过透水性较好的粒料墩快速消散并使土体产生固结,使得破坏后的土体结构强度得到恢复。同时,墩与墩间土形成复合地基,也提高了地基承载力,减小沉降。

强夯法和强夯置换法还有利于改善土体抵抗振动液化能力和消除土的湿陷性,对饱和黏性土宜结合堆载预压法和垂直排水法使用。

(五)复合地基

复合地基是指天然地基在地基处理过程中,部分土体得到增强或置换,或在天然地基中设置加筋材料,加固区是由基体(天然地基土体或被改良的天然地基土体)和增强体两部分组成的人工地基。在荷载作用下,基体和增强体共同承担荷载的作用。根据复合地基荷载传递机理将复合地基分成竖向增强体复合地基和水平向增强复合地基两类,竖向增强体复合地基又可分为散体材料桩复合地基、柔性桩复合地基和刚性桩复合地基;按照增强体材料和施工方法的不同,可分为振冲桩复合地基、水泥土搅拌桩复合地基、旋喷桩复合地基、土和灰土挤密桩复合地基、夯实水泥土桩复合地基及水泥粉煤灰碎石桩复合地基等。

(六)地基处理方案

选择地基处理方案时,应综合考虑场地工程地质和水文地质条件、建筑物对地基要求、建筑结构类型和基础形式、周围环境条件、材料供应情况、施工条件等因素,经过技术经济指标比较分析后,选取不同的多种方法进行比选后择优采用;选择地基处理方案还应考虑上部结构、基础和地基的共同作用,必要时应采取有效措施,加强上部结构的刚度和强度,以增加建筑物对地基不均匀变形的适应能力;地基土为欠固结土、膨胀土、湿陷性黄土、可液化土等特殊土时,应综合考虑土体的特殊性质,选用适当的增强体和施工工艺。

地基处理后,建筑物的地基变形应满足现行有关规范的要求,并在施工期间进行沉降观测,必要时尚应在使用期间继续观测,用以评价地基加固效果和作为使用、维护的依据。

三、基　　础

基础是建、构筑物和地基之间的连接体,把上部结构传来的荷载传给地基。基础的构造类型与建筑物的上部结构形式、荷载大小、地基的承载能力以及基础的材料性能等密切相关,选择基础类型时需对建筑物上部结构和下部地基条件进行全面考虑,做到上下兼顾。

铁路房屋建筑中常见的基础形式,通常按照基础的材料、受力特点和构造形式进行划分。

(一)按材料及受力特点分类

1. 刚性基础

由刚性材料制作的基础称为刚性基础。一般将抗压强度高,而抗拉、抗剪强度较低的材料为刚性材料,常用的有砖、灰土、混凝土、三合土、毛石等。为满足地基承载力的要求,基底

宽度 B 一般大于上部墙(或墩、柱)宽,且满足地基承载力的要求;为了保证基础不被拉力、剪力破坏,基础必须具有相应的高度。墙身(或墩、柱)底部边缘与基底边缘的连线与竖直线的夹角叫刚性角,砖、石基础的刚性角控制在 $1:1.25 \sim 1:1.50$ ($26° \sim 33°$) 以内,混凝土基础刚性角控制在 $1:1$ ($45°$) 以内(图 10—3—1)。刚性基础一般用于铁路房屋中层数不多、荷载较小且地基承载力适中的砌体结构类房屋。

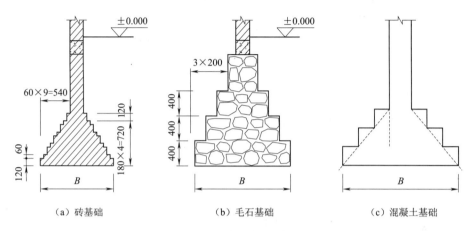

(a) 砖基础　　　　　(b) 毛石基础　　　　　(c) 混凝土基础

图 10—3—1　刚性基础(单位:mm)

2. 扩展基础

当荷载较大而地基承载力较小时,基础底面 B 必须加宽,如仍采用刚性材料做基础,需加大基础的高度,经济性较差,此时宜采用混凝土基础,即在其底部配以钢筋,提高基础底部抗弯承载力,此时,基础宽度不受刚性角的限制,故称钢筋混凝土基础为扩展基础。图 10—3—2 所示为几类典型的钢筋混凝土独立基础,其底面范围均大于 $45°$ 扩散角,基础底板均有一定的弯矩作用。

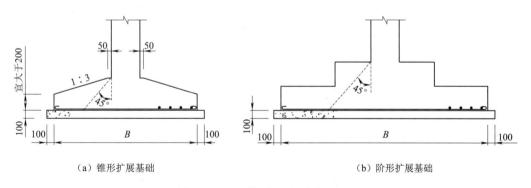

(a) 锥形扩展基础　　　　　　　(b) 阶形扩展基础

图 10—3—2　扩展基础(单位:mm)

(二)按构造型式分类

1. 条形基础

条形基础是指基础长度远远大于宽度的一种基础形式,按上部结构分为墙下条形基础和柱下条形基础(图 10—3—3),是墙承重结构基础的基本形式。条形基础既可为刚性基础,也可为扩展基础。

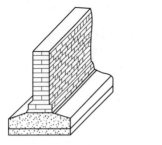
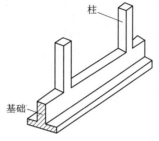

(a) 墙下条形基础　　　　　　(b) 柱下条形基础

图 10—3—3　条形基础

2. 独立基础

当上部结构采用框架结构或排架结构承重时,柱下常采用方形或矩形的独立基础,如图 10—3—4 所示。

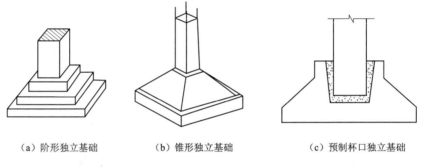

(a) 阶形独立基础　　　(b) 锥形独立基础　　　(c) 预制杯口独立基础

图 10—3—4　独立基础

当柱为预制构件时,则将基础做成杯口形,在柱子插入后予以嵌固,称为杯形基础。相邻柱的独立基础尺寸较大时,可连成一体成为联合基础。当有防潮防水要求时,独立基础可和钢筋混凝土防水板联合设置,独立基础承担上部荷载并传至地基;防水板则不承担上部荷载,仅承受可能产生的地下水上浮力和侧压力。

3. 柱下交叉条形基础

若地基均匀性较差,为了提高建筑物的整体性,防止柱子之间产生不均匀沉降,常将柱下基础沿纵横两个方向扩展连接起来,做成十字交叉的条形基础(图 10—3—5)。

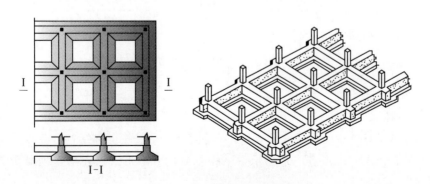

图 10—3—5　柱下交叉条形基础

4. 筏板基础

若上部荷载大而地基承载力又较低,采用条形基础或交叉条形基础不能满足要求时,通常将墙或柱下基础连成一片,使荷载由一块整板来承担,将该底板称为筏板基础(图10—3—6)。筏板基础有平板式和梁板式两种。与单纯的防水板不同,筏板基础中的板具有将上部荷载扩散至整个地基的作用,同时兼具防水和防潮的功能。

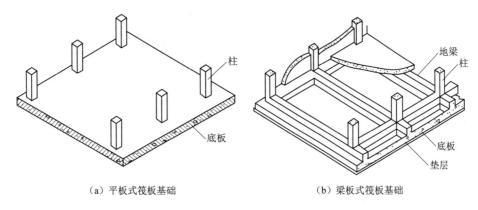

(a)平板式筏板基础　　(b)梁板式筏板基础

图10—3—6　筏板基础

5. 箱形基础

箱形基础是由钢筋混凝土底板、顶板和若干纵、横隔墙组成的整体空间结构(图10—3—7),基础的中空部分可用作地下室(单层或多层的)或地下停车库。箱形基础整体空间刚度大,对地基的不均匀沉降具有较好的抵抗能力,适用于软弱地基上的高层、重型或对不均匀沉降有严格要求的建筑物。

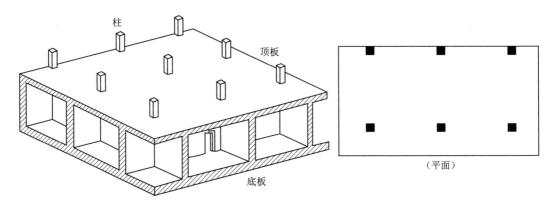

图10—3—7　箱形基础

6. 桩基础

当上部荷载很大,浅层地基土承载力不够或不均衡,而地基处理技术不可行或经济时,可选择深部坚实土层或岩层作为持力层,相应的应采用深基础形式,桩基是应用最为广泛的深基础,按承载性质不同可分为端承桩、摩擦桩(图10—3—8)。当桩侧土软弱,对与桩身间的摩擦力可忽略不计时,桩身穿过软弱土层直接将荷载传递到桩端持力层的称为端承桩;摩擦桩是通过桩侧土的摩擦作用将上部荷载传递扩散到周围土体中,同时桩端土也起一定的支承作用。桩基础还可与其上部筏形基础相结合形成桩筏基础(图 10—3—9)。

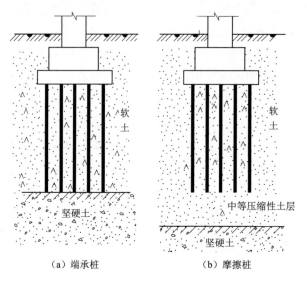

(a)端承桩　　　　　(b)摩擦桩

图 10—3—8　桩基

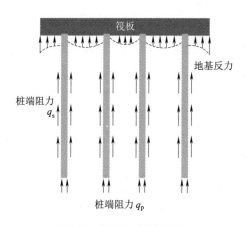

图 10—3—9　桩筏基础

第四节　施工质量评定及验收标准

为了加强铁路房屋建筑结构的质量管理,统一房屋建筑结构的施工质量的验收,保证新建房屋建筑结构以及既有房屋建筑结构维修、大修以及加固改造时的工程质量,参照现行的建筑工程、混凝土结构、钢结构等现行的工程质量评定及验收标准,给出了常见铁路房屋建筑结构的施工质量评定及验收标准。此处未涉及的其他种类的房屋建筑结构的施工质量评定及验收标准,参照相关的规范规程和设计说明书执行。

一、施工质量的评定原则

1. 施工现场应具有健全的质量管理体系、相应的施工技术标准、施工质量检验制度和综合施工质量水平评定考核制度,并按《建筑工程施工质量验收统一标准》(GB 50300)附录A 的要求进行检查记录。

2. 建筑工程施工质量的控制规定。

(1)建筑工程采用的主要材料、半成品、成品、建筑构配件、器具和设备应进行进场检验。凡涉及安全、节能、环境保护和主要使用功能的重要材料、产品,应按各专业工程施工规范、验收规范和设计文件等规定进行复验,并应经监理工程师(建设单位技术负责人)检查认可。

(2)各施工工序应按施工技术标准进行质量控制,每道施工工序完成后,经施工单位自检符合规定后,才能进行下道工序施工。

(3)相关各专业工种之间,应进行交接检验,并形成记录。未经监理工程师(建设单位技术负责人)检查认可,不得进行下道工序施工。

3. 建筑工程施工质量验收要求。

根据现行国家标准《建筑工程施工质量验收统一标准》(GB 50300),建筑工程施工质量的验收应符合以下各项要求:

(1)建筑工程施工应符合工程勘察、设计文件的要求。

(2)参加工程施工质量验收的各方人员应具备规定的资格。

(3)工程质量的验收均应在施工单位自行检查评定合格的基础上进行。

(4)隐蔽工程在隐蔽前应由施工单位通知有关单位进行验收,并应形成验收文件。

(5)涉及结构安全的试块、试件以及有关材料,应按规定进行见证取样检测。

(6)检验批的质量应按主控项目和一般项目验收。

(7)对涉及结构安全和使用功能的重要分部工程应进行抽样检测。

(8)承担见证取样检测及有关结构安全检测的单位应具有相应资质。

(9)工程的观感质量应由验收人员通过现场检查,并应共同确认。

4. 检验批的质量检验,可根据检验项目的特点在下列抽样方案中选取。

(1)计量、计数或计量—计数等抽样方案。

(2)一次、二次或多次抽样方案。

(3)对重要的检验项目当可采用简易快速的检验方法时,可选用全数检验方案。

(4)根据生产连续性和生产控制稳定性情况,采用调整型抽样方案。

(5)经实践检验有效的抽样方案。

5. 在制定检验批的抽样方案时,对生产方风险(或错判概率 α)和使用方风险(或漏判概率 β)可按下列规定采取。

(1)主控项目:对应于合格质量水平的 α 和 β 均不宜超过5%。

(2)一般项目:对应于合格质量水平的 α 不宜超过5%,β 不宜超过10%。

二、施工验收标准

铁路房屋建筑结构施工及验收时应满足如下要求。

1. 模板及支(拱)架分项工程

(1)模板及支(拱)架应根据工程结构形式、地基承载力、施工设备和材料等条件进行施工设计并编制施工技术方案,其弹性压缩、预拱度和沉降值等应符合设计要求。

(2)模板及支(拱)架应具有足够的强度、刚度和稳定性,连接牢固,能承受所浇筑混凝土的重力、侧压力及施工荷载。

(3)置于地基上的模板及支(拱)架,基础承载力必须符合设计要求,并应有防、排水或防冻胀措施。

(4)模板及支(拱)架与脚手架之间不应相互连接。

(5)在浇筑混凝土前,应对模板及支(拱)架进行验收。

(6)施工过程中应对模板及支(拱)架进行检查和维护,发生异常情况时应及时处理。

(7)模板及支(拱)架安装与拆除的顺序及安全措施应符合施工技术方案的规定。

(8)模板及支(拱)架安装和拆除的验收应符合《铁路混凝土工程施工质量验收标准》(TB 10424)的规定。

2. 钢筋分项工程

(1)从事钢筋加工和焊(连)接的操作人员必须经考试合格,持证上岗。

(2)钢筋正式焊(连)接前,应进行现场条件下的焊(连)接性能检验,合格后方能正式生产。

(3)钢筋在运输和贮存过程中应上盖下垫,防止锈蚀、污染和变形。钢筋加工应设置专用加工场,并按牌号、炉罐号、规格和检验状态分别标识存放。

(4)冬期钢筋闪光对焊宜在室内进行,环境气温不宜低于0℃。电弧焊应有防风、雪及保温措施。焊接后接头严禁立即接触冰雪。

(5)钢筋弯曲成形时,应按设计弯曲角度一次弯曲成形,不得反复弯折。

(6)浇筑混凝土前,施工单位应对钢筋进行下列检查:钢筋的品种、规格、数量、位置和间距等;钢筋的连接方式、接头位置、接头数量和接头面积百分率等;钢筋保护层厚度,垫块品种、规格、数量等;预埋件的品种、规格、位置和数量等。

(7)对电绝缘性能有特殊要求的钢筋应满足设计要求。

(8)环氧涂层钢筋的进场验收应符合《铁路混凝土工程施工质量验收标准》(TB 10424)的相关规定。

(9)钢筋阻锈剂的品种、质量应符合设计要求。使用钢筋阻锈剂应事先经过试配和适应性试验;钢筋阻锈剂与其他外加剂联合使用时,在搅拌时需首先加入钢筋阻锈剂后再加入其他外加剂,搅拌时间应延长1~3 min,使钢筋阻锈剂能在混凝土中均匀分布。

(10)钢筋的原材料、加工、连接和安装的验收应符合《铁路混凝土工程施工质量验收标准》(TB 10424)的规定。

3. 混凝土分项工程

(1)水泥宜选用硅酸盐水泥或普通硅酸盐水泥,混合材料宜为矿渣或粉煤灰;不宜使用早强水泥;有耐硫酸盐侵蚀要求的混凝土可选用抗硫酸盐硅酸盐水泥;C30以下混凝土,可采用矿渣硅酸盐水泥、粉煤灰硅酸盐水泥和复合硅酸盐水泥;水泥进场后不得露天堆放,不同种类的水泥应分类存放;水泥由于受潮或其他原因而变质时不得使用。

(2)矿物掺和料应选用品质稳定的产品。在运输和存贮过程中应有明显标志,严禁与水泥等其他粉状材料混淆。

(3)细骨料应选用级配合理、质地均匀坚固、吸水率低、空隙率小的洁净天然中粗河砂,也可选用专门机组生产的人工砂。不得使用海沙。

(4)粗骨料应选用级配合理、粒形良好、质地均匀坚固、线胀系数小的洁净碎石,无抗拉和抗疲劳要求的C40以下强度等级混凝土也可采用符合要求的卵石;粗骨料应采用二级或多级级配骨料混配而成,粗骨料应分级采购、分级运输、分级堆放、分级计量。

(5)减水剂应选用质量稳定的产品,减水剂与水泥及掺和料之间应具有良好的相容性。当将不同功能的多种外加剂复合使用时,外加剂之间以及外加剂与水泥之间应有良好的适应性。

(6)混凝土所用的原材料应按品种、规格和检验状态分别标识存放。骨料含泥量超标时必须采用专用设备处理合格方可入仓,严禁不合格骨料与合格骨料混放。

(7)混凝土中宜适量掺加符合技术要求的粉煤灰、磨细矿渣粉或硅灰等矿物掺和料。不同矿物掺和料的掺量应根据混凝土的环境条件、拌和物性能、力学性能以及耐久性要求通过试验确定。

(8)混凝土配合比应根据设计使用年限、环境条件和施工工艺等进行设计。混凝土力学性能试验标准养护试件养护龄期应符合《铁路混凝土工程施工质量验收标准》(TB 10424)的规定,耐久性能试验标准养护试件养护龄期为56 d。配合比选定试验应提前进行,以留出足够的时间进行配合比调整及长期耐久性能试验。

(9)当混凝土原材料和施工工艺等发生变化时,必须重新选定配合比。当施工工艺和环境条件未发生明显变化、原材料的品质在合格的基础上发生波动时,可对混凝土外加剂用量、粗骨料分级比例、砂率进行适当调整,调整后混凝土的拌和物性能应与原配合比一致。

(10)引气混凝土必须采取减水剂和引气剂双掺的方式进行配制。

(11)混凝土拌制前,应测定砂石含水率,并根据测试结果和理论配合比,确定施工配合比。应对首盘混凝土的坍落度、含气量、泌水率和拌和物温度等进行测试。

(12)混凝土应采用强制式搅拌机集中搅拌,计量系统应定期检定。搅拌机经大修、中修或迁移至新的地点后,应对计量器具重新进行检定。每一工班正式称量前,应对计量设备进行检查。

(13)混凝土运输设备的运输能力应适应混凝土凝结速度和浇筑速度需要,保证浇筑过程连续进行。

(14)混凝土运输、浇筑及间歇的全部时间不应超过混凝土的初凝时间。

(15)除水下混凝土外,混凝土应分层浇筑,不得随意留施工缝。

(16)混凝土浇筑过程中,应及时对混凝土进行振捣并保证其均匀密实。

(17)应制定明确的方案,对混凝土浇筑时的模板温度、混凝土拌和物的入模温度、混凝土拆模时的温度及养护过程中的温度进行控制。

(18)当工地昼夜平均气温连续3 d低于+5 ℃或最低气温低于-3 ℃时,应采取冬期施工措施;当工地昼夜平均气温高于30 ℃时,应采取夏期施工措施。冬期施工期间,混凝土在强度达到设计强度的40%之前不得受冻;浸水冻融条件下的混凝土开始受冻时,其强度不得小于设计强度的75%。

(19)除不溶物、可溶物可不作要求外,混凝土养护用水的技术要求应与拌和用水一致。

不得采用海水养护混凝土。

（20）混凝土拆模后,在混凝土强度低于设计强度75%或龄期不足7 d时,新浇混凝土不得与流动水接触。对海洋浪溅区及浪溅区以下的新浇筑混凝土,在混凝土强度达到设计强度前或在规定的养护期内,混凝土不得受海水与浪花的侵袭。

（21）混凝土强度应按《铁路混凝土强度检验评定标准》(TB 10425)进行检验评定,混凝土强度试件的试验龄期应符合《铁路混凝土强度检验评定标准》(TB 10425)中的相应规定。混凝土其他技术指标的检验评定应符合国家现行标准和本标准的规定,其结果必须符合设计要求。

（22）混凝土原材料、配合比设计、施工以及特殊混凝土的施工质量验收均应符合《铁路混凝土工程施工质量验收标准》(TB 10424)中的相应规定。

4. 预应力分项工程

（1）预应力材料在存放和搬运过程中应保持清洁,避免机械损伤和锈蚀,制作和安装时应避免污染和电火花损伤,张拉期间应采取措施避免受雨水、养护用水浇淋。预应力筋采用螺纹钢筋时,应避免碰伤螺纹,防止产生弯曲变形。

（2）预应力筋张拉设备应定期维护,测力传感器、仪表和量具应按检定周期定期检定。张拉设备应配套标定,配套使用。当使用过程中出现异常现象或设备检修后,应重新标定。

（3）后张法制梁台座和先张法张拉台座应有施工设计,其强度、刚度、稳定性和构造应能满足预应力筋张拉及放张、混凝土浇筑及养护、模板安装及拆除等施工各阶段施工荷载和施工操作要求。

（4）预留孔道安装时应采取可靠的定位措施。站台梁、轨道梁在吊装完成后要对预留孔道进行防漏水封堵,引水口和管道口边缘与预留孔道间要进行密封防水处理,确保预留孔道不渗漏。

（5）处于氯盐环境下的后张法预应力混凝土结构,预留孔道应采用塑料波纹管。

（6）预应力筋张拉方法、放张顺序、控制应力应符合设计要求。后张法预制梁后张拉和先张法预制梁放张完成后应对梁体弹性上拱值进行实测。

（7）后张法预应力筋张拉前,应对孔道摩阻损失、喇叭口摩阻损失和锚口摩阻损失进行实际测定;先张法折线配筋张拉前应对折线筋摩阻损失进行实际测定。根据实测结果对张拉控制应力做适当调整,同时还应根据实测预应力筋弹性模量计算预应力筋理论伸长值,并经监理单位和设计单位认可。

（8）后张法预应力筋张拉前,应清除孔道内的杂物及积水。预应力筋张拉完成后,应尽早进行孔道压浆。孔道压浆方法和工艺应符合设计要求,设计无要求时宜优先采用真空辅助压浆。同一孔道压浆应连续进行,一次完成。浆液搅拌设备转速应不低于1 000 r/min,压浆机采用连续式压浆泵,储料罐应带有搅拌功能。

（9）封锚(端)前,应按设计要求对锚具和预应力筋进行防锈防水处理,对封锚(端)处的梁端混凝土表面应进行凿毛。封锚(端)混凝土浇筑完成后应及时进行保湿保温养护,养护结束后,应按设计要求进行防水处理。

（10）预应力筋的原材料、制作和安装、张拉或放张、压浆和封锚(端)应符合《铁路混凝土工程施工质量验收标准》(TB 10424)的相应规定。

5. 钢结构分项工程

钢结构构件材料和制作的检验、钢结构焊接的焊接材料、焊缝、焊缝外形的检验,钢结构高强度螺栓连接的连接副、连接面和扭矩的检验,以及钢结构涂装的结构表面处理、涂料、工艺和涂层厚度的检验均应符合《铁路站场工程施工质量验收标准》(TB 10423)中的相应规定。

6. 砌体分项工程

(1)砌体采用石材(片石、块石、料石等)或混凝土预制块(普通混凝土、无砂透水混凝土等)应符合设计要求。石材应质地坚硬、石质均匀、不易风化、无裂纹,表面的污渍应予清除。

(2)砂浆用水泥宜选用普通硅酸盐水泥。

(3)砂浆的类别(普通砂浆、抗侵蚀砂浆等)应符合设计要求。砂浆检查试件的抗压强度应符合下列要求:同批试件的强度平均值不小于设计强度等级值;每组试件的强度代表值不小于设计强度等级值的85%。

(4)砂浆应具有适当的流动性和良好的和易性。砂浆应随拌随用,当运输或贮存过程中发生离析、泌水现象时,砌筑前应重新拌和。已凝结的砂浆不得使用。

(5)砌体工程应在地基或基础工程经检验合格并做好放样测量后进行施工。砌筑施工宜采用立样架挂线法控制尺寸、位置和平整度。

(6)砂浆砌体的砌筑必须采用挤浆法分层、分段砌筑,严禁采用灌浆法施工,分段位置宜设在沉降缝或伸缩缝处。底层砌筑时应先铺5~10 cm厚砂浆然后再安放砌块。各砌层应先砌外圈定位砌块,再砌镶面和填腹砌块,并应使内外层砌块交错搭接连成整体。砌缝应相互错开,砌块间不得无砂浆直接接触,砌缝内砂浆应饱满密实,饱满度不得低于85%。

(7)砌筑干砌体底层、顶面、边缘宜使用较大石块砌筑,石块应相互交错咬接靠紧,空隙应用碎石填实。

(8)砌体表面的勾缝应符合设计要求。砂浆砌体勾缝深度设计无要求时不应小于2 mm,应在砌体砌筑时留出空缝,随砌随勾。勾缝所用砂浆强度不得小于砌体砂浆强度。勾缝应采用凹缝或平缝,不得勾凸缝。砂浆砌体未要求勾缝时,应随砌随用原砌体砂浆将缝填实压平。

(9)当工地昼夜平均气温(最高和最低气温的平均值或当地时间6:00、14:00及21:00的室外气温的平均值)连续3 d低于5 ℃或最低气温低于−3 ℃时,砂浆砌体工程应采取冬期施工措施。冬期施工砌体砂浆强度达到设计强度的70%前,不得受冻。

(10)砌体的原材料、砌体的砌筑应符合《铁路混凝土工程施工质量验收标准》(TB 10424)中的相应规定。

7. 地基与基础工程

(1)基底土的承载力和基坑尺寸必须符合设计要求。

①检验数量:施工、监理单位全部检查。

②检验方法:观察和尺量检查。

(2)基础施工原材料的规格、质量应符合设计要求,其检验应符合《铁路站场工程施工质量验收标准》(TB 10423/J 293)和《铁路混凝土工程施工质量验收标准》(TB 10424)的有关规定。

(3)基础所用混凝土和砂浆的强度等级应符合设计要求。

①检验数量:每 20 m^3 检查一次。

②检验方法:施工单位做抗压强度试验;监理单位检查试验报告。

8. 其他要求

铁路房屋建筑结构施工及验收时除满足上述铁路行业的标准及要求之外,尚应满足《建筑工程施工质量验收统一标准》(GB 50300)的相应条款要求。

第十一章　房屋建筑结构的检查

为了评估现有房屋建筑结构的使用状态,需对建筑物的整体结构和构件进行不同方面检查,检查方法主要包括观测和检测。观测指对房屋建筑结构和构件的沉降、位移、裂缝等方面的测量;检测特指对房屋建筑结构的材料性能、构件缺陷、结构性能等方面的检测。

房屋建筑结构的病害主要表现为结构和构件的变形、开裂以及各类缺陷等,需要对其变形、裂缝的宽度和深度、缺陷的位置和大小等参数进行观测,并且其观测方法类似。因此,第一节中详细介绍了变形观测方面的内容;在随后的章节中,按照铁路房屋建筑结构类型的不同,分别介绍了混凝土结构、钢结构、钢管混凝土结构和砌体结构的检测。

通过本章可以让现场人员了解针对不同类型的房屋建筑结构,所需观测、检测和监测等检查的方法和内容,从而为房屋建筑结构的状态评定提供技术依据。

第一节　变形观测

为了保证房屋建筑结构的正常使用寿命和安全性,特别是在房屋建筑结构维修、改造、安全鉴定之前,为了解房屋建筑结构的既有使用状态,变形观测尤为重要。房屋建筑结构常用的变形观测按时间长短分类,分为短期变形和长期变形观测;按荷载类型分类,分为静位移和动位移观测;按位移变化方向分类,分为线位移和角位移观测。

根据《建筑变形测量规范》(JGJ 8),建筑变形指建筑的地基、基础、上部结构及其场地受各种作用力而产生的形状或位置变化现象;沉降指建筑地基、基础及地面在荷载作用下产生的竖向移动;位移特指建筑产生的非竖向变形;特殊位移特指动态变形和裂缝;挠度指建筑的基础、上部结构或构件等在弯矩作用下因挠曲引起的垂直于轴线的线位移;动态变形指建筑在动荷载作用下产生的变形;裂缝指房屋建筑结构或构件在自身及外荷载作用下产生的裂缝;倾斜指建筑中心线或其墙、柱等,在不同高度的点对其相应底部点的偏移现象。

一、沉降观测

房屋建筑结构的沉降观测是指周期性地用测量仪器或专用设备对布置在房屋建筑结构上的观测点进行多次观测,以求得其在两个观测周期间的变化量,及时分析和掌握其变化规律。在进行房屋建筑结构沉降观测前,要根据建筑场地的地质条件、自然气候条件及被观测房屋建筑的自身结构特点制定详尽的观测方案,合理设计沉降观测方案是进行观测的关键。

(一)观测精度及仪器选用

常用的观测仪器有光学水准仪、精密电子水准仪等,如图11—1—1所示。为保证观测的准确性,尽量减少观测误差,进行沉降观测要固定使用同一套水准仪及水准尺。表11—1—1为房屋建筑结构变形观测的级别、精度指标及其适用范围。

(a) 光学水准仪　　　　　　　　　(b) 电子水准仪

图 11—1—1　水准仪

表 11—1—1　房屋建筑结构变形观测的级别、精度指标及其适用范围

变形观测级别	沉降观测 观测点测站高差中误差(mm)	位移观测 观测点坐标中误差(mm)	主要适用范围
特级	±0.05	±0.3	特级精度要求的特种精密工程的变形测量
一级	±0.15	±1.0	地基基础设计为甲级建筑的变形测量等
二级	±0.5	±3.0	地基基础设计为甲、乙级建筑的变形测量;场地滑坡测量;重要管线的变形测量;地下工程施工及运营中变形测量等
三级	±1.5	±10.0	地基基础设计为乙、丙级建筑的变形测量;地表、道路及一般管线的变形测量等

注:(1) 观测点测站高差中误差,系指水准测量的测站高差中误差或静力水准测量、电磁波测距三角高程测量中相邻观测点相应测段间等价的相对高差中误差;
　　(2) 观测点坐标中误差,系指观测点相对测站点(如工作基点)的坐标中误差、坐标差中误差以及等价的观测,相对基准线的偏差值中误差、建筑或构件相对底部固定点的水平位移分量中误差;
　　(3) 观测点点位中误差为观测点坐标中误差的$\sqrt{2}$倍;
　　(4) 表中以中误差作为衡量精度的标准,并以二倍中误差作为极限误差。

(二) 沉降观测点布设

沉降观测是根据建筑附近的基准点进行的,首先为保证其观测的精度,必须设置不少于3个稳固的基准点作为观测基准,基准点的设计还应符合《建筑变形测量规范》(JGJ 8)中的相关规定。沉降观测点要设置在最能反映建筑变形特征和变形明显的部位;观测点要纵横向对称,并均匀地分布在房屋建筑结构上;同时,观测点应易于保存,标志应稳固美观。

(三) 沉降观测方法

1. 定水准基点高程

沉降观测水准基点的高程通过附近的国家高等级水准点引测。由于水准基点绝对标高的精确度并不重要,重要的是作为沉降使用的水准基点之间的相对高程的精确度。因此,在引测水准基点标高时,条件好时可采用高精度水准测量,一般情况下采用三至四等水准或普通水准测量的方式即可,甚至可不必引测绝对标高,而采用相对标高(假设高程)。

2. 观测点首次联测高程

布设的沉降观测点稳定后,在同一时间,从测区水准控制网上(国家高等级水准控制网),依次向每个基准点和观测点引测高程值,观测点首次观测的标高值是后续各次观测用以进行比较的依据。

3. 长期沉降观测

沉降观测的时间和次数,应根据工程性质、工程进度、地基情况及基础荷载增加情况,视设计单位、使用单位的要求决定,要全面综合的加以考虑。

具体沉降观测点的选取、观测方法的具体说明及观测周期应符合《建筑变形测量规范》(JGJ 8)中的相关规定。

二、位移观测

房屋建筑结构的位移观测与沉降观测类似,也需要对房屋建筑结构的位移进行周期性观测。根据现场作业条件和经济因素,常用方法有视准线法、测角交会法、方向差交会法、极坐标法、激光准直法、投点法、测小角法、测斜法、正倒垂线法、激光位移计自动测记法、GPS法、激光扫描法或近景摄影测量法等。位移观测根据需要,分别或组合测定房屋建筑结构主体倾斜、水平位移和挠度。

(一)主体倾斜观测

房屋建筑主体的倾斜会严重危及建筑的使用安全,一旦出现倾斜超过设计及相关规范的规定,建筑主体可认为存在严重的安全隐患。因此,建筑主体倾斜观测非常重要。建筑主体倾斜观测应测定建筑顶部观测点相对于底部固定点或上层相对于下层观测点的倾斜度、倾斜方向及倾斜速率。刚性建筑的整体倾斜,可通过测量顶面或基础的差异沉降来间接确定。

1. 观测点的设置

当从建筑外部观测时,观测站点的点位应选在与倾斜方向成正交的方向线上,距照准目标1.5~2.0倍目标高度的固定位置。

对于建筑主体整体倾斜,观测点及底部固定点应沿着对应观测站点的建筑主体竖直线,在顶部和底部上下对应布设;对于分层倾斜,应按分层部位上下对应布设。

按前方交会法布设的观测站点,基线端点的选设应顾及测距或长度丈量的要求。按方向线水平角法布设的观测站点,应设置好定向点。

2. 观测周期

建筑主体倾斜观测的周期可视倾斜速率每1~3个月观测一次。当遇基础附近因大量堆载或卸载、场地降雨长期积水等而导致倾斜速率加快时,应及时增加观测次数。建筑主体倾斜观测应避开强日照和风荷载影响大的时间段。

3. 观测方法

当从建筑或构件的外部观测建筑主体倾斜时,可采用投点法、测水平角法以及前方交会法;当利用建筑或构件的顶部与底部之间的竖向通视条件进行建筑主体倾斜观测时,可采用激光铅直仪观测法、激光位移计自动记录法、正倒垂线法、吊垂球法;当利用相对沉降量间接确定建筑整体倾斜时,可采用倾斜仪测记法,图11—1—2为电子倾斜仪;当建筑立面上观测点数量多或倾斜变形量大时,可采用激光扫描或数字近景摄影测量方法。具体测量方法和仪器可参考《建筑变形测量规范》(JGJ 8)的相关规定。

(二)水平位移观测

建筑主体水平位移观测应测定建筑墙角、柱基等位置处的水平位移。若建筑主体出现较大的水平位移,特别是对于位于山区、坡顶位置以及地质条件不良的区域时,建筑主体将处于危险的状态。因此建筑主体的水平位移应作为重点观测内容。

1. 观测点布置

建筑主体水平位移观测点的位置应选在墙角、柱基及裂缝两边等处。标志可采用墙上标志,具体形式及其埋设应根据点位条件和观测要求确定。

图11—1—2 电子倾斜仪

2. 观测周期

水平位移观测的周期,对于不良地基土地区的观测,可与一并进行的沉降观测协调确定;对于受基础施工影响的有关观测,应按施工进度的需要确定,可逐日或隔2~3d观测一次,直至施工结束。

3. 观测方法

当测量地面观测点在特定方向的位移时,可使用视准线、测边角等方法;测量观测点任意方向位移时,可视观测点的分布情况,采用前方交会或方向差交会及极坐标等方法。

单个建筑亦可采用直接测量位移分量的方向线法,在建筑纵、横轴线的相邻延长线上设置固定方向线,定期测出基础的纵向和横向位移。对于观测内容较多的大测区或观测点远离稳定地区的测区,宜采用测角、测边、边角及GPS与基准线法相结合的综合测量方法。具体测量方法和仪器可参考《建筑变形测量规范》(JGJ 8)中的相关规定。

(三)挠度观测

房屋建筑结构的挠度观测包括建筑物基础、建筑物主体及独立构筑物(如独立墙、柱)的挠度观测。挠度太大会影响房屋建筑结构的使用性能和安全性能。挠度观测主要的方法和仪器与沉降观测类似。

1. 观测点布置

观测点应沿基础的轴线或边线布设,每一轴线或边线上不得少于3点。标志设置、观测方法应符合沉降观测的相关规定。

2. 观测周期

建筑基础和建筑主体以及独立构筑物的挠度观测,应按一定周期测定其挠度值。挠度观测的周期应根据荷载情况、设计和施工要求进行确定。建筑基础挠度观测可与建筑沉降观测同时进行。

3. 观测方法

建筑主体挠度观测,除观测点应按建筑结构类型在各不同高度或各层处沿一定垂直方向布设外,其标志设置、观测方法应与建筑主体倾斜观测类似。挠度值应由建筑上不同高度点相对于底部固定点的水平位移值确定。

独立构筑物的挠度观测,除可采用建筑主体挠度观测要求外,当观测条件允许时,亦可用挠度计、位移传感器等设备直接测量挠度值。

三、特殊位移观测

在变形观测中,除了沉降观测和位移观测外,还有一些特殊变形观测。有时候特殊变形会造成严重的后果。在铁路房屋建筑中,需要进行的特殊变形观测包括动态变形观测和裂缝观测。

(一)动态变形观测

由于受到人群行走、列车行驶、其他车辆行驶以及设备运行的影响,铁路房屋建筑会经常受到震动。为了确定动荷载对房屋建筑的正常使用和安全性的影响,有必要对房屋建筑的动态变形进行观测。针对建筑在动荷载作用下产生的动态变形,应测量其一定时间段内的瞬时变形量,计算变形特征参数,分析变形规律。

1. 观测点布置

动态变形的观测点应选在变形体受动荷载作用最敏感并能稳定牢固地安置传感器、接收靶和反光镜等照准目标的位置上。

2. 观测方法

动态变形观测方法的选择可根据变形体的类型、变形速率、变形周期特征和测定精度要求等确定。

对于精度要求高、变形周期长、变形速率小的动态变形观测,可采用全站仪自动跟踪测量或激光观测等方法;对于精度要求低、变形周期短、变形速率大的建筑,可采用位移传感器、加速度传感器、GPS动态实时差分观测等方法;当变形频率小时,可采用数字近景摄影测量或经纬仪测角前方交会等方法。

(二)裂缝观测

铁路房屋建筑地面的不均匀沉降、列车通过时引起的震动以及其他荷载可能导致房屋建筑产生裂缝,从而危及房屋建筑的安全。因此,需要对房屋建筑上裂缝的发展和大小等进行观测。裂缝观测指测定建筑上的裂缝分布位置和裂缝的走向、长度、宽度及其变化情况。

1. 观测标志布置

对需要观测的裂缝应统一进行编号。每条裂缝应至少布设两组观测标志,其中一组应在裂缝的最宽处,另一组应在裂缝的末端。每组应使用两个对应的标志,分别设在裂缝的两侧。

裂缝观测标志应具有可供测量的明晰端面或中心。长期观测时,可采用镶嵌或埋入墙面的金属标志、金属杆标志或楔形板标志;短期观测时,可采用油漆平行线标志或用建筑胶粘贴的金属片标志。当需要测出裂缝纵横向变化值时,可采用坐标方格网板标志。使用专用仪器设备观测的标志,可按具体要求另行设计。

2. 观测方法

对于数量少、量测方便的裂缝,可根据标志形式的不同分别采用比例尺、小钢尺或游标卡尺等工具定期量出标志间距离求得裂缝变化值,或用方格网板定期读取"坐标差"计算裂缝变化值;对于大面积且不便于人工量测的众多裂缝宜采用交汇测量或近景摄影测量方法;需要连续监测裂缝变化时,可采用测缝计或传感器自动测记方法进行观测。裂缝观测中,裂缝宽度数据应精确至 0.1mm,每次观测应绘出裂缝的位置、形态和尺寸,注明日期,并拍摄裂缝照片。

3. 观测周期

裂缝观测的周期应根据其裂缝变化速度而定。开始时可半月测一次,以后一月测一次。当发现裂缝加大时,应及时增加观测次数。

第二节 混凝土结构检测

大量的既有铁路房屋建筑的主体结构为混凝土结构。一旦主体混凝土结构出现问题,那么建筑将出现严重的安全隐患。因此,混凝土结构检测为房屋建筑结构检测的主要内容之一。

混凝土结构的检测包括混凝土力学性能检测、混凝土长期性和耐久性检测、有害物质含量检测、混凝土构件缺陷检测和混凝土中钢筋检测等。

一、混凝土力学性能检测

为了解铁路房屋建筑结构的现状,确定混凝土构件的受力性能,需要对其构件材料的力学性能进行检测,检测其是否满足设计和使用要求。混凝土力学性能的检测包括混凝土的抗压强度、劈裂抗拉强度、抗折强度和静力受压弹性模量等检测项目。

混凝土力学性能检测的测区或取样位置应布置在构件无缺陷、无损伤且具有代表性的部位;当构件存在缺陷、损伤或性能劣化等现象时,检测报告应予以描述。

(一) 混凝土抗压强度检测

混凝土抗压强度可采用回弹法、超声—回弹综合法、后装拔出法等间接法进行现场检测。当具备钻芯法检测条件时,宜采用钻芯法对间接法检测结果进行修正或验证。实际检测时,应综合考虑各种因素选择一种或几种方法。

1. 回弹法

回弹法是用回弹仪(图11—2—1)通过测定混凝土表面的硬度以确定混凝土的强度,它是混凝土结构现场检测中最常用的一种无损检测方法。回弹法测定混凝土强度应遵循《回弹法检测混凝土抗压强度技术规程》(JGJ/T 23)的相关规定。

2. 超声波法

超声波法是采用带波形显示的低频超

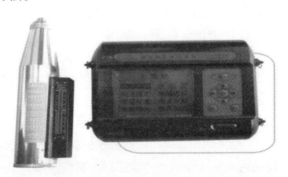

图11—2—1 回弹仪

声波检测仪和频率为20～250 kHz的声波换能器,测量混凝土的声速、波幅和主频等声学参数,并根据这些参数及其相对变化分析判断混凝土缺陷的方法。超声波法测定混凝土强度应遵循《超声法检测混凝土缺陷技术规程》(CECS 21)的相关规定。

3. 超声—回弹综合法

超声—回弹综合法是指采用非金属超声波检测仪和回弹仪,在混凝土结构或构件同一测区分别测量超声波的声速及回弹值,利用已建立的超声—回弹综合法混凝土测强公式,推算该区混凝土强度值的方法,图11—2—2为回弹仪和非金属超声检测仪。超声—回弹综合法测定混凝土强度应遵循《超声回弹综合法检测混凝土强度技术规程》(CECS 02)的相关规定。

图11—2—2　回弹仪和非金属超声检测仪

4. 钻芯取样法

钻芯取样法是在混凝土结构有代表性部位钻取芯样,经必要加工整理以后进行抗压强度试验,以检测混凝土的强度。因此,钻芯取样法是一种直接而可靠的检测方法。钻芯取样法应遵循《钻芯法检测混凝土强度技术规程》(CECS 03)的相关规定。

5. 后装拔出法

后装拔出法是将一根螺栓或类似的装置,部分埋入混凝土中,然后拔出,测定其拔出力的大小,从而评定混凝土的强度等级。后装拔出法应遵循《拔出法检测混凝土强度技术规程》(CECS 69)的相关规定。

(二)混凝土其他力学性能的检测

在实际的应用过程中,混凝土最主要的力学性能指标为抗压强度。当鉴定或者有其他方面的检测需求时,可对混凝土其他力学性能进行检测,不同力学性能的检测方法可遵循下列规定:

1. 结构混凝土的抗拉强度可用取样的方法或取样结合拔出法来测定。

2. 结构混凝土的抗折强度可采用取样方法或取样结合拔出法来测定。测定时可采用《普通混凝土力学性能试验方法标准》(GB/T 50081)的相关规定进行3分点抗折试验测定。

3. 结构混凝土在检测龄期的静力受压弹性模量可采用取样法测定。按照《普通混凝土力学性能试验方法标准》(GB/T 50081)中对试件静力受压弹性模量的试验方法进行测量。

4. 结构混凝土在检测龄期的表面硬度可采用里氏硬度计测定(图11—2—3),也可采用普通混凝土回弹仪测试其硬度的估计值。其计算方法可参考《混凝土结构现场检测技术标准》(GB/T 50784)中的相关规定。

二、混凝土长期性和耐久性检测

为确定铁路房屋建筑结构在既有环境下的使用现状,以及其抵抗相应环境下不利条件的能力,需要对其构件材料的长期性和耐久性进行检测。混凝土长期性和耐久性检测包括混凝土抗渗性能、抗冻性能、抗氯离子渗透性能和抗硫酸盐侵蚀性能的检测,上述性能的检测应采用取样法进行检测。

(一)抗渗性检测

混凝土的抗渗性是指混凝土抵抗水、油等液体在压力作用下渗透的性能。混凝土各种劣化过程如钢筋锈蚀和冻融破坏等,都是由于有水分和其他有害物质的侵入而导致的。因此,混凝土的抗渗性是衡量混凝土耐久性的主要指标。

通过测定硬化混凝土在恒定水压力作用下的平均渗水高度来评价混凝土的抗水渗透性能,可采用混凝土抗渗仪(图11—2—4)进行测定。具体测定方法、设备要求及判定标准可参考《普通混凝土长期性能和耐久性能试验方法标准》(GB/T 50082)的相关规定;也可采用钻芯取样的方法,通过芯样进行抗渗性试验,测定混凝土的抗渗性。

图11—2—3 里氏硬度计

图11—2—4 混凝土抗渗仪

(二)抗冻性检测

在我国北方地区,混凝土受冻,容易产生冻融破坏。混凝土冻融破坏,是由于混凝土中的水受冻结冰后体积膨胀,在混凝土内部产生应力,由于反复作用或内应力超过混凝土抵抗强度致使混凝土破坏。因此,有必要对铁路房屋建筑结构中容易受到冻融侵害的部位进行抗冻性检测。结构混凝土抗冻性能的测定方法有取样慢冻法或取样快冻法两种。

1. 取样慢冻法

取样慢冻法适用于测定混凝土试件在气冻水融条件下,以经受的冻融循环次数来表示的混凝土抗冻性能。即用在冻融箱(图11—2—5)内冷冻经充分浸泡的试件,冷冻规定的时间长度;冷冻结束后,立即在冻融箱内加入温度为18℃~20℃的水使试件融化,融化规定的时间长度,融化完毕后进入下一次冻融循环。具体试验方法、试验要求及停止试验的条件应符合《普通混凝土长期性能和耐久性能试验方法标准》(GBT 50082)中的相关规定。

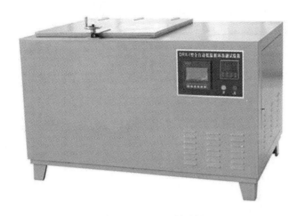

图 11—2—5　冻融箱

2. 取样快冻法

取样快冻法适用于测定混凝土试件在水冻水融条件下,以经受的快速冻融循环次数来表示的混凝土抗冻性能。取样快冻法将符合要求的试件放入试件盒,将试件盒放入冻融箱中,在试件盒中注入清水,通过控制冻融箱的温度,来实现对试件盒中温度的控制。具体试验方法、试验要求及停止试验的条件应符合《普通混凝土长期性能和耐久性能试验方法标准》(GB/T 50082)中的相关规定。

(三)抗氯离子渗透性检测

钢筋锈蚀是影响混凝土结构耐久性和安全性的重要因素,特别是位于近海、沿海地区的混凝土结构,导致其性能劣化的最普遍、最严重的原因就是氯离子侵蚀作用引起的钢筋锈蚀。因此,对混凝土的抗氯离子渗透性的检测非常重要,特别是对近海、沿海地区的铁路房屋建筑。混凝土结构在抗氯离子渗透性能检测上可采用取样快速氯离子迁移系数法和取样电通量法进行测定。

1. 取样快速氯离子迁移系数法

取样快速氯离子迁移系数法指通过测定氯离子在混凝土中非稳态迁移的迁移系数来确定混凝土抗氯离子渗透性能的方法。该试验方法利用了氯离子为阴离子的特性,将试件放置在含氯离子的溶液内,用电极吸引的方法,使氯离子渗透到混凝土内,测定氯离子的渗透深度,从而得出混凝土抗氯离子渗透的性能。具体试验方法、试验要求及停止试验的条件应符合《普通混凝土长期性能和耐久性能试验方法标准》(GB/T 50082)中的相关规定。

2. 取样电通量法

取样电通量法指以通过混凝土试件的电通量为指标来确定混凝土抗氯离子渗透性能的方法。本方法不适用于掺有亚硝酸盐和钢纤维等导电材料的混凝土抗氯离子渗透性能试验。根据氯离子的导电性能,测定在规定电压、规定时间内的电通量,从而推算出混凝土的抗氯离子渗透性能。具体试验方法、试验要求及停止试验的条件应符合《普通混凝土长期性能和耐久性能试验方法标准》(GB/T 50082)中的相关规定。

(四)抗硫酸盐侵蚀性检测

在我国西部地区,存在大量的盐湖,这些盐湖附近不仅有对混凝土不利的氯离子,还有大量的会使混凝土失效的硫酸根离子。特别是高原内陆地区,夏天炎热,蒸发量大,对混凝土房屋建筑结构影响严重。因此,在这些地区对混凝土的抗硫酸盐侵蚀性能的检测尤为重要。混凝土抗硫酸盐侵蚀的性能可用抗硫酸盐侵蚀试验的方法进行测定。

抗硫酸盐侵蚀试验中,需将试件放入硫酸盐溶液中浸泡规定的时间之后,再烘干,之后再次循环操作,到达规定次数后测定混凝土试件的强度,从而获取混凝土抗硫酸盐的性能。具体试验方法和试验指标,应符合《普通混凝土长期性能和耐久性能试验方法标准》(GB/T 50082)中的相关规定。

三、有害物质含量检测

混凝土中最常见的有害物质包括氯离子和碱。氯离子和碱的含量高,会严重影响混凝土结构的力学性能。氯离子的含量太高,会造成对钢筋的锈蚀;碱的含量太高会使混凝土膨胀,强度降低。在我国沿海地区,空气中和土壤中含有大量的氯离子;碱土在我国的北方地区均有分布。因此,在这些地区的铁路房屋建筑有必要对混凝土结构中的氯离子和碱含量进行测定。混凝土结构中的有害物质含量宜通过化学分析方法测定,有害物质或其反应产物的分布情况也可通过岩相分析方法进行测定。通过取样试验检测有害物质对混凝土的作用效应时,宜在不怀疑存在有害物质的部位钻取芯样进行比对。对某一特定部位进行评价时,宜在出现明显质量缺陷或损伤的位置进行取样,其检测结果不宜用于评价该部位以外的混凝土。

(一)混凝土氯离子含量检测

氯离子侵蚀使钢筋表面钝化,是导致钢筋锈蚀的主要原因。因此,混凝土中氯离子含量是氯盐环境下混凝土结构锈裂损伤评估的重要参数。

试样中氯离子含量的化学分析应符合现行国家标准《建筑结构检测技术标准》(GB/T 50334)中的相关规定。混凝土中氯离子含量的检测结果宜用混凝土中氯离子与硅酸盐水泥用量之比表示,当不能确定混凝土中硅酸盐水泥用量时,可用混凝土中氯离子与胶凝材料用量之比表示,具体计算方法应符合《混凝土结构现场检测技术标准》(GB/T 50784)中的相关规定。

(二)混凝土中碱含量检测

碱与混凝土中的骨料发生化学反应使混凝土膨胀,强度降低,严重影响混凝土的强度。因此,混凝土中碱含量的检测对于盐碱地区的铁路房屋建筑尤为重要。

混凝土中碱含量的检测操作应符合现行国家标准《水泥化学分析方法》(GB/T 176)的相关规定。混凝土中碱含量应以单位体积混凝土中碱含量来表示,主要检测的化学成分包括氧化钠和氧化钾。具体计算方法应符合《混凝土结构现场检测技术标准》(GB/T 50784)的相关规定。

(三)取样检测碱骨料反应的危害性

当混凝土中碱含量检测值超过相应规范要求时,应采取检测骨料碱活性或检测试件膨胀率的方法检测是否存在碱骨料反应引起的潜在危害。

按现行行业标准《普通混凝土用砂、石质量及检验方法标准》(JGJ 52)的相关规定检测骨料的膨胀率。当骨料膨胀值小于0.1%时,可判定受检混凝土中骨料的膨胀率符合检验标准的要求;当骨料膨胀值不小于0.1%时,可取样检测试件膨胀率。

试件膨胀率应按现行国家标准《普通混凝土长期性能和耐久性能试验方法标准》(GB/T 50082)的相关规定进行检测。

四、混凝土构件缺陷检测

由于施工质量或其他环境因素,导致既有铁路房屋建筑的外观或构件内部存在缺陷。这些缺陷对建筑的使用有一定影响,严重者会危及建筑的使用安全。因此,需要对这些缺陷进行检测,并判断其危害性。混凝土构件外观质量与缺陷的检测包括外部缺陷和内部缺陷两类。混凝土构件缺陷应按现行国家标准《混凝土结构工程施工质量验收规范》(GB 50204)的相关规定进行分类并判定其严重程度。

(一)外观缺陷检测

混凝土构件外观缺陷包括钢筋外露、孔洞、蜂窝、麻面、掉皮、起砂、裂缝等,主要检测手段为目测。现场检测时,宜对受检范围内混凝土构件外观缺陷进行全数检测;当不具备全数检测条件时,应注明未检测的构件或区域。

针对不同混凝土构件外观缺陷的相关参数可根据缺陷的情况按下列方法进行检测:

1. 露筋长度可用钢尺或卷尺量测;
2. 孔洞直径可用钢尺量测,孔洞深度可用游标卡尺量测;
3. 蜂窝和疏松的位置与范围可用钢尺或卷尺量测,委托方有要求时,可通过剔凿、成孔等方法量测蜂窝深度;
4. 麻面、掉皮、起砂的位置和范围可用钢尺或卷尺测量;
5. 混凝土表面裂缝的最大宽度可用裂缝测量仪器(图11—2—6)量测,表面裂缝长度可用钢尺或卷尺量测。

(a)裂缝测量仪　　　　　　　　(b)远距离裂缝检测仪

图11—2—6　两种常用的裂缝检测仪

混凝土构件外观缺陷应按缺陷类别进行分类汇总,汇总结果可用列表或图示的方式表述,并能反映外观缺陷在受检范围内的分布特征。

(二)内部缺陷检测

混凝土构件的内部缺陷形成,通常与施工和外部环境侵蚀破坏有关,并且该类缺陷容易影响到结构的使用安全。因此,应对怀疑存在内部缺陷的构件或区域进行全数检测,当不具备全数检测条件时,可根据约定抽样原则选择构件或部位进行检测,包括重要的构件或部位和外观缺陷严重的构件或部位。

混凝土构件内部缺陷检测包括孔洞、疏松、不良结合面、内部不密实区和裂缝深度的检测。混凝土内部缺陷宜采用超声法进行双面对测;当仅有一个可测面时,可采用冲击回波法和电磁波反射法进行检测,对于判别困难的区域应进行钻芯验证或剔凿验证。

1. 超声法:可用于检测混凝土构件内部密实性和混凝土构件的裂缝深度,超声法检测可按《超声法检测混凝土缺陷技术规程》(CECS 02)中的相关规定检测。

2. 冲击回波法:可用于测试细长混凝土内部的缺陷,测试位置应布置在构件的顶部或端部,使冲击回波沿构件长向进行传递,构件缺陷可按《建筑基桩检测技术规范》(JGJ 106)的相关规定判别。

3. 电磁波法检测:可用于沿构件表面检测内部的缺陷,检测应按所用仪器使用说明书进行操作。

具体的检测部位的选择和检测方法应符合现行国家标准《混凝土结构现场检测技术标准》(GB/T 50784)中的相关规定。

五、混凝土中钢筋检测

混凝土中钢筋的情况直接关系到混凝土构件的使用性能。钢筋的用量和钢筋的状况关系到构件的承载能力和破坏形式(延性破坏、脆性破坏),对于混凝土结构的安全起到决定性的作用。因此,混凝土中钢筋的检测应该作为混凝土结构检测的重点检测项目。

混凝土中钢筋检测包括钢筋数量、间距和保护层厚度检测、混凝土中钢筋的直径检测、构件中钢筋的锈蚀状况检测等。

(一)钢筋数量、间距和保护层厚度检测

混凝土中钢筋数量、间距可采用钢筋探测仪(图11—2—7)或雷达仪进行检测,混凝土保护层厚度宜采用钢筋探测仪进行检测,并应通过剔凿原位检测法进行验证。仪器性能和操作要求应符合规范《混凝土中钢筋检测技术规程》(JGJ/T 152)中的相关规定。

图11—2—7 钢筋探测仪

在检测钢筋数量和间距的过程中,当遇到下列情况之一时,应采取剔凿验证的措施:

1. 相邻钢筋过密,钢筋间最小净距小于钢筋保护层厚度。

2. 混凝土(包括饰面层)含有或存在可能造成误判的金属组分或金属件。
3. 钢筋数量或间距的测试结果与设计要求有较大偏差。
4. 缺少相关验收资料。

另外,在检测混凝土保护层厚度时,剔凿原位检测混凝土保护层厚度应符合下列规定:
1. 采用钢筋探测仪确定钢筋的位置。
2. 在钢筋位置处垂直于混凝土表面成孔。
3. 以钢筋表面至构件混凝土表面的垂直距离作为该测点的保护层厚度测试值。

具体检测方法和检测要求可参考现行国家标准《混凝土结构现场检测技术标准》(GB/T 50784)中的相关规定。

(二)混凝土中钢筋直径检测

混凝土中钢筋直径宜采用原位实测法检测;当需要取得钢筋截面积精确值时,应采取取样称量法对原位实测法进行验证。当验证表明检测精度满足要求时,可采用钢筋探测仪检测钢筋的直径。钢筋探测仪检测钢筋直径应符合规范《混凝土中钢筋检测技术规程》(JGJ/T 152)中的相关规定。

1. 原位实测法检测

原位实测法检测混凝土中钢筋直径具体要求和步骤如下:
(1)采用钢筋探测仪确定待检钢筋的位置,剔除混凝土保护层,露出钢筋。
(2)用游标卡尺测量钢筋直径,测量精确到 0.1 mm。
(3)同一部位应重复测量 3 次,将 3 次测量结果平均值作为该测点钢筋直径的检测值。

2. 取样称量法

取样称量法检测混凝土中钢筋直径的具体要求和步骤如下:
(1)确定待检测的钢筋位置,沿钢筋走向凿开混凝土保护层,截取长度不小于 300 mm 的钢筋试件。
(2)清理钢筋表面的混凝土,用12%盐酸溶液进行酸洗,经清水漂净后,用石灰水中和,再以清水冲洗干净;擦干后在干燥器中至少存放 4 h,用天平称重。
(3)钢筋实际直径按式(11—2—1)计算。

$$d = 12.75\sqrt{w/l} \qquad (11—2—1)$$

式中　d——钢筋实际直径,精确至 0.01 mm;
　　　w——钢筋试件重量,精确至 0.01 g;
　　　l——钢筋试件长度,精确至 0.1 mm。

(三)构件中钢筋的锈蚀情况检测

混凝土构件中钢筋的锈蚀情况应在使用环境和结构现状调查和分类的基础上,按照预定抽样的原则进行检测。混凝土中钢筋锈蚀状况宜采用原位检测、取样检测等直接法进行检测;当采用混凝土电阻率、混凝土中钢筋电位、锈蚀电流、裂缝宽度等参数间接推定混凝土中钢筋锈蚀状况时,应采用直接检测法进行验证。

1. 原位检测可采用游标卡尺直接量测钢筋的剩余直径、蚀坑深度、长度及锈蚀物的厚度,推算钢筋的截面损失率。取样检测可通过截取钢筋,按式(11—2—1)计算剩余直径并计算钢筋的截面损失率。

2. 电位法不适用于带涂层的钢筋以及混凝土已饱水和接近饱水的构件检测。在用电位法检测后,还需进行剔凿实测进行验证。混凝土中钢筋电位的检测应符合《混凝土中钢筋检测技术规程》(JGJ/T 152)中的相关规定。

3. 混凝土的电阻率宜采用四电极混凝土电阻率检测仪进行检测;混凝土中钢筋锈蚀电流宜采用基于线性极化原理的检测仪器进行检测。检测时,应按相关仪器说明进行操作。

4. 采用综合分析判定法检测裂缝宽度、钢筋保护层厚度、混凝土强度、混凝土碳化深度、混凝土中有害物质含量等参数时应符合现行国家标准《混凝土结构现场检测技术标准》(GB/T 50784)中的相关规定。

第三节　钢结构检测

近年来,随着现代化大型铁路房屋建筑的修建,许多采用了钢结构。和混凝土结构相比,钢结构具有轻质、高强、环保等特点,使其在铁路房屋建筑中的应用越来越广泛。但是由于钢材本身容易受到外部环境的侵蚀而锈蚀、变形,在实际使用过程中需要对钢结构房屋进行经常性检测。

铁路房屋建筑钢结构检测的主要内容包括钢结构材料性能、连接、缺陷、变形与损伤等项工作。必要时,可进行结构或构件性能的实际加载检测或结构的动力测试。

一、材料性能检测

在铁路房屋建筑的使用过程中,钢结构构件极易受到来自外部环境的侵蚀、列车引起的震动等因素的影响,而这些因素往往会导致材料性能的变化。因此,需要对其材料性能进行检测,以保证结构的安全性能。

(一)钢材力学性能检测

对钢结构构件钢材的力学性能检测包括屈服点、抗拉强度、伸长率、冷弯和冲击功等项目。当工程尚有与钢结构同批的钢材时,可以将其加工成试件,进行钢材的力学性能检测;当工程没有与钢结构同批的钢材时,可在构件上截取试样,但应确保钢结构构件的安全。钢材力学性能检测试件的取样数量、取样方法、试验方法和评定标准应符合表11—3—1 材料力学性能检测项目和方法中的相关内容。

表11—3—1　材料力学性能检测项目和方法

检测项目	取样数量（个/批）	取样方法	试验方法	评定标准
屈服点、抗拉强度、伸长率	1	《钢材力学及工艺性能试验取样规定》（GB/T 2975）	《金属拉伸试验试样》（GB/T 6397）《金属材料室温拉伸试验方法》（GB/T 228）	《碳素结构钢》（GB/T 700）《低合金高强度结构钢》（GB/T 1591）其他钢材产品标准
冷弯	1		《金属材料弯曲试验方法》（GB/T 232）	
冲击功	3		《金属材料 夏比摆锤冲击试验方法》（GB/T 229）	

当被检测钢材的屈服点或抗拉强度不满足要求时,应补充取样进行拉伸试验。补充试验应将同类构件同一规格的钢材划为一批,每批抽样3个。

既有钢结构钢材的抗拉强度,可采用检测表面硬度的方法,检测操作可按《建筑结构检测技术标准》(GB/T 50334)中附录G的规定进行。应用表面硬度法检测钢结构钢材抗拉强度时,应有对取样检测钢材抗拉强度的验证。

锈蚀或受到火灾等影响钢材的力学性能时,可采用取样方法检测;对试样的测试操作和评定,可按相应钢材产品标准的规定进行,在检测报告中应明确说明检测结果的适用范围。

(二)钢材品种和成分分析鉴定

在鉴定钢材性能时,有时需要钢材的品种鉴定,一般采用取样分析的方法。可根据需要进行全成分分析或主要成分分析。

一般需要分析的化学成分包括C、Mn、Si、S、P五元素的含量。对于低合金高强度结构钢,必要时,可进一步测定试样中V、Nb、Ti的含量。对钢材化学成分的分析,每批钢材可取一个试样,取样和试验应分别按《钢的化学分析用试样取样法及成品化学成分允许偏差》(GB/T 222)和《钢铁及合金化学分析方法》(GB/T 223)的规定执行,并应按相应产品标准进行评定。具体试验方法和鉴定标准应符合规范《钢结构现场检测技术标准》(GB/T 50621)中的相关规定。

二、连接检测

在现在的铁路房屋建筑中,几乎所有的钢结构构件、构件与构件之间都是通过焊接或者螺栓进行连接的。实际使用过程中,最容易出现锈蚀的部位就是构件之间的连接部位。因此,钢结构连接质量的好坏直接关系到钢结构的使用性能和安全性能。钢结构的连接质量与性能的检测包括焊接连接、螺栓连接、高强螺栓连接等项目。

(一)焊接连接

焊接连接是钢结构最常用的一种连接方式,对设计上要求全焊透的一、二级焊缝和设计上没有要求的钢材等强对焊拼接焊缝的质量,可采用超声波探伤仪(图11—3—1)进行检测,检测应符合下列规定。

1. 对钢结构工程质量,应按《钢结构工程施工质量验收规范》(GB 50205)的规定进行检测;对既有钢结构性能,可采取抽样检测;焊缝缺陷分级,应按《钢焊缝手工超声波探伤方法和探伤结果分级》(GB 11345)的规定确定。

2. 对既有钢结构检测时,可采取抽样检测焊缝外观质量的方法。焊缝的外形尺寸和外观缺陷检测方法和评定标准,应按《钢结构工程施工质量验收规范》(GB 50205)的规定确定。

图11—3—1 超声波探测仪

3. 焊接接头的力学性能,可采取截取试样的方法检测,但应采取措施确保安全。焊接接头力学性能的检测分为拉伸、面弯和背弯等项目,每个检测项目可各取两个试样。焊接接头的取样和检测方法应按《焊接接头机械性能试验取样方法》(GB/T 2649)、《焊接接头拉伸试验方法》(GB/T 2651)和《焊接接头弯曲及压扁试验方法》(GB/T 2653)等的规定确定。

(二)螺栓连接和高强螺栓连接

由于焊接会导致钢构件的连接部位产生残余应力,从而影响钢结构构件的使用性能,而螺栓连接则没有这一缺点。因此,螺栓连接的应用非常普遍。但是,在螺栓连接部位也容易产生锈蚀、局部屈曲等问题,从而影响钢结构的安全使用。因此,需要对螺栓连接进行检测。

对于普通螺栓,由于其安装精度要求不高,且一般不作为重要的受力连接。因此,对普通螺栓的检测可采取抽样检测的方法,采用敲击的方式检测是否有松动情况。高强螺栓连接的检测包括以下检测内容。

1. 高强度大六角头螺栓连接副的检测

高强度大六角头螺栓连接副的材料性能和扭矩系数,检测方法和检测规则应按《钢结构用高强度大六角头螺栓、大六角螺母、垫圈技术条件》(GB/T 1231)、《钢结构工程施工质量验收规范》(GB 50205)和《钢结构高强度螺栓连接的设计施工及验收规范》(JGJ 82)的规定确定。

2. 扭剪型高强度螺栓连接副的检测

扭剪型高强度螺栓连接副的材料性能和预拉力的检测方法和检测规则应按《钢结构用扭剪型高强度螺栓连接副》(GB/T 3633)和《钢结构工程施工质量验收规范》(GB 50205)进行确定。

3. 扭剪型高强度螺栓连接的检测

扭剪型高强度螺栓连接质量的检测可通过检测螺栓端部的梅花头是否已拧掉进行。除因构造原因无法使用专用扳手拧掉梅花头者外,未在终拧中拧掉梅花头的螺栓数不应大于该节点螺栓数的5%。

4. 高强度螺栓连接质量的检测

高强度螺栓连接质量的检测可通过检测外露丝扣进行,丝扣外露应为2~3扣。允许有10%的螺栓丝扣外露1扣或4扣。

三、缺陷、损伤与变形检测

钢材在生产过程中,其本身容易产生一些缺陷,包括夹层、裂纹、明显的偏析、非金属夹杂、气泡、缩孔等。这些缺陷会导致钢材在使用过程中局部屈曲、锈蚀等。因此,当对钢材的质量有怀疑时,应对钢材原材料进行力学性能检测或化学成分分析。对钢结构损伤的检测包括外观质量检测、内部缺陷检测、局部变形检测、锈蚀检测等项目。

(一)钢材外观质量检测

在钢材的生产和使用过程中都可能对钢材的外观质量造成影响。常见的外观质量包括裂纹、折叠、夹层、明显的偏析等。

合金中各组成元素在结晶时分布不均匀的现象称为偏析。焊接熔池一次结晶过程中,由于冷却速度快,已凝固的焊缝金属中化学成分来不及扩散,造成分布不均,产生偏析。对于明显的裂纹、焊缝等可直接采用目视的检测方法,必要时可配合放大镜进行近距离观察。具体操作方法应符合现行国家标准《钢结构现场检测技术标准》(GB/T 50621)中相关规定。

对于不明显的钢材裂纹,或近表面的缺陷,可采用渗透法检测和磁粉检测的方法。

1. 渗透检测

渗透检测是利用毛细管作用原理对检测材料表面开口性缺陷的无损检测方法,适用于表面开口性缺陷的检测。采用渗透法检测时,应用砂轮和砂纸将钢结构检测部位的表面及其周围 20 mm 范围内打磨光滑,不得有氧化皮、焊渣、飞溅、污垢等;用清洗剂将打磨表面清洗干净,干燥后喷涂渗透剂,渗透时间不应少于 10 min;然后再用清洗剂将表面多余的渗透剂清除;最后喷涂显示剂,停留 10~30 min 后,观察是否有裂纹显示。渗透检测的方法、设备及验收标准可参考《钢结构现场检测技术标准》(GB/T 50621)中的相关规定。图 11—3—2 为渗透检测的步骤。

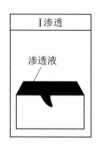   

图 11—3—2　渗透检测

2. 磁粉检测

磁粉检测是基于缺陷处漏磁场与磁粉的相互作用,从而显示铁磁性材料表面和近表面缺陷的无损检测方法。将待测物体置于强磁场中或通以大电流使之磁化,若物体表面或表面附近有缺陷(如裂纹、折叠、夹杂物等)存在,由于它们是非铁磁性的,对磁力线通过的阻力很大,磁力线在这些缺陷附近会产生漏磁。当将导磁性良好的磁粉(通常为磁性氧化铁粉)施加在物体上时,缺陷附近的漏磁场就会吸住磁粉,堆集形成可见的磁粉痕迹,从而把缺陷显示出来。磁粉检测适用于铁磁性材料表面和近表面缺陷的检测。磁粉检测的方法、设备及验收标准可参考《钢结构现场检测技术标准》(GB/T 50621)中的相关规定。图 11—3—3 为缺陷与磁力线相互作用产生漏磁的示意。

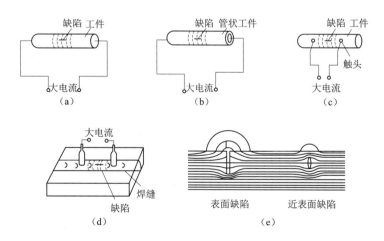

图 11—3—3　缺陷与磁力线相互作用产生漏磁的示意

(二)变形检测

钢结构杆件的弯曲变形和板件凹凸等变形情况,可用观察和尺量的方法检测,量测出变形的程度;变形评定,应按现行《钢结构工程施工质量验收规范》(GB 50205)的规定执行。

钢结构构件的挠度、倾斜等变形与位移和基础沉降等,可参照本章第一节"变形观测"的方法和相应标准规定的方法进行检测。

(三)内部缺陷检测

钢材在冶炼和浇筑过程中可能产生偏析、非金属夹杂、气孔、缩孔和裂纹等缺陷。对于这类缺陷的检测常采用无损检测的方法进行。常用的无损检测方法为超声波检测和射线检测。

1. 超声波检测

超声波检测是利用超声波在介质中传播时产生衰减,遇到界面产生反射的性质来检测缺陷的无损检测方法。超声波探伤优点是检测厚度大、灵敏度高、速度快、成本低、对人体无害,能对缺陷进行定位和定量测量。超声波探伤对缺陷的显示不直观,探伤技术难度大,容易受到主客观因素的影响,以及探伤结果不便于保存,超声波检测对工作表面要求平滑,要求富有经验的检测人员才能辨别缺陷种类。超声波检测适合于厚度较大的零部件检测,因此使超声波探伤也具有其局限性。

超声波检测法适用于母材厚度不小于8 mm、曲率半径不小于160 mm 的碳素结构钢和低合金高强度结构钢对接全熔透焊缝。

对于母材壁厚为4~8 mm、曲率半径为60~160 mm 的钢管对接焊缝与相贯节点焊缝应按照现行行业标准《钢结构超声波探伤及质量分级法》(JG/T 203)中的相关规定执行。

超声波检测的方法、设备及验收标准可参考《钢结构现场检测技术标准》(GB/T 50621)中的相关规定。

2. 射线检测

射线检测是基于被检测工件对透入射线的不同吸收量来检测缺陷的无损检测方法。图11—3—4 为射线探伤仪。射线能够穿透可见光不能穿透的物体,而且在穿透物体的同时将和物质发生复杂的物理和化学作用,可以使原子发生电离,使某些物质发出荧光,还可以使某些物质产生光化学反应。如果构件局部区域存在缺陷,它将改变物体对射线的衰减,引起透射射线强度的变化。这样,采用一定的检测方法,比如利用胶片感光来检测透射线的强度,就可以判断工件中是否存在缺陷以及缺陷的位置、大小。射线检测适用于内部缺陷的检测,主要用于体积型缺陷的检测,如气孔、夹渣等缺陷。射线检测的方法、设备及验收标准参考现行国家标准《金属熔化焊焊接接头射线照相》(GB/T 3323)的相关规定。

图11—3—4 射线探伤仪

(四)锈蚀检测

钢结构房屋建筑在使用的过程中,最容易出现的问题即为钢结构的锈蚀。钢结构的锈蚀会导致钢材厚度变薄、强度降低、结构承载能力降低,从而影响钢结构的使用安全。因此,钢结构的锈蚀是最重要的检测项目之一。锈蚀检测的方法包括失重法和机械物理法。其中,失重法适用于均匀锈蚀的金属,而机械物理法适用于局部腐蚀的金属。常用的机械物理法包括测微针法、超声波法、粗糙度仪检测法以及显微镜法。

钢结构构件的锈蚀可按《涂装前钢材表面锈蚀等级和除锈等级》(GB/T 8923)的规定确定锈蚀等级,对 D 级锈蚀,还应量测钢板厚度的削弱程度。

1. 失重法

对于均匀锈蚀的钢结构通常采用失重法,这是由于金属腐蚀程度的大小可用腐蚀前后试件质量的变化来评定,也就是单位时间单位表面积的金属因腐蚀发生的质量变化。失重法就是根据试件在腐蚀前后质量变化来测定腐蚀速率的。故失重法只适用于均匀腐蚀,且其腐蚀产物很容易从试件表面清除或完全脱落的情况。失重法自身也存在一些无法避免的缺陷,如失重法试验的周期长,且只能得到整个试验周期内金属腐蚀速率的平均值,而不能得到瞬时或短期的腐蚀信息。另外,失重法对局部腐蚀的影响、坑蚀以及复杂环境因素等不能很好的体现。

2. 测微针法

测微针法需使用点腐蚀测量仪或测深规进行测量,其工作原理利用测微器上的针尖或已校正的测深规(图 11—3—5)去探测蚀坑,该方法适用于开口较大的蚀坑。

3. 超声波法

超声波法是利用超声波在金属内的传播来检测试件的厚度,从而间接测量出蚀坑的深度。但当试件表面粗糙度过大时,会造成探头与接触面耦合效果差、反射回波低、读数无规则变化、甚至出现无法接收到回波信号的现象。

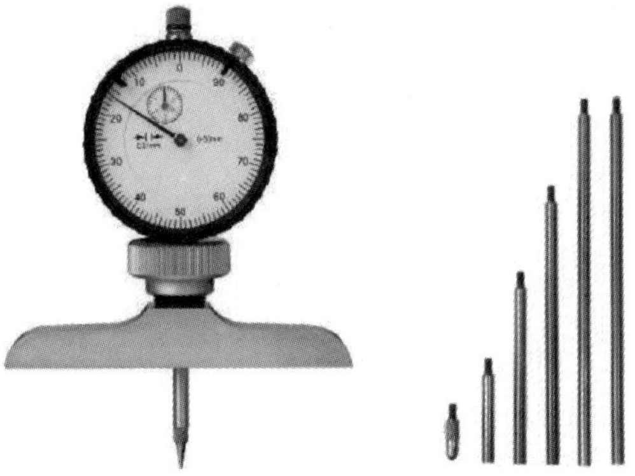

4. 粗糙度仪检测法

图 11—3—5 测深规

粗糙度仪检测法的原理是测量蚀坑时,将传感器放在被测构件表面上,由仪器内部的驱动机构带动传感器沿被测构件表面做等速滑行,传感器通过内置的锐利触针感受被测构件表面的粗糙度,此时构件被测表面的粗糙度引起触针产生位移,该位移使传感器电感线圈的电感量发生变化,从而在相敏整流器的输出端产生与被测构件表面粗糙度成比例的模拟信号;该信号经过放大及转换之后进入数据采集系统;最后通过数据处理得到除锈后构件表面的轮廓图,而该轮廓图正好反映出了蚀坑的尺寸及表面形貌,从而既反映了蚀坑的尺寸,又反映了蚀坑在构件中的位置。然而,这种方法仅适用于表面整体较平坦的试件表面。对焊缝表面粗糙度的检测,由于人工焊接技术的差异,焊缝表面会很不平坦,焊缝表面的深坑有可能超过了粗糙度的量程。粗糙度仪如图11—3—6所示。

5. 显微镜法

显微镜法是将金属表面的单个蚀坑放在低倍物镜正中,增加物镜的倍数直到蚀坑面积占有视野的大部分,在蚀坑边缘先粗调后微调进行聚焦,记录最初微调旋钮的读数,用微调旋钮在蚀坑底聚焦,记录旋钮读数;微调旋钮最初读数与最后读数的差值就是蚀坑的深度。此方法对任何蚀坑都较为实用。

图11—3—6 粗糙度仪

(五)钢结构涂装检测

钢结构的涂装大体包括防火和防锈涂层两类。根据钢结构涂装的分类可知,钢结构的涂装可以防止钢材的锈蚀、并提高结构的耐火能力。钢结构防护涂料的质量,应按国家现行相关产品标准对涂料质量的有关规定进行检测。钢结构的涂装是保护钢材的最重要的一道防线。因此,对钢结构涂装的检测非常重要。

1. 涂层厚度的检测

漆膜厚度,可用涂层测厚仪检测,抽检构件的数量应符合《建筑结构检测技术标准》(GB/T 50334)中的相关规定,不应少于3件;每件测5处,每处的数值为3个相距50 mm的测点干漆膜厚度的平均值。图11—3—7为漆膜厚度测点布置图,图11—3—8为涂层测厚仪。

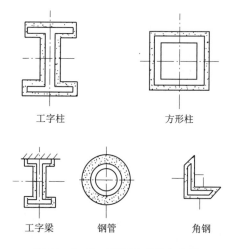

图11—3—7 漆膜厚度测点布置

图11—3—8 涂层测厚仪

对薄型涂料涂层的厚度,可采用涂层厚度测定仪进行检测,量测方法应符合《钢结构防火涂料应用技术规范》(CECS 24)的相关规定。

对厚型涂料涂层厚度,应采用测针和钢尺检测,量测方法应符合《钢结构防火涂料应用技术规范》(CECS 24)的规定。

涂层的厚度值和偏差值应按《钢结构工程施工质量验收规范》(GB 50205)的规定进行评定。

2. 涂装的外观质量

构件表面不应误涂和漏涂,涂层不应脱皮和返锈等。涂层应均匀、无明显皱皮、流坠、针眼和气泡等。涂层应闭合无脱层、空鼓、明显凹陷、粉化松散和浮浆等外观缺陷,乳突已剔除。涂装外观质量根据不同材料应按《钢结构工程施工质量验收规范》(GB 50205)的规定进行检测和评定。

四、钢结构动力特性检测

对于铁路房屋建筑的钢结构,由于受到人群行走、列车行驶、其他车辆行驶以及设备运行的影响,因此,应对其动力特性进行检测。钢结构动力特性检测是通过测试结构动力输入处和响应处的应变、位移、速度或加速度等时程信号,从而获取结构的自振频率、模态振型、阻尼等结构动力性能参数。当符合下列条件时,宜对钢结构动力特性进行检测。

1. 需要进行抗震、工作环境、列车通过或其他激励下的动力响应计算的结构;
2. 需要通过动力参数进行结构损伤识别和故障诊断的结构;
3. 在某种动力作用下,局部动力响应过大的结构。

根据检测项目选取合适的位移计、速度计、加速度计和应变计。具体的检测方法、设备及验收标准参考《钢结构现场检测技术标准》(GB/T 50621)的相关规定。

第四节 钢管混凝土结构检测

钢管混凝土结构的高承载能力、良好的塑性和韧性等特点,使其在大型铁路房屋建筑中的应用越来越广泛。随着钢管混凝土结构的广泛应用,其检测问题也随之而来。本节介绍了钢管混凝土结构主要的检测内容及其相应的检测方法。钢管混凝土结构的检测包括原材料、钢管焊接质量与构件的连接、钢管中混凝土的强度以及缺陷等项工作。具体实施的检测工作或检测项目应根据钢管混凝土结构的实际情况确定,其中,原材料的检测可参考《建筑结构检测技术标准》(GB/T 50334)中的相关规定,并应符合规范《钢管混凝土结构设计与施工规程》(CECS 28)中的相关规定。

一、钢管焊接质量和构件连接检测

钢管混凝土结构中的钢管起到提高混凝土抗压强度和压缩变形能力的关键性作用,因此对钢管质量的检测非常重要。其中,对混凝土材料和钢材性能的检测可参考本章第二节和第三节的相关内容。钢管焊接质量和构件连接与钢结构中的连接检测相类似。

钢管焊缝外观缺陷、检测方法和质量评定指标应按现行规范《钢结构工程施工质量验收规范》(GB 50205)中的相关内容确定。

当钢管为施工单位自行卷制时,焊缝坡口的质量评定指标应按《钢管混凝土结构设计与施工规程》(CECS 28)中的规定确定。

钢管混凝土构件之间的连接等,应根据连接的形式和连接构件的材料特性分别按本章第二节、第三节的相关内容进行检测。

二、钢管中混凝土强度检测

钢管混凝土结构中混凝土是结构中主要的受力部分,其质量高低和结构的使用性能和安全性能有直接关系。钢管中混凝土抗压强度,可采用超声法结合同条件立方体试块或钻取混凝土芯样的方法进行检测。

超声法检测钢管中混凝土抗压强度的操作可参见本章第二节中的相关内容。

抗压强度修正试件采用边长 150 mm 同条件混凝土立方体试块或从结构构件测区钻取的直径 100 mm(高径比 1:1)混凝土芯样试件,试块或试件的数量不得少于 6 个;可取得对应样本的修正量或修正系数,也可采用一一对应的修正系数。对应样本的修正量或修正系数可按《建筑结构检测技术标准》(GB/T 50334)的相关规定执行。

三、钢管中混凝土缺陷检测

钢管混凝土结构由于其制作过程较为复杂,在往钢管中灌注混凝土时容易造成空洞、离析等常见的混凝土质量问题,以至影响结构的正常使用。因此,需要对钢管中混凝土的缺陷进行检测。目前,对钢管中混凝土缺陷检测的方法比较多,如人工敲击法、钻芯取样法、超声波法、表面波法以及光纤监测系统等。其中,超声波法、人工敲击法、钻芯取样法较为普遍。

(一)人工敲击法

人工敲击法是依靠技术人员通过对钢管混凝土敲击后,根据经验判断出缺陷的位置以及种类的方法。敲击法完全凭技术人员的技术及经验,缺乏理论依据和可供存档的资料,是一种比较粗略的检测方法。

(二)钻芯取样法

钻芯取样法是最为直观和可靠的方法,能直观地反映出钢管混凝土的完整性,比较精确地验证混凝土的强度是否满足要求。钻芯取样法取样部位有局限性,只能反映钻孔范围内的小部分混凝土的质量,存在较大的盲区,容易以点代面造成误判或漏判。钻芯取样法对检测大面积混凝土的疏松、离析、孔洞等比较有效,对局部缺陷和水平裂缝等的判断不一定准确。另外,钻芯取样法还存在设备庞大、费工费时、价格昂贵等缺点。

(三)超声波检测法

钢管内部混凝土的密实程度和均匀性以及钢管壁与混凝土之间的黏结脱离,可以采用超声波技术来检测。超声波检测钢管混凝土的基本原理,是在钢管外径的一端利用发射换能器发射一高频振动波,经钢管圆心传向钢管外径另一端的接收换能器。超声波在传播过程中遇到由各种缺陷形成的界面时就会改变传播方向和路径,其能量就会在缺陷处被衰减,造成超声波到达接收换能器时的声时、声幅、频率的相对变化。超声波检测钢管混凝土就是根据超声波在传播过程中声时、声幅、频率的相对变化,对钢管混凝土的质量进行分析和判断,具体检测方法可参考《超声法检测混凝土缺陷技术规程》(CECS 21)中的相关规定。

(四)光纤传感监测法

光纤传感监测法属于无损检测法,可以用于长期检测。此方法能对钢管混凝土界面脱空的混凝土损伤状态进行定性定量分析。长期监测的工作量小,并能随时检测混凝土损伤的最新变化,及时发现安全隐患。图 11—4—1 光纤传感原理示意为光纤传感原理示意。

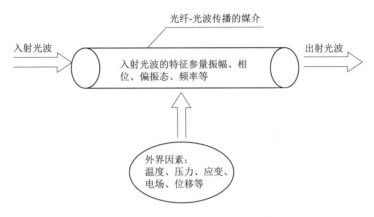

图 11—4—1 光纤传感原理示意

监测钢管混凝土脱空状态的传感光纤主要由功能型光强调制,调制区在光纤内,其基本原理是外界信号通过微弯损耗机制改变传感光纤的耦合模特性对光纤内传输的光波强度进行调制。

第五节 砌体结构检测

砌体结构主要应用于中小型车站、站房、配电站和仓库等,以及大型车站的填充结构,砌体结构的应用非常普遍。本节主要介绍对砖砌体、砌块砌体和石砌体结构与构件的质量或性能的检测。砌体结构的检测包括砌筑块材、砌筑砂浆、砌体强度等项工作。具体实施的检测工作和检测项目应根据施工质量验收、鉴定工作的需要以及现场的检测条件等具体情况确定。

一、砌筑块材检测

对于砌体结构,块材的选用直接关系到砌体的质量。因此需要对块材的相关性能进行检测。砌筑块材的检测包括砌筑块材的强度及强度等级、尺寸偏差、外观质量等检测项目。

(一)砌筑块材的强度及强度等级检测

鉴定工作需要依据砌筑块材强度和砌筑砂浆强度确定砌体强度时,砌筑块材强度的检测位置宜与砌筑砂浆强度的检测位置相对应。常见的砌筑块材的强度检测方法包括取样法、回弹法、取样结合回弹的方法和钻芯取样法。

砌筑块材强度的检测,应将块材品种相同、强度等级相同、质量相近、环境相似的砌筑构件划为一个检测批,每个检测批砌体的体积不宜超过 250 m^3。

除了有特殊的检测目的之外,砌筑块材强度的检测应遵守下列规定:

取样检测的块材试样和块材的回弹测区、外观质量应符合相应产品标准的合格要求,不应选择受到灾害影响或环境侵蚀作用的块材作为试样或回弹测区;块材的芯样试件,不得有明显的缺陷。砌筑块材强度等级的评定指标可按相应产品标准确定。

采用回弹法检测烧结普通砖的抗压强度时,检测操作可按《建筑结构检测技术标准》(GB/T 50334)中的相关规定执行。

对于石材强度,可采取与检测混凝土强度类似的方法,采用钻芯法或切割成立方体试块的方法检测。

鉴定工作需要确定环境侵蚀、火灾或高温等对砌筑块材强度的影响时,可采取取样的检测方法,块材试样强度的测试方法和评定方法可按相应产品标准确定。在检测报告中应明确说明检测结果的适用范围。

(二)砌块尺寸及外观质量检测

砌体结构在使用过程中,其外露面容易出现破损、受潮等,因此对于既有铁路房屋建筑有必要对砌块尺寸和外观质量进行检测。砌块尺寸及外观质量检测可采用取样检测或现场检测的方法。

砌块尺寸的检测,每个检测批可随机抽检20块块材,现场检测可仅抽检外露面。单个块材尺寸的评定指标可按现行相应产品标准确定。

砌块外观质量的检测包括缺棱掉角、裂纹、弯曲等。现场检测,可检测砌块的外露面。检测方法和评定指标应按现行标准《建筑结构检测技术标准》(GB/T 50334)的规定确定。

砌筑块材外观质量不符合要求时,可根据不符合要求的程度判定砌筑块材抗压强度降低的程度。砌筑块材的尺寸为负偏差时,应以实测构件的截面尺寸作为构件安全性验算和构造评定的参数。

工程质量评定或鉴定工作有要求时,应核查结构特殊部位块材的品种及其质量指标。

砌筑块材其他性能的检测,可参照现行标准《建筑结构检测技术标准》(GB/T 50334)的规定确定。

二、砌筑砂浆检测

对于砌体结构,砌筑砂浆的选用直接关系到砌体结构的强度。因此,需要对砌筑砂浆的相关性能进行检测。砌筑砂浆的检测包括砂浆强度以及砂浆强度等级、品种、抗冻性、氯离子含量等项目。

(一)砌筑砂浆的强度检测

砌筑砂浆的强度,为砌筑砂浆的主要检测项目。砂浆强度检测宜采用取样的方法检测,如推出法、筒压法、砂浆片剪切法、点荷法等。也可采用非破损的方法检测,如回弹法、射钉法、贯入法、超声法、超声回弹综合法等。当采用非破损的方法检测时,宜采用取样的检测方法进行验证。

推出法、筒压法、砂浆片剪切法、点荷法、回弹法和射钉法的检测操作应遵守《砌体工程现场检测技术标准》(GB/T 50315)的规定;采用其他方法时,应遵守《砌体工程现场检测技术标准》(GB/T 50315)的原则,检测操作应遵守相应检测方法标准的规定。

当遇到下列情况之一时,采用取样法中的点荷法、剪切法、冲击法检测砌筑砂浆强度时,除提供砌筑砂浆强度必要的测试参数外,还应提供受影响层的深度。

1. 砌筑砂浆表层受到侵蚀、风化、剥凿、冻害影响的构件;
2. 遭受火灾影响的构件;
3. 使用年数较长的结构。

(二)砌筑砂浆的抗冻性、氯离子含量检测

砌筑砂浆的强度为其主要工程力学特性,一般仅需检测该项指标。但是在工程质量评定或鉴定工作有要求时,应检测结构的抗冻性和氯离子含量。

砌筑砂浆的抗冻性能,当具备砂浆立方体试块时,应按《建筑砂浆基本性能试验方法标准》(JGJ/T 70)的规定进行测定,当不具备砂浆立方体试块或既有结构需要测定砌筑砂浆的抗冻性能时,可按下列方法进行检测。

1. 采用取样检测方法;
2. 将砂浆试件分为两组,一组做抗冻试件,一组做对比试件;
3. 抗冻组试件按《建筑砂浆基本性能试验方法标准》(JGJ/T 70)的规定进行抗冻试验,测定试验后砂浆的强度;
4. 对比组试件砂浆强度与抗冻组试件应同时测定;
5. 取两组砂浆试件强度值的比值评定砂浆的抗冻性能。

砌筑砂浆中氯离子的含量,可参照本章第二节的相关内容进行检测。

三、砌体强度检测

砌体的强度是砌体结构最重要的力学指标,其强度与砌块和砂浆的强度相关。铁路房屋建筑结构特别容易受到环境和人为因素的损伤,特别在沿海、盐碱地区,砌体结构特别容易受到侵蚀,从而使砌体结构的承载能力降低。砌体强度的检测可采用取样的方法或现场原位的方法检测。

(一)取样检测

砌体强度的取样检测为最准确可靠的方法之一,但是在取样和检测的过程中应满足下列要求。

1. 取样检测不得构成结构或构件的安全问题;
2. 试件的尺寸和强度测试方法应符合《砌体基本力学性能试验方法标准》(GB/T 50129)的相关规定;
3. 取样操作宜采用无振动的切割方法,试件数量应根据检测目的确定;
4. 测试前应对试件局部的损伤予以修复,严重损伤的样品不得作为试件;
5. 砌体强度的推定,可按《建筑结构检测技术标准》(GB/T 50334)中的相关规定进行推定;
6. 当砌体强度标准值的推定区间不满足规范《建筑结构检测技术标准》(GB/T 50334)中的相关规定,也可按试件测试强度的最小值确定砌体强度的标准值,此时试件的数量不得少于3件,也不宜大于6件,且不应进行数据的舍弃。

(二)原位检测

原位检测,即直接在房屋建筑结构上选取合适的位置测定砌体的强度。烧结普通砖砌体的抗压强度,可采用扁式液压顶法或原位轴压法检测;烧结普通砖砌体的抗剪强度,可采用原位双剪法或单剪法检测;检测操作应遵守《砌体工程现场检测技术标准》(GB/T 50315)的相关规定。砌体强度的推定,宜按《建筑结构检测技术标准》(GB/T 50334)中的相关规定进行推定;当该要求不能满足时,也可按《砌体工程现场检测技术标准》(GB/T 50315)进行评定。在具体的检测过程中,可根据表11—5—1选择具体的检测方法。

表11—5—1 砌体结构工程现场检测方法

序号	检测方法	特 点	用 途	限制条件
1	轴压法	(1)属原位检测,直接在墙体上测试,测试结果综合反映了材料质量和施工质量; (2)直观性、可比性强; (3)设备较重; (4)检测部位局部破损	检测普通砖砌体的抗压强度	(1)槽间砌体每侧的墙体宽度应不小于1.5 m; (2)同一墙体上的测点数量不宜多于1个;测点数量不宜太多; (3)限用于240 mm厚砖墙
2	扁顶法	(1)属原位检测,直接在墙体上测试,测试结果综合反映了材料质量和施工质量; (2)直观性、可比性较强; (3)扁顶重复使用率较低; (4)砌体结构强度较高或轴向变形较大时,难以测出抗压强度; (5)设备较轻; (6)检测部位局部破损	(1)检测普通砖砌体的抗压强度; (2)测试古建筑和重要建筑的实际应力; (3)测试具体工程的砌体弹性模量	(1)槽间砌体每侧的墙体宽度不应小于1.5 m; (2)同一墙体上的测点数量不宜多于1个;测点数量不宜太多
3	原位单剪法	(1)属原位检测,直接在墙体上测试,测试结果综合反映了施工质量和砂浆质量; (2)直观性强; (3)检测部位局部破损	检测各种砌体的抗剪强度	(1)测点选在窗下墙部位,且承受反作用力的墙体应有足够的长度; (2)测点数量不宜太多
4	原位单砖双剪法	(1)属原位检测,直接在墙体上测试,测试结果综合反映了施工质量和砂浆质量; (2)直观性较强; (3)设备较轻便; (4)检测部位局部破损	检测烧结普通砖砌体的抗剪强度,其他墙体应经试验确定有关的换算系数	当砂浆强度低于5 MPa时,误差较大
5	推出法	(1)属原位检测,直接在墙体上测试,测试结果综合反映了施工质量和砂浆质量; (2)设备较轻便; (3)检测部位局部破损	检测普通砖墙体的砂浆强度	当水平灰缝的砂浆饱满度低于65%时,不宜选用
6	筒压法	(1)属取样检测; (2)仅需利用一般混凝土试验室的常用设备; (3)取样部位局部损伤	检测烧结普通砖墙体中的砂浆强度	测点数量不宜太多

续上表

序号	检测方法	特 点	用 途	限 制 条 件
7	砂浆片剪切法	(1)属取样检测； (2)专用的砂浆测强仪和其标定仪,较为轻便； (3)试验工作较简便； (4)取样部位局部损伤	检测烧结普通砖墙体中的砂浆强度	
8	回弹法	(1)属原位无损检测,测区选择不受限制； (2)回弹仪有定型产品,性能较稳定,操作简便； (3)检测部位的装修面层仅局部损伤	(1)检测烧结普通砖墙体中的砂浆强度； (2)适宜于砂浆强度均质性普查	砂浆强度不应小于2 MPa
9	点荷法	(1)属取样检测； (2)试验工作较简便； (3)取样部位局部损伤	检测烧结普通砖墙体中的砂浆强度	砂浆强度不应小于2 MPa
10	射钉法	(1)属原位无损检测,测区选择不受限制； (2)射钉枪、子弹、射钉有配套定型产品,设备较轻便； (3)墙体装修面层仅局部损伤	烧结普通砖和多孔砖砌体中,砂浆强度均质性普查	(1)定量推定砂浆强度,宜与其他检测方法配合使用； (2)砂浆强度不应小于2 MPa； (3)检测前,需要用标准靶检校

注：表中各方法的具体实施和技术指标可参考《砌体工程现场检测技术标准》(GB/T 50315)。

第十二章　房屋建筑结构的状态评估及防灾减灾

为及时了解并客观评估现有房屋建筑结构的使用状态，防止和减少自然灾害及人为灾害对房屋建筑结构所造成的损伤和破坏，需对重要的建筑结构进行健康监测，即对结构进行长期持续的观测和检测。

本章首先简要介绍了应用于大型铁路房屋建筑中的结构健康监测系统，进而给出了评估房屋建筑结构的既有状态的方法和步骤，最后简单介绍了可能影响房屋建筑结构的使用安全的各种灾害的类型、致灾机理、灾害防治以及灾后房屋建筑结构的安全性评价等。

第一节　结构健康监测系统介绍

随着我国铁路的发展，国内建设了大量的现代化铁路房屋建筑以及配套设施，其管理成本以及管理难度和传统的车站相比明显提高。通过采用结构健康监测系统可以大幅减少管理人员，降低管理成本，实现铁路房屋建筑的智能化管理。

结构健康监测系统适用于大型铁路房屋建筑结构在施工及服役期间的健康监测，其设计需要坚持长远规划的原则，结合工程结构的具体特点和场地条件，综合考虑工程结构各阶段的健康监测需求、特征以及环境条件变化的影响，为结构设计验证、结构模型校验与修正、结构损伤识别、结构养护与维修以及新方法、新技术的发展提供支持，整个系统要做到安全可靠、方案可行、技术先进、经济合理、便于维护。

本节主要讨论了铁路房屋建筑结构健康监测系统中各部分的组成和功能，并针对各个模块进行具体功能的介绍。

一、结构健康监测系统的组成及其功能

结构健康监测系统一般包括传感器系统、数据采集与传输系统（包括数据子站、传输网络和数据总站）、数据处理与控制系统、数据库管理系统和结构安全评估系统。图12—1—1为结构健康监测系统各子系统之间的关系与流程。

图12—1—1　结构健康监测系统各子系统之间的关系与流程

(一)传感器子系统

传感器子系统为硬件系统,功能为感知结构的荷载和效应信息,并以电、光、声、热等物理量形式输出,该子系统是结构健康监测系统最前端和最基础的子系统。

(二)数据采集与处理及传输子系统

数据采集与处理及传输子系统,包括硬件和软件两部分。硬件系统包括数据传输电缆/光缆、数模转换(A/D)卡等;软件系统将数字信号以一定方式存储在计算机中。数据采集通用软件平台有 Visual Basic、VC++、Delphi、Lab Windows 和 Lab VIEW 等。采集的数据经预处理后存储在数据管理子系统中,数据采集子系统是联系传感器子系统与数据管理子系统的桥梁。

(三)数据管理子系统

数据管理子系统的核心为数据库系统,数据库管理结构建造信息、几何信息、监测信息和分析结果等全部数据,是结构健康监测系统的核心,承担着结构健康监测系统的数据管理功能。

(四)损伤识别、模型修正和安全评定与安全预警子系统

损伤识别、模型修正和安全评定与安全预警子系统由损伤识别软件、模型修正软件、结构安全评定软件和预警设备组成。在该系统中,一般首先运行损伤识别软件,一旦识别结构发生损伤,即运行模型修正软件和安全评定软件。若出现异常,则由预警设备发出报警信息。损伤识别软件通常由计算分析软件平台开发,如 MATLAB 等;模型修正和安全评定软件一般是结构分析软件,如 ANSYS 和结构分析设计专门软件等。损伤识别是在结构反映信息基础上进行的,结构反映信息由数据采集子系统采集后存储在数据管理子系统中。因此,损伤识别软件运行时,首先能够从数据管理子系统中自动读取结构反映信息数据。损伤识别和模型修正以及安全评定的结果将作为结构的历史档案数据存储在数据管理子系统中。

二、结构健康监测系统传感器的选择与布置

结构健康监测系统传感器子系统为整个系统中最前端和最基础的部分,其主要作用为收集建筑的状态信息以供分析。健康检测系统的传感设备主要用于测量应变、位移、温度以及加速度。

(一)结构健康监测系统传感器的分类

用于结构健康监测系统的传感器,根据不同的用途和所监测的参数可分为以下五类。

1. 环境监测类传感器,包括温度传感器、湿度传感器、风环境传感器和地震传感器等;
2. 外部荷载监测类传感器,包括车速传感器和车载传感器等;
3. 几何监测类传感器,包括位移传感器、转动传感器和全球卫星定位系统(GPS)等;
4. 结构反应监测类传感器,包括应变传感器、位移传感器、加速度传感器和内力传感器等;
5. 材料特性监测类传感器,包括锈蚀传感器、裂缝传感器和疲劳传感器等。

(二)传感器的选择

结构健康监测需要根据具体的项目要求和实际应用条件,本着力争实现"监测完整、性能稳定,兼顾性价比最优"的主要原则合理选择传感器类型和数量。从"保证结构全寿命周

期安全"的要求出发,根据结构状态、体系和形式以及经济条件合理地提出传感器的需求,并结合健康监测中具体内容和目的选择适宜的传感器类型和数量。确保传感器在监测期间具有良好的稳定性和抗干扰能力,采集信号的信噪比应满足实际工程需要。优先选择具有补偿功能的传感器,以便有效降低或消除环境因素的影响。

1. 选型注意事项

(1)宜建立比较精确的力学模型,并进行适当的分析。

对结构的内力分布和动力特性作全面的分析,并结合监测数据寻找结构静动力反应较大的部位,确定需要监测的结构反应类型和监测参数。

(2)选择合适的传感器类型。

根据前述选型原则、工程经验判断以及目前传感器产品的制作水平、性能参数和价格确定采购传感器的类型。

(3)选择恰当的监测位置、数量及安装方式。

根据现场调研和力学分析结果确定必要和合理的监测位置、数量和安装方式。

(4)选择可靠的数据采集和通信方式。

结合传感器类型,选择操作方便、耐候性好且精度合适的数据采集及信号通信系统,保证监测结果的可信度。

2. 性能参数及相关要求

(1)量程:传感器的量程以被测量参数处在整个量程的 80%~90% 为最好,且最大工作状态点不能超过满量程。

(2)采样频率:应根据监测参数和传感器类型选择适当的采样频率,如在对结构加速度等动态反应进行监测时,传感器采样频率应为需监测到的结构最大频率的 2 倍以上,为了避免混频现象,采样频率宜为结构最大频率的 3~4 倍。

(3)线性度:传感器应具有良好而稳定的线性度,在对结构位移及应变等反应进行监测时需要满足较高的线性度要求。

(4)灵敏度:传感器应具有良好而稳定的灵敏度和信噪比。

(5)分辨率:传感器应具有良好而稳定的分辨率,且不应低于所需监测参数的最小单位量级。

(6)迟滞:传感器应具有满足监测要求且足够小的迟滞差值。

(7)重复性:传感器应具有良好而稳定的重复性。

(8)漂移:应严格控制传感器测量值的漂移,如漂移由温度等环境因素产生,应同时对环境因素进行监测。

(9)供电方式:根据实际情况和监测要求确定不同类型的传感器的供电形式,力求供电形式灵活。

(10)使用环境:应根据结构实际的环境因素选择满足使用环境温度、湿度等要求的传感器。

(11)寿命:应根据结构健康监测的时间或周期选择满足使用年限的传感器,并充分考虑置换方案和时间。

对于实时监测要求比较高的传感器,还需要考虑传感器的传递函数、频率响应函数、静态标定与校准以及动态标定与校准。

常用传感器的选型和使用注意事项可参见《结构健康监测系统设计标准》（CECS 333）中的相关规定。

（三）传感器的布置原则

传感器的布置应符合一定的标准，以便既经济又可以准确获取结构的相关信息。因此在布设传感器时，应符合下列要求。

1. 测得的数据应对实际结构的静、动力参数或环境条件变化较为敏感，并能充分准确地反应结构的静、动力特性。另外，测得的参数应能够与理论分析结果建立起对应关系。

2. 能够通过合理添加传感器对敏感的局部数据进行重点采集，比如结构反应最不利处或已损伤处。

3. 可合理利用结构的对称性原则，达到减少传感器的目的，并且传感器的布置宜便于安装和更换。

4. 尽量减少信号的传输距离。

（四）传感器的布置方法

不同种类的传感器由于其需要测得的数据不同，因此，其布设的方法也不尽相同。在布设环境监测、几何监测、外部荷载监测和结构反应监测等传感器前，应通过有限元分析确定极值或关键控制位置，风速仪等特殊类型的传感器可依其测量特点进行布置。

另外，对加速度传感器的布置可采用的布置方法有模态动能法、特征向量乘积法、原点留数法、有效独立法、改进的 MinMAC 法、模态矩阵的 QR 分解法、特征值灵敏度法等。

布置方法各有侧重，宜采用以上几种方法初步确定传感器的布置位置组合，然后依据试验的目的和要求结合几个方案进行取舍。

三、数据采集、处理及传输

结构健康监测系统采集到建筑结构的相关数据，需要将其传输到计算机对数据进行处理，以获取建筑的状态。数据的采集和传输设备应使采集到的信号可以完整的传输到计算机。因此，在相关设备安装的过程中需要符合一定的要求。

（一）数据的采集及处理

数据的采集和处理最重要的内容是要保证数据的真实性和有效性。因此，需要采集到的信号按照一定的要求进行处理。为实现数据的真实性和有效性，数据采集与处理子系统需要满足以下五个方面的要求。

1. 数据采集设备

数据采集设备的性能应与对应传感器性能相匹配，并满足被测物理量的要求，采集设备与传感器之间应有明确的拓扑关系。根据工程特点与现场具体条件，可以选择数据集中采集与分散采集两种模式。

为保证所采集数据的质量，采集设备宜对信号进行放大、滤波、去噪、隔离等预处理，对信号强度量级有较大差异的不同信号，应严格进行采集前的信号隔离，避免强信号对弱信号的干扰。

数据采集设备应设置在环境适宜之处，避免潮湿、静电及磁场环境，信号采集仪应有不间断电源保障。

2. 数据的时间间隔与同步

数据的时间间隔应能够反映被监测的结构行为和结构状态,并满足结构健康监测数据的应用条件。传感器可以视具体情况选择相同或不同的采集时间间隔。

同类或不同类数据如果需要做相关分析(含模态分析),则所有相关数据须同步采集。否则,可以选择伪同步采集或异步采集。伪同步是指两个节点都具有很高精度的时钟,这两个节点时钟虽没有关联但也可认为是同步的;异步是两个节点不依赖于完全一致的时钟信号。

根据监测的频度,结构健康监测系统可划分为三个等级:在线实时监测系统(一级),定期在线连续监测系统(二级),定期监测系统(三级)。

3. 数据的净化与取舍

数据采集前,应对含噪信号进行降噪处理,提高信号的信噪比。

数据分析处理之前,应正确处理粗差、系统误差、偶然误差等。

正确判断异常数据是由结构状态变化引起还是监测系统自身异常引起,剔除由监测系统自身引起的异常数据。

对于交变类型的较高频连续监测数据,可根据数据存储准则存储数据。

4. 数据的标准化

监测系统中存储数据的单位,宜采用国际单位制。数据的时间应采用公历,最低精度为秒。

5. 数据处理

监测数据主要用于后续的结构损伤识别、模型修正和安全评定等,相关的数据处理方法将随不同结构对象而不同。

一些常用的数据统计方法也经常用于监测数据的处理,处理结果可以用于判定监测数据是否异常的参考。这些结果包括极大值/极小值、平均值、均方差、直方图、概率分布图、相关曲线、频谱图等。

(二)数据通信及传输

数据的通信和传输主要包括数据同步和数据传输两个方面。在数据的传输过程中需要对数据采集的时间进行同步,以确保不同传感器获取的数据时间相互之间同步。目前主要采用的技术有基于信号的同步技术和基于时间的同步技术。数据的通信和传输的方法主要包括有线传输和无线传输。有线传输的效率更高,并且信号受到干扰程度小,但是使用的设备和电缆的布置与无线传输相比更加复杂。

1. 基于信号的同步技术

采用基于时钟同步模块的时钟频率共享技术,每个采集设备中装有时钟同步模块,再用有线介质将各个设备相连,以其中之一作为主模块,其余的作为从模块。主模块内部的时钟信号通过电缆同步从模块内部的时钟信号。采集设备的时间戳同步应采用同一网络时间服务器。时间戳(Timestamp),通常是一个字符序列,唯一地标识某一刻的时间。

2. 基于时间的同步技术

系统各部分具有一个公共的时间基准参考,可以基于该基准时间生成事件、触发和时钟。对于长距离传输,可以利用包括 GPS、NTP、IEEE 1588 和 IRIG-B 等各种时间参考,借助绝对定时实现测量结果的关联与同步。

3. 有线传输

两个通信设备之间使用物理连接,将信号从一方传到另一方。常用的介质有双绞线、同轴电缆和光缆等,常用的接口有 RS232、RS422、RS485 和 RJ45 等。

4. 无线传输

两个通信设备之间不使用任何物理连接,将信号通过空间传输的一种技术。通常可分为无线广域通信网(无线公网)和无线局域通信网两种方式。无线广域通信网络可采用 GPRS 和 CDMA 等方式;无线局域通信网可采用 TCP/IP 协议。

四、损伤识别与安全评估

应用相关软件对采集到的数据进行分析,从而实现对建筑的健康监测。首先进行的分析即为损伤识别,之后通过对损伤程度的识别,再对建筑进行安全评估。根据软件判别出的评估结果,对建筑采取相应的修复手段。

(一)损伤识别

损伤识别指的是通过分析结构的响应数据识别结构的损伤。宜由浅入深逐次分为损伤判断、损伤定位、损伤定量、损伤评估;损伤判断应给出结构是否发生损伤的明确判断,并对相应的判断准则或阈值进行说明;损伤定位宜给出具体的结构损伤单元或构件发生的位置;损伤定量应给出发生损伤的单元或构件的损伤程度;损伤评估应对结构损伤后的性能退化做出综合评估,对结构损伤后的剩余寿命进行预测。损伤识别常采用静力参数法、动力参数法、模型修正法等。

1. 静力参数法

静力参数法可采用的参数有结构刚度(包括结构单元刚度)、位移、应变、残余力、材料参数如弹性模量、单元面积或惯性矩等。

2. 动力参数法

动力参数法可采用的参数有固有频率比、固有振型变化、振型曲率、应变模态振型、MAC、COMAC、柔度曲率、模态应变能、里兹向量等。

3. 模型修正法

模型修正法主要有矩阵型修正方法、元素型修正方法、误差因子修正方法(子矩阵修正方法)、设计参数修正方法等。

4. 其他方法

除了以上几种方法外,结构损伤识别也可采用神经网络法、遗传算法、小波变化、Hibert-Huang 变换(HHT)方法等。

(二)安全评估

在结构损伤识别的基础上对结构的安全性进行评估,评估应从结构在规定的设计使用年限内的可靠度和使用功能两个方面进行评估。施加在结构上的荷载宜采用随机过程概率模型描述。

常用的安全评估方法有两类,一类为确定性方法,另一类为可靠度方法。确定性方法包括层次分析法和极限分析法;可靠度分析法包括构件可靠度分析法和结构体系可靠度分析法。

1. 构件可靠度分析法

结构构件可靠度分析方法可采用两大类。一类是解析算法,包括改进的一次二阶矩法、二次二阶矩法、JC法等;另一类是随机模拟法,包括蒙特卡罗法、随机有限元法等。

2. 结构体系可靠度分析法

结构体系可靠度分析法可采用界限估算法、串联及并联和混联体系可靠度计算法、概率网络估算技术方法、蒙特卡罗法、分枝界限法等。

五、数据库系统及其运行管理

健康监测数据库存储从采集系统收集到的实时数据和历史数据,供数据处理系统进行数据处理,供评估系统对数据进行分析,并将处理及分析结果进行保存以便查询。数据库设计应遵循数据库系统的可靠性、先进性、开放性、可扩展性、标准性和经济性的基本原则。应保证数据的共享性、数据结构的整体性、数据库系统与应用系统的统一性。结构健康监测系统涉及的数据库功能包括监测设备管理、监测信息管理、结构模型信息管理、评估分析信息管理、数据转储管理、用户管理、安全管理以及预警信息管理等方面。

(一)数据库的组成

数据库按照主题可以划分为监测设备数据库、监测信息数据库、结构模型信息数据库、评估分析信息数据库和用户数据库等。

1. 监测设备数据库的内容包括设备标识、设备名称、所属子站、几何位置、设备功能、出厂参数、安装时间、采样频率、警戒值、运行状况、维修记录等。

2. 监测信息数据库包括监测到的原始环境信息、荷载信息、结构反应信息、结构形态信息以及原始数据经简单处理后的附加信息。各种原始监测信息的记录应能满足监测的目的。环境信息的内容一般包括气压、风速和风向、环境温度和太阳辐射强度、湿度;荷载信息的内容一般包括风压、地面加速度、车辆荷载、结构温度;结构反应信息的内容一般包括结构位移、速度、加速度、应变、倾角、沉降;结构形态信息包括结构的几何坐标或线形。

3. 结构模型信息数据库的内容包括结构设计图纸、基本设计参数、结构分析所需要的有限元模型等。

4. 评估分析信息数据库的内容包括评估所采用的准则和方法,评估时的主体、时间、参数、对象、结果和报告。

5. 用户数据库的内容包括用户名、用户标识、用户组、个人信息等。

(二)系统交互方式

结构健康监测系统中的不同系统之间、人与系统之间需要相互的协同交互。系统交互方式包括人机交互、监测系统与数据库系统交互,也可采用分布式环境下的协作交互。

1. 人机交互

人机交互反映了结构健康监测系统建成后操作本系统的用户和监测系统本身之间的交互方式。人机交互要求系统具有友好的、符合专业操作习惯的用户界面。

2. 监测系统与数据库系统

监测系统与数据库系统之间的交互反映了结构健康监测系统所处理的主要业务。一方面监测系统通过数据传输与控制系统将监测数据存储到数据库系统中;另一方面,监测系统从数据库中请求及提取需要处理和分析的数据。处理分析完的相关信息也将存储在数据库系统中,以便系统能够进一步进行各种深入分析和评估。

3. 协作交互

在分布式环境下,可以通过数据的分片等技术将系统数据进行分布存储。

(三) 数据库的运行管理

数据库在运行的过程中需要进行适当的维护和管理才能实现长期稳定运行。数据库的运行管理应从数据库的工作环境、数据库的试运行以及数据库的维护三个方面进行管理。

1. 数据库的工作环境

数据库的工作环境包括物理、人员以及数据库和其用户的连通性。

(1) 物理方面

数据库管理系统应处于安全的物理环境。对数据库管理系统资源的处理应限定在一些可控制的访问设备内,防止未授权的访问。系统硬件和软件应受到保护以免未授权用户的物理修改。

(2) 人员方面

应有一个或多个能胜任的授权用户来管理数据库管理系统和它所包含信息的安全。管理员应经过一定培训,以便能正确有效地建立和维护安全策略。被授权的管理员应严格遵从系统管理员文档的要求进行操作,不得蓄意破坏数据库管理系统,不得蓄意违反操作规程。授权用户具备必要的授权来访问由数据库管理系统管理的少量信息。

(3) 连通性方面

数据库管理系统在系统管理员的配置下正常运行,用户可以通过网络远程访问和使用数据库管理系统。授权用户可以获得他们希望得到的适当服务。

2. 数据库试运行

应用程序调试完成后,应对数据库进行试运行操作,包括功能测试和性能测试。试运行操作期间,应做好数据库的备份和恢复工作。

3. 数据库的维护

数据库中的数据一旦出现丢失,可能会造成结构历史数据的丢失,甚至导致结构健康监测系统无法运行。因此,为保证数据库的正常运行和安全使用需要从以下四个方面进行维护。

(1) 数据库备份和恢复

数据库管理员应针对不同的应用要求制定不同的数据备份计划,定期对数据库和日志文件进行备份,以保证一旦发生故障,能利用数据库备份和日志文件备份,尽快将数据库恢复到某种一致性状态,并尽可能减少数据库的丢失。

(2) 数据库安全性和完整性控制

数据库管理员应根据用户的实际需要授予其不同的操作权限。在数据库运行过程中,宜根据环境的变化适当调整原有的安全性和完整性控制,以满足用户要求。

(3)数据库性能的监控、分析和改进

数据库管理员应借助数据库管理系统的系统性能监测工具,来监督系统运行状态,判断当前系统是否处于最佳运行状态。否则,需要通过调整某些参数来进一步改进数据库性能。

(4)数据库的重组和重构

数据库管理员在必要时应借助数据库管理系统提供的实用程序对数据库进行重组和重新构造。

第二节　房屋建筑结构的状态评估

为科学鉴定铁路房屋建筑结构的安全性,有效利用既有房屋,确保房屋建筑结构的使用安全,需要在观测、检测和监测等检查结果的基础上,对调查、查勘、检测、验算的数据资料进行全面分析,从而对各类房屋建筑结构的既有安全及使用状态进行综合评定,评估各类构件和整体房屋建筑结构的安全等级。

一、评估程序

房屋建筑结构的主要评估程序包括:初步调查、详细调查、现场检查检测、计算与分析、给出评估结论等步骤。

(一)初步调查

房屋建筑结构的初步调查应包括以下内容。

1. 收集房屋的图纸资料和使用维修资料;
2. 勘察房屋现状与图纸资料的符合性;
3. 调查房屋的实际使用情况和周边邻近地下工程施工条件。

(二)详细调查

房屋建筑结构的详细调查应包括以下内容。

1. 房屋的整体倾斜、侧向位移和局部变形等情况;
2. 上部结构调查:调查结构的类型、承重体系、构件位置及其连接构造、构件细部尺寸、构件变形和裂缝状况、结构的受力状况等;
3. 基础调查:根据上部结构的不均匀沉降裂缝分析判断基础的变形情况,必要时开挖检查基础的裂缝、腐蚀和损坏情况等;
4. 地基和周边邻近地下工程施工调查:调查场地基土的类别、地基土分布状况,以及周边坑、槽、沟渠等环境改变对地基稳定性和地基变形的影响,必要时开挖检查。

(三)现场检查检测

房屋建筑结构的现场检查检测,应包括现场检查和现场检测两项内容。

1. 现场检查:以目测和尺量为主,主要检查房屋的构造连接,裂缝的数量、分布和走向,构件的损坏情况,以确定房屋损坏的原因。
2. 现场检测:使用各种检测工具和仪器,主要检测房屋结构整体和单个构件的变形,裂缝的宽度和长度等损伤程度,以及承重结构的材料力学和物理性能指标等项目。优先采用无损或微破损方法进行检测。

(四)计算与分析

房屋建筑结构的验算和模拟试验应符合下列规定。

1. 必要时,根据检测和试验的数据,按国家现行设计规范规定的方法,对房屋结构进行验算。

2. 在条件允许和需要的情况下,宜对损坏的过程进行数值模拟、物理模拟或物理模型试验,取得有关的数据,确定房屋损坏的原因。

(五)评估结论

应根据检测、验算和分析结果,进行综合分析,并应按下列的评定评级方法,逐层次评级,最后综合评定房屋建筑结构的安全性等级,做出评定结论;评定为C级(局部危险)房屋或D级(整体危险)房屋,应提出处理建议。

二、评估方法

房屋结构的安全性应按构件、楼层结构、分部结构和整体结构进行安全性综合评定,并应结合周边邻近地下工程施工影响程度做出鉴定结论。房屋结构评定应按下列四个层次进行,每个层次分四个等级进行鉴定评级:

1. 第一个层次为构件的安全性鉴定评级,其评定等级分为a级(安全)构件、b级(有缺陷)构件、c级构件(有严重缺陷)构件和d级(危险)构件四个等级;

2. 第二个层次为房屋楼层结构的安全性鉴定评级,其评定等级分为A_c级(安全)楼层、B_c级(有缺陷)楼层、C_c级(局部危险)楼层和D_c级(危险)楼层四个等级;

3. 第三个层次为房屋分部结构的安全性鉴定评级,其评定等级分为A_b级(安全)结构、B_b级(有缺陷)结构、C_b级结构(局部危险)结构和D_b级(危险)结构四个等级;

4. 第四个层次为房屋整体结构的安全性鉴定评级,其评定等级分为A级(安全)房屋、B级(有缺陷)房屋、C(局部危险)级房屋和D级(整体危险)房屋四个等级。

三、房屋建筑结构构件安全性评级

(一)一般规定

1. 单个构件安全性的评级,应根据构件的不同种类,分别按以下第2条~第4条的规定执行。

2. 当验算被鉴定构件和结构的承载力时,应遵守下列规定:

(1)构件和结构验算采用的分析方法,应符合国家现行设计规范的相关规定;

(2)构件和结构验算使用的验算模型,应符合其实际受力与构造状况;

(3)结构上的作用应经调查或检测核实;

(4)应按验算所依据的国家现行设计规范选择安全等级,并确定结构的重要性系数的取值;

(5)构件和结构上作用效应的确定,应符合下列要求:作用的组合和分项系数及组合值系数,应按国家相关规范的规定执行;当结构受到地基变形、温差和收缩变形等作用,对其承载力有显著影响时,应计入由之产生的附加内力;

(6)构件材料强度的标准值应根据结构的实际状态按下列原则确定:若原设计文件有

效,验收资料齐全,且现状良好,可采用原设计的标准值;若调查表明实际情况不符合上款的要求,应按相关规定进行现场检查检测;

(7)构件和结构的几何参数应采用实测值,并应计入锈蚀、腐蚀、风化、局部缺陷或缺损以及施工偏差等的影响;

(8)当需检查设计责任时,应按原国家有关设计规范、施工图及竣工图,重新进行复核。

3. 构件和结构安全性鉴定采用的检测数据,应符合下列要求:

(1)检测方法应按国家现行有关标准执行;当需采用不止一种检测方法同时进行测试时,应事先约定综合确定检测值的规则,不得事后随意处理。

(2)检测应按下列划分的构件单位进行,所划分的单个构件,应包括构件本身及其连接、节点。

①基础

a. 独立基础:一个基础为一个构件;

b. 墙下条形基础:一个自然间的一轴线为一构件;

c. 带壁柱墙下条形基础:按计算单元的划分确定;

d. 单桩:一根为一构件;

e. 群桩:一个承台及其所含的基桩为一构件;

f. 筏形基础和箱形基础:一个计算单元为一构件;

g. 板式基础:以一个自然间的面积为一构件。

②墙

a. 砌筑的横墙:一层高、一自然间的一轴线为一构件;

b. 砌筑的纵墙(不带壁柱):一层高、一自然间的一轴线为一构件;

c. 带壁柱的墙:按计算单元的划分确定;

d. 剪力墙:按计算单元的划分确定。

③柱

a. 整截面柱:一层、一根为一构件;

b. 组合柱:一层、整根(即含所有柱肢)为一构件。

④梁式构件

一跨、一根为一构件;若仅鉴定一根连续梁时,可取整根为一构件。

⑤板

a. 预制板:一块为一构件;

b. 现浇板:按计算单元的划分确定。

⑥桁架、拱架

一榀为一构件。

⑦网架、折板、壳

一个计算单元为一构件。

4. 当房屋中的构件符合下列条件时,可不予以评定:

(1)该构件未受结构性改变、修复、修理,以及用途和使用条件改变的影响;

(2)该构件未遭明显的损坏;

(3)该构件工作正常,无安全性问题。

若考虑到其他层次评级的需要,而有必要给出该构件的安全性等级时,则无任何损坏可定为 a 级,有局部损坏但不影响承载力可定为 b 级。

(二)砌体结构构件

1. 砌体结构构件的安全性鉴定,应按承载力、构造及连接、倾斜率(或位移)、裂缝和酥碱风化程度等五个项目,分别评定每一受检构件的等级,并取其中最低一级作为该构件的安全性等级。

2. 在对砌体结构构件进行承载力验算时,应采用实测的块材及砂浆强度值,推定砌体强度,或直接检测砌体强度。实测砌体截面有效值时,应扣除因碱蚀和风化等因素造成的截面损失。

3. 砌体结构应重点检查砌体的构造连接部位,纵、横墙交接处的斜向或竖向裂缝,砌体承重墙体的变形和裂缝或拱角的裂缝及其位移,并观测其发展状况。检测裂缝的内容主要为:裂缝的宽度、长度、走向、数量及其分布状况。

4. 砌体结构的安全性鉴定应符合下列规定。

(1)砌体结构构件的安全性按承载力评定时,其抗力和作用效应的比值大于等于 1.0 时,应评为 a 级;比值小于 1.0,大于等于 0.90 时,应评为 b 级;比值小于 0.90,大于等于 0.85 时,应评为 c 级;比值小于 0.85 时,应评为 d 级。

(2)砌体结构构件的安全性按构造评定时,应按墙、柱的高厚比以及构件的连接和构造分别评定两个检查项目的等级,然后取其中较低一级作为该构件构造的安全性等级。

①当墙、柱的高厚比满足国家现行设计规范时,应评为 a 级;当超过规范限值,但在 5% 以内时,应评为 b 级;当等于或超过规范限值 5%,小于 10% 时,应评为 c 级;当等于或超过规范限值 10% 时,应评为 d 级。

②当墙、柱的连接及砌筑方式正确,构造符合国家相应设计规范要求,工作正常,为 a 级;基本符合国家相应设计规范要求,有局部表面缺陷,工作无异常,为 b 级;连接或砌筑方式不当,构造有严重缺陷,已导致构件或连接部位松动、开裂、变形或位移,或已经造成了损坏,达到较严重程度时,评定为 c 级;达到非常严重程度时,评定为 d 级。

(3)当砌体结构构件安全性按构件倾斜率(或位移)评定时,应按表 12—2—1 及下列规定评级。

当拱或壳体结构构件的拱脚或梁端出现 3 mm 以下水平位移时定为 b 级;水平位移大于等于 3 mm,小于 5 mm 时定为 c 级;水平位移大于等于 5 mm 时定为 d 级。当拱轴线或筒拱、扁壳的曲面发生变形时定为 d 级。

表 12—2—1　砌体结构构件按倾斜率评级

检查项目	构件类别	倾斜率			
		a 级	b 级	c 级	d 级
砌体倾斜率	主要承重构件	<0.5%	≥0.5%,且<0.7%	≥0.7%,且<1.0%	≥1.0%
	次要承重构件	<0.7%	≥0.7%,且<1.0%	≥1.0%,且<1.2%	≥1.2%

(4)当砌体结构构件的安全性按裂缝的情况评定时,应按裂缝的宽度、成因和危害性进

行,并遵守表12—2—2及下列规定。

表12—2—2 砌体结构构件按裂缝的宽度分级(mm)

检查项目	构件类别	裂缝类型	a级	b级	c级	d级
受力裂缝(mm)	墙	局部承压不足	无裂缝	<1.0	≥1.0,<3.0	≥3.0
		承载力不足	无裂缝	<1.0	≥1.0,<2.0	≥2.0
	柱	承载力不足	无裂缝	<0.5	≥0.5,<1.0	≥1.0
非受力裂缝(mm)	墙	温差、收缩、基础沉降	无裂缝	<5.0	≥5.0,<10	≥10
	柱		柱无裂缝	<1.0	≥1.0,<2.0	≥2.0

①当砌体结构的承重构件出现下列受力裂缝时,应视为不适于继续承载的裂缝。当裂缝宽度小于3 mm时评为c级,裂缝宽度大于等于3 mm时评为d级:空旷房屋承重外墙的变截面处,出现横向或斜向裂缝;砌体过梁的跨中或支座出现裂缝,或虽未出现肉眼可见的裂缝,但发现其跨度范围内有集中荷载;筒拱、双曲筒拱、扁壳等的拱面或壳面出现沿拱顶母线或对角线的裂缝;拱、壳支座附近或支承的墙体上出现沿块材断裂的斜向裂缝。

②当砌体结构、构件出现下列非受力裂缝时,也应视为不适于继续承载的裂缝。当裂缝宽度小于3 mm时评为c级,裂缝宽度大于等于3 mm时评为d级:纵、横墙连接处出现通长的通透竖向裂缝,墙体或柱体出现断裂或错位时评为d级。

(5)当砌体结构构件的安全性按风化酥碱程度评定时,承重墙、柱表面无明显风化酥碱或出现大面积风化酥碱、剥落和砂浆粉化等现象,有效截面削弱小于5%时为a级构件;有效截面削弱大于等于5%,小于15%时为b级构件;有效截面削弱大于等于15%,小于25%时为c级构件;有效截面削弱大于等于25%时为d级构件。

(三)钢筋混凝土构件

1. 钢筋混凝土结构构件的安全性评定,应按承载力、构造及连接、侧向弯曲变形、倾斜率和裂缝等五个项目,分别评定每一受检构件的等级,并取其中最低一级作为该构件安全性等级。

2. 钢筋混凝土结构构件应重点检查梁、板、柱、墙体及屋架的受力裂缝和主筋锈蚀状况,柱和墙体根部及顶部的横向裂缝,屋架倾斜及支撑系统稳定状态等。

3. 在对钢筋混凝土结构构件进行承载力验算时,应对构件的混凝土强度、碳化深度和钢筋的锈蚀情况进行检测;实测钢筋混凝土构件截面尺寸有效值时,应扣除因各种因素造成的截面损失。

4. 钢筋混凝土结构的安全性鉴定应符合下列规定。

(1)当钢筋混凝土结构构件的安全性按承载力评定时,其抗力和作用效应的比值大于等于1.0时,应评为a级;比值小于1.0,大于0.90时,应评为b级;比值小于0.90,大于0.85时,应评为c级;比值小于0.85时,应评为d级。

(2)当钢筋混凝土结构构件的安全性按构造评定时,应分别评定连接(或节点)构造和受力预埋件两个检查项目的等级,然后取其中较低一级作为该构件构造的安全性等级。

①连接方式正确,构造符合国家现行设计规范要求,无缺陷且工作正常,应为a级;构造基本符合国家现行设计规范要求,局部有表面缺陷,工作无异常,应为b级;连接方式不当,

构造有严重缺陷,已导致焊缝或螺栓等发生明显变形、滑移、局部拉脱、剪坏或裂缝,损坏程度较轻的评为 c 级,损坏程度严重的评为 d 级。

②受力预埋件的构造合理,受力可靠,无变形、滑移、松动或其他损坏,应为 a 级,个别出现上述缺陷评为 b 级;构造有严重缺陷,已导致预埋件发生明显变形、滑移、松动或其他损坏,损坏程度较轻的评为 c 级,损坏程度严重的评为 d 级。

(3)当钢筋混凝土结构构件的安全性按侧向弯曲变形评定时,应遵守下列规定。

①当桁架(屋架、托架)挠度的实测值大于其计算跨度的 1/400 时,应验算其承载力;验算时,应考虑由弯曲变形产生的附加应力的影响,并按下列原则评级:

若验算结果不低于 b 级,仍可定为 b 级,但宜附加观察使用一段时间的限制;若验算结果低于 b 级限值 10% 以内时评为 c 级,等于或超过 10% 时评为 d 级。

②对其他受弯构件的挠度或施工偏差造成的侧向弯曲,应按表 12—2—3 的规定评级,表中 l_0 为计算跨度。

表 12—2—3 钢筋混凝土结构构件按侧向弯曲变形程度评级

检查项目	构件类别		a 级	b 级	c 级	d 级
挠度	主要受弯构件—主梁、托梁等		$<l_0/500$	$\geqslant l_0/500$ $<l_0/250$	$\geqslant l_0/250$ $<l_0/150$	$\geqslant l_0/150$
	板和檩条等	$l_0 \leqslant 9$ m	$<l_0/250$	$\geqslant l_0/250$ $<l_0/150$	$\geqslant l_0/150$ $<l_0/120$	$\geqslant l_0/120$
		$l_0 > 9$ m	$<l_0/300$	$\geqslant l_0/300$ $<l_0/200$	$\geqslant l_0/200$ $<l_0/150$	$\geqslant l_0/150$
侧向弯曲的矢高	预制屋面梁、桁架或深梁		$<l_0/600$	$\geqslant l_0/600$ $<l_0/500$	$\geqslant l_0/500$ $<l_0/300$	$\geqslant l_0/300$

(4)钢筋混凝土构件按倾斜率评定时,应按表 12—2—4 的规定评级。

表 12—2—4 钢筋混凝土构件按倾斜率评级

检查项目	构件类别	倾斜率			
		a 级	b 级	c 级	d 级
构件倾斜率	主要承重构件	<0.5%	≥0.5%,且<0.7%	≥0.7%,且<1.1%	≥1.1%
	次要承重构件	<0.7%	≥0.7%,且<1.1%	≥1.1%,且<1.4%	≥1.4%

(5)当钢筋混凝土结构构件出现受力裂缝时,应按表 12—2—5 的规定评级。

表 12—2—5 钢筋混凝土构件按裂缝宽度的评级(mm)

检查项目	使用环境	构件类别	a 级	b 级	c 级	d 级
受力主筋处的弯曲裂缝和轴拉裂缝的宽度	正常湿度环境	钢筋混凝土	无裂缝	<0.3	≥0.30 <0.50	≥0.50
		预应力混凝土	无裂缝	<0.1	≥0.10 <0.20	≥0.20

续上表

检查项目	使用环境	构件类别	a 级	b 级	c 级	d 级
受力主筋处的弯曲裂缝和轴拉裂缝的宽度	高湿度环境	钢筋混凝土	无裂缝	<0.2	≥0.2 <0.3	≥0.30
		预应力混凝土	无裂缝	<0.05	≥0.05 <0.10	≥0.10
剪切裂缝	任何湿度环境	钢筋混凝土或预应力混凝土	无裂缝	<0.10	≥0.10 <0.30	≥0.30

表 12—2—5 中的剪切裂缝系指斜拉裂缝,以及集中荷载靠近支座处出现的或深梁中出现的斜压裂缝;高湿度环境系指露天环境,开敞式房屋易遭飘雨部位,经常受蒸汽或冷凝水作用的场所(如厨房、浴室、寒冷地区不保暖屋盖等)以及与土壤直接接触的部件等;冷拉 Ⅱ、Ⅲ、Ⅳ级钢筋的预应力混凝土构件的裂缝宽度可放宽 0.1 mm;对板的裂缝宽度以表面量测值为准。

(6)当钢筋混凝土结构构件出现下列情况的非受力裂缝,并达到较严重程度时,评定为 c 级;达到非常严重程度时,评定为 d 级。

①因主筋锈蚀产生的沿主筋方向的裂缝,其裂缝宽度已大于 1 mm;

②因温度或收缩等作用产生的裂缝,其宽度已比表 12—2—5 规定的弯曲裂缝 c 级或 d 级宽度值超出 50%,且分析表明已显著影响结构的受力;

(7)当钢筋混凝土结构构件同时存在受力和非受力裂缝时,应按第(5)条及第(6)条分别评定其等级,并取其中较低一级作为该构件的裂缝等级。

(8)当钢筋混凝土结构构件出现下列情况之一时,不论其裂缝宽度大小,应直接定为 d 级:

①受压区混凝土有压坏迹象;

②因主筋锈蚀导致构件掉角以及混凝土保护层脱落面积占保护层总面积 10% 以上。

(四)钢结构构件

1. 钢结构构件的安全性评定,应按承载力和稳定性两个验算项目及构造和变形(或倾斜率)等两个检查项目,分别评定每一受检构件等级;对冷弯薄壁型钢结构、轻钢结构、钢桩以及地处有腐蚀性介质的地区,还应以锈蚀作为检查项目评定其等级,然后取其中最低一级作为该构件的安全性等级。

2. 当钢结构构件(含连接)的安全性按承载力评定时,其抗力和作用效应的比值大于等于 1.0 时,评为 a 级;比值小于 1.0,大于等于 0.95 时,评为 b 级;比值小于 0.95,大于等于 0.90 时,评为 c 级;比值小于 0.90 时,评为 d 级。

在进行钢结构的倾覆、滑移、疲劳、脆断等的验算时,应符合国家现行有关规范的规定。当构件或连接出现脆性断裂或疲劳开裂时,应直接定为 d 级。

3. 当钢结构构件进行承载力验算时,应对材料的力学性能(当有必要时)和锈蚀情况进行检测。实测钢构件截面有效值时,应扣除因各种因素造成的截面损失。

4. 当钢结构构件的安全性按稳定性评定时,应按表12—2—6的规定评级,此表内的设计规范允许值和评级仅适用于常规类型的构件。

表12—2—6 钢结构构件按稳定性评级

构件类型	稳定性	设计规范允许值	a级	b级	c级	d级
受压构件	整体稳定	允许长细比	<1.0倍	≥1.0倍 <1.1倍	≥1.1倍 <1.2倍	≥1.2倍
	局部稳定	允许宽厚比	<1.0倍	≥1.0倍 <1.1倍	≥1.1倍 <1.2倍	≥1.2倍
受拉构件	整体稳定	允许长细比	<1.0倍	≥1.0倍 <1.1倍	≥1.1倍 <1.2倍	≥1.2倍
受弯构件	整体稳定	抗弯强度设计值	<1.0倍	≥1.0倍 <1.1倍	≥1.1倍 <1.2倍	≥1.2倍
	局部稳定	允许高厚比	<1.0倍	≥1.0倍 <1.1倍	≥1.1倍 <1.2倍	≥1.2倍

5. 当钢结构构件的安全性按构造评定时,应按连接方式和构造缺陷进行综合评定。

连接方式正确,构造符合国家现行设计规范要求,无缺陷,评定为a级;连接方式正确,构造略低于国家现行设计规范要求,局部有表面缺陷,工作无异常,评定为b级;连接方式不当,构造有严重缺陷(包括施工遗留缺陷),或构造和连接有裂缝或锐角切口,或焊缝、螺栓或铆接有拉开、变形、滑移、松动、剪切等损坏,达到较严重程度,评定为c级;达到非常严重程度,评定为d级。

施工遗留的缺陷,对焊缝系指夹渣、气泡、咬边、烧穿、漏焊、未焊透以及焊脚尺寸不足等;对铆钉或螺栓系指漏铆、漏栓、错位、错排及掉头等;其他施工遗留的缺陷可根据实际情况确定。

6. 钢结构构件应重点检查各连接节点的焊缝、螺栓、铆钉等情况;应注意钢柱与梁的连接形式、支撑杆件、柱脚与基础连接损坏情况,钢屋架杆件弯曲、截面扭曲、节点板弯折状况和钢屋架挠度、侧向倾斜等偏差状况。

7. 当钢结构构件的安全性按变形(或倾斜率)评定时,应遵守下列规定。

(1)当桁架(屋架、托架)的挠度实测值大于桁架计算跨度的1/400时,应按第2条验算其承载力。验算时,应考虑由于挠度产生的附加应力的影响,并按下列原则评级:

①若验算结果不低于b级,仍可定为b级,但宜附加观察使用一段时间的限制。

②若验算结果低于b级限值10%以内时评为c级,等于或大于10%时评为d级。

(2)当桁架侧向倾斜率实测值小于1/300时,评定为a级;倾斜率大于等于1/300,小于1/250时,评定为b级;倾斜率大于等于1/250,小于1/200时,评定为c级;倾斜率大于等于1/200,且有继续发展迹象时,应评定为d级。

(3)对其他受弯构件的挠度或偏差造成的侧向弯曲,应按表12—2—7的规定评级,表中l_0为构件计算跨度;或者为网架短向计算跨度。

表12—2—7 钢结构受弯构件按侧向弯曲变形评级

检查项目	构件类别		a级	b级	c级	d级
挠度	网架	屋盖（短向）	$<l_0/300$	$\geq l_0/300$ $<l_0/200$	$\geq l_0/200$ $<l_0/150$	$\geq l_0/150$
		楼盖（短向）	$<l_0/300$	$\geq l_0/300$ $<l_0/250$	$\geq l_0/250$ $<l_0/200$	$\geq l_0/200$
	主梁、托梁、屋架、板		$<l_0/400$	$\geq l_0/400$ $<l_0/300$	$\geq l_0/300$ $<l_0/250$	$\geq l_0/250$， 或>45 mm
	其他梁		$<l_0/250$	$\geq l_0/250$ $<l_0/180$	$\geq l_0/180$ $<l_0/150$	$\geq l_0/150$
	檩条等		$<l_0/200$	$\geq l_0/200$ $<l_0/120$	$\geq l_0/120$ $<l_0/100$	$\geq l_0/100$
侧向弯曲矢高	深梁		$<l_0/800$	$\geq l_0/800$ $<l_0/660$	$\geq l_0/660$ $<l_0/500$	$\geq l_0/500$
	一般实腹梁		$<l_0/700$	$\geq l_0/700$ $<l_0/600$	$\geq l_0/600$ $<l_0/500$	$\geq l_0/800$

（4）当柱顶与垂直线的水平偏差（或倾斜）实测值大于表12—2—8所列的限值时，应按下列规定评级。

表12—2—8 钢结构构件按水平偏差评级

检查项目	结构类别	柱顶与垂直线的水平偏差			
		a级	b级	c级	d级
结构平面内的侧向位移（mm）	单层建筑	$<h/500$	$\geq h/500$ $<h/400$	$\geq h/400$ $<h/150$	$\geq h/150$ 或>40 mm
	多层建筑	$<h/500$	$\geq h/500$ $<h/350$	$\geq h/350$ $<h/250$	$\geq h/250$

注：h为构件计算高度。

若该偏差与整个结构有关，应根据第4条的评定结果，取与上部承重结构相同的级别作为该柱的水平位移等级；若该位移只是孤立事件，则应在其承载能力验算中考虑此附加偏差的影响，并根据验算结果按本条第（1）款的原则评级；若该偏差尚在发展，应直接定为d级。

（5）对因安装偏差或其他使用原因引起的柱的弯曲，当弯曲矢高实测值大于柱的自由长度的1/660时，应在承载能力的验算中考虑其所引起的附加弯矩的影响，并按本条第（1）款规定的原则评级。

8. 当钢结构构件的安全性按锈蚀程度评定时，除应按实测有效截面验算其承载能力外，还应按构件主要受力部位因锈蚀横截面积减少百分率进行评级，见表12—2—9。

表 12—2—9 钢结构构件按锈蚀的程度评级

等 级	a 级	b 级	c 级	d 级
构件主要受力部位锈蚀横截面积减少百分数	无锈蚀	小于原横截面积的 5%	大于等于原横截面积的 5%，小于原横截面积的 10%	大于等于原横截面积的 10%

四、房屋楼层结构安全性评级

1. 房屋楼层结构的安全性评级应根据各楼层（包括地下楼层和地基基础）结构构件的损坏情况、数量和对相连构件的影响程度，以各楼层结构构件的安全性等级为依据进行综合评定。

2. 房屋楼层结构的安全性等级应根据主要承重构件（承重墙、梁、柱）、次要承重构件（自承重墙、楼屋盖板）、其他承重构件（门、窗过梁等）的安全等级、构件的数量和对楼层结构的影响程度进行评定，详见表 12—2—10，表中 $\sum a$、$\sum b$、$\sum c$、$\sum d$ 为相应等级构件的数量，$\sum$ 总为同种构件数量的总和。

表 12—2—10 楼层结构的安全性等级评定

楼层结构的安全性等级	主要承重构件（承重墙、梁、柱）	次要承重构件（自承重墙、楼屋盖板）	其他承重构件（门、窗过梁等）
A_C 级	仅含 a 级和 b 级主要承重构件，但 $\sum b < 30\% \sum$ 总，且任一轴线（或任一跨）的 b 级构件数量小于该轴线（或该跨）构件总数的 1/3	仅含 a 级和 b 级构件，但 $\sum b < 40\% \sum$ 总，且任一轴线（或任一跨）的 b 级构件数量小于该轴线（或该跨）构件总数的 2/5	$\sum b < 50\% \sum$ 总，或 $\sum c < 30\% \sum$ 总
B_C 级	不含 d 级主要承重构件，$30\% \sum$ 总 $\leq \sum b$，或 $\sum c < 20\% \sum$ 总，且任一轴线（或任一跨）c 级构件数量小于该轴线（或该跨）构件总数的 1/5	不含 d 级次要承重构件，$40\% \sum$ 总 $\leq \sum b$，或 $\sum c < 30\% \sum$ 总，且任一轴线（或任一跨）b 级和 c 级构件数量分别小于该轴线（或该跨）构件总数的 3/5 和 1/3	$\sum b \geq 50\% \sum$ 总，或 $30\% \sum$ 总 $\leq \sum c < 50\% \sum$ 总，或 $\sum d < 30\% \sum$ 总
C_C 级	$20\% \sum$ 总 $\leq \sum c < 50\% \sum$ 总，或 $\sum d < 7.5\% \sum$ 总，且任一轴线（或任一跨）的 c 级和 d 级构件数量小于该轴线（或该跨）构件总数的 1/2 且只 1 个	$30\% \sum$ 总 $\leq \sum c < 60\% \sum$ 总，或 $\sum d < 10\% \sum$ 总，且任一轴线（或任一跨）的 c 级和 d 级构件数量分别小于该轴线（或该跨）构件总数的 3/5 和 1/10	$\sum c \geq 50\% \sum$ 总，或 $30\% \sum$ 总 $\leq \sum d$
D_C 级	$\sum c \geq 50\% \sum$ 总，或 $\sum d \geq 7.5\% \sum$ 总	$\sum c \geq 60\% \sum$ 总，或 $\sum d \geq 10\% \sum$ 总	—

3. 楼层结构的安全性等级，应根据第 2 条的评定结果，按下列原则确定。

（1）一般情况下，应依据楼层结构各类构件安全性等级的评级结果进行统计后，综合评定楼层结构的安全性等级。

(2)当楼层结构按上款评为 B_C 级,但若发现其所含的各种 c 级构件(或其连接)处于下列情况之一时,宜将所评等级降为 C_C 级。

①c 级构件沿某方位呈规律性分布,或过于集中在楼层的某部位。

②c 级构件在交汇的节点连接。

③c 级构件存在于人群密集场所或其他破坏后果严重的部位。

(3)当楼层结构按 3 条第(1)款评为 C_C 级,而发现其 d 级主要承重或次要承重构件(不分种类)集中出现在人群密集场所或其他破坏后果严重部位,宜将所评等级降为 D_C 级。

五、房屋分部结构安全性评级

(一)一般规定

1. 房屋承重结构按地基基础(含桩基和桩,以下同)和上部承重结构(或相邻的几个楼层,包括地下楼层,以下同)划分为若干个分部结构,并应分别按后面第 2 条和第 3 条规定的评级标准进行评定。

2. 当需计算上部承重结构的作用效应,或需验算地基变形、稳定性或承载力时,对地基的岩土性能标准值和地基承载力标准值,应根据地勘报告的资料和数据,按国家现行有关规范的规定取值。

3. 当仅要求对某个分部结构的安全性进行鉴定时,该分部结构与其他相邻分部结构之间的交接部位,也应进行检查,有问题时应在鉴定报告中提出处理意见。

(二)地基基础

1. 地基基础(分部结构)的安全性鉴定,应包括地基、桩基和斜坡三个检查项目,以及基础和桩两种主要构件。

2. 当评定地基或桩基的安全性时,应遵守下列规定。

(1)一般情况下,宜根据地基或桩基沉降观测资料或其不均匀沉降在上部结构中的反应的检查结果进行鉴定评级。

(2)当现场条件适宜于按地基或桩基承载力进行鉴定评级时,可根据岩土工程勘察档案和有关检测资料的完整程度,适当补充近位勘探点,进一步查明土层分布情况,并采用原位测试和取原状土做室内物理力学性质试验方法进行地基检验,根据以上资料并结合当地工程经验对地基、桩基的承载力进行综合评价。若现场条件许可,尚可通过在基础(或承台)下进行载荷试验以确定地基(或桩基)的承载力。

(3)当发现地基受力层范围内有软弱下卧层时,应对软弱下卧层地基承载能力进行验算。

(4)对建造在斜坡上或毗邻深基坑的建筑物,应验算地基稳定性。

3. 当有必要单独鉴定基础(或桩)的安全性时,应遵守下列规定。

(1)对浅埋基础(或短桩),可通过开挖进行检测和鉴定。

(2)对深基础(或长桩),可根据原设计、施工、检测和工程验收的有效文件进行分析。也可向原设计、施工、检测人员进行核实;或通过小范围的局部开挖,取得其材料性能、几何参数和外观质量的检测数据。若检测中发现基础(或桩)有裂缝、局部损坏或腐蚀现象,应查明其原因和程度。根据以上核查结果,对基础或桩身的承载能力进行验算和分析,并结合工程经验做出综合评价。

(3)若现场条件许可,可通过低应变检测对桩身完整性及桩长进行评价。

4. 当地基(或桩基)的安全性按地基变形(房屋沉降)观测资料或其上部结构反应的检查结果评定时,应按下列规定评级:

A_b级——沉降量或沉降差小于《建筑地基基础设计规范》(GB 50007)规定的允许限值。房屋无不均匀沉降裂缝、变形或位移;或虽有不均匀沉降裂缝、变形或位移,但连续60 d沉降速度小于1 mm/100 d时;或地上结构砌体不均匀沉降裂缝宽度小于3 mm,无扩展迹象。

B_b级——沉降量或沉降差大于《建筑地基基础设计规范》(GB 50007)规定的允许限值。连续60 d地基沉降速度大于等于1 mm/100 d,小于2 mm/30 d,总沉降量小于10 mm;或地上结构砌体不均匀沉降裂缝宽度小于5 mm,无扩展迹象。

C_b级——沉降量或沉降差大于《建筑地基基础设计规范》(GB 50007)规定的允许限值。连续60 d地基沉降速度大于等于2 mm/30 d,小于4 mm/30 d,沉降总量大于等于10 mm,小于20 mm;或房屋地上结构砌体部分有宽度大于等于5 mm、小于10 mm的不均匀沉降裂缝,且有扩展迹象。

D_b级——沉降量或沉降差远大于《建筑地基基础设计规范》(GB 50007)规定的允许限值。连续60 d地基沉降速度大于等于4 mm/30 d,沉降总量大于20 mm,短期内无收敛迹象;或地基连续60 d产生不稳定滑移,水平位移总量大于等于10 mm,并对上部结构有显著影响,且仍有继续滑动迹象;或地上主要承重构件的不均匀沉降裂缝达到 d 级构件的限值,且房屋整体结构倾斜率大于1‰,地基处于危险状态。

5. 当地基(或桩基)的安全性按其承载能力评定时,可根据第2条规定的检测或验算分析结果,采用下列标准评级:

当承载能力符合《建筑地基基础设计规范》(GB 50007)或《建筑桩基技术规范》(JGJ94)的规定时评为 A_b 级;低于规范规定值5%以内时评为 B_b 级,低于规范规定值5%~15%时评为 C_b 级,低于规范规定值15%以外时评为 D_b 级。

6. 当地基基础(或桩基础)的安全性按基础(或桩)评定时,宜根据下列原则进行评级。

(1)对浅埋的基础或桩,宜根据抽样或全数开挖的检查结果,按第三部分同类材料结构构件的有关项目评定每一受检基础或单桩的等级,并按样本中所含的各个等级基础(或桩)的百分比,按下列原则评定该种基础或桩的安全性等级:

A_b级——不含 c 级及 d 级基础(或单桩),可含 b 级基础(或单桩),但含量不大于30%;

B_b级——不含 d 级基础(或单桩),可含 c 级基础(或单桩),但含量不大于15%;

C_b级——可含 d 级基础(或单桩),但含量不大于5%;

D_b级——d 级基础(或单桩)的含量大于5%。

(2)在下列情况下,可不经开挖检查而直接评定基础(或桩)的安全性等级:

①当地基(或桩基)的安全性等级已评为 A_b 级或 B_b 级,且房屋周边邻近无软弱土质、流沙层或地下工程影响时,可取与地基(或桩基)相同的等级。

②当地基(或桩基)的安全性等级已评为 C_b 级或 D_b 级,且根据经验可以判断基础或桩也已损坏时,可取与地基(或桩基)相同的等级。

7. 当地基基础的安全性按地基稳定性(斜坡)项目评级时,应按下列标准评定:

A_b级——建筑场地地基稳定,无滑动迹象及滑动史。

B_b级——建筑场地地基在历史上曾有过局部滑动,经治理后已停止滑动,且近期评估表明,在一般情况下,不会再滑动。

C_b级——建筑场地地基在历史上发生过滑动,目前虽已停止滑动,但若触动诱发因素,今后仍有可能再滑动。

D_b级——建筑场地地基在历史上发生过滑动,目前又有滑动或滑动迹象。

8. 地基基础(分部结构)的安全性等级,应根据本节对地基基础(或桩基、桩身)和地基稳定性的评定结果,按其中最低一级确定。

(三)上部承重结构

1. 对上部承重结构的安全性鉴定评级时,应根据各楼层结构的安全性等级、上部承重结构整体性等级和倾斜率评级结果进行综合评定。

2. 当评定上部承重结构的整体性等级时,应按表12—2—11的规定,先评定其每一检查项目的等级,然后按下列原则确定其整体性等级:

(1)若四个检查项目均不低于B_b级,可按占多数的等级确定。

(2)若仅一个检查项目低于B_b级,可根据实际情况定为B_b级或C_b级。

(3)若不止一个检查项目低于B_b级,可根据实际情况定为C_b级或D_b级。

表12—2—11 上部承重结构按整体性评级

检查项目	A_b级	B_b级	C_b级	D_b级
结构布置、支撑系统(或其他抗侧力系统)的布置	布置合理,形成完整系统,且结构选型及传力路线设计正确,符合现行设计规范的要求	结构布置基本合理,传力路线设计基本正确,基本符合现行设计规范的要求	布置不太合理,有个别薄弱环节,结构选型和传力路线设计有缺陷,与现行设计规范的要求有较大差距	布置不合理,有较多的薄弱环节,或结构选型、传力路线设计不当,不符合现行设计规范的要求
支撑系统(或其他抗侧力系统)的构造	构件的稳定性及连接构造符合现行设计规范要求,无残损或施工缺陷,能够传递各种侧向作用	构件的稳定性及连接构造基本符合现行设计规范要求,无明显残损或施工缺陷,基本能够传递各种侧向作用	构件的稳定性及连接构造与现行设计规范的要求较大差距,或构件连接有缺陷,不能完全传递各种侧向作用	构件的稳定性及连接构造不符合现行设计规范要求,或构件连接已失效或有严重缺陷,不能传递各种侧向作用
圈梁构造	截面尺寸、配筋及材料强度等符合现行设计规范要求,无裂缝或其他残损,能起封闭系统作用	截面尺寸、配筋及材料强度基本符合现行设计规范要求,无明显裂缝或其他残损,基本能起封闭系统的作用	截面尺寸、配筋或材料强度不太符合现行设计规范要求,或有局部开裂、钢筋锈蚀等其他残损,不能完全起封闭系统作用	截面尺寸、配筋或材料强度不符合现行设计规范要求,或已开裂,或有其他残损,或不能够起封闭系统作用

续上表

检查项目	A_b级	B_b级	C_b级	D_b级
结构间的联系	设计合理、无疏漏;锚固、连接方式正确,无松动变形或其他残损	设计基本合理;锚固和连接方式基本正确,无明显松动变形或其他残损	设计不太合理,有个别处疏漏;锚固和连接不太符合要求,由局部松动变形或残损	设计不合理、多处疏漏;锚固、连接不当,或已松动变形,或已残损

3. 对于多、高层房屋,上部承重结构评定为 A_b 级或 B_b 级,但结构整体倾斜率实测值超过表 12—2—12 界限,应按下列原则进行鉴定评级。

表 12—2—12　各类结构按房屋结构的整体倾斜率评级

结构类别			倾斜率			
			A_b级	B_b级	C_b级	D_b级
钢筋混凝土结构	单层		≤0.25%	>0.25%；≤0.6%	>0.6%；≤1%	>1%
	多层		≤0.22%	>0.22%；≤0.6%	>0.6%；≤1%	>1%
	高层	框架	≤0.18%	>0.18%；≤0.6%	>0.6%；≤1%	>1%
		框架剪力墙	≤0.14%	>0.14%；≤0.6%	>0.6%；≤1%	>1%
砌体结构	单层	墙	≤0.36%	>0.36%；≤0.7%	>0.7%；≤1%	>1%
		柱	≤0.29%	>0.29%；≤0.6%	>0.6%；≤1%	>1%
	多层	墙	≤0.4%	>0.4%；≤0.7%	>0.7%；≤1%	>1%
		柱	≤0.3%	>0.3%；≤0.6%	>0.6%；≤1%	>1%
单层排架平面外侧倾			≤0.13%	>0.13%；≤0.6%	>0.6%；≤1%	>1%

(1) 有部分构件(含连接)出现裂缝、变形或其他局部损坏迹象,损坏程度较轻时评为 C_b 级,损坏程度严重时评为 D_b 级。

(2) 尚未发现上款所述情况时,应进一步作计入该倾斜量影响的结构内力验算分析,并按第三部分的规定,验算各构件的承载力,若验算结果均不低于 b 级,仍可定该结构为 B_b 级,但宜附加观察使用一段时间的限制。若构件承载能力的验算结果有部分低于 B_b 级时,应定为 C_b 级。

4. 上部承重结构安全性等级的综合评定,按各楼层结构安全性等级、整体性等级和整体倾斜率评级中最低的等级作为上部承重结构的安全性等级。若多层或高层房屋中底层为 C_b 级时,宜将上部承重结构的安全性等级评定降为 D_b 级。

5. 当上部承重结构按第 4 条评为 B_b 级,但若发现其主要承重构件所含的各种 c 级构件(或其连接)处于下列情况之一时,宜将所评等级降为 C_b 级。

(1) c 级构件沿建筑物某方位呈规律性分布,或过于集中在结构的某部位。

(2) 出现 c 级构件交汇的节点连接。

六、房屋建筑结构的安全性综合鉴定评级

(一)一般规定

1. 房屋整体结构的安全性综合评级,应根据其地基基础和上部承重结构的安全性等级,结合与房屋整体结构安全有关的周边邻近地下工程的影响进行评级。

2. 房屋整体结构的安全性以幢为评定单位,按建筑面积进行计量。

(二)等级划分

房屋整体结构的安全性等级,分为 A 级(安全)房屋、B 级(有缺陷)房屋、C 级(局部危险)房屋和 D 级(整体危险)房屋四个等级。

1. A 级(安全)房屋:整体结构安全可靠,无 c、d 级构件,房屋整体结构在正常荷载作用下可安全使用。

2. B 级(有缺陷)房屋:整体结构安全,无 d 级主要承重构件,房屋整体结构在正常荷载作用下可安全使用。

3. C 级(局部危险)房屋:部分结构构件承载力不能满足正常使用要求,局部结构出现险情,有局部倒塌破坏的可能。

4. D 级(整体危险)房屋:承重结构承载力已不能满足正常使用要求,房屋整体出现险情,有随时倒塌破坏的可能。

(三)综合评级原则和处理意见

1. 房屋整体结构的安全性等级,应根据第五部分的地基基础和上部承重结构的评定结果,按其中较低等级进行评定。

(1) A 级(安全)房屋:上部结构和地基基础均为 A_b 级。

(2) B 级(有缺陷)房屋:上部结构为 B_b 级楼层,或地基基础为 B_b 级,虽不会造成房屋结构整个或局部破坏,但有缺陷。

(3) C 级(局部危险)房屋:上部结构为 C_b 级楼层,或地基基础为 C_b 级。

(4) D 级(整体危险)房屋:上部结构为 D_b 级楼层,或地基基础为 D_b 级。

2. 房屋整体结构的安全性等级,应结合房屋周边邻近地下工程影响的程度,对第(二)条中房屋整体结构的安全性等级评定结果进行修正。

(1)房屋处于有危房的建筑群中,且直接受到其威胁,应将房屋整体结构的安全等级降一级处理。

(2)房屋周边邻近土体失稳或地基沉降,直接危及房屋的自身安全,应将房屋整体结构的安全等级降一级处理。

(3)处于地下工程的影响Ⅱ区以内,且地基土质较差(为软弱土或有流沙层),或地下工程施工支护措施不够,应将房屋整体结构的安全等级降一级处理。

第三节 房屋建筑结构的防灾与减灾

灾害是给人类和人类赖以生存的环境造成破坏性影响的事物总称,按照灾害的起因可以分为自然灾害和人为灾害。其中对铁路房屋建筑结构和铁路房建设备影响较大的灾害类

型包括风灾、冰雪灾害、洪水灾害、地震灾害、雷电灾害、地质灾害等自然灾害以及火灾、爆炸灾害等人为灾害。本节主要介绍以上各类灾害的致灾机理、灾害防治、灾害的应急处理以及灾后房屋建筑结构和房建设备的安全性评价等内容。

一、常见灾害类型

(一)风灾

风灾,是指因暴风、台风或飓风过境而造成的灾害。风灾与风向、风力和风速等具有密切关系。风灾除有时会造成少量人口伤亡、失踪外,主要破坏房屋、车辆、船舶、树木、农作物以及通信设施、电力设施等。风灾种类较多,可分为热带气旋(台风、飓风、热带风暴)、暴风等。

(二)冰雪灾害

冰雪灾害由冰川引起的灾害和积雪、降雪引起的雪灾两部分组成。冰雪灾害对工程设施、交通运输和人民生命财产造成直接破坏,是比较严重的自然灾害。

冰雪灾害分为冰雪洪水、冰川泥石流、强暴风雪、风吹雪等。

(三)洪水灾害

洪水灾害是指超过江河、湖泊、水库、海洋等容水场所的承纳能力,造成水量剧增或水位急涨,造成的滑坡、泥石流、农田淹没、房屋倒塌、交通电力中断、人员伤亡等现象则称为洪水灾害。洪水灾害是我国发生频率高、危害范围广、对国民经济影响最为严重的自然灾害。

洪水灾害类型有溃决型、漫溢型、内涝型、蓄洪型、山地型、海岸型和城市型等。

(四)地震灾害

地震是一种自然现象,地球表面山川地貌的形成在很大程度上就是一次次强烈地震的结果。在地球内部动力作用下,能量在断裂的特殊部位缓慢积累,当其超过岩石层能够承受的限度时,就会突发错动,使已积累的巨大能量以地震波的形式瞬间释放,引起地球表面的剧烈振动,导致建筑破坏和自然地貌改变,并可能产生长达几十到几百千米的地表破裂带。

(五)雷电灾害

雷电是伴有闪电和雷鸣的一种放电现象。雷电一般产生于对流发展旺盛的积雨云中,常伴有强烈的阵风和暴雨,有时还伴有冰雹和龙卷风。

积雨云顶部一般较高,云的上部常有冰晶。冰晶的凇附,水滴的破碎及空气对流等过程,使云中产生电荷。云的上、下部之间形成一个电位差,当电位差达到一定程度后,就会产生放电,即常见的闪电。放电过程中,闪电通道中温度骤增,空气体积急剧膨胀,产生冲击波,导致强烈的雷鸣。带有电荷的雷云与地面的突起物接近时,它们之间就发生激烈的放电。

(六)地质灾害

地质灾害是在自然或者人为因素的作用下形成的,对人类生命财产、环境造成破坏和损失的地质作用。主要包括滑坡、崩塌、泥石流、地面塌陷等。

滑坡是指斜坡上的岩体由于某种原因在重力作用下沿一定的软弱面或软弱带整体向下滑动的现象。崩塌是指较陡斜坡上的岩土体在重力作用下突然脱离母体崩落、滚动堆积在坡脚的地质现象。泥石流是山区特有的一种自然现象,由于降水而形成一种带大量泥沙、石块等固体物质条件的特殊洪流。地面塌陷是指地表岩、土体在自然或人为因素作用下向下陷落,并在地面形成塌陷坑的自然现象。

(七)火灾

火灾,是指在时间或空间上失去控制的燃烧所造成的灾害。在各种灾害中,火灾是最经常、最普遍地威胁公众安全和社会发展的主要灾害之一。火灾通常是指违反人的意图而发生或扩大,最终在时间与空间上失去控制并造成财物和人身伤害的燃烧现象。

(八)爆炸灾害

爆炸是指在极短时间内,释放出大量能量,产生高温,并放出大量气体,在周围介质中造成高压的化学反应或状态变化。爆炸灾害具有突发性强、损失严重、事故处理困难等特点,与爆炸物的数量和性质、爆炸时的条件、以及爆炸位置等因素有关。爆炸必须具备以下三个条件。

1. 爆炸性物质:能与氧气(空气)反应的物质,包括气体(氢气、乙炔、甲烷等)、液体(酒精、汽油等)和固体(粉尘、纤维粉尘等)。

2. 氧气:空气。

3. 点燃源:包括明火、电气火花、机械火花、静电火花、高温、化学反应、光能等。

二、风灾及防治

(一)风灾致灾机理

风灾是一种常见的自然灾害,风荷载作用下,屋面常承受很大的负压,特别是在屋檐、屋脊、屋面边缘和转角等几何外形突变的部位,常产生流动的分离与再附从而导致屋面破坏。此外,内外压力的共同作用对悬臂屋檐最为明显,屋檐上表面因流动分离而产生负压,下表面由于风被墙体阻挡而淤塞在屋檐下产生正压,净风压为两者绝对值之和,因而屋檐较易受风破坏。

(二)风灾对铁路房屋建筑的影响

一般来讲,在风的作用下,会对铁路房屋建筑造成的破坏通常都是以下的局部、表面的破坏。

1. 主体结构变形导致内墙裂缝。

2. 外装饰,尤其是玻璃幕墙、站字受风力作用而脱落。

3. 设计时为减少荷载而设计的轻屋面,受风的作用会向上浮起甚至破坏。

4. 金属屋面抗风能力不足,发生风揭破坏。

5. 位移过大引起框架、承重墙裂缝或结构主筋屈服,层间位移引起非承重墙开裂。

6. 钢框架结构在风荷载作用下会产生风振效应,发生局部疲劳破坏或产生疲劳损伤,由此引发结构反应过大而使其无法满足正常使用要求。

(三)抗风设计基本要求

1. 保证结构具有足够的强度,能可靠地承受风荷载作用下的内力。

2. 结构必须具有足够的刚度,控制结构在风荷载作用下的位移,采用较大的刚度可以减少风振的影响;选择合理的结构体系和建筑外形。

3. 保证非承重构件和管道设备的正常工作。

4. 适应四周气候环境。

(四)风灾防治

1. 抗风结构体系

抗风结构体系的选择是抗风设计应考虑的最为关键的问题。在选择结构体系时,应考虑风压、地面粗糙度等方面的要求。

2. 风灾预防

(1)合理的选址,避开抗风不利地段。

(2)采用被动控制装置,主要有调谐质量阻尼器和调谐液体阻尼器。

(3)提前编制应急预案,对防止大风袭击采取的措施进行规定,并组织全员进行培训,一旦大风袭击,立即启动应急预案。

(4)定期进行防风安全培训,下发防风安全资料,强化人员安全教育,提高安全防护意识。

(5)应根据季节及天气变化情况做好风害预测,对重点防风部位提前做好防风措施。

3. 铁路房屋建筑抗风措施

(1)设置抗风柱。

(2)设计时考虑增大结构构件截面面积,提高承载能力及截面刚度,改变自振频率,减小结构的动力风荷载效应,此法会减小使用空间,增加结构自重。

(3)结合地形在迎风侧设置挡风墙。

(4)进行风监测,监测危险地段的风向风速值,根据风向风速值对列车进行限速。

(5)选择流线建筑物体型,其抗风性能较好。增加抗风稳定性的方法是采用桁架断面,由于其通风空间较箱形断面大得多,所以静风阻力小得多。

(6)对于外挑梁尖角处,通常负压较高,人们常采用绕流装置(如镇风兽等),以减弱旋涡分离强度。对于位于喇叭状收缩段(风嘴口)的建筑物或构筑物,由于直接暴露在强风中,设计时除注意外形外还应注意强度、刚度校核及安全系数的选取,以免招致风灾。

(7)对玻璃幕墙的设计特别要注意按风环境最不利影响(如负风压最大值)设计,并严格按施工规范施工,以避免大风吹落玻璃,造成伤亡事故。

(8)建筑物的拐角处、平面与曲面的交接处、立面上凸出的观光电梯等部位常是出现负风压(吸力)的峰值区,设计时最好把直角边钝化或粗糙化,凸出部的法线与盛行风向应避免相垂直以减弱气流分离而形成高吸力区,或在负压峰值区设置百叶窗式的扰流罩以镇压过高的负压峰值。

(9)基础结构进行加强和对结构本体进行加固。

4. 风灾后的检查

大风过后及时对雨棚、屋面板、檐口、装饰、吊顶、悬挂设施、站字、门窗、幕墙结构等进行检查。

三、冰雪灾害及防治

(一)冰雪灾害致灾机理

冰雪灾害由冰川引起的灾害和积雪、降雪引起的雪灾两部分组成,拉尼娜现象是造成低温冰雪灾害的主要原因。冰雪灾害对工程设施、交通运输和人民生命财产造成直接破坏,是比较严重的自然灾害。

（二）冰雪灾害对铁路房屋建筑的影响

由于钢桁架及网架结构（雨棚等）在过大雪载作用下会导致挠曲严重，甚至扭曲，从而引起结构的局部坍塌或整体垮塌；一些砌体站房也可能因雪荷载过大而发生垮塌。

（三）冰雪灾害对边坡的影响

雪水沿裂隙渗入，冰冻后裂隙中的水结冰，一方面水结冰的过程产生体积膨胀导致坡体稳定性下降，另一方面水进入裂隙中并结冰，形成了新的滑面，破坏原有平衡，产生滑坡和崩塌。

（四）冰雪灾害防治

1. 防治

（1）在选址设计阶段，尽可能规避容易积雪的区域。在风雪易发区域，在建筑周围可种植一定密度的防雪林带，并设置相关的防风雪挡墙，减小风雪的影响。

（2）从雪崩发生源入手，预先设置防护棚、桩和防护林；在雪崩可能直接威胁到的路段设置防护墙和疏导、分流工程。

（3）做好恶劣天气的预报工作。

（4）定期检查，确保防风雪挡墙、雨棚等的结构安全，确保设计有电伴热的系统正常使用。

（5）遇罕见大雪需及时检查积雪对结构的影响，必要时及时清理，采取相应融雪、除雪措施；雨棚、檐口等突出部位及时清除冰挂，供电部门加强电网设备的检查、维护。

（6）要科学的分析灾害的情况、形势，有效的针对突发事件提前做好短缺物资的储备。

2. 预警

（1）在雪崩危险区域或可能有隐患的区域，需要设置专门的雪崩监测站，在冰雪天气下应立刻启用，起到预警的作用。

（2）要随时掌握气象信息，及时通报天气变化情况，得到恶劣天气的预报后要立即向有关单位、部门发布预警信息。

四、洪水灾害及防治

（一）洪水灾害致灾机理

洪水灾害包括两个方面的含义，一是发生洪水，二是形成灾害。形成洪水灾害必须具有两个条件：一是存在诱发洪水的因素（致灾因素）及其形成洪水灾害的环境（孕灾环境）；二是洪水影响区有人类居住或分布有社会财产（承灾体）。致灾因素、孕灾环境、承灾体三者之间相互作用的结果形成了通常所说的灾情。对于建筑结构而言，不管受淹的深浅，基础一般都浸泡在水里，地基土质的含水量基本都达到饱和，故其承载力往往根据土质的类型而有不同程度的下降，由此使基础下沉或滑移。

（二）洪灾对铁路房屋建筑的影响

洪水对站台、站房等的破坏最严重的莫过于直接冲刷，水流以其巨大的能量，以排山倒海之势作用于建筑物上，对整体性差、构件强度不高的建筑物极易造成倒塌。从结构安全角度来讲，可能会造成地基承载力的变化，站房、站台等基础的受力状态可能会改变，造成不均匀沉降等、墙、柱倾斜，屋盖断裂。

（三）洪水灾害防治

1. 建立防洪减灾长效机制

（1）灾前预防常备机制，比如防洪规划、防洪立法、教育培训、洪水保险、工程建设与管理以及防洪减灾预案等。加强洪灾及其次生灾害的防治，增加投资，科学规划，建立预警机制，完善防洪预案。结合先进技术和设备的应用，有计划地培训防洪管理和设备使用人员，举办各类短期培训班、讲座和技术交流，提高防洪人员的素质，为科学防洪工作奠定坚实的基础。

（2）灾中决策会商机制，比如水文气象预报、防洪工程调度、抗洪抢险与物资调配以及人员疏散等。整合各类防洪资源，实现优化配置，进行科学调度，最大限度地发挥各类防洪工程的防洪效能。

（3）灾后救济与重建机制，比如灾情评估、组织灾民生产自救、灾后保险理赔、防疫控制以及工程维修与重建等。

2. 完善管理制度

（1）定期督查和考核

在汛期来临前应做好防洪准备，进行普查，对一些危险区域应设置辅助设施，或派专人看守，有关部门定期对车站设备进行评估和考核。

（2）定时进行设备维修、维护和更换

完善设备检修、维护和更换的制度，加强设备日常管理，减少事故的发生。

3. 站场道路设计

详见《铁路站场道路和排水设计规范》（TB 10066）的有关规定。

4. 进行雨、洪水监测

（1）定期检查，确保排水系统通畅。

（2）电扶梯基坑排水系统定期检查，确保通畅。

（3）加强对地道口、低洼地区房屋等易倒灌部位巡视、坡底排水系统检查。

5. 提高房屋构筑物的抗洪能力

（1）从根本上提高和改善原有站房、路基等的防洪能力，对达不到要求的设施应进行改扩建。

（2）防汛墙与落水槽的布置均应该满足设计要求，并且落水槽需要及时彻底地处理，防止发生阻塞，以保证其排水速度和排水量。另外，对于长期未曾使用的防汛墙板，也要在汛期前做好质量检查工作，保证紧急情况时，其正常功能的发挥。

（3）在铁路沿线大力推广设置自记雨量计，记录沿线不同区段的降雨资料，应用概率论和数理统计方法，弄清楚不同区段设备状况与降雨的关系，科学地定出"注意警戒线"和"危急警戒线"雨量值，作为汛期冒雨检查和确保行车安全的依据。

（4）应采用对防洪有利的基础方案。铁路建筑应坐落在沉降稳定的老土上，基础以深基为宜。如采用桩基，可以加强建筑的抗倾、抗冲击性以保证抗洪安全。有些复合地基，如石灰、砂桩地基，在防洪区不宜采用。

（5）从防洪设计出发，应加强上部结构的整体性。

（6）防水性能好、防腐性能好、耐浸泡的建筑材料，对防洪防涝是有利的。

（7）不断依托现代科技手段及硬件设备，建立并完善铁路水害采集、传递系统，致力于提高铁路洪灾预见性和可控性。建立防洪传真网络,局部地段安设灾害报警装置,气象卫星云图、测雨雷达等铁路专业气象服务系统,应用计算机管理铁路防洪信息。

五、地震灾害及防治

(一)地震灾害致灾机理

地震的晃动使地表土下沉,浅层的地下水受挤压会沿地裂缝上升至地表,形成喷沙冒水现象。大地震能使局部地形改观,或隆起,或沉降。使建筑物开裂、变形和倒塌,城乡道路坼裂、铁轨扭曲、桥梁折断。在现代化城市中,由于地下管道破裂和电缆被切断造成停水、停电和通信受阻。煤气、有毒气体和放射性物质泄漏可导致火灾和毒物、放射性污染等次生灾害。

(二)建筑结构抗震设防

1. 抗震设防烈度

按国家规定的权限批准作为一个地区抗震设防依据的地震烈度。一般情况,取 50 年内超越概率 10% 的地震烈度。

2. 基本规定

(1)建筑抗震设防类别划分依据

①建筑破坏造成的人员伤亡、直接和间接经济损失及社会影响的大小。

②城镇的大小、行业的特点、工矿企业的规模。

③建筑使用功能失效后,对全局影响范围大小、抗震救灾影响及恢复的难易程度。

④建筑各区段的重要性有显著不同时,可按区段划分抗震设防类别。下部区段的类别不应低于上部区段。

⑤不同行业的相同建筑,当所处地位及地震破坏所产生的后果和影响不同时,其抗震设防类别可不相同。

(2)抗震设防类别

①特殊设防类:指使用上有特殊设施,涉及国家公共安全的重大建筑工程和地震时可能发生严重次生灾害等特别重大灾害后果,需要进行特殊设防的建筑,简称甲类。

②重点设防类:指地震时使用功能不能中断或需尽快恢复的生命线相关建筑,以及地震时可能导致大量人员伤亡等重大灾害后果,需要提高设防标准的建筑,简称乙类。

③标准设防类:指大量的除①、②、④以外按标准要求进行设防的建筑,简称丙类。

④适度设防类:指使用上人员稀少且震损不致产生次生灾害,允许在一定条件下适度降低要求的建筑,简称丁类。

(3)抗震设防标准

①标准设防类,应按本地区抗震设防烈度确定其抗震措施和地震作用,达到在遭遇高于当地抗震设防烈度的预估罕遇地震影响时不致倒塌或发生危及生命安全的严重破坏的抗震设防目标。

②重点设防类,应按高于本地区抗震设防烈度一度的要求加强其抗震措施;但抗震设防烈度为 9 度时应按比 9 度更高的要求采取抗震措施;地基基础的抗震措施,应符合有关规定。同时,应按本地区抗震设防烈度确定其地震作用。

③特殊设防类,应按高于本地区抗震设防烈度一度的要求加强其抗震措施;但抗震设防烈度为9度时应按比9度更高的要求采取抗震措施。同时,应按批准的地震安全性评价的结果且高于本地区抗震设防烈度的要求确定其地震作用。

3. 抗震设计基本要求

(1)三水准抗震设计

①在遭遇低于本地区的设防烈度(基本烈度)的多遇地震影响时,建筑物一般不受损坏或无须修理仍可继续使用,称为小震不坏。

②在遭受本地区规定的设防烈度的地震影响时,建筑物(包括结构和非结构部分)可能有破坏,但不致危及人民生命财产和生产设备的安全,经一般修理或无须修理仍能继续使用,称为中震可修。

③在遭受高于本地区设防烈度的地震影响时,建筑物不致倒塌或发生危及人民生命财产的严重破坏,称为大震不倒。

(2)两阶段抗震设计

①第一阶段是在方案布置符合抗震原则的前提下,按与基本烈度相对应的多遇地震参数,用弹性反应谱法求得的结构在弹性状态下的地震作用标准值和相应的地震作用效应,然后与其他荷载效应按一定的原则进行组合,对结构构件截面进行承载力和变形验算。即满足了第一水准下必要的强度要求和第二水准的设防要求。再通过概念设计和构造措施来满足第三水准的设计要求。对于大多数结构,可只进行第一阶段的设计。

②对于少数有特殊要求的建筑和地震时易倒塌的结构,除第一阶段设计外,还要进行第二阶段设计。即按与基本烈度相对应的罕遇烈度(大震)验算结构的弹塑性层间变形是否小于限值(不发生倒塌),若有变形过大的薄弱层(部位),则应修改设计或采取相应的措施,以满足第三水准的要求(大震不倒)。

(三)震害防治

1. 结构体系的选择

应根据建筑的抗震设防类别、抗震设防烈度、建筑高度、场地条件、地基、结构材料和施工等因素,经技术、经济和使用条件综合比较确定。

2. 结构体系的基本要求

(1)应具有明确的计算简图和合理的地震作用传递途径。

(2)应避免部分结构或构件破坏而导致整个结构丧失抗震能力或对重力荷载的承载能力。

(3)应具备必要的抗震承载能力,良好的变形能力和消耗地震能量的能力。

(4)对可能出现的薄弱部位,应采取措施提高其抗震能力。

3. 结构体系的抗震要求

(1)宜有多道抗震防线。

(2)宜具有合理的刚度和承载力分布,避免因局部削弱或突变形成薄弱部位,产生过大的应力集中或塑性变形集中。

(3)结构在两个主轴方向的动力特性宜相近。

4. 结构构件的要求

(1)砌体结构应按规定设置钢筋混凝土圈梁和构造柱、芯柱,或采用约束砌体、配筋砌体等。

(2)混凝土结构构件应控制截面尺寸和受力钢筋、箍筋的设置,防止剪切破坏先于弯曲破坏、混凝土的压溃先于钢筋的屈服、钢筋的锚固黏结破坏先于钢筋破坏。

(3)预应力混凝土的构件,应配有足够的非预应力钢筋。

(4)钢结构构件的尺寸应合理控制,避免局部失稳或整个构件失稳。

(5)多、高层的混凝土楼、屋盖宜优先采用现浇混凝土板。

5. 结构构件的连接

(1)构件节点的破坏,不应先于其连接的构件。

(2)预埋件的锚固破坏,不应先于连接件。

(3)装配式结构构件的连接,应能保证结构的整体性。

(4)预应力混凝土构件的预应力钢筋,宜在节点核心区以外锚固。

六、雷电灾害及防治

(一)雷电灾害致灾机理

雷电是在自然大气环境中的瞬间电流脉冲过程。雷电的本质就是高压脉冲电流,所以雷电具有强烈的电属性并由此而产生热效应、机械力效应和冲击波效应。

1. 雷电会在雷击点周围产生强大的交变电磁场,其感生出的电流可引起被击物体局部过热而导致火灾。

2. 雷电直接击中具有避雷装置的建筑物或设备时,接地网的低电位会在数秒之内被抬高数万伏或数十万伏,高度破坏性的雷电流将从各种装置的接地部分流向供电系统或各种网络信号系统,或者击穿大地绝缘而流向另一设施的供电系统或各种网络信号系统,从而反击破坏或损害电子设备。同时,在未实行等电位联结的导线回路中,可能诱发高电位而产生火花放电的危险。

(二)防雷设计基本要求

为了防止或减少雷击铁路房屋建筑所发生的人身伤亡和财产损失,采取必要的防雷措施,做到安全可靠、技术先进、经济合理。根据《建筑物防雷设计规范》(GB 50057)规定,铁路房屋多属于第二类防雷建筑物,即铁路房屋建筑的设计要求满足《建筑物防雷设计规范》(GB 50057)中第二类防雷建筑物防雷措施要求。

(三)雷电灾害防治

1. 接闪器

(1)现场检查接闪器的材料、规格、防腐措施及锈蚀情况,查看安装是否垂直,焊接是否牢固,有无折断、熔化现象。

(2)检查接闪器与引下线的连接以及分流情况。对于单支或多支避雷针,应用滚球法确定其保护范围,确定是否能起到保护建(构)筑物的作用。

(3)检测接闪器的接地电阻,对避雷针(带)要逐根检测,对避雷网要根据防雷类别检测,其检测点不少于一个,避雷线每根支柱不少于1个检测点。

2. 引下线

(1)检查引下线是否牢固,是否遵循最短路径原则。

(2)检查引下线是否有断裂、机械损伤、严重锈蚀等状况,当截面锈蚀大于等于三分之一时应予更换;检查引下线与接闪器、接地装置焊接是否牢固可靠,焊点有无裂缝等。

(3)检查引下线材料直径及截面积是否符合相关防雷设计规范的要求。

(4)引下线的布设是否合理,引下线距建筑物出入口或人行道之间的距离及引下线之间的距离应符合相关防雷设计规范的要求。

(5)检查断接卡是否锈蚀、接触不良。

3. 接地装置

(1)查看其设计、施工资料,检查接地体的材质、防腐措施、焊接工艺以及与引下线连接,要求其符合相关的设计要求。

(2)测量接地体的取材规格、截面积、厚度、埋设深度,要求其符合相关的设计要求。

(3)检测接地装置的接地电阻。

4. 等电位连接

(1)检查穿过各防雷区交界的金属部件和系统以及建筑物内的设备、金属管道、电缆桥架、电缆金属外皮、金属构架、钢屋架、金属门窗等较大金属物,要求其就近与接地装置或等电位连接板(带)作等电位连接,并检测上述设施等电位连接的过渡电阻和接地电阻。

(2)检测等电位连接线的材质、取材规格、连接方式及工艺,要求其符合相关防雷设计规范的要求。

(3)检查架空金属管道、电缆桥架,要求每隔25m接地一次,并检测其接地电阻。

5. 电磁屏蔽

(1)检查需减少电磁干扰和感应的电源线和信号线,要求其结合布线环境穿金属管屏蔽,并检测其接地电阻。

(2)检查建筑物之间用于敷设非屏蔽电缆的金属管、金属格栅等,要求其两端电气导通,且与各自建筑物的等电位连接板连接,检测其接地电阻。

(3)检查屏蔽电缆的金属屏蔽层,要求其至少在两端并宜在防雷交界处做等电位连接,当系统要求只在一端做等电位连接时,采用两层屏蔽,外层屏蔽同前述要求,并检测其接地电阻。

6. 电涌保护器(SPD)

(1)检查电源、信号线路上SPD的分级安装及其安装位置、安装工艺,要求其符合相应防雷设计规范的要求。

(2)检查SPD状态指示器,要求其处于正常工作状态。

(3)检查SPD连接线长度、截面积,要求其符合设计安装要求。

(4)检测每个SPD的接地电阻。

七、地质灾害及防治

(一)地质灾害致灾机理

地质灾害主要包括滑坡、崩塌、泥石流、地面塌陷等。铁路地质灾害大多是外因与内因共同作用的结果。

1. 外因

发生地质灾害的外部因素主要有气候条件、水文条件、地质条件及地形地貌。

(1)气候因素

影响铁路发生地质灾害的气候因素主要是降雨量和雨强,以及温度的变化。降雨量的大小及由此导致的洪水是地质灾害发生的重要触发因子,与水害相伴而行。铁路管理部门常常把雨量作为灾害发生的预警指标。

(2)水文条件

水文条件是只指区域内水资源的情况,包括江河湖海以及水库等水体的容量、水位、水质、流速以及地下水等,影响铁路发生地质灾害的水文因素主要有地下水发育情况与沿铁路段河流的水位、流速等。

(3)地质条件

地层岩性及各种地质构造是发生地质灾害如滑坡崩塌的物质基础。地层的岩性不同,它们的强度各不相同,发生滑坡的难易程度也就不同。各种构造面,如节理、裂隙面、层理面、岩性层面、断层面等,对坡体的切割分离,为崩塌滑坡的形成提供了边界条件。特别是当平行和垂直斜坡的陡倾构造面及顺坡缓倾的构造面发育时,最易发生滑坡。而地表岩体破碎,不良地质现象发育,岩层结构疏松软弱,易于风化,节理发育,或软硬相间成层地区,易于破坏,及一些人类工程经济活动,造成水土流失,矿山剥土,工程弃渣等,则为泥石流提供丰富的松散固体物质来源。

(4)地形地貌

江、河、湖、海、沟的岸坡,前缘开阔的山坡,铁路、公路和工程建筑物的边坡,都是易发生崩塌滑坡的地貌位置。坡度在15°~45°,下陡中缓上陡,上部成环状的地形最易发生滑坡。坡度大于45°的高陡斜坡,孤立的山嘴或凹形陡坡均为崩塌形成的有利地形。山高沟深,地势陡峻,沟床纵向坡降大,流域形状便于水流汇集(如围椅状)的地形地貌便于集水、堆积物。为泥石流的产生提供有利的地形地貌条件。不同的地形地貌水流的汇集情况不同,因而要根据不同的地形地貌有针对性地设计路基排水设施。

2. 内因

发生地质灾害是内部条件在外部条件的激化下使路基本体或支挡结构发生变形、移位导致的路基功能性破坏。

(1)路基与不良地质的相对位置。路基与不良地质地段的相对位置控制着路基发生灾害的概率、类型及严重程度。不良地质地段易发生各种地质灾害如滑坡、崩塌、泥石流等,不仅使路基本体或支挡结构发生变形、移位,还造成大量坍塌土石方体涌向铁路线,坍塌体覆盖铁路轨面,造成线路中断,导致路基功能性破坏。

(2)路基本体的设计参数。路基的抗灾能力由路基本体的设计参数决定。由于修建年限长,设计标准低,路基参数设计不合理等原因以致在发生灾害时路基自身稳定性不足而发生损毁。

(3)支挡结构。支挡防护结构物形式选择不合理,自身稳定性不足,自身强度不足等,在发生灾害时未能起到防护作用。

(4)排水设施。排水设施能力不足或排水不畅造成汛期水流对路基及支挡防护结构物的浸泡发生失稳或坍塌。

(二)地质灾害防治

1. 集中领导,统一指挥,分级、分部门负责

在防洪指挥部的指导下,铁路各部门分层逐级负责。根据灾害程度和影响的范围,由管辖内各级责任部门组织抢修及协调有关的地质灾害应急工作。

2. 坚持"预防为主,安全第一"的方针

地质灾害工作要贯彻"建重于防、防重于抢"的预防为主的指导思想。地质灾害应急反应以保证旅客人身安全为最高原则。

3. 地质灾害抢修要贯彻"全力抢修,先通后固"的原则

地质灾害抢险要全力以赴,以最快的速度抢救人员再恢复通车,抢修方案既要考虑缩短断道时间,又要考虑确保行车安全和为以后复旧工程创造条件。在抢修通车后应立即进行加固,逐步提高速度,尽快恢复正常运输。

4. 团结协作,服从大局

当国家组织重大抗灾、救灾活动时,铁路必须优先安排运力提供运输保障。铁路各单位应配合地方各级人民政府的防灾部门,协调相关的工作,实行同沿线有关单位和地方政府防灾部门联防,争取地方群众对地质灾害工作的积极支持。

5. 依靠科技,提高效率

铁路地质灾害应急工作要适应铁路发展战略的要求,依靠现代科学技术,积极运用先进的科技手段和装备,不断提高抗灾救灾水平和能力。

八、火灾及防治

(一)火灾致灾机理

燃烧的三要素:可燃物、助燃物、着火源。主要的着火源或因"人的不安全行为"产生,或因"物的不安全状态"产生。人的不安全行为主要表现为生产作业、用火不慎、吸烟、玩火、纵火;物的不安全状态表现为电气、自燃、雷击、静电。人的不安全行为和物的不安全状态,只有发生时间和空间上的运动轨迹交叉,才会造成事故。多数情况下,在事故的背后,往往存在着企业经营者、监督管理者在安全管理上的缺陷。

(二)火灾对铁路房屋建筑的影响

1. 火灾对混凝土结构的影响

在火灾作用下,混凝土的弹性模量、抗拉强度、抗压强度等力学性能均会发生变化,混凝土结构受火处升温快,导致应力集中、微裂缝的开展、表面发毛、起砂、呈蜂窝状、出现龟裂、边角溃散脱落等现象,使得混凝土结构的承载力降低,变形增大,甚至导致房屋倒塌;钢筋的弹性模量随着温度的升高而连续降低,而且钢筋的导热系数比混凝土大得多,钢筋受热后的伸长变形往往大于混凝土,致使二者的黏结强度减弱,降低了承载力。

2. 火灾对钢结构的影响

在火灾作用下,钢结构虽不能发生燃烧,但是会发生大的塑性变形。高温作用下,钢结构的力学性能迅速发生变化,短时间内强度丧失,失去支撑或承重能力。无保护的钢结构构件,当温度到达500℃时,钢材强度损失达50%,承载力就会下降到原来承重能力的一半,再继续升温,到达600℃时失去承重能力,导致钢结构发生扭曲倒塌,而且破坏后的钢结构是无法恢复的。

3. 火灾对砌体结构的影响

火灾作用下,砌体结构表面受火处温度升高较快,而内部温度升高较慢,二者间的温差会引起墙体开裂,导致砌块中应力集中并开展微裂缝,从而使砌块强度、弹性模量及塑性降低。火灾时由于砌体温度的不均匀,使整体结构内产生温度应力,结构构件之间约束越大,温度应力也越大,对结构的损伤也越大。

火灾对铁路房屋建筑损伤的程度取决于:温度升高的速率、最高温度及火灾持续作用时间,温度升高越快,温度越高,火灾持续时间越长,损伤越严重。

4. 火灾对其他构造设施的影响

(1)火灾作用下,木构件表面炭化并受热起火燃烧,木材受高温作用发生炭化前,其力学特性不会有太大变化。但是,当有明火引燃时木材的着火温度仅为 240 ℃ ~ 270 ℃,在 400 ℃ ~ 470 ℃ 下木材也能自燃。木材起火燃烧后,表面逐渐炭化,力学特性就会迅速受到破坏,如果剩余截面的面积不能承受原有全部荷载,结构就会倒塌。

(2)火灾作用下,铁路房屋建筑的装饰材料及保温材料易燃烧且产生有毒气体。

(3)火灾作用下,火焰及热烟气加热作用下玻璃内部温度分布不均产生热应力,热应力导致玻璃破裂,破裂的玻璃极易扎伤人员,造成伤亡事故。

(三)抗火设计基本要求

1. 铁路房屋建筑的设计要求

(1)建筑的承载力能够维持一定的时间。

(2)限制火与烟的产生与传播。

(3)限制火势向邻近建筑的蔓延。

(4)室内人员能够安全撤离。

(5)保证营救人员的安全。

2. 结构抗火设计要求

(1)在规定的结构耐火设计极限时间内,结构的承载力应不小于各种作用产生的组合效应。

(2)在规定的各种荷载组合下,结构的耐火时间应不小于规定的结构耐火极限。

(3)若结构达到承载力极限状态时的温度为临界温度,则临界温度应不小于在耐火极限时间内结构的最高温度。

上述三个要求实际上是等效的,进行结构抗火设计时,满足其一即可。

3. 基于计算的结构抗火设计方法

(1)基于计算的抗火设计方法以高温下构件的承载力极限状态为耐火极限判断,其计算过程如下。

①采用确定的防火措施。

②计算构件在确定的防火措施和耐火极限条件下的内部温度。

③采用确定的高温下材料的参数,计算结构中该构件在外荷载作用下的内力。

④由计算的温度场确定等效截面和等效强度。

⑤根据构件和受载的类型,进行结构抗火承载力极限状态验算。

⑥当不满足要求时,重复以上步骤。

(2)我国现行规范采用耐火试验法进行耐火设计,其步骤如下。

①据建筑物的重要性、火灾危险性、扑救难度等选定建筑物的耐火等级。

②由选定的耐火等级依规范确定构件的耐火极限。

③设计构件,用标准耐火试验校准其实有耐火极限直至满足要求。

实用中,并不是每次设计都需要进行耐火试验,《建筑设计防火规范》(GB 50016)已列出了各种构件的耐火极限,只需查对校准即可。但如果设计的构件与规范所列构件有实质性差别时,进行新的耐火试验。

(3)旅客车站站房、设备房屋的防火设计应符合《铁路工程设计防火规范》(TB 10063)中的相关规定。

(四)火灾防治

1. 定期检查消防系统、预警系统确保正常使用。
2. 日常检查可能引起火灾的设施,如用电线路、开关箱柜、用火设施等。
3. 加强对易燃易爆材料堆放管理。
4. 改造维修过程中如施工电焊等确保施工安全。

九、爆炸灾害及防治

(一)爆炸灾害致灾机理

爆炸是一种极为迅速的物理或化学的能量释放过程。爆炸对结构破坏过程可分类如下。

1. 非结构构件的破坏

主要是围护结构的破坏,特别是玻璃的破碎、窗户等的变形与破裂。

2. 结构构件的局部破坏

强烈的冲击波可以破坏承重墙体、框架立柱、楼板等构件,发生钢构件失稳、变形、脆性破坏等局部破坏。

3. 连续倒塌

建筑物的关键承重构件失效后,原来的荷载重新分布到剩余构件上,导致剩余构件承载条件发生变化,进而引发部分构件发生失效,并引起新一轮的荷载重分布。这个过程一直持续到结构找到新的平衡状态为止。破坏后剩下的结构体系不完整,不足于支承整个建筑物时即发生连续的倒塌。

4. 破坏结构的生命线系统

爆炸会破坏水电管道线路、电梯等附属设施,产生浓烟和尘土,爆炸中被破坏的构件会堵塞通道,破坏结构的生命线系统,不利于受困人员逃生。

(二)爆炸灾害防治

1. 结构体系选择

采用有利的结构体系和延性好的结构,整个结构要有多道抗力防线,有较好的抗防连续性倒塌能力,砌体结构要采用配筋砌体结构;对建筑物结构上的重要受力构件进行抗爆加固和改造,例如墙壁粘贴钢板、柱子环向粘贴碳纤维材料、玻璃贴膜以及窗户加固,保证人员有足够的安全疏散时间。

2. 形成安全可靠的泄爆体系

防止结构的整体损害,应形成一套安全可靠的泄爆体系,分析结构在爆炸荷载下的动力响应,防止其在爆炸作用下整体失稳,并造成连续性倒塌。

3. 减少局部损伤

对可能发生局部冲击损伤的构件进行加固,防止承重构件在爆炸作用下丧失承载能力,从而影响到整体结构造成连续性倒塌。

4. 采用防爆构件

对于门窗玻璃等非结构构件要采用抗爆玻璃(分层玻璃、加有塑性薄膜的玻璃等)以及抗震性能好的门窗框架都可以减少爆炸造成的玻璃碎片;在建筑物外部一定距离上设置防爆墙,能对爆炸冲击波和碎片起到有效的防护作用,保证建筑物及内部人员的安全。

5. 做好防火疏散措施

做好防火、防烟、人员疏散等措施,钢构件防火层要能很好抵抗爆炸冲击波的作用而不破坏,逃生出口、逃生路径不要因爆炸冲击波作用而破坏。

十、灾害应急处理系统与管理

(一)灾害应急处理原则

1. 导向安全。必须坚持安全第一,使处置过程导向安全,做到有序可控。
2. 按章处置。必须严格遵守应急处置的相关程序和有关规章制度。
3. 减少损失。必须尽最大可能减少损失,减少对运输秩序的影响,防止次生事故和灾害发生。

(二)灾害应急处理组织机制与职责

房建段要依托安全生产调度指挥中心,优化职能定位,强化应急指挥功能,配齐应急值班人员,发生应急情况时,房建段值班段长要立即组织处置。

1. 值班制度

房建段要安排段领导和主要科室专业人员参加应急值班。遇特殊情况,可指定其他有关人员参与应急值班。应急处置实行24 h值班制度。

2. 工作职责

(1)及时掌握情况,快速传递信息,适时启动应急预案。

(2)掌握车间、工区值班干部职工到岗到位情况,组织抢修人员、机具材料赶赴现场。必要时,及时调集其他车间力量协同处置。

(3)掌握现场应急处置进度,加强与有关站段的协调和配合。

(4)对应急处置的全过程进行指导,指挥、指导现场正确处理,对设备故障查找确认、线路开通和提速条件、故障登销记等关键环节进行控制和把关。

(5)对应急处置的全过程进行写实,记录现场响应时间、现场干部到岗情况、应急处置人员到位情况、处置方案、协调指导的过程、处置进度等内容,对故障处置、指挥过程和值班工作进行分析总结。

3. 工作要求

(1)铁路局、段要结合实际,制定常见设备故障及自然灾害处置预案,明确应急值班人员岗位职责、工作标准、处置流程,建立相关管理制度,健全各项管理台账。

(2)加强应急处置培训工作,定期组织演练,保持抢修机具状态良好、材料备品齐全有效,保障应急处置能力。

(3)建立应急处置信息管理平台,利用视频、网络、GPS等技术,增强应急处置能力,提高应急处置效率。

(三)各类灾害的应急处理

1. 火灾应急处理

(1)车站发生火情时,立即向消防部门报警,及时向领导报告。接到火情报告后,立即赶往现场进行指挥并组织人力进行扑救。根据当时实际情况采取得力措施,紧急处理,最大限度地减少伤亡和损失。

(2)稳定候车旅客情绪。客运人员赶赴现场,加强宣传,稳定旅客情绪,防止意外事故发生。

(3)疏散旅客。迅速疏通安全通道和疏散起火部位周围的旅客,以便于扑救。

(4)及时扑救。选用起火地点附近适当的灭火器紧急扑救,及时灭火,减少损失。

(5)切断电源。迅速切断起火附近电源,防止火势蔓延。

(6)保护现场。火灾扑灭后,彻底清理检查,防止余火复燃。保护现场,协助有关部门查明起火原因和损失程度。

2. 风灾、雷电、洪水、冰雪等自然灾害的应急处理

(1)信息共享和传递

应急救援指挥中心要重点掌握动车组及旅客列车运行(位置)、晚点、积压,旅客滞留,机车车辆调移,线路、电力供应及其他行车设备状态,恶劣天气变化、运输组织进展等情况,并及时向上级部门报送有关信息。

(2)通信

按照现场通信畅通无阻原则,建立以有线、无线通信和卫星通信相结合的铁路应急通信系统,保障现场和应急救援指挥中心的通信。

(3)指挥和协调

应急响应启动后,各级应急领导小组办公室负责应急协调工作。各级应急领导小组统一指挥调配各类应急资源,指挥应急响应行动。

(4)部门应急响应行动

①密切关注气象变化,做到防患于未然。如降雪要做到"边降边扫,边扫边清"减少积雪;降雨时,清扫车站及站房等屋外排水沟及屋顶排水孔,以防阻塞积水。

②向旅客做好宣传解释工作,利用一切可以候车的地方安排旅客候车,并加强与上级联系,掌握有关信息。

③遇低温,车站应急指挥中心布置各部门除做好防寒工作外,还要把旅客安排在可以防寒的地方候车,并做好防护措施。

④自然灾害造成人员伤亡,要及时采取抢救措施。

(5)应急保障

各级应急领导小组成员应在通信与信息、救援装备、应急队伍、交通运输、医疗卫生、治安防范、物资供应、资金投入、技术装备等方面为应对恶劣天气提供保障。

3. 地震灾害的应急处理

（1）车站客运部门应立即检查旅客候车室、售票厅、行包房以及站台风雨棚、旅客跨线天桥（地道）等建筑物的状态，存在影响安全的因素时应及时采取疏散旅客等措施。

（2）组织人员撤离危房和危险岗位，疏散非必须坚守岗位的生产人员。

（3）制定人员避震疏散方案，并负责协助民政、公安等部门，在必要情况下，实施人员避震疏散安置。

（4）调配救济物品，保障旅客的基本生活，做好旅客的转移与安置工作。

（5）对行车部门、关键部位如运转室、信号楼、信号机械室等房屋和建筑物进行彻底检查，在相关单位和部门的配合下，落实相关应急保护措施。

十一、灾后房建设备的安全性评价

（一）灾后房建结构的安全性评价

1. 建筑物的安全评估方法

对建筑物安全性鉴定、评估方法主要有传统经验法、实用鉴定法和概率法。

（1）传统经验法

按原设计规程校核的基础上根据当前规范和参考以前的规范凭经验判定。主要依据目测观察、结构验算及经验进行评价。具有鉴定程序少，方法简单、快速、直观及经济等特点，但是对疑难现象的判断亦可能失准。

（2）实用鉴定法

运用数理统计理论，采用现代化的测检技术和计算手段对建筑物进行多次调查、分析，逐项评价和综合评价，一般需要三次调查。

①初步调查。调查建筑概况，包括建设规模、图纸资料、用途变化、环境、结构形式及鉴定目的等。

②调查建筑物的地基基础、建筑材料、建筑结构。

③结构计算和分析，以及在实验室进行构件试验或模型试验。

（3）概率法

实用鉴定法得出的评价结论，虽较传统经验法更接近实际，但影响建筑物的诸因素，如作用力，结构抗力等都是随机变量，甚至是随机过程，因此，建筑物的可靠度应通过计算失效概率去分析。

2. 构件的安全评估方法

进行构件安全性鉴定评估时，应验算被鉴定构件的承载能力。验算时采用的计算模型应符合实际情况，计算方法符合现行设计规范的规定。结构上的作用应调查或检测核实。结构或构件的几何参数应采用实测值，并计入腐蚀、风化、缺损等影响。构件材料强度当结构或构件施工无质量问题且无严重性能退化时采用原设计值，否则应先进行现场检测。

（1）混凝土结构构件。混凝土结构构件的安全性鉴定含承载能力、构造以及不适于继续承重的位移（变形）和裂缝等四个检测项目，分别评定每一个构件的等级并取其中最低一级作为该构件的安全等级。

（2）钢结构构件。钢结构构件的安全性鉴定包含承载能力、构造、不适于继续承载的位移(或变形)三个检测项目,但对冷弯薄壁钢结构、轻钢结构和钢桩等对锈蚀项目进行检查,分别评定每一个构件的等级并取其中最低一级作为该构件的安全等级。

(3)砌体结构构件。砌体结构构件的安全性鉴定包含承载力、构造、不适于继续承载的位移和裂缝四个项目,分别评定每一个构件的等级并取其中最低一级作为该构件的安全等级。

(4)木结构构件。木结构的安全性鉴定,包括承载能力、构造、不适于继续承重的位移(或变形)、斜纹理(或裂缝)、危险性腐朽或虫蛀等五个检查项目。分别评定每一个构件的等级并取其中最低一级作为该构件的安全等级。

3. 建筑物破坏等级划分

建筑物破坏等级划分见表12—3—1。

表12—3—1　灾后房建结构破坏等级划分

破坏等级	等级划分标准
基本完好	建筑物承重和非承重构件完好,或个别非承重构件轻微损坏,不加修理可继续使用
轻微破坏	个别承重构件出现裂缝,非承重构件有明显裂缝,不需修理或稍加修理即可继续使用
中等破坏	多数承重构件出现轻微裂缝,部分有明显裂缝,个别非承重构件破坏严重,需要一般修理
严重破坏	多数承重构件破坏严重,或有局部倒塌,需要大修,个别建筑修复困难

(二)灾后附属设施的安全性评价

灾后附属设施安全性评价见表12—3—2。

表12—3—2　灾后附属设施安全性评价

附属设施	破坏等级			
	基本完好	轻微破坏	中等破坏	严重破坏
供水和排水管道	管道无变形或只有轻度变形,无渗漏发生	管道发生轻度变形,出现轻微渗漏	管道发生较大变形或屈曲,有轻度破裂或接口拉脱,出现渗漏	管道破裂或接口拉脱,大量渗漏
水池和水处理池	基本无损坏,或个别构件有可见裂缝	个别构件出现轻微倾斜或开裂,池壁已出现轻微渗漏	部分构件发生倾斜、下沉或开裂,池壁渗水严重	多数构件发生严重倾斜或开裂,局部有坍塌现象,池壁喷水
供电设施	供电设施的事故能及时排除,继续正常供电	有一般性故障,需稍经修复才可恢复供电	有严重性故障,经多方努力才能恢复供电	供电处于瘫痪状态,需要较长时间才能恢复供电
通信设施	通信设施的事故能及时排除,恢复正常工作	有一般性故障,需稍经修复才能恢复通信	有严重性故障,经多方努力才能恢复通信	通信处于瘫痪状态,需要较长时间才能恢复通信

(三)房建设备的灾害损失评估

1. 直接损失

直接损失是灾害的致灾因素造成的人员伤亡和物质破坏对应的经济损失,人员伤亡大都不折算为金钱。对于直接损失,除人员伤亡外,最重要的是列出需要估计的物质损失清单,即清算损失的项目或内容。

(1)房屋;

(2)室内财产(包括库存)、室外财物;

(3)基础设施;

(4)工业设备装置;

(5)其他如水利、地下等工程结构;

(6)次生灾害破坏损失,如地震火灾、风后水淹等损失;

(7)应急救灾投入,如医疗、救险、防疫、物资、临时安置、清理废墟、尸体掩埋等。

2. 间接损失

间接经济损失是灾害损失的重要组成部分,在大型灾害或生命线系统破坏损失中,间接损失可能占很大比例,甚至超过直接损失。

(1)(原材料、零件)供应中断或减少;

(2)下游企业减产;

(3)人员伤亡或失业造成的经济下降;

(4)其他链式影响。

3. 灾害损失评估方法

(1)初步了解灾情,确定灾区范围并划分评估子区;

(2)确定房屋的结构类型;

(3)统一各类结构破坏等级的划分标准;

(4)选取抽样点;

(5)房屋结构破坏情况调查;

(6)由抽样点调查结果计算破坏比;

(7)确定各类结构损失比;

(8)调查各类结构房屋建筑面积;

(9)计算房屋的直接经济损失;

(10)计算生命线系统直接经济损失;

(11)财产损失评估;

(12)汇总其他直接经济损失;

(13)调查救灾直接投入费用;

(14)估计间接经济损失;

(15)选定修正系数,汇总损失评定结果和编写报告。

第十三章　房屋建筑结构的修缮与维护

铁路房屋建筑结构在使用过程中,都会出现不同程度的损伤和破坏,影响其安全使用。为了提高铁路房屋建筑结构的安全性与耐久性,满足房屋建筑的正常使用功能以及节能环保需要,延长房屋结构的使用年限,需要采取科学、合理的维修加固以及结构改造技术,对原有房屋建筑结构进行修缮和维护。对房屋建筑结构进行修缮和维护之前,应对其进行检测和鉴定,根据检测鉴定结果对房屋建筑结构的现有状态进行科学评定,综合考虑施工环境、结构的功能要求、结构类型及其布置特点、主体结构的传力、承力特征等因素,选用合理的修缮与维护方案。

本章针对铁路房屋建筑结构中常见的混凝土结构、钢与钢管混凝土结构、砌体结构、特有结构等主体结构及其地基基础,分别阐述了这几种主体结构及其地基基础的常见病害、加固处理措施以及典型病害的案例分析等内容。

第一节　混凝土结构的常见病害及维修加固技术

混凝土结构是以混凝土为主要材料制成的结构,包括素混凝土结构、钢筋混凝土结构和预应力混凝土结构等。钢筋混凝土结构能够合理利用钢筋和混凝土两种材料的性能,耐久性、耐火性、可模型均很好,应用也最为广泛;但钢筋混凝土结构自重偏大,抗裂性较差;由于新老混凝土不易形成整体,混凝土结构一旦破坏,修补和加固比较困难。

一、混凝土结构的常见病害

既有建筑物中混凝土结构损伤的劣化现象主要有以下几种类型:蜂窝、麻面、孔洞,混凝土的碳化、冻融、开裂和强度降低,钢筋锈蚀,裂缝,以及结构的过大变形等。

（一）蜂窝、麻面、孔洞

混凝土的表面缺陷主要包括蜂窝、麻面和孔洞等,如图 13—1—1 所示。

1. 蜂窝:是指混凝土结构局部出现酥松,砂浆少、石子多,石子之间形成空隙类似蜂窝状的空洞,主要是由于混凝土配合比不当、混凝土搅拌时间不足或塌落度太小等原因造成的。

2. 麻面:是指混凝土局部表面出现缺浆和许多小凹坑、麻点形成粗糙面,但无钢筋外露现象,主要由于模板表面粗糙、模板湿润度不够以及混凝土振捣不实,气泡未排除等原因造成的。

图 13—1—1　混凝土表面缺陷

3. 孔洞:是指混凝土结构内部有尺寸较大的空隙局部没有混凝土或蜂窝特别大,钢筋局部或全部裸露,主要原因是钢筋布置过密、混凝土离析、跑浆、混凝土振捣不实等。

(二)混凝土的碳化及其他腐蚀劣化

混凝土的碳化(也称中性化)是混凝土中的氢氧化钙水化产物与环境中的 CO_2 发生化学反应生成 $CaCO_3$ 的过程,使混凝土的碱度降低,从而失去对钢筋的保护作用,是一般大气环境下混凝土内部钢筋锈蚀的前提条件。混凝土的碳化是建筑物最为典型的劣化特征。

此外,在一些特殊的环境中,如在处于潮湿寒冷地区的建筑物,基础部分会发生冻融作用下的破坏;处于沿海或盐碱地区的建筑物,由于各类盐的物理、化学侵蚀作用而使得混凝土劣化甚至破坏。在上述因素的作用下,不仅混凝土自身性能发生劣化,也造成混凝土内部钢筋更直接地暴露在腐蚀环境中,加速了腐蚀过程。

(三)钢筋的锈蚀

混凝土碳化后,在适当的条件下钢筋产生锈蚀(图13—1—2)。另外,有 Cl^- 存在时(如在海洋环境、工业建筑的盐环境、混凝土中掺加氯盐及除冰盐的路桥等),即使混凝土仍保持强碱性,钢筋也会发生锈蚀。钢筋发生锈蚀后,结构物的性能严重降低,若不及时采取措施,将导致严重后果。

图13—1—2 钢筋锈蚀

(四)混凝土的冻融破坏

混凝土在饱水状态下因冻融循环产生的破坏作用称为冻融破坏,混凝土处于饱水状态和冻融循环交替作用是发生混凝土冻融破坏的必要条件,混凝土冻融破坏一般发生于寒冷地区经常与水接触的混凝土结构物。

混凝土冻融循环产生的破坏作用主要有冻胀开裂和表面剥蚀两个方面。水在混凝土毛细孔中结冰造成的冻胀开裂使混凝土的弹性模量、抗压强度、抗拉强度等力学性能严重下降,危害结构物的安全性。一般混凝土的冻融破坏,在其表面都可看到裂缝和剥落。而当使用除冰盐时,混凝土表面出现鳞片状剥落。一般认为,混凝土的冻融和盐冻破坏是一个物理作用的过程。

(五)混凝土裂缝

在众多因素(如混凝土收缩、温度应力、地基的不均匀沉降、荷载应力等)的综合作用下,很可能导致混凝土产生裂缝;另外,混凝土内部由于物理、化学作用等原因产生的膨胀应力,也是导致混凝土产生裂缝的重要原因。如,混凝土中的钢筋锈蚀产生膨胀性产物将导致混凝土产生沿筋的纵向裂缝;混凝土施工工艺欠佳、冻融、水泥安定性不良、碱—集料反应,盐结晶等也能导致混凝土产生裂缝。

(六)混凝土、钢筋强度降低

随结构服役时间的增长,在各种环境综合作用下,混凝土及其中的钢筋的强度(力学性能)将产生下降。混凝土强度的劣化主要受使用环境的影响,如一般大气环境下混凝土强度在相当长时间以后才开始下降,而海洋环境的混凝土强度在 30 年时约降低 50%。钢筋锈蚀使得其横切断面积减小,力学性能显著下降。

(七)结构产生过大变形

主要是荷载作用下(包括振动与疲劳)梁、板的过大变形及地基不均匀沉降引起的混凝土结构发生过大变形。

二、混凝土结构的维修加固技术

(一)混凝土表面处理法

1. 蜂窝的处理

小蜂窝洗刷干净后,用 1∶2 或 1∶2.5 水泥砂浆抹平压实;对较大蜂窝,凿去蜂窝处薄弱松散颗粒,刷洗净后,支模用高一级细石混凝土仔细填塞捣实。对较深蜂窝,如清除困难,可埋压浆管、排气管,表面抹砂浆或灌筑混凝土封闭后,进行水泥压浆处理。

2. 麻面的处理

表面作粉刷的,可不处理,表面无粉刷的,应在麻面部位浇水充分湿润后,用原混凝土配合比去石子砂浆,将麻面抹平压光。

3. 孔洞的处理

将孔洞周围的松散混凝土和软弱浆膜凿除,用压力水冲洗,湿润后用高强度等级细石混凝土仔细浇灌、捣实。

(二)增大截面加固法

增大截面加固法施工工艺简单,适应性强,并具有成熟的设计和施工经验,适用于梁、板、柱、墙和一般构造物混凝土的加固。但现场施工的湿作业时间长对生产和生活有一定的影响,且加固后的建筑物净空有一定的减小,如图 13—1—3 所示。

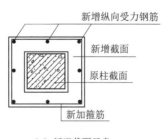
(a)新旧截面示意

(b)加固现场照片

图 13—1—3 混凝土柱增大截面法

混凝土构件增大截面工程的施工,应按下列程序进行:

1. 清理、修整原结构、构件。
2. 安装新增钢筋(包括种植箍筋)并与原钢筋、箍筋连接。
3. 界面处理。

原构件混凝土界面(粘合面)经修整露出骨料新面后,尚应采用花锤、砂轮机或高压水射流进行打毛;必要时,也可凿成沟槽。然后用钢丝刷等工具清除原构件混凝土表面松动的骨料、砂砾、浮渣和粉尘,并用清洁的压力水冲洗干净。若采用喷射混凝土加固,宜用压缩空气和水交替冲洗干净。应对表面处理进行检验,检验方法为观察和触摸;当对混凝土界面处理深度有争议时,可用测深仪复查其平均深度。

4. 安装模板。
5. 浇筑混凝土。

浇筑混凝土前,应对下列项目按隐蔽工程要求进行验收:界面处理及涂刷结构界面胶(剂)的质量;新增钢筋(包括植筋)的品种、规格、数量和位置;新增钢筋或植筋与原构件钢筋的连接构造及焊接质量;植筋质量;预埋件的规格、位置。

混凝土构件新增截面的施工,可根据实际情况和条件选用人工浇筑、喷射技术或自密实技术进行施工。

6. 养护及拆模。
7. 施工质量检验。

新增混凝土的浇筑质量不应有严重缺陷及影响结构性能和使用功能的尺寸偏差。检验方法可采用观察、测量或超声法检测,并检查技术处理方案和返修记录;新旧混凝土结合面黏结质量应良好。每一界面,每隔 100~300 mm 布置一个测点。锤击或超声波检测判定为结合不良的测点数不应超过总测点数的 10%,且不应集中出现在主要受力部位;新增钢筋的保护层厚度抽样检验结果应合格。对于临线路的混凝土构件进行增大截面法加固时,应事先测量限界,防止因加固造成设备侵限;新增混凝土拆模后,应对构件的尺寸偏差进行检查。其检查数量、检验方法以及允许偏差值应按现行国家标准《混凝土结构工程施工质量验收规范》(GB 50204)执行。

(三)外粘或外包型钢加固法

外粘或外包型钢加固法如图13—1—4所示,也称为湿式外包钢加固法。此法受力可靠、施工简便、现场工作量较小。但用钢量较大,且不宜在无防护的情况下用于 60 ℃ 以上高温场所。适用于使用上不允许显著增大原构件截面尺寸,但又要求大幅度提高其承载能力的混凝土结构加固。

混凝土结构、构件外粘或外包型钢加固工程的施工程序应符合下列规定:

1. 清理、修整原结构、构件并画线定位

现场的温湿度应符合灌注型结构胶粘剂产品使用说明书的规定;若未作规定,应按不低于 15 ℃ 进行控制。操作场地应无粉尘,且不受日晒、雨淋和化学介质污染。干式外包钢工程施工场地的气温不得低于 10 ℃,且严禁在雨雪、大风天气条件下进行露天施工。

图 13—1—4 混凝土梁外包型钢

2. 制作型钢骨架

钢骨架及钢套箍的部件,宜在现场按被加固构件的修整后外围尺寸进行制作。当在钢部件上进行切口或预钻孔洞时,其位置、尺寸和数量应符合设计图纸的要求。钢部件及其连接件的制作和试安装不应有影响结构性能和使用功能的尺寸偏差。

3. 界面处理

外粘型钢的构件,其原混凝土界面(粘合面)应打毛。钢骨架及钢套箍与混凝土的粘合面经修整除去锈皮及氧化膜后,尚应进行糙化处理。糙化可采用砂轮打磨、喷砂或高压水射流等技术,但糙化程度应以喷砂效果为准。干式外包钢的构件,其混凝土表面应清理洁净,打磨平整,以能安装角钢肢为度。若钢材表面的锈皮、氧化膜对涂装有影响,也应予以除净。

4. 型钢骨架安装及焊接

钢骨架各肢的安装,应采用专门卡具以及钢锲、垫片等箍牢、顶紧;对外粘型钢骨架的安装,应在原构件找平的表面上,每隔一定距离粘贴小垫片,使钢骨架与原构件之间留有2~3 mm的缝隙,以备压注胶液;对干式外包钢骨架的安装,该缝隙宜为4~5 mm,以备填塞环氧胶泥或压入注浆料。

外粘或外包型钢骨架全部杆件(含缀板、箍板等连接件)的缝隙边缘,应在注胶(或注浆)前用密封胶封缝。可沿封堵全线涂抹皂液,通过空气压缩机压气进行检查。

5. 注胶施工(对干式外包钢,注胶工序应改为填塞胶泥或灌注水泥基注浆料的注浆工序)

灌注用结构胶粘剂应经试配,并测定其初黏度;对结构构造复杂工程和夏季施工工程还应测定其适用期(可操作时间)。对加压注胶(或注浆)全过程应进行实时控制。压力应保持稳定,且应始终处于设计规定的区间内。当排气孔冒出浆液时,应停止加压,并以环氧胶泥堵孔。然后再以较低压力维持10 min,方可停止注胶(或注浆)。

6. 养护

7. 施工质量检验

外粘型钢的施工质量检验,应在检查其型钢肢安装、缀板焊接合格的基础上,对注胶质量进行下列检验和探测:胶粘强度检验、注胶饱满度探测。

被加固构件注胶(或注浆)后的外观应无污渍、无胶液(或浆液)挤出的残留物;注胶孔(或注浆孔)和排气孔的封闭应平整;注胶嘴(或注浆嘴)底座及其残片应全部铲除干净。

对挑梁进行加固时,采用外包钢法会增加结构自重,可外加斜支撑进行加固。

(四)外贴纤维复合材料加固法

复合材料加固法包括碳纤维补强加固、玻璃纤维补强加固、芳纶纤维补强加固。

该法是用胶结材料把纤维增强复合材料贴于被加固构件的受拉区域,使它与被加固截面共同工作达到提高构件承载能力的目的,如图13—1—5所示。除具有粘贴钢板相似的优点外,该方法还具有耐腐蚀、耐潮湿、几乎不增加结构自重、耐用、维护费用较低等优点,适用于各种受力性质的混凝土结构构件和一般构筑物,但需要专门的防火处理。

图 13—1—5 混凝土结构外贴纤维复合材料加固法

混凝土结构、构件外贴纤维复合材料加固工程的施工程序应符合下列规定。

1. 前期处理：原构件截面处理，配置胶粘剂

经修整露出骨料新面的混凝土加固粘贴部位，应进一步按设计要求修复平整。粘贴纤维材料部位的混凝土，表面应清理干净，并保持干燥，表层含水率不应大于6%。

底胶应按产品使用说明书提供的工艺条件配制，但拌匀后应立即抽样检测底胶的初黏度。

2. 刷胶、粘贴纤维材料及养护

浸渍、黏结专用的结构胶粘剂，其配制和使用应按产品使用说明书的规定进行。胶液注入盛胶容器后，应采取措施防止水、油、灰尘等杂质混入。

纤维织物应按要求裁剪和粘贴，按设计尺寸裁剪纤维织物，且严禁折叠。沿纤维方向应使用特制滚筒在已贴好纤维的面上多次滚压，使胶液充分浸渍纤维织物，并使织物的铺层均匀压实，无气泡发生；最后一层纤维织物粘贴完毕，还应在其表面均匀涂刷一道浸渍、黏结专用的结构胶。

3. 施工质量检验

纤维复合材与混凝土之间的黏结质量可用锤击法或其他有效探测法进行检查。根据检查结果确认的总有效黏结面积不应小于总黏结面积的95%。

探测时，应将粘贴的纤维复合材分区，逐区测定空鼓面积（无效黏结面积）。

若单个空鼓面积不大于10 000 mm²，允许采用注射法充胶修复；若单个空鼓面积大于等于10 000 mm²，应割除修补，重新粘贴等量纤维复合材。粘贴时，其受力方向（顺纹方向）每端的搭接长度不应小于200 mm；若粘贴层数超过3层，该搭接长度不应小于300 mm；对非受力方向（横纹方向）每边的搭接长度可取为100 mm。

纤维复合材与基材混凝土的正拉黏结强度，必须进行见证抽样检验。若不合格，应揭去重贴，并重新检查验收。纤维复合材粘贴位置，与设计要求的位置相比，其中心线偏差不应大于10 mm；长度负偏差不应大于15 mm。

（五）外粘钢板加固法

钢筋混凝土受弯构件外部粘贴钢板加固，是在构件承载力不足区段（正截面受拉区、正截面受压区或斜截面）表面粘贴钢板，如图 13—1—6 所示。该方法可提高被加固构件的承

载力,且施工方便快捷,现场无湿作业或仅有抹灰等少量湿作业,对生产和生活影响小,且加固后对原结构外观和原有净空无显著影响。该方法的加固效果在很大程度上取决于胶粘工艺与操作水平。适用于承受静力作用且处于正常湿度环境中的受弯或受拉构件的加固。

图 13—1—6 混凝土结构外贴钢板法加固

外粘钢板加固的施工程序应符合下列规定:

1. 清理、修整原结构、构件。
2. 加工钢板、箍板、压条及预钻孔。
3. 界面处理。
4. 保持界面干燥:外粘钢板部位的混凝土,其表层含水率不应大于6%。
5. 粘贴钢板施工(或注胶施工)。

当采用压力注胶法粘钢板时,应采用锚栓固定钢板,固定时,应加设钢垫片,使钢板与原构件表面之间留有约 2 mm 的畅通缝隙,以备压注胶液。拌好的胶液应同时涂刷在钢板和混凝土粘合面上,经检查无漏刷后即可将钢板与原构件混凝土粘贴;粘贴后的胶层平均厚度应控制在 2~3 mm。俯贴时,胶层宜中间厚、边缘薄;竖贴时,胶层宜上厚下薄;仰贴时,胶液的垂流度不应大于 3 mm。

6. 固定、加压、养护。

固定钢板的锚栓,应采用化学锚栓,不得采用膨胀锚栓。锚栓直径不应大于 M10;锚栓埋深可取为 60 mm;锚栓边距和间距应分别不小于 60 mm 和 250 mm。锚栓仅用于施工过程中固定钢板。在任何情况下,均不得考虑锚栓参与胶层的受力。

7. 施工质量检验。

板与混凝土之间的黏结质量可用锤击法或其他有效探测法进行检查。按检查结果推定的有效粘贴面积不应小于总粘贴面积的 95%。

胶层应均匀,无局部过厚、过薄现象;胶层厚度应按 (2.5±0.5) mm 控制。

(六)局部置换混凝土法

该法的优点与加大截面法相近,但加固后不影响建筑物的净空。同样存在施工的作业时间长的缺点。此法适用于受压区混凝土强度偏低或有严重缺陷的梁、柱等混凝土承重构件的加固。

置换混凝土的施工程序,应符合施工设计的规定,按以下步骤进行:

1. 现场勘察。

2. 搭设安全支撑及工作平台。

3. 卸荷。

被加固构件卸载的力值、卸载点的位置确定、卸载顺序及卸载点的位移控制应符合设计规定及施工技术方案的要求。应注意测量、观测,并且检查卸载及监控记录。卸载的支撑结构应满足强度及变形要求。其所承受的荷载应传递到基础上。

4. 剔除局部混凝土及界面处理。

剔除被置换的混凝土时,应在到达缺陷边缘后,再向边缘外延伸清除一段不小于 50 mm 的长度;对缺陷范围较小的构件,应从缺陷中心向四周扩展,逐步进行清除,其长度和宽度均不应小于 200 mm。剔除过程中不得损伤钢筋及无须置换的混凝土;若钢筋或混凝土受到损伤,应由施工单位提出技术处理方案,经设计和监理单位认可后方可进行处理;处理后应重新检查验收。注意检查钢筋和混凝土外观质量,并检查技术处理方案及施工记录。

5. 支模。

6. 浇筑(或喷射)混凝土。

置换混凝土需补配钢筋或箍筋时,其安装位置及其与原钢筋焊接方法,应符合设计规定;采用喷射混凝土置换时,其施工过程的质量控制,应符合现行有关喷射混凝土加固技术规程。

7. 养护。

8. 拆除模板:置换混凝土的模板及支架拆除时,其混凝土强度应达到设计规定的强度等级。

9. 施工质量检验。

新置换混凝土的浇筑质量不应有严重缺陷及影响结构性能或使用功能的尺寸偏差,可用观察法、超声法检测;新旧混凝土结合面粘合质量应良好;钢筋保护层厚度的抽样检验结果应合格。

(七)绕丝加固法

绕丝法优缺点与加大截面法相近,此法适用于混凝土结构构件斜截面承载力不足的加固,或需对受压构件施加横向约束力的场合,如图 13—1—7 所示。

混凝土构件绕丝工程的施工程序应符合下列规定。

1. 清理原结构。

2. 剔除绕丝部位混凝土保护层。

原结构构件经清理后,应按设计的规定,凿除绕丝、焊接部位的混凝土保护层。凿除后,应清除已松动的骨料和粉尘,并錾去其尖锐、凸出部位,但应保持其粗糙状态。凿除保护层露出的钢筋程度以能进行焊接作业为度;对方形截面构件,尚应凿除其四周棱角并进行圆化加工;圆化半径不宜小于 40 mm,且不应小于 25 mm。然后将绕丝部位的混凝土表面用清洁压力水冲洗干净。

3. 界面处理。

涂刷结构界面胶(剂)前,应对原构件表面处理质量进行复查,不得有松动的骨料、浮灰、粉尘和未清除干净的污染物。

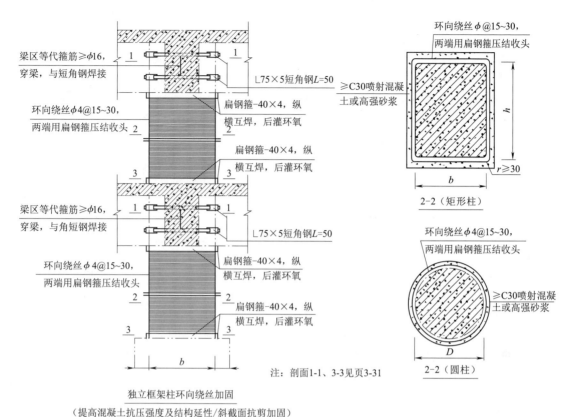

图 13—1—7 混凝土结构绕丝加固法(单位:mm)

4. 绕丝施工。

绕丝前,应采用间歇点焊法将钢丝及构造钢筋的端部焊牢在原构件纵向钢筋上。若混凝土保护层较厚,焊接构造钢筋时,可在原纵向钢筋上加焊短钢筋作为过渡。绕丝应连续,间距应均匀;在施力绷紧的同时,尚应每隔一定距离以点焊加以固定;绕丝的末端也应与原钢筋焊牢。绕丝焊接固定完成后,尚应在钢丝与原构件表面之间有未绷紧部位打入钢片予以锲紧。可采用锤击法进行检查。

5. 混凝土面层施工

混凝土面层的施工,可根据工程实际情况和施工单位经验选用人工浇筑法或喷射法。当采用人工浇筑时,其施工过程控制应符合现行国家标准《混凝土结构工程施工质量验收规范》(GB 50204)的规定。其检查数量及检验方法也应按该规范的规定执行。当采用喷射法时,其施工过程控制应符合《喷射混凝土加固技术规程》(CECS 161)的规定。其检查数量及检验方法也应按该规程执行。

6. 施工质量检验

混凝土面层的施工质量不应有严重缺陷及影响结构性能或使用功能的尺寸偏差。

钢丝的保护层厚度不应小于 30 mm,且仅允许有 3 mm 正偏差。随机抽取不少于 5 个构件,每一构件测量 3 点。若构件总数不多于 5 个,应全数检查。采用钢筋位置测定仪探测。

(八)外加预应力加固法

适用于混凝土构件外加预应力钢拉杆或钢撑杆工程的施工过程控制和施工质量检验。

混凝土外加预应力工程的施工程序应符合下列规定：

1. 清理原结构。
2. 画线标定预应力拉杆(或撑杆)的位置。
3. 预应力拉杆(或撑杆)制作及锚夹具试装配。

应力拉杆(或撑杆)制作和安装时,必须复查其品种、级别、规格、数量和安装位置。复查结果必须符合设计要求。制作前按进场验收记录核对实物;检查安装位置和数量。施工过程中应避免电火花损伤预应力杆件或预应力筋;受损伤的预应力杆件或预应力筋应予以更换。

4. 剔凿锚固件安装部位的混凝土,并做好界面处理。
5. 安装并固定预应力拉杆(或撑杆)及其锚固装置、支承垫板、撑棒、拉紧螺栓等零部件。
6. 安装张拉装置(必要时)。
7. 按施工技术方案进行张拉并固定。

预应力拉杆张拉前,应检测原构件的混凝土强度;其现场推定的强度等级应基本符合现行国家标准《混凝土结构设计规范》(GB 50010)对预应力混凝土结构的混凝土强度等级的规定。

若构件锚固区填充了混凝土,其同条件养护的立方体试件抗压强度,在张拉时,不应低于设计规定的强度等级的80%。

8. 施工质量检验。

预应力拉杆锚固后,其实际建立的预应力值与设计规定的检验值之间相对偏差不应超过±5%。同一检验批抽查不少于1%,且不少于3根。检查见证张拉记录及预应力拉杆应力检测记录。

预应力筋锚固后多余的外露部分应用机械方法切除,但其剩余的外露长度宜为25 mm。

三、混凝土结构的维修加固实例

(一)南方某火车站混凝土保护层脱落

1. 基本情况

框架梁柱上多处出现破坏,形状有点状,片状和条状爆裂,混凝土块自然掉落,破坏处均有锈蚀钢筋外露,个别处柱的箍筋已锈断,受力筋受损严重,如图13—1—8所示。

2. 病害原因

该破损处附近的混凝土碳化深度已经达到和超过配筋所在位置,使外层受力筋周围的混凝土碱度降低,导致钢筋生锈,此时钢筋体积膨胀较大,对混凝土表面的碳化层产生拉应力,当钢筋锈蚀达到一定程度时,混凝土会因受拉破坏而出现爆裂现象。

3. 整治措施

考虑到结构受损不是很严重,为不影响正常生产,在原结构上进行加固补强,选用树脂砂浆作为修复材料。以树脂为胶凝材料,以河砂为骨料的聚合物砂浆,具有早强,高强,高黏结力,收缩性好,耐久性好的特点。

图 13—1—8　某火车站混凝土保护层脱落

4. 预防措施：加强定期检查，做好记录，并及时上报，尽早整治。

（二）东北某屋面檐口挑板腐蚀脱落

1. 基本情况

东北某车站职工住宅楼于 1995 年 5 月建设，12 月竣工。2010 年房建设备春检中发现部分屋面檐口挑板混凝土部分腐蚀、粉化、脱落。在设备日常巡检中，发现有加剧迹象。2011 年春检中发现部分屋面檐口挑板混凝土腐蚀、脱落发展比较严重，约 200 m 檐板混凝土及抹灰整体脱落，部分受力钢筋外露腐蚀，严重危及职工家属住用安全，如图 13—1—9 所示。

图 13—1—9　某住宅楼屋面檐口挑板腐蚀脱落

2. 病害原因

由于当时建设封顶施工时已进入冬季，现浇混凝土檐板时受冻，影响混凝土凝结质量，后经冻融循环导致檐口酥裂、粉化现象日趋严重。近年来，挑出檐口 1/3 只剩钢筋骨架，卷材无基层粘贴，受风害影响破损严重，造成漏雨现象频发。

3. 整治措施

(1) 剔除既有屋面檐板腐蚀粉化混凝土层,将出檐部分钢筋除锈向上弯折,利用檐口钢筋并植入部分受力主筋,在屋面增设现浇钢筋混凝土女儿墙及压顶。

(2) 对屋面防水进行大修,铲除既有防水层及找平层,重新抹找平层,将屋面无组织排水统一改造为有组织排水,重新铺贴 SBS 卷材。

(3) 增设落水口及落水管。

4. 预防措施

(1) 加强日常巡检,做好设备观测。

(2) 做好屋面排水口及落水管杂物清理,确保排水畅通。

(三) 东北某车辆段整备库屋面连系梁裂缝变形

1. 基本情况

东北某车辆段客车整备库建于 1976 年 12 月,2008 年巡检中发现第 49 榀与 50 榀屋架之间连系梁裂缝变形严重,有断裂脱落危险,当时采用角钢进行了加固处理。在 2013 年大型厂房观测和安全大检查中发现原加固角钢已锈蚀变形,随时有脱落危险,存在严重安全隐患。另外屋面槽型板与天窗之间有 50～100 mm 缝隙为砂浆嵌缝,现砂浆因多年腐蚀已部分脱落,砂浆块掉落存在砸伤作业人员和客车车辆的安全隐患,如图 13—1—10 所示。

图 13—1—10 某车辆段整备库屋面连系梁裂缝变形

2. 病害原因:混凝土连系梁由于温度变化产生胀裂。

3. 整治措施

(1) 对变形屋架之间的连系梁进行加固。

(2) 先加固 48～49 和 50～51 榀之间连系梁,使该屋架固定不产生横向移动,然后用吊车取下断裂的连系梁、更换钢桁架连系梁。

图 13—1—11 某车辆段整备库屋面连系梁裂缝变形整治后效果。

4. 预防措施

(1) 加强巡检力度,对整治后的连系梁进行经常性观测,查勘其变化情况。

(2)加强库内通风减少空气污染,减轻对钢构件腐蚀。

图 13—1—11　某车辆段整备库屋面连系梁裂缝变形整治后效果

(四)河南某车站雨棚柱混凝土脱落,钢筋锈蚀

1. 基本情况:河南某车站站台风雨棚建于 1975 年,设计使用年限为 38 年,现已超过使用年限,雨棚处于铁路线附近,列车通过时产生震动,行包车与柱子易产生碰撞,造成柱子产生细小裂纹,特别是雨季,空气潮湿,易产生钢筋锈蚀,造成柱子混凝土保护层涨裂及混凝土保护层脱落。如图 13—1—12 和图 13—1—13 所示。

2. 病害原因:雨棚柱混凝土保护层脱落,钢筋锈蚀

3. 整治方案:剔除涨裂混凝土保护层,基层处理干净后刷环氧树脂,水泥砂浆掺胶进行修补,进行包钢加固,如图 13—1—14 所示。

4. 预防措施:加强检测和巡视,发现病害及时处理。

图 13—1—12　混凝土保护层脱落,钢筋外露锈蚀

图 13—1—13　雨棚柱混凝土保护层破损脱落

图 13—1—14　雨棚柱采用外包钢加固

第二节　钢与钢管混凝土结构的常见病害及维修加固技术

钢材匀质性和各向同性好、强度高、自重轻、刚度大，塑性、韧性好，可有较大变形，能很好地承受动力荷载；钢结构的缺点是耐火性和耐腐性较差。钢结构主要应用于大跨度车站的承重骨架、受动力荷载作用的厂房结构、板壳结构、桅杆结构、桥梁和仓库等大跨度结构，以及高层和超高层建筑等。

钢材在受压时容易失稳而丧失轴向抗压能力，而混凝土抗压强度高；钢管混凝土在结构上能够将二者的优点结合在一起，可使混凝土处于侧向受压状态，其抗压强度可成倍提高。由于混凝土的存在，提高了钢管的刚度，两者共同发挥作用，从而大大地提高了承载能力。钢管混凝土作为一种新兴的组合结构，主要以轴心受压和作用力偏心较小的受压构件为主，被广泛使用于框架结构（如厂房和高层建筑）中。

一、钢和钢管混凝土结构的常见病害

(一)防腐蚀涂层脱落

建筑用钢在空气或潮湿甚至有酸碱盐类的环境中易于锈蚀,因此钢结构和钢管混凝土结构一般通过外涂防腐蚀涂层进行防腐蚀处理,但因为施工质量和外力碰撞等原因,造成防腐蚀涂层的脱落,继而导致钢结构和钢管混凝土结构发生不同程度的锈蚀。

(二)防火涂层脱落

普通建筑用钢在高温条件下,钢材的屈服点、抗压强度、弹性模量以及荷载能力等力学性能都迅速下降,因此钢结构和钢管混凝土结构一般通过外涂防火涂层进行防火处理,但因为施工质量和外力碰撞等原因,造成防火涂层的脱落。

(三)焊缝强度不足

因为焊接缺陷,如裂纹、焊瘤、烧穿、弧坑、气孔、夹渣、咬边、未焊透、电弧擦伤、飞溅等造成焊缝质量低劣,不能满足连接强度要求。

二、钢与钢管混凝土结构的维修加固技术

(一)除锈与防锈处理

1. 除锈处理

钢材除锈方法主要分为人工除锈、喷砂、喷丸等,钢材除锈质量应满足《钢结构工程施工及验收规范》(GB 50205)的要求。

(1)手工除锈:主要应用于对钢材表面处理要求不高的情况下,其除锈费用较低,仅仅为喷砂除锈的1/6~1/9,但是在对除锈质量要求较高的情况下,就必须采用喷砂除锈。使用同一种油漆,同样的条件下,喷砂除锈较手工除锈可以延长漆膜的使用寿命3~5倍。

(2)喷砂除锈:不仅除锈彻底,而且工作效率高,操作简单,已经得到广泛的应用。

(3)其他除锈方法:此外还有酸洗除锈及酸洗磷化除锈等,虽然除锈彻底,但是由于酸洗对洗槽的限制,目前也只适用于形状复杂及小型的薄壁结构中。

2. 防锈处理

对于钢材的防锈处理,应该保证使用环境的自然通风,降低侵蚀性物质对结构的污染。避免结构的表面产生积灰、积水等现象;避免在刷漆后进行焊接,破坏漆膜的完整性;对建筑钢结构采用科学合理的方法及合理的防腐措施。

在对钢材表面进行了除锈处理后,还应根据结构所处的环境特点,结构的使用功能等方面合理地选择防锈性能好的涂料。

(1)红丹防锈漆:由于其防锈能力强,坚韧性较好,防水及附着力也很好,在一般性的工程中应用比较广泛。

(2)环氧富锌漆:主要由锌粉、环氧树脂及固化剂配制而成,主要用于钢材的重防腐底漆也可用于镀锌件的防锈漆,涂抹时应避免雨雪雾天施工。

(3)无机富锌漆:主要是以水玻璃作为基料,在这基础上加入锌粉、固化剂等配制而成。这种漆具有同镀锌层相同的阴极保护作用。可耐450℃的高温,但耐酸碱能力较差。在高温和低温情况下,该涂料不能施工。

(二)防火处理

1. 采用防火涂料

防火涂料是施涂于建筑物及构筑物的钢材表面,能形成耐火隔热保护层,以提高钢材耐火极限的涂料。防火涂料采用喷涂法施工,即用喷涂机具将防火涂料直接喷在构件表面,形成保护层。这种方法具有防火隔热性能好,施工不受钢材几何形体限制等优点,一般不需要添加辅助设施,且涂层质量轻,还有一定的美观装饰作用,目前应用相当广泛,但施工时对环境略有污染。

2. 采用外包层防火

在钢材外表面添加外包层做耐火保护层,外包层一般采用现浇混凝土、矿物纤维、轻质预制板等形式。

(1)现浇混凝土保护层

现浇混凝土保护层所使用的材料有混凝土、轻质混凝土及加气混凝土等。由于混凝土的表层在火灾高温下易于剥落,通常可用钢丝网或钢筋来加强,以限制收缩裂缝并保证外壳的强度。

(2)矿物纤维保护层

矿物纤维保护层其材料有石棉、岩棉及矿渣棉等。具体施工方法是将矿物纤维与水泥混合,再用特殊喷枪与水的喷雾同时喷涂,构成海绵状的覆盖层,然后抹平或任其呈凹凸状。上述方式可直接喷在钢构件上,也可以向其上的金属网喷涂,且后者效果较好。

(3)轻质预制板保护层

轻质预制板保护层所用材料有轻质混凝土板、泡沫混凝土板、硅酸钙成型板及石棉成型板等等,其做法是以上述预制板包敷构件,包板的厚度根据耐火极限的要求而定。板间连接可采用钉合及粘合。这种方法具有施工方便、装修面平整光滑、成本低、损耗小、无环境污染、施工周期短、耐老化等优点,同时,承重(钢结构)与防火(预制板)的功能划分明确,火灾后修复简便且不影响主体结构的功能,具有良好的复原性。其中无石棉硬硅酸钙板包敷钢构件的防火保护方法具有强度高、隔热性能好、施工方便、无环境污染、耐久性好等优点,是一种理想的防火保护方式。

3. 屏蔽法

屏蔽法是把钢材包藏在耐火材料组成的墙体或吊顶内,在钢梁、钢屋架下作耐火吊顶,火灾时可以使钢梁、钢屋架的升温大为延缓,大大提高结构的耐火能力,而且这种方法还能增加室内的美观,但要注意吊顶的接缝、孔洞处应严密,防止窜火。

4. 水喷淋法

水喷淋法是在结构顶部设喷淋供水管网,火灾时,自动启动(或手动)开始喷水,在构件表面形成一层连续流动的水膜,从而起到保护作用。

5. 充水法

充水法即在空心封闭截面中(主要是柱)充满水,火灾时构件把从火场中吸收的热量传给水,依靠水的蒸发消耗热量或通过循环把热量导走,能使钢结构在火灾中保持较低的温度。只要补充水源,维持足够水位,而水的比热和气化热又较大,构件吸收的热量将源源不断地被耗掉或导走。但要注意为防止锈蚀或水的结冰,水中应掺加阻锈剂和防冻剂。

(三)加大截面加固法

根据设计、计算与分析,通过焊接或螺栓连接等方法,在钢结构和钢管混凝土结构的表面增设钢板或型钢加固,可以有效提高原有结构的强度、刚度和承载能力。负荷状态下加大截面加固钢构件的施工程序应符合下列规定。

1. 核算施工荷载,并采取严格的安全与控制措施。
2. 清理、修整原结构、构件。
3. 加工、制作新增的部件和连接件,同时制订施工工艺和技术条件。
4. 界面处理。

原结构、构件的加固部位经除锈和修整后,其表面应显露出金属光泽,且不应有明显的凹面或损伤;若有划痕,其深度不得大于 0.5 mm。待焊区钢材焊接面应无明显凹面、损伤和划痕;对原有的焊疤、飞溅物及毛刺应清除干净。

5. 安装、接合新部件。

钢材的切割面或剪切面应无裂纹、夹渣、分层和大于 1 mm 的缺棱。当采用高强度螺栓连接时,钢结构制作和安装应按《钢结构工程施工质量验收规范》(GB 50205)的规定,分别进行高强度螺栓连接摩擦面的抗滑移系数试验和复验;现场处理的构件摩擦面应单独进行摩擦面抗滑移系数试验;其结果应符合设计要求。

6. 施工质量检验。

设计要求全焊透的一、二级焊缝应采用超声波探伤进行内部缺陷的检验;超声波探伤不能对缺陷作出判断时,应采用射线探伤。探伤时,其内部缺陷分级应符合《钢焊缝手工超声波探伤方法和探伤结果分级》(GB 11345)和《钢熔化焊对接接头射线照相和质量分级》(GB 3323)的规定。

高强度大六角头螺栓连接副终拧完成 1 h 后的 48 h 内应进行终拧扭矩检查;检查结果应符合《钢结构工程施工质量验收规范》(GB 50205)的规定。按节点数随机抽查 10%,且不应少于 10 个;每个被抽查节点按螺栓数抽查 10%,且不应少于 3 个。

7. 重做外涂装防护工程。

(四)结构焊缝补强

对于存在焊接缺陷,焊缝强度不满足连接要求时,应按照设计和补强要求重新施焊。负荷状态下钢构件焊缝补强工程的施工程序应符合下列规定。

1. 核算施工荷载,并采取严格的安全与控制措施。施焊镇静钢板的厚度不大于 30 mm 时,不应低于 -15 ℃;当厚度超过 30 mm 时,不应低于 0 ℃;施焊沸腾钢板时,不应低于 5 ℃。雨雪天气时,严禁露天焊接;4 级以上风力时,焊接作业区应有挡风措施。
2. 清理原结构,修整构件施焊区。
3. 制订合理、安全的焊接工艺,并进行试焊。
4. 焊区表面处理。

钢构件焊缝补强工程施焊前,应清除待焊区间及其两端以外各 50 mm 范围内的尘土、漆皮、涂料层、铁锈及其他污垢,并打磨至露出金属光泽。当发现旧焊缝或其母材有裂纹时,应及时修补。

5. 焊接补强施工。

负荷状态下的焊接施工,应先对结构、构件最薄弱部位进行补强。

6. 焊缝质量检验。

对一级、二级焊缝应进行焊缝探伤,其探伤方法及探伤结果分级应符合《钢结构工程施工质量验收规范》(GB 50205)的规定。检验方法可选超声波或射线探伤法。对于焊缝的外观质量以及焊缝尺寸偏差,要注意观察,并使用放大镜、焊缝量规和钢尺检查。每一检验批同类构件随机抽取10%,且不少于3件。

(五)结构裂纹修复加固

当发现钢结构构件上有裂纹时,应立即在裂纹端点外 $0.5t \sim 1.0t$(t 为板厚)处钻制"止裂孔"作为应急措施,以防其继续发展;然后再根据裂纹的性质采取修复措施。

钢结构、构件裂纹的修复,可以采用对接堵焊法、挖补嵌板法,或是采用附加盖板法进行修复,均须严格按设计、施工图的要求和专门制定的焊接施工技术方案进行施工。

三、钢与钢管混凝土结构的维修加固实例

(一)南方某高铁车站钢结构连接错位、焊缝开焊

1. 基本情况

南方某高铁站房存在钢结构杆件尺寸误差大、焊接质量差、表面涂装不规范,檩托焊接不按工艺流程施工,钢结构安装支点与混凝土结构的预埋件偏心等,存在较大的结构安全隐患,如图13—2—1所示。

(a) 钢屋架杆件节点错位

(b) 钢屋架球节点不对位

(c) 钢屋架杆件堆焊

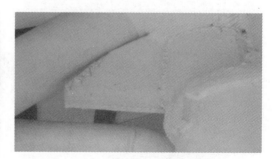
(d) 雨棚钢架节点加劲肋漏焊

图13—2—1

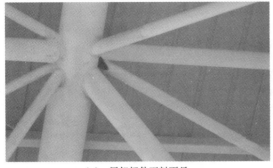
(e) 屋架杆件下料不足

(f) 钢架锈蚀严重

图 13—2—1 高铁站房钢结构常见病害

2. 病害原因:施工质量差。
3. 整治措施:对问题进行整治并加强观察。
4. 预防措施:加强设计、施工管理,提高工程质量。

(二)东北某铁路局职工训练基地游泳馆屋面钢结构构件锈蚀破损

1. 基本情况

东北某铁路局体育训练中心游泳馆,始建于 2000 年 5 月 1 日,2001 年 11 月 10 竣工,总建筑面积 5 346 m²。自 2001 年投入使用以来,未对场馆进行大的维修。2012 年发现有些部位存在极大的安全隐患,如图 13—2—2 所示。

(a) 玻璃下 C 形钢正面

(b) 玻璃下 C 形钢背面

(c) 采光带 1

(d) 采光带 2

图 13—2—2 游泳馆屋面钢结构构件锈蚀的现场照片

(1)屋面檩条腐蚀严重,已产生下沉变形,造成屋面彩色压型板及玻璃采光带采光窗变形破坏;

(2)原有建筑主体结构未有大的腐蚀,但钢柱、钢梁、柱间支撑、隅撑局部有锈点,其中钢柱、柱间支撑、在与地面相交处,隅撑杆顶部与檩条连接处表面锈蚀比较严重;

(3)屋盖系统C形檩条在采光带部位及檩条与底部彩板连接部位锈蚀严重,已经不能形成屋面结构体系,有随时断裂危险。

(4)屋面彩钢板螺栓孔处锈蚀严重,原有螺栓已经起不到固定彩钢板作用,并且有螺栓脱落现象,存在伤人隐患。

(5)钢平台主体梁锈蚀不严重,但钢平台花纹钢板、平台栏杆锈蚀严重。

2. 病害原因

(1)由于游泳池水质含氯较大,水蒸气浓度较大,通风设施年久失修,馆内通风换气较差,屋面钢结构设施锈蚀严重。

(2)由于原采光带部分及其他构件连接处密封措施施工不到位,密封材料吸水严重,屋面彩钢板内部构件锈蚀严重。

3. 整治措施

(1)在原设计基础上考虑大厅弧形屋顶天窗处于最高处,在使用期檩条、天窗的钢构件腐蚀最为严重,故本次取消4根檩条距离的天窗,天窗宽度不变。天窗采光面积615 m^2,满足采光要求。

(2)屋面彩钢板、檩条、保温层、隔汽层、采光带全部进行重新更换。

(3)屋顶天窗采用中空夹胶玻璃;屋面彩钢板为镀铝锌彩色压型钢板,檩条、隅撑、方管、支撑、彩板均采用Q235号钢。

(4)屋面支撑、隅撑、檩条支座、风管道吊杆根据实际情况进行部分更换。

(5)对钢柱、梁、柱间支撑等钢结构构件锈蚀部分进行除锈,采用高氯化聚乙烯漆防腐、防酸后再刷防火涂料。

(6)整修二层看台,更换锈蚀的不锈钢围护栏杆和钢质地板。

(7)修复通风管道及设备。

4. 预防措施

加强馆内通风换气,加强设备巡检。

(三)西北某车站风雨棚主体钢结构锈蚀

1. 基本情况:一般腐蚀破裂变形,防火漆和防锈漆脱落,如图13—2—3所示。

图13—2—3 某车站风雨棚主体钢结构锈蚀

2. 病害原因:使用期限久,防火漆和防锈漆脱落,积雪春融加速了钢结构的锈蚀。
3. 整治措施:对病害部分清理除锈,重新粉刷防锈漆及防火漆。
4. 预防措施:加强日常巡检观测,及时补刷涂装材料。

第三节 砌体结构常见病害及维修加固技术

砌体结构是混合结构的一种,是采用砖、石等块材墙体来承重,钢筋混凝土梁柱板等构件构成的混合结构体系。也就是说砌体结构是以小部分钢筋混凝土及大部分砖墙承重的结构,一般不超过6层。砌体结构的优点是取材方便,刚度大,经济性好,缺点是抗震性能差。

一、砌体结构的常见病害

(一)局部酥松

局部酥松,砂浆少石子多,石子之间出现空隙,形成蜂窝状的孔洞。结构内有空隙,结构内的主筋、副筋或箍筋等露在混凝土表面。局部掉落,不规整,棱角有缺陷。

(二)墙体裂痕

1. 斜裂痕

一般发生在纵墙两端,少数裂痕经过窗口的两个对角,裂痕向一个方向倾斜,并由下向上开展。

2. 水平裂痕

水平裂痕通常有如下有两种状况。

(1)水平裂痕在窗间墙的上下对角处成对出现,一边在上、一边在下。

(2)水平裂痕发生在平屋顶屋檐下或顶层圈梁2~3皮砖的灰缝位置,裂痕沿外墙顶部断续散布,两端较中间严重,在转角处,纵、横墙水平裂痕相交而构成包角裂痕。

3. 竖向裂痕

发生在纵墙中央的顶部和底层窗台处,裂痕上宽下窄。当纵墙顶层有钢筋混凝土圈梁时,顶层中央顶部竖直裂痕则较少。

4. 八字裂痕

一般出现在顶层纵墙的两端,有时在横墙上也能够发作。裂痕宽度普遍中间大、两端小。当外纵墙两端有窗时,裂痕沿窗口对角方向裂开,如图13—3—1所示。

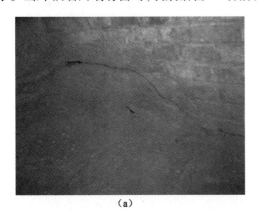
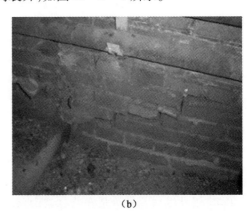

(a)   (b)

图13—3—1 砌体结构墙体裂缝

(三)砌体结构泛霜

建筑物在使用过程中,由于周围温度、湿度的不断变化,墙面或混凝土结构物表面形成一层白色的霜状物,这种现象称之为泛霜。泛霜是混凝土结构物或砖砌体的风化形式之一,表现为一系列复杂的物理、化学过程。建筑物表面泛霜的发生,影响建筑物的立面观感效果及观感质量评定等级,且给人以不舒适感;严重的泛霜将破坏建筑物表层的组织结构,使结构疏松、强度降低,导致耐磨性、抗渗性、抗冻性、抗碳化性降低,表面粉化剥落,增加了结构的不安全因素。

二、砌体结构的维修加固技术

(一)砌体柱外加预应力撑杆加固法

抗震烈度为7度及7度以下地区,砌体柱可以采用外加双侧预应力撑杆(简称撑杆)加固,砌体柱外加撑杆的施工程序应符合下列规定:

1. 清理原结构、构件。

应根据贴合角钢的需要,将砌体构件表面打磨平整,截面四个棱角还应打磨成圆角,其半径 r 约取 15~25 mm,以角钢能贴紧原构件表面为度。

当原构件的砌体表面平整度很差,且打磨有困难时,可在原构件表面清理洁净并剔除勾缝砂浆后,采用 M15 级水泥砂浆找平。

2. 画线标定预应力撑杆的位置。

3. 制作撑杆(含传力构造)及张拉装置。

(1)预应力撑杆及其部件宜在现场就近制作。制作前应在原构件表面画线定位,并按实测尺寸下料、编号。

(2)撑杆组合肢的上下端应焊有钢制抵承板(传力顶板),抵承板的尺寸和板厚应符合设计要求,且板厚不应小于 14 mm。抵承板与承压板及撑杆肢的接触面应经刨平。

(3)预应力撑杆钢部件及其连接的制作、加工质量应符合现行国家标准《钢结构工程施工质量验收规范》(GB 50205)的规定。

4. 剔除有碍安装的局部砌体并加以补强。

5. 安装撑杆及张拉装置。

设计要求顶紧的抵承节点传力面,其顶紧的实际接触面积不应少于设计接触面积的 80%,且边缘最大缝隙不应大于 0.8 mm。可用塞尺测量。

6. 施加预应力(预顶力)。

7. 焊接固定撑杆。

8. 施工质量检验。

(1)预应力撑杆建立的预顶力不应大于加固柱各阶段所承受的恒荷载标准值的 90%,且被加固的砌体柱外观应完好,未出现预顶过度所引起的裂纹。

(2)预应力撑杆及其连接件的外观表面不应有锈迹、油渍和污垢。按同类构件抽查 10%,且不应少于 3 件。

(二)钢丝绳网片外加聚合物砂浆面层加固法

钢丝绳网片外加聚合物砂浆面层加固砌体构件示意如图13—3—2所示,钢丝绳网片外加聚合物砂浆面层的施工程序应符合下列规定。

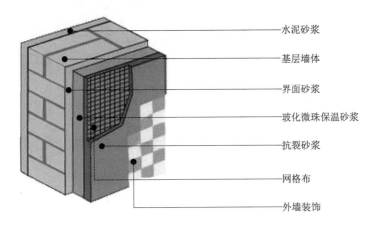

图13—3—2 钢丝绳网片外加聚合物砂浆面层加固

1. 清理、修整原结构、构件。

施工现场的气温：对改性环氧类或改性丙烯酸酯共聚物类聚合物砂浆，不应高于35℃；对乙烯-醋酸乙烯共聚物类聚合物砂浆，不应高于30℃；而且均不得受日晒、雨淋；施工环境最低温度应符合聚合物砂浆产品使用说明书的规定；若未作规定，应按不低于15℃进行控制；冬期施工时，配制聚合物砂浆的液态原材料，在进场验收后应采取措施防止冻害。

2. 界面处理。

3. 安装钢丝绳网片。

安装钢丝绳网片前，应先在原构件混凝土表面画线标定安装位置，并按标定的尺寸在现场裁剪网片。当网片需要接长时，沿网片长度方向的搭接长度应符合设计规定；若施工图未注明，应取搭接长度不小于200mm，且不应位于最大弯矩区。安装网片时，应对钢丝绳保护层厚度采取控制措施予以保证，且允许按加厚3~4mm设置控制点。网片中心线位置与设计中心线位置的偏差不应大于10mm；网片两组纬绳之间的净间距偏差不应大于10mm。

4. 配制聚合物砂浆。

5. 聚合物砂浆面层施工。

聚合物砂浆的强度等级必须符合设计要求。聚合物砂浆面层喷抹施工开始前，应按30min时间的砂浆用量，将聚合物砂浆各组分原料按序置入搅拌机充分搅拌；拌好的砂浆，其色泽应均匀，无结块、无气泡、无沉淀，并应防止水、油、灰尘等混入。喷抹聚合物砂浆时，可用喷射法；也可采用人工涂抹法，但应用力赶压密实。喷抹应分3道或4道进行；仰面喷抹时，每道厚度以不大于6mm为宜。后一道喷抹应在前一道初期硬化时进行。

6. 养护。

7. 施工质量检验。

（1）聚合物砂浆面层的外观质量不应有严重缺陷及影响结构性能和使用功能的尺寸偏差。

（2）聚合物砂浆面层与原构件混凝土之间有效黏结面积不应小于该构件总黏结面积95%。否则应揭去重做，并重新检查验收。可以敲击法、超声法或其他有效的探测法。

(3)聚合物砂浆面层的保护层厚度检查,宜采用钢筋探测仪测定,且仅允许有8mm的正偏差。

(三)外加钢筋网—砂浆面层加固法

承重砌体墙可采用外加钢筋网—砂浆面层进行加固,其施工程序应符合下列规定:

1. 清理、修整原结构、构件。
2. 制作钢筋网及拉结件或拉结筋。
3. 界面处理。

在清理、修整原结构、构件过程中发现的裂缝和损伤,应逐个予以修补;对砌体构件,若修补有困难,应进行局部拆砌。修补或拆砌完成后,应用清洁的压力水冲刷干净,并按设计规定的工艺要求喷涂结构界面胶(剂)。

4. 安装钢筋网。
5. 配制砂浆。
6. 钢筋网砂浆层施工。

(1)钢筋网的安装及砂浆面层的施工,应按先基础后上部结构、由下而上的顺序逐层进行;同一楼层尚应分区段加固;不得擅自改变施工图规定的程序。

(2)钢筋网与原构件的拉结采用穿墙S形筋时,S形筋应与钢筋网片点焊,其点焊质量应符合《钢筋焊接及验收规程》(JGJ 18)的规定。

(3)穿墙S形筋的孔洞、楼板穿筋的孔洞以及种植Γ形剪切销钉和尼龙锚栓的孔洞,均应采用机械钻孔。

(4)钢筋网片的钢筋间距应符合设计要求;钢筋网片间的搭接宽度不应小于100 mm;钢筋网片与原构件表面的净距应取5 mm,且仅允许有1 mm正偏差,不得有负偏差。以上可用钢尺量测,每检验批抽查10%,且不应少于5处。

(5)承重构件外加钢筋网的面层砂浆,其设计厚度$t \leqslant 35$ mm时,宜分3层抹压;当$t > 35$ mm时,尚应适当增加抹压层数。

7. 养护。
8. 施工质量检验

(1)承重构件外加钢筋网—砂浆面层与基材界面黏结的施工质量,可采用现场锤击法或其他探测法进行探查。按探查结果确定的有效黏结面积与总黏结面积之比的百分率不应小于90%。

(2)砂浆面层与基材之间的正拉黏结强度,必须进行见证取样检验。

(3)新加砂浆面层的钢筋保护层厚度检测,可采用局部凿开检查法或非破损探测法。检测时,应按钢筋网保护层厚度仅允许有5 mm正偏差,无负偏差进行合格判定。

(四)砌体结构泛霜的防治与处理

由于泛霜具有扩散性,一旦发现建筑物表面泛霜,应尽早采取措施,否则泛霜面积不断扩大,增大危害程度,加大维修难度和费用。

1. 水溶法

由能溶于水的碱金属盐类(如Na_2SO_4、K_2SO_4、K_2CO_3、Na_2CO_3等)组成的白霜,可直接用水冲刷除去。由 $CaCO_3$ 沉淀形成的白霜,无法用水立即洗掉,小面积可用细砂纸磨去,大面积起霜可采用喷砂法,用喷砂机向起霜表面喷射干燥细砂,处理后最好再用有机硅对表面做憎水处理。清水墙或彩色混凝土(或砂浆)表面均可采用这种方法。

2. 酸洗法

如果水冲或喷砂不能取出泛霜,则可采取酸洗法。易起霜的建筑材料都是碱性的,用酸洗法会腐蚀建筑物表面,因此不到万不得已不要采用这种方法。酸的浓度应尽量低,一般用草酸或1∶1的稀盐酸。清洗前,先将建筑物表面润湿,使其表面孔隙吸水饱和(防止酸液进入孔中,以可溶性盐的形式再产生起霜现象,或渗入内部加速钢筋锈蚀),然后用稀酸清洗。除去白霜后,立即用清水彻底冲洗表面,防止酸液留在表面孔中,处理后用有机硅对表面做憎水处理。

3. 挖除法

对于建筑物表面泛霜严重,已经造成结构疏松、强度降低、表面剥落的部位,用水洗、喷砂或酸洗方法处理不合适,应采用物理方法进行根除处理。即挖掉不致密的泛霜部位,使用低水灰比、碱含量低的水泥砂浆密实填补,同时使表面平整光滑,以切断水分侵蚀的通道,最后涂上防水涂料。

三、砌体结构的维修加固实例

(一)西北某车辆段锅炉房浴池外墙腐蚀剥落

1. 基本情况:墙面抹灰脱落,砖砌体腐蚀剥落,图13—3—3为某车辆段锅炉房浴池外墙。

图13—3—3 某车辆段锅炉房浴池外墙

2. 病害原因:室内防水破损,致使墙体常年受潮腐蚀。
3. 整治措施:重做室内防水层,补抹外墙抹灰。
4. 预防措施:加强施工过程的检查监督,确保防水质量合格。

(二)西北某机务段内围墙腐蚀风化

1. 基本情况:围墙基础腐蚀、风化,如图13—3—4所示。

2. 病害原因：机务段内绿地与围墙间距不够，造成围墙被绿化用水长期浸泡，造成墙基腐蚀、风化。

3. 整治措施：对围墙进行拆除新建，对基础部分做防水处理。

4. 预防措施：在今后的建设规划时，绿地与围墙保持一定距离，防止围墙被水浸泡。

图 13—3—4　某机务段内围墙风化

（三）东北某铁路局住宅楼基础病害导致墙体开裂

1. 基本情况

某铁路住宅楼为砖混结构，楼盖和屋盖为预制混凝土梁板上设木屋架，墙体为普通烧结砖，用混合砂浆砌筑。外墙墙厚490 mm，内墙墙厚240 mm，外墙外侧采用水泥砂浆进行了勾缝处理。使用过程中，该建筑外墙出现了明显的裂缝，如图13—3—5所示。

图 13—3—5　某铁路住宅楼墙体开裂

2. 病害原因

墙体开裂的主要原因是地基土的季节性冻胀。当地的气候特点是秋雨较大，过后常出现骤冷现象。由于外场地未做地面硬化与排水，导致秋末初冬地表水来不及渗降，骤冷导致建筑冻害。另外，住户的排水均排入化粪池，化粪池防水效果差，存在渗漏，且当地无市政排水管网，此部分水源也可能成为地基土冻胀的补给源。

3. 整治措施

根据上述分析以及当地冻害的普遍性、复杂性，采用综合方法进行冻害处理：

（1）在原基础外侧基底下冻深范围内做防渗墙，阻挡季节性水源进入基底，削弱基底冻胀力；

（2）对原基础外侧采用聚苯板保温，并起到柔性隔层作用，基础外侧用砂回填，消除基础外侧侧向冻胀力；

（3）改造原有的散水延至建筑边缘 5 m，使建筑周边地表水排向远离地基基础处；

（4）上部砌体结构开裂破坏处采用墙体灌浆方式进行加固。

4. 预防措施

加强场地排水能力，防止雨水渗入地基土中。

第四节 特有结构的常见病害及防治措施

和普通的民用建筑结构不同，铁路建筑中特有的结构形式主要有站台结构、雨棚结构、天桥结构以及地道结构，这些铁路特有结构在铁路运营过程中的常见病害及其防治措施汇总如下。

一、站台结构的常见病害与防治

（一）站台建筑限界侵限和超高

1. 发生原因：施工阶段各标段的划分及站前、站后工程的施工衔接不到位。
2. 整治方案：按设计和《铁路技术管理规程》要求整治。
3. 预防措施：各专业相关施工单位加强协调，沟通。

（二）站台面下沉

1. 发生原因

（1）站台回填土不实；

（2）雨棚排水系统不畅，埋地管道漏水，雨水渗入站台面垫层下。

2. 整治方案

（1）疏通或改移雨棚排水系统；

（2）拆除站台面层砖，处理暗埋排水管路，回填灰土并夯实，恢复站台面砖。

3. 预防措施

加强日常巡检，及时整治，防止站台面积水造成站台面下沉面积扩大。

二、雨棚结构的常见病害与防治

客站雨棚（尤其是无站台柱雨棚）结构施工周期短，在雨棚施工完成后，难免会存在一定程度安全隐患，出现系列典型质量问题，甚至导致事故发生。

(一)金属屋面抗风能力不足,发生风揭破坏

1. 发生原因

分析原因,客观上有极端天气带来的超常破坏,但也有以下几方面原因。

(1)发生破坏的雨棚屋面构造体系不太适合室外环境

发生风揭破坏的雨棚屋面,承托吸音材料的下部构造层采用钢丝网(图13—4—1),最下层的离缝吊顶层对屋面板系统缺乏必要的抗风保护,实质上是单层系统,该构造系统不太适合室外环境。

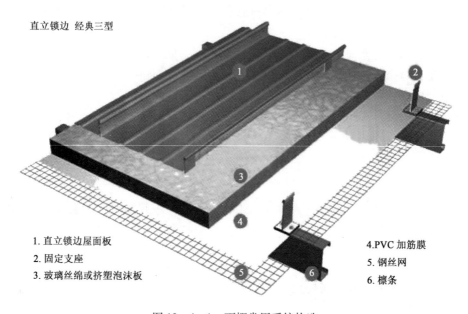

图13—4—1　雨棚常用系统构造

(2)发生破坏的雨棚屋面构造连接存在薄弱环节

屋面板通过支座与檩条连接,支座、螺栓(钉)等构件的自身强度,支座的分布、螺栓的数量直接决定系统的可靠性。发生风揭破坏的雨棚屋面,连接部位都不同程度地存在薄弱环节。

(3)发生破坏的雨棚屋面施工工艺存在不同程度的缺陷

施工工艺符合标准是雨棚屋面的安全保障。发生破坏的雨棚屋面系统,通过检查破坏后的现场情况,发现实施过程中,因种种原因,施工工艺都存在不同程度的缺陷。

(4)发生破坏的雨棚屋面系统缺乏必要的实验数据支撑

工程是实践性学科,金属屋面中的锁缝咬合力无法通过计算确定。针对某一工程设计的系统,一般需要通过实验确定其系统的抗风能力。发生破坏的雨棚屋面系统,普遍都没有做过抗风揭实验。雨棚屋面系统的抗风揭能力,缺乏必要的实验数据。

2. 防治措施

(1)一旦出现金属屋面风揭破坏,如果遮挡线路,必须紧急停运并予以清理,对残留在屋面上的揭起屋面碎片亦应一并清理,防止继续落物危险。

(2)找到雨棚屋面系统的薄弱环节,通过增加支座与檩条连接、提高支座和螺栓(钉)等

构件的自身强度、改善支座的分布等方式提高系统的可靠性。

（二）雨棚吊顶龙骨生锈严重，部分檩条、螺栓锈蚀

1. 发生原因

防锈涂层脱落或存在质量问题。

2. 防治措施

（1）轻钢骨架、罩面板及其他吊顶材料在入场存放、使用过程中应严格管理，保证不变形、不受潮、不生锈。

（2）一旦发现锈蚀后应按规范重作防锈处理，锈蚀严重构件需及时进行更换。

（三）部分雨棚屋面板、檐沟渗漏

1. 发生原因

（1）施工过程中遗留的雨棚屋面质量问题，局部有渗漏点。

（2）使用过程中雨棚屋面连接处受力拉裂、拉脱。

（3）检修过程中操作不当，破坏了原屋面结构，导致局部渗漏。

2. 防治措施

（1）认真检查渗漏处，找到开裂漏源，要特别注意检查细小拼缝开裂（即拼缝密封胶与屋面板的剥离）。有的开裂处肉眼可见，有的则肉眼看不见，需要贴近拼缝用手轻按板材，裂缝才可显现，注意不能用力过重，以免导致新裂缝出现。

（2）有渗漏处必须先进行堵漏处理。首先根据板材特性，选择合理的防水涂料；要保证基层平整、牢固、干净、无明水、无渗漏，凹凸不平及裂缝处须先找平；板的接头、咬口需要用聚氨酯密封胶嵌缝隙或焊接处理，再用涂料抹平，做到边口弧顺圆滑、不积水；如果可能，尽量用通长的板以消除搭接；根据防水层的设计要求用刮板进行涂刮时，转角及立面的涂层应薄刷多遍，不得有流淌，堆积现象，刮膜要均匀，不能有局部沉积，并要求多涂刮几次使涂料与基层之间不留气泡，黏结严实，每层涂覆必须按规定用量取料，不能过厚或过薄，并注意最佳施工温度应在 5~30 ℃，涂膜施工完毕尚未固化时，应注意保护。

（3）金属屋面拼缝和固定板的自攻螺钉帽处渗漏亦是常见问题。穿透式固定是金属屋面板安装的最常用方式，即用自攻螺钉将彩板固定在支撑件（如檩条）上。由于直接用自攻螺钉穿透金属屋面板，本身是一种破坏性安装，随着时间推移，周边金属板锈蚀，很容易出现漏点。对这类渗漏问题，可通过在螺钉口使用密封垫圈或采用隐藏式固定方法解决。暗扣隐蔽式固定方式是将与暗扣式彩板配套的特制暗扣先固定在支撑件（如檩条）上，彩板的母肋与暗扣的中心肋齿合的固定方法，可用于屋面板的安装。

（四）吊顶板、封檐板脱落

1. 发生原因

（1）施工质量不好，吊顶板和封檐板与屋面结构连接不足。

（2）使用过程中遭受较大的风吸力。

2. 防治措施

（1）可采用专用夹具固定的形式，防止吊顶板在风荷载作用下变形掉落；更换水平檐口板材，应选用自重轻、延性好的材料，如铝板等。

（2）应禁止使用长度少于 1.2 m 的短板尺寸的材料。

（五）电伴热问题

1. 发生原因

北方地区冬季寒冷降雪量较大且堆积屋顶不易融化，局部区域降雪堆积量到一定程度则容易大面积下滑，以及下雪自然融化时屋檐容易形成冰柱，直接威胁下面人员安全；天沟中雪及雨水结冰后不易融化，会导致排水系统瘫痪，影响正常排水，故考虑采用辅助加热的形式将特定区域的积雪融化，排除事故隐患。

融雪电伴热系统使屋顶上滞留于天沟或落水管口内的冰雪融化，从而保证屋顶不受冰冻损害。通常将伴热带沿着屋顶排水沟、落水口等易于积水、结冰的部位敷设，从而使屋面排水沟始终保持畅通，不结冰，并尽量节省电能，达到经济实用的最佳效果。但是，实际使用过程中，由于电伴热系统的设计不合理，经常导致电伴热系统的融雪效果不佳。

2. 防治措施

电伴热系统中电伴热带的正确选型是电伴热系统的核心，决定屋面融雪功能是否能正常实现。要提升电伴热带加热功率，有效保护雨棚屋面系统，通常有三种方案可以解决，即：增加电伴热铺设比例；增加电伴热功率；或对现有产品进行更换，以使得受热面更为均匀。

（六）雨棚玻璃自爆

1. 发生原因

钢化玻璃内部的硫化镍膨胀是导致钢化玻璃自爆的主要原因。玻璃经钢化处理后，表面层形成压应力，内部板芯层呈张应力，压应力和张应力共同构成一个平衡体。钢化玻璃中硫化镍晶体发生相变时，其体积膨胀，处于玻璃板芯张应力层的硫化镍膨胀使钢化玻璃内部产生更大的张应力，玻璃本身是一种脆性材料，耐压但不耐拉，当张应力超过玻璃自身所能承受的极限时，就会导致钢化玻璃自爆，所以玻璃的大部分破碎是张应力引发的。

2. 防治措施

（1）应建立雨棚屋面玻璃检查制度，一旦发现玻璃自爆，必须及时更换，防止发生各种安全事故及造成更多损失；安装新玻璃时，应保证密封胶条质量。

（2）轨道上方和人流密集区域部分的房屋建筑不宜采用玻璃幕墙作围闭，特殊情况采用玻璃幕墙的，要采用单件面积少于 $2 m^2$，宜玻璃幕墙下方设置防坠落设施。

（七）雨棚倾斜

1. 发生原因

少量雨棚出现倾斜问题，伴随站台雨棚梁柱多道有规律性的裂缝，主要是由于基础较大不均匀沉降所致。

2. 防治措施：对雨棚柱基础进行纠倾及加固处理。

（八）雨棚结构突发事故处理

一旦出现事故，事故现场的铁路运输企业工作人员或者其他人员应当立即向邻近铁路车站、列车调度员、公安机关或者相关单位负责人报告。有关单位和人员接到报告后，应立即将事故情况向企业负责人和事故发生地安全监管办安全监察值班人员报告，安全监管办安全监察值班人员按规定向安全监管办负责人报告。

出现强风、冰雹、暴雨、暴雪、火灾或地震等紧急情况时，应遵循表13—4—1对雨棚结构进行应急检查，以保证雨棚结构安全可靠。

表 13—4—1 雨棚结构应急检查项目

灾害项目	检查部位	检查项目	检查时间		
			一类	二类	三类
6级风及以上	所有室外构件	全面检查	之前检查、过程盯控、之后复查	之前检查、之后复查	之后检查
冰雹	屋面、墙面、封檐等室外构件	全面检查	之后检查	之后检查	之后检查
火灾	火灾范围所有构件	全面检查	之后检查	之后检查	之后检查
强降雪	屋面大跨度梁（跨度大于60m）、斜拉索	全面检查	过程盯控、达到设计荷载，及时采取措施	达到设计荷载，及时采取措施	达到设计荷载，及时采取措施
暴雨	金属屋面	密封胶、密封胶条、加固部位、出屋面节点	雨前检查		
		漏雨情况	过程盯控	之后检查	之后检查
	排水系统	排水能力	过程中	过程中	
地震	承重结构和维护结构	沉降、变形、倒塌、失稳	震后检查	震后检查	震后检查

三、天桥结构的常见病害与防治

（一）天桥结构的常见病害

1. 桥面体系主要病害

（1）桥面铺装存在坑槽、网裂、贯通裂缝时，将严重影响旅客的舒适性。同时，桥面坑槽的存在，使天桥结构的动态位移增大，影响天桥结构的使用性能。

（2）伸缩缝钢板变形、断裂、胶条破损、脱落，伸缩缝两侧桥面铺装破碎，伸缩缝内沉积物阻塞，都将导致伸缩缝丧失伸缩作用。

（3）桥面铺装排水不畅造成漏水、侵蚀天桥结构。

2. 钢结构人行天桥主要病害

（1）天桥的连接不可靠。钢结构人行天桥以焊接为主、高强度螺栓连接为辅，而现在的焊接工人素质参差不齐，焊接工人的专业培训不完善，导致天桥的连接不够牢靠。

（2）施工工艺差。在天桥结构中，特别是管桁架结构中，由于各构件之间的相贯，节点处连接复杂，下料难度大，部分施工单位为了施工方便，将构件接口切成平端，对相贯处采取补瓦片措施，严重影响了节点的承载力；部分下料尺寸不足的构件采取局部缩减尺寸。此类措施，都将严重影响结构的承载力，与设计不符，对结构的安全存在隐患。此外，天桥结构支撑体系的拆除顺序和施工顺序等，也将出现天桥结构构件的实际受力与设计不符合的情况。

（3）天桥腐蚀危害。天桥结构的腐蚀是桥梁病害中最严重的病害。钢结构天桥的常见腐蚀类型有：均匀腐蚀、点蚀或缝隙腐蚀。

3. 混凝土天桥的主要病害

(1)混凝土裂缝。裂缝是钢筋混凝土人行天桥中最常见的病害之一,裂缝的存在往往会引起其他病害的发生与发展,如钢筋锈蚀、冻融破坏等,这些病害与裂缝形成互相影响的恶性循环,对天桥的承载能力产生很大的危害。

(2)钢筋锈蚀。随着钢筋锈蚀的发生,混凝土开裂剥落,钢筋和混凝土的黏结力就不断丧失,钢筋有效截面积就减小,承载能力下降,从而降低了结构的安全度。

(3)伸缩缝破坏。由设计不当、材料老化和施工工艺等因素造成伸缩缝破坏,混凝土天桥接缝处不平、渗漏。

(二)天桥结构的主要病害成因

1. 部分天桥设计荷载等级偏低。建设年代较早的天桥,当时规范规定的设计荷载等级较低,已经难以适应目前快速增长的客流需要,且经过多年的使用,这部分天桥的使用性能已有所降低,易出现各种病害,甚至产生安全隐患。

2. 旅客或货物超载时对天桥结构造成损害,影响天桥的安全性、适用性和耐久性,使用寿命大大缩短。

3. 混凝土品质的变化造成天桥使用寿命和耐久性降低。因混凝土养护不利,以及外部环境的恶化(酸雨等),都对混凝土造成严重腐蚀,混凝土碳化深度加大,从而钢筋锈蚀,使天桥使用寿命和耐久性降低。

4. 天桥结构防水不当将影响结构的安全性、适用性和耐久性。不少天桥因防水和排水不利造成桥面渗水、钢筋锈蚀、铺装层剥落、碱骨料反应等,若发生引起混凝土胀裂等损坏问题,将严重影响天桥的耐久性和正常使用寿命,以及旅客的舒适性和安全性。

(三)天桥结构的病害防治措施

1. 对钢结构天桥进行除锈防腐处理

钢结构天桥的锈蚀部位应用喷砂除锈处理,对有凸起不平的必须用角磨机磨平和磨光,对有明显不平整的部位应填补平整,然后磨平和磨光,确保钢结构基材表面清洁、干燥、平整、牢固,无油脂和锈蚀等杂物;处理好基面后再喷涂防锈底漆,施工两道底漆,确保完全覆盖住钢结构基面,以避免重新氧化起锈;做好防锈底漆后必须要求漆面完全干燥,才可中涂漆施工;做好中涂漆后,必须要求漆面完全干燥、平整后才可进行面漆施工,在喷、刷、滚涂氟碳漆的过程中,必须保持漆膜厚度均匀,颜色和光亮度一致。

2. 对天桥伸缩缝的处理

天桥伸缩缝在选型和施工时若考虑不周和处理不当,过分注重伸缩量的计算,而对伸缩缝的安装及适用情况了解不够,将使伸缩缝破坏。天桥伸缩缝处理时可以在原有的伸缩缝之间补焊一弹簧钢板,弹簧钢板伸缩量控制为 1 cm。

3. 对天桥的排水系统进行处理。雨雪水的侵蚀对天桥结构寿命有重大影响,必须采取有效措施,避免桥面、构件部位积水,对此可通过设置排水坡度和构件流水孔进行处理。

4. 对混凝土结构的人行天桥,可采取以下措施进行处理:

(1)混凝土结构的人行天桥,当裂缝宽度小于 0.2 mm 时可进行封闭处理,当裂缝宽度大于等于 0.2 mm 时可进行压力注胶处理。

(2)在混凝土破损空洞处应凿除松散混凝土,然后用混凝土修补胶填充补平。

(3)在漏筋部位应凿除松散混凝土,并清除钢筋锈迹;对锈蚀严重的主筋进行局部加筋处理后,用混凝土修补胶填充补平。

(4)在混凝土蜂窝麻面部位,应打磨清洁混凝土表面,然后用混凝土修补胶刷补抹平。

(5)在混凝土渗水泛碱部位,应首先查明渗水原因,待渗水病害根除后,使用钢丝刷打磨混凝土表面,将表面浮尘清洗干净,并烘干打磨部位后,再用混凝土修补胶刷补抹平。

(四)天桥结构的检查与检测

1. 天桥结构外观检查

铁路跨线天桥的外观检查主要内容包括天桥的上部结构、下部结构、支座、桥面系及附属设施,外观检查的重点主要是通过肉眼观察,看是否存在下列问题。

(1)两侧的围护结构是否有松动及脱落。

(2)伸缩缝处是否有破损、漏水等。

(3)梯道上有无锈蚀、漏水等现象。

(4)钢结构或钢筋的锈蚀引起的可见性损伤。

2. 天桥结构经常性检查内容

(1)桥面系及附属结构物的外观情况

①平整性、裂缝、局部坑槽、拥包;

②桥面泄水孔的堵塞、缺损;

③桥面铺装、栏杆扶手、墩柱等部位的污秽、破损、缺失、露筋、锈蚀等;

④墩台的局部开裂、破损、塌陷等。

(2)上下部结构异常变化、缺陷、变形、沉降、位移;伸缩装置的阻塞、破损、联结松动等。

(3)检查在桥区内的施工作业情况。

(4)检查各类标志设施完好情况。

(5)其他较明显的损坏及不正常现象。

3. 天桥结构定期检测内容

(1)查阅历次检测报告和常规定期检查中提出的建议和结论;

(2)根据常规定期检查中天桥状况评定结果进行天桥结构构件的检测;

(3)通过材料取样试验确认材料特性、退化的程度和退化的性质;

(4)分析确定退化的原因,以及对结构性能和耐久性的影响;

(5)对可能影响天桥结构正常工作的构件,评价其在下一次检查之前的退化情况;

(6)必要时进行天桥结构荷载试验和分析评估,荷载试验和评估按照相关的标准进行;

(7)通过综合检测评定,确定具有潜在退化可能的天桥构件,提出相应的养护措施。

四、地道结构的常见病害与防治

由于设计、施工、管理、环境以及材料等因素,地道病害问题非常严重,这不仅造成了巨大的经济损失,也威胁着地道内的行人安全。

(一)地道侧壁施工缝靠近地面处有局部渗漏

地道侧壁施工缝靠近地面处有局部渗漏如图13—4—2所示。

图13—4—2 施工缝局部渗漏示意

1. 发生原因

地道施工缝通常采用夹木条的做法。由于木条常年受侵蚀而形成渗水通道,使其渗漏处抹面脱落。

2. 防治措施

衬砌施工缝处漏水,可加设施工缝环形暗槽,将漏水通过暗槽内的半圆管排入纵向边沟。具体实施的程序:清除施工缝处松动的混凝土,做排水暗槽,用"立止水"等止水材料止水,涂刷"优止水"等防水材料防水。

(二)地道内伸缩缝原橡胶防水板处锈蚀破损和脱落

1. 发生原因

伸缩缝中的防水板螺栓长期处于潮湿环境中,锈蚀严重造成防水板脱落,如图13—4—3所示。

图13—4—3 铁皮防水板锈蚀脱落示意

2. 防治措施

露出混凝土表面的防水板应彻底清除;将埋在混凝土中的螺栓头用钢刷清理后,涂FP等阻锈剂;以伸缩缝为中心,凿一个梯形槽;在梯形槽中布设T形橡胶止水带,在止水带下方涂刷厚2 mm的水盾防水胶;伸缩缝内填实水盾麻絮(将干燥的麻絮浸透水盾防水胶);用"立止水"等止水材料将槽口填平,如图13—4—4所示。

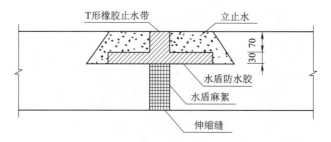

图 13—4—4 伸缩缝施工图(单位:mm)

(三)地道侧墙与顶板相交处破损渗水

1. 发生原因

地道侧墙与顶板间连接处,由于长期局部渗水,出现反碱,混凝土脱落,受力钢筋外露锈蚀,如图 13—4—5 所示。

图 13—4—5 顶部接缝漏水示意

2. 防治措施

凿除破碎、松动的混凝土,用钢刷清除钢筋表面,涂刷 FP 阻锈剂;用"立止水"等止水材料封堵渗水处;用 UP2000 修补剂,修补破损的混凝土;表面涂刷"优止水"等防水材料。

(四)地道侧墙表面混凝土腐蚀、剥落

1. 发生原因

地道内潮湿,混凝土反碱,造成混凝土表面破损松动,钢筋外露锈蚀。

2. 防治措施

清除松动破损的混凝土;清除钢筋表面锈蚀,然后涂刷 FP 等阻锈剂;在混凝土表面涂刷 UP2000 修补剂做修补;在 UP2000 干燥后,涂刷"优止水"等防水材料。

(五)地道排水系统失效

1. 发生原因

地道排水系统年久失效如图 13—4—6 所示。

2. 防治措施

应采取以防为主,防、排、截、堵相结合的综合治理原则;对防水层、纵、横、竖向盲沟、明、暗边沟、截水沟、排水横坡、泄水孔等应及时修理,保持完好、畅通。

图 13—4—6 排水系统失效示意

（六）寒冷和严寒地区地道衬砌大面积渗漏水和较大变形

1. 发生原因

寒冷地区地道内的地下水发生冻结后，形成冻胀压力，在冻胀压力连续作用下，混凝土内部产生纵向及斜向开裂，并使人行通道内产生较大变形。地下水沿裂缝渗入到裂缝内部，以孔隙水、裂隙水的形式存在，受季节性冻融影响，混凝土外侧围岩及其内部可发生循环冻害，最终导致衬砌承载力降低。

2. 防治措施

(1) 采用混凝土衬砌壁后注浆技术进行止水、防冻胀；

(2) 彻底治理空鼓；

(3) 衬砌结构补强。

（七）地道结构渗水及其治理

1. 发生原因

防水和维修材料选择不当。

2. 防治措施

考虑地道工作环境的特殊性，防水和维修材料的选择要注意以下几点：

(1) 车辆通过时，地道总要受到振动冲击，混凝土裂缝的产生不可避免，同时裂缝会发生移动。因此，选用的材料要具有一定的延展性，以避免防水层破裂。

(2) 防水层与基面粘接要牢固，与混凝土基层的兼容性良好。

(3) 抗水、化冰盐和二氧化碳的渗透能力要强。

基于这些注意事项，常采用聚合物改性水泥基渗透结晶修补、防水材料辅以柔性防水材料进行结构修复的方法。常见的修补材料有 FP 阻锈剂、亚克力增强剂、UP2000 结构修补剂、"优止水"高效防水剂、"水盾"防水胶、"立止水"、柔性"优止水"高效防水剂等。

（八）地道的病害整治实例

1. 基本情况

东北地区某车站地下人行通道始建于 2002 年，2003 年投入使用。建筑面积 402 m^2，位于粉质黏土层内，顶部埋深约 3 m。根据地质勘察资料，该区地下潜水水位埋深 2.7 m，而雨季地下水位将进一步升高。

整个地下通道基本处于地下水包围之中,围岩饱水,含水率高。具体表现如下。

(1)冰冻期混凝土衬砌变形明显,尤其是底板出现严重空鼓,最大处约 10 cm;

(2)融解期混凝土衬砌侧壁出现大量渗水和涌水,雨季渗水量更大;

(3)由于通道表面大理石板未拆除,混凝土变形和破坏情况无法详细了解,但根据寒区隧道统计资料,在冻融循环作用下混凝土衬砌会出现开裂,甚至有掉块等破坏表观特征。人行通道及出站地道衬砌的大面积渗漏水和较大变形,给行人带来诸多不便,严重者甚至会威胁到旅客人身安全,如图 13—4—7 所示。

图 13—4—7　东北某车站地下人行通道病害示意

2. 病害成因

(1)此车站地处寒区,围岩为第四纪沉积的粉质黏土,含有丰富的地下水,地下水发生冻结后,形成冻胀压力,在冻胀压力连续作用下,混凝土内部产生纵向及斜向开裂,并使人行通道内产生较大变形。

(2)地下水沿裂缝渗入到裂缝内部,以孔隙水、裂隙水的形式存在,受季节性冻融影响,混凝土外侧围岩及其内部可发生循环冻害,最终导致衬砌承载力降低。

(3)根据寒区隧道监测数据,同一断面隧道顶部围岩温度最高,沿边墙逐渐减小,到仰拱底温度最低。因此,人行通道底板处发生冻胀程度最严重,对底板产生的冻胀压力最大,经多次冻、融循环后,底板混凝土衬砌产生的内向变形越来越大,最终形成了现阶段的明显的空鼓现象。

3. 整治方案

(1)止水、防冻胀

采用原混凝土衬砌壁后注浆技术,在衬砌和粉质黏土围岩之间形成一定厚度的阻水帷幕,阻隔地下水向衬砌运移通道,避免产生季节性冻融循环,防止衬砌破坏程度增大,如图 13—4—8 所示。

(2)空鼓彻底治理

地下人行通道底板变形严重,局部出现 10 cm 以上的空鼓现象。施工过程中应根据钢筋混凝土破坏情况,对空鼓彻底治理,如图 13—4—9 所示。

图 13—4—8 止水、防冻胀措施示意

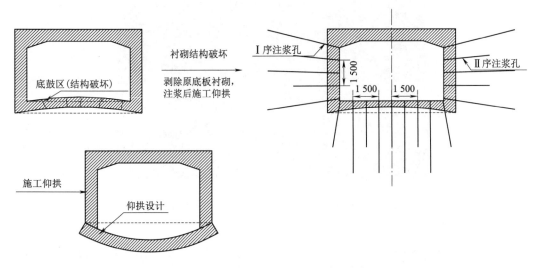

图 13—4—9 空鼓彻底治理措施示意(单位:mm)

(3)衬砌结构补强

原混凝土衬砌厚度小,整体强度较低,施工期未采取挡水板等防渗漏水措施。因此,须在壁后阻水帷幕完成后,在原衬砌表面铺设挡水板,并利用模喷混凝土技术施工二衬,增加衬砌本身强度和防渗水能力,如图 13—4—10 所示。

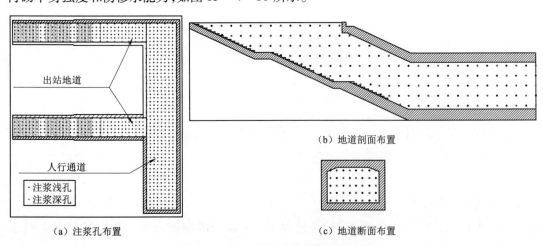

图 13—4—10 衬砌结构补强措施示意

根据以上分析,此车站人行通道及出站地道渗漏水治理工程主要包括以下三个阶段:

①空鼓治理工程;

②衬砌外围阻水帷幕工程;

③衬砌结构补强工程。

原则上三阶段工程按顺序依次进行,为缩短工期,工程①和工程②在不干扰的情况下可同时进行。

4. 预防措施

(1)在设计和方案审查阶段,全面考虑地下水影响,合理确定防水等级;

(2)做好结构自防水,如混凝土防水剂配比、施工中振捣或细部结构处理、混凝土拆模时间及拆模后的养护;

(3)因变形缝由于受气温变化、基础不均匀沉降等因素影响,容易致使主体结构产生沉降和伸缩,故应加强变形缝处的防水处理。

第五节　地基基础的常见病害及加固纠偏技术

房屋建筑结构的基础是指建筑物向地基传递荷载的下部结构,具有承上启下的作用;地基是指受工程直接影响的这一部分范围很小的场地。地基和基础是铁路房建结构中的主要组成部分,一旦出现问题,经常导致上部结构的偏斜、开裂、坍塌和破坏,严重威胁铁路的安全正常运营。

一、地基基础的常见病害

因为比邻铁路,列车运营对铁路建(构)筑物结构地基和基础有不同程度的影响,导致结构的地基基础经常出现问题,需要进行加固和纠偏处理。

1. 建筑物地基所面临的问题

(1)强度及稳定性问题

当地基的抗剪强度不足以支承上部结构的自重及外荷载时,地基就会产生局部或整体剪切破坏,地基土的剪切强度不足除了会引起建筑物地基的失效问题外,还会引起其他一系列的岩土工程稳定问题。

(2)变形问题

当地基在上部结构的自重及外界荷载的作用下产生过大的变形时,会影响建筑物的正常使用,当超过建筑物所能容许的不均匀沉降时,结构可能开裂。

(3)渗漏问题

渗漏是由于地基中地下水运动产生的问题。渗漏问题包括两个方面:水量流失和渗透变形。水量流失是由于地基土的渗透性能不足造成水量流失,从而影响工程的储水或防水性能,或者造成施工不便。渗透变形时渗透水流将土体的细颗粒冲走、带走或局部土体产生移动,导致土体变形。

(4)液化问题

在动力荷载(地震、机器以及车辆、爆破和波浪)作用下,会引起饱和松散砂土(包括部分粉土)产生液化,它是使土体失去抗剪强度近似液化特性的一种动力现象,并会造成地基失稳和震陷。

2. 基础的常见问题

(1)基础发生严重的不均匀沉降,导致上部结构的开裂和破坏。

(2)基础的底面积偏小,导致基础及其上部结构发生较大的沉降。

(3)基础的材料性能发生劣化,导致基础强度不满足使用要求。

二、地基纠偏及加固技术

地基处理的目的是利用换填、夯实、挤密、排水、胶结、加筋和热学等方法对地基土进行加固,用以改良地基土的工程特性,比如提高地基土的抗剪强度、降低地基的压缩性、改善地基的透水特性、改善地基的动力特性、改善特殊土的不良地基特性等等。

(一)迫降纠偏技术

1. 加载纠偏技术

通过在建筑物沉降较少的一侧加载,迫使地基土变形产生沉降,达到纠偏目的称为加载纠偏。最常用的加载手段是堆载,在沉降较少一侧堆放重物,如钢锭、砂石及其他重物。加载纠偏又称为堆载加压纠偏法。该法较适用于建(构)筑物刚度较好,跨度不大,地基为深厚软黏土地基情况。对于由于相邻建筑物荷载影响产生不均匀沉降和由于加载速度偏快,土体侧向位移过大造成沉降偏大的情况具有较好的效果。纠偏过程中应加强监测,严格控制加载速率。加载纠偏也可通过锚桩加压实现。

2. 掏土纠偏

掏土的部位可以是基础底部地基或建筑物沉降较小的一面外侧地基。采用掏土纠偏对建筑物沉降反应敏感,一定要严密监测,利用监测结果及时调整掏土施工顺序及掏土数量。掏土又可分为钻孔取土、人工直接掏挖和水冲掏土方法。

3. 浸水纠偏

浸水纠偏是利用湿陷性黄土遇水产生湿陷的特性,向少沉部位的地基中注水迫使湿陷以纠偏。它适合于处理低含水量($W<16\%$)而湿陷性较强($\delta>0.05$)的黄土地基。通过布设适量数目的注水孔,向地基中湿陷性土层注水,注水孔径一般为10~30cm,可用洛阳铲成孔,孔深通常达到基底以下1~3m,然后用粗砂或碎石填至基底标高处或其下0.5m,再插入直径30~100mm的注水管进行注水。管周围用黏性土填实,管内设控制水位用浮标。地基土产生湿陷后,密度增加,承载力会有一定增长,还能够起到一定的加固作用。

(二)顶升纠偏技术

顶升法是在建筑物沉降大的一侧顶升基础和稳定基础沉降从而使建筑物回倾,顶升方法有千斤顶顶升法、静压桩顶升法、压密注浆和石灰桩顶升纠偏法等。

1. 千斤顶顶升法

(1)在基础框架梁底部设置千斤顶,由原地基提供反力,顶升后的空隙用砖砌体或楔形铁块妥善连接。

(2)在基础两侧对称打入基础桩或复合地基刚性桩,在基础下做钢筋混凝土托梁,在桩与托梁之间用千斤顶施压使建筑物顶升回倾,达到纠偏目的。

2. 静压桩顶升法

在建筑物沉降大的一侧的基础下设置坑式静压桩或锚杆静压桩,以建筑物自重为压重,用千斤顶将一节节预制桩压入土中,直到压桩力超过基础传下的压重,此时将桩与基础锚固在一起,从而减小基础底面地基土的压力,阻止建筑物继续产生下沉,达到稳定沉降的目的。

3. 压密注浆法

在倾斜建筑物多沉部位的基础下,通过穿透基础的钻孔用较高的压力注入浓度较大的水泥、水玻璃和粉煤灰的混合浆,水泥土挤压土体,并向上传递压力,使地基回抬,起到顶升纠偏作用。混合浆渗入土体中硬化后形成一定强度的水泥土,水泥土本身的强度要高于原自然土,从而达到阻止和稳定沉降的目的。

4. 石灰桩顶升纠偏法

利用生石灰吸水分解成消石灰时体积膨胀的原理,在倾斜建筑物多沉部位的基础下或在紧靠基础旁的地基中成孔设置挤密石灰桩,使桩周围一定范围内的土层密实度提高,增大地基的承载力。石灰桩吸水膨胀近一倍,既可挤压周围土体又可向上顶升基础,从而起到顶升纠偏的作用。

(三)膨胀法纠偏技术

地处湿陷性黄土地区的建筑物或构筑物,当在受水不均匀浸泡时产生不均匀沉降,沉降产生后将影响建筑物的正常使用。膨胀法纠偏加固的基本方法是用机械或人工的方法成孔,然后将不同比例的生石灰(块或粉)、掺和料(粉煤灰、炉渣、矿渣、钢渣等)及少量附加剂(石膏水泥等)灌入并进行振密或夯实形成石灰桩桩体,桩体与桩间土形成复合地基的地基处理方法。其加固和纠偏机理包括打桩挤密、吸水消化、消化膨胀、升温作用、离子交换、胶凝作用、碳化作用。石灰桩法具有施工简单、工期短和造价低等优点。混合膨胀材料的方法对于湿陷性黄土地区偏移建筑物的纠偏和地基加固具有明显的技术效果和经济效益,目前已在我国得到广泛应用。

(四)地基加固的常用方法

1. 高压喷射注浆法适用于淤泥、淤泥质土、黏性土、粉土、黄土、砂土、人工填土和碎石土等地基。

2. 灰土挤密桩法适用于处理地下水位以上的湿陷性黄土、素填土和杂填土等地基。

3. 深层搅拌法适用于处理淤泥、淤泥质土、粉土和含水量较高的黏性土等地基。

4. 硅化法可分双液硅化法和单液硅化法,当地基土的渗透系数大于 2.0 m/d 的粗颗粒土时,可采用双液硅化法(水玻璃和氯化钙);当地基土的渗透系数为 0.1~2.0 m/d 的湿陷性黄土时,可采用单液硅化法(水玻璃);对自重湿陷性黄土,宜采用无压力单液硅化法。

5. 碱液法适用于处理非自重湿陷性黄土地基。

6. 高压喷射注浆法、灰土挤密桩法、深层搅拌法、硅化法和碱液法的设计和施工应按《建筑地基处理技术规范》(JGJ 79)有关规定执行。

三、基础加固技术

(一)基础补强注浆加固法

基础补强注浆加固法适用于基础因受不均匀沉降、冻胀或其他原因引起的基础裂损时的加固。

注浆施工时,先在原基础裂损处钻孔,注浆管直径可为 25 mm,钻孔与水平面的倾角不应小于 30°。钻孔孔径应比注浆管的直径大 2～3 mm,孔距可为 0.5～1 m。

浆液材料可采用水泥浆等。注浆压力可取 0.1～0.3 MPa。如果浆液不下沉,则可逐渐加大压力至 0.6 MPa。浆液在 10～15 min 内再不下沉则可停止注浆。注浆的有效直径为 0.6～1.2 m。

对单独基础每边钻孔不应少于 2 个,对条形基础应沿基础纵向分段施工。每段长度可取 1.5～2.0 m。

(二)加大基础底面积法

加大基础底面积法适用于当既有建筑的地基承载力或基础底面积尺寸不满足设计要求时的加固,可采用混凝土套或钢筋混凝土套加大基础底面积。加大基础底面积的设计和施工应符合下列规定:

1. 当基础承受偏心受压时,可采用不对称加宽;当承受中心受压时,可采用对称加宽。
2. 在灌注混凝土前应将原基础凿毛和刷洗干净后,铺一层高强度等级水泥浆或涂混凝土界面剂以增加新老混凝土基础的黏结力。
3. 对加宽部分,地基上应铺设厚度和材料均与原基础垫层相同的夯实垫层。
4. 当采用混凝土套加固时,基础每边加宽的宽度其外形尺寸应符合《建筑地基基础设计规范》(GB 50007)中有关刚性基础台阶宽高比允许值的规定,沿基础高度隔一定距离应设置锚固钢筋。
5. 当采用钢筋混凝土套加固时,加宽部分的主筋应与原基础内主筋相焊接。
6. 对条形基础加宽时,应按长度 1.5～2 m,划分成单独区段,分批、分段、间隔进行。

注意,当不宜采用混凝土套或钢筋混凝土套加大基础底面积时,可将原独立基础改成条形基础,将原条形基础改成十字交叉条形基础或筏形基础。

(三)树根桩法

树根桩法适用于淤泥、淤泥质土、黏性土、粉土、砂土、碎石土及人工填土等地基土上既有建筑的修复和增层、古建筑的整修、地下铁道的穿越等加固工程。

1. 树根桩设计应符合下列规定

(1)树根桩的直径宜为 150～300 mm,桩长不宜超过 30 m,桩的布置可采用直桩型或网状结构斜桩型。

(2)树根桩的单桩竖向承载力可通过单桩载荷试验确定;当无试验资料时,也可按《建筑地基基础设计规范》(GB 50007)有关规定估算;树根桩的单桩竖向承载力的确定,尚应考虑既有建筑的地基变形条件的限制和桩身材料的强度要求。

(3)桩身混凝土强度等级应不小于 C20,钢筋笼外径宜小于设计桩径 40～60 mm,主筋不宜少于 3 根。对软弱地基,主要承受竖向荷载时的钢筋长度不得小于 1/2 桩长。主要承受水平荷载时应全长配筋。

(4)树根桩设计时,尚应对既有建筑的基础进行有关承载力的验算,当不满足上述要求时,应先对原基础进行加固或增设新的桩承台。

2. 树根桩施工规定

(1)桩位平面允许偏差 ±20 mm;直桩垂直度和斜桩倾斜度偏差均应按设计要求不得大于 1%。

(2)可采用钻机成孔,穿过原基础混凝土。在土层中钻孔时宜采用清水或天然泥浆护壁,也可用套管。

(3)钢筋笼宜整根吊放。当分节吊放时,节间钢筋搭接焊缝长度双面焊不得小于5倍钢筋直径,单面焊不得小于10倍钢筋直径。注浆管应直插到孔底。需二次注浆的树根桩应插两根注浆管,施工时应缩短吊放和焊接时间。

(4)当采用碎石和细石填料时,填料应经清洗,投入量不应小于计算桩孔体积的0.9倍,填灌时应同时用注浆管注水清孔。

(5)注浆材料可采用水泥浆液、水泥砂浆或细石混凝土,当采用碎石填灌时,注浆应采用水泥浆。

(6)当采用一次注浆时,泵的最大工作压力不应低于1.5 MPa。开始注浆时,需要1 MPa的起始压力,将浆液经注浆管从孔底压出,接着注浆压力宜为0.1~0.3 MPa,使浆液逐渐上冒,直至浆液泛出孔口停止注浆。

当采用二次注浆时,泵的最大工作压力不应低于4 MPa。待第一次注浆的浆液初凝时方可进行第二次注浆。浆液的初凝时间根据水泥品种和外加剂掺量确定,可控制在45~60 min范围。第二次注浆压力宜为2~4 MPa,二次注浆不宜采用水泥砂浆和细石混凝土。

(7)注浆施工时应采用间隔施工、间歇施工或增加速凝剂掺量等措施,以防止出现相邻桩冒浆和串孔现象。树根桩施工不应出现缩颈和塌孔。

(8)拔管后应立即在桩顶填充碎石,并在1~2 m范围内补充注浆。

3. 树根桩质量检验规定

(1)每3~6根桩应留一组试块,测定抗压强度,桩身强度应符合设计要求。

(2)应采用载荷试验检验树根桩的竖向承载力,有经验时也可采用动测法检验桩身质量。两者均应符合设计要求。

四、地基基础加固处理实例

(一)青藏铁路某车站地基不均匀沉降

1. 基本情况

青藏铁路某车站运转楼建筑面积577.23 m^2,框架结构,于2007年3月1日开工,2007年7月20日竣工。2011年4月,房建段在日常巡检时发现楼散水破损,墙体有开裂现象;同年8月发现楼散水、地坪继续开裂、下沉,墙体裂缝继续发展变化,如图13—5—1所示。

2. 病害原因

(1)由于该处地质情况为杂填土(回填土),杂填土下为黄土状粉质黏土,且黄土为严重自重湿陷性黄土,遇水下沉为其固有特性。

(2)由于运转楼南侧为站场,场地南高北低,东高西低,原运转楼南侧场地未做地表硬化,无截排水设施。2011年8月初的连续降雨,造成雨水下渗;由于黄土遇水湿陷的特性,过多的水份造成回填土和黄土状粉质黏土的变形下沉,致使一楼地坪、地圈梁等与回填土脱离悬空,造成安全隐患。

(3)散水外侧挡墙无渗水反滤层,无排水孔,阻止了下渗后土体水分及时排出,造成地基土含水率增大,引起变形、下沉。

图 13—5—1 青藏铁路某车站运转楼外墙墙体裂缝

3. 整治措施

(1)桩基侧及桩底注浆加固。为了利用和提高既有桩基的承载力,在桩基周围布设注浆孔,加固深度深入至卵石层内 100 cm。

(2)对西南侧增设双排微型桩支挡。由于原回填土已经湿陷下沉,建筑物向西南侧倾斜变形,为防止土体变形对既有桩基产生侧向应力,沿原有地梁在西南侧外围增设 43.3 m 长双排微型桩。

(3)由于既有建筑物室内安装有设备,无法进入室内进行注浆加固,为消除回填土层及湿陷性黄土层湿陷性下沉病害,围绕建筑物外侧增设双排注浆桩,注浆孔采取斜向成孔,以加固室内地坪下回填土层及湿陷性黄土层为目的,该方法通过填充、挤密和劈裂形成以浆脉骨架为凝固体的复合地基,改变了原地基土层的工程力学性质,达到提高地基承载力的目的。

(4)对既有建筑物墙体已开裂部位采取裂缝封闭,重新粉刷处理。

(5)为防止地表水渗入地基土中,并防止站台水进入建筑物范围内土层中,在楼体北侧、南侧各设置一道截排水沟,并对未硬化的地坪及已破坏的地坪进行恢复和硬化,混凝土地坪下部土层采取 3:7 灰土进行夯填碾压。

4. 预防措施

加强对房屋沉降观测,定期对地基不稳定的房屋进行观测。

(二)南方某车站信号机械室地面下沉

1. 基本情况

南方某车站行车室为二层砖混结构,2004 年 12 月开工建设,2005 年 3 月竣工投入使用。在日常的检查中发现局部墙体开裂、外墙渗水及室外地面散水下沉等病害,室内地面未发现异常情况,发现病害已安排维修进行处理。2010 年 7 月 25 日 11:10 分左右,信号机械室地面突然发生下陷(呈锅底形),并逐步发展,至下午 18 时许,中心下沉最大值为 16 cm。经检查,房屋主体结构及其他地面无异常情况,不影响使用安全,如图 13—5—2 所示。

图13—5—2 某车站信号机械室地面下沉

2. 病害原因

(1)信号机械室房间地面回填土夯实不足,回填土经多年沉积及水浸后收缩,与地面混凝土垫层间出现空隙。

(2)由于信号机械室房间地面为钢筋混凝土地面,有一定的承压能力及抗变形能力,在日常检查中很难发现该病害。

(3)电务信号设备无设备基础,设备直接置于地面上,由于过往列车震动及近期雨量大,地下水位上升,地面回填土进一步收缩,地面与回填土空隙进一步加大,钢筋混凝土地面承载能力达到极限值后,混凝土地面发生突然下陷。

3. 整治措施

由于信号机械室设备为行车设备,为确保行车安全及不中断设备使用,采取用压力注浆法加固回填土层,地面浇筑钢筋混凝土铺设地板胶方案进行整治。施工工艺流程如下所述。

(1)根据现场情况确定压力注浆孔位置,由于施工场地狭小,信号设备使用要求高,用人工凿孔方式凿混凝土孔。

(2)将加工好的压力注浆钢管沿混凝土孔人工打入地下2.5 m。打注浆钢管时对信号设备进行适当加固。

(3)根据地面情况铺设钢筋网($\phi10@200$)后浇筑C30混凝土。待混凝土强度达到要求后,往注浆钢管注浆,注浆完成后,地面面层用水泥砂浆找平,铺设地板胶。同时对室外破损开裂的地面、散水、排水沟进行修补、封堵,防止地表水渗入,减少地面沉降。

4. 预防措施

加强对房屋沉降观测,发现问题及时处置。

第十四章 铁路给水设施

铁路给水设施主要任务是为保证铁路运输生产不间断的用水,供给铁路各项生产技术作业用水、旅客列车用水、铁路职工用水、消防用水等。铁路运输系统是国民经济的重要命脉,铁路给水是保障生产和运输的关键环节。

铁路给水设施由一系列互相联通的供水构筑物和输配水管网组成,包括水源、引入管、给水管网、配水设施、计量仪表、用水设备、给水附件及给水局部处理设施和增压储水设备等。本章主要介绍铁路生产、生活以及消防给水设施,如给水站点、输配水管道及泵站、客车给水、铁路消防给水以及水灭火设施、给水处理设施、给水常用设备、给水设施维护与管理等。

第一节 铁路给水设施的组成

铁路生产和生活给水设施通常由取水水源、给水站点、输配水管道及泵站、客车给水及给水处理设施等组成;铁路消防给水设施主要包括消防水源及室内外消防给水管道组成的给水系统和消火栓、消防水枪、自动喷淋系统等终端设备,以及消防水龙带、消防水枪以及手抬式机动消防泵等喷水式灭火设备。

一、水源及铁路给水站点

合适的用水水源对铁路运输的正常运营是非常重要的。根据铁路用水的特点,铁路用水一般要通过给水站或给水点供给。

(一)水源

铁路给水系统的水源按行政归属划分主要有铁路自有水源和地方水源(市政水源)两种。铁路自有水源包括铁路水厂和给水所,铁路水厂水源取自江、河、湖泊及地下水,给水所水源主要取自地下水。

采用市政水源情况下,如果市政水源供水压力能够满足站区用水需求,可以直接由市政水源供给。如果市政压力不能满足站区用水需求,需设加压泵站,以提高供水能力。

若采用自备水源或水井供给时,其制水厂同市政水厂制水流程相同,由水泵提升经消毒后直接向用户供水,或将水送至贮水设施(水塔、山上水槽)后,再分配给各个用户。但水质卫生防护应符合《生活饮用水水源水质标准》(CJ 3020)和《饮用水水源保护区划分技术规范》(HJ/T 338)的规定,出水水质应符合《生活饮用水卫生标准》(GB 5749)的要求。

(二)给水站点

根据铁路生产技术作业分布、旅客列车用水、车站生活用水等需求,铁路给水分为旅客列车给水站、生活供水站等。

给水站一般是设有运输、生产、生活、消防用水设备和含配套建(构)筑物的区段站,包括旅客列车上水的车站、工业站、港湾站、货运站、铁路货运中心、设有动车段(所)的车站以及昼夜用水量大于等于300 m³(不含消防用水)的车站。

1. 旅客列车给水站

设有旅客列车给水栓,供旅客列车上水的车站。

2. 生活供水站

设有生活、消防用水设备及配套建(构)筑物,昼夜用水量小于300 m³(不含消防用水)的车站。

3. 生活供水点

设有生活用水设备及配套建(构)筑物的铁路沿线区间工作、桥隧看守人员驻地等处所。

二、输、配水管道及构筑物

铁路给水站、点通过输、配水管道及构筑物将优质水输送到各用户点,实现供水需求。

(一)输、配水管道

1. 输、配水管道的材质

输、配水管道的种类繁多,根据材质不同大体可分为金属管、塑料管、复合管三大类。金属管包括不锈钢管、焊接钢管、铸铁管等;塑料管包括硬聚氯乙烯管(UPVC)、聚乙烯管(PE)、交联聚乙烯管(PEX)、聚丙烯管(PP)、聚丁烯管(PB)等;复合管包括铝塑复合管、钢塑复合管等。

目前,铁路输、配水管道通常采用铸铁管、PE管、PP管、铝塑复合管、钢塑复合管等。

2. 输、配水管道的功能

输水管是把给水站和配水管网联系起来的管道。其特点是只输水而不配水。允许间断供水的给水站点一般只设置一条输水管;不允许间断供水的给水站、点一般应设置两条或两条以上的输水管。

配水管网是将输水管送来的水分配到用水点,是根据用水地区的地形及最大用水户分布情况并结合区域规划进行布置。配水干管的路线应通过水量较大的地区,并以最短的距离向最大用水点供水。配水管网应均匀地布置在整个用水地区,其形式有环状与枝状两种。一般情况下,配水管网布置成环状管网。

旅客列车给水站、枢纽内机务段、动车段(所)所在地的给水站输水干管一般设置两条,当有安全贮水设施或其他安全供水设施时,可设置一条。其他各站输水管道设置一条。

供旅客列车上水的给水干管按环状布置,每排支干管两端进水,支干管两端分别设有控制阀门和计量装置。

(二)输、配水构筑物

与输、配水管道连接的构筑物,如水塔和清水池是给水系统的调节设施,其作用是调节供水设备的供水量与用水量之间的不平衡状况。水塔和清水池还兼有保证水压的作用,同时使水泵保持高效运行。根据地形的特点,水塔一般设置在配水管网的起端、中间和末端,分别构成网前、网中水塔和对置水塔的给水系统。

清水池和二级泵站对给水系统起调节作用,清水池对一、二级泵站的供水和送水也起到水量调节作用。当二级泵站的送水小于一级泵站的送水量时,多余的水便存入清水池。到用水高峰时,二级泵站的送水量就大于一级泵站的供水量,这时清水池中所储存的水和刚刚净化后的水便被一起送入配水管网。

(三)输、配水管道的布设规定

1. 输配水管道穿越铁路时不允许直埋。
2. 管道应集中布置,避免从车站咽喉区穿过。穿越车站咽喉区、区间正线的管道,必须设防护涵。
3. 防护涵要符合表14—1—1的规定。

表14—1—1 防护涵管径(净宽度)、净高(mm)

管道直径 D_N	防护涵		
	圆涵内径 D	矩形涵	
		最小净宽度 B	最小净高 h
$100 \leq D_N \leq 300$	1 500	1 250	1 800
$300 \leq D_N \leq 800$	2 000	1 500	1 800

4. 防护涵两端埋设在路基外的地面以下时,应在两端设置检查井,检查井井外壁距路基坡脚不宜小于5 m,并应有排水设施。
5. D_N100 mm及以上管道穿越站场范围内的线路时,设防护涵,其余管道设防护套管。当设置防护套管时,管道接口应设于两线路之间。
6. 管道管顶埋设深度在土壤冰冻线以下0.20 m,除岩石地层外,管顶覆土厚度不得小于0.70 m。在管道保证不受外部荷载损坏时,覆土厚度可适当减少。
7. 给水管与其他管线及建(构)筑物的最小净距要符合表14—1—2的规定。
8. 寒冷和严寒地区给水管道要采取防冻保温措施。

表14—1—2 给水管与其他管线及建(构)筑物的最小净距

序号	名称		水平间距(m)	垂直间距(m)
1	给水管		1.0	0.15
2	建筑物	$D_N \leq 200$ mm	1.0	—
		$D_N > 200$ mm	3.0	
3	污水、雨水排水管	$D_N \leq 200$ mm	1.0	0.40
		$D_N > 200$ mm	1.5	

三、给水泵站

给水泵站是把整个给水系统连为一体的枢纽,是保证给水系统正常运行的关键。给水泵站的主要设备有水泵及其引水装置、配套电机、配电设备和起重设备等。给水泵站分取水泵站、送水泵站、加压泵站等。

(一)取水泵站分类

1. 水源井泵站,是采用地下水源时的取水构筑物及设施,根据井的结构不同,又可分为大口井(浅井)泵站、管井(深井)泵站。

2. 一级泵站,是采用地表水源时的取水构筑物及设施,根据其与取水构筑物的进水间相互位置不同又可分为合建式泵房、分建式泵房。

(二)送水泵站

也称二级泵站。采用地下水源有除铁、除锰、除氟、除盐、消毒设施或采用地表水源有净水设施时,均设有二级泵房,以便将经过净化的水送入管网和水塔。

(三)加压泵站

当输水距离较长或部分高区供水压力不足,以及铁路用水采用城市自来水或有其他工矿企业管网供水而压力较低时,均需中途增压而设的泵站。

也可按水泵安装层与泵房室外地面的相对高程划分可分为地面式泵房、半地下泵房、地下式泵房。

(四)泵站的布置

1. 泵站的布置需保证操作、维护和拆装机械方便,需设置一个可供最大设备出入的门。机组布置的最小净距要符合表14—1—3的规定。

表14—1—3 机组布置最小净距

序号	电动机额定功率(kW)	机组外廓面与墙面之间最小间距(m)	相邻两水泵机组外廓面之间最小间距(m)
1	≤22	0.8	0.4
2	>25~55	1.0	0.8
3	≥55,≤160	1.2	1.2

2. 有人值守泵房的值班室要与水泵间相邻且隔开,隔墙上应设置隔音观察窗及隔音门。
3. 泵房内的架空管道不得阻碍通道和跨越电气设备,其管底距地面的高度不小于2.0m。
4. 泵站内房屋最小净高要符合表14—1—4的规定。

表14—1—4 泵站内房屋最小净高

序号	房建类别		最小净高(m)
1	泵房	无起重设备	3.5
		有起重设备	4.0
2	柴油发电机房		4.0~4.5

5. 给水机械选择要符合节能要求。选择水泵型号和台数时,要根据供水量、水质和水压要求、贮配水构筑物容量、机械效能等因素综合确定,并使水泵在高效区内工作。同一管辖区范围内的给水机械类型要统一。
6. 泵站内出水管道上要设置流量计量装置。
7. 采用气压给水和管网叠压供水设备时,要符合《建筑给水排水设计规范》(GB 50015)、《气压给水设计规范》(CECS 76)、《叠压供水技术规程》(CECS 221)和《二次供水工程技术规程》(CJJ 140)的有关规定。

四、客车给水设施

客车给水设施的主要任务是保障旅客列车的上水需求,同时也承担车站及站区的生产、生活、消防和绿化等用水需求。

客车给水设施由水栓干管、水栓支管、水栓井、客车水栓、胶管回收器(或胶管支架)、排水设施等组成。水栓干管设置在股道之间,采用直埋或沟槽敷设,两端供水。客车水栓及附件均布置在水栓井内,胶管回收器(或胶管支架)设在水栓井旁。

(一)设置地点

1. 设置在旅客列车给水站的旅客列车到发线旁。
2. 设置在客车技术整备所整备线旁。
3. 客车车底停留线处是否设置视工艺要求而定。

(二)设置个数和间距

1. 在旅客列车到发线旁设置个数视旅客列车的编组数而定,每排栓井的数量不少于旅客列车的最大编组辆数,并加设 1~2 座栓井,栓井的距离为 25 m。
2. 在客车技术整备所整备线旁设置个数,一般可按列车编组辆数及股道有效长确定,栓井的距离为 25 m。

(三)形式

按股道间填砟的情况分有砟顶式和砟底式;按栓井排水方式来分有排水沟排水式、管道排水式、盲沟排水式;按功能分有防冻客车给水栓和非防冻客车给水栓。

GS 型防冻客车给水栓适用于寒冷地区。该水栓具有关闭水阀后,自动回水的性能。

客车给水站有专供客车给水栓用水的给水干管,每排栓管按两端进水或环状布置,也可从中部与给水干管连接成 T 形,每排客车给水栓管均设置控制闸阀和计量装置。客车上水栓的布置形式会直接影响客车上水的速度。客车上水栓宜布置成环状,以利于客车上水时互相调节水压和流量,加快上水的速度,通常有以下 3 种布置形式,如图 14—1—1 所示,目前新建的站段一般以第三种所示的栓管从两端接入较为常见。

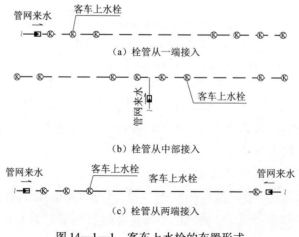

图 14—1—1 客车上水栓的布置形式

五、铁路给水处理设施

铁路给水若采用自备水源,其给水处理同市政自来水厂处理流程,主要处理工艺如图 14—1—2 所示。

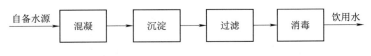

图 14—1—2　铁路水厂给水处理流程

若采用水井供给,一般要通过除铁、除锰和除氟处理后,再经消毒可直接向用户供水。

(一)给水除铁、除锰处理

水中含有微量的铁和锰对人体并无妨害,但当含铁量大于 0.3 mg/L 时水变浑,超过 1 mg/L 时,水具有铁腥味,在洗涤的衣物上能生成锈色斑点,在光洁的卫生用具上以至与水接触的墙壁和地板上,都着有黄褐色锈斑,给生活应用带来许多不便;当锰的含量超过 0.3 mg/L 时,能使水产生异味,并使水的色度增大,其着色能力比铁高出数倍,对衣物和卫生器皿的污染能力很强。过量的铁和锰不仅会给生活带来不便,还会给工业生产带来许多问题,能使水中铁锰细菌大量繁殖,能使水管腐蚀、阻塞。因此,一般要设除铁、除锰站来进行处理,通常处理方法多采用接触氧化法除铁、曝气接触氧化法除锰。铁路上常用的曝气装置有射流曝气、跌水曝气或莲蓬头曝气等。

(二)给水除氟处理

适量的氟有防龋作用,人体需要量约 0.4~1.0 mg/L。但长期摄入过量的氟,会引起氟中毒,造成牙齿着色、缺损,关节僵直,肢体变形甚至瘫痪。我国规定饮用水含氟适宜浓度应小于 1.0 mg/L。当水中含氟量大于 1.0 mg/L 时,必须采取除氟处理。氟的处理方法很多,一般可分为药剂混凝沉淀法、骨炭法、活性氧化铝法、离子交换吸附法、电渗析法、电凝聚法等。

(三)给水消毒处理

消毒是消灭饮用水中致病细菌、病毒和其他致病微生物。水通过消毒后细菌含量和余氯量要符合《生活饮用水卫生标准》(GB 5749)的规定。

常用的消毒方法是投加液氯、二氧化氯、次氯酸钠、漂白粉等,此外还有紫外线、臭氧法等消毒。采用氯消毒经济有效,且余氯具有持续消毒的作用。但当水源受污染,有机物含量较多时,采用液氯消毒将导致许多有机氯化物和消毒副产物的产生,这些物质已被怀疑或被确认对人体健康有害。为此也有采用二氧化氯或者氯胺作为消毒剂,以代替直接投加液氯消毒。

六、消防给水设施

消防给水设施主要包括消防水池、水塔或市政供水等提供的消防水源及室内外消防给水管道组成的给水系统和消火栓、消防水枪、自动喷淋系统等终端设备;其中消防水枪主要由给水系统、执行系统和控制系统等组成;自动喷淋系统主要由水源、加压注水设备、喷头、管网、报警装置等组成。

（一）室外消防给水

1. 消防水池的设置

（1）长度在 5.0 km 及以上的客货共线铁路隧道两端的洞口处设置高位消防水池；

（2）当客车上水、生产、生活用水量达到最大时，站区管网供水能力不能满足消防用水量要求时，设置消防水池。

2. 临时高压给水系统的设置

（1）超出城镇消防站保护范围的站、段和货场仓库设置临时高压给水系统；

（2）既有客车整备线（库）及备用客车存放线无法保证消防车进入的，设置临时高压给水系统；

（3）大型及以上客货共线铁路旅客车站和客运专线铁路旅客车站站台无法保证消防车进入的，设置临时高压给水系统。

3. 扑救列车火灾及其他消防用水量和水枪充实水柱的规定见表 14—1—5。

表 14—1—5　消火栓用水量和水枪充实水柱

序号	名　　称	消防用水量（L/s）	水枪充实水柱（m）
1	区段站、编组站调车场、区域性以上编组站出发场	≥10	≥10
2	洗罐所	≥10	≥13
3	中型及以上旅客车站和其他中间站、越行站站台	≥10	≥10
4	大型旅客车站站台	≥15	≥10
5	特大型旅客车站站台、客车整备线（库）、备用客车存放线、机械保温车整备线	≥20	≥10
6	长度 5.0 km 及以上的客货共线铁路隧道	≥20	≥13
7	口岸站油罐车换轮线、库（冷却用水）	≥20	≥13
8	集装箱货位面积 10 000 m² 及以上的货场	≥10	≥10

4. 区段站、编组站调车场、仓库建筑面积 1 000 m² 及以上的危险品货场、仓库建筑面积 3 000 m² 及以上的货场、客车整备线（库）、动车检查和检修库、客车停留线、口岸站油罐车换轮线库的室外消防给水管道布置成环状。当室外消防用水量小于 15 L/s 时，布置成枝状。旅客车站的室外消防给水管道与客车给水设施共用管网。

（二）室内消防给水

建筑面积大于 300 m² 的甲、乙、丙类厂房、仓库（表 14—1—6）和内燃机车修车库、综合维修基地（库）、大型养路机械修车、停车库，以及车站站区体积超过 5 000 m³ 的车务、机务、车辆、工务、电务、房建等为铁路运输生产服务的综合建筑，设室内消防给水。

表 14—1—6　主要生产房屋的火灾危险性分类

类别	生产房屋
甲	乙炔瓶存放间、酸性电池充电间、危险品仓库、口岸站油罐车换轮库
乙	闪点小于 60 ℃ 的燃油库、油泵间、喷漆库、油漆库、漆工间、浸漆干燥间、配件油漆间、滤油毛线间，机务段、车辆段、动车段（所）、大型养路机械段、综合维修段（工区）的危险品库（贮藏煤油、氧气瓶等）、氧气站、洗罐棚（库），制冰所内的氨压缩机间

续上表

类别	生 产 房 屋
丙	闪点大于或等于60℃的燃油库、机油库、油泵间、油脂发放间、齿轮箱抱轴承间、油脂再生间、劳保用品库、杂品库、客车及机械(加冰)保温车修车库、客车及机械保温车整备库、动车检查库和检修库、空调车三机综合作业棚(库)、木工系统各车间、可燃材料仓库、车站行李房、包裹房、铁路货场中转库房、发电机间、配电装置室(每台设备油量60 kg及以上)、油浸变压器室,有可燃介质的电容器室,6辆及以上汽车库、轨道车库,变压器油过滤间、变压器油库、内燃叉车库、客运备品库、变电所主控制室及继电器室、信息技术中心(含行车、调度、票务)的主机房,信号机械室、车辆安全防范预警系统机械室
丁	机车中修库及小修库、机车停留库、空气压缩机间、干砂间、柴油机间、电机间、电器间、转向架间、轮轴间、清洗间(使用工业清洗剂)、货车修车库、站修棚(库)、大型养路机械检修库和停放棚(棚)、锅炉房、锻工间、熔焊间、配件加修间、车电站、金属利材间、电瓶叉车库、化验室、滚动轴承间、空调车三机检修间、制动间、油压减震器检修间、燃系间、燃料器械间、小型配电装置室(每台装油量小于或等于60 kg的设备)、小五金库
戊	机床间、冷却水制备间、轴承检查选配室、受电弓间、配件库、设备维修间、机械钳工间、工具间、材料仓库(非燃材料)、计量室、仪表间、碱性蓄电池间、钩缓间

(三)消防水灭火设施

铁路站场的水灭火设施主要包括消防水龙带、消防水枪以及手抬式机动消防泵等喷水式灭火设备。

1. 消防器材配置的规定

(1)消防水带和水枪的位置应符合表14—1—7的规定,其中每个消防器材箱宜配备直径65 mm,长25 m的消防水带4盘和喷嘴口径19 mm的水枪2支。

表14—1—7 消火栓用水量和水枪充实水柱

序号	名 称	消防水带口径(mm)	水带(长度25 m)	水枪(口径19 mm)	消防器材箱设置位置
1	特大型旅客车站	65	8条	4支	各站台
2	大型旅客车站		6条	3支	
3	中型及以下旅客车站和其他中间站、越行站		4条	2支	基本站台
4	区段站、编组站的出发场、集装箱货位面积10 000 m²及以上的货场、洗罐所、口岸站油罐车换轮线(库)		8条	4支	消防车道旁
5	客车备用线(库)、动车组停留线、备用客车存放线、客车存放线、机械保温车整备线、大型养路机械停车线				线束两端

(2)中型及以下旅客车站和其他中间站、越行站在基本站台设置消防水池时,应配备手抬式机动消防泵2台,单台供水量不应小于5.0 L/s,扬程不应小于30 m,燃油应保证在额定功率下连续运转1 h。

2. 自动喷水灭火系统的设置部位

(1)动车段(所)检查库、检修库;

(2)中型及以上车站设置的建筑面积不大于100 m²明火作业的餐饮、商品零售点;

(3)建筑面积大于500 m²或任一防火分区面积大于300 m²的车站地下行李包裹库房或

地下货物仓库；

（4）独立设置的占地面积大于 1 500 m² 的车辆段木材车间；

（5）口岸站油罐车换轮库。

第二节　铁路给水设施的常用设备

铁路给水设施所用设备较多，专用性较强，根据用途，可分为加压设备、直饮水设备、消毒设备等。

一、水　　泵

水泵是给水设施中用于增压的设备，一般采用离心式水泵。离心式水泵的工作方式有吸入式和灌入式两种。泵轴高于吸水池水面的为吸入式；吸水池水面高于泵轴的为灌入式。水泵机组一般设置在专门的水泵房内。水泵的选取是根据水泵设计手册选择。

二、变频恒压设备

变频恒压供水设备是将变频调速器、电机及水泵三者组合而成的机电一体化节能供水设备。该设备以水泵出水端的水压为预设定参数，通过 PLC 或 PID 自动控制变频器的输出频率来调节水泵电机的转速，实现用户整个管网水压的闭环调节，使供水系统自动恒压稳定于设定的压力值。这样即可保证整个用户管网随时有充足的与用户预设的水压和随用户的用水情况变化而变化的水量。变频器是整个变频恒压供水系统的关键部分，其系统组成如图 14—2—1 所示。

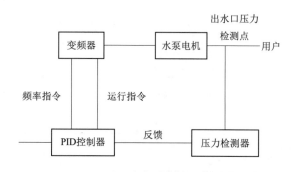

图 14—2—1　变频恒压供水系统组成

三、气压给水设备

气压给水设备是给水设施中的一种利用密闭罐内空气的可压缩性进行贮存、调节和压送水量的装置，其作用相当于高位水箱或水塔。主要由密闭罐、水泵、空气压缩机及控制器等部分组成。气压水罐内的最低工作压力应满足管网最不利处的配水点所需水压。气压水罐内的最高工作压力不得使管网最近处配水点的水压大于 0.55 MPa。按压力稳定情况可分类见表 14—2—1。

表 14—2—1 气压给水设备的分类及特点

分类	原理	适用
变压式	气压水罐内的空气压力随供水工况而变,给水系统处于变压情况下工作。气压水罐中的水在压缩空气的压力下被输送至给水管网,随着气压水罐内水量减少,空气体积膨胀,压力减少,当压力降至设计最小工作压力时,压力控制器使水泵启动供水。水泵出水供用户时,罐内空气又被压缩,使压力上升,当压力升至最大工作压力时,压力控制器又使水泵关闭	用户对水压没有特殊要求
定压式	可在变压式气压给水装置的供水管上安装调压阀,使阀后的水压在要求范围之内。也可在双罐复压式给水装置的压缩空气连通管上安装调压阀,阀后气压在要求范围之内,使管网处于恒压下工作	用户要求水压稳定

四、无负压供水设备

无负压给水设备是利用变频调速给水技术、真空抑制与稳流补偿技术和全密闭自平衡结构设计,实现与市政供水管道直接串联加压而不产生负压,不影响其他用户用水的给水装置。主要由稳流补偿器、真空抑制器、水泵、变频控制柜、控制仪表、管道配件等组成,并可根据需要预留加氯机或臭氧发生器接口。

无负压给水设备运行时对串接处的进水压力与出水设定压力的差额进行补压,当进水压力大于等于设定压力时,设备自动停机,水流通过旁通管路由市政供水管道直接供水。在用水高峰期,当市政给水管网的供水管供水量瞬间小于用水量时,稳流补偿器、真空抑制器及其控制系统联合作用,稳流补偿器中的贮备水及时补充到用户中,同时抑制负压形成,且在系统运行的全过程中不与外界空气连通,全密闭运行。无负压给水设备的分类及特点见表 14—2—2。

表 14—2—2 无负压给水设备的分类及特点

分 类		特 点	应 用
按结构形式分	分体式	设备的组件布置在两个或两个以上基座的结构形式,安装时需分散安装。形式有两种: (1)控制柜与设备的其他组件分开设置,并设有各自独立的基座 (2)稳流补偿器、水泵、气压水罐和控制柜分开设置在不同的基座上	维护、管理方便,便于装卸,适用范围广,不受供水规模、水泵台数及功率因素的约束,但设备占地较大,控制柜的电气配线长
	整体式	设备组件布置在同一固定基座的结构形式,采用一体化结构设计	体积小、安装方便,且管线短、水头损失小,但维修相对麻烦
按控制功能分	普通型	设备具有无负压、变频、自我保护等基本功能	用于供水要求低的情况
	带远程监控型	设备除具有普通型功能外,还具有远程监测、监控功能,能实现远程数据的采集和控制以及设备的远程设置、调试、运行、诊断、维修等	无负压给水设备多采用此种控制方式
	带远程监控、监视型	设备除具有普通型功能外,还具有远程网络监测、监控、监视功能,能实现网络通信控制	一般只在重点工程、大中型设备中采用

五、直饮水设备

直饮水设备包括预处理系统和膜过滤系统。预处理系统主要有石英砂过滤、活性炭吸附、软化处理等环节设备,是用以吸附自来水中的泥沙、铁锈等大颗粒杂质;膜过滤系统可选择超滤或反渗透,主要去除胶体、悬浮物、重金属、微生物等。经过直饮水设备处理的水,可通过直饮水专用管路输送到用水点,直接饮用。

直饮水处理设备的过滤器滤芯一般半年检测一次。使用时间过长,净水器吸附有害物质的能力会明显下降,当产水量超过净水器的额定净水量后,水中会滋生细菌,同时污染物质不但不会被吸附,还会从滤芯中释放到水中,形成二次污染。直饮水处理设备一般一年要进行 1~2 次的全分析。

六、消毒设备

消毒设备主要用于自备水源的饮用水消毒。常用消毒设备有次氯酸钠发生器、二氧化氯消毒设备、臭氧发生器、紫外线消毒设备等。

(一)次氯酸钠发生器消毒设备

次氯酸钠发生器是一种采用无隔膜电解法,通过电解低浓度的食盐水,生成低浓度次氯酸钠消毒液的设备,次氯酸钠发生器主要包括电解反应和溶液反应。

电解次氯酸钠发生器由电解槽、硅整流电控柜、盐溶解槽、冷却系统及配套 UPVC 管道、阀门、水射器、流量计等组成。将稀盐液加入电解槽内,接通 12 V 直流电源,通过调节电解电流电解产生次氯酸钠,由水射器吸收混合送出消毒液,或用计量泵计量通过混合器送出消毒液。

(二)二氧化氯消毒设备

二氧化氯的制备方法主要有氯酸盐还原法、亚氯酸盐氧化法和电解法,其中在我国应用最广泛的是氯酸盐还原法。

电解法二氧化氯发生器常用在铁路给水站、点,其原理是以氯化钠为原料,采用隔膜电解技术制取二氧化氯。电解过程中,在阴极制得氢氧化钠溶液和氢气,阳极获得二氧化氯、氯气、过氧化氢及臭氧的混合物,以此混合物作为复合型消毒剂。

(三)臭氧发生器消毒设备

臭氧发生器是用于制取臭氧气体(O_3)的装置。臭氧发生器主要有三种:一是高压放电式,二是紫外线照射式,三是电解式。臭氧易于分解无法储存,需现场制取现场使用,所以凡是能用到臭氧的场所均需使用臭氧发生器。臭氧发生器在饮用水、污水、工业氧化、食品加工和保鲜、医药合成、空间灭菌等领域广泛应用。臭氧发生器产生的臭氧气体可以直接利用,也可以通过混合装置和液体混合参与反应。

铁路给水站、点的自备水源消毒常用高压放电式臭氧发生器消毒设备。

(四)紫外线消毒设备

紫外线杀菌设备是利用紫外线灯管辐照水中微生物,发生能量的传递和积累,积累结果造成微生物的灭活,从而达到消毒的目的。当细菌、病毒吸收超过 3 600~65 000 uW/cm² 剂量时,对细菌、病毒的脱氧核糖核酸(DNA)及核糖核酸(RNA)具有强大破坏力,能使细菌、病毒丧失生存力及繁殖力进而消灭细菌、病毒,达到消毒灭菌成效。紫外线一方面可使核酸突变、阻碍其复制、转录封锁及蛋白质的合成;另一方面,产生自由基可引起光电离,从而导致细胞的死亡。

紫外线杀菌设备所发出的紫外线辐照强度与被照消毒物的距离成反比。当辐照强度一定时,被照消毒物停留时间愈久,离杀菌灯管愈近,其杀菌效果愈好,反之愈差。

根据相关标准要求:紫外线消毒设备包括明渠式和压力式。明渠式紫外线消毒设备包括紫外灯模块组、模块支架、配电中心、系统控制中心、水位探测及控制装置等。压力式管道紫外线消毒设备包括紫外线消毒器、配电中心、系统控制中心及紫外线剂量在线监测系统等。

紫外线消毒设备通常还包括控制紫外线剂量的硬件和软件、控制器和监控操作界面等。紫外线消毒设备应能完成所有正常消毒及监控功能,并完整配套。

紫外线消毒设备的安全措施建立在紫外线消毒器、紫外灯模块组和控制设备上,根据实际需要,需设置温度过高保护、低水位保护、清洗故障报警、灯管故障报警等。

第三节　铁路给水设施的维护与管理

铁路给水设施对铁路的运输生产起着至关重要的作用。给水设施维护与管理目的是维护和保持给水设备设施正常运行,确保给水设施各项性能完好。为了规范铁路给水设施的维护工作,确保给水设备运行良好,铁路部门必须科学、合理、规范的进行设备的维护与管理。

一、常用设施的维护与管理

(一)给水设施技术资料的归档管理

加强对给水设施技术资料,包括管道施工图、竣工图、管径、管材、位置、铺设年代、水压、阀栓漏点检修记录资料、管网改造结果、设备及构筑物等有关资料的归档管理,有效地利用给水设施的技术档案,开展数字化网络管理。

(二)给水水泵机组及水箱维护

每季度对所有水泵机组进行一次清洁、保养,检查给排水管道的运行情况。

1. 给水泵电动机维护

用 500 V 摇表检测电动机线圈绝缘电阻是否在 0.5 MΩ 以上,否则应烘干处理或修复;检查电动机轴承有无阻滞或异常声响,如有则应更换同型号规格轴承;检查电动机风叶有无碰壳现象,如有则应修整处理;清洁电动机外壳;检查电动机外壳油漆是否脱漆严重,如脱漆严重则应彻底铲除脱落层油漆后重新油漆。

2. 给水泵维护

检查水泵轴承是否灵活,如有阻滞现象,则应加注润滑油;如有异常摩擦声响,则应更换同型号规格轴承;转动水泵轴,如果有卡住、碰撞现象,则应拆换同规格水泵叶轮;如果轴键槽损坏严重,则应更换同规格水泵轴;检查压盘根处是否漏水成线,如是则应加压盘根;清洁水泵外表;如水泵脱漆或锈蚀严重,则应彻底铲除脱落层油漆,重新油漆。

检查电动机与水泵弹性联轴器有无损坏,如损坏则应更换。

检查水泵机组螺栓是否紧固,如松弛则应拧紧。

3. 水箱维护

应视实际情况进行定期清洗和消毒工作。此外水箱本身属于有限空间的一部分,因此相关人员在进行操作时应严格按照有限空间作业的相关要求进行。

(三)变频器维护

目前,大部分铁路给水设施由原来自耦减压启动器改成了变频器。对于连续运行的变频器,可以从外部目视检查运行状态。定期对变频器进行巡视检查,检查变频器运行时是否有异常现象。通常应作如下检查。

1. 环境温度是否正常,要求在 $-10\ ℃ \sim +40\ ℃$ 范围内,以 $25\ ℃$ 左右为好。
2. 变频器在显示面板上显示的输出电流、电压、频率等各种数据是否正常。
3. 显示面板上显示的字符是否清楚,是否缺少字符。
4. 用测温仪器检测变频器是否过热,是否有异味。
5. 变频器风扇运转是否正常,散热风道是否通畅。
6. 变频器运行中是否有故障报警显示。
7. 检查变频器交流输入电压是否超过最大值。极限是 $418\ V(380\ V \times 1.1)$,如果主电路外加输入电压超过极限,即使变频器没有运行,也会对变频器线路板造成损坏。

(四)闸阀、止回阀、浮球阀、液位控制器维护

1. 闸阀维修保养

检查密封胶垫处是否漏水,如漏水则应更换密封胶垫;检查压黄油麻绳处是否漏水,如漏水则应重新加压黄油麻绳;对闸阀阀杆加黄油润滑;对锈蚀严重的闸阀(明装)应在彻底铲除底漆后重新油漆。

2. 止回阀维修保养

检查止回阀密封胶垫是否损坏,如损坏则应更换;检查止回阀弹簧弹力是否足够,如太软则应更换同规格弹簧;检查止回阀油漆是否脱落,如脱落严重则应处理后重新油漆。

3. 浮球阀维修保养

检查浮球阀密封胶垫是否老化,如老化则应更换;检查浮球阀连杆是否弯曲,如弯曲则应校直;检查浮球阀连杆插销是否磨损严重,如磨损严重则应更换。

4. 液位控制器维修保养

检查密封圈、密封胶垫是否损坏,如损坏则应更换;检查控制杆两端螺母是否紧固,如松弛则应拧紧;紧固所有螺母。

(五)给水管道维护

给水管道系统经常出现的故障之一是漏水。漏水造成供水压力和流量达不到用户的要求,同时会增加运行费用。因此给水管道系统维修管理工作任务就在于查漏,给水附件、控制附件的维修,漏水管的检修,水管防冻及管道清理等。

1. 检漏

每季度现场实地检漏。检漏的方法有查漏、听漏、校漏等,一般根据具体条件选用。查漏是查看漏水现象。明装给水管道只需检查楼板、墙壁、地面等管道经过的地方有无滴水、湿润等现象,便可很快查出漏水点,及时进行修理。埋地给水管漏水量较大时,一般在漏水处都有泉眼般的小股水流从地下冒出,或者出现局部地面下陷,晴天出现潮湿的路面,冬季

局部地方冰雪融化比周围早等现象。

听漏是用一根金属听漏棒,在夜深人静的时候将听漏棒一头插入管道可能经过的地面,或触在阀门及消火栓上,另一头贴近耳朵,凭经验细心辨听漏水声,越靠近漏水点,漏水声会越大。听漏时,可沿管线经过的地方每隔 4～8 m 听一次。特殊情况下将动用半导体,超声波等探测检漏仪表等设备。

校漏是借用水表查找漏水点和漏水量,校漏工作应分区进行。校漏时,需关闭该区管网四周的所有阀门并不许用户用水,只有一条装有水表的管线和该区管网接通,如果水表指针转动,就说明该区管网漏水。

2. 检修

当管网漏水位置找出以后,分析漏水原因,根据情况采用不同方法及时检修。室内给水管道漏水或渗水的原因一般是管道接头不严,或者腐蚀严重等因素造成。腐蚀严重多发生在丝接头处或暗埋部位。如果是螺纹接头或管件不严引起漏水时,应将局部管段拆下,重加填料拧紧,或更换管道;焊接连接管道可采用补焊方法堵漏;腐蚀严重的管道应立即更换。

室外埋地给水管道漏水或渗水原因,一般是管道接头不严,外部荷载或管基下沉引起局部管段破损等。管道接头漏水时,如果是青铅接口,可重新打口,或将接口内青铅剔除一部分加铅条重打;水泥、石棉水泥或纯橡胶圈接口漏水时,应将接口内填塞材料抠除刷净,更换材料,重新打口。由于外部荷载或管基下沉引起管道破损漏水时,直管段上较小裂缝可采用钢板夹卡紧裂纹处,或用焊接钢套管浇注接口进行修复,对于较大裂纹,或管件处裂缝,应将损坏管段或管件更换掉。

3. 水管防冻

冬季来临前检查裸露在室外的给水管道、阀门,应检查管道保温材料是否完好。如发现损坏立即加装、更换。

4. 给水管道清理

由于给水水质、流速快慢(金属管道还存在管内腐蚀)等因素的影响,给水管道在使用一段时间以后,管内壁会产生结垢,而且越积越多,影响管道的输水能力,同时降低了供给水压。因此,必须年度定期清除管内的结垢,改善管道的输水条件。

给水管道的清扫方法较多。对于松软结垢,通常可用高速水流冲洗。冲洗水流速一般为工作时最大流速的 3～5 倍,但水压不能超过管道允许承受压力。冲洗时水从水管一端进入,废水从排水口、阀门排出。也可在冲洗水管内通入压力为 0.5～0.7 MPa 的压缩空气,增大管内水流速度,效果会更好。

坚硬的结垢,可采用机械刮管器清除。将刮管器放入水管内,两端用钢丝绳连在绞车上,来回拖动,刮刷管壁结垢;刮下来的结垢可用水冲洗干净。这种刮管机利用电动机带动的链锤打下管壁上的积垢,一边除垢一边清垢,剩下来的再用水冲洗干净。

(六)给水水池维护

根据环保和卫生防疫部门的要求,为确保水池水质,贮水池应定期清理,操作要求如下。

1. 准备工作:操作人员必须持有卫生防疫部门核发的体检合格证。通知监控室开始清洗水池,以免发生误报警。

2. 关闭双联水池进水阀门,安排临时排风设施,临时水源,打开水池进口盖。清洗操作：当双联水池内水位降低到 1/2 或 1/3 时,将待洗水池出水阀关闭,打开底部排污阀,打开另一联进水阀以确保正常供水。不允许一只水池排空清洗,另一只水池满水工作,这样会因负荷不均,造成水池壁受压变形,产生裂纹。

3. 清洗人员从进口处沿梯子下至水池底部,用百洁布将水池四壁和底部擦洗干净,用清水反复冲洗干净。

4. 水池顶上要有一名监护人员,负责向水池内送新风,防止清扫人员中毒,并控制另一联水池的水位。

5. 清洗结束,关闭清洗水池的排污阀,打开水池进水阀开始蓄水。当两个水池水位接近时,打开清洗水池的出水阀门,收好清洗工具。将水池进水盖盖上并上锁。通知监控室清洗结束,做好相关记录。

(七)高位水箱的清洗消毒

高位水箱由于多种原因导致异物侵入而造成水质污染,从而达不到生活用水标准,故应每年进行一次水箱清洗工作,每 3 年进行一次水箱消毒工作。

高位水箱渗漏的主要原因是产生裂缝,修复裂缝的方法是向裂缝中灌注环氧树脂。浮球阀关不住的原因主要是胶皮磨损,维修时应换胶皮垫;浮球阀不出水的原因主要是挑杆锈蚀,水眼被堵,维修时应除锈通眼。

(八)水塔维护

1. 水塔应有完整的走梯及扶手或防护装置。水塔周围应设防护栅栏或围墙。人孔盖应加锁。

2. 水塔应有安全电压的照明设备。高度超过 12 m 以上的水塔,应设有避雷装置,并应每年进行一次接地电阻试验。

3. 水塔距离给水所较远,视力看不清水位标志时,应安装电气水位计。

4. 水塔清洗消毒。

(九)设备和设施的维护与保养

对设备和设施的维护,首先制定好管理办法。明确规定各项设施,设备的维修周期,技术要求和质量标准,按规定进行设备设施的检修,改造,更新,定期进行性能测定,保证设备效率。给水设施和设备的维护与保养,应按设备管理维护手册执行。

二、客车上水设施的维护与管理

(一)客车上水栓的维护与管理

目前,客车上水栓是一种专供客车上水的新型阀门,分单栓和双栓两种,采用专用扳手开关阀门。双栓上水阀可以同时给两节客车上水。该阀具有操作简单,启闭迅速,上水快,瞬间流量大,余水自动泄出,防冰冻等特点。启闭该阀仅需 180°旋转即可实现完全启闭,可满足短时间内完成上水的要求。该阀安装有自动泄水装置,当上水完毕关阀后,阀中余水会自动泄出,可有效避免在北方地区因余水冻结不能及时排除影响上水现象的发生。

(二)客车上水设施的运行管理

1. 客车上水实现自动化控制和水质在线检测(主要是 pH、温度、溶解氧、电导率、浊度、氨氮、余氯等指标），提高客车上水水质管理手段中的科技含量，实现水质监测即时数据传输。并且在线检测系统应与供水自动化控制同规划、同设计、同施工、同运行、同管理，形成一个客车上水系统供水技术标准体系，提高铁路供水服务质量。

2. 配备专业人员从事专业技术管理、设备维修、水质监测。组织水质检测人员的培训，加强水质自动监测系统的日常维护管理和后续数据分析处置。

3. 制定客车上水设施卫生管理规范。从水池清洗与消毒、水泵维修、管道定期冲洗与消毒、管道与上水设备维修等方面制定卫生管理制度，并加强作业人员的卫生知识培训，避免造成水质二次污染。

（三）客车上水水质应急管理

各供水单位应结合本单位管辖客车上水站情况，制定水质不符合标准时的应急处置预案，预案要突出"微生物指标、毒理指标、感官性状和一般化学指标、放射性指标"分别超出标准时的处置程序和响应措施。

三、消防给水设施的维护与管理

消防给水设施的维护必须依据相关标准规范执行，具体包括消火栓给水系统的维护、自动喷水灭火系统的维护、消防水炮的维护等内容。

（一）消火栓给水系统维护

1. 室外消火栓的维护

室外消火栓由于处在室外，容易受自然和人为的损害，所以每个月至少检查一次是否完全正常使用。

（1）清除阀塞启闭杆端部周围杂物，将专用扳手套于杆头，检查是否合适，转动启闭杆，加注润滑油。

（2）用油纱头擦洗出水口螺纹上的锈渍，检查阀盖内橡胶垫圈是否完好。

（3）打开消火栓，检查供水情况，在放净锈水后再关闭，并观察有无漏水现象。

（4）外表油漆剥落后应及时修补。

（5）清除消火栓附近的障碍物，对地下消火栓，清除井内积聚的垃圾、砂土等杂物。

2. 室内消火栓给水系统的维护管理

室内消火栓给水系统，至少每半年（或按当地消防监督部门的规定）要进行一次全面的检查，检查的项目如下。

（1）室内消火栓、水枪、水带、消防水喉是否齐全完好，有无生锈、漏水，接口垫圈是否完整无缺。

（2）消防水泵在火警后 5 min 内能否正常供水。

（3）报警按钮、指示灯及报警控制线路功能是否正常，无故障。

（4）检查消火栓箱及箱内配装的消防部件的外观有无损坏，涂层是否脱落，箱门玻璃是否完好无缺。

对室内消火栓给水系统的维护，应做到使各组成设备经常保持清洁、干燥，防止锈蚀或损坏。为防止生锈，消火栓手轮丝杆处以及消防水喉卷盘等所有转动的部位应经常加注润滑油。设备如有损坏，应及时修复或更换。

3. 消防水泵常见故障及排除方法

消防水泵发生故障应及时排除,其常见故障及排除方法见表14—3—1。

表14—3—1 水泵的常见故障及排除方法

故　　　障	发生故障原因	解决办法
水泵不吸水,压力表和真空表在剧烈摆动	(1)水泵没有充满水 (2)水管或仪表漏气	(1)往水泵内灌水,排出水泵内的气体 (2)堵塞漏气处,或拧紧仪表
水泵不吸水,真空表表示高度真空	(1)吸水管单向阀(或闸门)未打开 (2)吸水管堵塞或吸水管径太小 (3)吸水高度太大	(1)清除堵塞物,打开闸门 (2)清除堵塞物,增加吸水管直径 (3)降低吸水管高度
水泵出水口压力表上有压力,但管口不出水	(1)出水管阻力太大 (2)动力旋转方向不对 (3)叶轮淤塞了 (4)水泵转数不足	(1)改换管径或线路,减少压力损失 (2)检查电动机转向 (3)清洗叶轮 (4)增加水泵轴转数
流量没有达到设计要求	(1)水泵淤塞 (2)垫圈磨损过多 (3)转数不足	(1)清洗水泵及管子 (2)更换垫圈 (3)增加水泵转数
水泵耗费的马力过大	(1)填料函压得太紧 (2)因磨损叶轮坏了 (3)水泵的流量增大	(1)拧松填料函 (2)更换叶轮 (3)将出水管上闸门关小一点
水泵内部响声反常,水泵不上水	(1)流量太大 (2)吸水管内阻力过大 (3)吸水高度过大 (4)在吸水处有空气渗入 (5)水温过高	(1)关小出水和管上的闸门 (2)检查吸水管有无堵塞 (3)减少吸水高度 (4)清除漏气 (5)降低吸水高度
水泵震动	泵轴和电动机轴不在同一条直线上,或泵轴斜了	将水泵和电机的轴中心线对准
轴承过热	(1)没有油 (2)水泵轴与电机轴不在同一中心线上	(1)注油 (2)把轴中心对准

(二)自动喷水灭火系统维护

自动喷水灭火系统应定期维护,使其保持良好的工作状态。主要依据《自动喷水灭火系统施工及验收规范》(GB 50261),具体规定如下。

1. 自动喷水灭火系统应具有管理、检测、维护规程,并保证系统处于准工作状态。维护管理工作,按表14—3—2 的要求进行。

表14—3—2 自动喷水灭火系统维护管理工作检查项目

部　　位	工作内容	周　期
水源控制阀,报警控制装置	目测巡检完好状况及开闭状态	每日
电源	接通状态,电压	每日
内燃机驱动消防水泵	启动试运转	每月
喷头	检查完好状况,清除异物、备用量	每月
系统所有控制阀门	检查铅封、锁链完好状况	每月

续上表

部 位	工 作 内 容	周 期
电动消防水泵	启动试运转	每月
消防气压给水设备	检测气压、水位	每月
蓄水池、高位水箱	检测水位及消防储备水不被他用的措施	每月
电磁阀	启动试验	每月
水泵接合器	检查完好状况	每月
水流指示器	试验报警	每季
室外阀门井中控制阀门	检查开启状况	每季
报警阀、试水阀	放水试验,启动性能	每季
水源	测试供水能力	每年
水泵接合器	通水试验	每年
过滤器	排渣、完好状态	每年
储水设备	检查结构材料	每年
系统联动试验	系统运行功能	每年
设置储水设备的房间	检查室温	寒冷季节每天

2. 维护管理人员应经过消防专业培训,熟悉自动喷水灭火系统的原理、性能和操作维护规程。

3. 每年对水源的给水能力进行一次测定。

4. 电动消防水泵或内燃机驱动的消防水泵每月启动运转一次。当消防水泵为自动控制启动时,每月模拟自动控制的条件启动运转一次。

5. 电磁阀每月检查并应作启动试验,动作失常时应及时更换。

6. 每个季度对系统所有的末端试水阀和报警阀旁的放水试验阀进行一次放水试验,检查系统启动、报警功能以及出水情况是否正常。

7. 系统上所有的控制阀门均采用铅封或锁链固定在开启或规定的状态。每月对铅封、锁链进行一次检查,当有破坏或损坏时及时修理更换。

8. 室外阀门井中,进水管上的控制阀门每个季度检查一次,核实其处于全开启状态。

9. 自动喷水灭火系统发生故障,需停水进行修理前,要向主管值班人员报告,取得维护负责人的同意,并临场监督,加强防范措施后方能动工。

10. 维护管理人员每天对水源控制阀、报警阀组进行外观检查,并保证系统处于无故障状态。

11. 消防水池、消防水箱及消防气压给水设备应每月检查一次,并检查其消防储备水位及消防气压给水设备的气体压力。同时,采取措施保证消防用水不作他用,并每月对该措施进行检查,发现故障应及时进行处理。

12. 消防水池、消防水箱、消防气压给水设备内的水,根据当地环境、气候条件不定期更换。

13. 寒冷季节,消防储水设备的任何部位均不得结冰。每天检查设置储水设备的房间,保持室温不低于5℃。

14. 每年对消防储水设备进行检查,修补缺损和重新油漆。

15. 钢板消防水箱和消防气压给水设备的玻璃水位计,两端的角阀在不进行水位观察时应关闭。

16. 消防水泵接合器的接口及附件应每月检查一次,并保证接口完好、无渗漏、阀盖齐全。

17. 每月利用末端试水装置对水流指示器进行试验。

18. 每月对喷头进行一次外观及备用数量检查,发现有不正常的喷头应及时更换;当喷头上有异物时应及时清除。更换或安装喷头均应使用专用扳手。

19. 建(构)筑物的使用性质或贮存物安放位置、堆存高度的改变,影响到系统功能而需要进行修改时,应重新进行设计。

(三)消防水炮的维护

根据《固定消防炮灭火系统施工与验收规范》(GB 50498)的相关规定,对消防水炮进行维护管理。

1. 消防炮应保持清洁,使用后应倾斜炮管倒出腔内余液,外部用清水冲洗干净并擦尽水渍。两用炮喷射泡沫后,必须用清水冲洗内部,然后放出积水。

2. 消防炮应定期进行维护保养,首次使用后和每6个月对消防炮的所有紧固件进行一次检查。每三个月对电动消防炮控制柜进行操作试验,以确保电机运行正常、稳定。

3. 蜗轮蜗杆啮合处和其他转动处应以半年为期限涂注润滑油脂,保证转动灵活。

4. 各部件应保持完好,如发现紧固件松动和其他配件损坏,应及时修复。

5. 消防水炮非工作状态下,炮应置水平状态,并用防雨布盖好。消防炮宜储存在常温、干燥、无腐蚀场所。

6. 消防水炮应在使用压力范围内使用。发现消防炮喷射压力过高或射程较近时,应检查喷嘴处是否有堵塞物,如有堵塞应及时清除。

7. 消防水炮喷射时,炮口前绝对不能站人;炮不能用以扑灭带电设备,以免触电。

8. 射水操作时,松开锁紧螺钉,调整好炮的喷射方向和角度,然后提高至所使用的压力。转动射流调节环即可实现水的直流变换为开花,或将开花变换为直流。

9. 消防炮各连接部位有泄漏,应检查密封件是否完好,如有损坏应及时更换密封件。

10. 消防炮转动部位不灵活,操作困难,或角度调整无法达到应有的范围。应在转动部位处涂抹润滑油脂或及时更换配件。

11. 电控消防炮的控制柜对电机无法进行操作,应检查控制柜和电机连接是否正常。如已接好,仍无法操作,应及时维修或更换。

12. 遥控器电池应经常检查,电量不足应及时更换。

13. 在寒冷地区应注意采取排水、保温等防寒措施。

第十五章　铁路排水设施

铁路生产和生活排水设施主要由卫生器具、生产设备受水器、排水管道、清通设备、污水提升设备、污水局部处理构筑物等组成；铁路房建设施的雨水收集、排放、调蓄和综合处理利用，主要由排水管沟、雨水泵站、雨水调蓄池、雨水渗透和利用设施等构成。本章重点介绍铁路站台、广场和生产类房屋等生产生活排水设施，生产生活污水处理设施、雨水排水设施，以及排水设施维护与管理等。

第一节　铁路生产生活排水设施

铁路生产生活排水设施是铁路运营所产生的废水、生活污水接纳、输送、处理、利用的设施总称，是保证铁路生产和生活的基础公用设施重要组成部分。

铁路生产生活排水设施的设置主要包括以下内容。

（1）铁路货运中心、机务段、机务折返段、车辆段、客车技术整备所、客运段、动车段（所）、综合维修基地、大型养路机械段、给水站（所）、污水处理站、洗罐站、货车洗刷所、采石场等设置排水设施；

（2）室内有卫生设备的站房、办公楼和其他公共建筑物设置排水设施；

（3）水塔、水池、检查坑、旅客地道集水坑、旅客列车给水设备、公用给水栓和卸污单元井室等设置排水设施。

一、室内排水设施

室内排水设施主要包括排水管道以及排水器具等。日常生活中常用的排水设备主要有卫生器具、清通设备、排水管道、提升设备和污水局部处理构筑物等。

（一）排水管道

室内排水管道材料主要有钢管、铸铁管、工程塑料管、陶土管等。

生活排水管材的选择，应根据建筑物的性质、高度、抗震和防火要求及其他条件综合考虑。建筑内部排水管道应采用塑料排水管，或柔性接口机制铸铁排水管。对环境温度可能出现0℃以下的场所、连续排水温度高于40℃或者瞬间排水温度高于80℃的排水管道大多采用金属排水管。对防火等级要求比较高的建筑以及对环境安静要求比较高的场所，一般不采用塑料排水管材。

（二）大便器和大便槽

大便器有坐式、蹲式两种。坐式大便器按冲洗的水力原理可分为冲洗式和虹吸式两种，坐式大便器都自带存水弯（水封）；一般蹲式大便器不带存水弯，设计安装时需另外配置存水弯。

大便槽常建于人口密集或流动性大的地方,属于低档的公共建筑。大便槽较大便器造价低,由于使用集中冲洗水箱,用水量及漏水量均较少。

(三)小便器

小便器设于男厕所内,有挂式、立式和小便槽三类,其中立式小便器用于标准高的建筑。小便槽造价低好管理,一般低档厕所采用较多。

(四)盥洗、洗涤器具

盥洗器具一般由洗脸盆、盥洗槽、浴盆及淋浴器等设施组成。洗涤器具一般由洗涤盆、化验盆及污水盆等设施组成。

(五)附件

1. 存水弯

存水弯的类型主要有 S 形和 P 形两种,存水弯的作用主要是通过形成一定高度的水封(通常为 50~100 mm),进而阻止排水系统中的有毒有害气体或虫类进入室内,以保证室内的环境卫生。

2. 检查口和清扫口

检查口和清扫口的作用是方便疏通。检查口一般设置在立管上,每层设置一个,在多层或高层建筑内的排水立管中,应在地(楼)面以上 1.00 m,并应高于该层卫生器具上边缘 0.15 m。

3. 地漏

地漏属于排水装置,用于排除地面的积水。地漏一般有普通地漏、多通道地漏、存水盒地漏、双算杯式地漏及防回流地漏等不同形式。

(六)排水通气管

排水通气管有伸顶通气管、专用通气立管、主通气立管、副通气立管、结合通气管、环形通气管、器具通气管及汇合通气管等类型,分别用于不同的位置。排水通气管可以将排水管道内有毒有害气体排放出去,同时补充新鲜空气,能够有效减轻金属管道的腐蚀。

二、室外排水设施

室外排水设施主要是将室内产生的污水收集起来,及时输送至适当地点,妥善处理后排放或再利用。主要由室外排水构筑物、室外排水管道、污水泵站、污水处理站、排放口等组成。

(一)室外排水构筑物

1. 检查井

检查井是为排水管道安装和维修方便而设置,一般设在排水管道交汇处、转弯处、管道或坡度改变处、跌水处等。

2. 跌水井

对落差较大的排水管道,需做一个内部管道有落差的跌水井才能满足排水要求。

3. 水封井

水封井是一种设置在有可燃气体、易燃液体、蒸气或油污的污水管网上,防止燃烧、爆炸沿污水管网蔓延扩展的安全液封装置,相当于安全阀。

4. 隔油设施

隔油设施是利用油与水的比重差异,分离去除污水中颗粒较大的悬浮油的一种处理构筑物。食堂的含油污水,应经除油装置后再排入污水管道。铁路上主要用隔油池作为处理设施。

隔油设施分为隔油池、隔油沉淀池和隔油器等几种形式。隔油池用于公共食堂或厨房等含有食用油污水排出的室外排水管道上;隔油沉淀池用于汽(修)车库、机械加工、维修车间以及其他铁路用油场所,含有汽油、煤油、柴油、润滑油等污水排水管道上;隔油器用于处理餐饮废水,在传统隔油池基础上增加了气浮功能和排渣功能,提高了油脂、固体污物的分离效率,有利于浮油、固体污物的收集与利用,是传统隔油池升级换代的产品。

5. 降温池

温度高于40℃的污(废)水,在排入城镇排水管网前应采取降温措施。一般宜设降温池,其降温方法主要为二次蒸发,通过水面散热或添加冷却水的方法。

为保证降温效果,冷却水与高温水应充分混合,采用穿孔管喷洒。冷却水应尽可能利用低温废水,如采用自来水冷却时应采取防止回流污染的措施。降温池一般设在室外,若设于室内时水池应做密闭处理,并设人孔和通向室外的通气管。根据工程现场情况,二次蒸发筒附近应设栏杆以防烫伤。

6. 化粪池

化粪池是处理粪便并加以过滤沉淀的设备,将生活污水分格沉淀,及对污泥进行厌氧消化的小型处理构筑物。用于一般民用建筑卫生间生活污水局部处理。

(二)室外排水管道

1. 室外排水管道按重力流排水。管道的平面位置、埋深应根据地形、道路、土质、地下水位、土壤冻结深度、既有和规划的地下工程设施、施工条件等因素综合确定。

2. 排水管道及卸污管道穿越铁路时宜集中布置垂直通过,并应避免从铁路咽喉区、区间正线穿过,当管道必须从咽喉区、区间正线穿过时,压力管道应设防护涵,并与主体工程同步实施。排水管道穿越铁路站场范围内铁路时,重力流管道应采用金属管或钢筋混凝土管;DN100 mm及以上压力管道宜设防护涵,两端宜设检查井。卸污管道穿越站场范围内线路或其他铁路线路时可设防护套管。

3. 排水管道与其他地下管线、建(构)筑物的最小净距要符合表15—1—1的规定要求。

表15—1—1 中,水平间距均指外壁净距,垂直净距指下面管道的外顶与上面管道基础底间净距;表15—1—1 中未注明最小垂直净距的,应执行国家现行标准的有关规定;当真空卸污管道与排水管道同管沟布置时,管道净距可适当减小,但应满足运营维护要求。

表15—1—1　排水管(含卸污管)与其他地下管线、建(构)筑物的最小净距

序号	名称		水平间距(m)	垂直间距(m)
1	给水管	$d \leqslant 200$ mm	1.0	0.40
		$d > 200$ mm	1.5	
2	排水管(含卸污管)		1.0	0.15
3	再生水管		0.05	0.4

续上表

序号	名　　称	水平间距(m)	垂直间距(m)
4	燃气管	1.0~2.0	0.15
5	热力管线	1.5	0.15
6	电力管线	0.5	0.5
7	电信管线	1.0	0.15~0.5

4. 寒冷和严寒地区无保温措施的重力流管道，其管底可埋设在冰冻线以上0.15 m处，也可根据埋管处土壤种类、地面覆盖情况、埋管坡度及当地埋管经验适当浅埋。

5. 旅客列车给水设备井室、地下式卸污单元井室应设排水设施。设置专用排水管道时，当管径为150 mm时，其坡度不小于1‰；当管径为200 mm时，其坡度不小于0.5‰。

6. 机车(动车)库、检查坑等排水管道管径应根据排水特点、清理条件等因素确定，但不应小于300 mm。

7. 排水管、渠的材料。

(1)对排水管、渠材料的要求

排水管、渠必须具有足够的强度，以承受外部的荷载和内部的水压。外部荷载包括土壤的重量静荷载，以及由于车辆运行所造成的动荷载。压力管及倒虹管一般要考虑内部水压。自流管道发生淤塞时，也可能引起内部水压。此外，为了保证排水管道在运输和施工中不致破裂，也必须使管道具有足够的强度。

排水管、渠应具有能抵抗污水中杂质的冲刷和磨损的作用，也应该具有抗腐蚀的性能，以免在污水或地下水的侵蚀作用(酸、碱或其他)下很快损坏。排水管渠必须不透水，以防止污水渗出或地下水渗入。

排水管、渠的内壁应整齐光滑，使水流阻力尽量小。

排水管、渠应就地取材，并考虑到预制管件及快速施工的可能，以便尽量节省管渠的造价及运输和施工的费用。

(2)混凝土管和钢筋混凝土管

混凝土管和钢筋混凝土管有承插式、企口式、平口式三种形式。混凝土管的管径一般不超过600 mm、长度不大于1 m。为了抵抗外压力，直径大于400 mm时，一般配加钢筋制成钢筋混凝土管，其长度在1~3 m。

(3)陶土管

陶土管是由塑性黏土制成的，分无釉、单面釉、双面釉的陶土管。陶土管有承插式和平口式两种形式，直径一般不超过600 mm，有效长度为400~800 mm。陶土管质脆易碎，抗弯抗拉强度低，不宜敷设在松土中或埋深较大的地方。由于陶土管耐酸抗腐蚀性好，所以在世界各国被广泛采用，尤其适用于排除酸碱废水。

(4)金属管

常用的金属管有铸铁管或钢管。室外重力流排水管道一般不采用金属管，只有当排水管道承受高内压，高外压或对渗漏要求特别高的地方，如排水泵站的进出水管、穿越铁路、河道的倒虹管或靠近给水管道和房屋基础时，才使用金属管。在地震烈度大于8度或地下水位高,流沙严重的地区采用金属管。金属管抵抗酸碱腐蚀及地下水侵蚀的能力差,因此,在采用钢管时必须涂刷耐腐蚀的涂料。

(5)石棉水泥管

石棉水泥管是用石棉纤维和水泥制成的。石棉水泥管为平口管,用套管连接。管径在50～600 mm,长度在2.5～4 m。管壁厚度决定于所受的内外压力,有低压和高压石棉水泥管两种,分别用于自流管道和压力管道。石棉水泥管具有强度大、表面光滑、密实不透水、导热系数低(是铸铁管导热系数的1/200,是陶土管导热系数的1/3)、重量轻、抗腐蚀性强、易于加工(可锯可钻)及每节管子的长度大等优点。但石棉水泥管质脆,抵抗砂粒磨损的能力差,生产量少,在我国排水工程中尚未大量采用。

(6)大型排水渠道

排水管道的预制管管径一般小于2 m。当管道断面小,不能满足工程要求时,通常就在现场建造大型排水渠道。建造大型排水渠道常用的建筑材料有砖、石、陶土块、混凝土块、钢筋混凝土块和钢筋混凝土等。采用钢筋混凝土时,需在施工现场支模浇制;采用其他几种材料时,在施工现场主要是铺砌或安装。砖砌渠道在国内外排水工程中应用较早,目前在我国仍普遍使用。常用的断面形式有圆形、半椭圆形等,可用普通砖或特制的楔形砖砌筑。当砖的质地良好时,砖砌渠道能抵抗污水或地下水的腐蚀作用,因此能用于排泄有腐蚀性的废水。

(三)污水泵站

污水泵站是排水系统的重要组成部分。污水泵站分为两种:一种是设置于污水管道系统中,用以抽升污水的泵站,作用就是提升污水的高程;第二种是设置于污水处理厂内用来提升污水的泵站,作用是为后续的工艺提供水流动力。

1. 进水井、格栅、闸门

小型污水泵站如检查井式污水潜水泵井不设进水井;在进水井内设置活动格栅的称为清渣井;在进水井内设切门或闸门的称进水切门井。

格栅用于拦截污水中较大的杂物,保护水泵。格栅可以安装在集水池内进水管口,也可以设在清渣井(格栅井)内。

大型泵站应设格栅间,并采用机械格栅。

2. 集水池

集水池有效容积满足水泵及时将水抽走,应避免因启动频繁而造成电耗的增加,但不宜过大以降低工程造价和减少泥渣沉积。集水池有效容积不应小于最大一台泵5 min的出水量。集水池池底设有吸水坑,深度一般为0.5 m,池底向吸水坑保持0.01～0.02的坡度,吸水喇叭口也设在池内。集水池为考虑清掏方便一般在池顶盖设有可以掀开的活动盖板并设进人孔,直径不小于0.7 m的出泥孔洞、上下扶梯和通气管等。

3. 机器间

机器间是为水泵机组的安装设置的空间。

4. 水泵机组自动控制

铁路污水泵站均设有自动控制装置,同时也可转换成手动控制。当只有两台泵运行(一用一备)时,根据集水池内液位控制,高水位启动,低水位停止,运用泵定期倒换;当污水泵在两台以上时,根据集水池水位变化,中水位启动1~2台泵,高水位时运用泵全部启动,低水位时全部停止,启动顺序应能自动或手动倒换;水泵故障(过热、过载、不出水)时,能自动切断电源报警,并自动切换到另一台水泵;低压配电时,控制柜通常设在机器间平台上。

(四)污水处理站

污水处理站的设置是将生产或生活产生的污水及污泥,通过一系列处理工艺构筑物与附属构筑物进行无害化处理,从而达到排放或回用的要求。

污水处理技术,按作用原理可分为物理法、化学法和生物法三种。

1. 污水的物理处理法

就是利用物理作用分离污水中主要呈悬浮固体状态的污染物质。其方法有:筛滤、沉淀、气浮、过滤和反渗透等。

2. 污水的化学处理方法

是利用化学反应的作用来分离、回收污水中处于各种形态的污染物质。其主要处理方法有中和、混凝、电解、氧化还原、萃取及离子交换等。

3. 污水的生物处理法

是利用微生物的代谢作用,使污水中呈溶解、胶体状态的有机污染物质,转化为稳定、无害的物质。现代的生物处理法,按作用微生物,可分为好氧生物处理和厌氧生物处理两大类。前者广泛用于处理城市污水及有机生产污水,其方法有活性污泥法、生物膜法及生物接触氧化法等。生活污水和工业生产污水中所含的污染物质是多种多样的,很难只用一种方法就能够把所有的污染物质全部除去,因此一种污水往往要用由几种方法组成的处理系统,才能达到所要求的处理程度。对某种污水而言,采用由哪些方法组成的处理系统,应根据污水的水质和水量,回收其中有用物质的可能性和经济性,受纳水体的可利用自净容量,并通过调查研究和经济比较后方可决定。调查研究和科学实验是确定污水处理系统或流程的重要途径。

关于铁路站段污水处理的详细论述见第二节污水处理系统。

(五)排放口

排水管道排入水体的排水口的位置和形式,应根据污水水质、下游用水情况、水体的水位变化幅度、水流方向、波浪情况、地形变迁和主导风向等因素确定。排水口与水体岸边连接处应采取防冲、加固等措施,一般用浆砌块石做护墙和铺底,在受冻胀影响的地区,排水口应考虑用耐冻胀材料砌筑。常见排水口形式有一字式、八字式、门字式等,具体做法见《全国通用给水排水标准图集》(S222)。

为使污水与水体水混合较好,排水管渠排水口一般采用淹没式,其位置除考虑上述因素外,还应取得当地卫生主管部门的同意。如果需要污水与水体水流充分混合,则排水口可长距离伸入水体分散出口,此时应设置标志,并取得航运管理部门的同意。当出口标高比水体水面高出太多时,应考虑设置单级或多级跌水。

三、旅客列车地面卸污设施

旅客列车卸污站点是指设有旅客列车卸污装置及处理设施的车站、段、所、存车线。旅客列车卸污装置是接收和处理旅客列车集便器内污物的地面接收装置和附属装置。

卸污方式一般分为固定式真空卸污、固定式重力卸污、移动式卸污、真空站(真空中心)。卸污方式分类及原理见表15—1—2。

表15—1—2　卸污方式分类及原理

卸污方式	卸污原理
固定式真空卸污	由设置在固定位置的抽真空设施,通过卸污管道将旅客列车集便器内污物抽取至后续处理设施
固定式重力卸污	由设置在固定位置的卸污设施,利用重力将旅客列车集便器内的污物排至后续处理设施
移动式卸污	采用移动卸污车辆抽吸旅客列车集便器内的污物,并将其运送至后续处理设施
真空站(真空中心)	设有产生真空并具有排污及控制功能的设备,包括真空机组、真空罐与收集罐、排污、控制设备和辅助设施等

目前,我国旅客列车地面卸污系统采用的是固定式真空卸污系统,其主要由真空中心、卸污管道和接收单元箱体构成,如图15—1—1 所示。

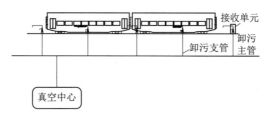

图15—1—1　真空卸污系统构成

真空中心负责使系统形成真空,暂时贮存污物并最终将其排放到处理装置或指定的地点。为了提高系统的作业效率,真空中心一般建在卸污线中部(或端部)并选择地下安装。

卸污管道用来连接列车污物箱与真空中心,包括卸污干管和卸污支管,污物沿着卸污管道由列车污物箱进入真空中心。卸污干管一般沿着整备线埋在地下,支管是从干管上分出来与列车污物箱连接的部分,包括Y形连接、阀门、耐真空软管、与污物箱的连接装置等。常用的连接装置有两种,一种是快速接头加手动阀门,另一种是带自动关闭真空阀的抽吸枪。

接收单元箱体主要是针对户外作业的卸污系统而言,整套的卸污软管及连接装置存放在一个封闭的箱体里,箱体里也可以放冲洗水管,添加照明、电源插座等装置。

(一)旅客列车卸污站(点)的一般规定

我国铁路车站所采用卸污方式为固定真空卸污方式,若考虑真空机组故障和检修,需配备移动式真空卸污车作为备用。

1. 旅客列车卸污站(点)应设旅客列车地面卸污设施。卸污站(点)地面卸污设施的布设应根据旅客列车运输组织及车辆运用整备设施布局确定,卸污线的设置应满足旅客列车最大编组、整备时间或停站时间和日整备列车数量的要求。

2. 特大型旅客车站应在每座客运车场的上、下行旅客列车到发线间各设置不少于1排地面卸污设施;大型旅客车站宜在上、下行旅客列车到发线间各设置不少于1排地面卸污设施。客车整备所和动车段(所)内应设带冲洗水栓的旅客列车地面卸污设施。

3. 车站设置地面卸污设施时,应与站场排水沟、线间立柱、旅客列车上水设备等的设置进行综合考虑。库内的真空卸污管可铺设在检修地沟内或与其他管线同沟铺设。

4. 卸污线旁卸污单元数量应根据旅客列车最大编组长度、旅客列车集便器污物箱分布和卸污单元服务半径确定。

5. 旅客列车在库内卸污时宜采用固定式卸污方式;在车站和库外卸污时可采用固定式或移动式卸污方式。高站台的车站应采用固定卸污方式。采用固定式卸污方式时,宜配置不少于2辆卸污车备用;当采用移动式卸污方式时,卸污车数量应按同时整备列车数量及卸污时间确定。

6. 列车集便器污物箱冲洗用水应符合下列规定:

(1)冲洗用水宜采用回用水,并应设置防止误接、误用的明显标志;

(2)冲洗用水水质应符合《铁路回用水水质标准》(TB/T 3007)的规定;

(3)冲洗用水管道严禁与生活饮用水管道连接。

(二)固定式真空卸污装置系统布置

1. 真空中心宜布置在卸污系统的中间位置。

2. 真空设备机组与最远卸污单元之间的真空卸污管道最大长度不宜大于800 m。

3. 每条真空卸污管道宜单独接入真空中心。

4. 卸污支管接入卸污干管时,应在支管末端设置阀门。

5. 卸污单元井(室)应与客车上水设备(井室)分开设置,其净距不宜小于2 m,并应设置明显的标志。寒冷和严寒地区的室外卸污单元应有防冻措施。

(三)真空中心

铁路列车真空卸污系统工程,主要有3种形式真空的方式:真空泵机组、旋转凸轮泵机组、离心泵+文丘里型水力喷射器组合的喷射泵机组。

1. 真空中心宜采用地下式或半地下式,并应符合国家标准对通风、采光、采暖、给水、排水和防水的要求。

(1)真空中心建(构)筑物面积、高度应满足设备布置、安装、操作和检修要求。

(2)真空中心应有设备运输和可供最大设备出入的门。当采用吊装时应设置起重设备。地下式真空中心宜留有设备吊装孔。

(3)真空中心的起重设备及室内架空卸污管道、给水排水管道设置参照给水泵站的相关规定。

(4)真空中心值班室与机械设备间应隔开设置,隔墙上应设置隔音观察窗。

(5)真空机组应有减振降噪措施,其设计应符合《工业企业噪声控制设计规范》(GB/T 50087)的规定。

2. 固定式真空卸污系统设计真空度应为50~70 kPa。

3. 真空设备在系统设计最大真空度时吸(排)气体的体积流量应为真空卸污系统污水设计流量的5~7倍。卸污系统内的压力从大气压降低到设计最大真空度时,真空设备的吸(排)气时间不宜大于10 min。

4. 真空设备应有备用能力,并应保证其中一台故障检修时仍能满足固定式真空卸污系统真空度的要求。

(四)卸污系统的管道

1. 根据工作压力、外部荷载、工作环境、施工维护条件等选择管道材质,并选用粗糙系数小的管材。

2. 真空卸污管道应符合下列要求。

(1)真空卸污管道应选取管道压力不小于 1.0 MPa、公称直径与管壁厚度的比值(SDR)不大于 11 的聚乙烯管。敷设在管廊内的卸污管道,需计算水温和环境温度变化时的管道纵向变形量,并采取卡箍式固定支墩或支架。

(2)真空卸污管道管径按表 15—1—3 选取。

(3)真空卸污管道坡向真空中心,向下倾斜坡度为 2‰~5‰,且采用"锯齿状"布置。提升管段 2 m 范围内不得接入支管。整个真空卸污管道,其提升段累计高度不大于 2 m。

(4)真空卸污管道采用 45°管头,卸污管道支管与干管连接时使用 45°斜三通专用管配件。

表 15—1—3 真空卸污管道公称直径

管道污水设计流量 Q_{WS}(L/s)	$Q_{WS}\leqslant 5$	$5<Q_{WS}\leqslant 8$	$8<Q_{WS}\leqslant 13$	$13<Q_{WS}\leqslant 28$	$28<Q_{WS}\leqslant 50$	$50<Q_{WS}\leqslant 90$
管道公称直径 De(mm)	100	125	150	200	250	300

3. 真空卸污管道总压力降不应大于 50 kPa。

4. 埋地铺设的卸污管道沿管道走向设置管道标或金属示踪片。

(五)卸污单元

1. 卸污单元的服务半径为 10~13 m。卸污单元布置间距要满足整备不同车型的要求;地面柜式卸污单元设置在无检修车辆通行的通道上,卸污单元布置在地下井室内时要有排水设施。

2. 卸污单元卸污软管的接口和管径与列车集便器污物箱排污口相匹配。

3. 带冲洗水栓的卸污单元冲洗软管的接口和管径与列车集便器污物箱排污口相匹配。列车集便器污物箱冲洗水栓栓口流量不小于 1.2 L/s。

第二节 铁路生产生活污水处理设施

铁路生产生活污水处理设施主要包括铁路生产污水处理系统和铁路站区生活污水处理系统两大部分。

一、铁路生产污水处理系统

铁路生产污水主要包括机务段、客运段、洗罐所等含油污水、洗刷污水、洗涤污水、高浓度集便污水、酸碱性污水以及机车整备场和装卸场等地面污水、施工生产废水等。本部分主要介绍铁路生产中各类污水的水质及处理工艺。

(一)含油污水

1. 污水水质

含油污水主要来源于机务段、机务折返段、车辆段、客车整备所、动车段(所)、油罐车洗罐站等。

机务段分内燃机务段、电力机务段和内燃、电力混合段,其生产废水主要来自两个方面,一个是来自机车检修、整备场方面,如柴油机库、整修库、电机轮对库、定修库、柴油机体清洗间等车间在作业中所产生的含油污水;另一方面则是来自下雨时露天线路及场地上的含油污水。

机务折返段生产废水主要来自整备场、机车洗刷、下雨时露天线路及场地上的含油污水。内燃机务折返段还有部分来自油库设备的滴漏、油罐定期清洗和泵房地面冲洗的含油污水。

机务段及机务折返段的含油污水的污染物含量见表15—2—1。

表15—2—1 新建机务段、机务折返段含油污水水质

污染物	机务段		机务折返段
	内燃机务段	电力机务段	
pH值	6~10	6~9	7~9
SS(mg/L)	100~350	50~350	50~200
COD_{Cr}(mg/L)	100~550	50~450	50~300
石油类(mg/L)	50~300	10~200	10~100

铁路车辆段生产废水主要来自转向架、轮对、轴承、轴箱、零部件等清洗作业和车辆外皮洗刷产生的含油污水。由于各段负担不同的工作任务,其排污量和污染因子各不相同。

客车整备所含油污水主要来自车辆整备和车辆外皮洗刷产生的含油污水,其污染物含量见表15—2—2。

表15—2—2 新建车辆段、客车整备所含油污水水质

污染物	车辆段	客车整备所
pH值	6~10	6~9
SS(mg/L)	50~300	50~250
COD_{Cr}(mg/L)	50~400	50~300
石油类(mg/L)	5~100	5~50

动车组检查、检修时会产生含油污水,其污染物含量见表15—2—3。

表15—2—3 新建动车段(所)含油污水水质

污染物	动车段(所)
pH值	7~8
SS(mg/L)	30~150
COD_{Cr}(mg/L)	150~420
石油类(mg/L)	6~60

油罐车洗刷污水来源于粘油、轻油罐车油罐洗刷,还有少量污水来自冲洗罐车皮和洗罐台地面,是一种半综合性污水,其成分与罐车所装油品的种类有关。粘油类罐车包括:沥青油、渣油、原油以及黏度较大的润滑油,一般都先经过1~2h的高温蒸汽加温,使罐内残油软化流出,然后用60℃以上的热水通过洗罐器冲洗后排放,排出的污水中含微量酚及油分,含油量一般为100~200 mg/L。轻油类罐车经过蒸洗后的水靠真空泵抽出,因而污水乳化程度

高,尤其是罐内留有较多残油时,乳化更为严重,含油量在 1 000 mg/L 以上。油罐洗刷污水有害物质种类多,但浓度低,是一种水温较高的综合性含油污水,其污染物含量见表 15—2—4。

表 15—2—4 新建油罐车洗罐站洗刷污水水质

污 染 物		动车段(所)
pH 值		6~9
水温(℃)		40~50
SS(mg/L)		100~300
BOD_5(mg/L)		150~200
COD_{Cr}(mg/L)		400~500
石油类(mg/L)	粘油(mg/L)	100~200
	轻油(mg/L)	1 000~2 000
挥发酚(mg/L)		0.5~1.5
硫化物(mg/L)		3~9

2. 污水处理

(1)内燃机务段含油污水处理

内燃机务段含油污水要求达到《污水综合排放标准》(GB 8978)规定的二级或三级排放标准时,需采用图 15—2—1 所示工艺流程。

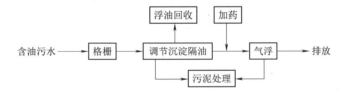

图 15—2—1 含油污水气浮处理工艺

内燃机务段含油污水要求达到《污水综合排放标准》(GB 8978)规定的一级排放标准或《铁路回用水水质标准》(TB/T 3007)时,需采用图 15—2—2、图 15—2—3 所示工艺流程。

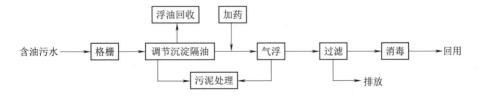

图 15—2—2 含油污水气浮—过滤处理工艺

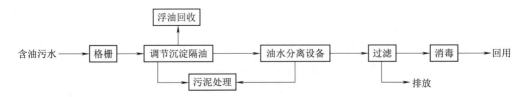

图 15—2—3 含油污水油水分离设备—过滤处理工艺

(2)电力机务段、机务折返段、车辆段、客车整备所、动车段(所)含油污水处理

电力机务段、机务折返段、车辆段、客车整备所、动车段(所)含油污水要求达到《污水综合排放标准》(GB 8978)规定的二级或三级排放标准时,需采用图15—2—4所示工艺流程。

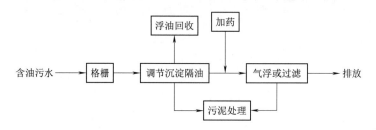

图15—2—4　含油污水气浮或过滤处理工艺

电力机务段、机务折返段、车辆段、客车整备所、动车段(所)含油污水要求达到《污水综合排放标准》(GB 8978)规定的一级排放标准或《铁路回用水水质标准》(TB/T 3007)时,需采用图15—2—2所示工艺流程。

电力机务段、机务折返段、车辆段、客车整备所、动车段(所)生产废水主要污染物有石油类、BOD_5、COD_{Cr}、SS、pH等,在污水中油以漂浮油、乳化油及溶解油等几种状态存在,当含油量降到10 mg/L以下时,其他污染指标均可达到排放标准,所以电力机务段、机务折返段、车辆段等的主要生产废水处理主要是除油。电力机务段、机务折返段、车辆段等生产废水经过调节沉淀隔油后,污水中大量浮油被去除,同时降低了COD_{Cr}、SS,但乳化油及溶解油的含量没有降低,目前大多采用气浮法去除乳化油及溶解油,也有一些采用高效分离器设备进行油水分离处理。

(3)油罐车洗罐站洗刷含油污水

油罐洗刷污水主要是除油。洗刷粘油类罐车的污水,乳化程度较低,油珠最小粒径一般为10~20 μm;轻油类罐车的蒸汽污水,不但含油量高,且乳化程度高,污水中油珠粒径多为3~7 μm。试验表明采用破乳混凝后,再经过气浮处理即能达到《污水综合排放标准》(GB 8978)规定的二级标准。

油罐车洗罐站污水要求达到《污水综合排放标准》(GB 8978)规定的二级或三级排放标准时,需采用图15—2—5所示工艺流程。

油罐车洗罐站污水要求达到《污水综合排放标准》(GB 8978)规定的一级排放标准或《铁路回用水水质标准》(TB/T 3007)时,可采用图15—2—2所示工艺流程。

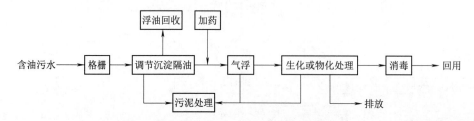

图15—2—5　含油污水生化或物化处理工艺

(二)洗刷污水

1. 污水水质

货车洗刷污水的污染源是装卸的各类货物,虽然货物品种繁多,但可分为无机和有机两大类。

无机类主要有砷化物、氰化物、铬化物、磷化物、氟化物等30多种,装载的无机剧毒物由于包装严格,不撒漏,对车体无污染;而一般无机物品类众多,毒性不大,有的包装质量较差,撒漏也较严重,易对车体造成污染。

有机类主要有酚类、有机磷等。酚类污染源主要有沥青制品、枕木等大多无包装,这些车辆洗刷后,污水中含有大量酚;有机磷类由于包装简陋,易于破损;牲畜及畜产品类包括牲畜粪便及皮毛等,此类物品易对车体造成严重污染。

专洗牲畜车的货车洗刷所其洗刷污水属高浓度有机废水。其他货车洗刷所均为综合性的污水。货车洗刷所大致可归纳为三类:洗牲畜车为主的货车洗刷所、洗化工车为主的货车洗刷所、洗综合车为主的货车洗刷所。

货车洗刷所的污染物含量见表15—2—5。

表15—2—5　新建货车洗刷所洗刷污水水质

污染物	含量		
	牲畜车为主	化工车为主	综合
pH值	6~10	6~10	6~10
SS(mg/L)	100~300	100~300	100~200
BOD_5(mg/L)	250~500	100~250	100~200
COD_{Cr}(mg/L)	400~1 000	300~600	150~350
挥发酚(mg/L)	—	3~6	—
有机磷(mg/L)	—	1~4	—

目前客车、动车洗刷多采用机械洗刷机,机械洗刷机一般自带污水处理及回用设施,处理后的水可以再回用于洗车,机械洗刷机处理后的污水污染物含量见表15—2—6。

表15—2—6　新建客车、机车、动车洗刷所洗刷污水水质

污染物	污染物含量
pH值	6~9
SS(mg/L)	40~350
COD_{Cr}(mg/L)	150~420
石油类(mg/L)	2~30
LAS(mg/L)	20~30

2. 污水处理

客车、机车、动车洗刷所一般建在动车段(所)、客车整备所、车辆段内或自成体系,污水为间歇排放,水量比较集中。建在段、所内时,可先经预处理后再与段内其他污水一并处理。

目前动车段(所)内动车组洗刷多采用洗车机,部分客车洗刷所也采用洗车机,配套污水处理设施一般采用调节、沉淀、隔油、生化过滤、机械过滤处理工艺,处理后的污水达到《铁路回用

水水质标准》(TB/T 3007)标准,可以再回用洗车。

客车、机车、动车洗刷污水处理后应循环使用,需采用图15—2—6的工艺流程。

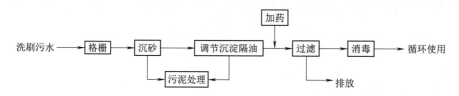

图 15—2—6　洗刷污水沉淀—过滤处理工艺

根据货车洗刷污水间歇性排放、水质成分复杂的特点,选择污水处理方法与工艺流程要有较大的适应性,以调节缓冲污水水力负荷和毒物负荷的急剧变化,有利于去除多种有毒物质(挥发酚、有机磷农药等)。调研表明,路内已建的货车洗刷污水处理基本采用生物法或物化法。生物法有生物转盘、氧化沟、氧化塘等,并分别在柳州南、桂林北、贵阳东、成都东货车洗刷所应用。物化法有活性炭吸附和臭氧氧化法,分别在西安西、重庆西货车洗刷所应用。综合性货车洗刷所多采用调节、沉淀和过滤处理工艺;洗化工车为主的货车洗刷所多采用物化法处理;洗牲畜车为主的货车洗刷所一般采用生物法处理。

综合性或以洗刷化工车为主的货车洗刷污水要求达到《污水综合排放标准》(GB 8978)规定的三级排放标准时,可采用图15—2—7所示工艺流程。

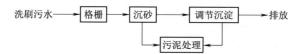

图 15—2—7　货车洗刷污水沉淀处理工艺

综合性或以洗刷化工车为主的货车洗刷污水要求达到《污水综合排放标准》(GB 8978)规定的一级或二级排放标准时,可采用图15—2—8、图15—2—9所示工艺流程。

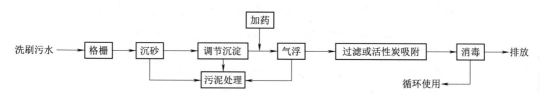

图 15—2—8　货车洗刷污水气浮—过滤处理工艺

图 15—2—9　货车洗刷污水生物处理工艺

牲畜车洗刷污水要求达到《污水综合排放标准》(GB 8978)规定的二级或三级排放标准时,需采用图15—2—10所示工艺流程。

图 15—2—10　牲畜车洗刷污水处理工艺

(三)洗涤污水

1. 污水水质

铁路客运洗衣房洗涤污水主要是指洗涤列车卧具、窗帘、餐车台布等物品所产生的污水,污水基本集中排放,生产呈间歇性,其中主要污染物有 pH、SS、COD_{Cr}、BOD_5 及阴离子表面活性剂等。客运洗衣房洗涤污水经处理后应作为回用水。

既有客运洗衣房洗涤污水水质应根据实测资料确定,新建客运洗衣房洗涤污水水质可按表 15—2—7 确定。

表 15—2—7　新建客运洗衣房洗涤污水水质

污　染　物	污染物含量
pH 值	7～9
SS(mg/L)	40～110
COD_{Cr}(mg/L)	80～350
LAS(mg/L)	2～50

2. 污水处理

铁路洗衣房洗涤污水中难降解的大分子有机物质通过厌氧阶段水解酸化后,已被降解为小分子溶解性物质,为后续膜生物反应器生化过程创造了有利条件。采用膜生物反应器工艺对 COD_{Cr} 的平均去除率约为 88.53%,对阴离子表面活性剂(LAS)的平均去除率为 98.22%,对总磷(TP)的平均去除率为 92.28%,对 SS 的平均去除率达到 95% 以上,可以达到《铁路回用水水质标准》(TB/T 3007)要求。

洗涤污水要求达到《城市污水再生利用城市杂用水水质》(GB/T 18920)或《铁路回用水水质标准》(TB/T 3007)时,可采用图 15—2—11 工艺流程。

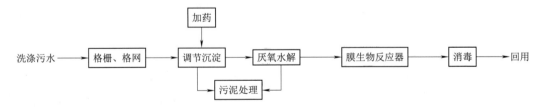

图 15—2—11　洗涤污水采用膜生物反应器处理工艺

洗衣房漂洗工序污水需要循环利用于洗涤工序时,需采用图 15—2—12 工艺流程。

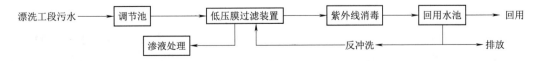

图 15—2—12　漂洗工序污水回用于洗涤工序处理工艺

(四)高浓度集便污水

1. 污水水质

既有车站、段(所)的高浓度集便污水水质应根据实测资料确定,新建车站、段(所)的生活污水水质可按表 15—2—8 确定。

表 15—2—8　新建车站、段(所)高浓度集便污水水质

污　染　物	动车段(所)
pH 值	7~9
SS(mg/L)	900~3 000
BOD_5(mg/L)	1 300~3 000
COD_{Cr}(mg/L)	4 500~7 800
NH_4^+-N(mg/L)	1 700~3 300

高浓度集便污水处理工艺多采用多段厌氧处理或厌氧与好氧处理工艺相结合的常规处理工艺。由于工艺简单、易于管理,能达到预期的处理效果。目前,厌氧生物处理方法还有上流式厌氧污泥床反应器、水解酸化、厌氧生物滤池等;好氧生物处理方法有生物接触氧化、间歇式活性污泥法、膜生物反应器、曝气生物流化床等。

2. 污水处理

高浓度粪便污水排入城镇排水系统中时,需采用图 15—2—13 工艺流程。

图 15—2—13　高浓度集便污水多段厌氧处理工艺

高浓度粪便污水要求达到《污水综合排放标准》(GB 8978)规定的二级排放标准时,需采用图 15—2—14 所示工艺流程。

图 15—2—14　高浓度集便污水多段厌氧好氧处理工艺

(五)酸性、碱性污水

铁路生产系统产生的酸性、碱性污水较少,但酸性、碱性较强,为避免腐蚀给排水设备和构筑物,需进行酸碱中和等预处理。治理方法首先采用以废治废的方法,即利用碱性、酸性废液进行中和,以节省处理费用和药剂消耗,其次才考虑中和药剂过滤中和。酸性污水采用投药中和处理时可选用石灰、石灰石、苏打、苛性钠等中和药剂,碱性污水采用投药中和处理时可选用盐酸、硫酸、硝酸等中和药剂。过滤中和是使酸性废水流过碱性滤料时得到中和,所用的滤料有石灰石、白云石、大理石等。

(六)机车整备场、装卸场等地面污水

机车整备场、卸油线地面冲洗水和初期雨水中一般含油;煤场、卸煤专用线地面冲洗水和初期雨水中含煤尘,且浊度高,不能随地漫流,需根据污染物性质、污染程度、排放标准、回用等因素进行沉砂、沉淀、过滤等处理。

(七)施工生产废水

1. 废水水质

铁路施工生产废水来源包括以下几种:钻机作业产生的废水;隧道爆破后用于降尘的水;喷射混凝土和注浆产生的废水以及施工作业面渗水等。

施工生产废水水质应根据实测资料确定,无资料时可按表15—2—9确定。

表15—2—9 施工生产废水水质

废水类型	pH值	SS(mg/L)	COD_{Cr}(mg/L)	石油类(mg/L)
隧道施工废水	7~10	20~4 500	20~100	1~8
施工场地冲洗水	6~9	150~200	50~80	1~2
设备冷却水	6~9	10~15	10~20	0.5~1.0

2. 废水处理

铁路生产废水要求达到《污水综合排放标准》(GB 8978)规定的一级排放标准或《铁路回用水水质标准》(TB/T 3007)时,可采用图15—2—15所示工艺流程。

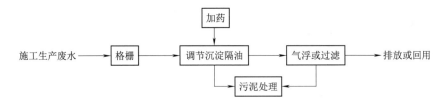

图15—2—15 施工生产废水气浮过滤处理工艺

施工生产废水要求达到《污水综合排放标准》(GB 8978)规定的二级或三级排放标准时,需采用图15—2—16所示工艺流程。

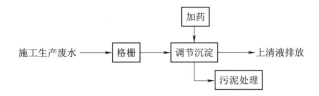

图15—2—16 施工生产废水沉淀处理工艺

二、铁路站区生活污水处理系统

铁路生活污水主要包括办公生活区、站场旅客区生活污水。

(一)生活污水处理方法

生活污水主要污染物质及其处理方法见表15—2—10。

表15—2—10 主要污染物质和处理方法

序号	污染物质	常用处理方法
1	pH值	中和
2	BOD_5	活性污泥法、生物膜法、厌氧生物处理、凝聚沉淀

续上表

序号	污染物质	常 用 处 理 方 法
3	悬浮物	凝聚沉淀、气浮、过滤、离心分离
4	COD	活性污泥法、生物膜法、厌氧生物处理、凝聚沉淀、活性炭吸附
5	油	凝聚沉淀、气浮
6	酚	萃取、活性污泥法、活性炭吸附、化学氧化、臭氧处理
7	镉	超滤、钡盐法、电石渣法
8	铅	调整pH生成氢氧化物后沉淀过滤
9	硫化物	空气氧化、化学氧化、生物氧化
10	有机磷	生物氧化、活性炭吸附

当前我国铁路站区生活污水处理方法包括简单化粪池处理以及化粪池预处理+生物处理单元处理,生物处理主要包括厌氧生物滤池、SBR、厌氧滤罐+人工湿地、排污降温池+自然氧化塘、接触氧化等。与此同时,各车站根据排放出路的不同执行不同的排放标准,排入城市污水管网的多执行《污水综合排放标准》(GB 8978)三级标准;排至受纳水体多执行《城镇污水处理厂污染物排放标准》(GB 18918)或相应地方标准;回用于站区绿化多执行《污水综合排放标准》(GB 8978)二级标准;回灌农田的执行《农田灌溉水质标准》(GB 5084)标准。

(二)生活污水预处理构筑物

1. 格栅

格栅用来去除污水中混有的漂浮物和一些固体颗粒物,进而防止泵及处理构筑物的机械设备堵塞或磨损,使后续处理流程能顺利进行。

2. 沉砂池

沉砂池用来去除比重较大的无机颗粒,如泥沙、煤渣等,以减轻沉淀池负荷及改善污泥处理构筑物的处理条件。沉砂池分平流式、竖流式、曝气式和涡流式四种形式,可根据污水性质来选用。

3. 调节池

调节池是用来调节站、段排出的不均衡污水的水质、水量,以利于处理设备的均衡运转。调节池分为均质池和均量池。均量池实际是一座变水位的贮水池,一般来水为重力流,出水用泵抽出。铁路常用的调节池为均量池。

4. 沉淀池

沉淀池主要去除悬浮于污水中的可以沉淀的固体悬浮物。按在污水处理过程中的位置,主要分为初次沉淀池和二次沉淀池。按水流方向分为平流式、竖流式、辐流式3种。此外尚有斜板沉淀池、双层沉淀池,可在某些特定条件下采用。每种沉淀池均包含五个区,即进水区、沉淀区、缓冲区、污泥区和出水区。

(三)生活污水主要处理工艺

1. 简易处理(化粪池)

铁路中小车站一般只有生活污水排出,由于水量小,在一般无特殊要求的地区,均采取简易处理。在铁路系统中,化粪池作为生活污水中的粪便污水处理的构筑物得到广泛的应用,特别是中小车站,一般生活污水均经化粪池处理后,经市政部门许可,排入城市下水道。

2. 序批式间歇反应活性污泥法(SBR)

SBR法是以时间为顺序的污水处理工艺,通过对SBR各工序所需时间,即污水的水力停留时间、污泥产量、排泥量、曝气量等参数优化,使处理工艺能够发挥活性污泥微生物充分降解有机物及氮磷的效果,达到污水各种指标的最佳化,其出水水质能达到《污水综合排放标准》(GB 8978)二级排放标准,但未能满足《城镇污水处理厂污染物排放标准》(GB 18918)一级A标准的要求。

3. 一体式膜生物反应器(SMBR)

SMBR法是在SBR法基础上发展的一种新的污水处理工艺,它将滗水器换作了MBR膜净化器。运转初期,其出水水质可以达到《城镇污水处理厂污染物排放标准》(GB 18918)一级A标准,但随着运转时间的延长,膜的被污染、阻塞的问题日益突出,不仅影响出水水质,而且也影响出水水量。随着膜技术的进步,这个问题会得到缓解或解决。由此可见,SMBR法比较完整地继承了SBR法的优点,但又增添了膜的清洗、维护与更换等新问题。

4. 一体化设备(地埋式)

一体化地埋式生活污水处理设备利用生物方法进行污水的处理,是一种十分高效的污水处理设备之一。一体化污水处理设备在保证污水处理质量的同时兼有价格低廉、处理方便快捷的特点,它的应用有着巨大的发展潜力。铁路上应用较多的主要是厌氧滤池一体化设备。

厌氧滤池生活污水处理设备主要用于污水排放量较小、出水达到国家《污水综合排放标准》(GB 8978)中的二级标准的生活污水处理,一般串联在化粪池后使用。设备集沉淀、厌氧接触、过滤于一体,处理效果显著,安装简单方便。设备无动力连续运行,无能耗,无须专人管理。厌氧滤池生活污水处理设备主要由沉淀池、厌氧接触池、过滤池及沼气处理装置四部分组成。此方法污水处理出水还未达到《城镇污水处理厂污染物排放标准》(GB 18918)一级A标准要求。

(四)生活污水再生回用

根据生活污水水质与要求的不同,污水再生回用的处理流程可为上述处理技术的不同组合,再经混凝、沉淀(气浮)、过滤等满足《铁路回用水水质标准》(TB/T 3007)的要求。根据用水目的将回用水分为三类。第一类为铁路生产低质用水,包括机车车辆冲洗、机车车辆配件煮冲洗、除尘防尘、容器试压、冷却等。第二类为铁路生活杂用水,包括洗车、扫除、地面冲洗和道路浇洒、绿化及厕所便器冲洗等。第三类为铁路景观用水,包括喷泉、观赏鱼池、人造湖等。

第三节 铁路雨水排水设施

雨水排水设施主要由房屋建筑屋面雨水系统、铁路客运站雨水排放系统以及雨水泵站组成,同时根据《室外排水设计规范》(GB 50014)的规定,对于站场雨水的调蓄、渗透和综合利用措施必不可少。

一、屋面雨水系统

(一)屋面雨水系统的功能与特点

铁路屋面雨水系统由房屋屋面雨水系统和雨棚屋面雨水系统组成。

屋面雨水系统主要负责收集并及时排出屋面径流,防止屋面积水。屋面雨水排水系统分为重力无压流和有压流两种。其中有压流屋面雨水排水系统主要是虹吸式屋面雨水排水系统。

虹吸式屋面雨水系统管网流态是有压流,雨水斗使悬吊管内或立管顶端出现负压,对雨水流动形成抽吸作用,得以快速排出屋顶上的雨水。重力无压流屋面雨水排水系统管网流态是无压流态。

管网流态的不同主要通过雨水斗及其配套设备来实现,虹吸式屋面雨水系统采用有压流(虹吸式)雨水斗,重力无压流屋面雨水排水系统采用65型、87型系列雨水斗及重力流雨水斗。两种屋面雨水系统的特点见表15—3—1。

表15—3—1　各屋面雨水系统的特点

	虹吸式雨水系统	重力流雨水系统
设计流态	水一相流(有压流)	附壁膜流(无压流)
雨水斗形式	虹吸斗:整流(反涡流)、面板隔气、下沉集水斗	65斗、87(79)斗、自由堰流式 不整流、无隔气
组成部分	溢流口(必须设置)、天沟、雨水斗、连接管、悬吊管、立管、过渡段及排出管	溢流口(宜设)、雨水斗、悬吊管、立管及排出管
适用条件	(1)短时间积水不会产生危害的大型、复杂屋面; (2)屋面的天沟壁与屋面板之间的搭接缝无防水功能时不适用,若采用需要做搭接缝防水; (3)非大型、复杂屋面不宜采用,经济性差	一般工程均适用。大型、复杂屋面当重力式排水立管布置受限时不适用
优点	(1)管道敷设坡度小或无坡度,在大型屋面建筑中节省建筑空间; (2)管径小,节省管材	造价低、溢流频率低、运行可靠、水力计算简单等

(二)屋面雨水系统设施

屋面雨水系统设施主要包括天沟、雨水斗、溢流口及相关管道。

1. 天沟

天沟指建筑物屋面两跨间的下凹部分,屋面雨水先集到天沟再由雨水管排下。天沟可以水平或坡度设置,平坡或沟的坡度小于0.003时,雨水出口应为跌水或自由流出。天沟长度一般不超过50m,天沟的深度应在设计水深上方留有保护高度。

2. 雨水斗

雨水斗设在屋面雨水由天沟进入雨水管道的入口处,具有整流和格栅的作用,主要分为65型和87型雨水斗、虹吸式雨水斗,其中,虹吸式雨水斗应用越来越广。虹吸式雨水斗采用有压流,对雨水流动形成抽吸作用,能很好地防止空气通过雨水斗入口处的水流带入整个系统,并在斗前水位升高到一定程度时,形成水封完全阻隔空气进入,并使雨水平稳地淹没泄流进入排水管。虹吸式雨水斗最大限度减小了天沟的积水深度,使屋面承受的雨水荷载降至最小,同时提高了雨水斗的额定流量。虹吸式雨水斗外形图如图15—3—1所示。

图15—3—1 虹吸式雨水斗外形图

3. 溢流口

溢流口是防止屋面雨水积水超限而设置的泄流管口。一般设置在屋面的女儿墙上,屋面溢流雨水或沿建筑外墙流到地面,或抛离墙面自由飘落地面。对于钢结构的屋面,溢流口一定要考虑水力坡度和壅水高度对溢流口的影响,防止雨水通过施工和变形缝渗入室内。虹吸式屋面排水系统必须设置溢流口。

4. 管道

屋面雨水系统的管道主要包括连接管、悬吊管、立管、排出管及埋地管。连接管是连接雨水斗和悬吊管的一段竖向短管,应固定在梁、桁架等承重结构上。悬吊管连接雨水斗和排水立管,架空横向布置,应沿墙、梁或柱间悬吊并与之固定。立管承接悬吊管或雨水斗流来的雨水,一根立管连接的悬吊管根数不多于两根,宜沿墙、柱明装,无溢流措施时,雨水立管不应少于两根。排出管和埋地管都是汇集立管的雨水。排出管是立管和检查井间的一段有较大坡度的横向管道。埋地管敷设于室内地下,承接立管的雨水,并将其排至室外。

二、铁路客运站雨水排放系统

铁路客运站雨水排放系统不同于一般建筑物,具有各建筑物高低错落不等,排水设备多样,纵横交错、高低落差较大等特点,不但要求各子系统的排水设施自成体系、功能性强,还要求各子系统之间的衔接顺畅、排水径路、出口合理,整体排水工程具有良好的系统性,保证车站排水顺畅。

铁路客运站雨水排水系统由铁路车场、中间站台面、雨棚屋面、基本站台面(铁路车场与站房之间)、站房屋面、站前广场等排水子系统组成。

(一)铁路车场

一般情况采用有组织排水方式。车场内设有纵、横向盖板排水沟,负责收集降落在股道和路基面的雨水,并能及时排除,以保证路基的良好状态。

(二)中间站台面

一般采用漫流排水方式,站台面面向股道设有横向坡度,以便将降落在站台面的雨水及时排走,保证站台面不积水,方便旅客乘降。

(三)雨棚屋面

采用有组织排水方式,在雨棚屋面设有排水沟槽,将雨水收集后,通过落地雨水管路及时将屋面的雨水落地,保证雨棚屋面不积水,不会压垮、结冰、变形等。

(四)铁路车场与站房之间的基本站台面

该站台面一般比较宽,采用有组织排水方式,在站台上设有纵向盖板排水沟,将基本站台面的雨水收集后,及时排走,保证站台面不积水,方便旅客乘降。

(五)站房屋面

采用有组织排水方式,在屋面设有排水设施,将雨水收集后通过落地雨水管,及时排除站房屋面的雨水,保证站房屋面不积水,不会压垮、结冰、变形等。

(六)站前广场

采用有组织排水方式,在站前广场地下设排水管网,将雨水收集后,及时排走,保证旅客疏散通道的畅通。

各区域独立排水子系统间要有效衔接,避免整体排水系统不合理问题的出现。各区域排水子系统之间的衔接关系见表15—3—2。

表15—3—2 各区域排水子系统之间的衔接关系

各区域名称	铁路车场	中间站台面	雨棚屋面	基本站台面	站房屋面	站前广场
铁路车场	—	有衔接	有衔接	无	无	无
中间站台面	—	—	有衔接	无	无	无
雨棚屋面	—	—	—	有衔接	无	无
基本站台面	—	—	—	—	有衔接	有衔接
站房屋面	—	—	—	—	—	有衔接
站前广场	—	—	—	—	—	—

三、雨水泵站

(一)雨水泵站的功能与特点

雨水泵站多用于改造项目和新建道路穿越铁路项目。下穿铁路立交桥雨水排水系统由雨水收集系统和雨水泵站组成。雨水收集系统收集汇水范围内的地表雨水至集水池。由于下穿铁路立交桥引道坡度较大(通常在2.0%~3.5%),造成雨水的地面径流流速较大,接近甚至超过管道排放的流速,一般采取在下立交最低处设置多箅集水井来收集雨水,多箅水井的个数是雨水设计流量与单个集水井容纳流量的比值,并考虑1.2~1.5的堵塞系数。地下水位高于引道时在引道的基层内铺设软式透水管,将地下水有组织地收集到管内排入集水沟,地表雨水和地下水就近排入泵站集水池。

雨水泵站将收集的雨水及时排除,是整个排水系统的核心。在下穿铁路立交桥雨水泵站使用潜水泵排水,可节省40%~60%工程投资;安装维护方便,可临时安装;运行安全可靠,辅助设备少,降低了故障率;泵房与控制室分开,振动、噪声小;自动化程度高,潜水泵机组启动、操作程序简单;可简化泵房结构。

(二)雨水泵站的设施

雨水泵站的设施主要由进水井、井内格栅及闸门、集水池、泵房和出水池等组成。

1. 进水井及井内格栅、闸门

进水井汇集各雨水排水管道出水,通过进水井引入集水池,井内安装闸门,有时还安装格栅,形状以矩形为宜。格栅间上部敞开,以利采光和通风。格栅分固定格栅和活动格栅两种,小型雨水泵站宜采用带安装滑道的活动格栅,这种格栅不需下井清掏,过水面积大,重量轻,使用方便。进水井内都应该安装闸门、切门,以便在停电、集水池清掏或事故时将闸门关闭,防止水流入集水池。

2. 集水池

雨水泵站中,泵根据集水池内水位启动和停止,集水池不起调蓄作用。雨水泵站集水池有效容积不应小于最大一台泵 30 s 的出水量。流入集水池的雨水应通过格栅。雨水进水管沉砂量较多地区宜在雨水泵站集水池前设置沉砂设施和清砂设备。

3. 机器间

机器间主要用于水泵机组的安装,内部设有起重设备。此外还应做好防潮、隔音和噪声消减处理。潜水泵的安装,有悬吊式、斜拉式、自由移动式、轨道式自动耦合安装等形式。目前,小型雨水泵站中潜水泵多采用轨道式自动耦合安装,安装、检修时不需进入集水池,便于维护管理。

4. 出水池

对于只有一条出水管的泵站,可直接排入排水管渠或排出口,一般不设出水池。

出水池主要有压力出水池和重力式出水池。压力出水池,池盖板加橡胶垫以螺栓与池壁连接密封,池盖上加 $D_N150 \sim D_N200$ mm 铸铁管排气,高度以水不溢出管口为止。重力式出水池,池口可以敞开着或加混凝土盖板,池底一般略高出排出管(渠)底,使池内不致积水。

5. 变、配电室

当泵站离电源较远,且为高压供电时,泵站内设变、配电室(变压器或者变压器间)。变压器容量小于 200 kVA 时设在室外,大于或等于 200 kVA 时设在室内。

雨水泵站的自动控制同污水泵站。

四、雨水调蓄池

雨水调蓄是雨水调节和雨水储存的总称。雨水调节的主要目的是消减洪峰流量;雨水储存的主要目的是为了满足雨水利用的要求而设置的雨水暂存空间,待暴雨过后将雨水加以利用。雨水调蓄池以调蓄暴雨洪峰流量为核心,把排洪减涝、雨洪利用与城市的景观、生态环境和城市其他一些社会功能更好地结合,有效解决城市内涝问题。

雨水的调蓄排放系统由雨水收集管网、调蓄池、排水管道组成。调蓄池多利用天然洼地、池塘、景观水体等地面设施,条件不具备时,采用地下调蓄池。地下调蓄池设有进水口、出水口和人孔等。

五、雨水再利用设施

(一)雨水渗透过滤设施

雨水渗透系统包括地面渗透系统和地下渗透系统。地面渗透系统有下凹绿地、浅沟与洼地、地面渗透池塘和透水铺装地面;地下渗透系统有埋地渗透管沟、埋地渗透渠和埋地渗透池等。

下凹式绿地是一种既不增加建设投入又可收到较好效果的雨水渗透和雨洪利用措施。它具有节能、蓄渗雨水、消减洪峰流量、过滤水质、美化环境、防止水土流失等特点。调整好路面高程、绿地高程、雨水口高程的关系,使路面高程高于绿地高程,使雨水口设在绿地内,雨水口高程高于绿地高程而低于路面高程,这样就形成了下凹式绿地,降雨后汇入的雨水径流都进入绿地,经绿地蓄渗后,多余的雨水径流才能从雨水口经管道收集流走。主要特点有:

1. 降低城市的洪涝灾害,增加土壤水渗入量和地下水的资源,也节约了绿地浇灌的用水量。由于下凹式绿地把大量的地表径流蓄渗于绿地内,其形成的洪峰、洪量都将大大减小,雨水管道的管径也同时减小。

2. 一般植物耐淹时间为 1~3 d,汇入的雨水不会对植物的生长产生影响。相反,由于土壤的渗滤作用,截流了一部分营养物质,增加了绿地土壤肥力和水分,使得植物的长势更好。

3. 改善了河湖的水质,减少了河湖的淤积量。下凹式绿地类似一个沉砂池和污水的土地处理系统,固体污染物绝大部分沉积在绿地内,有机污染物在绿地内得到净化。

(二)海绵站区雨水利用设施

雨水是一种宝贵的水资源,在铁路设置海绵站区可实现在雨水利用的同时,减少雨洪危害,具有良好的环境效益。雨水利用包括直接利用和间接利用。雨水直接利用是指雨水经收集、储存、就地处理等过程后用于冲洗、灌溉、绿化和景观用水等;雨水间接利用是指通过雨水渗透措施把雨水转化为土壤水,其设施主要有地面渗透、埋地渗透管和渗透池等。

第四节 铁路排水设施的维护与管理

铁路排水设施对铁路的运输生产起着至关重要的作用。排水设施维护与管理的目的是维护好排水设备设施正常运行,确保排水设施各项性能完好。

为了规范铁路排水设施的维护工作,确保排水设施运行良好,铁路排水管理部门必须科学、合理、规范的进行设备的维护与管理。

一、排水设施的检测与控制

铁路排水设施根据工程规模、工艺流程、构筑物组成、运行管理要求等,确定检测与控制的内容。仪表检测和自动化控制系统应能保证排水系统安全可靠运行并便于管理。计算机控制管理系统宜兼顾现有、新建和规划要求。

(一)一般规定

污水处理站、卸污系统、排水泵站应采用集中监控、终端控制的计算机监控系统。

(二)检测

1. 污水处理站进、出水应根据国家或地方现行排放标准设置相关项目检测仪表。
2. 排水泵站应检测水位、压力、流量及电机的相关参数。
3. 真空卸污系统应检测真空度、压力、真空罐或收集罐的液位。

(三)控制

1. 污水处理站集中监控系统宜按设备控制单元和中央控制单元设置。

2. 卸污系统应按设备控制单元和中央控制单元设置。

3. 排水泵站的水泵机组、控制阀门等宜用联动、集中或自动控制。

(四)计算机控制管理系统

1. 计算机控制管理系统应有收集、处理、控制、管理和安全保护功能。

2. 污水处理站、卸污站(点)及排水泵站应建立相应的数据库,纳入铁路综合信息化网络系统或预留接口。

二、排水设施的维护与管理

排水设施的维护管理过程主要是对相关附件及管道进行日常保养及维护维修,要严格依据国家的相关规定中维护的方法和标准执行。

(一)排水管道的维护与管理

1. 排水横管、排水支管吊杆应安装牢固,如有松动则应对松动部位进行紧固;用实心金属棍对排水横管、排水支管轻轻敲打,如果是空心声则表示管道通畅,如果是实心声则有堵塞现象,应利用管道检修口或清扫口用相应的管道疏通机进行疏通清理。

2. 定期检查排水立管与管道支架是否安装牢固,如有松动则应对松动部位进行紧固。

3. 定期检查通气管与污水管道是否连接牢固,如有松脱则应对该部位进行维修。

4. 定期检查管道检修口、清扫口是否有渗漏现象,如有则先更换其密封圈,或更换同型号同规格的配件。

5. 定期检查地漏盖是否完好无损,是否能有效阻挡杂物进入排水管道,如损坏则应进行更换,同时定期清理地漏周围的杂物。

(二)阀门和压力表的维护与管理

1. 启动水泵,检查压力表是否处于正常位置,如压力表无显示压力,先检查管道、阀门有无堵塞,如无堵塞,再卸下压力表,检查压力表连接管是否通畅,压力表接口部位是否堵塞,如有堵塞现象则进行清除,否则更换同型号规格配件。

2. 排污管路上闸阀、止回阀应保持通畅,如有堵塞则进行清除。

3. 排污管路上闸阀、止回阀保护漆应该完好,如脱漆较严重则应重新油漆一遍或更换。

4. 各连接处是否有漏水现象,如漏水则应维修。

(三)潜水泵、排污泵的维护与管理

1. 用500 V兆欧表检测潜水泵或排污泵绝缘电阻是否在0.25 MΩ以上,若不是应拆开潜水泵或排污泵,对线圈进行烘干处理。

2. 检查潜水泵或排污泵轴承磨损情况,如转动时有明显阻滞或异常声响,则应更换同型号规格轴承。清洁潜水泵或排污泵外壳,如锈蚀严重则应在表面处理后重新油漆。

3. 潜水泵或排污泵上连接导线如有老化现象则应立即进行更换。潜水泵或排污泵安装及提升支架应该保持牢固,如有松动则应紧固。

4. 检查潜水泵或排污泵,如进水口有淤泥,应全面清除干净。如叶轮磨损严重应更换。

（四）集水坑的维护与管理

1. 为防止水泵堵塞,应检查集水坑内是否有杂物及淤泥存在,如有则应进行清除,确保集水坑内干净。

2. 集水坑内扶梯应保证安装牢固,如有松动现象则应进行紧固,如产生锈蚀现象,则应对锈蚀部位进行除锈处理。

3. 检查集水坑盖板是否牢固,如锈蚀、脱漆现象严重则应彻底铲除铁锈、脱落层油漆后重新油漆,如锈蚀现象已经严重影响安全的则应进行更换;如混凝土盖板出现断裂、缺角等影响安全的现象,则应重新浇筑。

（五）有限空间作业安全规范

1. 应严格执行"先检测、后作业"的原则。检测指标包括氧浓度值、易燃易爆物质(可燃性气体、爆炸性粉尘)浓度值、有毒气体浓度值等。

2. 实施有限空间作业前,应根据检测结果对作业环境危害状况进行评估,制定消除、控制危害的措施,确保整个作业期间处于安全受控状态。

3. 实施有限空间作业前和作业过程中,可采取强制性持续通风措施降低危险,保持空气流通。严禁用纯氧进行通风换气。

4. 应为作业人员配备符合国家标准要求的通风设备、检测设备、照明设备、通信设备、应急救援设备和个人防护用品。当有限空间存在可燃性气体和爆炸性粉尘时,检测、照明、通信设备应符合防爆要求,作业人员应使用防爆工具、配备可燃气体报警仪等。应配备全面罩正压式空气呼吸器或长管面具等隔离式呼吸保护器具,应急通信报警器材。

5. 应制定有限空间作业应急救援预案,明确救援人员及职责,落实救援设备器材,掌握事故处置程序,提高对突发事件的应急处置能力。预案每年至少进行一次演练,并不断进行修改完善。

三、雨水设施的维护与管理

雨水设施的维护办法要依据相关标准规范执行,以维持系统较好的运行状态,主要包括虹吸式屋面雨水排水系统的维护和雨水管渠系统的维护。

（一）虹吸式屋面雨水排水系统的维护与管理

虹吸式雨水系统应定期维护,使其保持良好的工作状态。主要依据《虹吸式屋面雨水排水系统技术规程》(CECS183),具体规定如下。

1. 系统的日常检查和维护应包括下列内容:

（1）检查格栅是否被固定在雨水斗上;

（2）检查屋面雨水是否可自由径流到雨水斗中,确保屋面无杂物;

（3）对雨水管应进行定期的功能和状态检查,及时清除屋面、天沟、雨水斗和管道中的砂石、污泥和树叶等杂质;

（4）建立日常检查和维护档案。

2. 除雨水外,其他污、废水不得排入雨水系统,当发现时应及时截流。

3. 定期维护系统中所有的构件,以及专用于维修的部件,应保证能随时、安全、方便地进行维修工作。

4. 检查口应在任何时候都保持水密性和气密性。应注意垫圈的密封性是否正常，以及固定螺丝或螺栓的结合是否紧密。

5. 对产生有毒有害、易燃易爆物质而可能发生危害健康事故或其他重大事故的操作，应由具有相应资质的人员进行处理。

6. 虹吸式屋面雨水排水系统的检查和维护周期，应根据当地的具体环境条件（天气、绿化等）确定，并应符合表 15—4—1 的规定。

表 15—4—1 检查和维护周期

序号	检 查 内 容	周 期	备 注
1	对管道、管件、检查口、堵头等进行外观检查	每年 1 次	包括检查密封性能，并检查固件
2	检查雨水排水系统和溢流系统的设计能力是否足够	根据实际需要	—
3	检查不易检查到的部件，如有需要可进行通水试验	每年 4 次	—
4	检查排水口总体情况和杂质积存情况	每年 2 次	包括清扫格栅、排水口等

7. 雨水排水系统的维护应由专业机构和专业人员进行。对维护过程中发现的缺陷和问题，应采取相应的防护措施，保证系统的稳定性和最大效率。

（二）雨水管渠系统的维护与管理

雨水管渠系统的维护内容主要围绕雨水口以及井室两个方面展开，定期维护可使其保持良好的工作状态。主要依据为《城镇排水管渠与泵站维护技术规程》(CJJ 68)，具体规定如下。

1. 排水管道应定期巡视，巡视内容应包括污水冒溢、晴天雨水口积水、井盖和雨水箅缺损、管道塌陷、违章占压、违章排放、私自接管以及影响管道排水的工程施工情况。

2. 按照管理部门制定的本地区的排水管道养护质量检查办法，定期对排水管道的运行状况进行抽查，养护质量检查每 3 个月不应少于一次。

3. 管道、检查井和雨水口内不得留有石块等阻碍排水的杂物，其允许积泥深度应符合表 15—4—2 的规定。

表 15—4—2 管道、检查井和雨水口的允许积泥深度

设 施 类 别		允许积泥深度
管 道		管径的 1/5
检查井	有沉泥槽	管底以下 50 mm
	无沉泥槽	主管径的 1/5
雨水口	有沉泥槽	管底以下 50 mm
	无沉泥槽	管底以上 50 mm

4. 检查井日常巡查检查内容应符合表 15—4—3 的规定。

表 15—4—3 检查井巡视检查内容

部 位	外部巡视	内部检查
内 容	井盖埋没	链条或锁具
	井盖丢失	爬梯松动、腐蚀或缺损
	井盖破损	井壁泥垢

续上表

部 位	外 部 巡 视	内 部 检 查
内 容	井盖破损	井壁裂缝
	盖、框间隙	井壁渗漏
	盖、框高差	抹面脱落
	盖框突出或凹陷	管口孔洞
	跳动和声响	流槽破损
	周边路面破损	井底沉泥
	井盖标识错误	水流不畅
	其他	浮渣

5. 检查井盖和雨水箅的维护应符合下列规定。

(1) 井盖和雨水箅的选用应符合表15—4—4的规定

表15—4—4 井盖和雨水箅技术标准

井盖种类	标准名称	标准编号
铸铁井盖	《铸铁检查井盖》	CJ/T 3012
混凝土井盖	《钢纤维混凝土井盖》	JC 889
塑料树脂类井盖	《再生树脂复合材料检查井盖》	CJ/T 121
塑料树脂类水箅	《再生树脂复合材料水箅》	CJ/T 130

(2) 在车辆经过时,井盖不应出现跳动和声响。井盖与井框间的允许误差应符合表15—4—5的规定。

表15—4—5 井盖与井框间的允许误差(mm)

设施种类	盖框间隙	井盖与井框高差	井框与路面高差
检查井	<8	+5, −10	+15, −15
雨水口	<8	0, −10	0, −15

(3) 井盖的标识必须与管道的属性一致。雨水、污水、雨污合流管道的井盖上应分别标注"雨水""污水""合流"等标识。

(4) 铸铁井盖和雨水箅宜加装防丢失的装置,或采用混凝土、塑料树脂等非金属材料的井盖。

6. 当发现井盖缺失或损坏后,必须及时安防护栏和警示标志,并应在8h内恢复。

7. 雨水口的维护应符合下列规定。

(1) 雨水口日常巡查内容应符合表15—4—6的规定。

表15—4—6 雨水口巡视检查的内容

部 位	外部检查	内部检查
内 容	雨水箅丢失	铰或链条损坏
	雨水箅破损	裂缝或渗漏
	雨水口框破损	抹面剥落

续上表

部 位	外 部 检 查	内 部 检 查
内　容	盖、框间隙	积泥或杂物
	盖、框高差	水流受阻
	孔眼堵塞	私接连管
	雨水口框突出	井体倾斜
	异臭	连管异常
	其他	蚊蝇

（2）雨水箅更换后的过水断面不得小于原设计标准。

8. 检查井、雨水口的清掏宜采用吸泥车、抓泥车等机械设备。

9. 管道疏通宜采用推杆疏通、转杆疏通、射手疏通、绞车疏通、水力疏通或人工铲挖等方法，各种疏通方法的适用范围宜符合表15—4—7的要求，表中"√"表示适用。

表15—4—7　管道疏通方法及适用范围

疏通方法	小型管	中型管	大型管	特大型管	倒虹管	压力管	盖板沟
推杆疏通	√						
转杆疏通	√						
射手疏通	√	√			√		√
绞车疏通	√	√	√		√		√
水力疏通	√	√	√	√	√	√	√
人工铲挖			√	√			√

第十六章 铁路房建供暖设施

铁路房建供暖设施为车站内各功能房间供应足够的热量,使其室内温度达到供暖标准,为旅客、员工创造适宜的休息、生活和工作条件,是铁路运输房建设备的重要组成部分。

铁路房建供暖设施由热源、室外供暖管网、室内供暖设备三部分组成。其中热源产生足够的热量,通过室外供暖管网把热量输送到室内供暖设备,室内供暖设备向房间释放热量,从而保证铁路房屋的室内舒适度。

本章将重点介绍铁路房建供暖热源系统、室外供暖管网系统、室内供暖系统的分类、组成、设备、检测验收与日常维修管理等,为铁路房建供暖设施的正常稳定运行与安全规范管理提供技术支撑。

第一节 热源系统

热源系统的主要作用是生产和供给足够的热量,保证站房各功能房间的热舒适度。供暖热源形式和规模日益多样化,如热电厂、区域锅炉房、地热、核能、工业余热和太阳能等。铁路房建供暖应根据区域位置、用途、规模等因素综合选择热源,目前铁路房建供暖主要热源形式为区域锅炉房、换热站。通常采用换热站作为热源,对于城市供热管网未覆盖的区域,采用区域锅炉房作为热源。

一、区域锅炉房

区域锅炉房作为独立的供暖系统,向附近的小区、街区、厂房等具有一定规模的建筑群供暖,代替传统分散小型锅炉供暖,能节约燃料,改善供暖质量,减少对大气的污染。规模和场地的选择比较灵活,建设周期较短,是城市集中供暖的一种主要方式。区域锅炉房内包含锅炉以及锅炉辅助设备。

(一)锅炉

锅炉是供暖之源,将燃料的化学能转化为热能,并通过热能产生蒸汽(或热水),使用后的冷凝水(回水)被送回锅炉继续加热。锅炉按所用燃料不同,可分为燃煤锅炉、燃油锅炉、燃气锅炉等。铁路房建供暖常用燃煤、燃气锅炉作为热源。

1. 燃煤锅炉

燃煤锅炉(图16—1—1)的主要构造包括炉子和锅筒两部分,其中炉子的主要作用是将燃料与空气充分混合燃烧,形成高温的火焰和烟气,释放大量热量,以对流和辐射换热的方式,将热量传递给锅筒内的低温水,低温水受热变为高温蒸汽或热水供给用户使用。在此过程中,水受热升温和高温烟气降温为锅炉的主要工作过程。

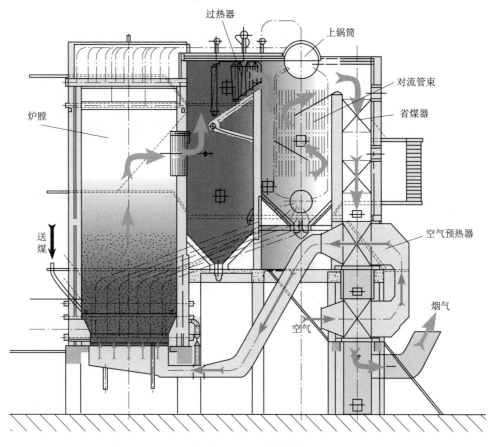

图 16—1—1 燃煤锅炉

(1)水受热升温过程

供给用户散热设备的高温水,经过散热设备后变为低温回水。如图 16—1—2 所示,低温回水需要重新送入锅炉内部进行加热,首先进入锅炉内部的省煤器内进行预加热,然后送入锅炉上锅筒中,经过上锅筒的下降管流入集箱(水冷壁集箱和对流管束集箱),集箱内的低温水经高温火焰辐射和烟气对流换热升温,沿着锅炉上升管(水冷壁、对流管束)上升,最后进入上锅筒后从锅炉最高点送出热水。

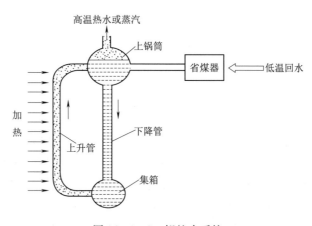

图 16—1—2 锅炉水系统

①锅筒:如图16—1—2所示,锅筒由上锅筒、集箱及中间连接的对流管束构成。其中上锅筒用于容纳产生的高温水和水蒸气,在锅筒上部汽水发生分离。集箱的作用是汇集或分配多根管子中的汽、水工质,减少锅炉的开孔数及工质的输送连接管道。

②对流管束:布置在上锅筒与集箱之间的管群,从炉膛流出的高温烟气横向冲刷管束,以对流换热的方式将热量传给管束,使管束内的水不断升温。

③水冷壁:水冷壁为单排并列布置在炉膛墙内的水管,其作用是吸收高温火焰辐射热量,水冷壁管内的水受热升温变为蒸汽或热水进入上锅筒内。

(2)烟气降温过程

煤炭与空气燃烧产生的高温烟气在送风机和烟囱的作用下,首先经过过热器,将过热器内不饱和水蒸气加热成过饱和蒸汽送出。然后经过锅筒的对流管束,使管束内的低温水受热升温。随后烟气进入省煤器内,对进入锅筒的低温回水进行预热。最后烟气流入空气预热器内,将引入炉膛内的室外空气加热后经烟道排至室外。参与此过程的主要设备如下。

①过热器:过热器其作用是将导出汽包的饱和蒸汽继续加热,使之具有一定的过热度,超过饱和温度一定值,以满足生产工艺需要。一般布置在炉膛出口的高温烟道内。

②省煤器:省煤器是安装于锅炉尾部烟道下部用于回收余热的一种装置,其作用是将进入锅筒的低温回水进行预热,此装置充分利用烟气的余热,使排烟温度降低。

③空气预热器:布置在锅炉尾部烟道中,利用烟气的余热加热引入炉膛内的空气,使室外空气升温到燃料燃烧需要的温度,加速了燃料的干燥、着火和燃烧过程,同时降低排烟温度,减少热量损失。

2. 燃气锅炉

燃气锅炉(图16—1—3)燃料为天然气,在燃烧过程中,燃气燃烧的较为充分。燃气锅炉普遍效率在85%~95%,且排出的烟气所含污染物低,对大气环境影响小,在国家大力倡导节能减排的政策上,燃气锅炉的应用越来越广泛。

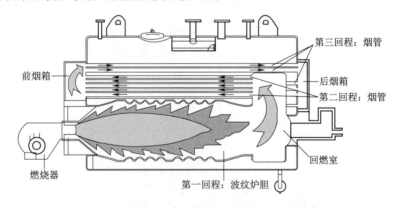

图16—1—3 燃气锅炉

燃气锅炉的燃烧器将燃气和空气混合向炉膛内喷射,通过燃烧器上的点火装置,把炉膛内充满的混合好的气体点燃充分燃烧,产生高温火焰和烟气,并以辐射和对流的方式与波纹炉胆进行换热,将热量传递给炉胆外侧的低温水,高温烟气在回燃室聚集,依次通入后烟箱、第二回程管、前烟箱、第三回程管,将热量传递给锅筒内的低温回水,最终烟气经过烟道排至室外。由于燃气锅炉与燃煤锅炉的内部设备具有相似性,以下仅对燃气锅炉主要设备进行介绍:

(1)燃烧器

燃烧器(图16—1—4)将燃料和空气以一定方式喷出混合燃烧。根据燃料与空气混合方式的不同,燃烧器可分为扩散式燃烧器、部分预混式燃烧器、完全预混式燃烧器三类。

①扩散式燃烧是指燃气未预先与空气混合,燃烧所需的空气依靠扩散作用从周围大气中获得。

②部分预混式燃烧是指燃气与所需的部分空气预先混合而进行的燃烧。

图16—1—4 燃烧器

③完全预混式燃烧是将燃气与所需的全部空气预先进行混合,可燃混合物在稳焰装置(火道、燃烧室及其他)配合下,瞬时完成燃烧过程。

(2)炉胆

炉胆(图16—1—5)直接受到高温火焰的辐射和高温烟气的冲刷,将热量传递给相邻的水,通常炉胆为波纹状,可减小受热后产生的热应力,也可以增加炉胆的刚度,提高承受外压的能力,另外也增加了炉胆的受热面积。

图16—1—5 炉胆

(二)锅炉辅助设备

锅炉房中除锅炉本体外、还必须装配水泵、风机、水处理等辅助设备,以保证锅炉生产过程能继续正常运行,主要包括燃料供应系统,送、引风系统,除灰渣系统,除尘系统,排污系统,仪表控制系统,软化水系统等。

二、热 力 站

热力站连接城市供热管网的高温热媒,通常根据高温热媒工况的特点,热力站采取相应的连接方式,将高温热媒加以调节、转换成相应的低温热媒,向热用户分配热量以满足需求,并根据调节和转换热媒的需要,进行集中计量、检测供暖热媒参数。

(一)热力站的分类

1. 按热媒温度分类

根据向热用户提供供水温度的不同,热力站可分为低温水热力站和高温水热力站。

(1)低温水热力站是指供水温度低于或等于100℃的系统,供、回水温度多采用95℃/70℃,也有采用85℃/60℃的。铁路房建多采用低温水供暖系统。

(2)高温水热力站是指供水温度超过100℃的供暖系统,供、回水温度大多采用120℃/70℃或130℃/80℃。高温水供暖系统一般在生产厂房中应用。

2. 按连接方式分类

根据与城市供热管网的连接方式的不同,热力站可分为直接连接和间接连接。

(1)直接连接是将城市供热管网的低温热媒,直接供给热用户应用城市管网热量。

(2)间接连接是将城市供热管网的高温热媒,通入换热器内将热量转换到二级管网,由二级管网供给热用户间接应用城市热网热量,图16—1—6为间接连接形式。

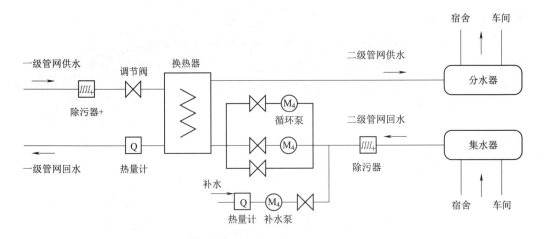

图 16—1—6 热力站系统

(二)热力站的组成

热力站作为铁路房建供暖的热源,其作用是为各热用户提供足够的高温供水。如图 16—1—6 所示,二级网高温供水首先进入分水器内,按照各热用户所需的流量分配热水,经过末端散热设备后降温变为低温回水,各热用户的低温回水统一被收集到集水器内,经水泵送入换热器内,通过换热器与城市供暖管网高温热媒进行热量交换,低温回水升温变为高温供水,重新被送入分水器内分配至各热用户。为保证热力站高效、安全、舒适运行,在热力站的一、二级管网分别装设监控、调控等设备。热力站内主要设备如下。

1. 换热器

换热器是指冷、热流体相互交换热量的一种换热设备,在热力站内的作用是将一级管网的热量传递给二级管网,从而保证二次管网为热用户提供充足供热量。其中,板式换热器(图 16—1—7)在铁路换热站中应用较为广泛,其内部结构含有金属板,通过金属壁面实现冷热流体的换热,即冷热流体不直接接触的间接换热。

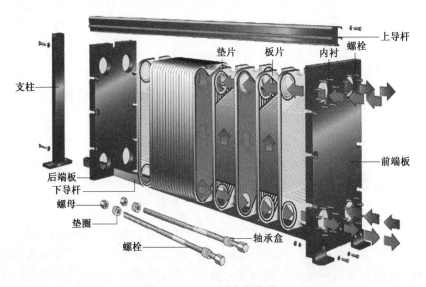

图 16—1—7 板式换热器

2. 分(集)水器

分水器(图16—1—8)是将主管路水通过一个容器分为几个支路输出的设备,它将主管路的水按各分支路需要的流量进行分配,保证各区域分支环路的流量满足热负荷需要。集水器则是将多个支路进水通过一个容器统一输出的设备,它将各分支回路的水流汇总,并且输入主管路中。分(集)水器结构一般由主管、分支管路、压力表、温度计、排污口等组成。

图16—1—8 分(集)水器

3. 除污器

除污器(图16—1—9)用来消除管道流体介质中的杂质,以保护阀门及设备的正常使用。当流体进入置有一定规格滤网的滤筒后,其杂质被阻挡,而清洁的滤液则由过滤器出口排出,当需要清洗时,只要将可拆卸的滤筒取出,处理后重新装入即可。

4. 调控阀门

阀门是供暖管网系统中的控制部件,具有截止、调节、导流、防止逆流、稳压、分流或溢流泄压等功能。常见形式有手动调节阀门和电动调节阀门两类,其中电动调节阀门可根据自动化系统中的控制信号,自动调节阀门的开关,从而实现介质流量、压力、温度和液位的调节。

图16—1—9 除污器

5. 监控仪表

监控仪表(图16—1—10)是多种仪表的总称,包括温度计、压力计、流量计、热量计等。主要作用是监测系统在运行过程中的参数,为运行管理人员提供基础数据。保证管网的安全运行,同时也为系统诊断分析、优化调节提供依据。大部分监控仪表由三部分构成,包括感受元件、连接导线、显示仪表等。

图16—1—10 监控仪表

第二节　室外供暖管网系统

室外供暖管网系统是指向热用户输送和分配热媒的管线系统,其作用是把热源的热量合理地分配到各个热用户。室外供暖管网系统的形式取决于热媒(蒸汽或热水)、热源(热力站或区域锅炉房)与热用户的相互位置和供暖地区热用户种类、热负荷大小和性质等。

室外供暖管网系统的组成包括输配管网、热力入口。

一、输配管网

输配管网是供暖管网系统的重要组成部分,担负热能的输送任务。如图 16—2—1 所示,热网由输送干线、输配干线、输配支线、用户支线、配热干线、支线等组成。输送干线自热源引出,一般不接支线;输配干线自输送干线或直接从热源接出,通过输配支线向用户供暖。

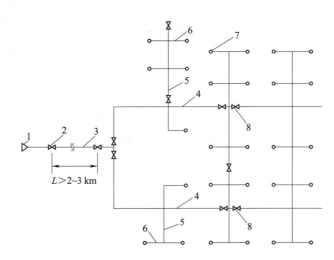

图 16—2—1　输配管网
1—热源(锅炉房或换热站);2—输送干线阀门;3—输送干线;4—输配干线;
5—支干线;6—用户支线;7—用户(热力入口);8—输配干线阀门

(一)输配管网分类

1. 室外供暖管网按照铺设方式的不同,可分为地上敷设、地下敷设。

(1)地上敷设

管道敷设在地面上或附墙支架上的敷设方式。按照支架的高度不同,分为低支架、中支架、高支架三种敷设形式。

①低支架:在不妨碍交通,不影响厂区扩建的场合,可采用低支架敷设。通常是沿着工厂的围墙或平行于公路或铁路敷设。为了避免雨雪的侵袭,供暖管道保温结构底距地面净高不得小于 0.3 m。低支架敷设可以节省大量土建材料、建设投资小、施工安装方便、维护管理容易。

②中支架:在人行频繁和非机动车辆通行地段,可采用中支架敷设。管道保温结构底距地面净高为 2.0~4.0 m。

③高支架:管道保温结构底距地面净高为 4 m 以上,一般为 4.0~6.0 m。在跨越公路、铁路、消防通道或其他障碍物时采用。地上敷设的供暖管道可以和其他管道敷设在同一支架上,但应便于检修,且不得架设在腐蚀性介质管道的下方。

(2)地下敷设

地下敷设不影响市容和交通,因而地下敷设是供暖管道广泛采用的敷设方式。根据地沟内人行通道的设置情况不同,分为通行地沟、半通行地沟和不通行地沟。

①通行地沟是工作人员可以在地沟内直立通行的地沟。目前,通行地沟形式正在向城市综合管廊方向转变。

②半通行地沟是操作人员可以在半通行地沟内检查管道和进行小型修理工作,但更换管道等大修工作仍需挖开地面进行。

③不通行地沟:不通行地沟的横截面较小,只需保证管道施工安装的必要尺寸。不通行地沟的造价较低、占地较小,是城镇供暖管道经常采用的地沟敷设形式。

2. 室外管网按照管网的形状不同,可分为支状管网、环状管网。

(1)枝状管网

枝状管网其形状如树枝状,干管和支管分明,只有一个热源。热源输送至某一管段的热媒只能由一个方向供给,每个节点的热媒只能来自一个方向。枝状管网相对于环状管网造价低,占用市政管线空间较少,但水力平衡较复杂,需要运行管理人员多次调节。目前,铁路房建供暖输配管网多采用此形式。

(2)环状管网

与枝状管网不同的是,环状管网如同一个封闭的环,由一个封闭成环的管道组成,每个节点的热媒可由两个方向供给。其中环状管网的热源可以多种形式组成,如图 16—2—2 所示,该热网的热源由区域锅炉房、热电厂构成,一般热电厂作为主热源,当供暖量不足时,区域锅炉房可作为调峰热源。相对于枝状管网,主要特点体现在热源的多形式化,以及管网的水力平衡好。

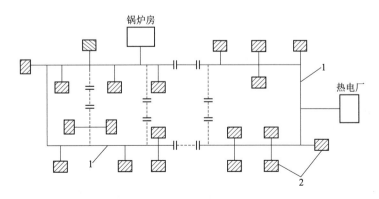

图 16—2—2　环状管网

1—输配干线;2—热力站(或用户)

(二)输配管网的组成

1. 供暖管道

供暖管道用于输送蒸汽或热水等热媒,将锅炉生产的热能,通过蒸汽、热水等热媒输送到室内散热设备,以满足生产、生活的需要。室外供暖管道一般采用无缝钢管和钢板卷焊管,根据热媒介质的不同选择钢材钢号,应符合《热网规范》的规定,见表16—2—1。

表 16—2—1　钢材钢号

钢　号	适用范围	钢板厚度
Q235-AF	$P_g \leqslant 1.0$ MPa, $t \leqslant 150$ ℃	$\leqslant 8$ mm
Q235-A	$P_g \leqslant 1.6$ MPa, $t \leqslant 300$ ℃	$\leqslant 16$ mm
Q235-B、20、20g、20R 及低合金钢	蒸汽网 $P_g \leqslant 1.6$ MPa, $t \leqslant 350$ ℃ 热水网 $P_g \leqslant 2.5$ MPa, $t \leqslant 200$ ℃	不限

供暖管道的连接可采用焊接、法兰连接和丝扣连接。焊接连接可靠、施工方便迅速,广泛用于管道之间及补偿器等连接;法兰连接装卸方便,通常用在管道与设备、阀门等需要拆卸的附件连接。

2. 管道附件

管道附件是构成供暖管线和保证供暖管网正常运行的重要部分,主要包括阀门、除污器、补偿器、支座、器具(放气、泄水、疏水)、保温等,其中阀门、除污器等在热力站中已讲述。

(1)补偿器

供暖管道升温时,会造成管道热伸长引起管道变形或破坏,这时需要在管道上设置补偿器,以吸收管道的热伸长,减小管壁的应力和作用在阀件或支架结构上的作用力。供暖管道上采用补偿器的种类很多,主要有自然补偿、方形补偿、波纹管补偿器、套筒补偿器、球型补偿器和旋转补偿器等。其中前三种是利用补偿器材料的变形来吸收热伸长,后三种是利用补偿器内外套管之间的相对位移吸收热伸长。

(2)支座

管道支座是直接支撑管道并承受相应作用力的管路附件,作用是支撑管道和限制管道位移。支座承受管道重力和由内压、外载及温度变化引起的作用力,并将这些荷载传递到建筑结构或地面的管道构件上。根据支座(架)对管道位移的限制不同,分为活动支座(架)和固定支座(架)。活动支座(架)允许管道和支承结构有相对位移,固定支座(架)不允许管道和支承结构相对位移。

(3)器具(放气、泄水、疏水)

为便于热水管道和蒸汽管道顺利放气和运行或检修时管道中的存水排放,以及从蒸汽管道中排除沿途凝水,应配置相应的放气、泄水、疏水装置。放气装置应设置在热水、凝结水管道的最高点处,放气阀门的管径一般采用 15~32 mm;泄水装置应设置在热水、凝结水管道的最低处;疏水装置应设置在蒸汽管道的低点和垂直升高的管段前。

(4)保温

供暖管道及其附件保温的作用在于减少热媒在输送过程中的热损失,保证热媒的使用温度,节约燃料;同时保证操作人员的安全,改善劳动环境。根据《热网规范》规定,供暖介质设计温度高于60℃的热力管道、附件应作保温。其中,对保温材料技术性能的要求详见《热网规范》。

管道的保温结构由保温层和保护层两部分组成,保温层的作用是绝热保温,保护层的作用是防止保温层的机械损伤和水分侵入,有时它还兼起保温结构外观的作用。

二、热力入口

热力入口(图16—2—3)主要用于控制、调节、调整进入室内热媒的压力及流量,一般设置在进入每栋建筑物之前的地沟内,并设置热力入口井,以便于人员操作和检修。

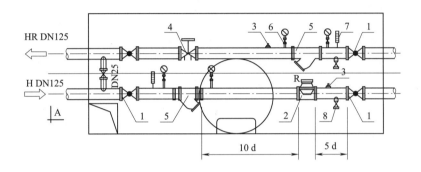

图16—2—3 热力入口

1—法兰球阀;2—流量计;3—温度传感器;4—水力平衡阀;5—过滤器;6—压力表;7—温度计;8—球阀

热力入口内主要设备有阀门、静态平衡阀、压力表、温度计、过滤器等。其中相关设备已叙述,现对水力平衡阀重点介绍。

水力平衡阀(图16—2—4)通过改变阀芯与阀座的间隙来改变流经阀门的流动阻力以达到调节流量的目的,在室外管网中能够调节管网系统的阻力,合理的分配系统的流量,保证管网的水力平衡。目前,常用的平衡阀为静态平衡阀,其作用是消除静态水力失调、使系统实现静态水力平衡。

图16—2—4 静态平衡阀

第三节　室内供暖系统

室内供暖系统向房间散热以补充房间的热损失,从而保持室内要求的温度。铁路房建相对于传统建筑,其建筑形式多样化,对供暖设施功能要求多样化,因此需要不同形式的室内供暖系统满足建筑的功能需求。

目前,铁路房建室内供暖系统形式为全面供暖和局部供暖。室内供暖系统覆盖建筑整个区域,称为全面供暖。仅覆盖建筑局部区域的,称之为局部供暖。通常,铁路房建以全面供暖为主,针对热舒适度不达标的局部地区采用局部供暖的形式。

一、全面供暖系统

全面供暖系统覆盖整个建筑区域,由于建筑形式的多样化,各热用户对室内舒适度要求不同,这就要求全面供暖系统形式多样化。全面供暖系统基本形式为室内管网和末端散热设备,以及相应的辅助设备构成。系统运行过程如下:

如图 16—3—1 所示,高温供水从热力入口引入建筑内部,沿着室内管网的方向,依次流入末端散热设备,散热设备与房间内的空气发生对流换热,提升室内舒适度,此时高温供水在散热设备内降温,变为低温水返回室外回水管网。

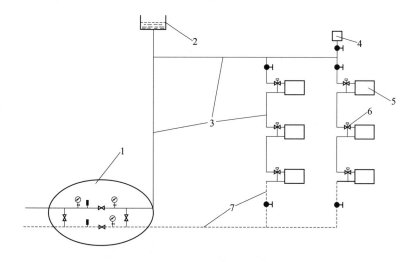

图 16—3—1　室内采暖系统
1—热力入口;2—膨胀水箱;3—供水管网;4—排气阀;5—散热设备;6—温控阀;7—回水管网

(一)室内管网

室内管网的主要作用输送高温水到各个房间的末端散热设备内,其布局形式影响着室内系统运行质量,对于室内管网的布局,要充分考虑建筑的结构特点和各房间的功能需求,也要考虑到室内采暖系统建设的经济性。目前,铁路房建供暖室内管网形式如下。

1. 上供下回式

上供下回式是指将供水干管接到建筑物顶层,然后分多路自上而下接到各楼层、各房间,在建筑物底层接回水管,热水沿供水干管自上而下流动至回水管。上供下回式供暖系统包括双管热水供暖系统(图16—3—2)和单管热水供暖系统(图16—3—3)两种。

图16—3—2中管道将不同散热器并联起来,各房间的供回水温度独立,利于分别调节。目前在国内用于室温有调节要求的建筑。缺点是易产生垂直失调。

图16—3—3中锅炉右侧为单管顺流式系统,即立管中全部水量顺次流过各层散热器。目前是国内一般建筑广泛应用的一种形式,系统形式简单、施工方便、造价低,缺点是不能进行局部调节。

图16—3—3中锅炉左侧是单管跨越式系统,立管中一部分水量流入散热器,另一部分立管水量通过跨越管与散热器流出的回水混合,再流入下层散热器。在国内目前只用于房间温度要求较严格,需要局部调节散热器散热量的建筑上,缺点是系统造价高,施工工序多。

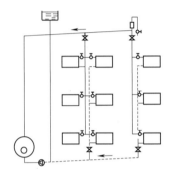

图16—3—2 上供下回式双管热水供暖系统

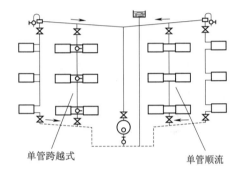

图16—3—3 上供下回式单管热水供暖系统

2. 下供下回式

下供下回式是指供水和回水干管都敷设在底层的散热器下面的系统(图16—3—4),该系统常用于设有地下室,或顶棚难以布置供水干管的建筑中。与上供下回式系统相比较,有如下特点。

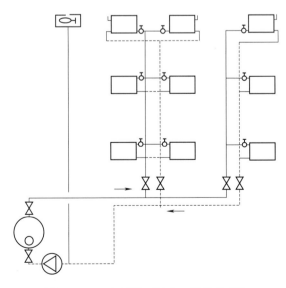

图16—3—4 下供下回式双管供暖系统

(1)在地下室布置供水干管,管路直接散热给地下室,无效热损失小。

(2)在施工过程中,每安装好一层散热器即可开始供暖,给冬季施工带来许多方便。

(3)系统的最高点不在供回水干管上,而是在散热器上,故排除系统中的空气较困难。

3. 中供式

中供式是指总立管引出的水平供水干管敷设在中部的系统(图16—3—5)。下部系统为上供下回式,上部系统可采用下供下回方式。与上供下回式系统相比较,有如下特点。

(1)该系统可避免由于顶层梁底标高过低,致使供水干管挡住顶层窗户的不合理布置。

(2)减轻了上供下回式楼层过多时易出现的各楼层的平均温度不同的现象。

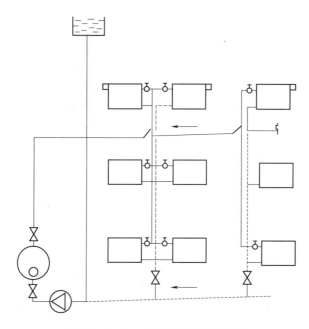

图16—3—5 中供式热水供暖系统

4. 下供上回式

下供上回式(倒流式)是指供水干管设在下部,而回水干管设在上部,顶部还设置有顺流式膨胀水箱的系统(图16—3—6)。与上供下回式系统相比较,有如下特点。

(1)水在系统内的流动方向是自下而上,与空气流动方向一致。可通过顺流式膨胀水箱排除空气,无须设置集气罐等排气装置。

(2)底层房间向地面散热,热损失较大,底层供水温度高,因此散热器面积较少,便于布置。

(3)当采用高温水供暖系统时,供水干管设在底层可降低防止高温水汽化所需的水箱标高,减少布置高架水箱的困难。

(4)倒流式式系统的散热器的热媒平均温度几乎等于散热器的出水温度,在相同的立管供水温度下,散热器的面积要比上供下回顺流式系统的面积多,增加散热器初投资。

5. 混合式

混合式是由下供上回式和上供下回式两组串联组成的系统(图16—3—7)。上部为下供上回式系统,下部为上供下回式系统,混合式系统能够充分利用高温水的热量,一般使用

— 476 —

于高温热水网路中,且室内热舒适性要求不高的民用建筑或生产厂房。

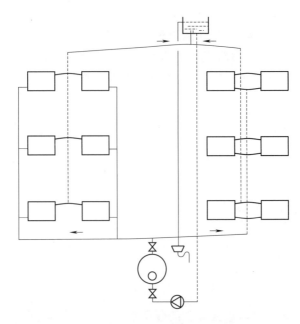

图 16—3—6　下供上回式热水供暖系统

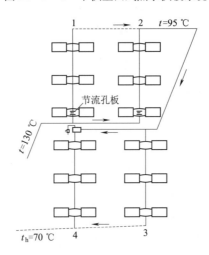

图 16—3—7　混合式热水供暖系统

(二)末端散热设备

各房间所需热负荷,主要是通过室内末端散热设备承担,末端设备散热方式多样化。铁路房建供暖常见末端散热设备有散热器、地板采暖、热水吊顶等。其中散热器是以对流传热为主的供暖方式;地板采暖、热水吊顶是以辐射传热为主的供暖方式。

1. 散热器

散热器的内表面一侧是热媒(热水或蒸汽),外表面一侧是室内空气,热媒温度高于室内空气温度,将加热散热器周围的空气,热空气上升附近的冷空气下降,冷热空气连续不断的交替循环,与散热器之间形成自然对流换热。

散热器按照制造材质的不同分为铸铁、钢制和其他材质的散热器;按结构形式的不同分为柱型、翼型、管型和板型散热器。

2. 地板采暖

地板采暖又称低温热水辐射供暖(图16—3—8),是以低温热水(35 ℃ ~ 45 ℃)为热媒,通过盘管形成的辐射面以辐射和对流的传热方式向室内供暖。此系统应用于铁路进站厅、出站厅、售票厅、候车室、休息区、职工宿舍等民用建筑的全面采暖。地板采暖相对于散热器有如下优势。

(1)系统热容量大,散热面积大,散热均匀,在间歇供暖条件下,温度变化缓慢,热量稳定性能好。

(2)低温热水地板辐射采暖属于地下暗埋,明处不见任何管道,既方便了用户,又增加了使用面积。

(3)低温热水地板辐射采暖用 PEX 管,质量轻,搬运方便,安装简便。综合造价与传统散热器基本持平,后期维修投资少。

(4)散热器供暖系统中,热空气往上走,给人体以头热脚凉的感觉。地板采暖系统,热气来自脚下,室内温度均匀,温度从下到上逐渐降低,符合人体生理需求。

3. 热水吊顶

热水吊顶(图16—3—9)以管板结合的金属辐射板为辐射源,以普通热水、高温热水为介质,辐射板串联式带状布置,以吊顶形式安装在建筑室内,在高处与周围物体进行辐射换热。该采暖方式热能利用率高,舒适度好,解决高大空间用对流方式采暖效果差、能耗高的问题,是新型的高大空间建筑采暖技术。适用于铁路工厂车间、候车室、售票厅、仓库等高大空间建筑。

图16—3—8 低温热水辐射供暖

图16—3—9 热水吊顶辐射供暖

(三)全面供暖系统辅助设备

1. 供暖管道

室内采暖管道的作用是引进室外管网的热水、蒸汽,均匀的输送到室内散热器,以满足生产和生活的需要。室内采暖系统常用的管材为焊接钢管及无缝钢管,高温水采暖系统和高压蒸汽采暖系统多采用无缝钢管,一般热水采暖系统和低压蒸汽采暖系统多采用焊接钢管。

2. 膨胀水箱

膨胀水箱用来容纳水受热膨胀而增加的体积,同时解决系统定压和补水问题的设备。在自然循环上供下回式系统中,膨胀水箱连接在供水总立管的最高处;而在机械循环上供下回式系统中,膨胀水箱连接在回水干管水泵吸入口前。

膨胀水箱上接有膨胀管、循环管、信号管、溢流管和排水管。膨胀水箱的型号和规格尺寸,可根据膨胀水箱的有效容积按《全国通用建筑标准图集》选择。

3. 排气装置

排气装置是为了排除供暖系统中的空气,以防止产生气堵,影响热水循环。常用的排气装置有集气罐、冷风阀和自动排气阀。

4. 散热器温控阀

散热器温控阀(图16—3—10)是一种自动控制进入散热器热媒流量的设备,它由阀体部分和温控部件组成,当室内温度高于给定温度时,感温元件受热,其顶杆压缩阀杆,将阀口关小,进入散热器的水流量会减小,散热器的散热量也会减小,室温随之下降,反之室温开始升高。温控阀的控温范围在13 ℃～28 ℃,控温误差为 ±1 ℃。

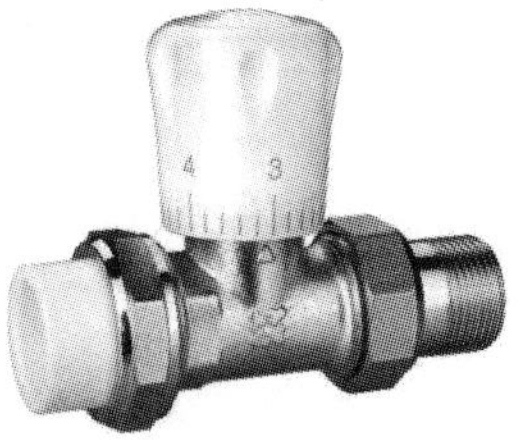

二、局部供暖系统

图16—3—10 温控阀

全面供暖系统覆盖建筑全区域,然而在实际运行过程中,一些局部特殊地区全面供暖难以覆盖,即使覆盖到热舒适度也难以保证,在此情况下,需要增加局部供暖系统,保证建筑的整体舒适度。

(一)燃气红外线

燃气红外线辐射供暖(图16—3—11)是利用可燃气体燃烧产生各种波长的红外线进行辐射供暖。燃气通过发生器后在金属辐射管中流动,依靠部分或整个管外壁涂敷的辐射涂料以辐射的形式传递到被加热物体,燃气燃烧后的废气由真空泵排至室外,辐射管中燃气的平均温度在150 ℃～350 ℃。燃气辐射供暖省去了将高温烟气热能转变为低温热媒(热水或蒸汽)的能量转换环节,同时减少了大量的无效供暖,因此热效率大大提高。燃气辐射供暖系统的组成主要为气源(天然气,液化石油气等)、发生器(燃烧器)、辐射管、反射板、真空泵(风机)及控制系统组成。

铁路有许多高大空间的厂房,如工厂车间、食堂、仓库、货运站、机车修理库、车库、洗车房等高大建筑空间的采暖,空间温度梯度大,需要提供的热量很大,采用常规的供暖系统,往往冬季达不到设计的室内温度,采用燃气辐射供暖恰恰能够克服常规采暖的缺点。

图16—3—11 燃气红外线供暖

(二)暖风机供暖

暖风机供暖是通风机将空气吸入机组,经空气电加热器加热后,送至室内,以维持室内要求的温度。由空气加热器和通风机组合而成的联合机组。

暖风机适用于各种类型的车间,当空气中不含灰尘和易燃或易爆的气体时,可参与循环空气供暖方式。采用暖风机供暖时应注意如下事项:

1. 送风温度不宜低于35℃,不应高于55℃。
2. 为使车间温度均匀,保持一定断面速度。
3. 布置暖风机时,暖风机的射流宜互相衔接,在供暖空间形成空气环流。
4. 每个车间暖风机的数量不宜少于2台,车间内的空气循环次数,一般不应少于1.5次/h。
5. 暖风机布置应根据室内平面的几何形状和气流作用范围,采用顺吹、斜吹和向外墙吹的不同形式。不应采用对吹形式,并应防止强烈气流吹向人体。

(三)热空气幕

热空气幕是利用条形空气分布器喷出一定速度和温度的幕状气流,借以封闭建筑物的大门、门厅、通道、门洞、柜台等安装的特殊通风系统和设备,减少或隔绝外界气流的侵入,以维持室内或工作区域的封闭环境条件,具有隔热、隔冷、减少系统冷(热)能耗的作用。由空气处理设备、通风机、风管系统及空气分布器组合而成的产品。铁路房建供暖采用热空气幕的情况如下。

1. 机车库机车进出的大门。
2. 开启频繁或时间较长且又不可能设置门斗或前室的车间外门。
3. 特大型、大型旅客站房的主要进站厅、售票厅以及行包托运厅的外门。

第四节 供暖设施的检测验收与维护保养

铁路房建供暖设施的检测验收与维护保养是重要环节,能够保证设施的节能、环保、卫生、安全运行。本节重点介绍供暖设施的检测验收与维护保养,为运行管理人员提供技术支撑。

一、热源系统检测验收与维护保养

(一)热源系统检测验收

热源系统安装验收规定详见《建筑给排水及供暖工程施工质量验收规范》(GB 50242)、《城镇供热管网工程施工及验收规范》(CJJ 28)中关于供暖锅炉及热力站安装规定。

(二)锅炉巡回检查

在巡检过程中,要认真细致不漏项,检查中所发现的问题应采取措施消除或联系检修人员处理,并将此情况记入交接班日志内,如是设备缺陷,应记入设备缺陷记录簿内。

1. 当班司炉人员应严守岗位,班中必须对运行中的锅炉进行全面的巡回检查,每4h至少巡回检查一次,做到会检查、分析、处理问题,并及时报告班长和做好记录。
2. 检查锅炉温度是否正常,压力是否稳定。特别要检查安全阀门、压力表、温度计等所有安全附件是否齐全、准确、灵敏、可靠。

3. 检查锅炉本体运行情况。检查锅炉受压（受热）部件是否渗漏，锅筒是否鼓包；炉膛、炉拱、炉墙是否完好；炉门、灰门关闭灵活无变形；炉排是否居中，无卡槽、断裂现象。

4. 检查锅炉内的燃烧情况，注意炉内温度与负荷是否相适应；检查输煤、出渣、除尘设备的运转，有无异常现象。

5. 检查水泵、油泵是否缺油、渗漏，运转是否异常；检查各个阀门、旋塞有无漏水、漏气或者开启、关闭不灵，开关位置是否正确；水箱水位是否正常等现象。

6. 检查烟道、风道、空气预热器等有无漏风现象；检查给水设备、管道及其附件等的完好情况。

7. 检查动力配电装置。电源柜、配电柜、配电箱、操作台、电机、变频器、配线等有无异味、发热；指示灯等标识是否完好、指示正确；接地电阻是否符合规定。

(三) 锅炉维护保养

1. 锅炉停炉维护保养

锅炉停炉维护保养主要是防止金属腐蚀，锅炉受热面产生腐蚀的主要条件是与水分和氧气的接触。因此，防止腐蚀有如下三项措施：使锅内无水分；使锅内水中无氧气；使水中的氧气与金属无法发生化学反应。

如果停炉在 10 d 左右，可以采取锅内水中无氧的防腐措施。停炉后关闭所有炉门、挡板，将锅炉密闭起来，使冷却极为缓慢，保持锅内蒸汽压力在大气压以上，水温在 100 ℃ 以上，以防止腐蚀；如果停炉时间长，锅炉必须完全冷却，则应另行采取措施。一般小型锅炉常用的防腐措施有两种：干法保养和湿法保养。

(1) 湿法保养

湿法保养的原理是使锅内水中的氧与金属表面不起作用。锅内充满一定浓度的碱性溶液时，就会在金属表面上产生碱性水泡保护层，使金属不受腐蚀。加液前，应检查和严密关闭各相关阀门，防止碱性溶液漏入运行系统，同时防止运行系统的水漏进备用锅炉，使碱液浓度降低。

(2) 干法保养

干法保养的原理是保持锅内无水分。先将锅炉内的水垢、泥垢和铁锈等清洗干净，开启人孔和手孔，将锅炉内部晒干或在炉排上用木柴点燃极小火焰将锅炉内部烘干，然后将盛有干燥剂的无盖非金属容器放入锅内、炉膛内，放好后应查明确实无人和其他杂物遗留在锅内，再严密关闭所有气门、水门、人孔、手孔，防止空气进入。

2. 锅炉运行维护保养

(1) 定期清理漏煤和灰渣，每周检修一次断裂、脱落的炉排片。

(2) 每周检修一次炉膛和烟道耐火砖墙、炉门、看火孔、出灰门、省煤器等设备，若发现漏风、保温层脱落等现象，应及时嵌缝修补。

(3) 鼓、引风机要保持清洁，运行期间轴承温度不超过 40 ℃，轴承箱内正常油位应保持在轴承壳的 2/3 高度处，油量不足要及时添加干净合格的新油。

(4) 每周修检一次阀门、水泵、油泵、阀杆等部位，及时对阀门盘根进行充填更换，消除跑、冒、滴、漏。及时清理、清洗滤油器、除污器、过滤器等。

（5）每周修检一次安全附件（安全阀、温度表、水位计、压力表等），定期检查超温超压连锁报警装置和紧急补水阀，阀件一旦损坏，必须立即修复或更换。每半年校验压力表一次，每年校验温度表一次，每半年保养水位电眼一次。

（四）热力站巡回检查

1. 换热器检查

（1）各种仪表是否完好、齐全。

（2）各连接部件是否紧固，有无渗水现象。

（3）检查板式换热器入口或内部是否被杂质堵塞。

（4）检查换热器板片夹紧尺寸是否符合到位，密封垫片是否粘贴或损坏，各处尺寸是否一致。

2. 管道检查

（1）检查管路上的滤网排污门是否在关闭位置。

（2）检查管路保温层是否完整良好，是否有脱落现象。

（3）检查支架是否支撑牢固，管道与支架结合是否良好，补偿器有无泄漏。

（4）管路上的压力表、温度计、流量计是否齐全，指示是否正确，各仪表阀门是否在开启位置。

3. 阀门检查

（1）检查阀门位置指示器与实际位置是否相符合。

（2）检查阀门与管道连接是否良好，法兰螺栓连接是否紧固。

（3）检查阀门压盖是否有压紧余量，阀体有无锈蚀，阀门保温是否良好。

（4）检查电动阀门和调节阀门手动试转开关是否灵活，并调至关闭位置。

（5）检查阀门手轮是否完整，阀杆是否清洁、不弯曲、无锈蚀、开关灵活。

4. 水泵检查

（1）盘车检查内部有无卡涩现象。

（2）轴承油位是否正常，油质是否良好。

（3）水泵轴密封滴水量是否在规定值内。

（4）水泵及电机地脚螺栓是否牢固，靠背轮保护罩是否齐全，电机接线是否良好，接地线是否可靠接地。

（五）热力站维护保养

1. 热力站环境卫生

（1）清除供热设备、设施杂物、灰尘和污迹。

（2）热力站地面清洁、卫生，值班工作室设施摆放整齐，工具、物品整理有条不紊。

（3）热力站内保温设施表面冲刷干净，保温层无脱落现象。

2. 换热器维护保养

（1）每周清理一次换热器入口堵塞物及杂质。

（2）每半年检修换热器密封垫片，如有损坏，重新放置垫片或更换损坏的垫片。

（3）每年对换热器进行一次保养（除锈、刷漆等）。

3. 水泵维护保养

(1)每月对水泵螺丝、地脚螺栓进行紧固。

(2)每月检查水泵油位、油质,如有问题,及时更换清理。

(3)每半年对水泵进行一次保养(除锈、刷漆、加油等)。

4. 仪表维护保养

(1)检查表内是否有积水,如有则应干燥处理。

(2)检查信号接线头是否腐蚀,如腐蚀严重则应重新焊接。

(3)仪表偏差很大或信号线损坏的远传表应拆换。

5. 控制柜维护保养

(1)检查、紧固所有接线头,对于烧蚀严重的接线头应更换。

(2)检查柜内所有线头的号码管是否清晰,是否有脱落现象,否则应整改。

(3)清洁柜内所有元器件,清洁控制柜外壳,务必使柜内无积尘、无污物。

二、室外供暖管网检测验收与维护保养

(一)室外供暖管网检测验收

室外供暖管网安装验收规定详见《建筑给排水及供暖工程施工质量验收规范》(GB 50242)、《城镇供暖管网工程施工及验收规范》(CJJ28)。

(二)室外供暖管网检查

1. 输配管道检查

(1)检查管道对口焊接的焊缝是否出现裂纹或裂缝。

(2)检查法兰连接是否出现拉紧螺栓折断和螺栓、螺母腐蚀或丢失。

(3)检查管道螺纹连接的填料是否出现老化或变性破坏连接的严密性。

(4)检查管道内有无水冲击声音及其他不正常声音,管道有无弯曲变形。

(5)检查外界施工及乱搭乱建违章建筑,有无影响热力管网安全运行的情况,根据实际情况进行处理上报,并进行记录。

2. 管道附件检查

(1)检查过滤器是否发出噪声、堵塞。

(2)检查阀门及连接附件是否腐蚀漏水。

(3)检查保温层是否完好,保护层是否破裂。

(4)检查管道附件有无故障发生或故障隐患。

(5)检查各管架、管托或沿建筑物铺设的管道支撑有无倾斜、裂纹、开焊、滑动过限。

3. 热力入口检查

(1)热力井室内爬梯是否稳定牢固,管道、附件是否有漏水现象,井底是否有积水、杂物等。

(2)热力井室内过滤器是否发出噪声,温度计、压力计、热量计是否完好、准确。

(3)井室内各种管道的裸露部分,如放风、泄水管道、阀门、法兰等是否有腐蚀现象。

(4)热力井室、井盖、井圈是否完好。保持井盖放置合格,井盖上不得有杂物,各热力井室是否做好标识。

（5）热力井室内阀体外表面、排水管、钢支架、弹簧支架及爬梯等裸露部分,是否无锈、无垢、整洁,涂有符合国家现行有关标准的防护漆。

（三）室外供暖管网维护保养

1. 输配管道维护保养

（1）非供暖期输配管道内不应泄水放空,应充水保养。

（2）输配管网运行期间发现补水量大于规定标准时,应对供暖管网进行检查,采取措施修复漏水点。

（3）检查输配管网的腐蚀程度,应重点检查低洼地段和较潮湿地沟、井内管道,对认为腐蚀严重的管段应进行测厚检查,对腐蚀深度超过壁厚1/3的管段应更换。

2. 管道附件维护保养

（1）每月清理一次除污器,每半年清理一次除污器滤网孔眼。

（2）每月维护一次各阀门、阀杆,应能灵活转动,无卡、涩、歪、斜现象,油脂充足,液压或电动部分反应灵敏。

（3）管道及其附件保温外壳应完整、无缺损、保温性能好。检查发现受外力损坏或自然老化而出现开裂、脱落时,应按照工艺修复或更换。

3. 热力入口维护保养

（1）热力井室内部不得有石块、泥土等杂物,四壁及地板需清扫干净。

（2）热力室内如果有积水,应组织抽水。并找出积水原因,提出防水处理方案。

（3）热力井室均应安置爬梯,且爬梯必须牢固,爬梯表面需及时除锈、刷漆。

（4）热力井室内阀门及时填料、加油。阀杆保持光亮、无锈斑,并涂油做好防腐。

（5）热力井室内各种管道的裸露部分,如泄水管道、阀门、法兰等,若有脱漆现象,及时进行刷漆、除锈。

三、室内供暖系统检测验收与维护保养

（一）室内供暖系统检测验收

室内供暖系统安装验收规定详见《建筑给排水及供暖工程施工质量验收规范》（GB 50242）。

（二）室内供暖系统巡回检查

1. 检查室内供暖系统有无拆改现象。
2. 热用户是否擅自停热和从采暖系统中取用热水。
3. 检查室内供暖管道及管件连接有无渗漏,散热设备是否完好。
4. 检查各热用户是否改变系统运行方式、布置形式、管道直径及散热器数量。

（三）室内供暖系统维护保养

1. 检查并修复腐蚀严重的干、立、支管道,对于表面油漆破裂的重新喷涂。
2. 检查变形或活动的管道支架,发现损坏应及时修复。
3. 定期对散热器进行维护保养,及时冲洗、清堵。
4. 更换腐蚀严重的管道、散热器。
5. 每年对室内阀门进行保养一次,保证开关灵活、填料饱满、排气口畅通、无泄漏。

第十七章　铁路房建通风与空调设施

通风与空调设施为房屋建筑各功能房间供应冷量、热量、风量,使其室内舒适度达到工作和生产的标准,是房屋建筑的重要组成部分。通风与空调设施主要包括通风系统和空气调节系统,本章将重点介绍其分类、组成、检测验收与日常维修管理等,为通风与空调设施的稳定运行与安全规范管理提供技术支撑。

第一节　通风系统

通风系统是为改善生产和生活环境、为实现安全和卫生的条件而进行换气的设备设施。本节主要介绍通风系统的分类、组成及设施要求。

一、通风系统分类

(一) 按作用范围分类

按通风系统的作用范围分类,可分为全面通风、局部通风、事故通风三种。

1. 全面通风系统

全面通风是整个房间进行通风换气,以稀释室内有害物,消除余热、余湿,使室内空气质量符合卫生标准要求,全面通风也称稀释通风。影响全面通风效果的主要因素是全面通风量、气流组织及热风平衡。

2. 局部通风系统

局部通风包括局部排风和局部送风,是指在污染物产生的位置采用局部排风方式把含有污染物的气体捕集、净化、排放至室外,对特别需要保证局部地点空气条件的区域可以采用局部送风。

3. 事故通风系统

事故通风系统是指在可能突然散发大量有害气体、爆炸或危险性气体的建筑物内设置的通风装置。当事故发生时,事故通风系统与常用排风系统共同排风,尽快把有害物、污染物排出室内房间。事故通风系统的风机开关应设在便于开启的地点,排除有爆炸危害气体时,应考虑风机防爆问题。

(二) 按空气流动动力分类

按空气流动动力分类,通风系统可分为自然通风、机械通风两种。自然通风系统与机械通风系统同时使用时,通常以机械通风为主。

1. 自然通风系统

自然通风是依靠大气热压和风压差等自然作用达到通风目的,即通过门、外窗、天窗等敞开的空间使室外的空气以无组织方式进入室内。自然通风易受室外气象条件的影响,特别是风力的不稳定,将影响室外空气进入室内的气流组织形式。该系统主要适用于:

(1)维修及加工车间的余热排除。

(2)职工公寓及生活场所室内通风换气。

(3)储藏室及车间的粉尘和有害气体排除。

2. 机械通风系统

机械通风是依靠通风机提供的动力,通过建筑外的进风口将室外空气引入到室内,并将室内空气排出的空气交换方式。机械通风系统运行过程各功能房间换气次数要求:

(1)油泵间每小时换气次数 5~10 次。

(2)大中型旅客站房内的每小时换气次数不得小于 10 次;

(3)旅客厕所每个大便蹲(坐)位排风量不得小于 40 m^3/h,每个小便位不得小于 20 m^3/h。

(4)牵引变电所,通信机房的蓄电池室、调酸室,每小时换气次数不得小于 6 次。

(5)碱性蓄电池检修室和充电室内:检修室每小时换气次数 2~3 次,充电室每小时换气次数 5 次。

二、通风系统组成

铁路房屋多采用机械通风系统,将自然通风系统作为辅助补充。机械通风系统包括送风系统和排风系统。两系统组成和运行机理相同,都是通过风机的抽吸力,迫使空气在管道中流动,经过相应的空气处理设备,达标后送入或排出。

(一)送风系统

送风系统的作用是从室外引进空气并进行处理,然后有组织地把空气分配到各功能房间,从而消除室内余热、余湿、稀释室内污染物浓度。送风系统主要包括进风口、空气处理设备、通风机、送风管道、送风口、调节阀等。

1. 进风口

进风口的作用是采集室外的新鲜空气,通常设在空气不受污染的外墙上。常用进风口形式有对开窗、推拉窗、上悬窗、中悬窗、进风百叶窗等。

2. 空气处理设备

空气处理设备的作用是对室外引进的空气进行必要的过滤、加热处理。常用设备为:

(1)空气加热器:把室外空气加热到室内送风所需要的温度。

(2)空气过滤器:用来过滤空气,除去空气中所含的灰尘及污染物。

3. 通风机

通风机是通风系统的动力设备,迫使室外的空气有组织的进入室内。常用的风机为离心式风机、轴流式通风机、贯流式通风机等。

4. 送风管道

送风管道的作用是输送处理好的空气到各送风区域。送风管道的形状有矩形和圆形两种,制作材料主要有金属薄板和非金属。

5. 送风口

送风口的作用是直接将送风管道送来的空气送至各个区域或工作点。常用送风口的形式为侧送风口、散流器、孔板送风口、喷射式送风口、旋流送风口等。

6. 风量调节阀

风量调节阀的作用是开、关和风量调节,保证各支路风量的平衡。常用的风量调节阀有插板阀和蝶阀两种。

(二)排风系统

排风系统的作用是把室内局部或整体的空气,通过排风口或排风罩吸入排风管道,经过空气净化设备处理达标后经风帽排出室外。排风系统与送风系统相比,特有部件包括排风罩、空气净化(处理)设备,风帽等。

1. 排风罩

排风罩作用多用于维修及加工车间的局部排风系统中,将污浊或含尘的空气罩住防止扩散,收集并吸入排风管道内排除至室外。常用排风罩有伞形罩、条缝罩、密闭罩、吹吸罩等。

2. 空气净化设备

空气净化设备的作用是将室内污浊、含尘或含毒的气体处理达标后排放到大气中。常用的净化设备为重力沉降式除尘器、旋风除尘器、袋式除尘器、吸收式净化塔。

3. 风帽

风帽是由排风口及其上方阻挡风雨的帽子组成。常用的有伞形风帽、圆形避风风帽、锥形风帽。

第二节 空调系统

空调系统的作用是将一定空间或者环境内的大气,处理到人们或工艺所要求的环境条件,输送到房屋建筑各个功能房间。在夏季,空调系统把室外高温高湿度的空气进行降温降湿,采用蒸发式制冷机组、吸收式制冷机组等作为冷源。在冬季,空调系统把室外低温低湿的空气进行加温加湿,采用锅炉、换热站等作为热源。本节主要介绍空调系统的分类,集中空调系统的组成及冬夏季运行状态,简单介绍半集中空调系统。

一、空调系统分类

空调系统可按空气处理设备的设置情况、承担室内热、湿负荷介质种类、被处理空气来源和使用目的进行分类。

(一)按空气处理设备的设置情况分类

按空气处理设备的设置情况不同,分为集中系统、半集中系统、分散系统三类。

1. 集中系统

所有的空气处理设备都集中在空调机房内,集中进行空气的处理、输送和分配。此类系统主要有单风管系统,双风管系统和变风量系统等形式。

2. 半集中系统

除主要空气处理设备设置在空调机房外,在各自空调房间内还分别有处理空气的"末端设备",室内空气直接由"末端装置"处理。常见半集中系统主要有风机盘管系统、主动式冷梁系统、辐射吊顶系统等形式。

3. 分散系统

每个房间的室内环境由整体式空调机组处理，不设集中的空调机房，其形式是一个结构紧凑小型空调系统，在空调房间内安装方便，使用灵活，已成为家电产品大批量生产。常见的局部分散空调机组有：窗式空调机、分体式空调机（图17—2—1）、柜式空调机（图17—2—2）等。其中，柜式空调机制冷量稍大，可用于小型商业建筑等场合。

图17—2—1　分体式空调机

图17—2—2　柜式空调机

（二）按承担室内热、湿负荷所用介质种类分类

按承担室内热、湿负荷所用介质种类的不同，分为全空气系统、全水系统、空气—水系统、制冷剂系统四类。

1. 全空气系统

空调房间的室内负荷全部由经过集中处理的空气来负担，由于空气比热小，系统风量大，所以需要较大的风管空间。

2. 全水系统

空调房间的热、湿负荷全靠水作为冷、热介质来负担。由于水的比热大，所以管道空间较小。此类系统的主要形式有风机盘管机组系统、冷热辐射系统等。

3. 空气—水系统

空调房间的热、湿负荷同时由经过处理的空气和水来负担。此类系统的主要形式有：新风加冷辐射吊顶空调系统、风机盘管机组加新风空调系统等。

4. 制冷剂系统

将制冷系统的蒸发器直接设置在室内来承担空调房间热、湿负荷。制冷剂不能长距离输送，系统规模有所限制，制冷剂系统也可与空气系统结合为空气—制冷剂系统。此类系统的主要形式有单元式空调器系统、窗式空调器系统、分体式空调器系统和多联机空调系统等。

（三）按集中系统处理的空气来源分类

按集中系统处理的空气来源不同，分为封闭式系统、直流式系统、混合式系统三类。

1. 封闭式系统

所处理的空气全部来自空调房间内，没有室外空气补充，为再循环空气系统。这种系统冷、热消耗量少,但卫生效果差。适用于少有人进出的仓库。

2. 直流式系统

处理的空气全部来自室外,室外空气经处理后送入室内,然后全部排出室外,为全新风系统。此系统适用于散发大量有害物的车间等不允许采用回风的场合。为了利用排除空气的余热(冷)可在系统中设置热(冷)回收设备。

3. 混合式系统

此系统结合封闭式系统和直流式系统的优点,运行时混合一部分室内回风,既能满足卫生要求,又经济合理,应用最为广泛。

(四)按使用目的要求分类

按使用目的要求不同,可分为舒适性空调系统和工艺性空调系统。

1. 舒适性空调系统

此系统主要服务对象为室内人员,使用的目的是为人及人的活动提供满足舒适度要求的室内空气环境。空调房间内的温湿度具有较大的波动范围,详见表17—2—1。

表17—2—1 舒适性空调的室内空气设计参数

季 节	温度(℃)	相对湿度(%)	工作区风速(m/s)
夏 季	24~28	40~65	≤0.3
冬 季	18~24	30~60	≤0.2

符合下列情况时,宜采用舒适性空调系统:

(1)乘务员公寓、候乘人员待班室。

(2)中型旅客车站的贵宾候车室、软席候车室、售票室。

(3)特大型、大型旅客车站的贵宾候车室、软席候车室及售票室。

(4)大型编组站的站调、货调运转室,调度集中(监督)机械室,车站行车室。

2. 工艺性空调系统

此系统使用的目的是为研究、生产、医疗或检验等过程提供一个有特殊要求的室内环境,其空调房间内空气温湿度波动范围较小,保持恒温恒湿。符合下列情况时,应设工艺性空调系统。

(1)站房的通信和客运自动化设备机房内等室内温、湿度达不到设备运行环境要求。

(2)内燃机车高压油泵间及蒸发室、车辆轴承组装间和计量仪表间等室内温、湿度达不到工艺过程要求。

(3)变配电所、开闭所及分区所的主控室、远动室和电调所的控制室等室内温、湿度达不到运行环境要求。

二、空调系统组成

(一)集中空调系统

1. 集中空调系统的运行过程

集中空调系统包括冷热源系统、输配系统、末端系统三部分。其中,冷热源产生足够的冷、热量,通过输配系统把冷、热量输送到末端设备,末端设备向房间释放冷、热量,从而保证房屋建筑全年的室内舒适度。集中空调系统的运行过程可分为夏季运行和冬季运行过程。

(1) 集中空调系统夏季运行过程

在夏季,为了使空调房间保持较高的舒适度,需输配系统连续不断地向空调房间送入冷风,其中冷风的成分为室外新风和室内回风组成的混合空气,在送入室内前需要进行降温处理,先将热空气送入空调机组内表冷器处,表冷器内部为冷水机组供应的低温度的冷冻水,热空气与表冷器冷量交换后变为冷风,由空调输配系统将其送入空调房间,冷风吸收房间内的热量升温,经输配系统送回空调机组表冷器处重新降温处理。

在此过程中,为实现表冷器持续给热空气降温,需要连续不断通入低温冷冻水,低温冷冻水吸收热空气的热量变为高温冷冻水,将高温冷冻水通入冷水机组蒸发器一侧,通过蒸发器另一侧制冷剂的相变吸热,低温液态制冷剂吸收高温冷冻水的热量,蒸发变为高温气态制冷剂,而高温冷冻水降温变为低温冷冻水,经冷冻水输配系统送至表冷器内循环利用,此循环系统称为冷冻水系统,低温冷冻水温度在 7 ℃左右,高温冷冻水温度在 12 ℃左右,见图 17—2—3 中冷冻水系统。

为实现蒸发器持续给高温冷冻水降温,需要连续不断通入低温液态制冷剂,低温液态制冷剂吸收高温冷冻水热量蒸发变为高温气态制冷剂,将高温气态制冷剂通入冷水机组压缩机内,通过压缩机不断的压缩,高温气态制冷剂变为高温液态制冷剂,继续将其通入冷水机组的冷凝器一侧,冷凝器另一侧为 32 ℃低温冷却水,将吸收高温液态制冷剂的热量,使之相变为低温液态制冷剂,制备的低温液态制冷剂继续通入蒸发器内,从而实现持续给高温冷冻水降温的能力,此循环过程称为制冷剂系统,见图 17—2—3 中制冷剂系统。

为实现冷凝器持续给高温气态制冷剂降温相变,需要连续不断通入 32 ℃低温冷却水,低温冷却水吸收高温液态制冷剂热量变为 37 ℃的高温冷却水,高温冷却水进入室外冷却塔内,由喷嘴高速喷出,均匀流入塔内填料层,上部风机产生强气流与填料层的水受迫对流换热,导致水大量蒸发带走高温冷却水热量,制备的低温冷却水继续通入冷凝器内,实现持续给高温液态制冷剂降温相变的能力,此循环系统称为冷却水系统,如图 17—2—3 中冷却水系统。

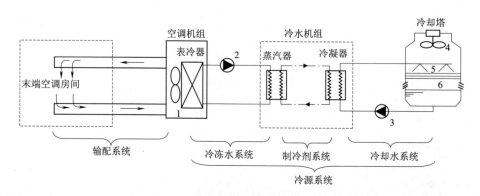

图 17—2—3　集中空调系统夏季运行原理示意

1—空调机组风机;2—冷冻水泵;3—冷却水泵;4—冷却塔风机;5—喷嘴;6—填料层

(2)集中空调系统冬季运行过程

如图17—2—4所示,冬季与夏季运行过程相比较,主要的区别为集中空调系统运行过程中采用冷热源设备不同。冬季运行过程是以锅炉或热力站作为热源,热源产生的高温水经水泵送入空调机组的加热器内,冷空气(室内回风和室外新风)与加热器对流换热后升温,通过输配系统将升温后的热风(22—25℃)送入空调房间。在此过程中,高温水将热量传递给冷空气后降温,降温后的高温水返回热源(热力站或区域锅炉房)重新制备送入加热器内,此循环为热水系统。鉴于热力站和锅炉的运行过程和设备情况在第十六章第一节热源系统中已详细阐述,本节不展开叙述。

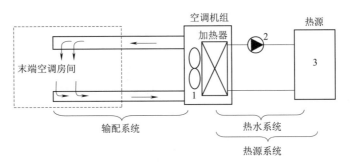

图17—2—4　集中空调系统冬季运行原理示意
1—空调机组;2—水泵;3—热源(热力站或区域锅炉房)

2. 集中空调冷源系统

集中空调冷源系统的主要作用是制备低温冷冻水,供给空调机组表冷器用以冷却送入空调机组的热风。从集中空调系统的运行过程可知,冷源系统主要设备为冷水机组、冷却塔、空调机组。

(1)冷水机组

冷水机组的主要机理:通过内部制冷剂系统连续不断的相变循环,在蒸发器侧制冷剂由低温液态相变为高温气态制冷剂,相变过程中吸收高温冷冻水大量热量,实现高温冷冻水(12℃)降温成低温冷冻水(7℃)。同时,高温气态制冷剂流入压缩机内,被压缩成高温液态制冷剂后,继续流入冷凝器侧,在冷凝器内被冷却塔提供的低温冷却水(32℃)吸收热量,从而变为低温液态制冷剂,继续流入蒸发器内制备低温冷冻水。吸收热量的低温冷却水变为高温冷却水(37℃),返回冷却塔内重新冷却成低温冷却水。由此可知,冷水机组主要核心设备为:蒸发器、冷凝器、压缩机。

①蒸发器:如图17—2—5所示,其实质为换热器,一侧流体为冷冻水,另一侧流体为制冷剂,通过制冷剂的相变吸热,将高温冷冻水降温成低温冷冻水。

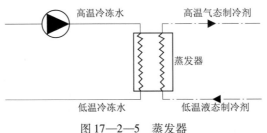

图17—2—5　蒸发器

②冷凝器:如图17—2—6所示,其实质为换热器,一侧流体为制冷剂,另一侧流体为冷却水。低温却水吸收高温液态制冷剂热量,将高温液态制冷剂变为低温液态制冷剂,升温后的冷却水返回冷却塔降温处理,生成低温冷却水再循环利用。

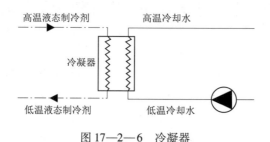

图17—2—6　冷凝器

③压缩机:主要作用是将高温气态制冷剂压缩成高温液态制冷剂,实现制冷剂在冷水机组内的循环利用。铁路房建空调冷源系统常用的冷水机组,按照压缩机的不同分为:

a.活塞式冷水机组,制冷量小于700 kW,用于中小型空调系统。

b.离心式冷水机组,制冷量不小于350 kW,用于大中型空调系统。

c.螺杆式冷水机组,制冷量为116～1758 kW,适用范围广。

(2)空调机组

空调机组是由各种空气处理设备(加热、冷却、加湿和净化)、风机、阀门等设备集合而成的箱体(图17—2—7),主要作用是对空气进行集中处理,实现空气的混合、加热、加湿、除湿或净化等功能。

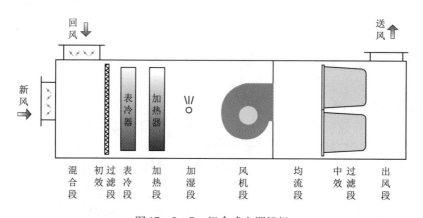

图17—2—7　组合式空调机组

空调机组的功能选用原则主要有:

①冷却空气宜采用天然冷源。

②冬季较干燥地区的空气调节机组宜采取加湿处理。

③严寒地区和寒冷地区的新风机组应采取防冻措施,新风阀应保温。

④空气调节的新风和回风混合后,在热湿换热设备前应过滤处理。

⑤过滤器宜选用低阻、高效和容尘量大的滤料制作。

⑥新风应采集品质良好的自然风,宜缩短输送距离,并远离污染。

（3）冷却塔

冷却塔的主要作用是将高温冷却水变为低温冷却水,其形成过程如下:高温冷却水进入冷却塔配水系统,把高温冷却水均匀地分布于整个淋水填料的表面上,上部通风机产生较高的空气流速和稳定的空气流量,通过空气分配装置均匀分布在填料层截面,与高温冷却水发生对流换热,水蒸发吸收高温冷却水热量,高温冷却水变为低温冷却水,均匀落在冷却塔集水盘上,经由冷却水泵送入冷水机组冷凝器内。冷却塔系统一般包括淋水填料、配水系统、除水器、通风设备、空气分配装置等五个部分,如图17—2—8所示。

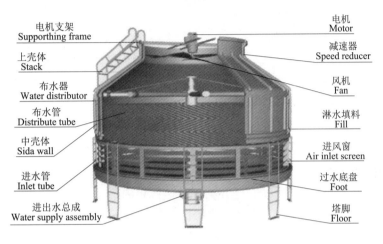

图17—2—8 冷却塔

①淋水填料:使进入冷却塔的热水尽可能地形成细小的水滴或薄的水膜,以增加水与空气的接触面积和接触时间,有利于高温冷却水和空气的热、质交换。

②配水系统:把热水均匀地分布于整个淋水装置的表面上,以充分发挥淋水装置的作用。

③除水器:降低冷却塔出流空气中的含水量,空气流过淋水装置和配水系统后,携带许多细小的水滴,在空气排出冷却塔之前就需要用收水器回收部分水滴,以减少冷却水的损失。

④通风设备:产生较高的空气流速和稳定的空气流量,保证冷却效果。

⑤空气分配装置:使用进风口、百叶窗和导风板等装置,引导空气均匀分布于冷却塔的整个截面上。

3. 集中空调输配系统

空调输配系统的主要作用是将空气有组织的吸入、分配、回收、排出。工作过程:送入空调房间的冷风在各空调房间吸热吸湿后,小部分回风被排风系统排出室外,剩余大部分回风与新风系统提供的新风在空调机组前混合,混合后的空气经过空调机组集中处理,将处理后的冷风经送风系统分配到各空调房间继续吸热吸湿。按照功能的不同,可分为新风系统、回风系统、送风系统、排风系统。

（1）新风系统

为了使室内空气品质满足环境卫生要求,需要不断向室内补充新风,但将室外高温新风降温需要消耗很多冷量。因此新风量不宜过多,但应满足室内正压及卫生要求,一般不低于总送风量的10%。

①卫生要求:一般建筑房间每人每小时所需新风量不小于30 m^3;人员密集体育馆、会场、车站等,新风量每人每小时在7~15 m^3。

②补充局部排风量:当空调房间内有排风机等局部排风装置时,空调房间可能会成负压状态,为防止外界环境空气渗入空调房间,干扰空调房间内温湿度或破坏室内洁净度,需要在空调系统中用一定量的新风来保持房间的正压。一般情况下室内正压在5~10 Pa即可满足要求。

(2)空调回风系统

送入空调房间的冷风吸热吸湿后,将变为高温高湿气体,为保证空调房间持续的舒适度,需将此部分及时进行回收,回收的空气小部分被排至室外,剩余的空气和引入的新风混合经过空调机组内处理后,继续送入室内。根据新风与回风混合过程的不同,可分为一次回风系统和二次回风系统。一次回风系统是指将回风与室外新风经过混合后直接送入空调机组。二次回风系统是将回风分成两部分,其中一部分回风与新风混合送入空调机组处理,经处理后的空气与另外一部分回风再次混合后送入空调房间,即回风二次参与混合过程。

(3)送风系统

空调送风系统将空调机组处理后的混合空气,经由风机送入室内。根据送风量是否恒定,可分为:变风量送风系统、定风量送风系统。

①定风量送风系统:系统的总风量不变,通过调整新回风比例、加热量、加湿量等改变送风温度和湿度满足室内环境的变化需求。

②变风量系统:送风温湿度参数保持恒定,通过调整送风量来满足室内环境的变化需求。

4. 集中空调末端系统

集中空调末端系统多为不同形式的送风口,送风口的形式直接影响到气流的混合程度、出口方向及气流的断面形状。通常要根据房间的特点、对流型的要求和房间内部装修等加以选择。常用送风口有侧送风口(图17—2—9)、散流器(图17—2—10)、孔板送风口、喷射式送风口、旋流送风口。

图17—2—9 双层百叶送风口

图17—2—10 方形散流器

(二)半集中空调系统

在半集中空调系统中,送入空调房间内的冷风由"末端处理"设备处理,其中处理空气的冷量来自于冷源系统的低温冷冻水。常见"末端处理"设备有风机盘管、主动式冷梁、辐射吊顶。

1. 风机盘管

风机盘管内的风机不断的抽吸所在房间的热空气,使室内热空气经过机组内部冷水盘管,其中冷水盘管内为空调冷源提供的低温冷冻水,热空气与冷水盘管内的冷冻水进行冷量交换,变为冷风后吹入所在空调房间,同时低温冷冻水与室内热空气换热变为高温冷冻水,高温冷冻水返回冷水机组内降温重新被利用。由于风机盘管系统在冷却室内热空气的过程中无新风补入,为满足室内新风要求,通常采取如下措施。

(1)靠门窗渗入室外空气以补给新风。

(2)墙洞处开口连接新风管道直接送到风机盘管机组吸口。

(3)独立的新风系统供室内新风。

风机盘管由冷水盘管(热交换器采用二或三排铜管铝片)、风机、接水盘、排污管、空气过滤器等组成。风机盘管系统通常采用风量或水量调节,由室温控制器控制风机盘管,通过调节水量调节阀或风机转速控制室内温度,如图17—2—11所示。

2. 主动式冷梁

主动式冷梁是一种带新风诱导的末端处理设备,由机房空调机组处理的室外新风送入冷梁后,经喷嘴高速喷射在箱体内部形成局部负压,抽吸室内空气从多孔板风口面板进入冷梁,在被冷梁内热交换器冷却后,从两侧送风口贴附送入室内,其中热交换器内为低温冷冻水,低温冷冻水与室内空气换热后返回冷水机组。主动式冷梁由外壳、喷嘴、一次空气连接管、换热器、面板等组成,如图17—2—12所示。

图17—2—11 风机盘管

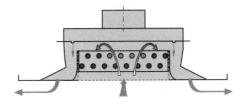

图17—2—12 主动式冷梁

3. 辐射吊顶(或地板)

辐射吊顶系统是将辐射板盘管内充入低温冷冻水,降低辐射板表面温度形成冷辐射面,依靠冷辐射面和围护结构与室内空气进行热交换,以达到调节空气目的的一种空调系统。为防止辐射板表面温度过低形成凝水,一般采用新风除湿系统配合辐射末端。辐射末端装置可划分为两大类:一类是将特制的塑料管直接埋在水泥楼板中,形成冷辐射地板或楼板;另一类是以金属或塑料为材料,支撑模块化的辐射板产品,安装在室内形成冷辐射吊顶或墙壁。

第三节 通风与空调设施的降噪隔振与维护管理

通风与空调设施的噪声与振动对生产和生活影响巨大,而通风与空调设施的检测验收与维护保养是保证设施的节能、环保、卫生、安全运行的重要环节。本节重点介绍通风与空调设施的降噪减振、检测验收与维护保养,为运行管理人员提供技术支撑。

一、通风与空调设施的降噪与隔振

通风与空调设施的噪声与振动,对房间内人员的工作、生活、休息产生极大的影响,甚至影响人体健康,设备运行管理人员应重点关注通风与空调设施的噪声与振动问题。

(一)通风与空调设施的噪声源

通风空调设备设施中的噪声源主要有通风机噪声、空调设备噪声、输配管路气流噪声等。

1. 通风机的噪声

通风机噪声是由叶片引起的气流噪声以及相应的旋转噪声,与叶片形式、片数、风量、风压等参数直接相关。

2. 空调设备噪声

风机盘管、房间空调器、柜式空调机组、变风量空调系统的室内机组直接放在空调房间内,这些设备内含有风机会在空调房间内产生噪声。冷却塔、制冷机组等大型设备内含有压缩机、风机等设备,同样会在机房及室外产生较大的噪声。

3. 输配管路的气流噪声

空气和水在流过直管段和局部构件(如弯头、三通、变径管、风口、风门等)时都会产生噪声。噪声与流体速度有密切关系,当流体速度增加一倍,声功率级就增加 15 dB。

(二)通风与空调设施的噪声控制

通风空调设备设施中的噪声控制方法主要有通风机噪声控制、空调设备噪声控制、输配管路气流噪声。

1. 通风机噪声控制

(1)通风机进出口处的管道应装设柔性接管,其长度一般为 100~500 mm。

(2)通风机进出口处的管道不得急剧转弯;尽量采用直联或联轴器传动。

(3)选用高效率低噪声的风机。尽可能采用叶片后向的离心式风机,使其工作点位于或接近于风机的最高效率点,此时风机产生的噪声最小。

2. 空调设备噪声控制

(1)用合理的空调形式来降低噪声。

(2)制冷主机、冷冻水泵、冷却水泵等噪声较大的设备应尽量设置在地下室,由机房的墙体、地下楼板对声波进行隔离,从而减小对地面上的使用房间的影响。

3. 输配管路气流噪声控制

(1)采用合适的风速:支管风速应小于等于 3.5 m/s,主风管风速应小于等于 10 m/s。

(2)对于管路系统要定期检查,如过滤器、阀门发生堵塞,会产生噪声。

(3)通常需要在通风管道内安装消声器来降低噪声,消声器是一种具有吸声内衬或特殊结构形式能有效降低噪声的气流管道,它既可以有效地降低噪声,又可以使气流顺利通过。

(三)通风与空调设施的隔振措施

空调通风设施中的设备房有制冷机房、小型锅炉房、风机房、空调机房等。在建筑内或邻近的机房,除了沿风管传播的空气噪声外,还有通过结构、水管、风管等传递的固体噪声,以及通过机房围护结构传播的噪声,这都会对毗邻房间产生噪声干扰。

1. 设备隔振

机房内各种有运动部件的设备(风机、水泵、制冷压缩机等)都会产生振动,直接传给基础和连接的管件,并以弹性波传到其他房间中去,又以噪声的形式出现。另外,振动还会引起构件(如楼板)、管道振动,有时会危害安全。对振源必须采取隔振措施如下:

(1)在设备与管路间采用软连接实行隔振。

(2)在设备与基础间配置弹性的材料或器件,可有效地控制振动,减少固体噪声的传递。

2. 管路隔振

水泵、冷水机组、风机盘管、空调机组等设备与水管路用一小段软管连接,以不使设备的振动传递给管路。尤其是设备基础采取隔振措施后,设备本身的振动增加了,这时更应采用这种软管连接。软接管有两类:橡胶软接管和不锈钢波纹管。

(1)橡胶软接管隔振减噪的效果很好,缺点是不能耐高温和高压,耐腐蚀也差。在空调供暖等水系统中大多采用橡胶接管。

(2)不锈钢波纹管有较好的隔振减噪效果,且能耐高温、高压和耐腐蚀,但价格较贵,适宜用在制冷剂管路的隔振。

(3)风机进出口与风管间的软管宜采用人造材料或帆布材料制作。水管、风管敷设时,在管道支架、吊卡、穿墙处也应作隔振处理。通常的办法有:管道与支架、吊卡间垫软材料,采用隔振吊架(有弹簧型、橡胶型)。

二、通风与空调设施的验收与巡检

(一)通风与空调设施的验收

通风与空调设施安装验收规定详见《通风与空调工程施工质量验收规范》(GB 50243),《制冷设备、空气分离设备安装工程施工及验收规范》(GB 50274)。

(二)通风与空调设施的巡回检查

通风与空调设施的巡回检查是指在设备的正常运行过程中,通过看、听、摸、嗅等方式对通风与空调系统的不同部位按照不同周期进行的检查,巡回检查过程中做好记录。若巡回检查中发现的问题要按有关规程妥善处理,处理不了的问题要及时汇报,同时做好有关记录。

1. 空调房间巡检

(1)空调房间的温控开关动作是否正常或控制失灵。

(2)空调房间外门窗是否开启或关闭不严,外门是否频繁开启。

(3)空调房间的阀门、设备、管道等是否有损坏,保温是否完整。

(4)空调房间的末端设备是否正常运行,送风口是否正常送风,风机盘管是否有滴水、噪声的现象。

2. 冷水机组巡检

(1)冷水机组各管道接口处是否漏水。

(2)冷水机组内压缩机油位、油温是否合适,以及油是否干净清洁。

（3）冷水机组内压缩机、风扇电机转动是否正常，有无异常震动和噪声。

（4）冷水机组内压缩机、冷凝器、蒸发器等设备运行压力、温度有无异常。

（5）冷水机组内电线及电气零件有无绝缘老化或过热，线接头有无松动，另外要注意电源导线是否有异常破损。

3. 冷却塔巡检

（1）冷却塔内部设备有无异常声音和振动。

（2）冷却塔配水槽内是否有杂物堵塞散水孔。

（3）冷却塔内集水盘（槽）、各管道的连接部位、阀门是否漏水。

（4）冷却塔内风机皮带转动时松紧状况，是否有开裂或磨损严重。

（5）冷却塔内补水浮球阀开关是否灵敏，集水盘（槽）中的水位是否合适。

4. 空调机组巡检

（1）空调机组内各设备的电气、自控系统动作是否正常。

（2）空调机组内各设备运转是否平稳，有无异常声音和震动。

（3）空调机组内过滤器、表冷器前后压差，根据压差判断是否发生堵塞。

（4）空调机组表冷器、喷水室等设备的进出水管接头是否漏水，阀门的开度是否偏移。

（5）空调机组箱体有无变形、结露、漏风现象；连接管线的保温、套管是否完好；门、门锁是否完好，是否漏风。

5. 空调水系统巡检

（1）水管支（吊）构件是否有变形、断裂、松动、脱落和锈蚀。

（2）自动排气阀是否动作正常，电动或气动调节阀的调节范围和指示角度是否与阀门开启角度一致。

（3）水管阀门、附件处是否漏水，螺纹连接、法兰接头和软连接处是否漏水，焊接处是否生锈。凝结水管排水是否通畅。

（4）水泵运转声音和振动情况；轴封处、管接头有无漏水现象；地脚螺栓和其他各连接螺栓的螺母有无松动；电动机温度是否过高，是否有异味产生。

（5）水管的绝热层、表面防潮层及保护层有无破损和脱落，特别要注意与支（吊）架接触的部位；封闭绝热层或防潮层接缝的胶带有无胀裂、开胶的现象；绝热层外表面和阀门部位有无结露。

6. 输配系统巡检

（1）风管上阀门是否损坏，是否可以灵活开闭。

（2）风机、风柜、风阀拉杆与风管的软接头处是否漏风。

（3）空调通风系统的防火阀及其感温、感烟控制元件应定期检查。

（4）风机电动机轴承温度是否过高，有无异味产生；运转声音和振动情况、转速情况；软接头完好情况。

（5）明装风管的绝热层、表面防潮层及保护层有无破损和脱落；封闭绝热层或防潮层接缝的胶带有无胀裂、开胶的现象。

7. 仪表巡检

（1）结合运行记录抄表时间对空调系统的计量和测量仪表进行巡检。

(2)各类仪表要按照各类仪器仪表检验与规范标准中相关规定,定期检查以及校验。

(3)检查空调系统的压力表、流量计、温度计、冷(热)量表、电表、燃料计量表(煤气表、油表等计量仪表)的读数是否处于正常范围。

三、通风与空调设施的维护与保养

通风与空调设施的维护保养关系到设备安全运行质量,也关系到设备的寿命。为保证设备在寿命周期内发挥最大化效果,运行管理人员要定期对系统设备进行维护保养。

1. 冷水机组维护保养

冷水机组在一年连续不断的运行,会产生一些杂物附着于蒸发器、冷凝器或过滤器中,冷冻油和润滑油系统也会有所污染,势必影响冷水机组的制冷效果,甚至造成运行事故。因此,要定期对冷水机组进行维护保养,内容如下。

(1)定期维护保养冷水机组电控系统、主机电路系统。

(2)定期维护保养冷水机组的制冷剂系统,需要时及时补充制冷剂。

(3)定期维护保养冷冻油及润滑油系统,如有污染应对其进行更换。

(4)每半年对冷凝器、蒸发器进行一次清洁养护。

(5)每年对压缩机进行一次清洁养护。

2. 冷却塔维护保养

(1)冷却塔开机使用前维护保养

①清除冷却塔内的杂物。

②检查、调整冷却塔风机皮带的松紧。

③每年开始使用前半个月内,对冷却塔进行一次全面维护保养。

(2)定期维护保养

①每个月清洗集水盘和出水口的过滤网。

②每个月清洗冷却塔填料,发现有损坏的要及时填补或更换。

③每个月检查布水器布水是否均匀,否则应清洁管道及喷嘴。

④每个月停机检查一次齿轮减速箱中的油位,达不到油标规定位置要及时加油。

(3)冷却塔停机期间维护保养

①皮带减速装置的皮带,在停机期间取下保存。

②严寒和寒冷地区,应采取措施避免因积雪而使风机叶片变形。

③冬季冷却塔停止使用期间,避免可能发生的冰冻现象,应将集水盘(槽)和管道中的水全部放光,以免冻坏设备和管道。

3. 空调机组维护保养

(1)在冬季采暖季排净空调机组表冷器盘管内水,且充满防冻液。

(2)每月检查机组检修门的密封条,风管的软接头,如有漏风应及时更换。

(3)每三个月对机组内风机、电机的轴承加油,每年对轴和轴承检查一次。

(4)每三个月清洗机组内过滤网,当过滤器达到其终阻力时需给予报废或者更换。

(5)根据使用情况,每年对机组进行一至两次全面保养,包括用化学方法清除表冷器水管内的水垢,用压缩空气或水冲洗表冷器翅片。

4. 水系统的维护保养

（1）每三个月清洗一次水泵入口处过滤器的滤网，有破损要更换。

（2）每半年对所有阀类进行一次维护保养，包括润滑、封堵、修理、更换。

（3）每半年对冷冻(热)水管道、冷却水管、凝结水管系统管道进行一次维护保养。

（4）每年修补水系统破损和脱落的绝热层、表面防潮层及保护层，更换胀裂、开胶的绝热层或防潮层接缝的胶带。

（5）每年对水泵进行一次解体的清洗和检查、清洗泵体和轴承，清除水垢。使用润滑油润滑的轴承每年清洗、换油一次。

5. 输配系统维护保养

（1）每月调节一次风机传动皮带的松紧度。

（2）每两个月清洗一次带过滤网风口的过滤网。

（3）每三个月对送回风口进行一次清洁和紧固。

（4）每三个月清理各类风阀，进行必要的润滑和封堵。

（5）每三个月更换胀裂、开胶的绝热层或防潮层接缝的胶带。

（6）每半年更换一次轴承的润滑脂。

6. 空调测控系统维护保养

（1）及时维修或更换损坏的中央空调系统的压力表、流量计、温度计、冷(热)量表、电表、燃料计量表(煤气表、油表)等计量仪表，缺少的应及时增设。

（2）每半年对控制柜内外进行一次清洗，并紧固所有接线螺钉。

（3）每年校准一次检测器件(温度计、压力表、传感器等)和指示仪表，达不到要求的更换。

（4）每年清洗一次各种电气部件(如交流接触器、热继电器、自动空气开关、中间继电器等)。

四、通风与空调设施的运行与管理

(一)节能要求

1. 节能运行方案制定

（1）应根据系统的冷(热)负荷及能源供应等条件，经技术经济比较，按节能环保的原则，制订合理的全年运行方案。

（2）空调运行管理人员应掌握系统的实际能耗状况，应接受相关部门的能源审计，应定期调查能耗分布状况和分析节能潜力，提出节能运行和改造建议。

（3）空调运行管理部门宜每年进行一次空调通风系统能耗系数的测算，按照《空调通风系统运行管理规范》(GB 50365)附录 B 的计算方法进行测算，测算结果应作为对系统节能状况进行监测和比较的依据。

2. 运行策略优化

（1）当室外温湿度与室内环境接近时，宜充分利用室外新风送入室内，新风量不能低于总风量 15%。

(2)根据室外气候状况、空调负荷和建筑热惰性等情况,合理的调节相应的变频设备、多台设备的运行输出及设备的运行时间等。

(3)对一塔多风机配置的矩形冷却塔,宜根据冷却水回水温度,及时调整其运转的风机数。在保证冷却水回水温度满足冷水机组正常运行的前提下,应使运转的风机数量最少。

(4)当空调通风系统的使用功能和负荷分布发生变化,空调通风系统存在明显的温度不平衡时,应对空调水系统和风系统进行平衡调试,水力失调率(实际运行流量与设计流量比值)不宜超过15%,最大不应超过20%;风量失调率(实际运行风量与设计风量比值)不宜超过15%,最大不应超过20%。

(二)卫生要求

1. 空调输配系统卫生要求

(1)空调通风系统的设备机房内应保持干燥清洁,不得放置杂物。

(2)卫生间、厨房等处产生的异味,应避免异味通过空调通风系统进入其他空调房间。

(3)空调房间内的送、回、排风口应经常擦洗,表面不得有积尘与霉斑。定期检查室内空气质量,不满足卫生要求时,空调通风系统应采取相应措施。

(4)空调通风系统新风口的周边环境应保持清洁,应远离建筑物排风口和开放式冷却塔,不得从机房、建筑物楼道以及吊顶内吸入新风,新风口应设置隔离网。

(5)空调通风系统初次运行和停止运行较长时间后再次运行前,应对其空气处理设备的空气过滤器、表冷器、加热器、加湿器、冷凝水盘等部位进行全面检查,根据检查结果进行清洗或更换。

2. 空调水系统卫生要求

(1)空调冷冻水和冷却水的水质应由有检测资质的单位进行定期检测和分析。

(2)空气处理设备的凝结水集水部位不应存在积水、漏水、腐蚀和有害菌群孳生现象。

(3)冷却塔应保持清洁,应定期检测和清洗,且应做好过滤、缓蚀、阻垢、杀菌和灭藻等水处理工作。

(三)安全要求

1. 自动安全报警要求

(1)安全防护装置的工作状态应定期检查,并应对各种化学危险物品和油料等存放情况进行定期检查。

(2)对制冷机组制冷剂泄漏报警装置应定期检查、检测和维护;当报警装置与通风系统连锁时,应保证联动正常。

(3)当制冷机组采用的制冷剂对人体有害时,应对制冷机组定期检查、检测和维护,并应设置制冷剂泄漏报警装置。

2. 电气设备要求

(1)冷却塔附近应设置紧急停机开关,并应定期检查维护。

(2)空调通风系统冷热源的燃油管道系统的防静电接地装置必须安全可靠。

(3)各种安全和自控装置应按安全和经济运行的要求正常工作,如有异常应及时做好记录并报告。特殊情况下停用安全或自控装置,必须履行审批或备案手续。

(4)空调通风系统设备的电气控制及操作系统应安全可靠。电源应符合设备要求,接线应牢固。接地措施应符合《建筑电气工程施工质量验收规范》(GB 50303)。不得有过载运转现象。

3. 设备机房安全要求

(1)空调通风系统的设备机房内严禁放置易燃、易爆和有毒危险物品。

(2)氨制冷机房必须配备消防和安全器材,其质量和数量应满足应急使用。

(四)突发事件应急管理

对可能发生的突发事件,应事先进行风险分析与安全评价,应会同空调通风系统设计人员制定应急预案,并应制定长期的防范应急措施。应建立对突发事件的应急处置小组和应急队伍,其中应有对该建筑空调通风系统实际情况熟悉的专业人员。

对于突发事件,应急小组应组织力量,尽快判断污染或伤害来源(内部、外部或未知)、性质和范围,采取主动应对和被动防范相结合的措施,做出相应的处理决定。应根据突发事件的性质,结合空调通风系统实际情况,建立内部安全区和外部疏散区,判断高危区域,采取相应防范或隔离措施。对下列突发事件,应采取应急措施。

1. 在当地处于传染病流行期或病原微生物有可能通过空调通风系统扩散时:

(1)从事空调通风系统消毒的人员,必须经过培训,使用合格的消毒产品和采用正确的消毒方法。

(2)空调通风系统的消毒时间应安排在无人的晚间,消毒后应及时冲洗与通风,消除消毒溶液残留物对人体与设备的有害影响。

(3)在传染病流行期内,空调机房内空气处理设备的新风进气口必须用风管与新风竖井或新风百叶窗相连接,禁止间接从机房内、楼道内和吊顶内吸取新风。

(4)在传染病流行期内,空调通风系统新风口周围必须保持清洁,以保证所吸入的空气为新鲜的室外空气,严禁新风与排风短路,应重点保持新风口和空调机房及其周围环境的清洁,不得污染新风。

(5)在传染病流行期内,空调通风系统原则上应采用全新风运行,防止交叉感染。为加强室内外空气流通,最大限度引入室外新鲜空气,宜在每天冷热源设备启用前或关停后让新风机和排风机多运行1~2个循环。

2. 化学或生物及不明气体污染有可能通过空调通风系统实施传播时:

(1)突发事件中人员疏散区应选择在建筑物上风方向的安全距离处。

(2)突发事件中的高危区域,空调通风系统应独立运行或停止运行。

(3)突发事件中的安全区和其他未污染区域,应全新风运行,应防止其他污染区域回风污染。

(4)突发事件期间,应重点防止新风口和空调机房受到非法入侵。

(5)对来源于室内固定污染源释放的污染物,可采取局部排风措施,在靠近污染源处收集和排除污染物;对挥发性有机化合物,应采用清洁的室外新风来稀释。

(6)当房间中或者与人员活动无关的空调通风系统中有污染物产生时,应在房间使用之前将污染物排除,或提前通风,应保证房间开始使用时室内空气已经达到可接受的水平。

附录　房屋建筑结构常用技术表格

附录一　砂浆相关用表

（预拌砂浆 JG/T 230—2007　2007 年 8 月 22 日发布，2008 年 2 月 1 日实施）

附表 1—1　湿拌砂浆符号

品　　种	湿拌砌筑砂浆	湿拌抹灰砂浆	湿拌地面砂浆	湿拌防水砂浆
符　　号	WM	WP	WS	WW

附表 1—2　湿拌砂浆分类

项　目	湿拌砌筑砂浆	湿拌抹灰砂浆	湿拌地面砂浆	湿拌防水砂浆
强度等级	M15、M7.5、M10、M15、M20、M25、M30	M5、M10、M15、M20	M15、M20、M25	M10、M15、M20
稠度(mm)	50、70、90	70、90、110	50	50、70、90
凝结时间(h)	8、12、24	8、12、24	4、8	8、12、24
抗渗等级	—	—	—	P6、P8、P10

附表 1—3　普通干混砂浆符号

品　　种	干混砌筑砂浆	干混抹灰砂浆	干混地面砂浆	干混防水砂浆
符　　号	DM	DP	DS	DW

附表 1—4　普通干混砂浆分类

项　目	干混砌筑砂浆	干混抹灰砂浆	干混地面砂浆	干混普通防水砂浆
强度等级	M5、M7.5、M10、M15、M20、M25、M30	M5、M10、M15、M20	M15、M20、M25	M10、M15、M20
抗渗等级	—	—	—	P6、P8、P10

附表1—5 特种干混砂浆符号

品种	干混瓷砖粘结砂浆	干混耐磨地坪砂浆	干混界面处理砂浆	干混特种防水砂浆	干混自流平砂浆
符号	DTA	DFH	DIT	DWS	DSL
符号	DGR	DEA	DBI	DPG	DTI

附表1—6 砌筑砂浆分类

砌体种类	砂浆适用强度等级
砖砌体	M15、M10、M7、M5 和 M2.5
混凝土小型空心砌块专用砌筑砂浆	Mb20、Mb15、Mb10、Mb7.5 和 Mb5
双排孔或多排孔轻集料混凝土砌块砌体砂浆	Mb10、Mb7.5 和 Mb5
蒸压灰砂砖、蒸压粉煤灰普通砖砌体砂浆	Ms15、Ms10、Ms7.5 和 Ms5
毛石、毛料石砌体	M7.5、M5 和 M2.5

附录二 混凝土相关用表

（混凝土结构设计规范 GB 50010—2010　2010 年 8 月 18 日发布，2011 年 7 月 1 日实施）

附表 2—1　混凝土强度标准值（N/mm^2）

强度种类	混凝土强度等级													
	C15	C20	C25	C30	C35	C40	C45	C50	C55	C60	C65	C70	C75	C80
f_{ck}	10.0	13.4	16.7	20.1	23.4	26.8	29.6	32.4	35.5	38.5	41.5	44.5	47.4	50.2
f_{tk}	1.27	1.54	1.78	2.01	2.20	2.39	2.51	2.64	2.74	2.85	2.93	2.99	3.05	3.11

附表 2—2　混凝土强度设计值（N/mm^2）

强度种类	混凝土强度等级													
	C15	C20	C25	C30	C35	C40	C45	C50	C55	C60	C65	C70	C75	C80
f_c	7.2	9.6	11.9	14.3	16.7	19.1	21.1	23.1	25.3	27.5	29.7	31.8	33.8	35.9
f_t	0.91	1.10	1.27	1.43	1.57	1.71	1.80	1.89	1.96	2.04	2.09	2.14	2.18	2.22

注：(1) 计算现浇钢筋混凝土轴心受压及偏心受压构件时，如截面的长边或直径小于 300 mm，则表中混凝土的强度设计值应乘以系数 0.8；当构件质量（如混凝土成形、截面和轴线尺寸等）确有保证时，可不受此限制。
　　(2) 离心混凝土的强度设计值应按专门标准取用。

附表 2—3　混凝土弹性模量（$\times 10^4$ N/mm^2）

强度等级	C15	C20	C25	C30	C35	C40	C45	C50	C55	C60	C65	C70	C75	C80
E_c	2.20	2.55	2.80	3.00	3.15	3.25	3.35	3.45	3.55	3.60	3.65	3.70	3.75	3.80

附录三 钢筋相关用表

(混凝土结构设计规范 GB 50010—2010 2010 年 8 月 18 日发布，2011 年 7 月 1 日实施)

附表 3—1 钢筋符号及强度标准值(N/mm^2)

牌 号	符 号	公称直径 $d(mm)$	屈服强度标准值 f_{yk}	极限强度标准值 f_{stk}
HPB300	ϕ	6~22	300	420
HRB335 HRBF335	Φ ΦF	6~50	335	455
HRB400 HRBF400 RRB400	Φ ΦF ΦR	6~50	400	540
HRB500 HRBF500	Φ ΦF	6~50	500	630

附表 3—2 钢筋强度设计值(N/mm^2)

牌 号	抗拉强度设计值 f_y	抗压强度设计值 f'_y
HPB300	270	270
HRB335、HRBF335	300	300
HRB400、HRBF400、RRB400	360	360
HRB500、HRBF500	435	410

附表 3—3 预应力钢筋符号及强度标准值(N/mm^2)

种 类	符 号	公称直径 $d(mm)$	屈服强度标准值 f_{pyk}	极限强度标准值 f_{ptk}
中强度预应力钢丝	光面螺旋肋 Φ^{PM} Φ^{HM}	5、7、9	620 780 980	800 970 1 270
预应力螺纹钢筋	螺纹 Φ^T	18、25、32、40、50	785 930 1 080	980 1 080 1 230
消除应力钢丝	光面螺旋肋 Φ^P Φ^H	5 7	— — —	1 570 1 860 1 570

续上表

种 类		符 号	公 称 直 径 d(mm)	屈服强度标准值 f_{pyk}	极限强度标准值 f_{ptk}
消除应力钢丝	螺旋肋	Φ^H	9	—	1 470
				—	1 570
钢绞线	1×3 (三股)	Φ^S	8.6、10.8、12.9	—	1 570
				—	1 860
				—	1 960
	1×7 (七股)		9.5、12.7、15.2、17.8	—	1 720
				—	1 860
				—	1 960
			21.6	—	1 860

附表 3—4 预应力钢筋强度设计值(N/mm²)

种 类	极限强度标准值 f_{ptk}	抗拉强度设计值 f_{py}	抗压强度设计值 f'_{py}
中强度预应力钢丝	800	510	410
	970	650	
	1 270	810	
清除应力钢丝	1 470	1 040	410
	1 570	1 110	
	1 860	1 320	
钢绞线	1 570	1 110	390
	1 720	1 220	
	1 860	1 320	
	1 960	1 390	
预应力螺纹钢筋	980	650	410
	1 080	770	
	1 230	900	

附表 3—5 钢筋的弹性模量($\times 10^5$ N/mm²)

牌号或种类	弹性模量 E_N
HPB300 钢筋	2.10
HRB335、HRB400、HRB500 钢筋 HRBF335、HRBF400、HRBF500 钢筋 RRB400 钢筋 预应力螺纹钢筋	2.00
消除应力钢丝、中强度预应力钢丝	2.05
钢绞线	1.95

注:必要时可采用实测的弹性模量。

附表 3—6　热轧光圆钢筋的公称直径、横截面积与理论重量（GB 1499.1—2007）

公称直径(mm)	公称横截面面积(mm²)	理论重量(kg/m)
5.5	23.76	0.187
6.5	33.18	0.260
8	50.27	0.395
10	78.54	0.617
12	113.1	0.888
14	153.9	1.21
16	201.1	1.58
18	254.5	2.00
20	314.2	2.47

注：表 2 中理论重量按密度为 7.85 g/cm³ 计算。

附表 3—7　热轧带肋钢筋的公称直径、横截面积与理论重量（GB 1499.2—2007）

公称直径(mm)	公称横截面面积(mm²)	理论重量(kg/m)
6	28.27	0.222
8	50.27	0.395
10	78.54	0.617
12	113.1	0.888
14	153.9	1.21
16	201.1	1.58
18	254.5	2.00
20	314.2	2.47
22	380.1	2.98
25	490.9	3.85
28	615.8	4.83
32	804.2	6.31
36	1018	7.99
40	1257	9.87
50	1964	15.42

注：表 2 中理论重量按密度为 7.85 g/cm³ 计算。

附录四 常用砌体材料强度用表

（砌体结构设计规范 GB 50003—2011　2011年7月26日，2012年8月1日）

附表4—1　烧结普通砖和烧结多孔砖砌体的抗压强度设计值（MPa）

砖强度等级	砂浆强度等级					砂浆强度
	M15	M10	M7.5	M5	M2.5	0
MU30	3.94	3.27	2.93	2.59	2.26	1.15
MU25	3.60	2.98	2.68	2.37	2.06	1.05
MU20	3.22	2.67	2.39	2.12	1.84	0.94
MU15	2.79	2.31	2.07	1.83	1.60	0.82
MU10	—	1.89	1.69	1.50	1.30	0.67

注：当烧结多孔砖的孔洞率大于30%时，表中数值应乘以0.9。

附表4—2　混凝土普通砖和混凝土多孔砖砌体的抗压强度设计值（MPa）

砖强度等级	砂浆强度等级					砂浆强度
	Mb20	Mb15	Mb10	Mb7.5	Mb5	0
MU30	4.61	3.94	3.27	2.93	2.59	1.15
MU25	4.21	3.60	2.98	2.68	2.37	1.05
MU20	3.77	3.22	2.67	2.39	2.12	0.94
MU15	—	2.79	2.31	2.07	1.83	0.82

附表4—3　蒸压灰砂普通砖和蒸压粉煤灰普通砖砌体的抗压强度设计值（MPa）

砖强度等级	砂浆强度等级				砂浆强度
	M15	M10	M7.5	M5	0
MU25	3.60	2.98	2.68	2.37	1.05
MU20	3.22	2.67	2.39	2.12	0.94
MU15	2.79	2.31	2.07	1.83	0.82

注：当采用专用砂浆砌筑时，其抗压强度设计值按表中数值采用。

附表4—4　单排孔混凝土砌块和轻集料混凝土砌块对孔砌筑砌体的抗压强度设计值（MPa）

砌块强度等级	砂浆强度等级					砂浆强度
	Mb20	Mb15	Mb10	Mb7.5	Mb5	0
MU20	6.30	5.68	4.95	4.44	3.94	2.33
MU15	—	4.61	4.02	3.61	3.20	1.89

续上表

砌块强度等级	砂浆强度等级					砂浆强度
	Mb20	Mb15	Mb10	Mb7.5	Mb5	0
MU10	—	—	2.79	2.50	2.22	1.31
MU7.5	—	—	—	1.93	1.71	1.01
MU5	—	—	—	—	1.19	0.70

注：(1) 对独立柱或厚度为双排组砌的砌块砌体，应按表中数值乘以 0.7；
(2) 对 T 形截面墙体、柱，应按表中数值乘以 0.85。

附表 4—5 双排孔或多排孔轻集料混凝土砌块砌体的抗压强度设计值(MPa)

砌块强度等级	砂浆强度等级			砂浆强度
	Mb10	Mb7.5	Mb5	0
MU10	3.08	2.76	2.45	1.44
MU7.5	—	2.13	1.88	1.12
MU5	—	—	1.31	0.78
MU3.5	—	—	0.95	0.56

注：(1) 表中的砌块为火山渣、浮石和陶粒轻集料混凝土砌块；
(2) 对厚度方向为双排组砌的轻集料混凝土砌块砌体的抗压强度设计值，应按表中数值乘以 0.8。

附表 4—6 毛料石砌体的抗压强度设计值(MPa)

毛料石强度等级	砂浆强度等级			砂浆强度
	M7.5	M5	M2.5	0
MU100	5.42	4.80	4.18	2.13
MU80	4.85	4.29	3.73	1.91
MU60	4.20	3.71	3.23	1.65
MU50	3.83	3.39	2.95	1.51
MU40	3.43	3.04	2.64	1.35
MU30	2.97	2.63	2.29	1.17
MU20	2.42	2.15	1.87	0.95

注：对细料石砌体、粗料石砌体和干砌勾缝石砌体，表中数值应分别乘以调整系数 1.4、1.2 和 0.8。

附表 4—7 毛石砌体的抗压强度设计值(MPa)

毛石强度等级	砂浆强度等级			砂浆强度
	M7.5	M5	M2.5	0
MU100	1.27	1.12	0.98	0.34
MU80	1.13	1.00	0.87	0.30
MU60	0.98	0.87	0.76	0.26
MU50	0.90	0.80	0.69	0.23
MU40	0.80	0.71	0.62	0.21
MU30	0.69	0.61	0.53	0.18
MU20	0.56	0.51	0.44	0.15

附表4—8　沿砌体灰缝截面破坏时砌体的轴心抗拉强度设计值、弯曲抗拉强度设计值和抗剪强度设计值（MPa）

强度类别	破坏特征及砌体种类	≥M10	M7.5	M5	M2.5
轴心抗拉 （沿齿缝）	烧结普通砖、烧结多孔砖	0.19	0.16	0.13	0.09
	混凝土普通砖、混凝土多孔砖	0.19	0.16	0.13	—
	蒸压灰砂普通砖、蒸压粉煤灰普通砖	0.12	0.10	0.08	—
	混凝土和轻集料混凝土砌块	0.09	0.08	0.07	—
	毛石	—	0.07	0.06	0.04
弯曲抗拉 （沿齿缝）	烧结普通砖、烧结多孔砖	0.33	0.29	0.23	0.17
	混凝土普通砖、混凝土多孔砖	0.33	0.29	0.23	—
	蒸压灰砂普通砖、蒸压粉煤灰普通砖	0.24	0.20	0.16	—
	混凝土和轻集料混凝土砌块	0.11	0.09	0.08	—
	毛石	—	0.11	0.09	0.07
弯曲抗拉 （沿通缝）	烧结普通砖、烧结多孔砖	0.17	0.14	0.11	0.08
	混凝土普通砖、混凝土多孔砖	0.17	0.14	0.11	—
	蒸压灰砂普通砖、蒸压粉煤灰普通砖	0.12	0.10	0.08	—
	混凝土和轻集料混凝土砌块	0.08	0.06	0.05	—
抗剪	烧结普通砖、烧结多孔砖	0.17	0.14	0.11	0.08
	混凝土普通砖、混凝土多孔砖	0.17	0.14	0.11	—
	蒸压灰砂普通砖、蒸压粉煤灰普通砖	0.12	0.10	0.08	—
	混凝土和轻集料混凝土砌块	0.09	0.08	0.06	—
	毛石	—	0.19	0.16	0.11

注：(1) 对于用形状规则的块体砌筑的砌体，当搭接长度与块体高度的比值小于1时，其轴心抗拉强度设计值 f_t 和弯曲抗拉强度设计值 f_{tm} 应按表中数值乘以搭接长度与块体高度比值后采用；
(2) 表中数值是依据普通砂浆砌筑的砌体确定，采用经研究性试验且通过技术鉴定的专用砂浆砌筑的蒸压灰砂普通砖、蒸压粉煤灰普通砖砌体，其抗剪强度设计值按相应普通砂浆强度等级砌筑的烧结普通砖砌体采用；
(3) 对混凝土普通砖、混凝土多孔砖、混凝土和轻集料混凝土砌块砌体，表中的砂浆强度等级分别为：≥Mb10、Mb7.5及Mb5；
(4) 施工质量控制等级采用C级时，表中数值乘以0.89。

附表4—9　砌体的弹性模量（MPa）

砌体种类	≥M10	M7.5	M5	M2.5
烧结普通砖、烧结多孔砖砌体	1600f	1600f	1600f	1390f
混凝土普通砖、混凝土多孔砖砌体	1600f	1600f	1600f	—
蒸压灰砂普通砖、蒸压粉煤灰普通砖砌体	1060f	1060f	1060f	—
非灌孔混凝土砌块砌体	1700f	1600f	1500f	—
粗料石、毛料石、毛石砌体	—	5650	4000	2250
细料石砌体	—	17000	12000	6750

注：(1) 轻集料混凝土砌块砌体的弹性模量，可按表中混凝土砌块砌体的弹性模量采用；
(2) 表中砌体抗压强度设计值不按3.2.3条进行调整；
(3) 表中砂浆为普通砂浆，采用专用砂浆砌筑的砌体的弹性模量也按此表取值；
(4) 对混凝土普通砖、混凝土多孔砖、混凝土和轻集料混凝土砌块砌体，表中的砂浆强度等级分别为：≥Mb10、Mb7.5及Mb5；
(5) 对蒸压灰砂普通砖和蒸压粉煤灰普通砖砌体，当采用专用砂浆砌筑时，其强度设计值按表中数值采用。

附表 4—10　砌体的线膨胀系数和收缩率

砌 体 类 别	线膨胀系数(10^{-6}/℃)	收缩率(mm/m)
烧结普通砖、烧结多孔砖砌体	5	-0.1
蒸压灰砂普通砖、蒸压粉煤灰普通砖砌体	8	-0.2
混凝土普通砖、混凝土多孔砖、混凝土砌块砌体	10	-0.2
轻集料混凝土砌块砌体	10	-0.3
料石和毛石砌体	8	—

注：表中的收缩率系由达到收缩允许标准的块体砌筑 28 d 的砌体收缩系数。当地方有可靠的砌体收缩试验数据时，亦可采用当地的试验数据。

附表 4—11　砌体的摩擦系数

材 料 类 别	摩 擦 面 情 况	
	干　燥	潮　湿
砌体沿砌体或混凝土滑动	0.70	0.60
砌体沿木材滑动	0.60	0.50
砌体沿钢滑动	0.45	0.35
砌体沿砂或卵石滑动	0.60	0.50
砌体沿粉土滑动	0.55	0.40
砌体沿黏性土滑动	0.50	0.30

附录五 建筑钢材用表

附表 5—1 碳素钢强度等级和力学性能(GB/T 700—2006)

牌号	等级	屈服强度^a R_{eH}(N/mm²),不小于						抗拉强度^b R_m (N/mm²)	断后伸长率 A(%),不小于					冲击试验(V形缺口)	
		厚度或直径(mm)							厚度(或直径)/mm					温度(℃)	冲击吸收功(纵向)/J 不小于
		≤16	>16~40	>40~60	>60~100	>100~150	>150~200		≤40	>40~60	>60~100	>100~150	>150~200		
Q195	—	195	185	—	—	—	—	315~430	33	—	—	—	—	—	—
Q215	A	215	205	195	185	175	165	335~450	31	30	29	27	26	—	—
	B													+20	27
Q235	A	235	225	215	215	195	185	370~500	26	25	24	22	21	—	—
	B													+20	27^c
	C													0	
	D													−20	
Q275	A	275	265	255	245	225	215	410~540	22	21	20	18	17	—	—
	B													+20	27
	C													0	
	D													−20	

^{a} Q195 的屈服强度值仅供参考,不作交货条件。
^{b} 厚度大于 100 mm 的钢材,抗拉强度下限允许降低 20 N/mm²。宽带钢(包括剪切钢板)抗拉强度上限不作交货条件。
^{c} 厚度小于 25 mm 的 Q235B 级钢材,如供方能保证冲击吸收功值合格,经需方同意,可不作检验。

附表 5—2　低合金钢强度等级和力学性能(GB/T 1591—2008)

牌号	质量等级	拉伸试验[a,b,c]																					
		以下公称厚度(直径,边长)下屈服强度 R_{eL}(N/mm²)									以下公称厚度(直径,边长)抗拉强度 R_m(N/mm²)							断后伸长率(A)/% 公称厚度(直径,边长)					
		≤16 mm	>16 mm～40 mm	>40 mm～63 mm	>63 mm～80 mm	>80 mm～100 mm	>100 mm～150 mm	>150 mm～200 mm	>200 mm～250 mm	>250 mm～400 mm	≤40 mm	>40 mm～63 mm	>63 mm～80 mm	>80 mm～100 mm	>100 mm～150 mm	>150 mm～250 mm	>250 mm～400 mm	≤40 mm	>40 mm～63 mm	>63 mm～100 mm	>100 mm～150 mm	>150 mm～250 mm	>250 mm～400 mm
Q345	A	≥345	≥335	≥325	≥315	≥305	≥285	≥275	≥265	—	470～630	470～630	470～630	470～630	450～600	450～600	—	≥20	≥19	≥19	≥18	≥17	—
	B																						
	C																	≥21	≥20	≥20	≥19	≥18	
	D									≥265							450～600						≥17
	E																						
Q390	A	≥390	≥370	≥350	≥330	≥330	≥310	—	—	—	490～650	490～650	490～650	490～650	470～620	—	—	≥20	≥19	≥19	≥18	—	—
	B																						
	C																						
	D																						
	E																						
Q420	A	≥420	≥400	≥380	≥360	≥360	≥340	—	—	—	520～680	520～680	520～680	520～680	500～650	—	—	≥19	≥18	≥18	≥18	—	—
	B																						
	C																						
	D																						
	E																						
Q460	C	≥460	≥440	≥420	≥400	≥400	≥380	—	—	—	550～720	550～720	550～720	550～720	530～700	—	—	≥17	≥16	≥16	≥16	—	—
	D																						
	E																						

附表 5—3 钢材的强度设计值（N/mm²）（GB 50017—2017）

钢材		抗拉、抗压和抗弯 f	抗剪 f_v	端面承压（刨平顶紧）f_{ce}
牌号	厚度或直径（mm）			
Q235 钢	≤16	215	125	320
	>16~40	205	120	
	>40	200	115	
	<100	190	110	
Q345 钢	≤16	310	180	400
	>16~40	295	170	
	>40~63	265	155	
	>63~80	250	145	
Q390 钢	≤16	350	205	415
	>16~35	335	190	
	>35~50	315	180	
	>50~100	295	170	
Q420 钢	≤16	380	220	440
	>16~35	360	210	
	>35~50	340	195	
	>50~100	325	185	

注：表中厚度指计算点的厚度，对心受力构件系指截面中较厚厚度。

附表 5—4 铸钢件的强度设计值（N/mm²）（GB 50017—2003）

钢号	抗拉、抗压和抗弯 f	抗剪 f_v	端面承压（刨平顶紧）f_{ce}
ZG200-400	155	90	260
ZG230-450	180	105	290
ZG270-500	210	120	325
ZG310-570	240	140	370

附表 5—5 焊缝的强度设计值（N/mm²）（GB 50017—2003）

焊接方法和焊条型号	构件钢材		对接焊缝			角焊缝
	牌号	厚度或直径（mm）	抗压 f_c^w	焊缝质量为下列等级时，抗拉 f_t^w		抗拉、抗压和抗剪 f_t^w
				一级、二级	三级	抗剪 f_v^w	
自动焊、半自动焊和 E43 型焊条的手工焊	Q235 钢	≤16	215	215	185	125	160
		>16~40	205	205	175	120	
		>40~60	200	200	170	115	
		>60~100	190	190	160	110	

续上表

焊接方法和焊条型号	构件钢材		对接焊缝				角焊缝
	牌号	厚度或直径（mm）	抗压 f_c^w	焊缝质量为下列等级时，抗拉 f_t^w		抗剪 f_v^w	抗拉、抗压和抗剪 f_f^w
				一级、二级	三级		
自动焊、半自动焊和E50型焊条的手工焊	Q345钢	≤16	310	310	265	180	200
		>16~35	295	295	250	170	
		>35~50	265	265	225	155	
		>50~100	250	250	210	145	
自动焊、半自动焊和E55型焊条的手工焊	Q390钢	≤16	350	350	300	205	220
		>16~35	335	335	285	190	
		>35~50	315	315	270	180	
		>50~100	295	295	250	170	
自动焊、半自动焊和E55型焊条的手工焊	Q420钢	≤16	380	380	320	220	220
		>16~35	360	360	305	210	
		>35~50	340	340	290	195	
		>50~100	325	325	275	185	

注：(1) 自动焊和半自动焊所采用的焊丝和焊剂，应保证其熔敷金属力学性能不低于现行国家标准《埋弧焊用碳钢焊丝和焊剂》(GB/T 5293) 和《低合金钢埋弧焊用焊剂》(GB/T 12470) 中的相关规定。
(2) 焊缝质量等级应符合现行国家标准《钢结构工程施工质量验收规范》(GB 50205) 的规定，其中厚度小于 8 mm 钢材的对接焊缝，不应用超声波探伤确定焊缝质量等级。
(3) 对接焊缝在受压区的抗弯强度设计值取 f_c^w，在受拉区的抗弯强度设计值取 f_t^w。

附表5—6 螺栓连接的强度设计值（N/mm²）(GB 50017—2003)

螺栓的材料等级、锚栓和构件钢材性能和牌号		普通螺栓					锚栓	承压型连接高强度螺栓		
		C级螺栓			A级、B级螺栓					
		抗拉 f_t^b	抗剪 f_v^b	承压 f_c^b	抗拉 f_t^b	抗剪 f_v^b	承压 f_c^b	抗拉 f_t^b	抗拉 f_t^b	抗剪 f_v^b	承压 f_c^b
普通螺栓	4.6级、4.8级	170	140	—	—	—	—	—	—	—	—
	5.6级	—	—	—	210	190	—	—	—	—	—
	8.8级	—	—	—	400	320	—	—	—	—	—
锚栓	Q235钢	—	—	—	—	—	—	140	—	—	—
	Q345钢	—	—	—	—	—	—	180	—	—	—
承压型连接高强度螺栓	8.8级	—	—	—	—	—	—	—	400	250	—
	10.9级	—	—	—	—	—	—	—	500	310	—
构件	Q235钢	—	—	305	—	—	405	—	—	—	470
	Q345钢	—	—	385	—	—	510	—	—	—	590
	Q390钢	—	—	400	—	—	530	—	—	—	615
	Q420钢	—	—	425	—	—	560	—	—	—	655

注：(1) A级螺栓用于 $d \leq 24$ mm 和 $l \leq 10d$ 或 $l \leq 150$ mm（按较小值）的螺栓；B级螺栓用于 $d > 24$ mm 和 $l > 10d$ 或 $l > 150$ mm（按较小值）的螺栓。D 为公称直径，l 为螺栓杆的公称长度。
(2) A、B级螺栓孔的精度孔壁表面粗糙度，C级螺栓孔的允许偏差和孔壁表面粗糙度，均应符合现行国家标准《钢结构工程施工质量验收规范》(GB 50205) 的要求。

附表 5—7 热轧无缝钢管的规格和截面特性

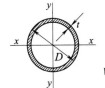

I——截面惯性矩；
W——截面抵抗矩；
i——截面回转半径

尺寸(mm) D	t	截面面积 $A(cm^2)$	每米重量 (kg/m)	I (cm^4)	W (cm^3)	i (cm)	尺寸(mm) D	t	截面面积 $A(cm^2)$	每米重量 (kg/m)	I (cm^4)	W (cm^3)	i (cm)
32	2.5	2.32	1.82	2.54	1.59	1.05	57	3.0	5.09	4.00	18.61	6.53	1.91
	3.0	2.73	2.15	2.90	1.82	1.03		3.5	5.88	4.62	21.14	7.42	1.90
	3.5	3.13	2.46	3.23	2.02	1.02		4.0	6.66	5.23	23.52	8.25	1.88
	4.0	3.52	2.76	3.52	2.20	1.00		4.5	7.42	5.83	25.76	9.04	1.86
38	2.5	2.79	2.19	4.41	2.32	1.26		5.0	8.17	6.41	27.86	9.78	1.85
	3.0	3.30	2.59	5.09	2.68	1.24		5.5	8.90	6.99	29.84	10.47	1.83
	3.5	3.79	2.98	5.70	3.00	1.23		6.0	9.61	7.55	31.69	11.12	1.82
	4.0	4.27	3.35	6.26	3.29	1.21	60	3.0	5.37	4.22	21.88	7.29	2.02
42	2.5	3.10	2.44	6.07	2.89	1.40		3.5	6.21	4.88	24.88	8.29	2.00
	3.0	3.68	2.89	7.03	3.35	1.38		4.0	7.04	5.52	27.73	9.24	1.98
	3.5	4.23	3.32	7.91	3.77	1.37		4.5	7.85	6.16	30.41	10.14	1.97
	4.0	4.78	3.75	8.71	4.15	1.35		5.0	8.64	6.78	32.94	10.98	1.95
45	2.5	3.34	2.62	7.56	3.36	1.51		5.5	9.42	7.39	35.32	11.77	1.94
	3.0	3.96	3.11	8.77	3.90	1.49		6.0	10.18	7.99	37.56	12.52	1.92
	3.5	4.56	3.58	9.89	4.40	1.47	63.5	3.0	5.70	4.48	26.15	8.24	2.14
	4.0	5.15	4.04	10.93	4.86	1.46		3.5	6.60	5.18	29.79	9.38	2.12
50	2.5	3.73	2.93	10.55	4.22	1.68		4.0	7.48	5.87	33.24	10.47	2.11
	3.0	4.43	3.48	12.28	4.91	1.67		4.5	8.34	6.55	36.50	11.50	2.09
	3.5	5.11	4.01	13.90	5.56	1.65		5.0	9.19	7.21	39.60	12.47	2.08
	4.0	5.78	4.54	15.41	6.16	1.63		5.5	10.02	7.87	42.52	13.39	2.06
	4.5	6.43	5.05	16.81	6.72	1.62		6.0	10.84	8.51	45.28	14.26	2.04
	5.0	7.07	5.55	18.11	7.25	1.60	68	3.0	6.13	4.81	32.42	9.54	2.30
54	3.0	4.81	3.77	15.68	5.81	1.81		3.5	7.09	5.57	36.99	10.88	2.28
	3.5	5.55	4.36	17.79	6.59	1.79		4.0	8.04	6.31	41.34	12.16	2.27
	4.0	6.28	4.93	19.76	7.32	1.77		4.5	8.98	7.05	45.47	13.37	2.25
	4.5	7.00	5.49	21.61	8.00	1.76		5.0	9.90	7.77	49.41	14.53	2.23
	5.0	7.70	6.04	23.34	8.64	1.74		5.5	10.80	8.48	53.14	15.63	2.22
	5.5	8.38	6.58	24.96	9.24	1.73		6.0	11.69	9.17	56.68	16.67	2.20
	6.0	9.05	7.10	26.46	9.80	1.71							

续上表

尺寸(mm)		截面面积 $A(cm^2)$	每米重量 (kg/m)	截面特性			尺寸(mm)		截面面积 $A(cm^2)$	每米重量 (kg/m)	截面特性		
D	t			I (cm^4)	W (cm^3)	i (cm)	D	t			I (cm^4)	W (cm^3)	i (cm)
70	3.0	6.31	4.96	35.50	10.14	2.37	89	6.5	16.85	13.22	144.22	32.41	2.93
	3.5	7.31	5.74	40.53	11.58	2.35		7.0	18.03	14.16	152.67	34.31	2.91
	4.0	8.29	6.51	45.33	12.95	2.34	95	3.5	10.06	7.90	105.45	22.20	3.24
	4.5	9.26	7.27	49.89	14.26	2.32		4.0	11.44	8.98	118.60	24.97	3.22
	5.0	10.21	8.01	54.24	15.50	2.30		4.5	12.79	10.04	131.31	27.64	3.20
	5.5	11.14	8.75	58.38	16.68	2.29		5.0	14.14	11.10	143.58	30.23	3.19
	6.0	12.06	9.47	62.31	17.80	2.27		5.5	15.46	12.14	155.43	32.72	3.17
73	3.0	6.60	5.18	40.48	11.09	2.48		6.0	16.78	13.17	166.86	35.13	3.15
	3.5	7.64	6.00	46.26	12.67	2.46		6.5	18.07	14.19	177.89	37.45	3.14
	4.0	8.67	6.81	51.78	14.19	2.44		7.0	19.35	15.19	188.51	39.69	3.12
	4.5	9.68	7.60	57.04	15.63	2.43	102	3.5	10.83	8.50	131.52	25.79	3.48
	5.0	10.68	8.38	62.07	17.07	2.41		4.0	12.32	9.67	148.09	29.04	3.47
	5.5	11.66	9.16	66.87	18.32	2.39		4.5	13.78	10.82	164.14	32.18	3.45
	6.0	12.63	9.91	71.43	19.57	2.38		5.0	15.24	11.96	179.68	35.23	3.43
76	3.0	6.88	5.40	45.91	12.08	2.58		5.5	16.67	13.09	194.72	38.18	3.42
	3.5	7.97	6.26	52.50	13.82	2.57		6.0	18.10	14.21	209.28	41.03	3.40
	4.0	9.05	7.10	58.81	15.48	2.55		6.5	19.50	15.31	223.35	43.79	3.38
	4.5	10.11	7.93	64.85	17.07	2.53		7.0	20.89	16.40	236.96	46.46	3.37
	5.0	11.15	8.75	70.62	18.59	2.52	114	4.0	13.82	10.85	209.35	36.73	3.89
	5.5	12.18	9.56	76.14	20.04	2.50		4.5	15.48	12.15	232.41	40.77	3.87
	6.0	13.19	10.36	81.41	21.42	2.48		5.0	17.12	13.44	254.81	44.70	3.86
83	3.5	8.74	6.86	69.19	16.67	2.81		5.5	18.75	14.72	276.58	48.52	3.84
	4.0	9.93	7.79	77.64	18.71	2.80		6.0	20.36	15.98	297.73	52.23	3.82
	4.5	11.10	8.71	85.76	20.67	2.78		6.5	21.95	17.23	318.26	55.84	3.81
	5.0	12.35	9.62	93.56	22.54	2.76		7.0	23.53	18.47	338.19	59.33	3.79
	5.5	13.39	10.51	101.04	24.35	2.75		7.5	25.09	19.70	357.59	62.73	3.77
	6.0	14.51	11.39	108.22	26.08	2.73		8.0	26.64	20.91	376.30	66.02	3.76
	6.5	15.62	12.26	115.10	27.74	2.71	121	4.0	14.70	11.54	251.87	41.63	4.14
	7.0	15.71	13.12	121.69	29.32	2.70		4.5	16.47	12.93	279.83	46.25	4.12
89	3.5	9.40	7.38	86.05	19.43	3.03		5.0	18.22	14.30	307.05	50.75	4.11
	4.0	10.68	8.38	96.68	21.73	3.01		5.5	19.96	15.67	333.54	55.13	4.09
	4.5	11.95	9.38	106.92	24.03	2.59		6.0	21.68	17.02	359.32	59.39	4.07
	5.0	13.19	10.36	116.79	26.24	2.98		6.5	23.38	18.35	384.40	63.54	4.05
	5.5	14.43	11.33	126.29	23.38	2.96		7.0	25.07	19.68	408.80	67.57	4.04
	6.0	15.65	12.28	135.43	30.43	2.94		7.5	26.74	20.99	432.51	71.49	4.02
								8.0	28.40	22.29	455.57	75.30	4.01

续上表

尺寸(mm)		截面面积 $A(cm^2)$	每米重量 (kg/m)	截面特性			尺寸(mm)		截面面积 $A(cm^2)$	每米重量 (kg/m)	截面特性		
D	t			I (cm^4)	W (cm^3)	i (cm)	D	t			I (cm^4)	W (cm^3)	i (cm)
60	4.0	15.46	12.13	292.61	46.08	4.35	152	4.5	20.85	16.37	567.61	74.69	5.22
	4.5	17.32	13.59	325.29	51.23	4.33		5.0	23.09	18.13	624.43	82.16	5.20
	5.0	19.16	15.04	357.14	56.24	4.32		5.5	25.31	19.87	680.06	89.48	5.18
	5.5	20.99	16.48	388.19	61.13	4.30		6.0	27.52	21.60	734.52	96.65	5.17
	6.0	22.81	17.90	418.44	65.90	4.28		6.5	29.71	23.32	787.82	103.66	5.15
	6.5	24.61	19.32	447.92	70.54	4.27		7.0	31.89	25.03	839.99	110.52	5.13
	7.0	26.39	20.72	476.63	75.06	4.25		7.5	34.05	26.73	891.03	117.24	5.12
	7.5	28.16	22.10	504.58	79.46	4.23		8.0	36.19	28.41	940.97	123.81	5.10
	8.0	29.91	23.48	531.80	83.75	4.22		9.0	40.43	31.74	1 087.59	136.53	5.07
133	4.0	16.21	12.73	337.53	50.76	4.56		10	44.61	35.02	1 129.99	148.68	5.03
	4.5	18.17	14.26	375.42	56.45	4.55	159	4.5	21.84	17.15	652.27	82.05	5.46
	5.0	20.11	15.78	412.40	62.02	4.53		5.0	24.19	18.99	717.88	90.30	5.45
	5.5	22.03	17.29	448.50	67.44	4.51		5.5	26.52	20.82	782.18	98.39	5.43
	6.0	23.94	18.79	483.72	72.74	4.50		6.0	28.84	22.64	845.19	106.31	5.41
	6.5	25.83	20.28	518.07	77.91	4.48		6.5	31.14	24.45	906.92	114.08	5.40
	7.0	27.71	21.75	551.58	82.94	4.46		7.0	33.43	26.24	967.41	121.69	5.38
	7.5	29.57	23.21	584.25	87.56	4.45		7.5	35.70	28.02	1 026.65	129.14	5.36
	8.0	31.42	24.66	616.11	92.64	4.43		8.0	37.95	29.79	1 084.67	136.44	5.35
140	4.5	19.16	15.04	440.12	62.87	4.79		9.0	42.41	33.29	1 197.12	150.58	5.31
	5.0	21.21	16.65	483.76	69.11	4.78		10	46.81	36.75	1 304.88	164.14	5.28
	5.5	23.24	18.24	526.40	75.20	4.76	168	4.5	23.11	18.14	772.96	92.02	5.78
	6.0	25.26	19.83	568.06	81.15	4.74		5.0	25.60	20.10	851.14	101.33	5.77
	6.5	27.26	21.40	608.76	86.97	4.73		5.5	28.08	22.04	927.85	110.46	5.75
	7.0	29.25	22.96	648.51	92.64	4.17		6.0	30.54	23.97	1 003.12	119.42	5.73
	7.5	31.22	24.51	687.32	98.19	4.69		6.5	32.98	25.89	1 076.95	125.21	5.71
	8.0	33.18	26.04	725.21	103.60	4.68		7.0	35.41	27.79	1 149.36	136.83	5.70
	9.0	37.04	29.08	798.29	114.04	4.64		7.5	37.82	29.69	1 220.38	145.23	5.68
	10	40.84	32.06	867.86	123.98	4.61		8.0	40.21	31.57	1 290.01	153.57	5.66
146	4.5	20.00	15.70	501.16	68.65	5.01		9.0	44.56	35.29	1 425.22	169.67	5.63
	5.0	22.15	17.30	551.10	75.49	4.99		10	49.64	38.97	1 555.13	185.13	5.60
	5.5	24.28	19.06	599.95	82.19	4.97	180	5.0	27.49	21.58	1 053.17	117.02	6.19
	6.0	26.39	20.72	647.73	88.73	4.95		5.5	30.15	23.67	1 148.79	127.64	6.17
	6.5	28.49	22.36	694.44	95.13	4.94		6.0	32.80	25.75	1 242.72	138.08	6.16
	7.0	30.57	24.00	740.12	101.39	4.92		6.5	35.43	27.81	1 335.00	148.33	6.14
	7.5	32.63	25.62	784.77	107.50	4.90		7.0	38.04	29.87	1 425.63	158.40	6.12
	8.0	34.68	27.23	828.41	113.48	4.89		7.5	40.64	31.91	1 514.64	168.29	6.10
	9.0	38.74	30.41	912.71	125.03	4.85		8.0	43.23	33.93	1 602.04	178.00	6.09
	10	42.73	33.54	993.16	136.05	4.82		9.0	48.35	37.95	1 772.12	196.90	6.05
								10	53.41	41.92	1 936.01	215.11	6.02
								12	63.33	49.72	2 245.84	249.54	5.95

续上表

尺寸(mm)		截面面积 $A(cm^2)$	每米重量 (kg/m)	截面特性			尺寸(mm)		截面面积 $A(cm^2)$	每米重量 (kg/m)	截面特性		
D	t			I (cm^4)	W (cm^3)	i (cm)	D	t			I (cm^4)	W (cm^3)	i (cm)
194	5.0	29.69	23.31	1 326.54	136.76	6.68	245	9.0	66.73	52.38	4 652.32	379.78	8.35
	5.5	32.57	25.57	1 447.86	149.26	6.67		10	73.83	57.95	5 105.63	416.79	8.32
	6.0	35.44	27.82	1 567.21	161.57	6.65		12	87.84	68.95	5 976.67	487.89	8.25
	6.5	38.29	30.06	1 034.61	173.67	6.63		14	101.60	79.76	6 801.68	555.24	8.18
	7.0	41.12	32.28	1 800.08	185.57	6.62		16	115.11	90.36	7 582.30	618.96	8.12
	7.5	43.94	34.50	1 913.64	197.28	6.60	273	6.5	54.42	42.72	4 834.18	354.15	9.42
	8.0	46.75	36.70	2 025.31	208.79	6.58		7.0	58.50	45.92	5 177.30	379.29	9.41
	9.0	52.31	41.06	2 243.08	231.25	6.55		7.5	62.56	49.11	5 516.47	404.14	9.39
	10	57.81	45.38	2 453.55	252.94	6.51		8.0	66.60	52.28	5 851.71	428.70	9.37
	12	68.61	53.86	2 853.25	294.15	6.45		9.0	74.64	58.60	6 510.56	476.96	9.34
203	6.0	37.13	29.15	1 803.07	177.64	6.97		10	82.62	64.86	7 154.09	524.11	9.31
	6.5	40.13	31.50	1 938.81	191.02	6.95		12	98.39	77.24	8 396.14	615.10	9.24
	7.0	43.10	33.84	2 072.43	204.18	6.93		14	113.91	89.42	9 579.75	701.81	9.17
	7.5	46.06	36.16	2 203.94	217.14	6.92		16	129.18	101.41	10 706.79	784.38	9.10
	8.0	49.01	38.47	2 333.37	229.89	6.90	299	7.5	68.68	53.92	7 300.02	488.30	10.31
	9.0	54.85	43.06	2 586.08	254.79	6.87		8.0	73.14	57.41	7 747.42	518.22	10.29
	10	60.63	47.60	2 830.72	278.89	6.83		9.0	82.00	64.37	8 628.09	577.13	10.26
	12	72.01	56.52	3 296.49	324.78	6.77		10	90.79	71.27	9 490.15	634.79	10.22
	14	83.13	65.25	3 732.07	367.69	6.70		12	108.20	84.93	11 159.52	746.46	10.16
	16	94.00	73.79	4 138.78	407.76	6.64		14	125.35	98.40	12 757.61	853.35	10.09
219	6.0	40.15	31.52	2 278.74	208.10	7.53		16	142.25	111.67	14 286.48	955.62	10.02
	6.5	43.39	34.06	2 451.64	223.89	7.52	325	7.5	74.81	58.73	9 431.80	580.42	11.23
	7.0	46.62	36.60	2 622.04	239.46	7.50		8.0	79.67	62.54	10 013.92	616.24	11.21
	7.5	49.83	39.12	2 789.96	254.79	7.48		9.0	89.35	70.14	11 161.33	686.85	11.18
	8.0	53.03	41.63	2 955.43	269.90	7.47		10	98.96	77.68	12 286.52	756.09	11.14
	9.0	59.38	46.61	3 279.12	299.46	7.43		12	118.00	92.63	14 471.45	890.55	11.07
	10	65.06	51.54	3 593.29	328.15	7.40		14	136.78	107.38	10 570.98	1 019.75	11.01
	12	78.04	61.26	4 193.81	383.00	7.33		16	155.32	121.93	18 587.38	1 143.84	10.94
	14	90.16	70.78	4 758.50	434.57	7.26	351	8.0	86.21	67.67	12 684.36	722.76	12.13
	16	102.01	80.10	5 298.81	483.00	7.20		9.0	96.70	75.91	14 147.55	806.13	12.10
245	6.5	48.70	38.23	3 465.46	282.89	8.44		10	107.13	84.10	15 584.62	888.01	12.06
	7.0	52.34	41.08	3 709.06	302.78	8.42		12	127.80	100.32	18 381.63	1 047.39	11.99
	7.5	55.96	43.93	3 949.52	322.41	8.40		14	148.22	116.35	21 077.86	1 201.02	11.93
	8.0	59.56	46.76	4 186.87	341.79	8.38		16	168.39	132.19	23 675.75	1 349.05	11.86

注:热轧无缝钢管的通常长度为 3~12 m。

附表 5—8 电焊钢管的规格和截面特性

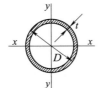

I——截面惯性矩；
W——截面抵抗矩；
i——截面回转半径

尺寸(mm)		截面面积 A(cm²)	每米重量 (kg/m)	截面特性			尺寸(mm)		截面面积 A(cm²)	每米重量 (kg/m)	截面特性		
D	t			I (cm⁴)	W (cm³)	i (cm)	D	t			I (cm⁴)	W (cm³)	i (cm)
32	2.0	1.88	1.48	2.13	1.33	1.06	63.5	3.0	5.70	4.48	26.15	8.24	2.14
	2.5	2.32	1.82	2.54	1.59	1.05		3.5	6.60	5.18	29.79	9.38	2.12
38	2.0	2.26	1.78	3.68	1.93	1.27	70	2.0	4.27	3.35	24.72	7.06	2.41
	2.5	2.79	2.19	4.41	2.32	1.26		2.5	5.30	4.16	30.23	8.64	2.39
40	2.0	2.39	1.87	4.32	2.15	1.35		3.0	6.31	4.96	35.50	10.14	2.37
	2.5	2.95	2.31	5.20	2.60	1.33		3.5	7.31	5.74	40.53	11.58	2.35
42	2.0	2.51	1.97	5.04	2.40	1.42		4.5	9.26	7.27	49.89	14.25	2.32
	2.5	3.10	2.44	6.07	2.89	1.40	76	2.0	4.65	3.65	31.85	8.38	2.62
45	2.0	2.70	2.12	6.26	2.78	1.52		2.5	5.77	4.53	39.03	10.27	2.60
	2.5	3.34	2.62	7.56	3.36	1.51		3.0	6.88	5.40	45.91	12.08	2.58
	3.0	3.96	3.11	8.77	3.90	1.49		3.5	7.97	6.26	52.50	13.82	2.57
51	2.0	3.08	2.42	9.26	3.63	1.73		4.0	9.05	7.10	58.81	15.48	2.55
	2.5	3.81	2.99	11.23	4.40	1.72		4.5	10.11	7.93	64.85	17.07	2.53
	3.0	4.52	3.55	13.08	5.13	1.70	83	2.0	5.09	4.00	41.76	10.06	2.86
	3.5	5.22	4.10	14.81	5.81	1.68		2.5	6.32	4.96	51.26	12.35	2.85
53	2.0	3.20	2.52	10.43	3.94	1.80		3.0	7.54	5.92	60.40	14.56	2.83
	2.5	3.97	3.11	12.67	4.78	1.79		3.5	8.74	6.86	69.19	16.67	2.81
	3.0	4.71	3.70	14.78	5.58	1.77		4.0	9.93	7.79	77.64	18.71	2.80
	3.5	5.44	4.27	16.75	6.32	1.75		4.5	11.10	8.71	85.76	20.67	2.78
57	2.0	3.46	2.71	13.08	4.59	1.95	89	2.0	5.47	4.29	51.75	11.63	3.08
	2.5	4.28	3.36	15.93	5.59	1.93		2.5	6.79	5.33	63.59	14.29	3.06
	3.0	5.09	4.00	18.61	6.53	1.91		3.0	8.11	6.36	75.02	16.86	3.04
	3.5	5.88	4.62	21.14	7.42	1.90		3.5	9.40	7.38	86.05	19.34	3.03
60	2.0	3.64	2.86	15.34	5.11	2.05		4.0	10.68	8.38	96.68	21.73	3.01
	2.5	4.52	3.55	18.70	6.23	2.03		4.5	11.95	9.38	106.92	24.03	2.99
	3.0	5.37	4.22	21.88	7.29	2.02	95	2.0	5.84	4.59	63.20	13.31	3.29
	3.5	6.21	4.88	24.88	8.29	2.00		2.5	7.26	5.70	77.76	16.37	3.27
63.5	2.0	3.86	3.03	18.29	5.76	2.18		3.0	8.67	6.81	91.83	19.33	3.25
	2.5	4.79	3.76	22.32	7.03	2.16		3.5	10.06	7.90	105.45	22.20	3.24

— 521 —

续上表

尺寸(mm) D	t	截面面积 A(cm²)	每米重量 (kg/m)	截面特性 I (cm⁴)	W (cm³)	i (cm)	尺寸(mm) D	t	截面面积 A(cm²)	每米重量 (kg/m)	截面特性 I (cm⁴)	W (cm³)	i (cm)
102	2.0	6.28	4.93	78.57	15.41	3.54	127	3.0	11.69	9.17	224.75	35.39	4.39
	2.5	7.81	6.13	96.77	18.97	3.52		3.5	13.58	10.66	259.11	40.80	4.37
	3.0	9.33	7.32	114.42	22.43	3.50		4.0	15.46	12.13	292.61	46.08	4.35
	3.5	10.83	8.50	131.52	25.79	3.48		4.5	17.32	13.59	325.59	51.23	4.33
	4.0	12.32	9.67	148.09	29.04	3.47		5.0	19.16	15.04	357.14	56.24	4.32
	4.5	13.78	10.82	164.14	32.18	3.45	133	3.5	14.24	11.18	298.71	44.92	4.58
	5.0	15.24	11.96	179.68	35.23	3.43		4.0	16.21	12.73	337.53	50.76	4.56
108	3.0	9.90	7.77	136.49	25.28	3.71		4.5	18.17	14.26	375.42	56.45	4.55
	3.5	11.49	9.02	157.02	29.08	3.70		5.0	21.11	15.78	412.40	62.02	4.53
	4.0	13.07	10.26	176.95	32.77	3.68	140	3.5	15.01	11.78	349.79	44.97	4.83
114	3.0	10.46	8.21	161.24	28.29	3.93		4.0	17.09	13.42	395.47	56.50	4.81
	3.5	12.15	9.54	185.63	32.57	3.91		4.5	19.16	15.04	440.12	62.87	4.79
	4.0	13.82	10.85	209.35	36.73	3.89		5.0	21.21	16.65	483.76	69.11	4.78
	4.5	15.48	12.15	232.41	40.77	3.87		5.5	23.24	18.24	526.40	75.20	4.76
	5.0	17.12	13.44	254.81	44.70	3.86	152	3.5	16.33	12.82	450.35	59.26	5.25
121	3.0	11.12	8.73	193.69	32.01	4.17		4.0	18.60	14.60	509.59	67.05	5.23
	3.5	12.92	10.14	223.17	36.89	4.16		4.5	20.85	16.37	567.61	74.69	5.22
	4.0	14.70	11.54	251.87	41.63	4.14		5.0	23.09	18.13	624.43	82.16	5.20
								5.5	25.31	19.87	680.06	89.48	5.18

注：电焊钢管的通常长度：$d=32\sim70$ mm 时，为 $3\sim10$ m；$d=76\sim152$ mm 时，为 $4\sim10$ m。

附表 5—9 镀锌钢管的规格（GB/T 3091—2008）

规格		外径(mm)	壁厚(mm)	最小壁厚(mm)	焊管(6 m 定尺)		镀锌管(6 m 定尺)	
公称内径	英寸				米重(kg)	根重(kg)	米重(kg)	根重(kg)
DN15	1/2	21.3	2.8	2.45	1.28	7.68	1.357	8.14
DN20	3/4	26.9	2.8	2.45	1.66	9.96	1.76	10.56
DN25	1	33.7	3.2	2.8	2.41	14.46	2.554	15.32
DN32	1.25	42.4	3.5	3.06	3.36	20.16	3.56	21.36
DN40	1.5	48.3	3.5	3.06	3.87	23.22	4.10	24.60
DN50	2	60.3	3.8	3.325	5.29	31.74	5.607	33.64
DN65	2.5	76.1	3.5		7.11	42.66	7.536	45.21
DN80	3	88.9	4.0		8.38	50.28	8.88	53.28
DN100	4	114.3	4.0		10.88	65.28	11.53	69.18
DN125	5	140	4.5		15.04	90.24	15.942	98.65

续上表

规格		外径(mm)	壁厚(mm)	最小壁厚(mm)	焊管(6 m 定尺)		镀锌管(6 m 定尺)	
公称内径	英寸				米重(kg)	根重(kg)	米重(kg)	根重(kg)
DN150	6	168.3	4.5		18.18	109.08	19.27	115.62
DN200	8	219.1	6.0(焊管)		31.53	189.18		
DN200	8	219.1	6.5(热镀锌)				36.12	216.72
DN250	10	273	8				55.39	332.35

附表 5—10　镀锌钢管外径和壁厚的允许偏差(mm)(GB/T 3091—2008)

外径	外径允许偏差		壁厚允许偏差
	管体	管端 (距管端 100 mm 范围内)	
$D \leqslant 48.3$	±0.5	—	±10% t
$48.3 < D \leqslant 273.1$	±1% D	—	
$273.1 < D \leqslant 508$	±0.75% D	$^{+2.4}_{-0.8}$	
$D > 508$	±1% D 或 ±10.0,两者取较小值	$^{+3.2}_{-0.8}$	

附表 5—11　无缝钢管的外径允许偏差(mm)(GB/T 8162—2008)

钢管种类	允许偏差
热轧(挤压、扩)钢管	±1% D 或 ±0.50,取其中较大者
冷拔(轧)钢管	±1% D 或 ±0.30,取其中较大者

附表 5—12　热轧(挤压、扩)无缝钢管壁厚允许偏差(mm)(GB/T 8162—2008)

钢管种类	钢管公称外径	S/D	允许偏差
热轧(挤压)钢管	≤102	—	±12.5% S 或 ±0.40,取其中较大者
	>102	≤0.05	±15% S 或 ±0.40,取其中较大者
		>0.05~0.10	±12.5% S 或 ±0.40,取其中较大者
		>0.10	$^{+12.5\% S}_{-10.0\% S}$
热扩钢管	—		±15% S

附表 5—13　冷拔(轧)无缝钢管的壁厚允许偏差(mm)(GB/T 8162—2008)

钢管种类	钢管公称壁厚	允许偏差
冷拔(轧)	≤3	$^{+15\% S}_{-10\% S}$ 或 ±0.15,取其中较大者
	>3	$^{+12.5\% S}_{-10\% S}$

附表 5—14　焊接直缝钢管的外径允许偏差(mm)(GB/T 13793—2008)

外径(D)	普通精度(PD,A)[a]	较高精度(PD,B)	高精度(PD,C)
5~20	±0.30	±0.20	±0.10
>20~50	±0.50	±0.30	±0.15

续上表

外径(D)	普通精度(PD,A)[a]	较高精度(PD,B)	高精度(PD,C)
>50~80	±1.0%D	±0.50	±0.30
>80~114.3	±1.0%D	±0.60	±0.40
>114.3~219.1	±1.0%D	±0.80	±0.60
>219.1	±1.0%D	±0.75%D	±0.5%D

附表5—15 焊接直缝钢管的壁厚允许偏差(mm)(GB/T 13793—2008)

壁厚(t)	普通精度(PT,A)[a]	较高精度(PD,B)	高精度(PD,C)	同截面壁厚允许差[b]
0.50~0.60	±0.10	±0.06	+0.03 −0.05	≤7.5%t
>0.60~0.80		±0.07	+0.04 −0.07	
>0.80~1.0	±0.10	±0.08	+0.04 −0.07	
>1.0~1.2		±0.09	+0.05 −0.09	
>1.2~1.4		±0.11		
>1.4~1.5		±0.12	+0.06 −0.11	
>1.5~1.6		±0.13		
>1.6~2.0		±0.14	+0.07 −0.13	
>2.0~2.2	±10%t	±0.15		
>2.2~2.5		±0.16		
>2.5~2.8		±0.17	+0.08 −0.16	
>2.8~3.2		±0.18		
>3.2~3.8		±0.20	+0.10 −0.20	
>3.8~4.0		±0.22		
>4.0~5.5		±7.5%t	±5%t	
>5.5	±12.5%t	±10%t	±7.5%t	

[a] 不适用于带式输送机托辊用钢管。
[b] 不适合普通精度的钢管。同截面壁厚差指同一横截面上实测壁厚的最大值与最小值之差。

附表5—16 压型钢板涂层板的分类与代号(GB/T 12754—2006)

分 类	项 目	代 号
用 途	建筑外用	JW
	建筑内用	JN
	家 电	JD
	其 他	QT
基板类型	热镀锌基板	Z
	热镀锌铁合金基板	ZF
	热镀铝锌合金基板	AZ
	热镀锌铝合金基板	ZA
	电镀锌基板	ZE

续上表

分 类	项 目	代 号
涂层表面状态	涂层板	TC
	压花板	YA
	印花板	YI

附表 5—17 压型钢板涂层板的牌号（GB/T 12754—2006）

涂层板的牌号					用 途
热镀锌基板	热镀锌铁合金基板	热镀铝锌合金基板	热镀锌铝合金基板	电镀锌基板	
TS250GD+Z	TS250GD+ZF	TS250GD+AZ	TS250GD+ZA	—	结构用
TS280GD+Z	TS280GD+ZF	TS280GD+AZ	TS280GD+ZA	—	
—	—	TS300GD+AZ	—	—	
TS320GD+Z	TS320GD+ZF	TS320GD+AZ	TS320GD+ZA	—	
TS350GD+Z	TS350GD+ZF	TS350GD+AZ	TS350GD+ZA	—	
TS550GD+Z	TS550GD+ZF	TS550GD+AZ	TS550GD+ZA	—	

注：结构板牌号中 250、280、320、350、550 分别表示其屈服强度的级别；Z、ZF、AZ、ZA 分别表示镀层种类为锌、锌铁、铝锌与锌铝。

附表 5—18 压型钢板制作的允许偏差（mm）（GB/T 12755—2008）

项 目		允 许 偏 差
波 高	截面高度≤70	±1.5
	截面高度>70	±2.0
覆盖宽度	截面高度≤70	+10.0 / −2.0
	截面高度>70	+6.0 / −2.0
板 长		+9.0 / −0.0
波 距		±2.0
横向剪切偏差（沿截面全宽）		1/100 或 6.0
侧向弯曲	在测量长度 L_1 范围内	20.0

注：L_1 为测量长度，指板长扣除两端各 0.5 m 后的实际长度（小于 10 m）或扣除后任选的 10 m 长度。

附表 5—19 热镀锌基板的厚度允许偏差（mm）（GB/T 12755—2008）

公称宽度	公称厚度							
	≤0.6	>0.6 ≤0.8	>0.8 ≤1.0	>1.0 ≤1.2	>1.2 ≤1.6	>1.6 ≤2.0	>2.0 ≤2.5	>2.5 ≤3.0
≤1 200	±0.05	±0.06	±0.07	±0.08	±0.11	±0.14	±0.16	±0.19
>1 200 ≤1 500	±0.06	±0.07	±0.08	±0.09	±0.13	±0.15	±0.17	±0.20
>1 500	±0.07	±0.08	±0.09	±0.11	±0.14	±0.16	±0.18	±0.20

[a] 成卷供货钢带的头、尾总长度 30 m 内的厚度偏差允许比表中规定值大 50%，焊缝区 15 m 内的厚度允许偏差允许比表中规定值大 60%。

附表 5—20 热镀铝锌基板的厚度允许偏差（mm）(GB/T 12755—2008)

公称宽度	公称厚度							
	≤0.6	>0.6 ≤0.8	>0.8 ≤1.0	>1.0 ≤1.2	>1.2 ≤1.6	>1.6 ≤2.0	>2.0 ≤2.5	>2.5 ≤3.0
≤1 200	±0.05	±0.06	±0.07	±0.08	±0.11	±0.14	±0.16	±0.19
>1 200 ≤1 500	±0.06	±0.07	±0.08	±0.09	±0.13	±0.15	±0.17	±0.20
>1 500	±0.07	±0.08	±0.09	±0.11	±0.14	±0.16	±0.18	±0.20
[a] 成卷供货钢带的头、尾总长度 30 m 内的厚度偏差允许比表中规定值大 50%，焊缝区 15 m 内的厚度允许偏差允许比表中规定值大 60%。								

附录六 常用材料重量表

（建筑结构荷载规范 GB 50009—2012　2012 年 5 月 28 日发布，2012 年 10 月 1 日实施）

附表 6—1　常用材料重量表

名　称		自　重	备　注
砖及砌块 （kN/m^3）	普通砖	18.0	240 mm × 115 mm × 53 mm（684 块/m^3）
	普通砖	19.0	机器制
	缸　砖	21.0 ~ 21.5	230 mm × 110 mm × 65 mm（609 块/m^3）
	红缸砖	20.4	—
	耐火砖	19.0 ~ 22.0	230 mm × 110 mm × 65 mm（609 块/m^3）
	耐酸瓷砖	23.0 ~ 25.0	230 mm × 113 mm × 65 mm（590 块/m^3）
	灰砂砖	18.0	砂：白灰 = 92：8
	煤渣砖	17.0 ~ 18.5	—
	矿渣砖	18.5	硬矿渣：烟灰：石灰 = 75：15：10
	焦渣砖	12.0 ~ 14.0	—
	烟灰砖	14.0 ~ 15.0	炉渣：电石渣：烟灰 = 30：40：30
	黏土坯	12.0 ~ 15.0	—
	锯末砖	9.0	—
	焦渣空心砖	10.0	290 mm × 290 mm × 140 mm（85 块/m^3）
	水泥空心砖	9.8	290 mm × 290 mm × 140 mm（85 块/m^3）
	水泥空心砖	10.3	300 mm × 250 mm × 110 mm（121 块/m^3）
	水泥空心砖	9.6	300 mm × 250 mm × 160 mm（83 块/m^3）
	蒸压粉煤灰砖	14.0 ~ 16.0	干重度
	陶粒空心砌块	5.0	长 600 mm，400 mm，宽 150 mm，250 mm，高 250 mm、200 mm
		6.0	390 mm × 290 mm × 190 mm
	粉煤灰轻渣空心砌块	7.0 ~ 8.0	390 mm × 190 mm × 190 mm，390 mm × 240 mm × 190 mm
	蒸压粉煤灰加气混凝土砌块	5.5	—
	混凝土空心小砌块	11.8	390 mm × 190 mm × 190 mm
	碎　砖	12.0	堆置
	水泥花砖	19.8	200 mm × 200 mm × 24 mm（1 042 块/m^3）
	瓷面砖	17.8	150 mm × 150 mm × 8 mm（5 556 块/m^3）
	陶瓷马赛克	0.12 kN/m^2	厚 5 mm

续上表

名　　称		自　重	备　　注
石灰、水泥、灰浆及混凝土（kN/m³）	生石灰块	11.0	堆置,$\varphi=30°$
	生石灰粉	12.0	堆置,$\varphi=35°$
	熟石灰膏	13.5	—
	石灰砂浆、混合砂浆	17.0	—
	水泥石灰焦渣砂浆	14.0	—
	石灰炉渣	10.0~12.0	—
	水泥炉渣	12.0~14.0	—
	石灰焦渣砂浆	13.0	—
	灰　土	17.5	石灰:土=3:7,夯实
	稻草石灰泥	16.0	—
	纸筋石灰泥	16.0	—
	石灰锯末	3.4	石灰:锯末=1:3
	石灰三合土	17.5	石灰、砂子、卵石
	水　泥	12.5	轻质松散,$\varphi=20°$
	水　泥	14.5	散装,$\varphi=30°$
	水　泥	16.0	袋装压实,$\varphi=40°$
	矿渣水泥	14.5	—
	水泥砂浆	20.0	—
	水泥蛭石砂浆	5.0~8.0	—
	石棉水泥浆	19.0	—
	膨胀珍珠岩砂浆	7.0~15.0	—
	石膏砂浆	12.0	—
	碎砖混凝土	18.5	—
	素混凝土	22.0~24.0	振捣或不振捣
	矿渣混凝土	20.0	—
	焦渣混凝土	16.0~17.0	承重用
	焦渣混凝土	10.0~14.0	填充用
	铁屑混凝土	28.0~65.0	—
	浮石混凝土	9.0~14.0	—
	沥青混凝土	20.0	—
	无砂大孔性混凝土	16.0~19.0	—
	泡沫混凝土	4.0~6.0	—
	加气混凝土	5.5~7.5	单块
	石灰粉煤灰加气混凝土	6.0~6.5	—
	钢筋混凝土	24.0~25.0	—
	碎砖钢筋混凝土	20.0	—
	钢丝网水泥	25.0	用于承重结构
	水玻璃耐酸混凝土	20.0~23.5	—
	粉煤灰陶砾混凝土	19.5	—

续上表

名　称		自重	备　注
砌体 （kN/m²）	浆砌细方石	26.4	花岗石，方整石块
	浆砌细方石	25.6	石灰石
	浆砌细方石	22.4	砂岩
	浆砌毛方石	24.8	花岗石，上下面大致平整
	浆砌毛方石	24.0	石灰石
	浆砌毛方石	20.8	砂岩
	干砌毛石	20.8	花岗石，上下面大致平整
	干砌毛石	20.0	石灰石
	干砌毛石	17.6	砂岩
	浆砌普通砖	18.0	—
	浆砌机砖	19.0	—
	浆砌缸砖	21.0	—
	浆砌耐火砖	22.0	—
	浆砌矿渣砖	21.0	—
	浆砌焦渣砖	12.5～14.0	—
	土坯砖砌体	16.0	—
	黏土砖空斗砌体	17.0	中填碎瓦砾，一眠一斗
	黏土砖空斗砌体	13.0	全斗
	黏土砖空斗砌体	12.5	不能承重
	黏土砖空斗砌体	15.0	能承重
	粉煤灰泡沫砌块砌体	8.0～8.5	粉煤灰：电石渣：废石膏＝74：22：4
	三合土	17.0	灰：砂：土＝1：1：9～1：1：4
隔墙与墙面 （kN/m²）	双面抹灰板条隔墙	0.9	每面抹灰厚16～24mm，龙骨在内
	单面抹灰板条隔墙	0.5	灰厚16～24mm，龙骨在内
	C形轻钢龙骨隔墙	0.27	两层12mm纸面石膏板，无保温层
		0.32	两层12mm纸面石膏板，中填岩棉保温板50mm
		0.38	三层12mm纸面石膏板，无保温层
		0.43	三层12mm纸面石膏板，中填岩棉保温板50mm
		0.49	四层12mm纸面石膏板，无保温层
		0.54	四层12mm纸面石膏板，中填岩棉保温板50mm
	贴瓷砖墙面	0.50	包括水泥砂浆打底，共厚25mm
	水泥粉刷墙面	0.36	20mm厚，水泥粗砂
	水磨石墙面	0.55	25mm厚，包括打底
	水刷石墙面	0.50	25mm厚，包括打底
	石灰粗砂粉刷	0.34	20mm厚
	剁假石墙面	0.50	25mm厚，包括打底
	外墙拉毛墙面	0.70	包括25mm水泥砂浆打底

续上表

名　称		自　重	备　注
屋架、门窗 （kN/m²）	木屋架	$0.07 + 0.007l$	按屋面水平投影面积计算，跨度 l 以 m 计算
	钢屋架	$0.12 + 0.011l$	无天窗，包括支撑，按屋面水平投影面积计算，跨度 l 以 m 计算
	木框玻璃窗	0.20～0.30	—
	钢框玻璃窗	0.40～0.45	—
	木　门	0.10～0.20	—
	钢铁门	0.40～0.45	—
屋架 （kN/m²）	黏土平瓦屋面	0.55	按实际面积计算，下同
	水泥平瓦屋面	0.55～0.55	—
	小青瓦屋面	0.90～1.10	—
	冷摊瓦屋面	0.50	—
	石板瓦屋面	0.46	厚 6.3 mm
	石板瓦屋面	0.71	厚 9.5 mm
	石板瓦屋面	0.96	厚 12.1 mm
	麦秸泥灰顶	0.16	以 10 mm 厚计
	石棉板瓦	0.18	仅瓦自重
	波形石棉瓦	0.20	1 820 mm×725 mm×8 mm
	镀锌薄钢板	0.05	24 号
	瓦楞铁	0.05	26 号
	彩色钢板波形瓦	0.12～0.13	0.6 mm 厚彩色钢板
	拱形彩色钢板屋面	0.30	包括保温及灯具重 0.15 kN/m²
	有机玻璃屋面	0.06	厚 1.0 mm
	玻璃屋顶	0.30	9.5 mm 夹丝玻璃，框架自重在内
	玻璃砖顶	0.65	框架自重在内
	油毡防水层（包括改性沥青防水卷材）	0.05	一层油毡刷油两遍
		0.25～0.30	四层做法，一毡二油上铺小石子
		0.30～0.35	六层做法，二毡三油上铺小石子
		0.35～0.40	八层做法，三毡四油上铺小石子
	捷罗克防水层	0.10	厚 8 mm
	屋顶天窗	0.35～0.40	9.5 mm 夹丝玻璃，框架自重在内
顶棚 （kN/m²）	钢丝网抹灰吊顶	0.45	—
	麻刀灰板条顶棚	0.45	吊木在内，平均灰厚 20 mm
	砂子灰板条顶棚	0.55	吊木在内，平均灰厚 25 mm
	苇箔抹灰顶棚	0.48	吊木龙骨在内
	松木板顶棚	0.25	吊木在内
	三夹板顶棚	0.18	吊木在内
	马粪纸顶棚	0.15	吊木及盖缝条在内

续上表

名　称		自　重	备　注
顶棚 (kN/m²)	木丝板吊顶棚	0.26	厚25 mm,吊木及盖缝条在内
	木丝板吊顶棚	0.29	厚30 mm,吊木及盖缝条在内
	隔声纸板顶棚	0.17	厚10 mm,吊木及盖缝条在内
	隔声纸板顶棚	0.18	厚13 mm,吊木及盖缝条在内
	隔声纸板顶棚	0.20	厚20 mm,吊木及盖缝条在内
	V形轻钢龙骨吊顶	0.12	一层9 mm 纸面石膏板,无保温层
		0.17	二层9 mm 纸面石膏板,有厚50 mm 的岩棉板保温层
		0.20	二层9 mm 纸面石膏板,无保温层
		0.25	二层9 mm 纸面石膏板,有厚50 mm 的岩棉板保温层
	V形轻钢龙骨及铝合金龙骨吊顶	0.10~1.12	一层矿棉吸声板厚15 mm,无保温层
	顶棚上铺焦渣锯末绝缘层	0.20	厚50 mm 焦渣、钢末按1:5混合
地面 (kN/m²)	地板格栅	0.20	仅格栅自重
	硬木地板	0.20	厚25 mm,剪刀棒、钉子等自重在内,不包括格栅自重
	松木地板	0.18	—
	小瓷砖地面	0.55	包括水泥粗砂打底
	水泥花砖地面	0.60	砖厚25 mm,包括水泥粗砂打底
	水磨石地面	0.65	10 mm 面层,20 mm 水泥砂浆打底
	油地毡	0.02~0.03	油地纸,地板表面用
	木块地面	0.70	加防腐油膏铺砌厚76 mm
	菱苦土地面	0.28	厚20 mm
	铸铁地面	4.00~5.00	60 mm 碎石垫层,60 mm 面层
	缸砖地面	1.70~2.10	60 mm 砂垫层,53 mm 棉层,平铺
	缸砖地面	3.30	60 mm 砂垫层,115 mm 棉层,侧铺
	黑砖地面	1.50	砂垫层,平铺
建筑 用压型 钢板 (kN/m²)	单波型 V-300(S-30)	0.120	波高173 mm,板厚0.8 mm
	双波型 W-500	0.110	波高130 mm,板厚0.8 mm
	三波型 V-200	0.135	波高70 mm,板厚1 mm
	多波型 V-125	0.065	波高35 mm,板厚0.6 mm
	多波型 V-115	0.079	波高35 mm,板厚0.6 mm
建筑墙板 (kN/m²)	彩色钢板金属幕墙板	0.11	两层,彩色钢板厚0.6 mm,聚苯乙烯芯材厚25 mm
	金属绝热材料(聚氨酯)复合板	0.14	板厚40 mm,钢板厚0.6 mm
		0.15	板厚60 mm,钢板厚0.6 mm
		0.16	板厚80 mm,钢板厚0.6 mm
	彩色钢板夹聚苯乙烯保温板	0.12~0.15	两层,彩色钢板厚0.6 mm,聚苯乙烯芯材板厚(50~250) mm

续上表

名　称			自重	备　注
建筑墙板 (kN/m²)	彩色钢板岩棉夹心板		0.24	板厚100 mm,两层彩色钢板,Z型龙骨岩棉芯材
			0.25	板厚120 mm,两层彩色钢板,Z型龙骨岩棉芯材
	GRC增强水泥聚苯复合保温板		1.13	—
	GRC空心隔墙板		0.30	长(2 400~2 800)mm,宽600 mm,厚60 mm
	GRC内隔墙板		0.35	长(2 400~2 800)mm,宽600 mm,厚60 mm
	轻质GRC保温板		0.14	3 000 mm×600 mm×60 mm
	轻质GRC空心隔墙板		0.17	3 000 mm×600 mm×60 mm
	轻质大型墙板(太空板系列)		0.70~0.90	6 000 mm×1 500 mm×120 mm,高强水泥发泡芯材
	轻质条型墙板(太空板系列)	厚度80 mm	0.40	标准规格3 000 mm×1 000(1 200、1 500)mm高强水泥发泡
		厚度100 mm	0.45	芯材,按不同檩距及荷载配有不同钢骨架及冷拔钢丝网
		厚度120 mm	0.50	
	GRC墙板		0.11	厚10 mm
	钢丝网岩棉夹芯复合板(GY板)		1.10	岩棉芯材厚50 mm,双面钢丝网水泥砂浆各厚25 mm
	硅酸钙板		0.08	板厚6 mm
			0.10	板厚8 mm
			0.12	板厚10 mm
	泰柏板		0.95	板厚10 mm,钢丝网片夹聚苯乙烯保温层,每面抹水泥砂浆层20 mm
	蜂窝复合板		0.14	厚75 mm
	石膏珍珠岩空心条板		0.45	长(2 500~3 000)mm,宽600 mm,厚60 mm
	加强型水泥石膏聚苯保温板		0.17	3 000 mm×600 mm×60 mm
	玻璃幕墙		1.00~1.50	一般可按单位面积玻璃自重增大20%~30%采用